“信毅教材大系”编委会

主　　任　卢福财

副 主 任　邓　辉　王秋石　刘子馨

秘 书 长　廖国琼

副秘书长　宋朝阳

编　　委　刘满凤　杨　慧　袁红林　胡宇辰　李春根
章卫东　吴朝阳　张利国　汪　洋　罗世华
毛小兵　邹勇文　杨德敏　白耀辉　叶卫华
尹忠海　包礼祥　郑志强　陈始发

联络秘书　方毅超　刘素卿

信毅教材大系 · 通识系列

城市规划通识

The General Knowledge of Urban Planning

刘贤腾 主编

复旦大学出版社

总序

世界高等教育的起源可以追溯到1088年意大利建立的博洛尼亚大学，它运用社会化组织成批量培养社会所需要的人才，改变了知识、技能主要在师徒间、个体间传授的教育方式，满足了大家获取知识的需要，史称“博洛尼亚传统”。

19世纪初期，德国教育家洪堡提出“教学与研究相统一”和“学术自由”的原则，并指出大学的主要职能是追求真理，学术研究在大学应当具有第一位的重要性，即“洪堡理念”，强调大学对学术研究人才的培养。

在洪堡理念广为传播和接受之际，英国教育家纽曼发表了《大学的理想》的著名演说，旗帜鲜明地指出“从本质上讲，大学是教育的场所”，“我们不能借口履行大学的使命职责，而把它引向不属于它本身的目标”，强调培养人才是大学的唯一职能。纽曼的演说让人们重新审视和思考大学为何而设、为谁而设的问题。

19世纪后期到20世纪初，美国威斯康星大学的查尔斯·范海斯校长提出“大学必须为社会发展服务”的办学理念，更加关注大学与社会需求的结合，从而使大学走出了象牙塔。

2011年4月24日，时任中共中央总书记胡锦涛在清华大学建校100周年大会上指出，高等教育是优秀文化传承的重要载体和思想文化创新的重要源泉，要充分发挥大学文化育人和文化传承创新的职能。

总而言之，随着社会的进步与变革，高等教育不断发展，大学的功能不断扩展，但始终都围绕着人才培养这一根本使命，致力于不断提高人才培养的质量和水平。

对大学而言，优秀人才的培养离不开一些必要的物质条件保障，但更重要的是高效的执行体系。高效的执行体系应该体现在三个方面：一是科学合理的学科专业结构，二是能洞悉学科前沿的优秀的师资队伍，三是作为知识载体和传播媒介的优秀教材。教材是体现教学内容与教学方法的知识载体，是进行教学的基本工具，也是深化教育教学改革、提高人才培养质量的重要保证。

一本好的教材，要能反映该学科领域的学术水平和科研成就，能引导学生沿着正确的学术方向步入所向往的科学殿堂。因此，加强高校教材建设，对于提高教育质量、稳定教学秩序、实现高等教育人才培养目标起着重要的作用。正是基于这样的考虑，江西财经大学与复旦大学出版社达成共识，准备通过编写出版一套高质量的教材系列，以期进一步锻炼学校教师队伍，提高教师素质和教学水平，最终将学校的学科、师资等优势转化为人才培养优势，提升人才培养质量。为凸显学校特色，我们取校训“信敏廉毅”中一前一尾两个字，将这个系列的教材命名为“信毅教材大系”。

“信毅教材大系”将分期分批出版问世，江西财经大学教师将积极参与这一具有重大意义的学术事业，精益求精地不断提高写作质量，力争将“信毅教材大系”打造成业内有影响力的高端品牌。“信毅教材大系”的出版得到了复旦大学出版社的大力支持，没有他们的卓越视野和精心组织，就不可能有这套系列教材的问世。作为“信毅教材大系”的合作方和复旦大学出版社的一位多年的合作者，我对他们的敬业精神和远见卓识感到由衷的钦佩。

王　乔

2012 年 9 月 19 日

前 言

萌动写作此书的念头大约在10年前，那时博士毕业已经3年，参与了不少城市规划设计及研究项目，提交了不少让自己无法满意的研究成果和规划方案给甲方。“高校—规划局—规划院—房地产公司—高校”，最近10年的职业变换可谓完成了一次轮回，使我对城市规划形成了更深层次的理解。在此，我觉得有必要与大家分享写作本书时的两点基本认知。

1. 规划是助益人类协作的大设计

2007年，全世界有一半以上的人口在城市里常住，我国于2010年人口城市化率首次超过50%。联合国预测，2050年地球上将有90亿人口，其中2/3的人会常住在城市里生产生活。对于生老病死于城市、一辈子都待在城市里的绝大多数人来说，城市似乎是自然存在之物，包括所居住的小区、小区外的街道、街坊里的商店、中小学以及其他各种设施等。尽管有些房屋会因太简陋而被拆除，但会有新的房屋取而代之，生活的周遭环境仍是城市。新建城市也好，更新城市也罢，城市，她一直在那儿。

但历史事实告诉我们，城市不是“一直在那儿”的。首先，历史上有很多城市已经消亡了，原因各种各样；其次，人类在聚集而居之前，过着游猎式的生活，不定居则不会有城市；最后，城市是人类为生存和繁衍而发明出来的，是因需求而产生的，若有朝一日，人类因物种演化而不再需要城市这种生产生活载体，地球上建造起来的城市也会因之而消失。

哈佛大学著名教授爱德华·格莱泽(Edward Glaeser)在其畅销书《城市的胜利》(*Triumph of the City*)中说，城市是人类最伟大的发明与最美好的希望，城市能让我们更富有、更睿智、更绿色、更健康和更幸福。为什么这么说？因为城市是大规模人群聚集协作的载体，城市能助益人类协作，构建规模大、效率高的协作网络。人类协作的力量是文明成功背后的核心真相以及城市存在的首要原因。

尤瓦尔·赫拉利(Yuval Harari)在《人类简史：从动物到上帝》(*Sapiens: A Brief History of Humankind*)中认为，智人是一种社会性的动物，社会合作是智人得以生存和繁衍的关键。虽然一群蚂蚁和蜜蜂也会合作，但方式死板，而且只限近亲。至于鬣狗、野犬、狼或黑猩猩等生物群体内的合作方式，虽然已经比蚂蚁灵活许多，但只能和其他十分熟悉的少数个体合作。有比较大的大脑、会使用工具、有超凡的学习能力以及能够用语言虚构出故事使人类协作起来是人类相较于其他物种所具有的巨大生存优势，使得人类在整整 200 万年间，从一种弱小、边缘的生物演变成为主宰地球的物种，在短短的 1 万年间就发展出如此复杂的人类社会。虚构故事和应需求创造事物赋予智人前所未有的能力，使得智人不仅能采取灵活的方式合作，而且能和无数陌生人合作。人类凭借自己的想象力及创造力，建立起了地球上前所未有的大型协作网络。

国家、货币、公司、宗教、部落等这些只在人类社会中才出现的概念及所指事物都是“无中生有”之物，只在人的观念中存在。这些虚构之物及所虚构出来的故事一旦让人相信，就能极大地加强人类的相互协作。人群(或者说生物种群)内部及与外部之间的协作网络所“涌现”出来的力量，有助于物种在竞争中胜出，进而使得物种能生存下来并繁衍下去。所有这些合作网络，不管是古代美索不达米亚的城市、古罗马帝国还是我国的秦朝，都只是“由想象所建构的秩序”。由此所形成的社会规范既不是人类自然的天性本能，也不是人际的交流关系，而是他们都相信共同的虚构神话故事。人类几乎从出生到死亡都被各种虚构的故事和概念所围绕，学习它们、熟悉它们，潜移默化地以设定的方式思考，遵守设定的规范，似乎已然成为“直觉”。这种人造的直觉就是“文化”。

根据虚构的观念之物而在现实中创建出相应的实体，如王宫、美元、办公楼、教堂以及住宅等，承载着文化的功能，培养着人类、熏陶着人类以及改造着人类。容纳这些文化实体并将人集中在一起的城市，是人类在建立高效协作网络过程中的必然结果。

因此，城市是人类建立大规模高效协作网络的最佳载体。城市是人类伟大的发明。那么，城市规划，或者说规划的城市，应有助于人类协作网络的构建。不断新建和更新的城市呼应着人类在构建大规模高效协作网络过程中所提出的需求和要求。

城市的存续时间与文明的长度相齐。一座存续数百年乃至数千年的城市，不断新建、更新和演替，其间集中了不同时期人类的智慧。从时间跨度和人数规模来看，城市规划是体现人类文化的“大设计”，参与设计主体上至王权所有者、城市政府官员，下至平民百姓，还有能将“上下二者”结合的城市规划师等。可称为“伟大的设计”的城市规划，应能容纳越来越多参与协作网络构建的个人，使该网络能高效地运行，减少彼此间冲突和矛盾。“城市，让生活更美好”；“规划，让城市更美好”。

2. 中国城市将从经济增长的机器转向社区善治

1949 年，中国共产党领导人民夺取政权建立了中华人民共和国。人民成为国家的主人，城市也是人民的城市。早期在追求国家富强的工业化道路上，城市服务工厂布局。改革开放后，选择投资、出口和消费作为拉动经济的三驾马车，城市成为经济增长的机器。土地连同其上的住宅成为需要购买的商品而不仅是栖居的家，城市中的人口被视为经济增长的人力资源而不是城市的主人，整个城市空间被看作制造国内生产总值（gross domestic product，GDP）的场地，而不是居民交流和交往的场所。

根据第七次人口普查数据，截至 2020 年年底，我国人口城市化率达到 63.89%，近 2/3 的人口已常住城市生产生活。在追求国家富强的工业化道路上建立起来的城乡二元管理体制使得我国部分人口的城市化是不彻底的城市化。如果根据城乡户籍统计，城市化率只有 45.4%，比第七次人口普查的结果低了约 18.5 个百分点，这意味着有近 1/5 的人口在城乡间拉扯而成为“城乡两栖人口”。城市的高房价使得许多“城乡两栖人口”面临“城市留不下、家乡回不去”的双重尴尬，对于工作生活的城市缺少一份归属感。

在新时代，我国社会主要矛盾已经转化为人民日益增长的美好生活需要和不平衡不充分的发展之间的矛盾。“城”，盛民、长业也；“市”，互通有无、交流交往也。城市不仅是容纳劳动力以从事生产之地，而且应是交流思想、科创文创之源，更应该是人类美好生活之所。诚如亚里士多德所说，“人们来到城市，是为了更好的生活”。

“人民城市人民建，人民城市为人民”，新时代我国城市发展的这一根本理念，指出了在中华民族实现伟大复兴的征程中，城市作为大规模社会经济发展协作网络的载体，应该属于谁、依靠谁和为了谁。城市是属于人民的，不是属于资本的；城市建设依靠人民，不依靠资本；城市是为了人民更好地生活，不是为了资本更快地增殖。中国的城市应实现由人民共有、由人民共建、由人民共治，而且由人民共享。

当前及未来，中国城市发展将面临和实现新的转型，从规范城市扩张、服务经济增长转向精细化管理及社区善治。“以人民为中心”的发展理念要求城市发展切实提高人民群众的获得感、安全感和幸福感，将城市打造成百姓安居乐业的场所，而这个场所的单元就是社区。在复杂的城市中，居民的日常感知范围就是社区。社区是一个可直接感知的空间，是城市精细化治理最适宜的空间单元。社区的治理能让人民看得见、摸得着，让人民切身感受到。上海率先实践的“15 分钟社区生活圈”规划及治理是我国城市规划未来转型发展的一个重要观察样板。

中国已是世界第二大经济体，“京津冀协同发展”“长三角一体化发展”“长江经济带”和“粤港澳大湾区”等已上升为国家发展战略。至 2035 年，我国将建成现代化经济体系，人均国内生产总值达到中等发达国家水平，城乡区域发展差距和居民生活水平差距将显著缩小，基本实现新型工业化、信息化、城镇化和农业现代化。我国已拥有世界上最多的城市人口，构建起了最为庞大的城市协作网络。但我国的城市化仍在进行中，仍有巨大的发展空间，未来将在注重城市规模扩张的基础上更加注重城市质量的提升，城市的精细化管理与社区善治将极大助力实现中华民族的伟大复兴。

城市规划仍大有可为。

刘贤腾

2022 年 5 月 15 日

目 录

第一章　规划与城市规划

本章导读

趋利避害是所有生物的本能行为，主动的趋利避害是有意识的生物为提高生存繁衍效率而做出的行为，规范生物种群的自发自组织行为来趋利避害是人类这种具有高级意识活动的生物的独有行为。不同的人类群体有不同的规范要求，会形成不同的行为模式，这种固化中的行为模式被称为文化。因此，文化是人类主动、有目的的设计，是人类蓄意的结果。物种的演化是通过自然选择机制进行的，自然选择机制的本质是清除不适应环境的种类或个体，而不是靠主动设计个体特征以更好地适应环境。因此，物种特征是否能延续取决于其是否适应环境，所以所有物种特征都有可能被拣选而幸存繁衍下来。具有意识的人类在星球上生存繁衍而逐渐形成文化，其进化机制核心是通过交流而发生变异，即创新，创新模式必然超越原有特征和功能，因而具有累积性和方向性，人类的文化系统从而越来越庞大、越来越复杂、越来越精致。

根据过去积累的经验与现在面临的困境或问题，人类会主动思考未来会怎样以及如何趋利避害。作为存活策略的一部分，面对环境困境的事后反应就是确立目标以在环境困境下趋利避害。作为自然界中有意识的物种，人类可以改造自然环境、创建制度环境以趋利避害，做到“自己的未来自己做主”。因此，设立目标是人类主动、有目的的设定，是蓄意的结果。规划这种高级的意识行为就是人类的本能驱使所致的行为。

城市，作为人类有意识的创造物，是人类有目的的规划的直接体现。哈佛大学著名教授爱德华·格莱泽(Edward Glaeser)说：“城市是人类最伟大的发明。”[①]富兰克林·罗斯福(Franklin Roosevelt)在《城镇和城市规划大纲》(*Outline of Town And City Planning*)中的前言写道：“城市规划与文明一样古老。”[②]习近平在考察北京城市建设时说道：“考察一个城市首先看规划，规划科学是最大的效益，规划失误是最大的浪费，规划折腾是最大的忌讳。”[③]

从本章开始，我们开始逐步探讨“何为规划”“城市的本质是什么”以及“城市规划是何物”等问题，层层揭开现代城市规划的面纱，了解人类在进入现代社会后才开始系统研究的这种与生俱来但不自知的活动。通识城市规划，可以帮助我们深度参与“城市，让生活更美好”的实践，了解相关专业知识，共同推进建设更好的城市。

① 爱德华·格莱泽.城市的胜利[M].刘润泉，译.上海社会科学院出版社，2012.

② Adams T. Outline of Town and City Planning[M]. Russell Sage Foundation，1935.

③ 中共中央党史和文献研究院.习近平关于城市工作论述摘编[M].中央文献出版社，2022：74.

第一节 何为规划

在中文语境中，描述设定未来目标以达成趋利避害结果的行为的词汇还有计划、策划、谋划、筹划、企划等。穿透语言的迷雾要求我们廓清词汇语义所指。计划通常是管理学用语，是指根据对组织外部环境与内部条件的分析，提出在未来一定时期要达到的组织目标以及实现目标的方案途径。策划是指个人、企业或组织为了达到一定的目的，在充分调查市场环境及相关环境的基础之上，遵循一定的程序、做法或者规则，对未来即将发生的事情进行系统、周密、科学的预测并制定科学的可行性方案。

广义的规划就是指个人或组织制定的比较全面长远的发展计划，是对未来整体性、长期性、基本性问题进行了思考和考量，融合多要素、多人士看法的某一特定领域的发展愿景及整套未来行动的方案，如教育规划、产业规划、住房规划、经济规划，甚至防灾救灾规划等。在如今这个系统越来越复杂或者说文化越来越发达的社会，那种无须预先规划就能安排好各种事务的时代已经远去了。狭义的规划通常是指与土地利用和城市开发建设相关、涉及空间美学设计的行动方案，如城市规划。

一、秩序与规划

事物运行的一种状态可被称为秩序，表现出某种规则性。有序状态可以是大量事物表现出来的规律性，可以是大量社会事件表现出来的规则性，也可以是人们个体行为体现出来的规范性。自然秩序是在自然力作用下形成的，而社会秩序是在人的作用下形成的，带有鲜明的设计色彩。

人类心智模式可以识别的秩序会给心智带来某种愉悦感，因此，人类有偏好秩序的本能。对有秩序的事物，我们会表现出亲近，因为在认知具有某种确定性的事物的过程中，会节约搜索成本；对无序的事物或状态，我们会表现出厌恶的情绪，因为无秩序是完全的不确定性，这类事物不仅增加了我们认识和把握的难度，而且搜索成本巨大。秩序能降低人们把握世界的难度，能节约人们认知事物的成本，因为秩序所具有的规则性有助于人类形成对未来的稳定预期。

秩序有两种：一种是组织秩序（organized order），另一种则是自发秩序（spontaneous order）。自发秩序也称自组织秩序，是从表面看似混乱的状态中自发出现的秩序，通常用于描述一群自私自利的个体在他们组合而成的社会中非人为刻意产生的各种社会秩序。如自由市场经济秩序和城市道路上的交通秩序，都取决于无数个决策主体根据自己的需求和周遭情况做出的行为。“当事物被放任自流时，良好的秩序就会自发地产生。”以弗里德利希·冯·哈耶克（Friedrich Von Hayek）为首的奥地利经济学派把自发秩序作为其社会和经济思想的核心，认为它“比任何设计都能实现社会资源更有效的配置”①。

无数个主体间自发建立起来的联系网络是无标度网络，该自组织秩序是社会中独立的

① 弗里德利希·冯·哈耶克.自由秩序原理[M].邓正来，译.生活·读书·新知三联书店，1997.

个体创造、无人能控制的。自发秩序是“人类行动的结果，而非人类设计的结果”。由人类创造和控制的组织秩序则是层级网络，是人有意识建构起来的秩序，建立该秩序的目的就是更有效率地趋利避害。

哪种秩序更有利于人类社会的发展？基于不同的视角有不同的观点及学科流派。在经济学中，有放任自流的自由主义经济学，如奥地利学派，也有主张行政干预的计划主义经济学，如凯恩斯学派。在社会学领域，则有无政府主义和政府管制主义之分。

根据人类短暂的 5 000 年城市文明史，有竞争力的文明多半能存活下来，而有竞争力的社会通常是大一统的社会。古希腊文明追求自由、创新，文化灿烂，但还是被强调纪律而文化上仍处野蛮阶段的古罗马所打败。公元 5 世纪西罗马帝国的解体则使得整个欧洲社会进入黑暗时代。在近千年的中世纪的前 300 年，西欧社会长期处于迷惘和血腥残杀之中，此时的人们急切盼望秩序，回应这种需求、建立秩序的方式是建立一种宗教——基督教。中华文明之所以从未中断且能延续至今，底层原因就是周王朝建立起来的礼制社会秩序以及经历春秋战国混乱年代后，秦王朝建立起来的大一统国家政权，不管是在文化上还是在社会管理上，都构建起了自上而下的层级秩序。

有秩序就会有规则。这里的规则不是具体的，而是观念上的，更多地表现为一种理念，规则的外化行为就表现出秩序。把目光投向未来、为未来建立秩序就是规划的核心要义。规划就是通过建立规则为未来创造新的秩序，并达成社会共识，建立群体共预期。

二、群体共预期与规划

规划的就是通过现在的行动塑造未来，不是被动等待未来的命运，而是按照自己的设想主动去构造未来。所以，规划的理念恰恰在于不能让事情自由发展，而是通过干预，使其朝一个“更好”的方向发展，或者在某发展轨迹上加快或减慢其发展的速度。规划是试图控制我们的行动所带来的后果的行为，对结果的控制越强，规划的作用越大，规划的效果就会越好。

规划作为一种目标导向的行为，是社会整体把控其未来的一种方法，是广泛存在于社会之中的。未来的目标通常就是一个社会发展的方向所在。为了促使社会朝着期望的方向更有效率地发展，必须通过让社会对目标达成共识形成群体共预期。我国的“国民经济和社会发展五年规划纲要”（如“十四五”规划）就是国家针对重大建设项目、生产力分布和国民经济重要比例关系等所做出的规划，为国民经济发展远景规定目标和方向。不仅在国家层面如此，在地方以及各个领域、各个行业也制定相应五年规划，以在符合国家整体目标和方向的基础上实现各地方、各领域和各行业的发展目标，形成不同群体的共预期。

形成群体共预期能使得社会达成共识，不仅能在行动和资源配置上减少冲突，而且可以让大家行动步调一致，明白如何最佳配置资源以实现共同目标，明白哪一种过程、策略或者社会结构更好或者更糟。若没有共识目标，人们的行动会相互矛盾。一个人只有当被告知自己在整个计划中的位置和作用时，才会按照期望正确行事。作为控制行为后果的规划，应对未来目标有明确的描述，并提出一系列为了达成目标在时间维度上展开的、相互关联的行动。设立目标及实现目标是同一系列行动的组成部分，不能把制定规划和实施规划或者把设立目标和实现目标相分离。

三、理性与规划

当一个群体有能力促成意愿，实现预期目标，或者说在实现预期目标的过程中，群体共预期始终没有变化，支配着人们行动的一致性以及资源配置的有效性，那么规划不仅是有效的，而且是成功的。但是，为什么说规划设立的预期目标能达成群体共预期呢？如果说行动的后果是无法预测的，特定目标的实现只能依靠偶然性，那么显然无法达成群体共预期。只有基于理性的规划目标才能达成共识。古罗马的著名哲人西塞罗(Cicero)说："那唯一把我们提升到其他动物之上，使我们能够推论、证明、反驳、讨论和解决问题的是理性。理性使人的语言和习惯有一种天然的一致性，理性推动个人，从友谊和亲情开始，扩大他的利益，首先与他的同胞，然后再与全人类构成社会联系。"①

中文"理性"一词所对应的英文词汇有"reason"和"rationality"，具体内涵是"符合推理"或者"合乎情理"。所提出的规划目标"合乎情理"，当然能取得社会共识。如果规划目标是根据推理得出的，那么就必须基于因果关系。设定未来目标是根据现状趋势进行因果推断，需要明确的因果关系以支撑预期目标是符合理性的，即如果做了 X 和 Y，其结果就会是 Z。因此，做出的规划一定是理性的，是按逻辑推导出来的。

如果存在一个共同的目标，不仅要求规划设立的预期目标符合理性，而且在实现目标的行动中也应该是理性的。为了实现群体共预期目标，需要人与人之间的协作。为了形成协作，特定行动的所有参与者都需要在适当的时间，以适当的数量为一个共同的目标努力，即 A 需要协助 B 以达成 C。人们不能同时为截然相反的目标工作，政策之间也应该是相互支撑而不是互相冲突的。因此，规划带来的协作是有效率而不是散乱的，是一致而不是矛盾的。规划是理性的，要求实现规划预期目标的资源配置是有效率的，能以最少的资源实现目标，可避免资源的重复、交叉和冗余，不会浪费。

规划是理性的，但并不意味着不应与其所处的社会状况相关联；随着条件的变化而改变规划并不意味着城市的发展就必然是理性决策的结果，更不意味着城市应该根据规划调整其需求。人类在运用因果关系方面的知识是有限的、不完全的。规划所形成的群体共预期也不是所有人都认可的，只是有限的共识，即大多数人的共识。理性的规划与自然科学中的普适真理并不相同。

四、权力与规划

实现共预期目标需要协作，协作意味着获得效率和可信度。规划所设定的目标仅是大多数人的共识，并不是所有人的共识，当 A 与 B 就目标 C 存在分歧时，协作只有通过命令他们按照要求行事才能实现。这种协作的特殊方式意味着要求别人做自己不愿意做的事情，要求别人协作变成一种强迫性的权力。

权力是不以对象意志为转移而改变其行为的能力。显然，一旦对于社会目标的分歧大到有必要进行讨论，如果不具备使别人改变其意愿的能力，就不可能有规划。做规划就是做

---

① 西塞罗.理性、美德和灵魂的声音[M].王晓朝，译.长江文艺出版社，2015.

影响他人的决策，规划师可以是总统、部长、官员、党派领导、科学家、企业家等，他们在实现规划目标的行动中必然会影响其他人。

规划需要权力以维持未来目标在当下的重要性。一个政府领导需要能够动用现有资源来达成未来的目标。富兰克林·德拉诺·罗斯福(Franklin Delano Roosevelt)总统的主要智囊雷克福德·塔格维尔(Rexford Tugwell)认为，规划是“政府的第四种权力”(the fourth power of government)，和立法、行政、司法三种权力并列，规划的作用是运用政府权力对国家资源进行调配[①]。

规划作为“政府的第四种权力”，通常表现为对社会的干预。干预社会的本质就是有目的地改造社会，规划是协助设计新的城市社会。政府通过制定合适的政策或规划干预社会经济活动，迫使他人服从规划要求，实现群体共预期目标。规划和政策一样，以权力为基础，实质是干预社会的手段(见图 1-1)。

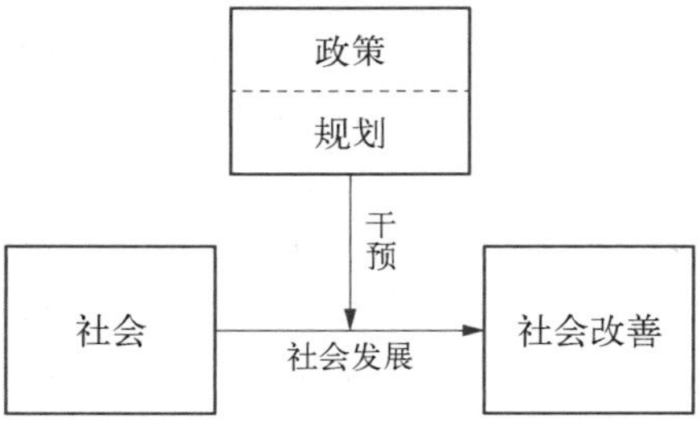

图 1-1　规划政策与社会干预的关系

第二节　城市是人类的创造物

爱因斯坦说过：“科学是人类头脑通过无拘无束地发明的理念和概念做出的创造。”[②]作为地球上具有智慧的生物，我们用身体的所有感官并借助科学仪器感知宇宙，让这个宇宙在我们的意识中显化出来。在我们的意识中显化的世界就是我们生活的世界。意识世界本身就是虚拟现实的建构，我们每个人本身就是最大的虚拟现实建构者，用数学这门自然的语言和人类创造的文字建构出了表象宇宙。人类是宇宙的观察者。

在最基本的哲学认识论问题上，经典的主客体两分一直指导着人类认知这个世界。在人类主体之外存在一个真实的客观世界，客观世界的运行遵循着某种不以人的意志为转移的客观规律。人类可以认知规律、运用规律，但不可改变规律。需要进一步扩展认知的是，在人类生活的环境这个人类主体之外的真实客体上，不仅有本已存在的自然环境，还有我们人类为自身更好地生存繁衍而创造的环境。城市和乡村就是这样一个由人类意识创造出来的真实客体，“主观建造的客观”。人类不仅仅是客观世界的观察者，还是客观世界的建构者。

一、城市是设计出来的

城市是建筑和人的聚集体，建筑由人所建，因此，人是城市的主体，城市由人所创所建。城市不仅仅是人居住、工作、购物的地方，它更是一个巨大的文化容器。早在古埃及和巴比伦时期，城市就不仅是人类的繁衍和生息之地，也是宗教信仰和政治权力的展示，还是一个

① 张庭伟.规划理论作为一种制度创新——论规划理论的多向性和理论发展轨迹的非线性[J].城市规划，2006(8)：9-18.

② 阿尔伯特·爱因斯坦，利奥波德·英费尔德.物理学的进化[M].李永学，译.湖南科学技术出版社，2020.

伟大的艺术品。

有时城市因授命而建，这样有明确目的的城市会被赋予完整的形状，如北京的紫禁城、澳大利亚的堪培拉和巴西的巴西利亚等；城市也可能被用来反映某种宇宙的法则或某种理想的社会，如中世纪理想城市帕尔马，或被塑造成战争的机器，如罗马的军事卫城提姆加德；城市也可能只是为了给建造者带来经济利润而没有任何更高的目标，如美国的纽约等城市。城市创建活动有时可能会被某种宿命的神秘气氛笼罩，而在另一些时候，这种城市创建活动可能只不过是一种常规性、重复性的活动。

无论是来自神的指引，还是只是出于投机的愿望，城市是人创造的，也建构了一种秩序，这种秩序体现着文明。城市的进步、发展与成熟都是由于人的积极作用而推动，城市的衰退、失败乃至毁灭也是因为人的消极作用而使然①。

人创造了城市，城市也反过来塑造了人。城市是人生产生活的环境，人类的精神思想是在城市环境中逐渐成形的，城市具有"包涵各种各样文化的能力"，孕育产生各种新的文明。城市是一座有灵性的艺术品，城市最重要的因素并不是经济的发展、城市的规模或人口的数量，而是艺术、文化和人文精神的塑造。诚如刘易斯·芒福德（Lewis Mumford）在《城市发展史》中所指出的②：

> 城市实质上就是人类的化身。城市从无到有、从简单到复杂、从低级到高级的发展历史，反映着人类社会、人类自身同样的发展过程。城市是改造人类、提高人类的场所。最初城市是神灵的家园，而最后城市本身变成了改造人类的主要场所，人性在这里得以充分发挥。进入城市的是一连串的神灵，经过一段段长期间隔后，从城市中走出来的是面目一新的男男女女，他们能够超越其神灵的局限，这是人类最初形成城市时始料未及的。

一座不断发展的城市是人在时间和空间中创造的统一物，凝聚着时间和场所的统一。最初的设计形态和模式会因不适应人的生产技术和生活形态的变化而枯萎死亡，但如果城市中的人能够逐渐培育出一种特别的、能够自我维持，并且能够克服逆境和命运转折的城市环境，城市将重新焕发新的生命。

二、城市是主客体统一的"第三空间"

从亨利·列斐伏尔（Henri Lefebvre）③到爱德华·索亚（Edward Soja）④都认为，古往今

① 黄璇，任剑涛.城市演进与国家兴衰历程的现代启示[J].中国人民大学学报，2014，28(1)：73-81.

② 刘易斯·芒福德.城市发展史——起源、演变和前景[M].倪文彦，宋俊岭，译.中国建筑工业出版社，2005.

③ 列斐伏尔是一位20世纪初降生的现代法国思想大师，在其60多年的创作生涯中，为后人留下了60多部著作、300余篇论文，是西方学界公认的"日常生活批判理论之父"和"现代法国辩证法之父"，也是区域社会学，特别是城市社会学理论的重要奠基人。列斐伏尔在《空间的生产》一书中提出空间"三元组合"，是索亚第三空间理论的基石。三元组合具体包含空间实践、空间的再现与再现性空间。

④ 索亚是美国当代著名后现代地理学家、新马克思主义（neo-Marxism）城市学者、城市研究洛杉矶学派领军人物。他曾致力于对自己生活的城市洛杉矶市的重建研究，提出第三空间理论，著有"空间四部曲"：《后现代地理学：社会批判理论中空间的再确认》（1991），《第三空间：去往洛杉矶和其他真实和想象地方的旅程》（1996），《后大都市：城市和区域研究》（2000）和《寻求空间正义》（2010）。

来，人始终是空间性的存在，始终是在从事空间性的社会建构，从事空间与场所、疆域与区域、环境与居所的生产。人类自古就是生活在空间的存在，始终在积极地参与周围无所不在的空间性社会建构。在人的自然性和社会性之外，还有被忽略的第三性，即人的空间性①。

“人是自然性和社会性的统一”，这一本质特征决定了人所创造的城市环境必然是自然环境和人为环境的统一体。这打破了传统唯物主义哲学的“主观/客观”“唯物/唯心”二元关系，出现了“第三极”，即“主观建造的客观”。

“第一空间”是自然的存在，即意识之外、自在的、具有物质基础的空间。“第二空间”是观念中的存在，即意识之中的空间，是人感知到或想象的空间；同一个“第一空间”可在不同的意识形态下，产生不同的“第二空间”。“第三空间”是结合自然空间和意识空间所形成的空间，既有自然物质属性，也有意识形态属性，是根据“第二空间”所创造的“第一空间”。“第三空间”既结合又超越前面二者，具有意义属性。正因为是根据“第二空间”所创造的空间，所以“第三空间”在不同的意识形态下具有不同的意义。家园、城市、国家、卧室、寓所、房屋、广场、教堂等都是“富有感情的空间”，是有生命意义的。

在列斐伏尔的概念体系中，“第一空间”是可以感知的（perceived），“第二空间”是构想出来的（conceived），“第三空间”则生活的（lived）空间。用《空间的生产》中的术语，对于空间生产来说，“第一空间”对应空间实践（spatial practice），“第二空间”对应空间的再现（representations of spaces），“第三空间”对应再现的空间（representational space）。空间的地点、方位性、景观、环境、家园、城市、地域、领土以及地理这些有关概念，都是生活中的空间②。

在列斐伏尔看来，空间不仅是物质的存在，也是形式的存在，是社会关系的容器。空间具有物质属性，但绝不是与人类、人类实践和社会关系毫不相干的物质存在。反之，正因为人涉足其间，空间对我们才显现出意义。空间也具有精神属性，一如我们所熟悉的社会空间、国家空间、日常生活空间、城市空间、经济空间、政治空间等概念，但这并不意味着空间的观念形态和社会意义可以抹杀或替代它作为地域空间的客观存在。所以，“第三空间”既不是客体，也不是主体，而是主体和客体的统一。唯有基于这一认识，我们才能通过从小到个人隐私、大到全球化的方方面面，体认当代城市发展的价值取向和实践意义③。

在我国当前的城市建设和更新过程中，城市空间所具有或被赋予的意义，越来越受到认可，因为这个意义就是文化。历史文化名城或历史街区要保留其历史格局和历史风貌，如“唐风”“宋制”“清式”等；甚至一些新建的以文化旅游为活动内容的街区，还试图复制某种古代建筑样式，反映古代文化，满足游客的好奇心。形式是古代的，而活动内容是现代的，其实质是“假古董”。脱离古代生活的文化建筑，如此空间所承载的意义，绝非原本的古代意义，而需要重新被赋予现代意义。

三、城市是分工协作效率最高的载体

人类之所以会形成由诸多单一性的集体组成的多样性社会，是因为人与人间的分工协

① 陆扬.析索亚“第三空间”理论[J].天津社会科学，2005(2)：32-37.

② 亨利·列斐伏尔.空间的生产[M].刘怀玉等，译.商务印书馆，2021.

③ 潘泽泉，刘丽娟.空间生产与重构：城市现代性与中国城市转型发展[J].学术研究，2019(2)：46-53.

作。个体要参与分工协作，其原因仍可归结为人趋利避害的本性，因为相较于简单的个体劳动，协作的优越性很明显。协作创造出一种新的集体力，打破个体能力限制；此外，由于不同分工的劳动者的集中使得不同生产工序彼此靠拢，协作使生产具有连续性和多面性，使不同的工作可以同时进行，增进劳动效能；协作还可以节省生产材料，提高生产资料的利用率等。劳动分工协作会带来收益递增。

一个农民离开农村来到大城市打工，实质就是离开原来农村的分工协作体系，加入城市的分工协作体系。为什么会这样？是因为城市分工协作的效率远远高于农村，在城市打工有利可图。正是大家一致的趋利或避害动机，使得人们愿意走到一起，部分人开饭馆做饭，部分人开服装厂做衣服，部分人开房地产公司建房子，部分人办学校提供教育，然后大家通过交换劳动成果来满足每个人的多重需要，即参与分工协作的个体通过交易来分配劳动成果。

英国在17—19世纪出现的大规模农村人口转移至城市的现象（所谓的城市化），就是因为工场手工业、机器大生产的生产技术阶段需要城市这样分工协作效率最高的载体。由于城市的人口密度高、人口异质性高，在有限的城市范围内，彼此的交互机会呈几何级数增长，就会产生“涌现”机制。有“涌现”就会出现创新，有创新就会进一步深化分工的程度，从而出现新的专业领域，如此周而复始。城市不仅是协作效率最高的载体，而且是分工深化的温床。

城市就犹如一张大规模的分工协作之网，每个城市居民都是网中人，也是织网人。这张网可以是可见的城市景观及空间布局的有形之网，也可以是人与人之间信息交流的无形之网。因城市人口规模的扩大，这张网节点会越来越多，联结会越来越复杂。织网人通过织出来的网，让网中人工作效率更高、效益更好，生活更舒适便利，更契合人性。

第三节 城市规划的产生

城市是满足个人居住、工作、游憩等活动需要的载体。居住活动需要居住用地、生活服务类商业设施，以及教育、医疗等设施；工作活动需要工业仓储用地和商务类商业设施；游憩活动需要公园绿地、游乐康体设施、体育设施等。城市更是人与人之间大规模协作网络的载体，交通通信设施是首要条件，此外还有社会管理活动、文化传承教育活动以及人道关怀活动。社会管理活动需要行政办公和职能服务用地、宾馆、会议中心、展览、广场等，文化传承教育活动需要大学及科研院所、教堂以及博物馆等，人道关怀活动需要养老院、福利院、孤儿院等民政设施。

作为载体的城市，城市人口规模越大、异质性越高，土地开发和市政基础设施承载力要求就越高，管理服务就需要越精密。同时，机器大生产吸引着广大的农村人口向城市大规模快速集聚，快速城市化带来的城市问题激增，卫生、供水、交通、住房等领域的状况极度恶化，在欧洲和北美的许多城市，产业工人寄居在卫生条件极差的租屋内。19世纪晚期的工业城市被称为“暗夜城市”（the city of dreadful night）①。此外，在当时建立起来的资产阶级掌权

① 彼得·霍尔.明日之城：一部关于20世纪城市规划与设计的思想史[M].童明，译.同济大学出版社，2009.

的国家里，城市问题与矛盾层出不穷：如何解决人口快速集中到城市而产生的居住问题、出行问题、健康问题？中世纪存留下来的城市及其建筑布局缺少阳光和游憩场地，如何改善卫生条件，以防止传染病肆虐？如何解决社会财富两极分化及阶级斗争（罢工）问题，消除社会矛盾？如何解决外来人口的产权、土地开发方式及收益所带来的外部性问题？如何解决不同种族、不同肤色的人在国际及区域间流动带来的种族矛盾问题？

西方社会的思想启蒙运动、科学革命、工业革命、社会改良与实验等领域的发展及其相互影响为现代城市规划的产生奠定了基础。在此背景下，许多专业人士致力于城市危机的化解。工程师设计了大规模的给排水设施，建筑师和公共卫生工作者致力于住宅管理以保证必要的通风和日照，景观建筑师成为环境艺术运动的中坚。近代工业革命之后，城市开发建设不再是艺术家、建筑师和军事工程师的专属领地。一个包含了许多已有的社会性因果知识、以社会改良为目的、以政策干预为手段的新兴领域开始出现专业化发展，并逐渐形成一门学科，城镇规划（town planning）这个新组合词在20世纪初开始出现。城市规划学科从其诞生之日起就致力于化解城市矛盾与危机，始终以增进公共利益为价值取向，为创造更美好的生活提供解决方案。

之所以要用政策干预城市土地开发和管理建筑物布局，不仅仅是因为要通过美学设计来达到城市整体风貌的美化，还因为工业革命带来的快速城市化以及基于自发秩序的土地开发产生了诸多城市问题，通过市场机制本身无法解决，必须通过政策干预来弥补市场调节的“盲点”。除了日趋复杂的城市构成、工程技术之外，社会因素的重要地位使城市规划不再单纯是空间形体的设计，对私有财产的保护使城市规划更多地成为利益协调的手段。艺术家与建筑师在描绘城市蓝图时不仅要考虑政府是否有足够的实施能力，而且要顾及广大土地私有者是否可以接受。

那么城市规划是什么呢？以简短明确的语句提示概念的内涵、揭示概念所反映对象的特点或本质，用这种下定义的逻辑方法很难对城市规划做出定义。是否可以说，城市规划就是规划城市呢？所有涉及城市的规划行为都属于城市规划吗？答案是否定的。城市规划定义的模糊不清就会有内涵不断外延膨胀的风险，造成“如果规划什么都是，也许它什么都不是”的后果①。

《不列颠百科全书》中关于城市规划与建设的条目指出：“城市规划与改建的目的不仅仅在于安排好城市形体——城市中的建筑、街道、公园公用设施及其他的各种要求，而且最重要的在于实现社会与经济目标。城市规划的实现要靠政府的运筹，并需运用调查、分析、预测和设计等专门技术。”在英国，城市规划被看作一种社会改良运动和政府的职能，是一项具有技术含量的专门职业。

托马斯·亚当斯（Thomas Adams）在《城镇与城市规划大纲》一书中介绍说：城市规划是关于城市空间增长及设施安排并与社会经济需求相协调的一门科学、一项艺术和政策活动。作为一门科学，旨在探求城市结构及服务提供方面的知识，以及组成部分间的联系和运行过程。作为一项艺术，是根据美学原则进行土地划分和安排土地使用、通信方式，并设计建筑物，确保在开发中有序、安全和有效率。作为一项政策，则确保以上原则能得到贯彻且

① Wildavsky A. If Planning is Everything, Maybe It's Nothing[J]. Policy Sciences, 1973(4): 127-153.

发挥作用。这三个方面缺一不可，否则就会产生误解和混乱①。

西方文化的“二传手”日本，对城市规划的定义如下：“城市规划是根据不同的目的进行空间安排，探索和实现城市不同功能的用地之间的互相管理关系，并以政治决策为保障。这种决策必须是公共导向的，一方面解决居民安全健康和舒适的生活环境，另一方面实现城市社会经济文化的发展。”②

在市场经济体制下，城市规划的本质任务是合理、有效和公正地创造有序的城市生活空间环境。这项任务包括实现社会政治经济的决策意志及实现这种意志的法律法规和管理体制，同时也包括实现这种意志的工程技术、生态保护、文化传统保护和空间美学设计，以指导城市空间的和谐发展。

在计划经济体制下，城市规划是经济社会发展计划的继续和具体化，是更大空间、更高层次的经济社会发展计划，讨论确定城市的功能性质和发展规模。任务是根据已有的国民经济计划和城市既定的社会经济发展战略，确定城市的性质和规模，落实国民经济计划项目，进行各项建设投资的综合部署和全面安排。

我国国标《城市规划基本术语标准》对城市规划的描述性定义是“对一定时期内城市的经济和社会发展、土地利用、空间布局以及各项建设的综合部署、具体安排和实施管理。”《中华人民共和国城乡规划法》（以下简称《城乡规划法》）也指出，城乡规划是各级政府统筹安排城乡发展建设空间布局、保护生态和自然环境、合理利用自然资源、维护社会公正与公平的重要依据，具有重要公共政策的属性。

综上所述，关于城市规划，虽然各国由于社会、经济体制和经济发展水平的不同而有所差异和侧重，但其基本内容是相同的：不同国家和地区都以政策干预的方式规划与管理城市的土地开发，通过空间发展的合理组织，满足社会经济发展和生态保护的需要。

因此，一些抽象的价值观词汇经常与城市规划关联，如健康（health）、安全（safety）、便利（convenience）、高效（efficiency）、公平（equity）、公正（justice）、有序（order）、美观（beauty）、环境保护（environment）、可持续发展（sustainability）等。总之，要实现“城市，让生活更美好”的群体共预期，那么应做到“规划，让城市更美好”。

第四节　规划使城市更美好

联合国人类住区规划署在人类城市人口首次超过乡村人口的时间点发布的《和谐城市：世界城市状况报告 2008/2009》中所评价的：“城市既有序又无序，寄生其中的有美丽也有丑陋，有美德也有罪恶。城市呈现出人类最好和最坏的一面……”在城市飞速发展的今天，人们的城市生活也面临一系列挑战，高密度的城市生活模式不免引发空间冲突、文化摩擦、资源短缺和环境污染。如果不加控制，城市的无序扩展会加剧这些问题，最终侵蚀城市的活力、影响城市生活的质量。

与以往相比，今天的城市具有越来越多的类型和形态。面对层出不穷的新生事物以及

① Adams T. Outline of Town and City Planning[M]. Russell Sage Foundation, 1935.

② 日笠端，日端康雄.城市规划概论[M].3 版.祁至杰，陈昭，孔畅，译.江苏凤凰科学技术出版社，2019.

日益复杂和多样的功能需求，建设能够“让生活更美好”的城市是人类面临的巨大挑战。应对这种挑战，城市规划责无旁贷。提高城市生活物质环境品质的三步骤是规划、建设和管理。城市规划是城市建设的第一步。我们要综合考虑自然、地理、人文、政治等各个方面的因素，制定统一、科学的规划方案，如一个城市的总体规划、核心区或重点地段的详细规划、居住区规划、公共服务中心体系规划、生态景观规划、历史文化遗迹的保护规划等，甚至还包括政府各部门的专业规划，如应急管理规划、产业发展规划、电力规划、道路交通规划等。

一、城市规划的形式

规划作为一项普遍活动，是指编制一个有条理的行动方案，使预定目标得以实现。它的主要技术成果是书面文件，适当地附有统计预测、数学描述、定量评价以及说明规划方案各种关系的图解，还有准确描绘规划对象的具体蓝图。城市规划的作用对象是城市土地及其空间，需要以空间的形象来表述，即规划方案。但是，在不同的阶段，城市规划的表现形式也会不同。

城市化发展大致可分为三个阶段，即缓慢起步阶段、快速发展阶段和趋近完成阶段，曲线近似一个拉长的“S”形。与此发展阶段相对应，不同时期占主导地位的城市规划形式分别有建设控制、规划方案和规划过程（见图 1-2）。

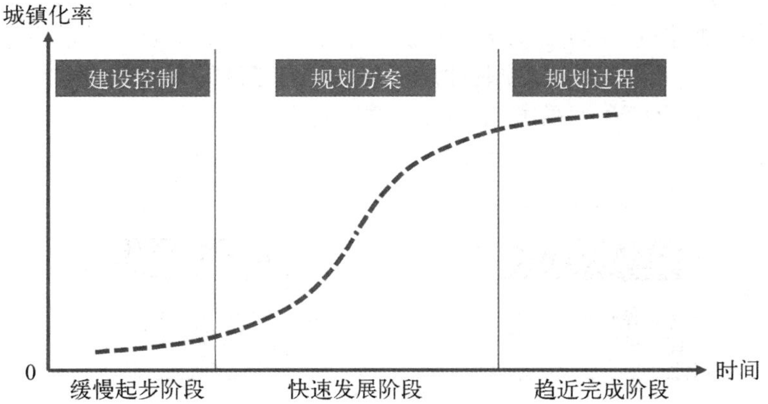

图 1-2　城市化阶段与城市规划形式

资料来源：朱介鸣.市场经济下的中国城市规划：发展规划的范式[M].2 版.中国建筑工业出版社，2015.（作者重新绘制）

在城市化缓慢起步阶段，城市发展速度缓慢，建设活动稀少、强度低，城市规划主要以建设控制为主，如新加坡殖民当局在 1827 年编制的区划（zoning），也称“杰克逊规划”（Jackson Plan）。根据该规划，任何人不得擅自进行土地开发，私人业主在房屋建设施工前，必须提交给当局房屋结构图和平面图，政府审查该申请是否对公共利益和邻居房屋有所损害。若没有，政府则颁发建设许可证。

在城市化快速发展阶段，城市土地开发需求持续旺盛，大量的项目不仅需要在较短的时间里开发建设，而且是在一片空地或生地的基础上同时开工建设，项目对周边环境的外部性无法衡量，此时需要城市根据科学和艺术的原则进行空间总体布局，因而城市规划的主要任务是提出规划方案。西方社会在这一阶段涌现了许多城市规划的经典方案，如法郎吉、田园城市、邻里单位、带形城市、光明城市、广亩城市、卫星城等。同时，这一时期的城市规划也逐渐制度化，编制概念规划和总体规划成为城市政府的主要职责。规划编制的方法论应运而生，如综合规划、理性规划、系统规划等规划理论。

在城市化趋近完成阶段，城市建设强度日益减弱，城乡人口分布趋于稳定，对规划方案的需求下降，规划方案的重要程度不如当初，城市规划从强调空间形态的美学和实用慢慢转向注重如何减少社会冲突和支撑城市经济发展。技术精英掌握的科学的综合规划方法不足以解决复杂产权情况下的旧城改造问题，此时更需要的是想办法启动民主的办法，通过公众参与，让居民自己判断什么是城市和地区发展的长远利益和整体利益。规划方案的产生过程比方案本身更加重要，在追求城市利益最大化的同时还应保护市民的财产权，以维护社会和谐，因而规划过程成为规划师关心的重点，如公众参与、交互式规划、合作规划等。

中国的城市规划起步较晚，新中国成立后经历过计划经济模式，城市规划是国民经济计划的延续和落实，改革开放后以建立起社会主义市场经济体制为导向，城市规划也适应改革开放之需而不断完善。我国城市化发展在 20 世纪 80 年代以前整体处于缓慢起步阶段，当前正处于城市化快速发展阶段（根据国家第七次人口普查数据，2020 年年底我国的城市人口占总人口的比重达到 63.89%），但有的城市（如上海）已进入趋近完成阶段，城市发展进入存量更新阶段。与城市发展阶段及需求相对应，目前我国的城市规划形式也主要有三种类型，即城市总体规划、控制性详细规划以及强调公众参与的“15 分钟生活圈”规划。城市总体规划主要任务是描绘规划方案，控制性详细规划是对土地开发建设的控制，而旨在让城市居民具有“获得感、安全感和幸福感”的“15 分钟生活圈”规划更多地体现出公众参与的交流规划（见图 1-3）。

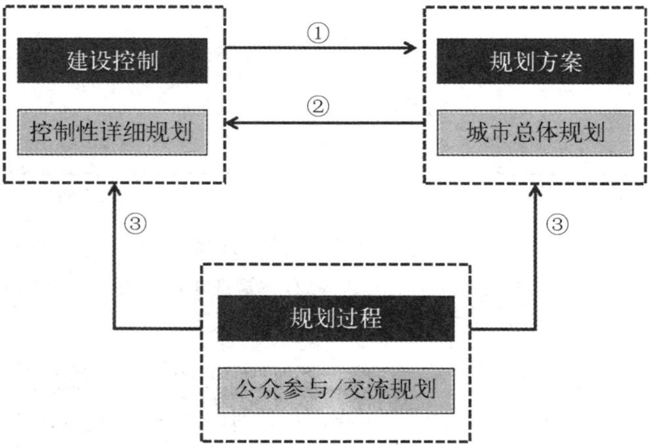

图 1-3　当前我国的城市规划主要形式

二、谁是城市规划师？

城市规划工作不可能凭一己之力全程完成。城市规划要达成自己的使命，包括规划编制和规划实施两个阶段。从事城市规划业务工作的人被称为城市规划师。在我国，实施执业资格注册制度，注册城市规划师是指通过全国统一考试，取得注册城市规划师执业资格证书，并经注册登记后从事城市规划业务工作的专业技术人员。那么，城市规划师仅包括这些专业技术人员吗？显然不是。

当代任何一类规划都包含四个方面，即技术性、经济性、政策性及社会性。以交通规划为例，虽然以技术性规划为主，但同样有经济性规划，要运用交通经济学进行投入产出分析、效益分析、资金预算和组织等。提出的交通政策是加强水运、高速公路、航空，还是建高铁？在城市交通中扩大公交还是增建道路？如果建造道路，是建设环路还是加密路网？如果扩大公交，采用什么模式，地铁、快速公交系统，还是轻轨或其他地面轨道交通？如何提高公交效率？如何提供公交补贴？交通问题的解决如何体现环保、可持续发展？交通建设项目“效益-代价”的公平分配问题如何办？交通项目是否会对落后地区有经济拉动作用？老弱病残等交通弱者的交通需求该如何满足？编制解决以上问题的规划或出台相关的政策，需要交通工程学、公共政策、社会学甚至生态学等方面的知识，担纲这方面内容的人员是学习过相关课程的城市规划专业毕业生吗？

专业人士做专业的事。城市规划师做与城市土地开发和建筑布局等空间美学及其合理性相关的事情。与城市规划相近的专业有建筑学、建筑设计、艺术设计、土木工程建筑、环境与设备工程、给水排水工程、道路桥梁与渡河工程、土地资源管理、资源环境与城乡规划管理、地理信息系统等，这些专业的毕业生可以在城市建设中的相关领域从业，也可以通过执业资格考试成为注册城市规划师。

城市规划原是建筑学一级学科下设的二级学科，城市规划专业毕业后的学生通常到城镇规划设计研究部门、建筑设计研究部门或者规划设计管理单位、房地产开发单位从事城镇规划、景区规划设计、城市与建筑保护及更新设计等工作，根据研究方向，参与城市道路交通规划、城市市政工程规划、社会经济发展规划、区域规划、城市规划管理等工作。

随着城市规划学科的发展，其地位提升为一级学科后，城市规划专业教育的课程设置更加多元化，在规划理论中也引进了设计理论、社会科学理论、科学研究方法等方面的内容。其目标是将学生培养为能将自然科学和社会科学结合在一起的通才。他们使用计算机软件做专业分析，能将土地利用、住房、交通等专项规划融入总体规划以反映经济、社会的客观条件，并将其体现在城市规划设计中；他们也能和政府官员协调合作，引导公众参与达成共识，以保证城市规划方案得以实施。为此，还要学习各种交流、调停技巧，学习通过图纸、报告、地图、计算机模型等方法向公众和政府官员传递规划师的意见。

作为通才的城市规划师，“要么什么都是，要么什么都不是”。如果没有人听从规划师的意见和建议，他们就什么都不是。规划师也可以什么都是，在某些时间地点，他们就代表政府，行使着大量的公共权力。尽管规划理论认为，规划师需要如此地位以实现“规划，让城市更美好”的目标，在遭遇挫折的时候，规划师也盼望拥有这样的权力，但是公平地说，规划师并不应得到全部的控制权，因为权力意味着掌控资源，应与责任相匹配，规划师只需要拥有一小部分专门的权力，在必要的时候使得规划意图得到理解、规划目标得以实现①。

① Wildavsky A. If Planning is Everything, Maybe It's Nothing[J]. Policy Sciences, 1973(4): 127-153.

三、城市规划的未来

2018年，我国国务院机构改革，将城乡规划职能从住房和城乡建设部调整到新组建的自然资源部，并开展国土空间规划。2019年发布的《中共中央 国务院关于建立国土空间规划体系并监督实施的若干意见》要求国土空间规划体系的作用对象是行政辖区内的全部国土，不仅包括城市与乡村的土地，而且将陆域内的山林田湖草沙等也纳入规划。新开展的国土空间规划被认为实质上是土地利用规划的延续。原来的城乡总体规划所划定的城市规划区转换成城镇开发边界内的土地，城市规划师曾一度更名为国土空间规划师，由准入类执业转变为水平类执业资格类型，而且不少原本没有城乡规划学科的高校开始增设国土空间规划专业的硕士博士点。

在西方发达国家，由于城市化几近完成，已经没有大规模的城市建设，对城市规划专业的需求锐减，不仅政府管理部门裁撤规划局署，而且高校中城市规划与设计专业也"日薄西山"，纷纷转型公共政策，研究城市中的社会、经济和政治问题。不少人认为城市规划师是工业社会向城市社会转型过程中的一个过渡性职业。城市规划，作为专业、学科和作为职业，其未来会如何？

毫无疑问，作为"第三空间"，城市中的任何空间问题，其根源及本质都具有社会性，作为公共政策的城市规划必须充分认识这个前提。同理，解决城市社会问题时，从空间角度进行干预，也往往是途径之一，毕竟，规划是空间化的公共政策或落实在空间上的公共政策。规划之所以具有自己的社会功能分工，是因为其从独特的空间角度参与解决社会性问题，而不是依靠复制、搬用其他社会科学的方法或逻辑框架。规划可以在充分反映政治社会背景的前提下向物质性、空间性特色回归。城市规划可协调各个学科的理论和知识、协调各个社会群体阶层，最终制定实证性的空间政策。

另外，在我国的城市空间规划设计中，公众参与具有很大的可行性和便利条件。传统的空间形态和生活方式造就中国人亲密交往、热情关心生活空间的好习惯。将公众参与深入纳入具体地域、社区的规划设计，形塑公众理想中的城市，而不只是抽象地讨论问题，这样建设出来的城市才会是让人民群众托得住乡愁、找得到归属感的城市。

城市规划要走向大众，普及城乡居民身边看得见、摸得着的城市规划知识，使得"规划，让城市生活更美好"不只是城市规划师的使命，也与广大生活在城市中的普通大众息息相关，最终实现"城市是人类生存和繁衍的美丽家园"。

问题思考

1. 规划的本质是什么，是人类因趋利避害而对未来做出的预期安排吗？
2. 为什么说城市是主客体统一的"第三空间"？
3. 城市规划是"让城市更美好"的充分条件还是必要条件？

第二章　城市的产生及其本质

本 章 导 读

人类文明的历史和城市的历史有着密切关系，文明是随着最早的城市的出现而发展出来的。文明(civilization)来自拉丁文 civis(指一个城市的一个居民)和 civatas(通常是指一个有围墙的居住地方)。因此，"文明"一词含有"城市化"和"城市的形成"两方面的意思。当今，我们大多数人都与城市结下了不解之缘，生于斯、长于斯、终于斯。城市支配着人们的工作、娱乐、居住、社交以及所有日常生活，人们相互交往的方式也反映着以城市为背景的文化特征。

据研究统计，早在 2007 年，有一半的人类已经定居在被称为"城市"的地方，另一半人仍常住在乡村里。这个人类所居住的星球已从"人类世"(anthropocene)①转变为"城市世"(urbanocene)，而成为"城市星球"(urban planet)。据杰弗里・韦斯特(Geoffrey West)2017 年的估计：到 2050 年，居住在城市里的人数占比有望超过 75%，这意味着在未来，有超过 20 亿的人口要迁往城市，以每周约 150 万人的速度从乡村迁居到城市生产生活②。

我们不禁会问：人类为什么要从乡村迁居到城市？城市是何时产生的？城市的本质及其特征有哪些？城市会消亡吗？

第一节　城市的产生

求解城市产生的原因，通常是借助考古学的发现及推测。如根据已有的考古成果，推测在约 8 000 年前，在现今中国的大地上，人类开始定居，出现了原始聚落，产生了原始农业、畜牧业和手工业。在 4 000～5 000 年前，原始社会逐渐解体，国家逐步成形，城市开始出现。在世界其他地方，或早或晚地也经历了这样的两个时期，如两河流域、尼罗河流域以及中美洲地区，都是如此。英国著名考古学家戈登・柴尔德(Gordon Child)将它们分别称为"新石器时代革命"和"城市革命"，并指出，"新石器时代革命"是人类文明起源的开始，而"城市革命"则是人类文明形成的标志③。

① "人类世"并没有准确的开始年份，可能是由 18 世纪末人类活动对气候及生态系统造成全球性影响开始。一些学者则将"人类世"拉到更早的时期，如人类开始务农的时期。

② 杰弗里・韦斯特.规模：复杂世界的简单法则[M].张培，张江，译.中信出版社，2018.

③ 倪凯.戈登・柴尔德的"城市革命"理论研究[J].都市文化研究，2020(1)：19-31.

城市的现状是历史的产物，不仅要考察 6 000 年的人类文明史，而且应将人类的生物进化和文明发展结合起来，把更久远的几万年前的历史也纳入视线。诚如刘易斯·芒福德指出的，如果我们只研究集结在城墙范围以内的那些永久性建筑物，那么我们还根本没有涉及城市的本质问题①。

本节将从人类物种进化、文化演化和人性需求的角度，探讨城市为什么产生，以及为什么会出现大规模的人口城市化现象。

一、巢穴是真社会性动物进化的必备条件

群体式协作不仅是人类而且是许多群居性物种生存和繁衍的必要条件。在地球上生存和繁衍的几百万种生物中，人类的个体不是最大的。在不借助工具的情况下，单个人仅凭一己之力、赤手空拳难以打败虎、狮、狼等大型食肉性动物，若不成群结队，常会成为别的动物的猎物。因此，人类要生存，在野外捕猎觅食过程中，必须三五成群进行协作，才能成为猎食者(predator)，而不是成为猎物。

生物学家通过对从昆虫到哺乳动物的上千种动物的比较研究发现，人类与其他动物群体式协作社会行为的起源是相似的。人类这种具有智慧、复杂的高级社会行为是从真社会性(eusociality)动物②中进化而来的。真社会性动物具有三个典型特征：一是繁殖分工，群体中可分为专职繁殖的阶级，以及较少甚至不进行繁殖的阶级；二是世代重叠，群体中的成熟个体可分为两个以上的世代；三是合作照顾未成熟个体，某一个体会照顾群体中其他个体的后代。

真社会性可以赋予物种巨大的生存优势。真社会性一旦形成，它所带来的高级社会行为就可以帮助生物在生态上占据很大优势③。要进化成真社会性动物，必须先构筑安全的巢穴。建立巢穴可以供亲代和子代栖息并形成成员彼此分工养育后代的生活方式：一部分成员可以从巢穴中外出觅食，另一部分成员则在巢穴内养育幼崽直至它们发育成熟。这种原始的组合很容易就会划分出敢于冒险的觅食者和倾向于规避风险的父母以及看护者。最初的筑巢者可能是一只孤单的雌性、一对动物配偶，或者一个组织松散的群体。

进化生物学和考古学研究认为，大约在 200 万年前，在非洲生活的一种南方古猿发生了明显的食性改变，由原本的素食转向主要靠肉食为生。这群南方古猿为了得到高热量且来源分布广泛的肉类，不再像今天的黑猩猩和倭黑猩猩一样，以无组织的群体方式四处漫游，而是构筑起了营地，也就是巢穴。专门的狩猎者外出狩猎，并带回捕获的肉类与其他人共享；作为回报，狩猎者可以在营地中获得保护，它们的后代也可以居住在营地里安全长大④(见图 2-1)。

---

① 刘易斯·芒福德.城市发展史——起源、演变和前景[M].倪文彦，宋俊岭，译.北京：中国建筑工业出版社，2005.

② 真社会性是一种具有高度社会化组织的动物。根据爱德华·威尔逊(Edward Wilson)的研究，目前可以确定的真社会性动物只有 19 种，分散在昆虫、海洋甲壳类动物和地下啮齿类动物中，人们比较熟悉的是蚂蚁、白蚁和蜜蜂等。如果将人类考虑在内，那么种类总数就是 20。

③ 在已知的 19 种真社会性动物中，只有两种是昆虫——白蚁和蚂蚁。它们在全球大陆上的无脊椎动物中占据着主导地位。白蚁和蚂蚁在已发现的数以百万计的昆虫亚属种类中虽然只占据不足两万种，但其总重量却占全世界昆虫体重总和的一半还要多。

④ 爱德华·威尔逊.人类存在的意义[M].钱静，魏薇，译.浙江人民出版社，2018.

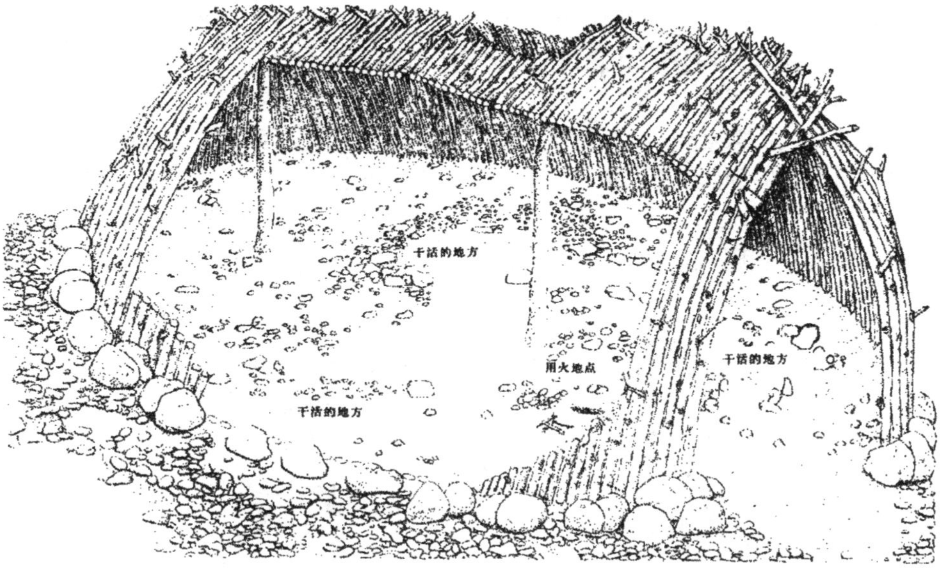

图 2-1 人类的巢穴

资料来源：L. 贝纳沃罗.世界城市史[M].薛钟灵，余靖芝，译.科学出版社，2000.

二、营地与原始村庄

与地球上的其他动物相比，人类具有独特性，具有智慧，并且具有与人沟通，识别、评价他人，与他人联结、合作与竞争的倾向，以及从属于某一群体的需求。只有人类能够根据个人之间的深入了解构建群体，并本能地密切关注他人的动静，以提高自身和群体的存活率。在非洲古人类进化成智人之后，他们的大脑皮层日渐发达，社会智能也随之在互动中不断增强，最终使得智人成为第一个在地球历史上占据支配性地位的物种。非洲智人在 15 万年前至 6 万年前之间走出非洲，直至 1.2 万年前左右遍布全球。此时人类的主要工具是石器，交通工具就是双腿，没有农业，没有畜牧业，没有其他动物协助，就靠一路上的打猎和采集，并以不超过 50 人的团队为组织一路前进①。

虽然人类完成进化之初也只是采集果实和狩猎，这点与其他动物并没有太大区别，但是人类大脑驱动出了强烈的进取心和"走过去看看"的好奇心，以及在面对恶劣自然气候和猎捕猛禽野兽时的创造力。即便是人类的近亲黑猩猩和倭黑猩猩，也没有像智人那样，在短短几万年里步行穿过冰川、海洋，足迹遍布全球，在自己的驻留地留下想象力和创造力，建造自己的营地。

稳定的村庄和营地形式相较于一些小型人口群落结成的松散、游动性的联合形式有一个很大的优点：它能为人类的繁衍、营养和防卫提供最大的方便条件。村庄实质上就是一个养育幼儿的集体性巢穴，可以延长对幼儿的照料时间和玩耍消遣的时间。与此同时，稳定的村庄和营地可以驯养动物，如猪、牛、羊等，还可以培育植物，如小麦、水稻等。共同生活、

① Morris I. Why the West Rules — for Now[M]. Picador，2011.

共同分担对幼儿的照料，人口规模才得以逐渐扩大。农业和畜牧业的长期稳定发展带来丰富的食物。剩余粮食和剩余人力这两个因素是城市诞生的先决条件。

远古村庄都是由一些家庭结成的小群体，包含 6～60 户，村庄不仅有村民的房舍，还有圣祠、蓄水池、公共道路和集会场地等(见图 2-2)。每户都有自己的炉灶、自家的神龛，讲着同一种语言，到同一株大树或峭岩的庇荫下集会，沿着同一条小路外出放牧牲畜，每家每户从事同样的劳动，过着同样的生活方式。交通尚未充分发展时，每个村庄实际上自成一个世界。诚如老子所书："甘其食，美其服，安其居，乐其俗；邻国相望，鸡犬之声相闻，民至老死不相往来。"

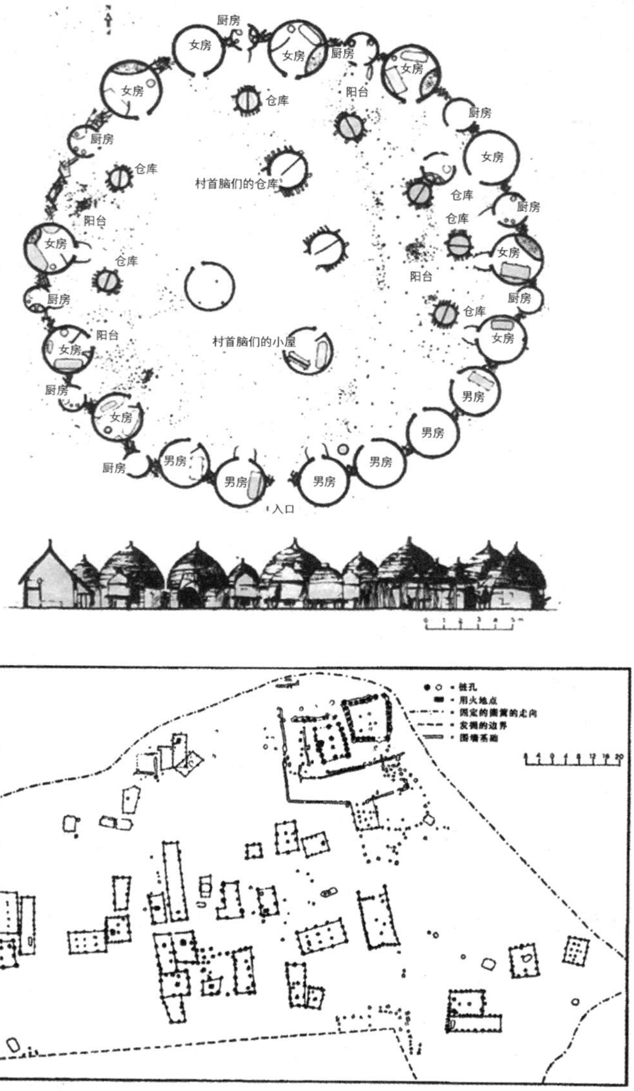

上图：现代非洲喀麦隆的一个村落平面图
下图：在奥地利的哈尔斯塔特(Hallstatt)发掘的新石器时代的居民点平面图

图 2-2　原始村落

资料来源：L. 贝纳沃罗.世界城市史[M].薛钟灵，余靖芝，译.科学出版社，2000.

村庄也逐步建立起自己的社会性规范或道德，如古训、格言、家族历史、英雄典范和道德训诫等。村庄长老会通常是维持村庄社会秩序、判断行为是非的仲裁者。由年高德劭者组成的长老会体现着社区的集中智慧，每逢误会或争执使村庄的公共秩序受到影响时，长老们便都来参与商讨，共同谋划如何恢复生活秩序。村庄的这些物质结构和组织结构是城市复杂结构的胚胎，孕育出城市中组织化的道德、政府、法律和正义等，如巴比伦的众神会议就沿袭这古老的村庄形式①。

三、王权与城市

尽管村庄是孕育城市的胚胎，但是若只有人口数量的增加，村庄无论如何都不会变为城市，因为村庄社会尽管礼俗完美，但创新能力有限，村民自给自足而无须进取。要实现重大转变，必须使村庄生活急骤转向，脱离以饮食和生育为宗旨的轨道，去追求一种比生存和繁衍更高的目的。

改变这一静止状态的因素是外来威胁：一是猛兽，二是洪水，三是敌对部落。内部秩序的维持可通过村庄长老会实现，但面对外来的威胁，那些年事已高的老人们则无力应对，需要身强力壮且斗争经验丰富的部落首领。刘易斯·芒福德认为："从最分散的村落向高度组织化的城市转变过程中，最重要的因素是国王，或者说，是王权。"②那么，国王是怎么产生的呢？

有一些确凿的考古证据表明，在城市出现之前，猎民的临时性营地已经发展成延续性的固定据点。这些固定性据点属于由一帮猎人组成的"当地酋长"。这些猎人有武器，又懂狩猎技能，不仅可以为村庄防御最凶猛的野兽，如狼群、狮群或老虎等，而且还可以捕获一些小型攻击性较弱的动物，如羊、牛、兔子、鸡、鸭等，所以受到村民的欢迎。很容易理解，那些受猎民保护的村庄，与那些易受兽群侵袭（或毁坏庄稼，或伤害村民，或吞噬儿童）的村庄相比，更容易繁荣起来。此时一种变本加厉的单方面交易产生，猎民要求村民交"保护费"，进而猎民就向政治领袖演变，"当地酋长"演变成"国王"。苏美尔人传说中的吉尔伽米什（Gilgamesh）原型就是酋长，他是一个勇敢的猎手、一个坚强可靠的守卫者，更有意义的是，他还是乌鲁克城（Uruk）周围城墙的建造者。

城市出现最早的区域基本上是大河流域，如尼罗河流域、两河（底格里斯河-幼发拉底河）流域、恒河流域、黄河流域等，这些河网密布、水量充沛的区域特别适合农业的发展。但是，当河流水量暴涨或发生周期性潮汛时，种植的庄稼就可能颗粒无收，有时人们也可能因一场旱灾而饿死。因此，必须将村民组织起来，修筑完整的堤坝和运河网络，引导洪水绕过农田，或引水抗旱。凭一个局部地区的力量可以建成小堤坝和沟渠，而要将流域地带变成一个统一的河网纵横的大范围流域性水利工程体系，数个村落或部落无力完成。此外，这些巨型工程需要一定的社会交流、合作和长远的规划，这就要求部落联盟及其首领来统一指挥和调度"许多人手同时完成统一不可分割的操作"。照此逻辑推理，部落联盟的首领发展成后来的"国王"则顺理成章。

---

① 刘易斯·芒福德.城市发展史——起源、演变和前景[M].倪文彦，宋俊岭，译.北京：中国建筑工业出版社，2005.

② 刘易斯·芒福德.城市发展史——起源、演变和前景[M].倪文彦，宋俊岭，译.北京：中国建筑工业出版社，2005.

地球的地理环境和自然资源分布是不均的，因而农业和畜牧业在全球的分布也非常不均衡。当农业人口进入依然以采集、打猎为主要生产方式的地区，就会形成竞争。两种力量悬殊的文明一经相遇，先进的文明势必征服落后的文明。此外，有些部落联盟为了保护灌溉系统的水源，会发动战争向上游地区扩展自己的控制范围；有时为了获取建筑工程所需的木材或石材、冶金所需的铜和锡、工匠所需的金和银，会向各地派出士兵或商人展开战争或者贸易。如我国夏朝王权建立之前是一个邦国林立并组成联盟的时代，尧、舜、禹等部落首领就通过对联盟内外或敌对部族的征伐战争，大大确立了自己的霸主地位。这使得他们所拥有的军权已超越本邦本国的军权。这样的军权很容易转化为王朝国家的王权①。

在从分散的村落经济向高度组织化的城市经济发展的历程中，起着决定性作用的是国王或者说是王权制度。一旦王权建立起来，就要有一个居于中心的核心组织，控制周边的村落，并对其活动发出集中统一的指令。那么发挥王权功能、体现王权威严及地位的，就是建设王城——城市。为了抵御外族入侵，对内剥削、镇压反抗，保护奴隶主和贵族的私有财产和人身安全，享受王权的首领和贵族等开始建造城郭沟池，从而推动了早期城市的出现。城市一旦出现，社会从形式到内容上都会发生决定性的转变。

在从乡村到城市的集中聚合过程中，王权占据中心位置，它是城市磁体的磁极，把一切新兴力量统统吸引到城市文明的心脏地区来。在城市这种新实体中，人类的组织也变得更复杂了：除了猎民、农民和牧民外，其他各种村民也开始进入城市，并为城市生活做出了各自的贡献，包括矿工、樵夫、渔人，他们不仅给城市带来各自的工具和技艺，还会在不同的境遇中形成自己的生活习俗。随着活动组织形式的复杂化，会产生新的需求并出现其他一些职业团体，如士兵、钱庄、商人、僧侣等。城市正是凭借这样的复杂多样性，创造出了更高层次、更加复杂的统一体。

四、城市是人性发展的一次飞跃

在城市产生之前，人类社会各种要素即使不是对立的，也曾长期处于相互分离、各自为政的状态。而在以王权为首的组织下，各要素都被集中到密集的城市里来。城市是促成聚合过程的巨大容器，通过密闭容器形式将各种新兴因素聚拢到一起，强化它们之间的相互作用，从而将总体成就提高到新水平。就像气体在有限的空间内会形成分子压强，人与人之间的交往在有限的空间内会极大地增加交互的次数。在城市里，在一代人的时间内产生的社会交互感应次数会大大超过以往几百年中所产生的交互感应次数。

原来分散在广大河谷平原的村民都被动员起来进入城市的高大围墙之内。成千上万的人，在集中统一的指挥下，可以像一台机器那样行动起来，开凿灌溉渠道、运河，构筑城台、宝塔、祭坛、庙宇、宫殿、金字塔等，其规模之大是以前所不敢设想的。与此同时，新的管理方式和复杂的权力结构及其体系也被发明出来了。原来许许多多的原始公社的村落，结构简单，职能简单。在城市，则必须按照层级原则建立垂直组织机构，并演化出复杂的中枢指挥和管理体系，承担保障整个城市的正常运作的职能。同时，为适应不断变化的需求，会发展出更加繁复的社会组织形式。

① 王震中.中国古代国家的起源与王权的形成[M].中国社会科学出版社，2013.

城市能有效地动员人力，组织长途运输，克服空间和时间的阻隔，加强社会交往，促使人类的创造能力向各个方向蓬勃发展。比如，文字记载的产生催生了图书馆、档案馆、学园和大学等，这些都是村庄所不具备的功能，而且还都是城市最典型且最古老的成就。

以前各种已发展成熟的功能要素，如圣祠、房舍村落、集市、要塞堡垒等，是处于自发分散、无组织状态中的，城市则可以将其聚拢到一个有限的空间环境之内，形成一种蓬勃紧张且相互感应的状态。这些要素在城市里发展壮大、增多，并且在结构组成上进一步分化，最后各自成为城市文化的组成部分。历史发展表明，城市不仅能用具体的形式体现精神宗教以及世俗的伟力，而且能以一种超乎人的明确意图的形式发展人类生活的各个方面。

在这发展过程中，古老的村庄文化便逐步向新兴的城市文明退让。原有的一些古朴民风民俗发生变化，转向服从王权或神权统治。此时，村民只生产出供养全家、全村的收获已经不能适应新要求了，他们得更辛勤地耕作，还要节衣缩食，积攒大宗剩余以满足皇家和僧侣阶级的需要。在新的城市社会里，村庄长老们的智慧不再拥有权威；在新的城市社会里，更有价值的是职业能力和年轻有为的进取精神；在新的城市社会里，酋长与村民之间从此产生了社会距离，彼此不再是亲密、平等的关系，村民们下降到受人支配的地位，他们的生活要受到层层监督和支配；在新的城市社会里，为维护秩序和统治，国王要设置军事官吏和民政官吏，地方官员和钦差大臣，收税官和警察，将军和士兵，甚至要有书记官、医生、术士和预言家等僧侣阶层以说服民众王权是神授的。

诚如刘易斯·芒福德所言，人类凭借城市发展这一阶梯一步步提高自己、丰富自己，甚至达到了超越神灵的境地①。

第二节 城市产生的其他假说

上一节是从人类进化以及人性需求的角度，分析了人类定居及社会发展为城市的产生创造了必要条件。同时，部落联盟要共同应对外来因素而触发了王权的产生，从而为城市的产生带来了充分要素。因有充分且必要的条件，所以城市得以产生。

人类进入文明时代以来，先后于不同时期在不同地方建造了许多不同类型的城市，这些城市的缘起则各有不同，其中防御说、集市说和宗教说可信度较高。

一、防御说

该假说认为，古代城市的兴起主要是出于防御的需要。一些部落聚集到一起，在统治者或居民集中居住的地方构筑城郭，以保护其财富和人身安全不受威胁。如在中世纪的欧洲，有权力的贵族和封建领主或者修道院院长常常在自己的城堡、僧院或狩猎场之外建设一座新城。建造城镇的动机是防御、耕种和进行商贸活动，而城镇又常常成为在新开拓的土地上定居及重新安置人口的手段（见图 2-3 所示的卡尔卡松城堡）。

① 刘易斯·芒福德.城市发展史——起源、演变和前景[M].倪文彦，宋俊岭，译.北京：中国建筑工业出版社，2005.

图 2-3　卡尔卡松城堡

注：中世纪时期的城堡既是防御敌人进攻的堡垒，也是贵族骑士及其家庭成员的住所。城堡的军事功能使其防御设施完备，城堡的日常居住功能使其生活设备齐全。城堡周围乡村中的庄园与城堡相结合，形成一种自给自足、相对封闭的生活环境，庄园中可生产城堡中居住的人们生活所需的主要物品，包括食、衣、用等许多方面。在庄园中居住的农民大都是城堡主的农奴和佃户，他们终日经年地为领主辛勤劳作，依附于领主，领主也有保护他们生命安全的义务，因此，当外敌前来进攻和抢劫时，农奴们往往逃到城堡中寻求庇护。

资料来源：Rubenstein J M. The Cultural Landscape：An Introduction to Human Geography[M]. 10th ed. Pearson Education，Inc.，2011.

日本城堡型的天守阁似乎也可以成为证据。日本最早的一批城市产生于 4—6 世纪，围绕首领所在宫殿（都城）聚集着一批部落。由城防工事围合起来的宫城内集合了一些统治者的私人行政人员，这些人员就住在紧邻宫城的外围，这样的一个集合体无意中吸引了一批工匠、艺人和武臣。于是，一种城市形式就这样产生了（见图 2-4）。

二、集市说

也有一些学者认为城市的出现要早于农业革命，是在狩猎社会阶段猎人与农人及矿工交易的集市中逐步自然形成的。推理如下，在一些矿区或其他自然资源集中的地区，过着游牧生活的猎人经过此地而自然发生物物交换，获得生存所需的物品。随着时间的推移，这些地点逐步演变为集市中心，随着交易量的增加和吸引范围的扩大，这些集市中心逐步固定化，吸引了一批人居住在这里，专门从事物品的交换，因而形成了商人阶层。与此同时，手工业也开始发展起来，居民利用自然资源（如黑曜石）作为原材料进行加工（如利用矿产制造武器和其他用具），用从交易中获得的物品（如兽皮）制造商品（如服装），并以此与猎人交换以获得维持生存所必要的食物等。在交换中，居民也从猎人手中获得一些动物、粮食的种子而从事一些驯养和种植的工作。在此过程中，劳动分工进一步细化，一部分居民就专门从事农

(a) 天守阁绘画　　(b) 天守阁下的福冈城

图 2-4　日本天守阁及其城市

注：天守阁是日本城堡中最高、最主要也最具代表性的部分，具有瞭望、指挥的功能，也是封建时代统御权力的象征之一。"天守"有时也写成"殿主""殿守""天主"，明治时代以后出现了"天守阁"的新称呼。天守阁周围筑有壕沟城池，石垣和城壁固守着城堡。同时，各个城郭区域或各条通道之间均有石垣和城壁相隔，使外敌不可能轻易进入。石垣呈陡斜状，这种特点被称为"扇形斜坡"，上部向外翘出，使人难以攀登。

资料来源：左图取自三浦正幸.日本古城建筑图典[M].詹慕如，译.商周(城邦)，2008；右图为作者自摄。

业生产，并将他们的产品在集市中与商人和手工业者进行交换，各自获得维持生活的必需品。随着城市的进一步扩展，农业生产活动逐步向城市边缘和外围推进以获得更大的生产规模，从而形成了围绕城市的农业边缘地区。农业的深化又进一步供养城市。简・雅各布斯(Jane Jacobs)在其著作《城市的经济》中就认为，新曜石城因黑曜石贸易而兴起，进而产生了周边一些专业化的小城市，从而带动农村的兴起与发展①。

但有学者对此不予认同，认为最大型的交易市场虽然常常表现为临时城市的样子，且在交易场所内，可能会免除在税收和经销权等方面阻碍长途贸易发展的许多限制。但是，这种自我管理式的市场可能属于特殊情况而非一般惯例。集市不一定能发展为城市，中世纪的定期集市就从未发展成为任何城市，甚者连特鲁瓦(Troyes)城也存在于著名的特鲁瓦集市之前。

亚当・斯密在《国富论》的第三篇第一章"论财富的自然发展"②中，以逻辑推导的方式进行过分析，他说：

> 文明社会的重要商业，就是都市居民与农村居民通商……农村以生活资料及制造材料供给都市，都市则以一部分制造品供给农村居民……按照事物的本性，生活资料必先于便利品和奢侈品，所以，生产前者的产业，亦必先于生产后者的产业。提供生活资料的农村的耕种和改良，必先于只提供奢侈品和便利品的都市的增加。乡村居民须先维持自己，才以剩余产物维持都市的居民。所以，要先增加农村产物的剩余，才谈得上增设都市。

他的这一番逻辑推理分析，说明集市不是城市产生的起始条件。

① 简・雅各布斯.城市的经济[M].项婷婷，译.中信出版社，2007.

② 亚当・斯密.国富论[M].郭大力，王亚南，译.商务印书馆，2014.

三、宗教说

另一种城市缘起的假说则是宗教礼仪说。在新石器时代，人类经常会受到不能控制的自然力(如洪泛、瘟疫、蝗灾等)的影响而大量死亡。为祈求民生安定和耕作丰收，部落常常举行敬神典礼活动，为此设置祭坛或者建造神庙，并雇用一批工作人员专司礼仪，而人们为了朝拜的方便也向此地集聚，这样就引起了人口的高度集聚。后来，围绕着庙宇这个神圣的核心周围布置着多重同心城墙、开放空间和城市街块，城市就逐步形成。如雅典就是一座围绕迈锡尼文明留下来的神庙而建造起来的城市(见图 2-5)。

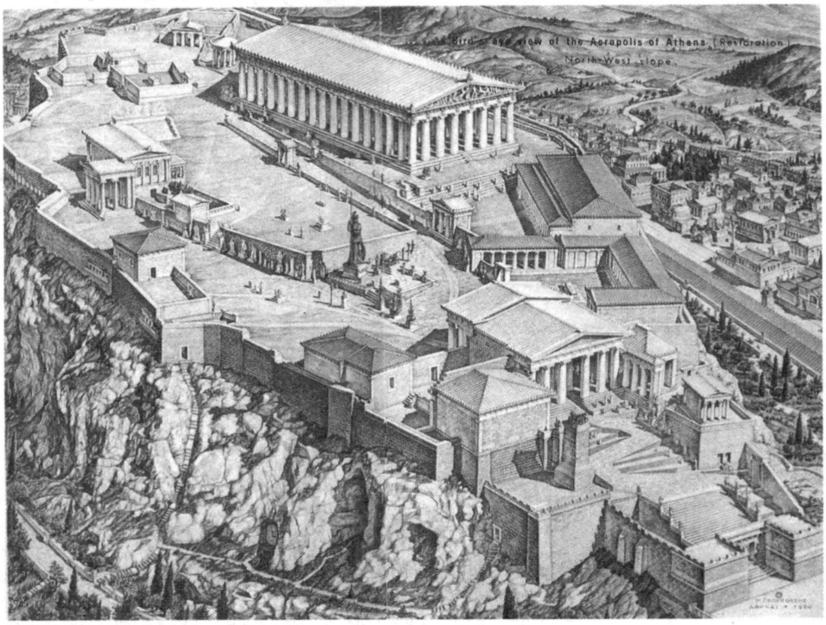

图 2-5　雅典卫城

资料来源：让-克劳德·戈尔万.鸟瞰古文明[M].严可婷，译.湖南美术出版社，2019.

在古代宗教祭祀活动组织中，神祇与首领二者之间有天然的直接联系，常常可以互为替身。首领(或国王)凭借自己的威望并利用祭司的威严，把部落或村民的命运操纵在自己手中，把各种超凡的神权集中在自己权力之下，可以代行神权以实现统治意图。因此可以发现，在古代城市里，神庙与王宫通常是紧邻的。

众多关于城市起源的学说都有相似之处，常常将人们带入“鸡与蛋”的循环论中。到底是这样或那样的因素为城市的形成创造了必要条件，还是城市的形成导致了这些因素的出现？例如，以防御为目的的聚居行为也许的确曾经导致城市的产生，但相反的推论也是能够成立的，即一旦形成具有一定数量的聚居地，那么相应地这个地方就会对复杂防御系统产生需求。正如哈罗德·卡特(Harold Carter)在其《城市历史地理导论》中所说①：

① Carter H. An Introduction to Urban Historical Geography[M]. Edward Arnold, 1983.

在复杂的社会、经济、政治变化进程中是否能分辨出导致城市形式产生的那个单一的、自律性的诱发因素，这一点非常令人怀疑……无论经济、战争或技术引发了社会组织中的怎样的结构性变化，这些结构性变化一定要得到某种当政机器的支撑才能获得制度化的持久性。

第三节 认识城市

城市的产生是人类进化和文明发展过程中的大事件。著名的澳大利亚考古学家、史学家戈登·柴尔德(Gordon Childe)在其所著的《人类创造了自身》(*Man Makes Himself*)和《历史发生了什么》(*What Happened in History?*)两本书中均采用"城市革命"(urban revolution)一词作为章节标题来突出城市这一新生事物在人类文明过程中的重要意义①。他认为，可将前工业社会划分为"蒙昧""野蛮"和"文明"三个进化阶段：蒙昧时代的人类完全依靠采集野生植物和渔猎生活；新石器时代革命将人类从蒙昧状态带入野蛮状态，野蛮时代的人类通过种植可以食用的植物或通过驯养家畜来补充食物来源，人类的生存方式由此转变为定居耕种的农业生产及村落生活方式；人类进入文明时代的标志则是城市的产生以及文字的出现，城市生活就是从文明时代开始的②。

城市对人类进化和文明发展的意义重大，很多学者都在探讨城市的实质或本质。卢梭(Rousseau)说："房屋只构成镇，市民才构成城。"③亨利·皮雷纳(Henri Pirenne)说："城市必须具备市民阶级的居民和城市组织的两个基本属性。"④

所以，亚里士多德说："城市的建立，是为了生活，为了能过上好的生活。"⑤城市是人类不局限于动物属性而充分发展人性的最佳创造物和场所。

城市是从村落中孕育出来的，仍是人类生存和繁衍的聚居地，只不过是一种高级形态。城市是人类为满足自身生存和发展需要而创造的人工环境。相较于村落，城市具有哪些"高级"的特征呢？

一、人口规模大

新石器时代的一般村落有 200～400 人。虽然农民定居有利于人类的生存和繁衍，但人口的增长并不明显地反映在村落规模的扩大，而往往反映在村落数量的增多。这是因为在缺乏带滚轮的运输工具和道路的情况下，要进行巨量的粮食运输，人们必须生活在易于步行到耕地的范围内。一旦村落的人口超过可耕地能够承受的压力，过剩的人口就不得不分离出来，寻找新的居住地。此外，由于农村生产方式采用刀耕火种而使得超过半数的可耕地必须处于休耕状态，村庄不得不每隔 20 年迁徙一次。考古发现，在史前欧洲，已知最大的新石

① 李丽梅.城市革命：一个理论概念的嬗变研究[J].国际城市规划，2019，34(6)：41-48.
② Childe V G. The Urban Revolution[J]. Town Planning Review，1950(21)：3-17.
③ 转引自吴志强，李德华.城市规划原理[M].4 版.中国建筑工业出版社，2010.
④ 亨利·皮雷纳.中世纪的城市[M].陈国梁，译.商务印书馆，2006.
⑤ 斯塔夫里阿诺斯.全球通史[M].7 版.吴康婴，梁赤民，译.北京大学出版社，2020.

器时代村庄即丹麦日德兰半岛的巴卡尔(Barkaer)只有 52 个小单间居址,其中 16～30 个房子是中等大小。

就规模来讲,最初的城市也一定比以前任何的聚落都大,容纳的人也更多。据推测,美索不达米亚的苏美尔城市的人口在 7 000～20 000 人,印度河谷的摩亨佐-达罗城(Mohenjo-Daro)的人口可能接近 20 000 人。我们还可以从公共建筑的规模和体量推断出埃及和玛雅的城市的人口规模相当大。

美国学者钱德勒(Tertius Chandler)以人口规模为标准列举了不同历史时期世界最大城市(见表 2-1)①。

表 2-1　历史上的世界最大城市

城　　市	人口(万)	年　　代
孟斐斯	3	公元前 3100 年
乌尔	6.5	公元前 2030 年
巴比伦	20	公元前 612 年
亚历山大	30	公元前 320 年
长安	40	公元前 200 年
罗马	45	公元 100 年
君士坦丁堡	30	公元 340 年
长安	80	公元 750 年
巴格达	100	公元 775 年
君士坦丁堡	70	公元 1650 年
开封	44.2	公元 1102 年
北京	110	公元 1800 年

注:Tertius Chandler. Four Thousand Years of Urban Growth: An Historical Census[M]. Edwin Mellen, 1987.本表只列举其中 12 个。

二、人口密度大

人口密度取决于食物的供应,而食物供应又受到自然资源及其开发技术、运输方式和储存手段的制约。村落人口数量少自然是受技术条件限制的结果。在蒙昧时代的采集经济中,或者在没有灌溉农业技术的土地上,依靠土地的产出或者狩猎能力每 100 平方英里(约 259 km^2)只能养活 5～10 人,因此,人口总是非常稀少。只有在罕见的比较优越的条件下,如美洲太平洋西北岸的捕鱼部落才能达到每 100 平方英里 100 人的密度。从已知的材料推

① Chandler T, Fox G. Three Thousand Years of Urban Growth[M]. New York: Academic Press, 1974.

测，旧石器时代和前新石器时代的欧洲，其人口密度一般比美洲人口密度要低。

由于城市有城墙围砌，通过王权的组织，大量的臣民被集中到城市里来，其人口密度远远超过散居或游猎的村落和营地。正是由于人口密度大大增加，城市里人与人之间的交互密度和强度远远超过村落，人性中的好奇心与智能所带来的创新能力被极大地发挥出来。现代的东京，在仅占全日本4%面积的空间里聚集了全国25%的人口，而创造的财富占到40%。其他地方，如伦敦、洛杉矶以及墨西哥城等，都有类似情况。

三、人口异质性

无论在旧石器时代还是新石器时代，蒙昧时代还是野蛮时代，乡村社会的每个成员都必须积极地通过个人劳动（如采集、渔猎、种植或饲养家畜）来生产更多的公共食物。没有谁或哪个阶级能够不依赖他人生产的粮食而维持生活，必须通过交换物质和非物质商品或服务才能使生活得到保障。在所从事的职业类型构成方面，城市与村落存在极大不同。

在城市里，尽管大多数的城市居民仍然是农民并以耕耘城市周围的田地为业，但是所有的城市都一定会有其他的阶层和职业，如专职的工匠、搬运工、商人、官吏、祭司、记录员等。他们自己不靠农耕、饲养或者渔猎谋生，全都依靠城市资源和独立的乡村中农民生产的剩余粮食而生活。在城市里，职业出现了分化或者说专业化分工，不同职业的人口表现为人口异质性。职业的专业化分工不仅带来产品和服务的多样性，而且大大地提高了效率。受人性的好奇心驱使，不同职业的人又不断对产品和生产组织进行创新，使得城市生活内容得到极大的丰富和提升，进一步促进职业的细化和更深层次的分工，人口异质性进一步增强。

四、有剩余产品

由于新石器时代生产效率较低，一开始剩余生产并不明显，但是在一个新的社会组织中，生产就可能有一个大发展。大约5 000年以前，灌溉农业（同时还有家畜饲养和捕鱼）使得尼罗河流域、底格里斯河和幼发拉底河流域、印度河流域开始产生社会剩余，这些剩余足以养活一群脱离了粮食生产的专职人员。

每个初级的生产者把自己用简陋的生产工具辛苦得来的一点微薄的剩余产品作为税收交给想象中的神或神圣的国王。国王便集中起这些剩余产品来供养那些为庙宇或王室工作的人，如祭司、将领和官员们，他们也由此形成“统治阶级”。此外，国王集中这些剩余产品，可以形成有效资本，投入工匠的技术创新上，制作更精美的工艺产品以及建造大型宫殿、庙宇或神坛，从而开启一种新的社会形态，即由乡村文明形态过渡到城市文明形态。

五、有公共建筑

正是凭借社会剩余产品的集中，才有可能建造真正大型的公共建筑，而正是大型公共建筑才将城市与乡村区别开来。对世界各地城市考古发现，城市中都建有大型的公共建筑，如庙宇、神坛等。苏美尔人的城市中的庙宇通常建在高于周围居址的土坯台子中间，而且与假山、塔楼相接。与庙宇相关的建筑是匠铺和仓库，每个主要庙宇的重要部分是一个庞大的粮仓。印度河流域的哈拉巴城，被环以人工的城堡，城堡以砖垒筑，城里有宫殿的遗址、众多的谷仓和手工匠人的工棚。埃及神圣法老的巨大陵墓布满了整个尼罗河流域。这些公共建筑通常都是王权或神权的中心，代表着某种精神寄托。这说明人类在食和性之外，有了精神追求，人在自然属性之外逐渐建立其社会属性。正是因为这些公共建筑，刘易斯·芒福德才会断言："城市本身变成了改造人类的主要场所，人性在这里得以充分发挥。"①

六、有远程贸易

社会剩余产品集中的另一个用处在于交换本地弄不到的原材料，产生远程贸易。远程贸易交换的物品最初主要是"奢侈品"，这些奢侈品主要用于祭礼或装饰，包括大量用于工艺制作的工业原料。正常的"对外"贸易要跨越相当长的距离，城市对长距离贸易换回的重要物资的依赖程度，远远高于任何新石器时代的村庄。正常的贸易从埃及至少延伸到叙利亚海岸的巴比伦，而美索不达米亚则同印度河谷有贸易往来，这是所有早期文明的重要特征。正是这种远程贸易促进了不同文明间的交流，才能打开村庄封闭的视界，激发其好奇心去了解物质和文化的多样性，当然也会带来战争与征服占领活动。

七、有文化创新

由集中的社会剩余财富供养的专职人员会转向新的艺术表达方面。虽然人类在蒙昧时代就尝试过艺术，有时候取得了令人瞠目的成就，他们描绘动物甚至人，手法具体又自然。新石器时代的农民喜欢以简洁的几何图案来象征性地表达抽象的人、兽或植物。埃及、苏美尔、印度和玛雅的艺术工匠们，包括专职的雕塑家、画家或者印章雕刻家，则根据概念化和复杂化的风格进行创作。

此外，剩余产品养活的文职人员发明了文书(scripts)，使得有闲阶层开始对精密科学和预测科学，如代数学、几何学和天文学，进一步细化。比如，回归年的正确测定和历法的发明能使统治者成功地调整农业生产活动。埃及人、玛雅人和巴比伦人的历法，像任何其他基于独立自然单位生成的制度一样，各不相同。

文化创新发生在或集中在城市，不仅古代如此，在当代也是如此。决定经济发展质量和未来成长性的创新的发生，正越来越多集中于大都市区，尤其是成熟的都市圈。在当代中国，创新成果在超大城市和特大城市集中的现象越来越明显，对经济发展有着巨大影响的创新性平台型企业更是几乎无一例外地集中于北京、上海、深圳等头部城市。

第四节 城市要素的形态与功能

城市是人类为满足自身生存和发展需要而创造的人工环境。那么人类生存和发展的需要有哪些呢？城市中的设施要素及其功能是如何满足人类的需要的呢？

① 刘易斯·芒福德.城市发展史——起源、演变和前景[M].倪文彦，宋俊岭，译.北京：中国建筑工业出版社，2005.

一、免除恐惧的需要——城墙

自私的基因驱动着动物及人类要尽可能地存活下来，因此，我们天生对死亡具有恐惧感。最初，人们对猛禽野兽等攻击性动物以及大自然的神奇力量感到害怕，迫使他们成帮结队、相互协助。后来由于剩余产品的出现，人们产生防御其他人群攻击的需要。恩格斯在《家庭、私有制和国家的起源》一书中指出："用石墙、城楼、雉堞围绕着石造和砖造房屋的城市，已经成为部落或部落联盟的中心，这是建筑艺术上的巨大进步，同时也是危险增加和防卫需要增加的标志。"①

从各种城市考古资料来看，城市都有城墙、河流或山体作为屏障以保护城市里的居民和财产。随着兵器技术的进步，如在战场中用到火药，城墙就用坚固的材料（如石块、砖）等加固、加厚。为了提高防御效率和效果，如组织多层次、多方位的射击，在城墙的平面布局上也会有所创新等，如中国的瓮城和欧洲的星形城墙（见图 2-6）。

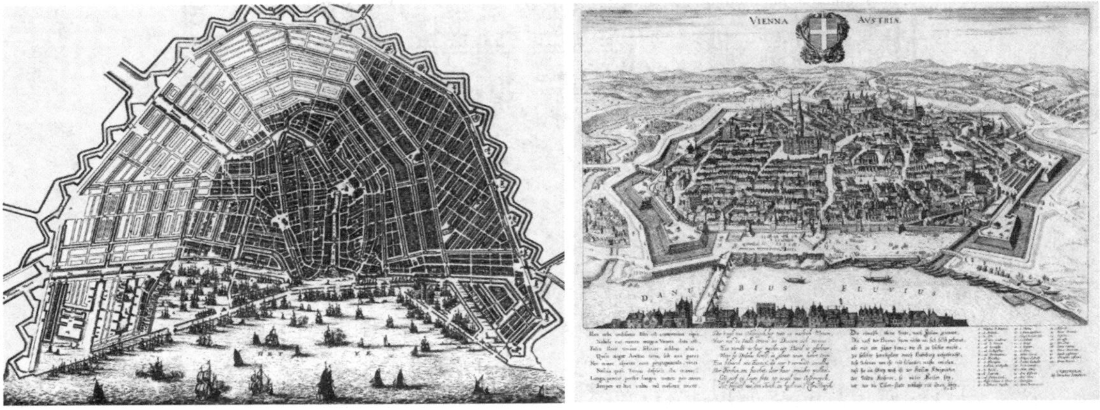

(a) 阿姆斯特丹城墙　　(b) 维也纳的星形城墙

图 2-6　城市的城墙

资料来源：斯皮罗·科斯托夫.城市的形成：历史进程中的城市模式和城市意义[M].单皓，译.中国建筑工业出版社，2005.

城墙不仅是安全防卫设施，也是对城里居民进行有效统治的设施，更把城市与乡村分割成截然不同的两部分，产生城里人和城外人之分。城里人可以在城内安全地工作和休息，而城外人则受到野兽、流寇或入侵军队的侵扰。

二、归属群体的需要——居住分区

有"现代社会的达尔文"和"社会生物学之父"之称的美国生物学家、博物学家爱德华·威尔逊（Edwardo Wilson）在其获得普利策奖的著作《论人的天性》中就指出"群体归属感是人的天性"。人类是群居性的动物，喜欢交际，因此，相似阶层的人集聚在一起可适应他们交往的需要，形成一个个社区。人分属不同的群体或集团会形成社会阶层分化或对立，这在城市建设方面也有明显的反映。王权体系中的官吏们不仅在城市四周建筑城墙，招募大批的

① 马克思恩格斯全集（第二十八卷）[M].人民出版社，2018：191.

军队，以对抗邻近的部落或国家的侵袭，而且会在城墙范围内安排大片的土地以集中臣民来居住。有权有钱阶层（上层社会）占据城市有利位置，空间宽敞。如图 2-7 所示，卡洪城平面为规则的矩形，城墙南北长约 250 m，东西宽约 350 m，有一道内城墙把城区分隔成东西两部分。西部地势较低，占地不到全城的 1/3，密集而有秩序地排列着奴隶工匠所居住的土坯小屋。东部为奴隶主贵族和官吏所住，拥有六七十个房间，有几层院落，并设有市场和商铺。南部则是商人、手工业者、小官吏等中产阶层住所。还有一组宫殿，殿内壁上有彩画。整个城市的布局显然经过规划，并且强烈地反映出阶级差别。

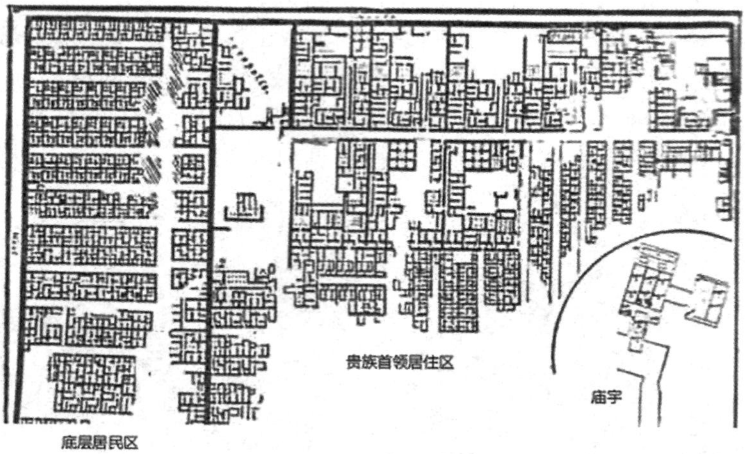

图 2-7　卡洪城平面图

资料来源：吴志强，李德华.城市规划原理[M].4 版.中国建筑工业出版社，2010.

在中国古代城市里，“筑城以卫君，造郭以守民”。广大民众被安排居住在以“里”为单位的社区里，居住空间分异特征非常明显，如工商业者居住近市，王室、卿大夫府第所在的“国宅区”则靠近宫城，一般的居民闾里则分处城之四隅，手工业作坊区置于外廓。

三、建构等级秩序的需要——王权宫殿

城市中心的位置或者最安全的位置通常是象征王权或神权的公共建筑物，只有国王和贵族才有权力占据中心位置（见图 2-8）。耗费财力物力兴师动众地修筑规模宏大的城墙、宫殿等，这体现了王权的威严与社会的秩序。

城市以自身特有的形式表达了王权统治国土的意志。统治权力从宫殿和庙宇这两处圣地向外辐射，臣民及其贡品则向这两处聚拢。普通居民的住所十分拥挤，甚至密不透风，而宫廷和庙宇则十分宽敞，有许多庭院或广场，可容纳很多人。

我国早期邦国都城的布局也体现着王权等级次序（神权在我国观念里没有地位），如山西襄汾陶寺遗址，城内面积达 2.8 km^2，有大规模的城墙、宫殿区、仓储区、天文建筑和祭祀区等，反映出在强制性权力支配下的人力物力之集中以及行政控制与组织管理之存在①。

① 王震中.中国古代国家的起源与王权的形成[M].中国社会科学出版社，2013.

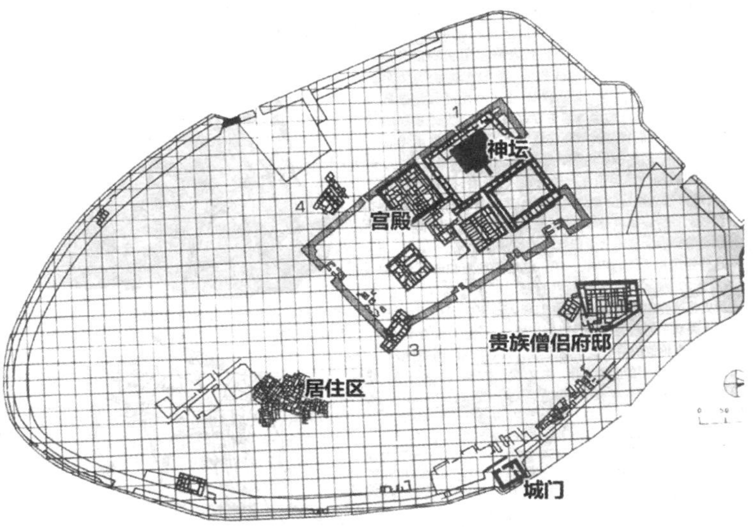

图 2-8　乌尔城平面图

资料来源：L. 贝纳沃罗.世界城市史[M].薛钟灵，余靖芝，译.科学出版社，2000.

四、精神慰藉的需要——神坛教堂

城市是区域的统治中心，除有宣示王权的宫殿之外，还有能举行大型祭祀活动的神坛教堂，给予人们精神慰藉。王权（拥有军队武装）提供身体庇护（或称暴力统治），教堂提供精神慰藉，一武一文，社会秩序得以建构并得到维持。城市的神坛教堂不会像农民的简陋房舍那样败落易塌，必须高大坚固，能经历长久岁月，甚至追求永恒。如果城市没有这些纪念性的巨型建筑物，就不会有神圣的力量，城市会很快沦为一堆风蚀散落的泥土或石料，无形制、无目的、无意义。圣祠、宗庙、雕像、绘画、墙壁和石柱上的记载等，都是为了满足人类追求精神慰藉的需要（见图 2-9）。

图 2-9　乌尔城内的金字形神塔

资料来源：让-克劳德・戈尔万.鸟瞰古文明[M].严可婷，译.湖南美术出版社，2019.

即使在欧洲中世纪的自治城镇里，寻求精神慰藉依然是居民生活中的重要内容，每周或每日要做礼拜。“神”是重要的也是至高的，所以教堂占据城镇的中心位置，居民区则围绕教堂而建（见图 2-10）。

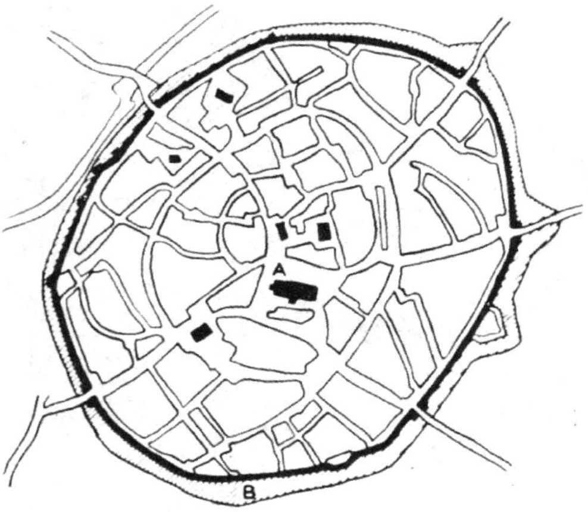

图 2-10 欧洲的自治城镇，中心为教堂

资料来源：沈玉麟.外国城市建设史[M].中国建筑工业出版社，2007.

第五节 城市与文明

根据考古学对文明的界定，一个文明的确认必须有城市与文字两大考古证据。根据目前的考古证据，在地球上自主孕育出来的最早出现的文明主要有六个区域，按先后顺序分别是两河流域（公元前 3500 年）、尼罗河流域（公元前 3000 年）、印度河流域（公元前 2500 年）、黄河长江流域（公元前 1500 年）、地中海地区（公元前 1200 年）中美洲和南美洲地区（公元前 500 年），如图 2-11 所示。

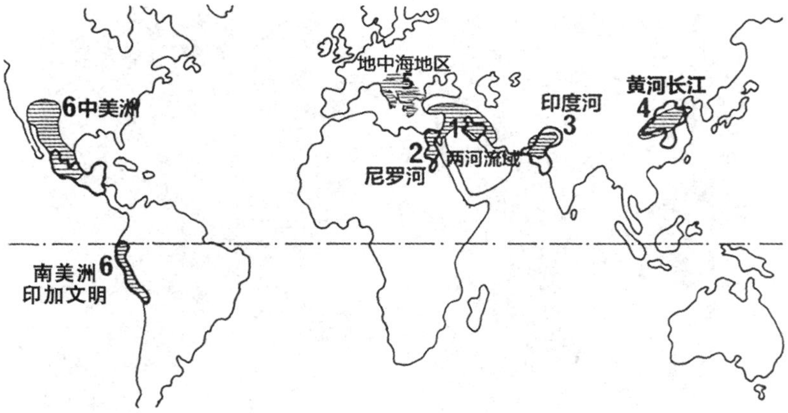

图 2-11 地球上早期文明的分布

资料来源：维克多・V.瑞布里克.世界古代文明史[M].师学良等，译校.上海人民出版社，2010.

一、两河流域文明中的城市

两河流域是指位于底格里斯河和幼发拉底河之间的新月沃土(也称美索不达米亚平原)。两河流域北部古称亚述,南部为巴比伦尼亚。巴比伦尼亚北部称阿卡德,南部为苏美尔。这一带是干旱区域,但下游土地肥沃,苏美尔人在美索不达米亚南部开掘沟渠,依靠复杂的灌溉网成功地利用了底格里斯河和幼发拉底河湍急的河水,从而在公元前 3500 年前后,创建了第一个文明,即两河文明,形成以许多城市为中心的农业社会。目前考古证据充足的城市主要有巴比伦(Babylon)、尼尼微(Nineveh)和乌尔(Ur)等(见图 2-12)。

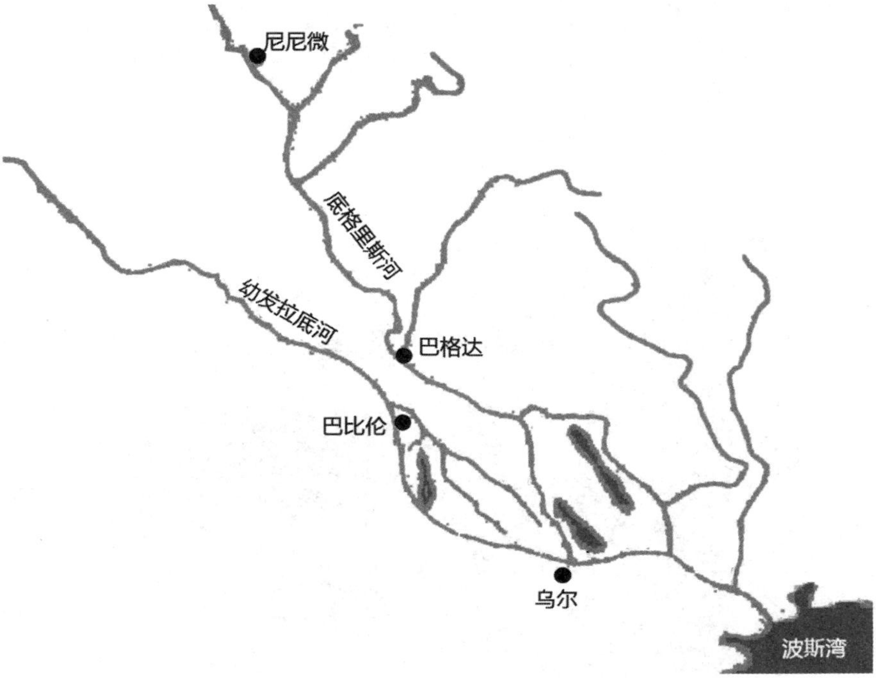

图 2-12　两河流域的城市分布

资料来源:让-克劳德·戈尔万.鸟瞰古文明[M].严可婷,译.湖南美术出版社,2019.

巴比伦在公元前 3000 年左右建城,位于幼发拉底河的东岸(现在的巴格达往南 100 km 处),是古代两河流域最大、最有名的城市。现在发掘出土的是新巴比伦城,由当时的国王尼布甲尼撒二世(前 605—前 562 年)建设。城市形状是一个 1.5 km×2.5 km 的大长方形,由幼发拉底河隔成相望的两个地区,并以一座桥相连。新巴比伦城建设有两道围墙,外墙以外,还有一道注满了水的壕沟及一道土堤。整座城市不仅包括庙宇和宫殿,还有普通住房,按照几何形铺筑笔直的道路。城市划分为许多区,每一个部分都与外部相通。城市中心地带围砌了一个边长 1.5 km 的四边形区域,由国王和祭司占有。新巴比伦城设有九个城门,筑有高大的山岳台和神庙以及空中花园。新巴比伦城不仅是统治整个美索不达米亚地区的帝国首都,也是当时最大的城市,建设得非常宏伟壮丽。被称为"历史之父"的希腊历史学家希罗多德来到巴比伦城时,称它为世界上最壮丽的城市(见图 2-13)。

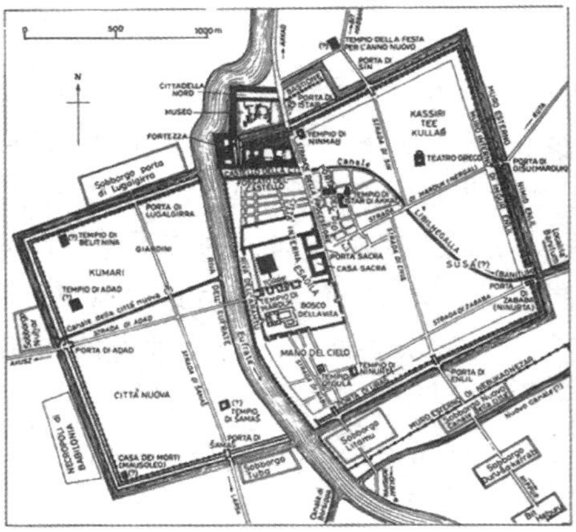

(a) 巴比伦城平面图

(b) 金字塔形神坛

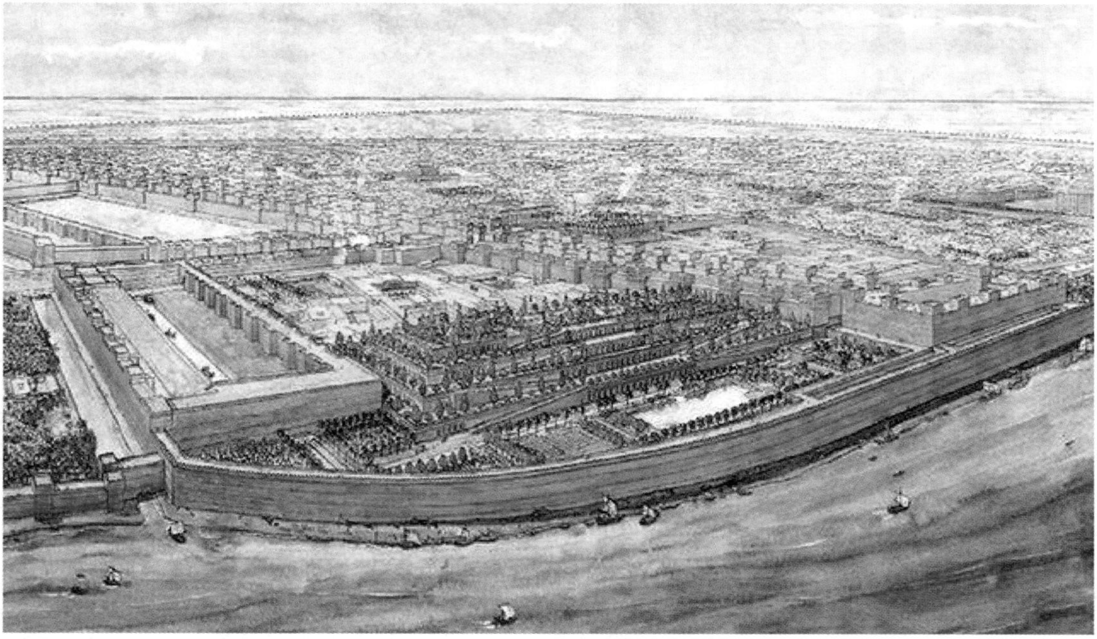

(c) 空中花园想象图

图 2-13　巴比伦城

资料来源：(a)图来源为 L. 贝纳沃罗.世界城市史[M].薛钟灵，余靖芝，译.科学出版社，2000；(b)图和(c)图来源为让-克劳德·戈尔万.鸟瞰古文明[M].严可婷，译.湖南美术出版社，2019.

尼尼微位于底格里斯河的上游，由亚述王朝萨尔贡二世(前 721—前 705 年)建立，是一座近似正方形的城市，有高大而坚固的外城墙和内城墙。城市的中心不再是庙宇，而是国王的宫殿，作为政治权力的中心，城内有豪尔萨巴德城堡和瞭望塔。尼尼微通过远程贸易扩张新的势力范围而成为贸易中心。《圣经》曾指出尼尼微是个极大的城，“要走三天，才走得完”。城里有不少宫殿、庙宇、大街、公园，还有一所令人惊叹的图书馆，整座城市的宏伟可与巴比伦媲美(见图 2-14)。

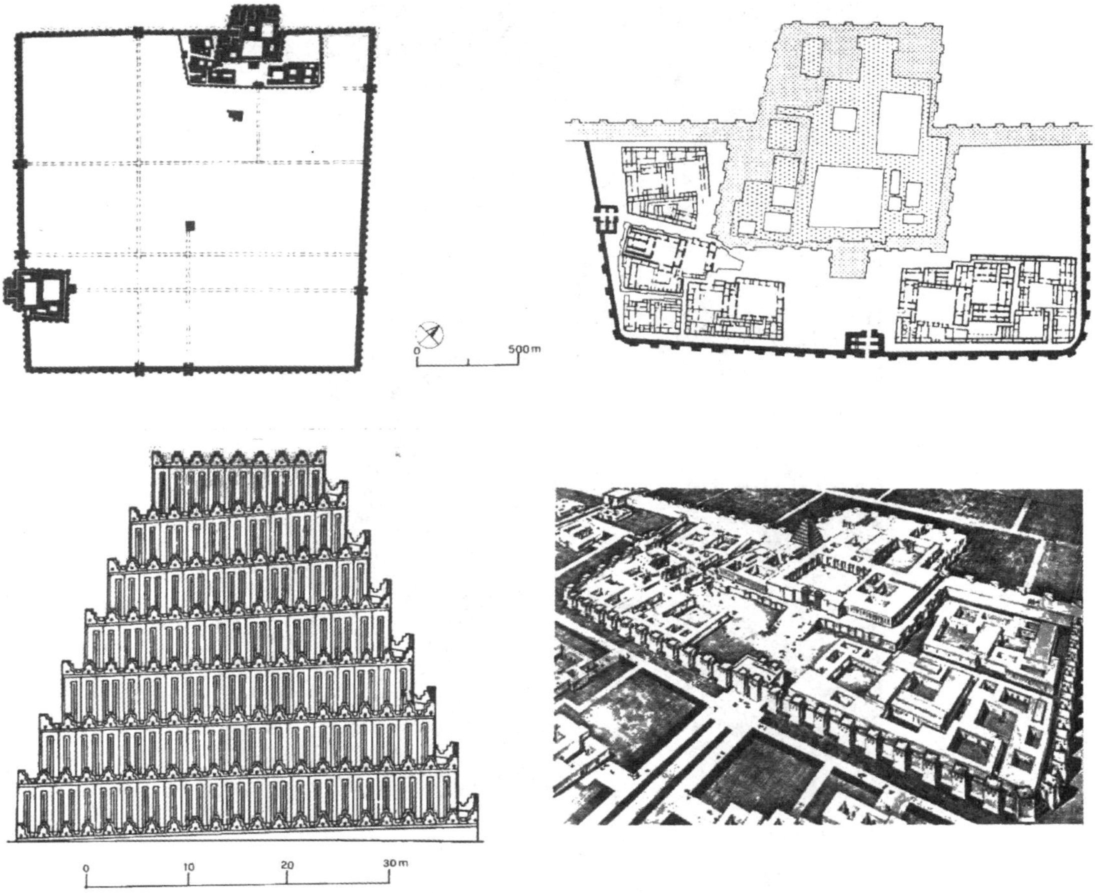

左上：尼尼微城市平面图；右上：豪尔萨巴德城堡
左下：萨尔贡二世瞭望塔；右下：豪尔萨巴德城堡鸟瞰图

图 2-14 尼尼微城

资料来源：L. 贝纳沃罗.世界城市史[M].薛钟灵，余靖芝，译.科学出版社，2000.

二、尼罗河流域文明中的城市

公元前 3100 年左右，在尼罗河上游河谷地区和尼罗河入海口三角洲地区分别形成了上埃及和下埃及两个文明地区（见图 2-15），象形文字也在这个时候出现，并沿用了 3 500 余年。传说上埃及国王美尼斯统一了上、下埃及，建立第一王朝，定都孟斐斯（今开罗西郊），成为古埃及第一个法老，古埃及从此开始了王朝时期。此时的埃及已经具备了文明的基本特征，如有行政官员、士兵、宗教、文字等，确立了以官僚体制为基础、君主独裁的专制统治，并且出现了金字塔。

埃及在十二王朝时迁都底比斯（今埃及卢克索），开始使用青铜器，同时建造了卡洪城。在十八王朝时期国力强盛（国都为阿玛纳），对外频繁发动战争，埃及成为一个大帝国，极盛时的统治范围北起叙利亚，南到尼罗河第四瀑布，横跨北非和西亚。埃及到了二十王朝以

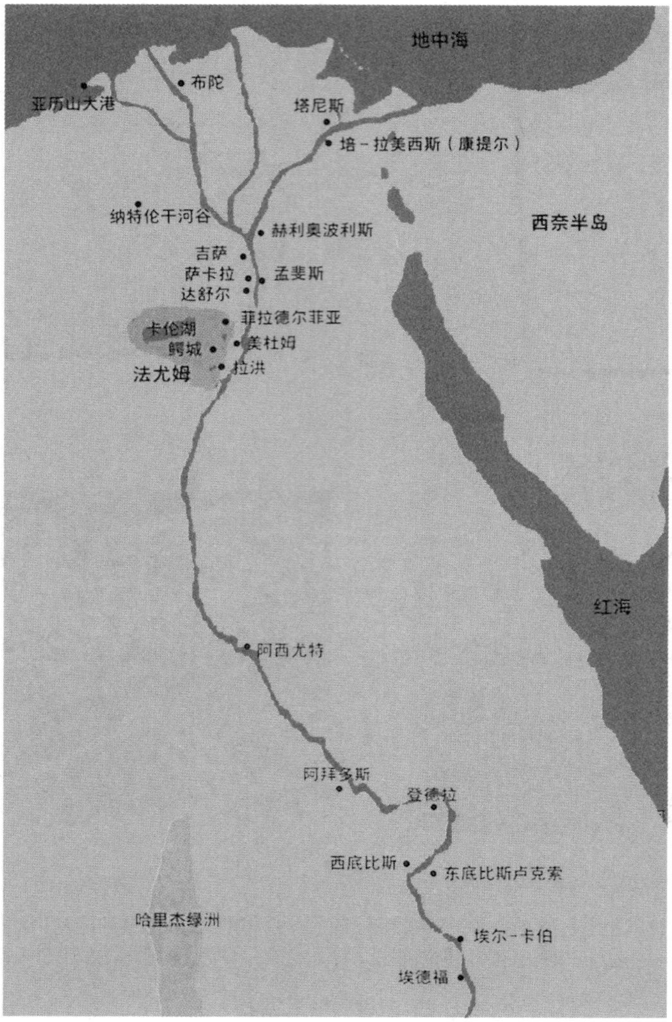

图 2-15　尼罗河流域的城市分布

资料来源：让-克劳德·戈尔万.鸟瞰古文明[M].严可婷，译.湖南美术出版社，2019.

后，一系列的奴隶起义导致国力衰竭，自第二十六王朝进入古埃及后期，最终在公元前 525 年被波斯阿契美尼德帝国所灭，古埃及时代结束了。公元前 332 年，埃及又被亚历山大大帝所统治，并由其部将托勒密占领埃及，建立了托勒密王朝，托勒密虽然也被称为法老，但当时的埃及已经彻底在外族人的统治下了。

古代的底比斯位于今日的卢克索，是埃及新王国时代（前 1552—前 1069 年）法老们的首都（见图 2-16）。在埃及人的观念里，活人和死人的建筑之间没有联系而只有矛盾，死人陵墓在城外，用石头建造，经过漫长岁月也不会改变，追求神秘与永恒。活人的城市只是暂时的存在，用泥坯建造，一段时间后就会倒塌，只是暂时的居住地。象征生命的太阳出现的地方住着生者，而太阳消失的地方属于死者。城市被尼罗河分为东西两个城区，东岸建有神殿、王宫和住宅区，西岸则遍布祭拜死者的设施，如坟墓和葬祭神殿。东岸以神圣的空间为中心来建造城市，神殿主要有祭司阿蒙、穆特和孔苏的圣域，城内居民住宅则分列在圣域周边。

图 2-16　底比斯

资料来源：让-克劳德·戈尔万.鸟瞰古文明[M].严可婷，译.湖南美术出版社，2019.

埃及现今保存最好的神庙是埃德福（荷鲁斯）神庙，从塔门到最隐秘的房间，建筑物的各个要素几乎都毫无损毁地保存至今。据文献记载，该神殿由托勒密三世（前 237 年）创建。从规模看，埃德福神殿可以说是尼罗河流域最大的宗教中心之一，宽 71 m，长 137 m，入口处有壮观的塔门，环绕着柱廊的庭院、列柱式厅堂、礼拜堂以及安置着神像的至圣所，这些功能设施排列成直线，且都设置在两道围墙之间。围墙外侧有测量尼罗河水位的建筑、储存食物的仓库、僧侣们居住的建筑以及澡堂等。外墙由日晒砖块建造。柱头和柱顶过梁是混合样式，很粗大壮观。墙壁装饰描绘了创世论和信仰崇拜的运作过程，如每日的工作以及举行的庄严祭祀仪式等（见图 2-17）。

三、印度河流域文明中的城市

地理上的南亚次大陆在西北部、北部和东北部都是高大的山脉（兴都库什山脉和喜马拉雅山脉），其余部分面向印度洋。次大陆与外界的交往传统上通过西北部兴都库什山脉的山口进行，如开伯尔山口、古马尔山口和博伦山口等。

已知最古老的印度河流域文明是公元前 3000 年左右的哈拉帕文化。取代哈拉帕文化的是由西北方进入印度的雅利安人带来的新文化体系，因其圣典的名字而被称为“吠陀文化”。北印度分为 16 个小国，它们最后统一成一个被称作“摩揭陀”的王国。摩揭陀国王旃陀罗笈多建立了孔雀王朝，于公元前 321 年左右登上王位。他的孙子阿育王最后统一了整个印度。印度统一的时间短而分裂的时间长。印度文化强调忠于社会秩序（或者说宗教），而不强调忠于国家。

(a) 鸟瞰埃德福神庙　　(b) 神庙内部精美的石柱及彩绘

图 2-17　埃德福(荷鲁斯)神庙

资料来源：让-克劳德 · 戈尔万.鸟瞰古文明[M].严可婷，译.湖南美术出版社，2019.

外来的雅利安人有强烈的种族优越感，极力阻止本族人与受他们鄙视的臣民混合，从而发展出四大世袭种姓的制度。前三个种姓由雅利安人自己的职业等级即签上(婆罗门)、武士贵族(刹帝利)和农民(吠舍)组成。第四种姓首陀罗留给达塞人(即奴隶)。达塞人不得参加宗教仪式，也没有其征服者享有的种种社会权利。种姓等级制度之外的是贱民，即不可接触的人，今天约占印度人口的 1/7，从事商业或那些被认为不洁的行业，如猎人、捕鱼人、屠夫、刽子手、掘墓人、承办丧葬者、制革工人、皮革工人、清道夫等。

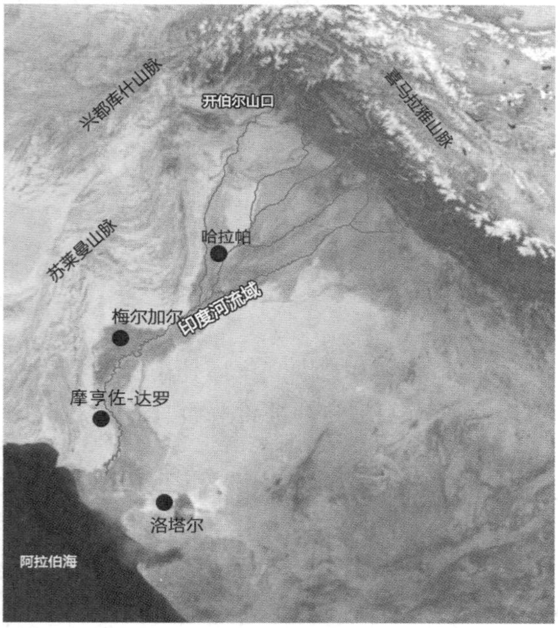

图 2-18　印度河流域中的城市

资料来源：根据百度地形制作。

印度河流域文明中主要有哈拉帕和摩亨佐-达罗这两座大城市，它们是公元前 2500 年左右开始在印度河流域建造的。但在大约公元前 1750 年时，两座城市都被遗弃了，印度文明的中心发生了转变。到大约公元前 600 年时，在恒河平原上已建立起许多城镇(见图 2-18)。

摩亨佐-达罗城周长超过 5 km，平面为方形，面积约 1 km^2，当时人口估计为 3 万～4 万人。有 3 条南北大道与 2 条东西大道，划分如棋盘。棋盘内又有成直角交错的小径。城市主要干道与建筑物均按当地主要风向取正南北向。西侧稍高的是“卫城”，东侧是较大但地势较低的街道。东市街道以道路划出较大的街坊，坊内又以众多的小径划分出更小的坊(见图 2-19)。后来地下的火山活动使大量泥浆、淤泥和沙子涌出地面，堵塞河道，形成一个很大的湖泊，把摩亨佐-达罗城全给淹了。

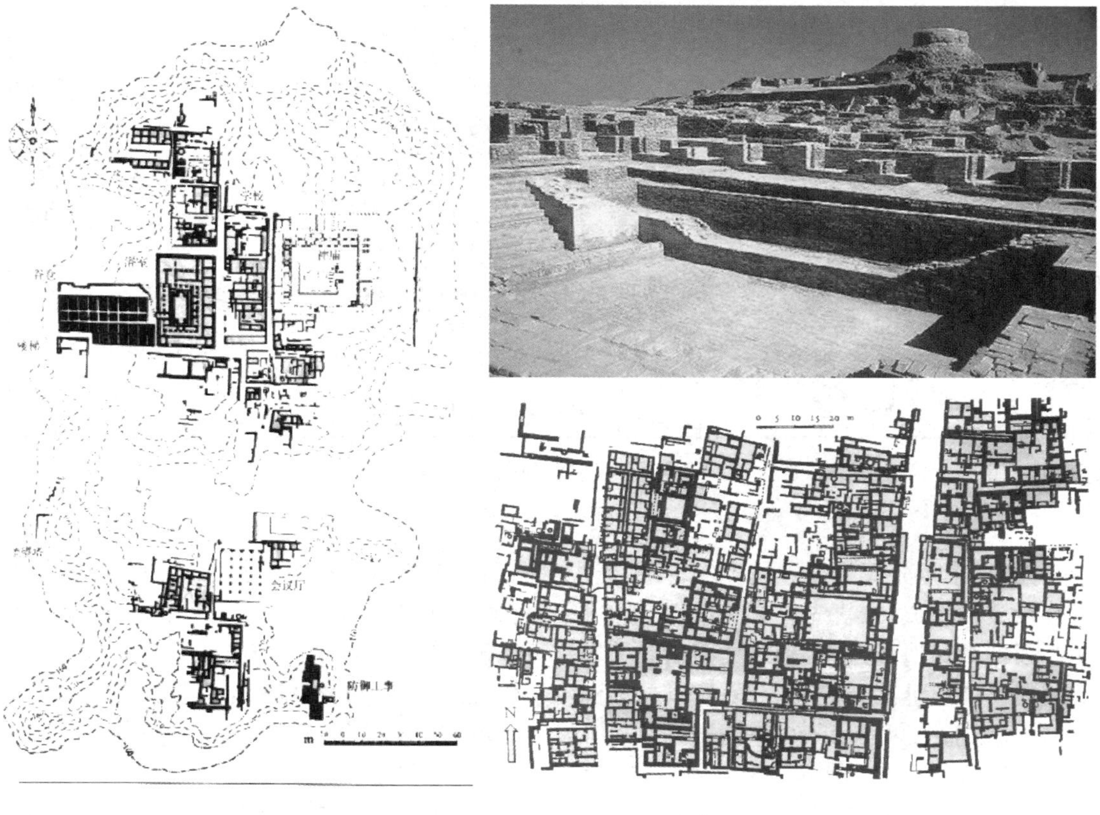

左图为城市平面图，右上图为卫城考古现状，右下图为东市街道

图 2-19　摩亨佐-达罗城

资料来源：L. 贝纳沃罗. 世界城市史[M]. 薛钟灵，余靖芝，译. 科学出版社，2000.

四、黄河长江流域文明中的城市

考古已在长江中下游地区发现了 1 万多年前的稻作遗址，说明华夏先民在 1 万多年前就开始了定居农耕生活。在黄河中游地区萌芽出华夏文明后，政治上逐渐从部族社会走向奴隶制和封建社会，生产上则从渔猎文明进入农耕文明。

古代华夏部落族裔多建都于黄河南北。位于今山西南部的运城，由于天然有一个陆地盐池，逐渐成为华夏农耕文明的核心区域(见图 2-20)。在地形上，运城所在的运城盆地和紧邻的临汾盆地、关中盆地、洛阳盆地气候温暖湿润，河湖流经平原，地理环境相对封闭与隔绝，为孕育华夏农耕文化提供安全的地形。在矿藏上，提供了当时文明成形所必不可少的盐和铜。运城盐池南部的中条山蕴藏了较为丰富的铜矿资源，在中条山北部东、西两侧考古发现较多的矿冶遗址，表明中条山铜矿是夏王朝和商王朝早商时期重要的铜料来源地。运城盐池是中国古代中原各部族共同争夺的目标，谁占有盐池，便表示它具有担任各部族共同领袖的资格。对稀缺资源的控制是文明古国建立的关键因素。史学家研究认为，舜的都城蒲坂和禹的都城阳城都在今运城境内。

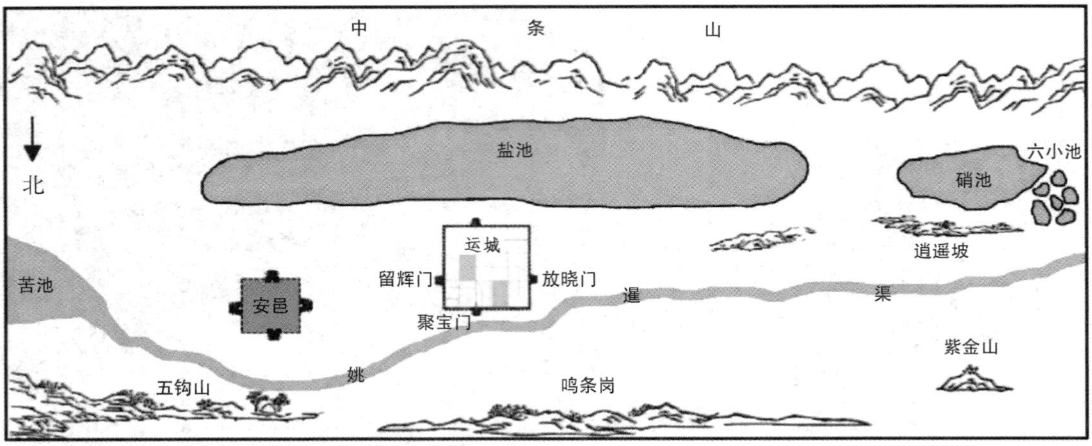

图 2-20　大禹的阳城（安邑）

资料来源：张瑶.运城城市空间形态演变研究[D].西安建筑科技大学，2018.

同时，华夏先民学会了饲养家畜，并从事小商品经济活动。随着生产力的提高和复杂的封建社会的形成，农耕先民们不断学习和总结经验，不断选择地理位置较好的地点聚族而居。根据聚落遗址考古，华夏文明的原始聚落可推至 7 000 年前的河姆渡遗址和 6 000 年前的西安半坡遗址。公元前 3000 年以前的仰韶文化晚期、大汶口文化阶段为史前城址初现时期；自公元前 3000 年开始，史前城邑进入了发展阶段；前 2600—前 2000 年，史前城邑进入了发展全盛时期。

随着我国考古挖掘工作不断取得突破，先后在黄河中下游、长江中上游等地区挖掘出许多原始城邑。有的城址已经发现成片的生活区、手工业作坊区、墓葬区、宗教活动场所和夯土台基等，有的城址有高台建筑、道路、城门等设施。比如，1979 年发现的湖南省澧县城头山遗址，距今 5 000～6 000 年（见图 2-21），已经具有十分完备的城市特征。现存墙体宽 25～37 m，城高 2～4 m。城址保存较好，平面呈圆形，由护城河、夯土城墙和东、西、南、北四门组成，占地超过 76 000 m^2，人口规模大约为 3 000～5 000 人。整个城池分布有居住区、陶器生产区、墓葬区、祭祀区、生活垃圾填埋区等，功能空间划分得井井有条，且城中有宽阔的大道，将各功能区联系起来。

对于华夏文明中的古代城市建设及规划理论，将在第五章进行全面详细的阐述。

五、地中海地区文明中的城市

地中海地区主要包括爱琴海、亚得里亚海以及地中海及其沿岸。这里产生了以希腊雅典为代表的爱琴海文明（包括克里特岛的米诺斯文明和伯罗奔尼撒半岛的迈锡尼文明）以及

图 2-21　湖南省澧县城头山遗址近照

资料来源：湖南澧县城头山遗址[EB/OL].国家文物局，http://www.ncha.gov.cn/art/2022/3/19/art_2587_80.html.

意大利半岛的罗马文明(见图 2-22)。古希腊人在文学、戏剧、雕塑、建筑、哲学等诸多方面有很深的造诣，这一文明遗产在古希腊灭亡后，甚至罗马帝国灭亡后，仍然再度被复兴，产生了现代科学并培育出了现代社会制度，可以说古希腊文明是整个西方文明的精神源泉。

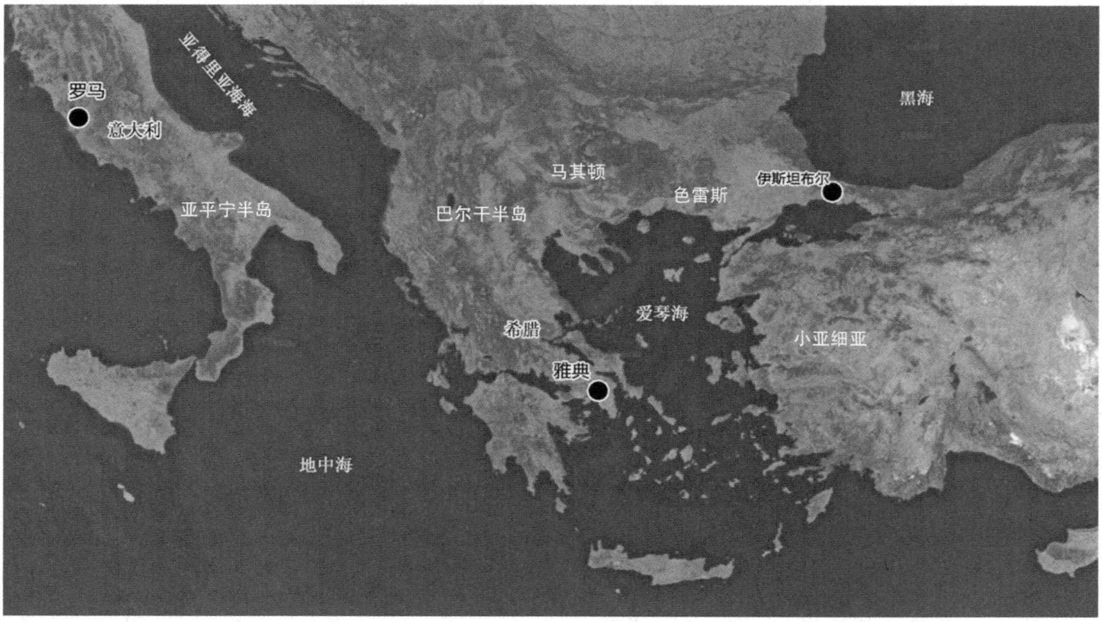

图 2-22　地中海地区地形

资料来源：底图来自百度卫星地图，作者根据表达内容添加标注。

1. 希腊城邦

古希腊的地理范围除了现在的希腊半岛外，还包括整个爱琴海区域、北面的马其顿和色雷斯、亚平宁半岛以及小亚细亚等地。

大约在公元前 1200 年，多利亚人的入侵毁灭了迈锡尼文明。多山的希腊阻碍希腊人的陆上交通，但曲折的海岸线和爱琴海上星罗棋布的岛屿使大海成为交通的主要通道。根据《荷马史诗》，在荷马时代末期，铁器得到推广，取代了青铜器，海上贸易也重新发达，新的城邦国家纷纷建立。希腊人使用腓尼基字母创造了自己的文字，并于公元前 776 年召开了第一次奥林匹克运动会。奥林匹克运动会的召开也标志着古希腊文明进入了兴盛时期。公元前 750 年左右，随着人口增长，希腊人开始向外殖民。在此后的 250 年，新的希腊城邦遍及包括小亚细亚和北非在内的地中海沿岸。

希腊地区的地理特点是促成城邦发展的基本因素。希腊地区没有丰富的自然资源，也找不到肥沃的大河流域和广阔的平原，只有连绵不绝的山脉，这不仅限制了农业生产力的提高，而且把陆地隔成小块，入侵者及迁徙者会在彼此隔离的村庄安居下来。这些村庄通常坐落在易于防守的高地附近，因为高地既适合设立供奉诸神的庙宇，又可作为遭遇危险时的避难所。这些由村庄扩大而成的居留地一般称为“城邦”，而提供避难处的地方称为“卫城”或“高城”，许多小城邦就是这样形成的。

在古代希腊，城邦就其政治意义而言首先是指高于家庭、村落、部落的特定人群的联合体，即公民集体。这些城邦往往以一个城市为中心，把周围的若干村庄纳入城市国家的统治。这些城邦地不过百里，人口不过数万，最大的也不过人口数十万人，其特点就是小国寡民，如米利都、斯巴达、雅典、科林斯等。

雅典是古希腊的核心城市，也是希腊地区一个强大的城邦。希腊的雅典不仅是政治、军事和宗教中心，也是哲学的发源地，是柏拉图学园和亚里士多德的讲学场的所在地。苏格拉底、希罗多德、伯里克利、索福克勒斯、阿里斯托芬、欧里庇得斯、埃斯库罗斯和其他著名的哲学家、政治家和文学家都或在雅典诞生或在雅典居住过，雅典也因此被称作“西方文明的摇篮”和民主的起源地(见图 2-23)。

雅典卫城是希腊最杰出的古建筑群，为宗教和政治的中心地。卫城位于城市附近的山区，高地山顶被视为神圣地段。现存的主要建筑有山门、帕特农神庙、伊瑞克提翁神庙、埃雷赫修神庙等。这些古建筑都是人类遗产和建筑精品，在建筑史上具有重要地位。神庙是城邦宗教文化的核心，建筑艺术在神庙上得到最高度的表现。这些神庙是受人尊崇的男女保护神的住处，如雅典卫城的圣地帕特农神庙就是为雅典娜女神建造的。

另一处文化公共建筑群称为“圣地”。圣地被视为“神圣之地”，往往是有重大作用和历史意义之地，与旧式卫城的格局不同，它是公众欢聚的场所，是公众活动的中心。在圣地里，定期举行节庆活动，人们从各地汇集，举行体育、戏剧、诗歌、演说等比赛。节日里商贩云集，圣地周围也建造有竞技场、旅舍、会堂、敞廊等公共建筑。比较有代表性的圣地是奥林匹亚圣地。在该圣地中心建有神庙，如奥林匹亚宙斯神庙(见图 2-24)。

2. 古罗马

古罗马通常指从公元前 9 世纪初在意大利半岛中部兴起的文明，历经罗马王政时代、罗马共和国，于公元 1 世纪前后扩张成为横跨欧洲、亚洲、非洲，称霸地中海的庞大罗马帝国。到 395 年，罗马帝国分裂为东西两部。西罗马帝国亡于 476 年，而东罗马帝国(拜占庭帝国)

图 2-23　希腊雅典城及卫城

资料来源：让-克劳德·戈尔万.鸟瞰古文明[M].严可婷，译.湖南美术出版社，2019.

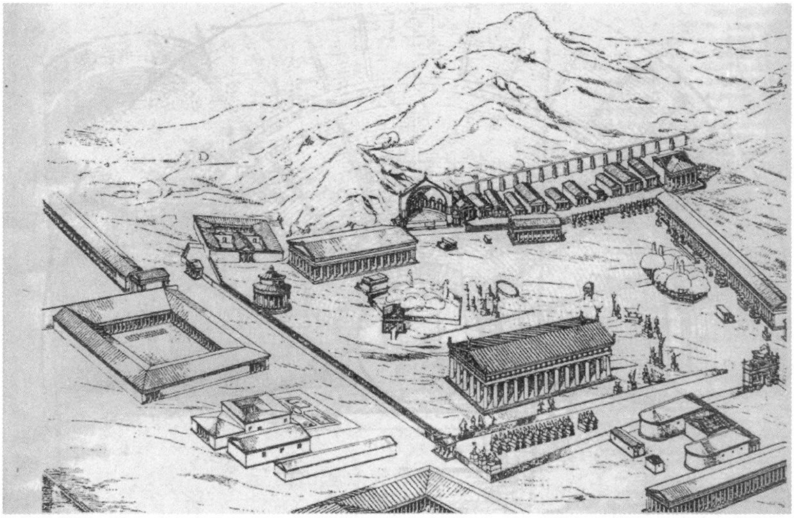

图 2-24　奥林匹亚圣地

资料来源：L. 贝纳沃罗.世界城市史[M].薛钟灵，余靖芝，译.科学出版社，2000.

则在 1453 年被奥斯曼帝国所灭。

公元前 8 世纪至前 6 世纪，希腊人向意大利南部移民，部落开始联合，组成罗马人公社，并建立城邦。氏族部落组织的统治阶层包括王、元老院、库里亚大会(罗马称胞族为库里亚，每 10 个氏族组成一个胞族，后为百人队会议取代)，先后有七个王，该时代通常被称为王政时代。自公元前 5 世纪初开始，罗马先后战胜拉丁同盟中的一些城市和伊特拉斯坎人等近邻，又征服了意大利半岛南部的原住民和希腊人的城邦，成为地中海西部的大国。罗马曾发动了三次布匿战争，并在公元前146年征服了迦太基并使之成为罗马的一个行省。罗马在公元前215年—前168年发动了三次马其顿战争，征服马其顿并控制了整个希腊，又通过罗马-叙利亚战争和外交手段，控制了西亚的部分地区，建成一个横跨非洲、欧洲、亚洲，称霸地中海的大国，这段时期常被称为罗马共和时代。此后的罗马执政官奥古斯都对内实行了一系列积极的改革，促进经济和社会的发展，对外则继续扩张，使国家北疆达到莱茵河与多瑙河一带，同时创建新的称为"元首制"的政治制度，其实质就是共和名义的帝制，这段时期则被称为罗马帝国时代。

罗马城是罗马帝国的首都，位于意大利半岛中西部，在公元前8世纪的某个时期，由帕拉蒂尼山(Palatine)上的罗慕路斯(Romulus)聚落与其他几个山顶村庄，如埃斯奎利诺山(Esquiline)、西莲山(Caelian)，还有卡比托山(Capitoline)上的聚落结合起来。他们排干并填平了曾经用作牧场和墓葬的分隔聚落的山谷湿地，在填平后的谷地上建立起一个社区中心，即罗马广场(the Roman Forum)。由于罗马城是由台伯河下游平原地七座小山丘上的部落联合而建的城市，也称"七丘之城"(见图2-25)。

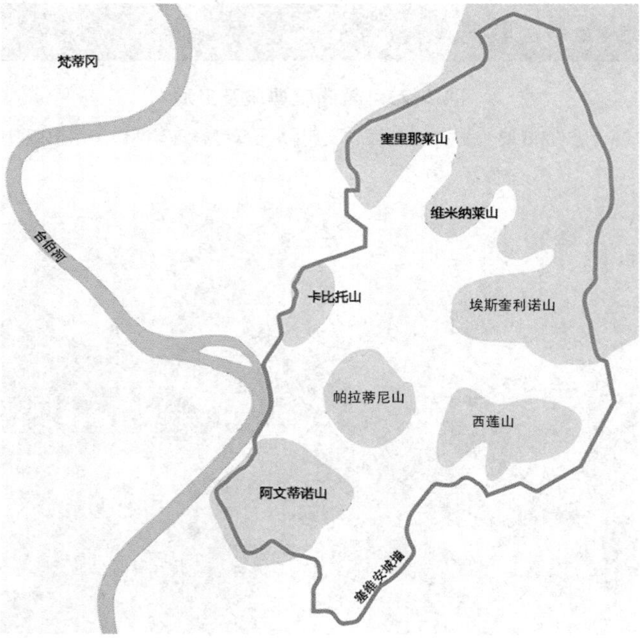

图2-25　罗马的七座山山丘

资料来源：七丘[EB/OL].百度百科，https://baike.baidu.com/item/%E4%B8%83%E4%B8%98/4672533? fr=ge_ala.

罗马城在王政时代，只是把一个个分散的居民聚集区集中到一起的微不足道的小镇。随着与近邻发生战争，并逐步征服周边地区吞并领土，罗马的势力越来越大，成为地中海西部的大国。为了保卫疆土，罗马城相继建造起了城墙、水渠和亚壁古道。当罗马人的统治扩张到了几乎整个欧洲和地中海沿岸而成为帝国时，罗马城开始了大规模的城市建设，建造了一大批著名的建筑，如罗马斗兽场、帝国议事广场、公共浴场、图书馆等。公元前1世纪时，无论从地理上还是从政治上，罗马城都是罗马帝国的中心。

在公元3世纪时，罗马城的人口为70万～100万人。在当时已是最大限度地集中了西方世界的人口。据记载，当时罗马城有 1 790 所宅邸（宅邸是当时地中海各国城市典型的一层或两层独户住宅，外部是封闭的，而内部是开放的，环绕前厅或回廊布局，占地 800～1 000 m^2）和 44 300 幢公寓住宅（层数较多，在一块 300～400 m^2 的土地上建造供出租的房子，其中有大量相同的房间，这些房间外面有相同的窗或阳台）。当时的罗马已经拥有一整套有效的给水和排水系统、完整的城市道路网，以及有效运作的城市消防和警察系统。

在欧洲人口大迁移期间，罗马先后遭到哥特人（410 年）、汪达尔人（455 年）和勃艮第人（472 年）的入侵和洗劫。虽然罗马人口逐年减少，在 530 年只剩下约 10 万人，但城市的建筑在东哥特人的统治下仍旧保存完好。

随着早期基督教的崛起，罗马主教在宗教和政治上的作用日趋重要，终于成为国之正统教宗，罗马也成为天主教的中心。在近一千年的时间里，罗马城曾是在西方世界政治上最重要、最富有和最大的城市。在罗马帝国开始衰落和分裂后，罗马城虽然最终失去了首都的地位（米兰和拉韦纳先后成为首都），但其宗教中心地位和威望仍超过东罗马帝国（拜占庭帝国）的首都君士坦丁堡。公元 476 年西罗马帝国灭亡后，罗马被拜占庭帝国统治和日耳曼人劫掠，在中世纪早期，人口锐减到了仅仅 2 万人。

古代作家在描述罗马时，把罗马看作一座"永恒的城市"，但罗马却被时代甩在后面（见图 2-26）。从中世纪开始直至 1870 年，罗马只是一座建在强大古代帝国首都土地上无足轻重的小城。古罗马的核心（帕拉蒂尼山、广场、古城堡和奥林匹斯山、切利奥山等地区）被宣布为考古区。

(a) 罗马广场的复原图

(b) 罗马广场遗址

图 2-26 罗马广场

资料来源：古罗马城市广场[EB/OL].百度百科，https://baike.baidu.com/item/%E5%8F%A4%E7%BD%97%E9%A9%AC%E5%9F%8E%E5%B8%82%E5%B9%BF%E5%9C%BA/3876481?fr=ge_ala.

罗马在城市建设方面，还有一种重要的城镇，就是营寨城。早在公元前 275 年罗马大军占领地中海沿岸的皮拉斯（Pyrrhus）时，就开始建设军事营寨。这种营寨城的平面通常是方形而不是圆形，且有方正的城墙。中间的十字交叉道路通向方城的东南西北四门，在道路交叉处建神庙。最典型的营寨城当推建于公元 100 年即罗马帝国时期的北非城市提姆加德（Timgad）（见图 2-27）。

提姆加德建后 150 年被北非风沙淹没，直到近代才被发掘，完整地保存了当时风貌，其

(a) 营寨城平面

(b) 营寨城遗址

图 2-27　提姆加德营寨城

资料来源：罗马营寨城[EB/OL].百度百科，https://baike.baidu.com/item/%E7%BD%97%E9%A9%AC%E8%90%A5%E5%AF%A8%E5%9F%8E/8183441?fr=ge_ala.

正方形的街区和长方形的周边是罗马网格最完美的状态。紧贴十字中轴的下方是城市广场和圆形剧场，在城市广场的周围，网格的尺度有所改变。根据对遗址的考古推测，营寨城由于吸引了太多的周边人口而变得局促，防御型城墙被拆除，由一圈街道取代，这使得后来城市周围出现了不规则建设。

六、中美洲和南美洲地区文明中的城市

早在 12 000 年前，人类已经拓荒至南美洲的南端，并沿途繁衍生息，经过上万年的文化演化和积累，逐渐在美洲地区形成三个地域文明，分别集中于古墨西哥地区、古玛雅地区和古印加地区。各个地域文明都建设有各自的城市(见图 2-28)。

1. 古墨西哥地区

在古墨西哥地区，有文献和考古记录的是阿兹特克人(Aztecs)，他们从北面征服墨西哥峡谷之后，很快就吸收了原有的文化，建立了一个军事上很强大的奴隶制国家。大约在公元前 5 世纪时，阿兹特克人已控制了整个墨西哥谷地、峡谷及周围地区的部落。大约在公元 14—15 世纪，阿兹特克人在特斯科科湖的两个岛上建立了自己的城市，即特诺奇提特兰和特奥蒂瓦坎。

考古发现，特诺奇提特兰(Tenochtitlan)是修建在墨西哥特斯科科湖中岛上的古都遗址，现在墨西哥城地下，面积约 13 km^2，约有 6 万间房屋，当时居住人口约 20 万，亦是世界上最著名的人工岛之一。有 3 条道路与陆地相通，并有人工的石槽供水系统(见图 2-29)。城内修建有 40 座金字塔形庙坛，其中最大的金字塔形庙坛有 144 级台阶，还有光辉夺目的白色大厦、楼台，庄严雄伟的宫殿，街道与运河交错，景色奇伟，使西班牙殖民者惊呼其为“世界的花园”。在西班牙殖民者到达时，这座城市的居民有 6 万人之多，是当时世界上少有的大城市之一。

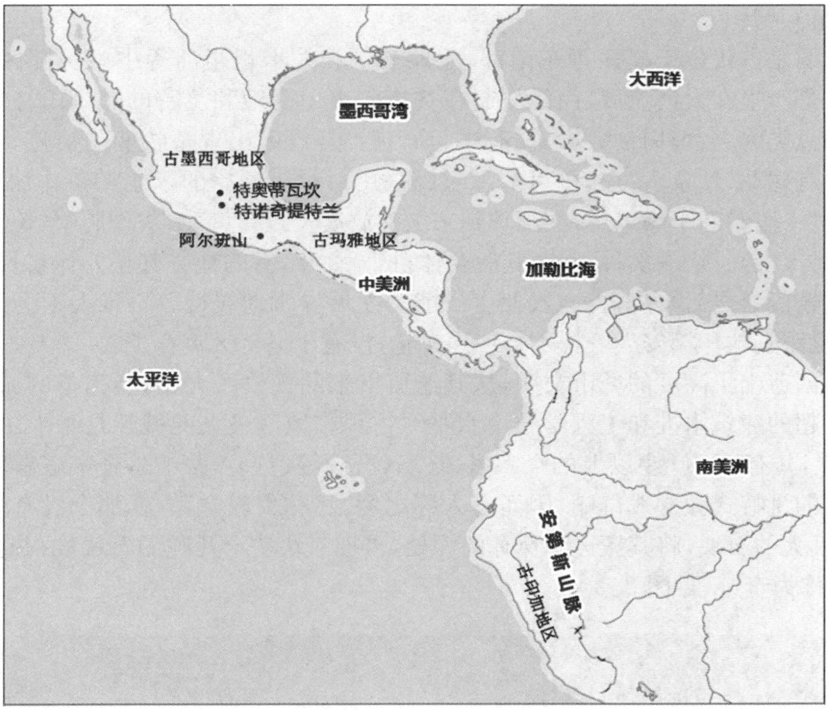

图 2-28　古代美洲文明的分布

图 2-29　特诺奇提特兰

资料来源：特诺奇提特兰[EB/OL].百度百科，https://baike.baidu.com/item/%E7%89%B9%E8%AF%BA%E5%A5%87%E8%92%82%E7%89%B9%E5%85%B0/3856923? fr=ge_ala.

2. 古玛雅地区

玛雅文明是古代位于墨西哥东南部、危地马拉和尤卡坦半岛等中南美洲区域的文明。玛雅文明不是产生在大河流域，而是崛起在贫瘠的火山高地和茂密的热带雨林之中。玛雅人以玉米和豆类为主食，肉食较少，没有牛、马、猪、羊，没有出现畜牧业的痕迹。没有小麦，农作物主要有棉花、烟草、番茄、可可等。农民采用一种极原始的米尔帕耕作法：先把树木统统砍光，过一段时间干燥以后，在雨季到来之前放火焚毁，以草木灰作肥料，覆盖贫瘠的雨林土壤（刀耕火种）。烧一次种一茬，其后要休耕 1～3 年，有的地方甚至要休耕长达 6 年，待草木长得比较茂盛之后再烧再种，农业生产能力发展异常地缓慢。玛雅人不会使用铜铁等金属工具，也跟其他印第安人一样不会使用车轮，没有牛马等大型畜类。

玛雅人创造出了高度的城市文明，从其遗留下来的规模巨大、功能完备的城市遗迹，可以看出其高超的建筑水准和工程学技术水平。古玛雅地区最大的城邦是蒂卡尔，城市面积超过 65 km^2，共有 3 000 座以上的金字塔、祭坛、石碑等遗迹。蒂卡尔金字塔斜度达 70°，其外形如欧洲的哥特式教堂般奇峭，因而有人称之为“丛林大教堂”。在那个没有先进工具的时代，切凿巨大的石块，将其搬运到丛林的深处，再把一块块十几吨的石块堆积起来，堆高至 70 m 处，可称为奇迹（见图 2-30）。

图 2-30　蒂卡尔城遗迹

资料来源：蒂卡尔[EB/OL].百度百科，https://baike.baidu.com/item/%E8%92%82%E5%8D%A1%E5%B0%94/3246967?lemmaFrom=lemma_starMap&fromModule=lemma_starMap.

1523 年末，西班牙人征服玛雅城邦，并建立危地马拉城，治理安地瓜，开始殖民玛雅地区。西班牙人所带来的天花和霍乱等外来疾病也在此后的 100 年内使 90%以上的玛雅人死亡（玛雅人没有对抗疾病的抗体）。玛雅文明在 16 世纪被西班牙人完全摧毁后，遗址被雨林覆盖了近 300 年，并成为传说。1839 年，美英两国考古学家和画家循着传说发现了蒂卡尔城和科潘城。

3. 古印加地区

印加文明是指 11—16 世纪位于南美洲的古老帝国，其版图大约覆盖今日南美洲的秘鲁、厄瓜多尔、哥伦比亚、玻利维亚、智利、阿根廷一带，首都设于库斯科。帝国的中心区域分布在南美洲的安第斯山脉上。印加帝国的版图可以说是所有美洲古文明（包括玛雅和阿兹特克）中最大的一个。

印加人有自己的语言，却没有一套书写文字的系统。印加人利用绳结记录法来代替文字，这就是所谓的“奇普”。根据考古发掘，当时印加帝国有青铜器皿和刀、镰、斧等劳动工具，其冶炼铸造技术相当精巧。印加人有发达的农业灌溉系统和绵延的驿道等。印加帝国的军队人数非常多，多达 7 万～8 万人，可是所使用的武器却非常落后，甚至比中古时代欧洲人的武器更落后。当时印加士兵的主要武器是木棒、石斧、标枪、长矛、弓箭和弹弓（弹射小石块）。西班牙人到达美洲大陆之前，印加帝国是一个雄霸南美洲西部的大国，当时的印加士兵经常东征西战，消灭了不少南美洲的部落，扩大了帝国的领土面积。

为了保持帝国中各个城邦的交流，印加人建设了大量的道路，这些道路穿越了安第斯山脉、热带雨林、河流，把各个城邦连接起来。印加帝国在 1533 年灭亡。印加帝国最著名的遗址是建在马丘峰和华伊纳峰之间的马丘比丘（Machu Picchu）。时至今日，马丘比丘仍然是一探远古印加文明的最优选择（见图 2-31）。

图 2-31　马丘比丘城遗迹

资料来源：马丘比丘（秘鲁印加遗址）[EB/OL]. 百度百科，https://baike.baidu.com/item/%E9%A9%AC%E4%B8%98%E6%AF%94%E4%B8%98/2807.

马丘比丘意为“古老的山”，西北方距库斯科 130 km。整个遗址高耸在海拔 2 350～2 430 m 的山脊上，俯瞰着乌鲁班巴河谷，是世界新七大奇迹之一。印加帝国选择在此建立城市可能是由于其独特的地理和地质特点。据说马丘比丘背后山的轮廓代表着印加人仰望天空的脸，而山的最高峰“瓦纳比丘”代表他的鼻子。

考古学的发现显示马丘比丘并非普通城市，而是印加贵族的乡间休养场所（类似罗马庄园）。围绕着庭院建有一个庞大的宫殿和供奉印加神祇的庙宇，以及其他供维护人员居住的房子。马丘比丘有三个组成部分：一是神圣区，有“拴日石”“太阳庙”和“三窗之屋”；二是南边的通俗区遗迹；三是祭司、贵族区。1983 年，马丘比丘被联合国教科文组织定为世界遗产，是世界上为数不多的文化与自然双重遗产之一。

第六节 城市的未来

人类是一个需要团队协作才能在地球生存和繁衍的物种，凭借自然选择的偶然恩赐进化出具有智能作用的大脑，逐渐构筑自己的协作网络。这个协作网络的规模、层次及复杂程度决定了不同人类种群在彼此竞争中的优劣态势。那些没有进化出社会协作网络或者进化较慢的文明逐渐被较高层次的文明所打败。

城市正是人类开展大规模协作的最佳载体。从以上的分析可以判断，城市是人类生存、繁衍和发展的产物，也是文明诞生和发展的标志物。在城市发展的过程中，人类创造了绚丽多彩的城市生活环境和城市文化，并创造出了许多值得研究的承载不同文化、具有不同风格、富有创造性的建筑。经过 5 000 年的文明发展，当前有一半以上的人类常住在城市里，而且地球不同角落的城市间的协作网络越来越复杂，强度和流量越来越大(见图 2-32)。可以说，只要没有出现可以替代城市作为人类协作网络载体的事物或者说不需要城市载体就能充分开展大规模协作的情形，那么城市将伴随人类永远存在下去。

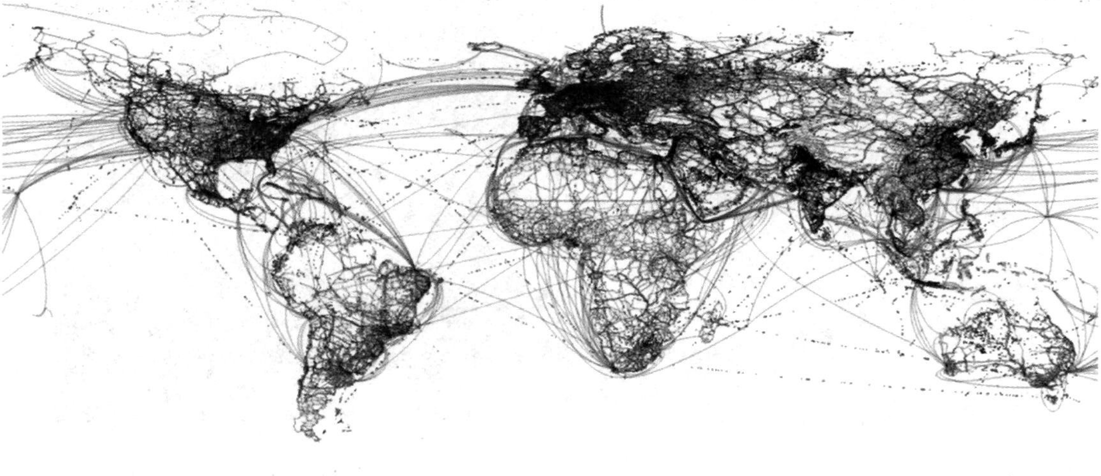

图 2-32 星球城市化(航线客流图)

资料来源：帕拉格·唐纳.超级版图：全球供应链、超级城市与新商业文明的崛起[M].周大昕，崔传刚，译.中信出版社，2016.

但是，当今这个时代，城市社会已经发展到了一个分岔路口。这时，如果对历史有了深刻的了解，对那些至今依然控制着人类的古老决定有了高度的自知，我们就有能力正视人类如今面临的迫切抉择，这一抉择无论怎样都终将改造人类。即人类或者全力以赴发展自己最丰富的人性，或者俯首听命，任凭人类被自己发动起来的各种自动化力量支配，最后沦落到丧失人性的地步，成为“同我”(alter ego)，即所谓“史后人类”(post-historic man)①。城市

① 刘易斯·芒福德.城市发展史——起源、演变和前景[M].倪文彦，宋俊岭，译.北京：中国建筑工业出版社，2005.

也许是加速这一进程的“机器”。

人性中相信虚拟故事的本能仍然没有变，且越来越随着信息技术的发展而展现出强大的逻辑需求。虚拟现实(virtual reality)和元宇宙(metaverse)等存在于数字世界中的场景正越来越受到人们的接受和应用。这种基于数字技术开发的虚拟场景不仅满足了增强人与人间交互、分享、创新等社会联系的本能需求，而且可应具体个性化需求进行参数调整，在增强社会交往联系方面的可塑性强。当前，实体空间如建筑与城市经历着越来越强大且丰富的虚拟空间的渗透。实体城市与虚拟城市的发展及融合正向规划师展现出其广阔且未知的图景，人类的好奇心或许将驱使人类文明进化到另一场革命。

问题思考

1. 城市是如何产生的，其实证基础有哪些？
2. 城市有哪些区别于乡村的特征(包括有形的和无形的)？
3. 为什么说城市是一种文明形成的必要元素？

第三章　西方早期城市建设理念及其实践

本章导读

世界上本没有城市，城市是人类在生存和繁衍的过程中，为了解决碰到的问题而提出的办法，或者说是人类社会文明进化过程中的产物。建设城市，即有智能的人类思考如何满足人类生存和繁衍需求而做出预先安排，以达到目的。单个城市建设的预先安排，被称为指导思想或者理念，如果这个理念指导了多个城市的建设并且达到了预先目的，那么这个理念可以被总结为理论。

理念是一种解决问题并指导行动的意识，反映了人类对世界及如何达到目的的认知，体现着理念提出者或者群体共预期的理想。不同文明或者文明的不同时期对世界的认知是不同的，需求也是会变化的，因而其建设城市时的理念也是不同的。城市建设活动有时可能会追求某种宿命的神秘气氛，也有时候只不过是一种常规性、重复性的活动。城市建设或是建立军事强权的手段，如营寨城或卫城的兴建；或是资本主义体制下资本积累的手段，如欧美国家的城市建设项目；或者只是追求经济利润的手段而没有任何更高的目标，如逐利目的下的城市房地产开发。本章探讨中国之外的文明在建设城市时所遵循的理念及其总结的理论。

第一节　西方古代城市建设型式

在许多古代文化里，世俗的城市代表着一种宗教的追求，城市建设必须精确遵守宗教仪式，如设计对称的大门、占据中心位置以及体现具有宗教意义的数字等。为体现王权或神权的神秘与神圣，需要完全按照“神的旨意”创造出一座城市。这就意味着某种带有几何纯净性的人为布局以及理想的人口数量，并要求臣民在预先设定好的相互关系中生活。

受命而建的城市有明确的目的，因而需要具有完整的形状，用来反映某种宇宙的法则，体现某种理想或愿望。本节重点介绍古希腊和古罗马时期对后世城市建设有重大影响的规划理念。

一、希波丹姆斯规划型式

希波战争前，古希腊城市建设多为自发形成，没有统一规划。道路系统、广场空间、街道形状均不规则。公元前 5 世纪，古希腊建筑师希波丹姆斯（Hippodamos）在希波战争后大规模的建设活动中采用了一种呈几何形状、以棋盘式路网为城市骨架的规划结构型式，成为一种典范，这种城市型式后被称为“希波丹姆斯规划型式”。

希波丹姆斯遵循古希腊哲理，探求几何和数的和谐，以取得秩序和美。他根据古希腊社会体制、宗教与城市公共生活要求，把城市分为三个主要部分，即圣地、主要公共建筑区和私宅地段。私宅地段又划分为三种住区，即工匠住区、农民住区、城邦卫士与公职人员住区。城市公共空间的总体形态以一系列“L”形空间叠合组成，造型变化多姿。典型平面通常为两条垂直大街从城市中心通过。中心大街的一侧布置中心广场，中心广场占有一个或多个街坊。

希波丹姆斯被看作“均匀分配城市”的发明者。街坊面积一般较小，都严格按几何规则规划，每栋建筑也和城市一样，作为一个整体遵循这些原则。这是一种新型、严格的城市规划，有强烈的特色并能系统化。

这种城市空间总体形态的规划型式虽在古埃及的卡洪城、美索不达米亚的许多城市以及印度古城摩亨佐-达罗等城市均有所体现，但希波丹姆斯是最早在理论上阐述这种规划型式的，并且在希波战争后重建被毁的城市时大规模地实践。典型的城市如米利都(Miletus)和普里埃内(Priene)，分别如图 3-1 和图 3-2 所示。

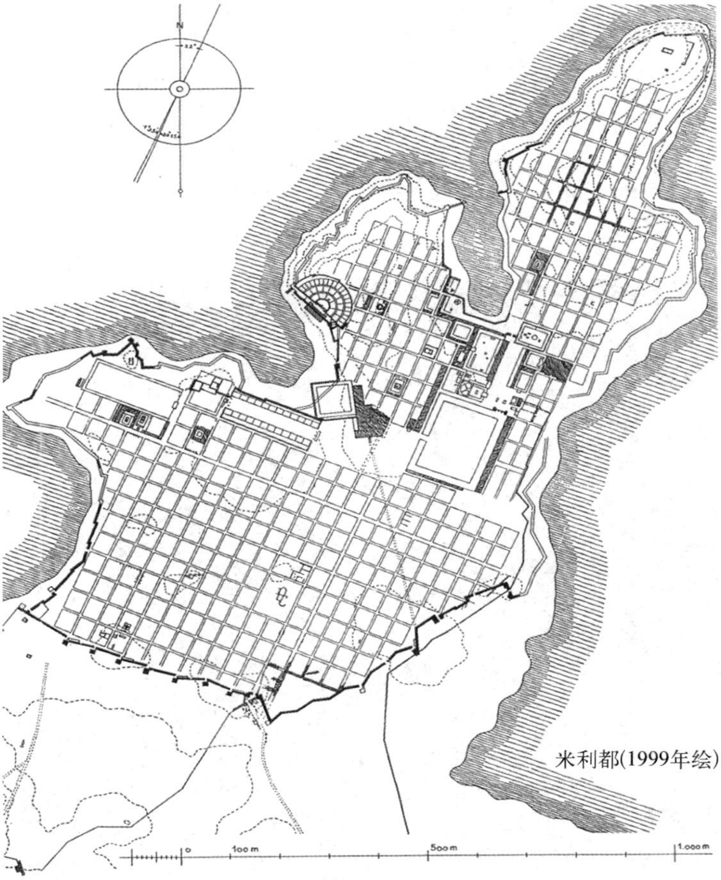

图 3-1　米利都平面图

资料来源：L.贝纳沃罗.世界城市史[M].薛钟灵，余靖芝，译.科学出版社，2000.

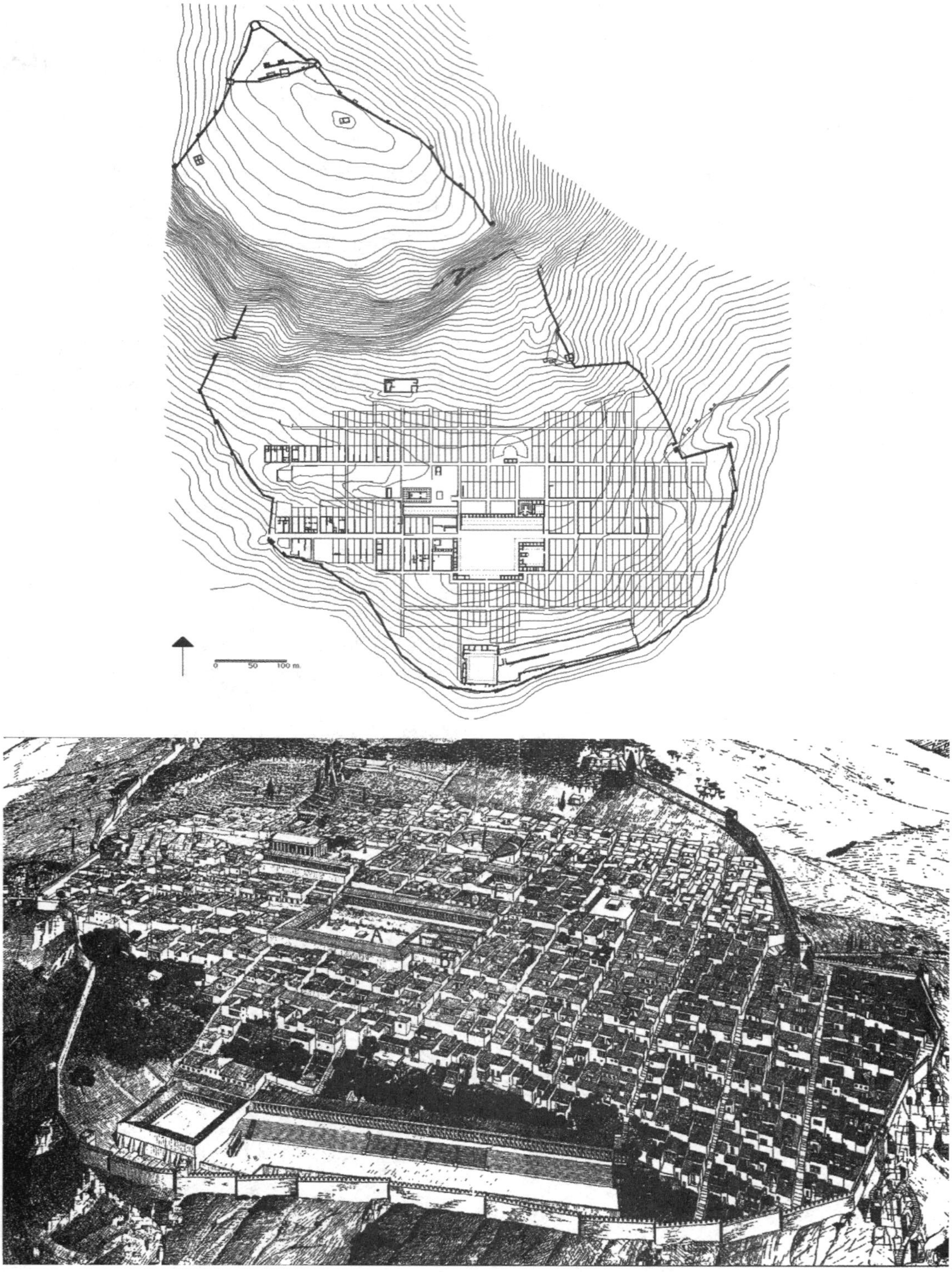

图 3-2　普里埃内平面图及鸟瞰图

资料来源：L. 贝纳沃罗. 世界城市史[M]. 薛钟灵，余靖芝，译. 科学出版社，2000.

希波丹姆斯建设米利都，被亚里士多德评价为一种政治理论的创造者。他确定了城邦国家的居民数为1万，并将居民分为三部分：第一部分为手工业者；第二部分为农民；第三部分是为战争而持枪者。他把土地也分成三部分：第一部分用于文化；第二部分用于公共活动所用；第三部分为私人财产。

米利都的道路网布置成垂直相交的格网。主要的几条街道(其长度都是规范的)将城市分隔成一些相互平行的窄条，这些长条街区有的被主要街道垂直相交，有的被狭小的次要街道穿越。主要街道宽度为5～10 m，次要街道宽3～5 m，在道路网内形成了建造面积相等的方形小块。次要街道的间距为30～35 m，这个距离大约可以建设一或两幢独立式建筑；主要街道相距50～300 m，大多数情况下，在这距离内可建一整排建筑。

道路网的疏密取决于一般住宅的大小，而不是根据庙宇、宫殿等非常规的尺度来确定。它的规律性加强了城市作为统一体的特点，并意味着公共区、宗教区和私人区都同样遵从所规定的原则。按此原则建设的城市都能以独有的特点形成自己的城市面貌。采取几何形的模式能控制城市的发展，并能将建筑用地毫无问题地扩展到一定的规模。

城墙大多不直接沿着最外缘的建筑来设置，而是尽量使它与最易起防御作用的高地链环在一起。城墙与城市街区间有些距离，其走向是不规律的。为宗教及公共活动而特别保留的区域与居住区相比并无特别之处，通常只是多个方形小块连成一片，在布置时只需要保证它不被主要街道分隔开。

二、维特鲁威的《建筑十书》

维特鲁威(Vitruvius)是罗马帝国奥古斯都时期的军事工程师，他完成的《建筑十书》总结了希腊和罗马的建筑设计和城市建筑经验。全书共分十部分，其中第一书分析指出了有关建筑学的一般知识和城镇规划及设计的规则，对城址选择、城市形态、城市布局等提出了精辟的见解。

他将公共建筑物分为三种，即防御用的、宗教用的和实用的。防御用的要预先设计城墙、塔楼、城门，使其能够抵御敌人的攻击；宗教用的要建造永生的诸神祇的庙宇和神圣建筑物；实用的要布置供大众使用的公共场地，如港口、广场、浴场、剧场、散步廊以及其他公共建筑物。

在城址选择上，必须占用高爽地段，不占沼泽地、病疫滋生地，必须有利于避浓雾、强风和酷热。他特别注重风向，认为冷风有害，热风会使人感到懒惰，而含有湿气的风则会使人得病。理想的选址是热、湿、地和气等要素能按正确的分量混合。要有良好的水源供应，必须要有便捷的公路或河道通向城市以便保证有足够的粮食供应给城邦。

城墙的形态不应设计成方形或突出棱角形的，而应当设计成圆形，以便能从各处瞭望敌人。建堡垒时，要挖宽度和深度都足够的壕沟，城墙的基础要深埋在壕沟底部，并且要有足够的支撑。城墙的厚度要使来往于墙顶的武装士兵并行无阻碍。通向城墙的道路不得通畅，要在绝壁下迂回。城门路不要直通，要做成向左转弯，如图3-3(a)所示。

在塔楼设计上，必须向外突出，以便在敌人进攻逼近城墙时，可以从塔楼侧窗用箭射伤敌人。塔楼和塔楼的间距应当保持在箭射距离内，这样如果一个塔楼受到攻击，左右相邻的两个塔楼可攻击敌人。塔楼可以建成圆形或多角形，因为棱角形比圆形更容易遭到毁坏。

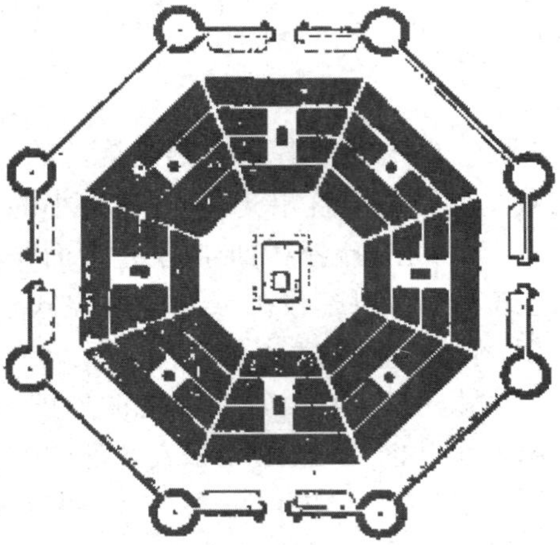

(a) 理想城的平面图

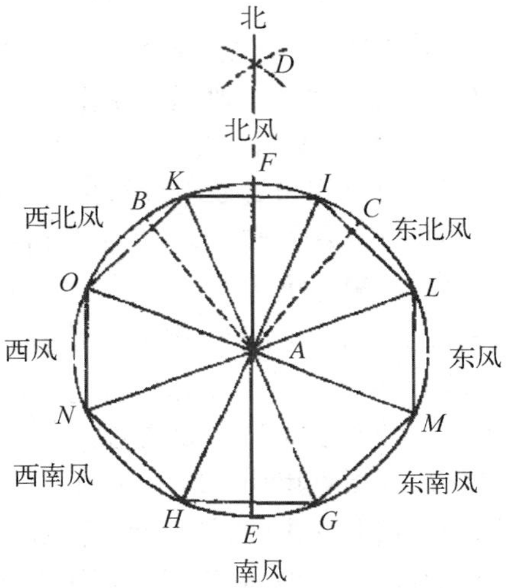

(b) 城市风向的测定

图 3-3　维特鲁威的理想城规划原理

资料来源：维特鲁威.建筑十书[M].高履泰，译.知识产权出版社，2001.

城墙内划分建筑用地时宜采用小巷挡风。在城市中央水平地铺设大理石面板或筑成规整碾平的场地，在其上面的中心点放置表示阴影的青铜指针。通过指针的阴影辨识南北方向并划分出八种风的位置，进而在街巷布置时避开风的方位，如图 3-3(b)所示。

维特鲁威绘制的城市模型，平面为八角形，城墙塔楼间距不大于箭射距离，使防守者易于从各个方面阻击攻城者。城市路网为放射环形系统。市中心广场有神庙居中。为避强风，放射形道路可不直接对向城门。

第二节　西欧封建社会时期的城市建设

476 年，西罗马帝国灭亡，欧洲进入封建社会，1640 年英国资产阶级革命爆发，西欧封建社会逐渐瓦解，英国的光荣革命标志着欧洲进入资本主义社会。从 476 年西罗马帝国灭亡到 1500 年左右的欧洲历史，被西方史学家称为“中世纪”，其中从 10 世纪开始到 14 世纪止的约 400 年被看作严格意义上的封建社会。西方封建社会是古代希腊罗马文明与近代资本主义社会之间一段过渡式的历史。此段历史时期的城市建设中产生了丰富多彩的城市规划思想。大而化之地进行分类，可以分为三种类型。

一、理想城市

在 15 世纪，意大利文艺复兴时期发现了维特鲁威的《建筑十书》遗稿。菲拉雷特(Filarete)①、

① 菲拉雷特是文艺复兴时期建筑师安东尼奥·迪·皮耶罗·阿韦利诺(Antonio di Piero Averlino)的笔名。

吉奥格列奥·马尔蒂尼(Giorgio Martini)、吉罗拉莫·麦基(Girolamo Maggi)等人师法维特鲁威,发展了理想城市理论。菲拉雷特著有《理想的城市》一书,他认为应该有理想的国家、理想的人、理想的城市。1464年,麦基提出一个理想的要塞型城镇(fortress-town)方案的几何图形,此方案对后来欧洲国家设计的许多城堡产生了重大影响,尤其是三角形棱堡①(见图3-4)。

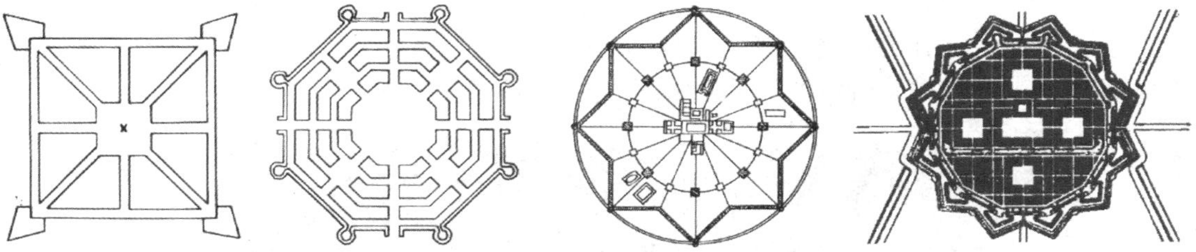

(a) 麦基的要塞型城镇　(b) 马尔蒂尼的八角形城市方案　(c) 菲拉雷特的理想城　(d) 斯卡莫齐的理想城

图3-4　理想城规划思想的发展概略图

资料来源:斯皮罗·科斯托夫.城市的形成:历史进程中的城市模式和城市意义[M].单皓,译.中国建筑工业出版社,2005;沈玉麟.外国城市建设史[M].中国建筑工业出版社,2007.

理想城市方案是在某个时间为某种假定的或者某种被宣称的秩序度身定制的图解,是由某个对这个世界应该如何理想地运作怀有坚定信念的人或机构在一套周密原则的绝对指导下独立构想而成的。这类理想城市最终获得实现且处在纯粹状态的时间往往很短,因为其要求图案的完整,且不可变通,典型的城市案例就是帕尔马(Palma)(见图3-5)。

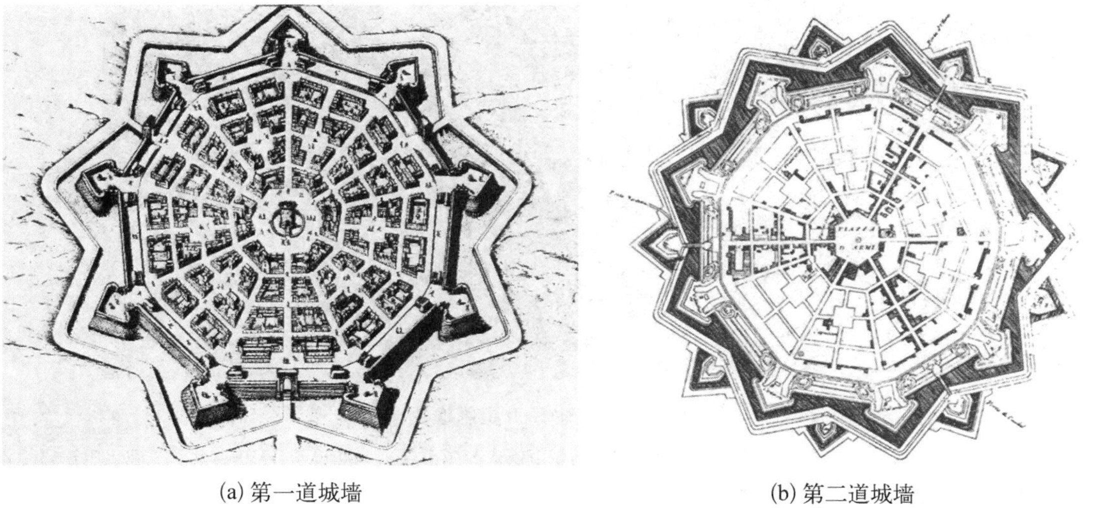

(a) 第一道城墙　(b) 第二道城墙

图3-5　帕尔马城市规划图

资料来源:斯皮罗·科斯托夫.城市的形成:历史进程中的城市模式和城市意义[M].单皓,译.中国建筑工业出版社,2005.

① 三角形棱堡是在火药时代来临后,为了应付大炮而逐渐发展出来的,最初出现于15世纪中叶的意大利,后在欧洲被广泛采用。星形要塞的特点在于其众多相互掩护的棱角。不论在哪个方向受到进攻,都可以从侧后方用火枪、弓箭等武器对攻城的敌人进行打击。相比原本平直的城墙,星形城堡的棱角使得敌人即便用重炮也很难轰开一条开阔的缺口发动攻城。侧斜的墙面使得炮火的威力大为减小,即便花大力气打开缺口,通过缺口也仍然要面对从各个方向的棱角发来的密集射击,这使得破坏城墙发动攻城几乎成为不可能。

帕尔马是16世纪在意大利建成的唯一一座完整的放射状城市,包括文琴佐·斯卡莫齐(Vincenzo Scamozzi)在内的几位杰出的军事工程师和规划师根据菲拉雷特的理想城市模型,共同参与了这座堡垒式城市的选址和概念设计。

帕尔马是威尼斯共和政体(Venetian Republic)的一个军事前哨,也是一个交通枢纽。它初建于1593年,棱堡式护城墙完成于1623年,1667—1690年增设了第二圈防御结构(见图3-5)。在1806—1809年法兰西人占领期间,又建成了带有高超的外垒系统的强有力的第三道防御圈(见图3-6)。在每一个历史时期,帕尔马的防御工事都代表了当时的最高水平。

图3-6 帕尔马卫星影像图

资料来源:斯皮罗·科斯托夫.城市的形成:历史进程中的城市模式和城市意义[M].单皓,译.中国建筑工业出版社,2005.

城市的外廓是九边形,但中心广场却是六边形,九个棱堡中只有三个与中心广场通过直道相连。在紧靠城墙的内环路上布置着外国雇佣兵的军营以及阅兵场和兵器库。中央广场和附近地区供指挥官以及忠实可靠的威尼斯当地士兵居住。只要封闭汇聚到广场上的六条放射状道路,就可以将广场隔离和防护起来。中央广场和城墙之间的区域是市民区,在这里增加了几条放射状道路,它们在到达中央军事区之前就已经终止。三座城门分别位于三段城墙的中部,与三条主要通道相对应。与城门相连的道路直通中央广场,有些街道的中段还布置了小广场。

帕尔马只遭遇过一次战争，多数时候起着威慑性的作用。1866 年，该城不再作为兵营城市发挥军事要塞的作用。如今这座城保留完好，保持着它的完美和一丝悲哀，见证着一座单纯目的的小城镇如何在顷刻间脱离了时代。

在文艺复兴时期，完美的形式就是完美社会的体现这一理念逐渐盛行。理想城市的规划实施需要集中性的权力，因为集中权力才可以调动资源。所以，追求理想的城市必须与好人君主联系在一起。

一个可佐证该思想的例子就是德国的卡尔斯鲁厄(Karlsruhe)。卡尔斯鲁厄是当时巴登公国的首府，伯爵卡尔三世·威廉居住于此。传说他在一次外出打猎时睡着了，梦见一座金碧辉煌的宫殿和太阳同时出现在他居所的位置，阳光沿着街道向四处辐射。于是他派人草拟了他梦想之城的蓝图，并在 1715 年 6 月奠定了这座城市的基石。时至今日，人们仍能从地图上辨认出向四处散射的“太阳光线”：有 32 条放射状道路，其中几条一直延伸到宫殿后面的森林公园，九条放射线将城市的南部组织起来(见图 3-7)。

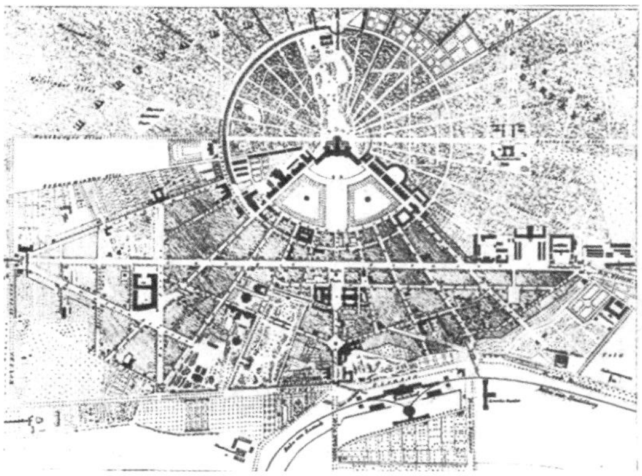

图 3-7　卡尔斯鲁厄城

资料来源：Kostof Spiro. The City Shaped: Urban Patterns and Meanings Through History[M]. Bulfinch Press, 2004.

现今卡尔斯鲁厄已是莱茵河上游中部区域的中心，德国联邦最高法院和德国联邦宪法法院也选址在此，使其成为德国的司法中心。

二、有机生长的城市

有机生长的城市，通常认为是在没有人为设计或理论条文约束的情况下产生的，不受任何总体规划的制约，只是随着时间的推移，根据土地和地形条件，在人们日常生活的影响下，通过精心调整和扩展逐步形成的。其形式是不规则、非几何形的，表现为任意弯曲的街道和随意形状的开发空间。全面了解有机生长的城市之前，需要先了解西欧封建的社会形态。

西罗马灭亡后，自上而下统一帝国的管理体系已不复存在，整个西欧就进入了领主(或称公国、城邦)林立的封建社会，领主自己的领地成为独立王国。在公元 10 世纪之前，城市完全衰落，遗留下来的城市如罗马、米兰、巴黎、里昂、伦敦、科隆和特里尔等，早已失去经济中心的地位，仅是封建诸侯、教会主教的统治中心而已。但到了 12—13 世纪，由于手工业和商业的繁荣，城市开始有了活力，人口逐渐集中到城市。城市的手工业者往往兼营商业，前面是出售商品的店堂，后面是作坊，即所谓的“前店后厂”。手工业者为交换而生产出来的产品不断发展，经常性的商业活动也必然随之扩大。

随着贸易的发展，出现了专业商人。最初，商人多为行商，做东西方之间的区域贸易，由此产生了地中海贸易区、北海和波罗的海贸易区等。后来，大部分商人不再到处流动，而转为定居城市并拥有店铺、货栈。他们的经营渐渐超出本地区范围，开始同外地出售本地区传统的手工业和农牧特产，并采购本地手工业需要的原料和外地特产来本地区销售。商人为了保证市场独占地位和其他权利而结成联盟，称为商人公会。每个城市通常有一个商人公会，有的城市则分别按经营项目成立呢绒商公会、杂货商公会、食品商公会等。也有若干城市的商人组成国际性的城市同盟——商人联合公会，如汉萨同盟。

这种自发组织起来的行业商会有实力会向封建领主争取部分涉及自己利益的管辖城市的权力，即要求自治。实现完全自治的城市主要有意大利北部威尼斯、热那亚、佛罗伦萨等，并建立起独立的城市共和国。实现部分自治的城市有法国的巴黎、奥尔良、里昂和英国的林肯、牛津等，由国王与城市代表共同管理城市。自治就意味着建立一个政治机构对新经济结构进行调节，设立一种保护机构来对抗领主，维护市民生活和商业贸易，并为市民文化的生长提供土壤。

此外，随着手工业生产力的发展和商业城市的出现，城市对封建领主下的农奴产生了较大的吸引力，专业化的手工业农奴和其他具有依附关系的农民为了摆脱封建领主的压迫与剥削，开始与封建领主进行阶级对抗，通过赎买、武装斗争以及逃跑脱离封建庄园，前往便于销售自己产品的地方——商业城市。西欧有句谚语说：“城市的空气使人自由。”1168 年，圣托美尔城规定，农奴入城后，领主不得追捕。1227 年，英王亨利三世给克劳彻斯特城颁特许证，明文规定：“农奴在城市住满一年零一天便成为自由人。”①

城市市民享有个人自由，设立城市法庭，建立选举产生的政权机构。在自治城市中，城市议会是主要机构，它掌管行政事务、税收，对商业、手工业实施监督，领导城市武装力量，使某些城市转变成某种意义上的集体领主，有些城市实际上成为独立的城市共和国。这些手工业者聚集的地方，人口逐渐增加，来往商人和交换增多，渐次成为工商业集中的自治城市。此外，由于交通的发展以及贸易往来的文化交流，城市的建筑环境形态发生了进一步的变化，正是在这些城市里，城市建设得到很大的发展。许多新的建筑类型（如市政厅、关税局、行会会所、教会学校、医院等）开始出现。

由于各封建主、各城市共和国之间常有战争，中世纪西欧的城市一般都选址于水源丰富、粮食充足、易守难攻、地形高爽的地区，四周以坚固的城墙包围起来。城市因受城墙的束缚，往往规模很小，人口少则几千人，多则 2 万～4 万人。随着经济的发展，市区不断扩大，因而又不断扩建城墙。随着城市发展，城墙外产生城郊区，主要是手工业者居住的市街地，而且同行者多聚居在同一条街上，以铁匠街、木匠街、织布街等命名。

现在回过头来看看西欧城市的自发、有机生长。这些城市主要有三种类型。第一种是要塞型。此类城市最早是军事要塞，是罗马帝国遗留下来的前哨居民点，之后发展成为新社会的核心和适合居住的城镇。第二种是城堡型。此类城市是在封建领主的城堡周围发展起

① 冯正好.中世纪西欧的城市特许状[J].西南大学学报(社会科学版)，2008(1)：184-189.

来的，如斯特拉斯堡。城堡周围有教堂和修道院，在教堂附近形成广场，成为城市生活的中心。第三种是商业交通型。此类城市是由于其地理位置的优越而在商业、交通活动的基础上发展起来的。要道、关隘、渡口通常是进行商品交换的手工业者和商人的聚居区，如英国的牛津、德国莱茵河畔的法兰克福、法国塞纳河畔的巴黎等。

这些有机生长出来的城市，街道因自由布置而呈现无规律性，不具有完整的几何图案，被认为是无规划理念的城市。但是，很多中世纪有机生长起来的城市受到更多专业人士和非专业人士的认可和赞叹：有机生长模式的城市保障了社会和谐，鼓励了社区精神。

里昂·巴堤斯塔·阿尔伯蒂(Leon Battista Alberti)在1452年所著《论建筑》一书中，从城镇环境、地形地貌、水源、气候和土壤等着眼，对合理选择城址以及城市和街道等在军事上的最佳形式进行了探讨。他还为中世纪弯弯曲曲的街道进行辩护①：

> 街道还是不要笔直的好，而要像河流那样，弯弯曲曲，有时向前折，有时向后弯，这样较为美观。因为这样除了能避免街道显得太长，还可使整个城市显得更加了不起，同样，遇上意外事件或紧急情况时，也是个极大的安全保障。不但如此，弯弯曲曲的街道可以使过路行人每走一步都看到一处外貌不同的建筑物，每户人家的前门可以直对街道的中央；而且，在大城市里太宽广了会不美观，有危险，而在较小的城镇上，街道东转西弯，人们可以一览无余每家的景色，这是既愉快又有益健康的。有机形式的城市模式，我们看到的是一种合乎常情的、可变的秩序，它适应地形，适应土地原有的特征，适应人们在彼此靠近情况下的生活规律。

城市的弯曲街道既可挡冬季寒风、防夏日暴晒，又具有丰富多变的视觉效果。弯曲的街道排除了狭长的街景，把人的注意力引向邻近建筑的细部。当步行穿过一个城镇时，人们可能在对连续景观的一瞥中，被一个教堂的塔楼吸引住，或者这塔楼在城市景观中不断地出现。

有机生长的城市体现的是城市社会管理模式，形成了独特的风貌特色，简单地说，就是有中心和有特色。

1. 有中心

尽管西欧封建社会没有了统一的王权，没有集中统一的力量按照规划建设城市，但有统一而强大的教权，因此，教堂常占据城市的中心位置。教堂庞大的体积和超出一切的高度，影响着城市的整体布局。教堂广场是城市的主要中心，是市民集会、狂欢和从事各种文娱活动的中心场所。城市有时会划分为若干教区，在教区范围内分布着一些辖区小教堂和水井、喷泉，井台附近有公共场地。道路网常以教堂广场为中心放射出去，并形成蛛网状的放射环状道路系统(见图3-8的佛罗伦萨和图3-9的巴黎)。

有的城市有市政厅广场与市场广场，与希腊和罗马的广场非常相似。市场广场主要用于商业贸易与市民公众活动，是城市中公众活动最活跃的地方。广场平面不规则，建筑群组合、纪念物布置以及广场、道路铺面等构图各具特色。

---

① Eden W A. Studies in Urban Theory: The "De Re Aedificatoria" of Leon Battista Alberti[J]. Town Planning Review, 1943, 19(1): 10-28.

图 3-8 佛罗伦萨

注：佛罗伦萨曾经长期处于美第奇家族控制之下，是欧洲中世纪重要的文化、商业和金融中心，也是文艺复兴运动的诞生地，拥有众多的历史建筑和藏品丰富的博物馆，被公认为一个艺术城市，拥有建筑、绘画、雕塑、历史与科学的宝贵遗产。佛罗伦萨于 1172 年在原城墙外修筑了新的城墙，城市面积达 97 公顷，公元 1284 年又向外扩建了一圈城墙，城市面积达 480 公顷。到 14 世纪，佛罗伦萨已有 9 万人口，市区早已越过阿诺河向四面放射，形成自由布局。佛罗伦萨的经济发展在 14 世纪中期因政治危机而中断，社会各阶层的代表相互斗争，到 1380 年，贵族终于在这场斗争中取得了政权，在此后 50 年中形成了城市的风貌。由于此时期佛罗伦萨城市人口大大减少，政治气候重新安定，所以能把已经开始的建筑项目完成。在这种形势下，建筑师、雕刻师和画家的任务不是去构思新的城市规划、设计新的建筑，而是完成现有的建设任务，并加以装饰。14 世纪初的新一代艺术家将上一代人已经开始的工程(如教堂、洗礼教堂，位于城郊的大修道院和维吉奥宫等)完成。他们用新方法创作建筑、雕刻和绘画，在艺术方面有独到之处，并具有普遍意义，不仅大大改变了艺术的特性及其与其他活动领域的关系，而且在后来的 100 年中传播到整个文明世界，被视为对中世纪的一个新的选择。

资料来源：L. 贝纳沃罗.世界城市史[M].薛钟灵，余靖芝，译.科学出版社，2000.

2. 有特色

随着工商业的发展和人口的不断流入，西欧封建城市一圈圈地向外延伸扩展。很多工商业发展起来的城市选址在河流、交通要道、关隘、渡口处，通常有较好的山河景观资源。城市建设会充分利用城市制高点、河湖水面和自然景色，通过建筑物之间相似与相异的明确分野创造良好的景观视觉秩序。教堂、领主的城堡与一般的居民住房在材质、尺度、体量、装饰等各方面有明确的差异。一般市民的住所往往将家庭和手工作坊结合，住宅底层常作为店铺和作坊，房屋上层逐层挑出，并以形态多变的山墙朝街。大量砖木混合结构的民居由于乡土建筑的传统和技术材料的缓慢演变而十分雷同。这样构成了对比鲜明的城市建筑群体，使得城市建筑群具有美好的连续感、丰富感与活泼感，具有人的尺度的亲切感，建筑环境亲切近人。也许此时欧洲城市最大的特色就是它们都有自己的城市主色

图 3-9　中世纪的巴黎

注：508 年，法兰克人占领了巴黎，定为墨洛温王朝的首都，用木板在这里建起了教堂和宫殿。在加洛林王朝时期，法兰克王国的首都在亚琛等地，巴黎只是地方性城市。维京人于 845 年进攻巴黎，迫使巴黎人在城岛周围建起了城墙。于格·卡佩于 987 年加冕为法兰西国王，开创卡佩王朝，巴黎首次成为法兰西的首都。从 11 世纪开始，巴黎向塞纳河右岸发展。路易六世在右岸地区建立了市场和道路。奥古斯都建设了环绕巴黎的首座城墙，还拓宽了城市道路，建设公共喷泉，同时修建了卢浮宫。1356 年，巴黎修建了第二道城墙。1436 年，查理七世收复了巴黎。16 世纪初，弗朗索瓦一世在巴黎周边建造了众多的城堡。半个世纪后，在城市中央修建了杜伊勒里宫和花园，并将它与卢浮宫连接起来。波旁王朝时期，巴黎继续向四周发展，直到路易十四兴建凡尔赛宫，并将宫廷和行政机构迁往那里。此时的巴黎环境肮脏，道路曲折，街道狭窄，房屋稠密且多为木结构，是一座典型的中世纪城市，拥有近 50 万人口和 25 000 座房屋，但在塞纳河中央的巴黎圣母院教堂一直是该城的视觉中心。

资料来源：国际经典城市设计案例[EB/OL].知乎，https://zhuanlan.zhihu.com/p/609843951.

调，如红色的锡耶纳（见图 3-10）、黑白色的热那亚、灰色的巴黎、色彩多变的佛罗伦萨和金色的威尼斯（见图 3-11）等。

三、巴洛克式的城市

早在希腊-罗马的古典时期，建筑师将建筑语言应用在城市建设中，如将一系列大型公共建筑，如剧院、竞技场、神庙、巴西利卡（长方形会堂）、图书馆、浴场、音乐厅、马戏城等，分散到城市的各个部分。这些高大精美的建筑物映衬在城市邻里的肌理背景下，形成壮丽的景观。这风格因黑暗的中世纪沉睡了 1 000 年。至 16 世纪的文艺复兴时期，由于民族国家的形成、寡头政治和独裁主义的兴起、天文学的发展（日心说否定地心说）以及地理大发现等，首都城市的建设逐渐产生了表现专制主义的需求。古典主义的壮丽风格被重新发掘和复兴，此时期的古典主义被称为巴洛克式。专制主义主要起始于 14 世纪意大利贵族阶层的崛起，随着之后两个世纪法兰西、西班牙和英格兰皇家的复兴，逐步向独裁主义过渡。普遍认为，西科斯图斯五世时期（1585—1590 年）的罗马总体规划开启了巴洛克城市的时代（见图 3-12）。

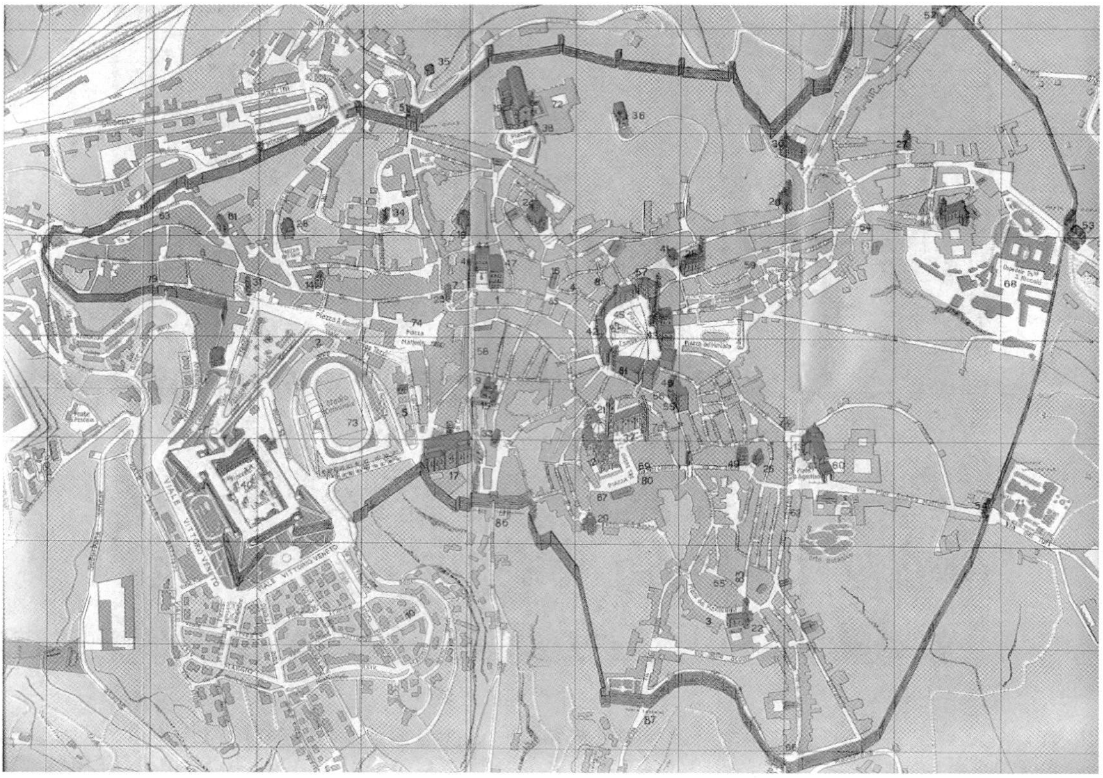

图 3-10　锡耶纳

注：锡耶纳位于意大利中部，一开始由三个社区组合而成。三条主要道路将这三个已有的社区与社区之间的开放空间联系起来，之后，开放空间转化为城市的公共中心，即坎波广场（也称田野广场，已被视为欧洲最美丽的公民活动空间之一，不仅作为市场，有时还举行各种体育赛事）。城市在 11 世纪之前直接受到主教管辖，但是主教的权力后来在 12 世纪逐渐衰退。主教被迫承认城市贵族拥有更大的发言权，以换取他们帮助解决锡耶纳与阿雷佐之间的领土争端。1167 年，锡耶纳终于宣布独立，脱离主教的控制，到 1179 年，锡耶纳已经拥有一部成文宪法。锡耶纳的第一道城墙建于 1194 年，第二道城墙的主体结构于 13 世纪末完成，今天这些城墙大部分依然存在。

资料来源：锡耶纳（意大利托斯卡纳大区城市）[EB/OL].百度百科，https://baike.baidu.com/item/%E9%94%A1%E8%80%B6%E7%BA%B3/84802?fr=ge_ala.

新古典主义力求在一切文化艺术的样式中建立"高贵的体裁"所要求的规则，在艺术作品中追求抽象的对称和协调，寻求艺术作品的纯粹几何结构和数学关系，认为不依赖感性经验的理性是万能的，强调轴线和主从关系（在平面上由中央广场、在立面上由中央穹顶统率其余部分），认为这些规则是理想的、超时间的、绝对的。所有这些发掘复兴的古典主义美学正好迎合王权专制主义的需求：首都城市空间是有秩序、有组织的，王权是永恒至上的。

在意大利文艺复兴的引领下，法国全面接受巴洛克美学。17 世纪的法国人口超过 2 000 万，成为欧洲第一大国，巴黎作为首都已经在朝着欧洲的政治、社会、文化中心方向发展。巴洛克式风格正好迎合王权的需求，不仅受到皇家的青睐，而且风靡整个法国。17 世纪后半叶，新古典主义在法国的文化艺术等方面占绝对统治地位。新古典主义不仅在建筑方面占统治地位（诞生了巴黎美术学院），而且制度化，发展成一套理性的城市设计系统，作为一种文化输出，影响了俄国的圣彼得堡和美国的首都华盛顿特区的规划，甚至影响了 20 世纪德里、堪培拉、芝加哥等城市的规划。

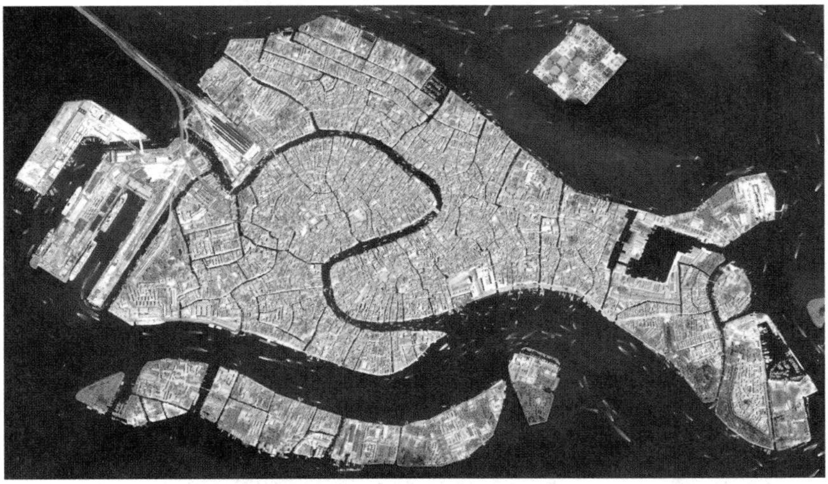

图 3-11　威尼斯

注：在中世纪早期，威尼斯只是众多潟湖社区中的一个，这些社区一直长期以水体作为屏障躲避罗马帝国灭亡后日耳曼和伦巴第人的攻击。在 9 世纪早期，潟湖地区的统治者将自己的住宅搬迁到圣马可广场，这个地点是一系列不规则小岛的核心位置，之后这些岛屿联合成一体，这一特殊过程造就了威尼斯迷宫式的城市形态以及独特的水街。9—12 世纪，威尼斯发展为城邦（意大利的海洋帝国或海洋共和国，其余三个为热那亚、比萨及阿马尔菲）。威尼斯凭借其位于亚得里亚海顶端的战略性地位，让威尼斯的海军与商业力量几乎牢不可破。13 世纪末，威尼斯已经变成西欧与其他地区（尤其是拜占庭帝国与伊斯兰国家）之间一个繁荣的贸易中心（尤其是香料、粮食与毛皮贸易），成为全欧洲最繁荣的都市。在势力与财富最巅峰的时期，威尼斯拥有 36 000 名水手来驾驶 3 300 艘船，并且主宰了中古时代的商业活动。后来因为土耳其人对地中海东边的控制促使欧洲国家寻找其他航线，威尼斯的重要性与影响力大大降低。威尼斯从 15 世纪开始没落，在 1453 年派遣船舰帮助拜占庭帝国的首都君士坦丁堡来抵抗土耳其人的侵略。穆罕默德二世攻陷君士坦丁堡之后，转而侵略威尼斯，并造成威尼斯巨大的损失。如今，威尼斯是意大利威尼托区的首府，是著名的旅游与工业城市，人口约 27 万人。

资料来源：建筑地图.威尼斯（上）[EB/OL].知乎，https://zhuanlan.zhihu.com/p/113830374.

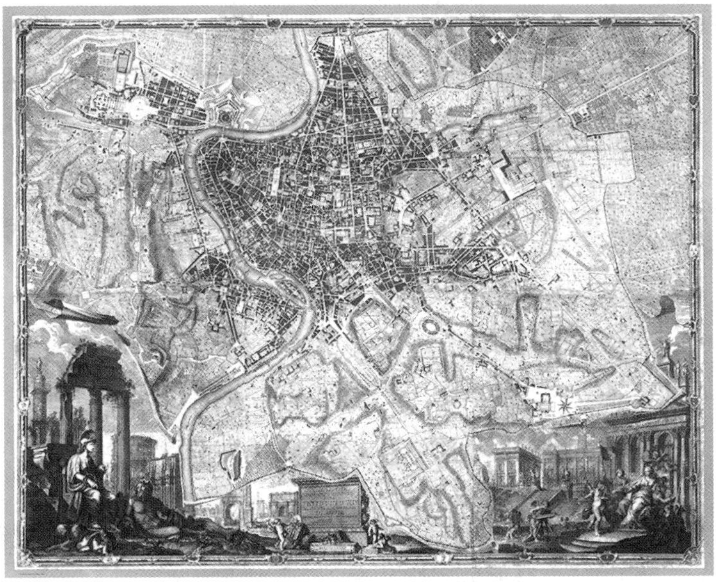

图 3-12　1748 年罗马大地图

绘制者：詹巴蒂斯塔·诺利（Giambattista Nolli）

资料来源：胡恒.如何绘制罗马？——18 世纪罗马“平面地图”中的历史与现实[J].同济大学学报（社会科学版），2020，31(3)：69-76.

巴洛克式的城市设计系统对近现代城市发展产生了重要影响，因此有必要简要阐述巴洛克式城市的元素及其设计步骤。其元素主要包括标志物和纪念性建筑物、三支道（或多支道）系统、统一连续且变化丰富的街道界面、巴洛克式对角线、对景、轴线、林荫大道等。其设计过程大致可以分为以下 6 个步骤。

（1）选定遍布整个城市的一系列聚焦点（大型公共建筑），形成整体的雄伟而宽广的城市组织（见图 3-13）。

图 3-13　大型公共建筑是聚焦点

资料来源：圣彼得堡的城市建设诠释了真正的古典美！人口 530 万，拥有高 462 米的欧洲第一高楼，整座城市却被列入世界文化遗产[EB/OL].360 个人图书馆，http://www.360doc.com/content/22/0125/17/2290498_1014857500.shtml.

（2）这些聚焦点的分布与自然地形地貌的起伏相辉映，在聚焦点之间形成直线形的快捷畅顺的道路或林荫道。

（3）以城市最重要的公共建筑物、广场、纪念碑等标志物为聚焦点，放射式布置三条直道或多条直道（若是 360°设置，将形成星形广场）以强化聚焦点。三条放射状道路汇集于一个广场，可以创造并增强纪念性建筑的统领性和崇高性（见图 3-14）。

（4）在主要大道之间的交叉点布置广场并进行景观设计，如设置次要的纪念物、方尖碑、骑士雕像等以制造街道对景。

图 3-14　巴洛克式城市三支道系统设计手法(圣彼得堡道路网)

注：圣彼得堡有着 18 世纪最为雄伟的三支道体系，这一方案最早于 1737 年发展成形，三条道路从建有高塔的海军总部放射出来：诺夫哥罗德路(Novgorod Road)、涅夫斯基大街(Nevsky Street)和戈罗霍沃街(Gorokhovaya Street)。

资料来源：重访俄罗斯——让人难忘的圣彼得堡建筑[EB/OL].360 个人图书馆，http://www.360doc.com/content/12/0121/18/1260246_180729010.shtml.

(5) 以公共空间(如城市广场等)作为纪念性物体的背景，并增加局部的戏剧性场景，如瀑布、喷泉等。

(6) 上述这一切要素最后叠加在容纳日常邻里生活的致密城市肌理之中，同时要求主要大道沿街建筑连续统一，以形成变化丰富的街景。

巴洛克式的城市与有机生长的城市相比，一个显著的不同在于街道。有机生长的城市的弯曲道路可以迷惑来犯者，并帮助擒获敌人，而巴洛克城市的直道可以使敌人无处躲避。城市的街道不再是建筑物之间的剩余空间，而是一个完整的空间元素，宽阔、笔直和美丽的街道有诸多好处：首先，笔直的街道能够消除不规则邻里中的隐秘与缝隙处，阻止任何堵截街道或者借助障碍物发动暴乱的企图，因此可以建立起公共领域的秩序；其次，直道是两点间最直接的路径，方便四轮马车通行和停留，也方便在必要时输送军队以镇压叛乱；最后，笔直大道具有意识形态宣传上的优势，方便上传下达。

此时，还需要关注的是，以前城市为了安全，通常都会在城市边缘筑起城墙，但随着火器和大炮等的武器发明和运用，该军事工程设施的作用大大降低。1670 年，巴黎中世纪的城墙被拆除，护城河被填埋，这些地方转化为宽阔的高于地面的步行道，种上双排树木，马车和行人都可以通行，这类道路称为林荫大道(见图 3-15)。到 18 世纪末，巴黎西端的几条林荫大道两旁布满了高档商店、咖啡馆、剧院等。拿破仑时代之后，整个欧洲都学习将城墙改造为林荫大道的做法。后来，在一些非城墙的位置也出现了貌似林荫大道的街道，断面形式分为三部分，即为购物者活动而设的人行道(sidewalk)、为快速交通而设的车行道(roadway)以及在二者之间起阻隔作用的高大乔木。林荫大道创造出一个大尺度的网络体系，赋予城市清晰的结构。林荫大道不仅是交通线，同时也是城市不同区域之间的界线。

图 3-15　巴黎的林荫道(香榭丽舍大道)

资料来源：香榭丽舍大道[EB/OL].百度百科，https://baike.baidu.com/item/%E9%A6%99%E6%A6%AD%E4%B8%BD%E8%88%8D%E5%A4%A7%E9%81%93/1350542?fromModule=lemma_search-box&fromtitle=%E9%A6%99%E6%A6%AD%E4%B8%BD%E8%88%8D%E5%A4%A7%E8%A1%97&fromid=5209383.

巴洛克式的城市以不同长度和不同角度的放射状林荫大道作为轴线，将圆形广场以及处在焦点、具有明确几何形状的广场全部联系起来——将他们组织成为覆盖整个新建区甚至整个城市的几何整体。这种壮丽风格的城市追求宏伟的构架和抽象的模式，必须以不受阻扰的决策过程和强大的财政储备为前提，否则壮丽风格只能是纸上谈兵。

这里重点介绍几座采用巴洛克式规划手法的城市。

1. 伦敦

伦敦最早是一个凯尔特人的城镇，由罗马入侵者于公元 50 年左右建立，作为泰晤士河畔的一个港口，被命名为 Londinium。西罗马帝国灭亡后，Londinium 遭遗弃，撒克逊人在今奥德维奇(Aldwych)以西 1 英里(约 1 609 m)处建立了名为 Lundenwic 的城镇，直到 9—10 世纪，罗马伦敦老城 Londinium 才再次恢复人烟。中世纪的伦敦中心城区主要有东部的伦敦金融城和西部的威斯敏斯特(Westminster)两大城市。此后伦敦逐渐发展扩大，吸收融合了附近的村庄等聚落区，向四面八方扩散。有人称伦敦是由一群村庄组成的，但伦敦对此非常自豪，因为它强调多元化、多样性、自由平等以及私有财产的神圣性。17 世纪时，伦敦已经是当时大英帝国乃至欧洲最大的都市，但 1666 年的一场大火烧毁了绝大部分城内建筑。图 3-16 显示的是 18 世纪的伦敦，城市已经向西、向北发展形成基本的轮廓。

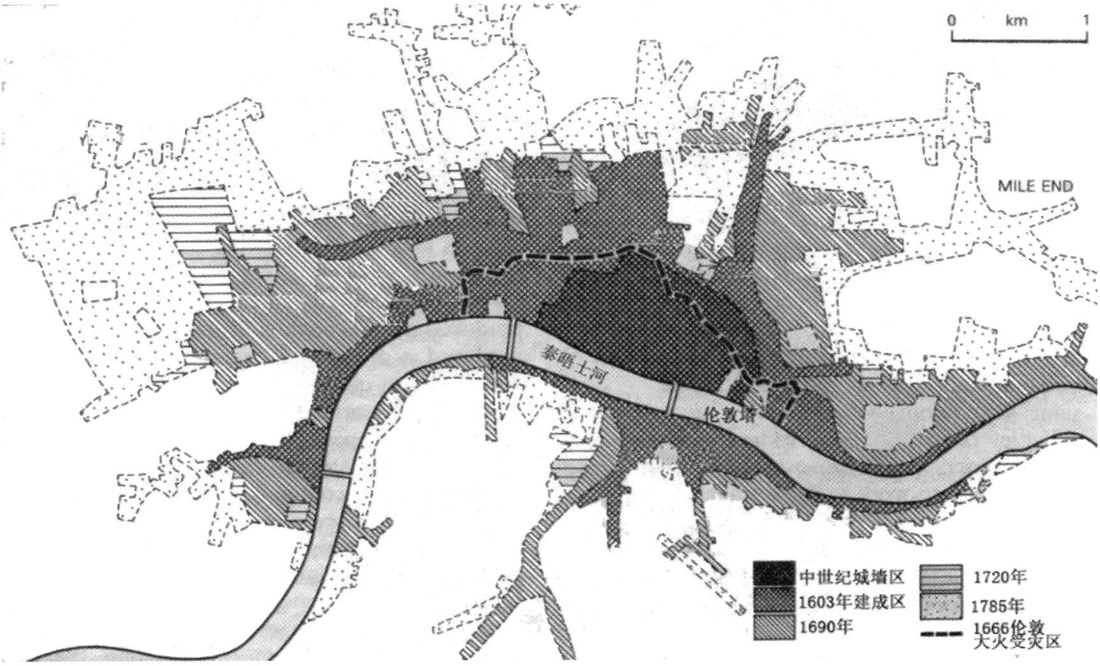

图 3-16 伦敦中心城区的扩张演变脉络

资料来源：BlackDog S F. Mapping London：Making Sense of the City[M]. Cambridge University Press，2007.

伦敦的边界自中世纪起就一直没有改变，时至今日，它仍然是大伦敦都会区中一个在行政组织与经济地位上较为独立特殊的区域。到第二次世界大战时，伦敦的规划分成了很多小单元，行政区级别与周边 32 个自治市相同，共同组成所谓的“大伦敦”。

在 1666 年大火前，伦敦的建筑物以木质结构为主。大火烧毁了绝大部分木质建筑。新兴的巴洛克城市美学当时正风靡欧洲。巴洛克式城市以对角线带来的动感为基础，开始和专制主义的国家政体相结合。在 1666 年著名的伦敦大火之后就城市重建展开的辩论当中，华丽的新式巴洛克美学与稳妥的网格设计之间发生了公开的冲突，一方面是克里斯托弗·雷恩(Christepher Wren)和约翰·伊芙琳(John Evelyn)提出的城市组群论(见图 3-17)，另一方面是理查德·纽考特(Richard Newcourt)等人提出的网格与广场相结合的方案，后者被形容为土地测绘员和地产商的产物，因为土地上的房产易于布局也易于出售。

约翰·伊芙琳提出重建伦敦的三项原则，即优美、便利和壮观。其中，壮丽就是巴洛克式城市的主要要求，它超越了实用。该方案创造一个高尚的滨水地带，没有繁乱的装卸平台、仓库和堆场，建议将墓地搬出教堂区，转移至城市边缘，将屠宰场和监狱搬离城市中心，放到城市的某个入口处，甚至还希望禁止酿造坊、面包房、染坊、盐场、肥皂厂、糖厂等。这种重建的规划设想在超越功能的情况下追求城市的气派，其手段是英雄式的尺度、视觉上的流畅以及建筑材料的奢华。

雷恩的方案中所想象的伦敦，也是一座具有巴洛克风貌的大都市。整个城市以圣保罗

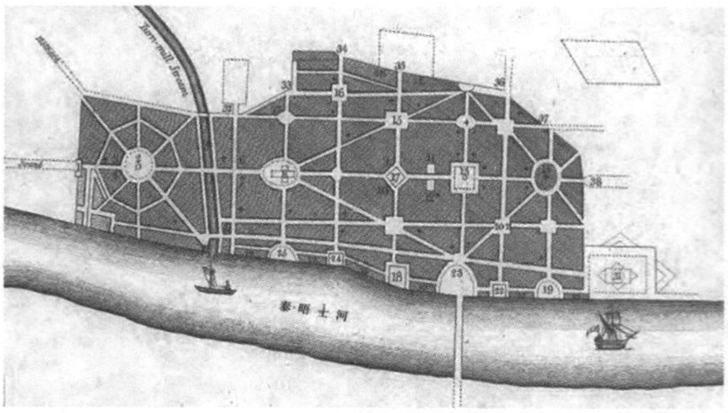

(a) 约翰 · 伊芙琳提交的方案

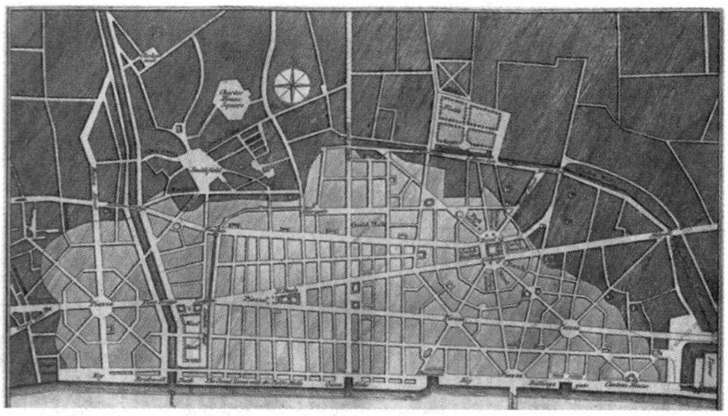

(b) 克里斯托弗 · 雷恩提交的方案

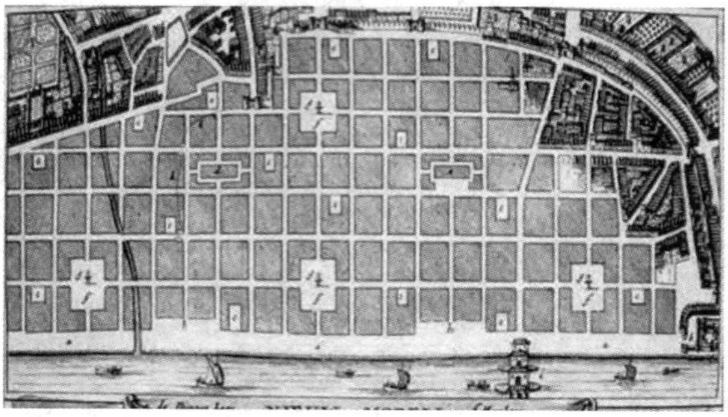

(c) 罗伯特 · 胡克提交的方案

图 3-17　伦敦重建方案

资料来源：Jonathan Cape Ltd. The Rebuilding of London after the Great Fire[M]. Alden Press. 1940.

大教堂为中心，发散出两条主要大街，一条通往皇家交易中心，另一条连接从码头辐射而来的街道。雷恩把伦敦分成几个独立运作的区块，用马路和大道构成的交通网络把它们联系起来。该方案对城市街道系统做了巨大的改动，把辐射型街道强加到原本棋盘格的布局上，所有的街角都呈直角，城市由矩形的住宅组成，从每个地方都很容易到达街口。很显然，雷恩的新伦敦是以商业交易为中心，以宽阔的林荫大道和宏伟的城市空间穿插，塑造一个巴黎般的巴洛克式富丽堂皇的城市。

采用巴洛克式的城市布局不可避免地会打乱已有的地界模式。在英国，受法律支持的牢固的私人所有制结构使任何全局性的城市改造都无法获得实现的机会。伦敦的发展更多的是融合周围的小社区而自发形成的，土地私有制导致地界异常复杂。尽管建筑被完全烧毁，但私有土地的界线依然清晰。若要强力推行，皇家（王室刚刚复辟）将面临巨大的反对声浪。

罗伯特 · 胡克（Robert Hooke）也提出了方案，与理查德 · 阔特的重建思想一致，欲以简单的几何网格线取代复杂拥挤的街道和巷弄，主要大街以直线排列，其他交叉道路以直角转弯，用新方法测量记录首都焚毁的程度，把中世纪的混乱建筑转变成清楚易懂的科学，以数学来规划重生的首都。作为皇家学会的管理员和“全世界第一位职业科学研究员”，胡克提倡把先有实验、后有理论的“新哲学”应用在真实世界。

这些方案提交到英国议会讨论时，有三种不同的倾向：有一部分人比较认同雷恩的设计方案，建议重新建新城；一部分人提议保留原来的城市建设，只是将建筑改为砖石材料；另外一部分人则持中，将建筑材料改为砖石，也适当扩建一些街道，但仍然保留原有的基础和地下室。虽然国王表示了个人对雷恩构想的喜好，但认为当时勾勒巴洛克式城市图景为时尚早，因此并不愿意接受类似巴黎的纪念性格网，最后采用的重建方案是基于现有私有地界进行优化调整（见图 3-18）。值得一提的是，国王发出了一道具有远见的通告：若有人鲁莽进行重建工作，将会被罚，而官方会详细调查土地的归属权以及土地的重新分配。此后，国王派人勘测受灾地区，进行土地的认领和登记。

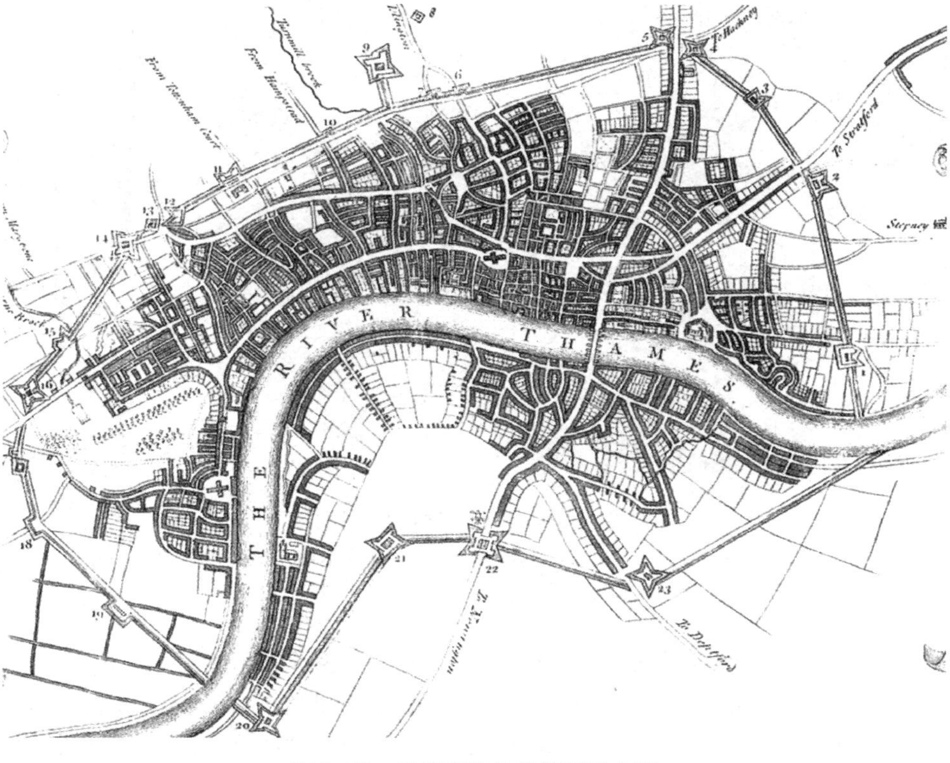

图 3-18　最终实施的伦敦重建方案

资料来源：Jonathan Cape Ltd. The Rebuilding of London after the Great Fire[M]. Oxford：Alden Press. 1940.

1667 年 2 月，第一份重建法案通过。道路拓宽政策保留了原有的主要街道格局，对道路的宽度进行限定，足以让货车在城市里畅行无阻，并规定住宅若因为街道的拓宽而减小，一律给予补偿。接下来是房屋的重建，房屋必须整齐地面对宽街道，房屋按其所在地和房屋性质分成四类：第一类是最普通的小房屋，面对小巷；第二类面对重要街道；第三类面对主街；第四类是最高等级的，可由建筑师自己设计。房屋的建造必须符合各自的标准尺寸。委员会还规定了新城市道路宽度，主干道 100 英尺（约 30 m），主要街道 75 英尺（约 23 m），使得城市街道的容量得到提升。

大火带来一个意想不到的结果，浴火重生的城市卫生条件转好，可怕的瘟疫终于停止了传播。到了 1700 年，这个在大火前“濒临死亡”的城市已经成了“红砖白石”的优雅现代城，超越巴黎成为欧洲最大的城市。1772 年，伦敦重建基本完成，表面上看起来只是将毁灭后的城市复原，但是街道变得宽阔，房屋变成了具有一定耐火性的砖结构；马路上出现了人行道，原本空间有限的城市增加了不少公共场所，给城市带来了活力；广场夹杂在建筑群中，曾经封建主所独有的公园经过整治后也对外开放。伦敦的经济在灾后迅速恢复，贵族地主在重建中看到土地所带来的巨大价值，参与到商业投机中，商业主义得到贵族的重视，加快了从封建主义向商业资本主义的过渡(见图 3-19)。

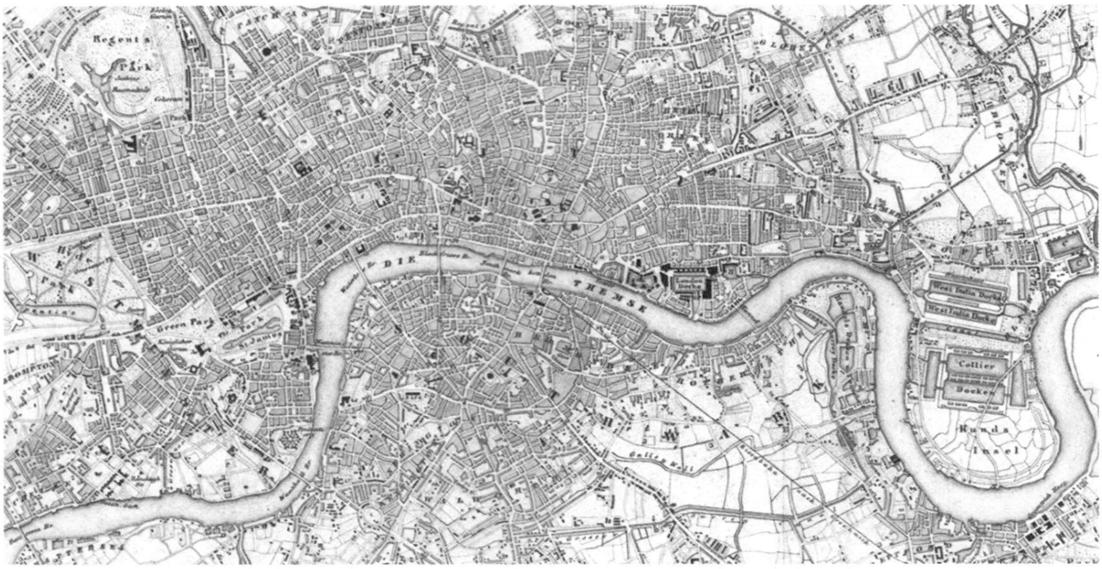

图 3-19　伦敦重建后平面图

资料来源：Jonathan Cape Ltd. The Rebuilding of London after the Great Fire[M]. Alden Press. 1940.

2. 巴黎

巴黎早在中世纪期间就是法兰克王国的行宫，经历了多个王朝之后，建立了两道城墙以及诸多教堂，居住人口接近 50 万。当时的巴黎，街道狭窄曲折，沿街市民房屋多为木结构。由于基督教的无上地位，在城市里的建筑，除了教堂，零零散散的商铺和作坊以及邻里住宅完全处于无规划的杂乱无章状态。15 世纪前后，受文艺复兴、启蒙运动、宗教改革等影响，基督教的地位被强烈动摇。随着 16 世纪的法国资本主义萌芽，资产阶级逐渐走上历史舞台，王权统治者致力于国家统一，到 17 世纪中叶，波旁王朝成为欧洲最强大的中央集权王国。

17 世纪初亨利四世在位期间，为促进工商业的发展，对一些道路、桥梁、供水设施做了局部的改造和修缮，使得巴黎昔日许多破烂的房屋变成整齐一色的砖石联排建筑。这些改建工作在巴洛克艺术原则的指导下，通常结合广场或林荫大道形成完整的景观。随着绝对君权思想超过了宗教至上思想而居于统治地位，以及大量的封建贵族离开庄园在巴黎营造城市府邸，巴洛克设计风格迎合了王权、贵族以及新兴资产阶级的需求，风靡整个法国。在路易十四时期，建设了一批新古典主义大型建筑物，最为著名的是位于巴黎西南 15 km 处的凡尔赛宫。凡尔赛宫的设计将巴洛克风格发展到了极致，精美繁复程度远超巴洛克设计原则本身，曾被称为洛可可设计手法(见图 3-20)。

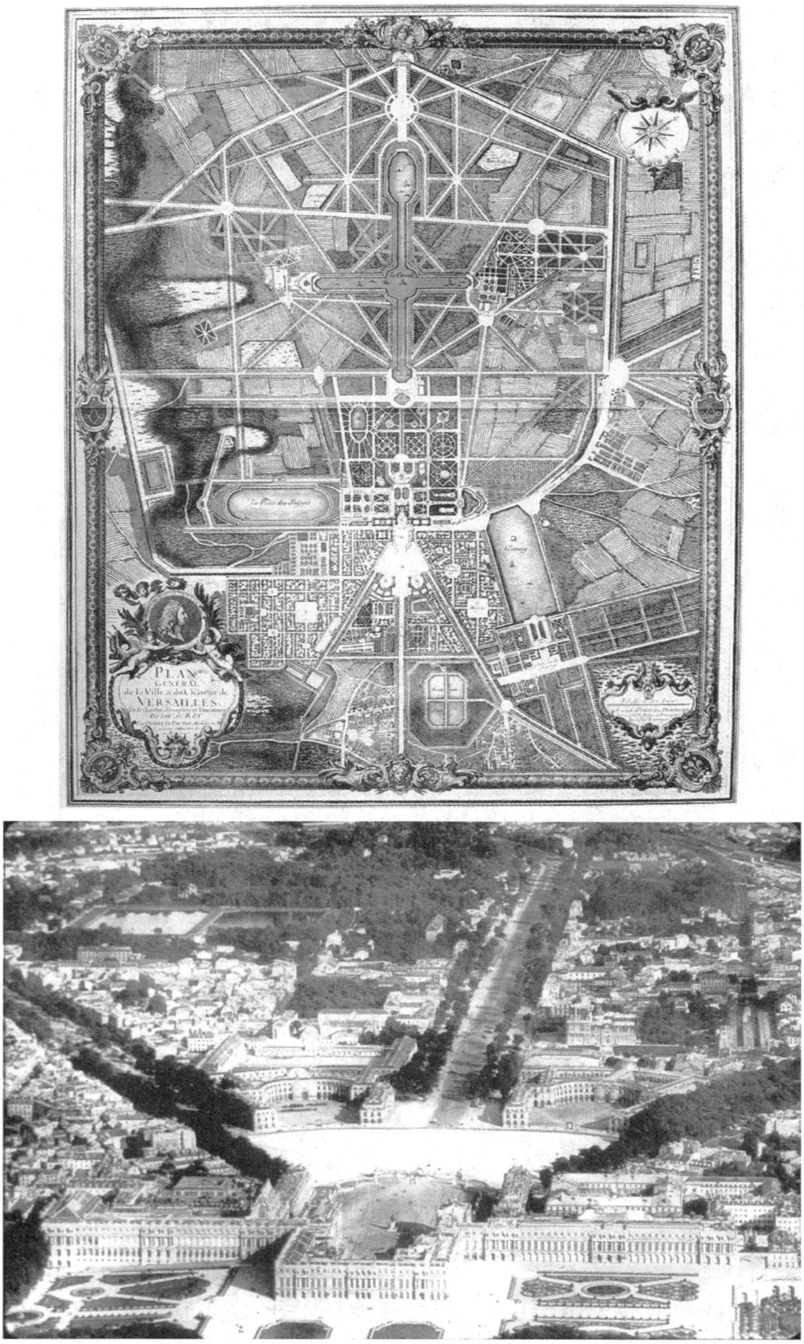

上图：规划设计平面图　　下图：鸟瞰凡尔赛宫

图 3-20　凡尔赛宫

注：凡尔赛宫的建造最初是为了消除势力强大的法国地方贵族（如孔代亲王家族）的割据和叛乱危险。在凡尔赛宫落成后，路易十四立即将全国主要贵族集中于凡尔赛宫居住。凡尔赛宫设有军队、医院和军事院校，不仅是法国领导人会见外国元首和使节的地方，也是卫戍部队驻军的营地。

资料来源：斯皮罗·斯科托夫.城市的形成：历史进程中的城市模式和城市意义[M].单皓，译.中国建筑工业出版社，2005.

传统城市已经无法面对新增加的巨大交通量和新生活需求的压力，城区的街区必须开放。在当时的统治者观念中，更重要的是建立起新的价值体系，宣扬当前统治者的个性与政治语言的新纪念物必须建立起来。早在拿破仑帝政时代(1804—1815 年)，拿破仑就欲把巴黎建成他和他的法兰西军队的功德碑。他认为一切妨碍实施宏伟构想的旧建筑都应该被推倒，要修建大广场和大纪念碑，要拓宽马路建设林荫大道。他说："巴黎不仅过去是最美的城市，现在也是，而且将来还要是最美的城市！"这一"王权+巴洛克"的城市改造组合极大地影响了后来的当政者。巴黎沿着塞纳河的北部建立了一系列纪念性大型公共建筑或广场，如对着卢浮宫建造的一个大而深远的视线中轴，延长丢勒里花园轴线，向西延伸，于 1824 年到达星形广场。这条轴线后来成为巴黎的中枢主轴，于 18 世纪中叶建成巴黎最壮观的林荫道——香榭丽舍大道。最有代表性的广场是旺道姆广场和协和广场。这些初步形成了城市必需的基础设施和城市景观，基本奠定了巴黎欧洲大都市的地位(见图 3-21)。

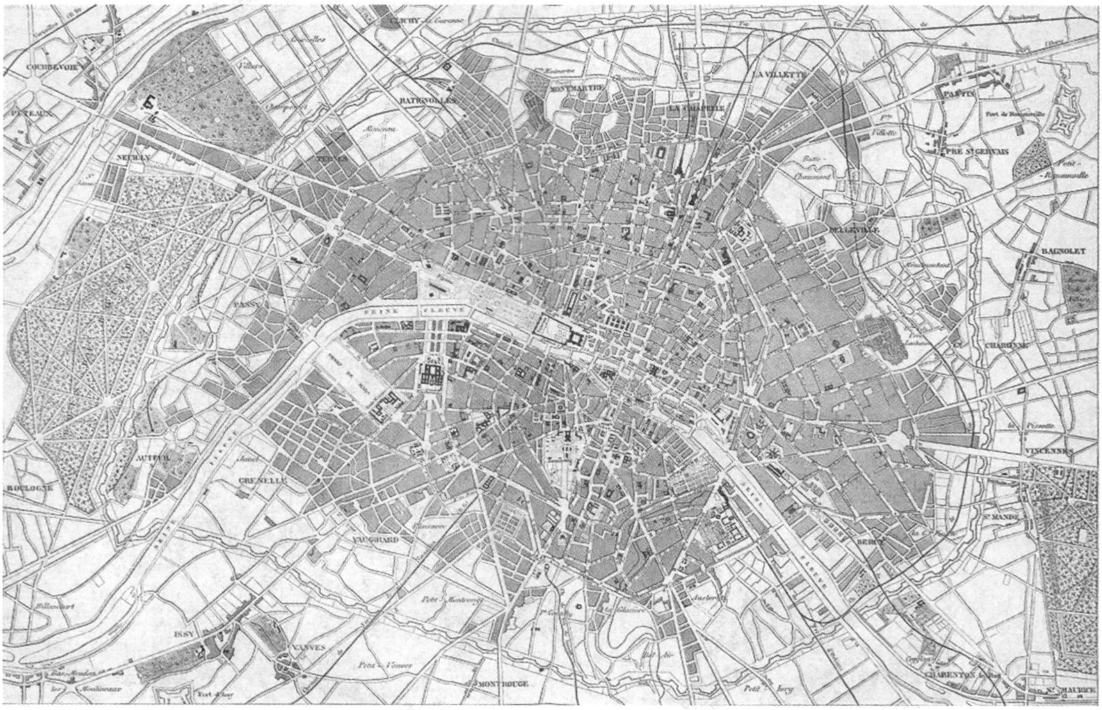

图 3-21　巴黎地图(18 世纪)

资料来源：Papayanis N. Planning Paris Before Haussmann[M]. The John Hopkins University Press，2004.

尽管城市表面的美取得了巨大成就，但由于拿破仑对城市卫生和安全之类的设施基本不感兴趣，所以，随着大量的贵族搬迁至巴黎，人口激增，数量庞大的马车彻底使巴黎的交通陷入瘫痪，邻里居住街区非常拥挤，道路狭窄曲折，缺乏排水，整个城市仍然肮脏不堪和混乱。此时，强大的中央集权再次对巴黎进行了一次彻底改造，这次的主角是一位叫作乔治·巴仁·奥斯曼(Georges Baron Haussmann)的男爵(见图 3-22)。

拿破仑三世时期，1852 年，奥斯曼调任巴黎所在的塞纳行政区任行政长官。至 1870 年的 18 年任期内，奥斯曼起用了一批建筑师、规划专家和水利专家，对巴黎市区进行了大规模

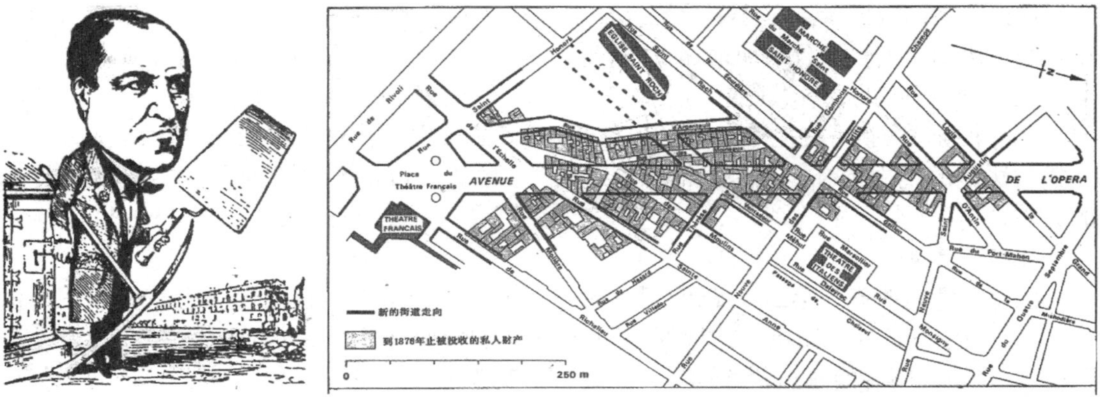

图 3-22　奥斯曼与巴黎改造地图

资料来源：沈玉麟.外国城市建设史[M].中国建筑工业出版社，2007.

的规划和改造。奥斯曼制定的巴黎改造计划的核心是干道网的规划与建设，拆除大量的旧建筑，切蛋糕一般开辟出一条条宽敞的大道（见图 3-23），并在两侧种植高大的乔木形成林荫大道，使城市充满绿意。巴黎的林荫大道开世界风气之先，如今林荫大道已成为全世界都市计划的共同语言。奥斯曼还严格规范道路两侧建筑物的高度、形式，强调街景水平线的连续性。同时期新建的楼房使巴黎的街景风格统一，造就了典雅又气派的城市景观。规划还设计了大量街道家具，如小花坛、小喷泉、小雕塑等，其中许多经典之作已经成为巴黎的象征。

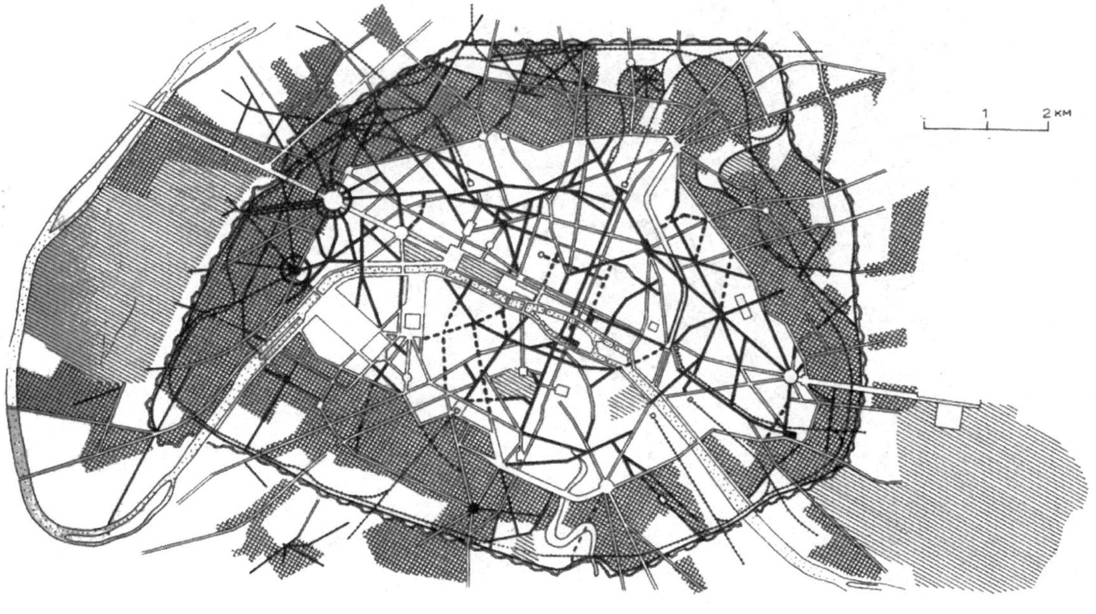

图 3-23　巴黎改造规划图

资料来源：斯皮罗·科斯托夫.城市的形成：历史进程中的城市模式和城市意义[M].单皓，译.中国建筑工业出版社，2005.

在水利专家的主持下，创立了巴黎发达的地下排水系统，每条街道地下都有宽敞的下水道，也设有街名，一部分下水道被规划成下水道博物馆，展示下水道的系统设计与各种设备，已经成为巴黎的观光景点。这个系统工程至今被公认为最完美的城市地下排水系统工程。这次城市规划十分重视公共绿地建设，新规划建设了数个大型公园，使之成为“城市之肺”。奥斯曼在他的回忆录中特别强调，公园对城市居民的健康非常重要，在公园里市民可以享受到充分的阳光、新鲜的空气与开敞的空间，城市公园中的花草树木处处展现出高水准的地景与法国的优秀传统。在密集的人造环境中保留绿地，目前也成为全世界城市规划者的共识。

3. 巴塞罗那

巴塞罗那是西班牙第二大城市，是加泰罗尼亚地区的首府。它位于伊比利亚半岛东北部，濒临地中海。这座城市在其规划中融合了罗马风格、中世纪风格、现代主义风格，还有不少20世纪先驱者的作品，因而素有“伊比利亚半岛的明珠”之称。

早在1700年，哈布斯堡家族统治时期，由于查理二世无嗣，引发王位继承的战争。极端保守且奉行中央集权的法国波旁王朝的菲利普五世最终成为西班牙地区的统治者。加泰罗尼亚地区的地方当局把老城区内的所有市民都监视起来，并筑起城墙，且在城东修筑棱堡，城墙内任何一个角落都在大炮射程之内(见图3-24)。18世纪下半叶，在相对开明、鼓励文

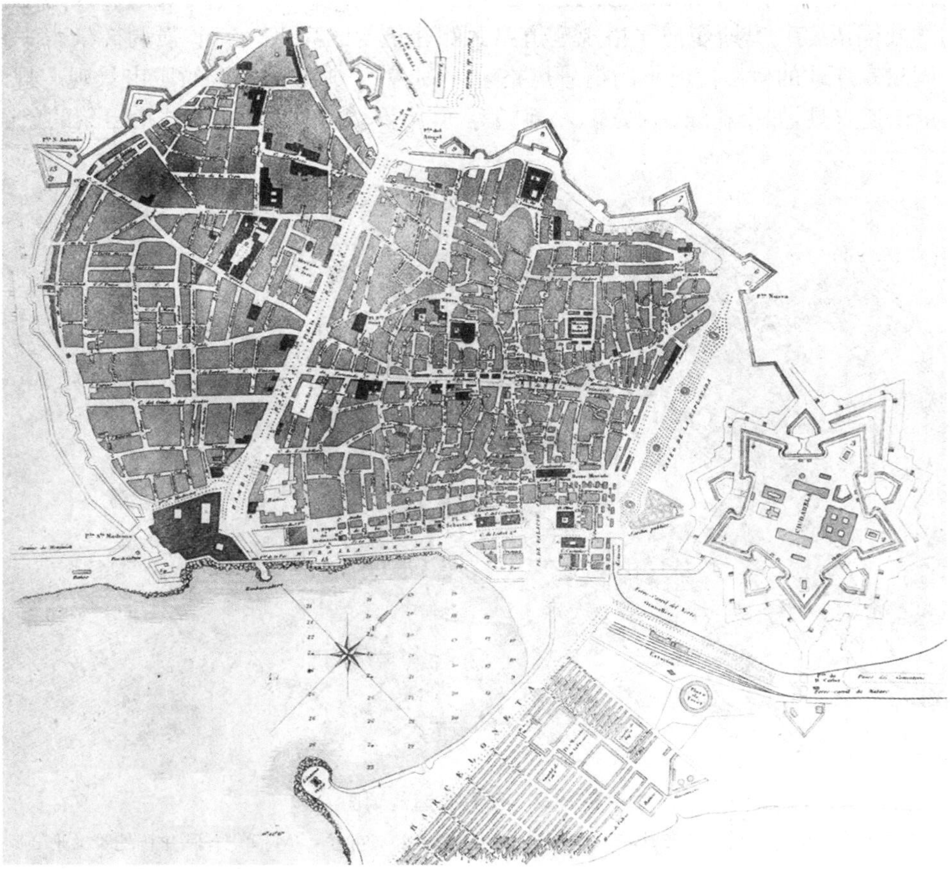

图3-24　19世纪的巴塞罗那

资料来源：Bou E, Subirana J. The Barcelona Reader: Cultural Readings of a City[M]. Liverpool University Press, 2017.

化交流和自由贸易的卡洛斯三世统治下，巴塞罗那在经济上有了显著的飞跃。工业的发展吸引了大量新人口。1717 年巴塞罗那城墙建设完成的时候，只有 3.7 万人口居住在低层的住宅中；1800 年左右，完全相同的城市建设区则生活了 13 万人口；到了 1860 年，人口达到 19 万，每公顷居住人口近 900 人。1842 年，一场大规模的暴乱毁坏了城市 400 多座建筑，此后 10 多年时间里，发生了两次大罢工。这些恶性事件让巴塞罗那的工业地位迅速下降，这座仿佛限制在瓶子里的城市向内生长已达到极致，必须打破限制城市发展的瓶壁——城墙。

1854 年，在市民不断反抗下，马德里中央政府终于做出拆除城墙的决定。1865 年，城墙基本拆除。那时的巴塞罗那周边只有五个零散的村落，城市发展的新区选定在老城与村庄之间的空白地带，等待着富有雄心的新规划。最终两个备选的规划方案来自安东尼·罗维拉·特里亚斯（Antoni Rovira I Trias）和伊德方思·塞尔达（Ildefons Cerdà）（见图 3-25）。

罗维拉的方案充分尊重老城，方案的设计风格迎合加泰罗尼亚贵族的审美观念，选用巴洛克式城市设计的手法，延续老城轴线，并设计了五条放射的轴线和繁杂的城市公共空间。塞尔达的价值观则并没有将贵族的审美置于首位，而是提倡一个现代、平等、开明的城市，穷苦工人、权贵阶层、商人和医生都享有同样高质量的城市空间，阳光、干净的空气和便捷的交通是城市为所有居民同等提供的福利。他的方案与老城没有任何的联系与呼应，充分显示出他的社会理想和对城市高效发展的愿望。由于当时巴塞罗那掌权的是加泰罗尼亚贵族，所以罗维拉的方案一开始被市政府采纳，但是马德里中央政府强行改变计划，采用了塞尔达的方案，并最终强制实施。其实马德里中央政府的目的也是政治性的，他们为了更好地控制巴塞罗那地区，必须要打压传统加泰罗尼亚贵族的权势。通过塞尔达的规划，既讨好了市民阶层，打压了传统贵族，又给后人留下一个城市规划的经典之作，可谓一举三得。

塞尔达的规划完整保留了巴塞罗那老城区，而将毫无变化的网格铺满了中世纪城墙以外方圆 26 km^2 的平地。街道的宽度全部相同，为 20 m，方形街块的四角被切除，切角处斜边的长度等于街道的宽度。建筑统一被锁定在这种比例关系当中，高度必须与街道宽度相同。塞尔达认为，这种方形街块是数学平等性的最清晰、最真实的表达，这种平等是权利的平等，是公正本身。在这种近乎麻木的重复结构中，只有几条对角大道以突兀的“X”形打破了网格状格局。但是单调只是一种表面现象：绝大部分街块只可以在两边建造房屋，而且这两边的位置并不总是相同；每个街块上除了建筑物外都必须是景观绿化。在这样的前提下，建造体量和开放空间就可能形成万花筒式千变万化的组合，而建筑类型既可以是巨型的方院楼，也可以是现代主义之前的条形板楼。

但塞尔达并没有认真考虑私人所有制和投机市场的力量。他为街块上的建筑设定了四层的限高和 28％的覆盖率，但在塞尔达规划推行后的一个世纪左右，这一花园城市的密度增加了四倍，街区的四边都建起了房屋，而且高度也相应增加，每个街块中央成为结构彼此相同的内院。今天，有些街块上的建筑高度达到 12 层，覆盖率高达 90％。体现塞尔达社会平等主义愿望的理想图形被扭曲了：中产阶级占据了宽大的网格区，工人阶级则被排挤到城市边缘的工业区或者老城破败的房屋中居住。

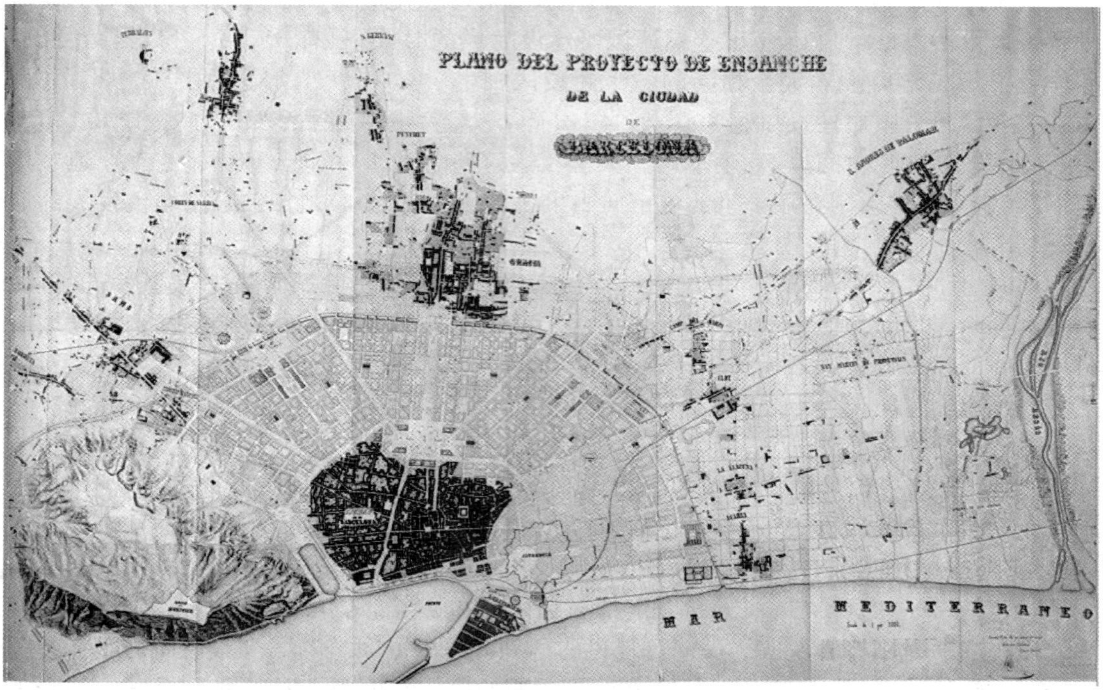

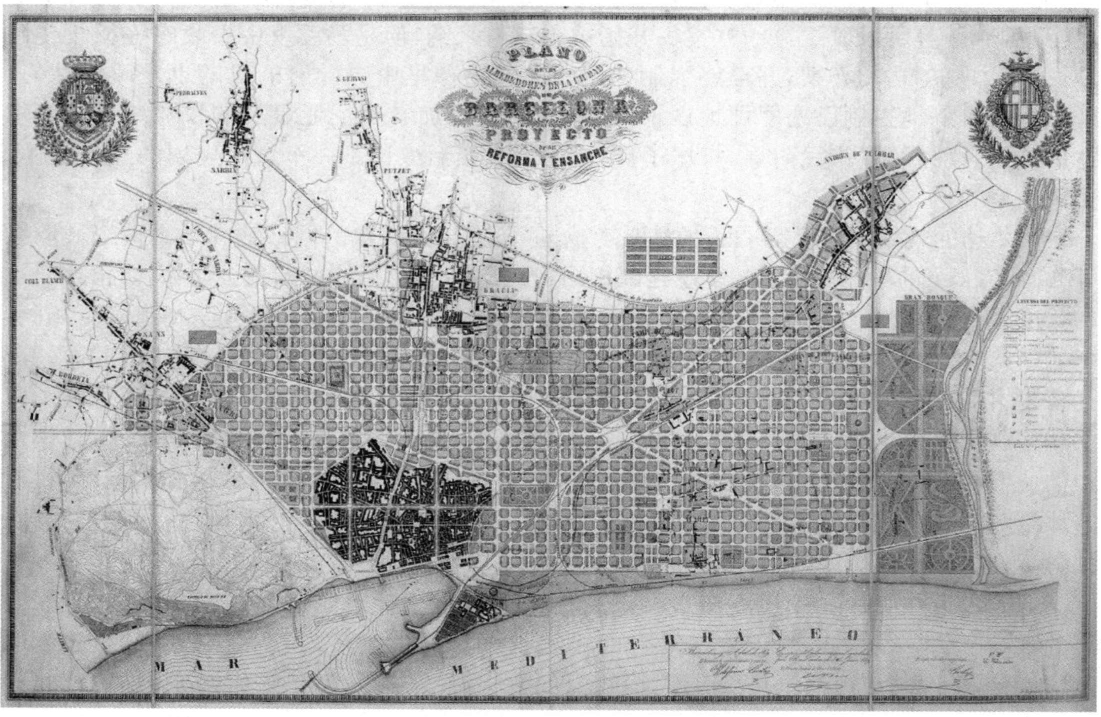

上图：罗维拉方案　下图：塞尔达方案

图 3-25　巴塞罗那两个备选的规划方案

资料来源：Busquets J. Barcelona：Urban Evolution of a Compact City[M]. Actar，2006.

第三节　北美城市规划实践

哥伦布发现美洲后，欧洲强国在北美驱赶原住民，不断建立殖民地。13 个英属殖民地于 1776 年脱离英联邦，建立美利坚合众国。美国虽然深受英国文化的影响，却没有欧洲那些世袭贵族的传统力量和保守思想，资本主义逐利思想是移民来到美国时的信念。北美是一片陌生土地，没有中央集权，也没有世袭王权或贵族。虽然印第安人文明开化程度较低，但土地肥沃、物产丰富且自然风景极佳，完全可以通过土地来投机盈利，因此殖民者们开始经营这片处女之地。基于以上背景，考察北美的城市规划实践，我们会更好地理解其中的价值取向。

这里介绍三种规划，分别是华盛顿特区的巴洛克式规划、纽约简单实用的商业功利主义以及芝加哥的综合规划理念。

一、华盛顿特区的巴洛克式规划

新成立的美利坚合众国于 1780 年决定另选址建立首都，不再在曼哈顿地区与纽交所隔街相望。国会于 1790 年授权华盛顿总统在原马里兰州波托马克河畔选择了一块土地进行规划建设。华盛顿聘请了当时在美国军队服务的法国军事工程师朗方（Le Enfant）进行首都规划。朗方考察了华盛顿特区地形、地貌、风向、方位、朝向等条件，选择了两条河流交叉处、北面地势较高和用水方便的地区，作为首都建筑群集中地。朗方出生于法国且深受巴洛克美学思想影响，自然倾向于采用巴洛克式风格来设计这个欣欣向荣的国家的首都。朗方对华盛顿汇报说：规划的规模应该为无论多远的将来做准备，当国家财富积累到一定程度，城市要在有能力实现自身的壮丽和魅力的时候留出足够的余地。至于网格设计，即使最平等也最精心设计的网格最终也会令人感到厌烦和乏味。新首都地区的地形是复杂多变的，而且这个新兴国家的未来又充满了希望，所以需要一个“大器”的设计。城市的尺度应该与一个强大帝国应该展现的伟大形象相映衬①。

以“三权分立”思想为国家宪法原则，国会、总统府和最高法院是美国首都最重要的公共建筑。他首先选择最高的山作为全城的核心和焦点，布置国会，并以国会大厦为中心设计一条通向波托马克河滨的主轴线来连接白宫与最高法院，成为三角形放射布局，构成全城布局结构中心。他还认为需要在国会、总统府、高等法院的周围布置其他一些稍低级别的建筑物，并将这些建筑物以壮丽的方式联系起来，而制高点之间的空白地区则只要排列方格网便可以了。当确定了主次元素的位置之后，就开始布置平面，每条道路都按东西、南北方向直角相交，之后再开通连接主要场所的其他方向的道路。这样做的目的不仅是希望与规则图形式的规划形成对比，还可以在主要街道的交会处获得多样化的空间和宜人的景观，更重要的是将整个城市联系起来，通过缩短场所与场所之间的实际距离，让它们在视觉上相互贯通，并且在某种程度上相互联系。这些做法有助于人们在整个地区范围内快速定居，使得即

① 斯皮罗·克斯托夫.城市的形成：历史进程中的城市模式和城市意义[M].单皓，译.中国建筑工业出版社，2005.

使在城市最偏远的区域也能对城市产生归属感。如果不采取这些手段，那么就无法吸引居民来此居住，这种情形不利于首都的发展（见图 3-26）。

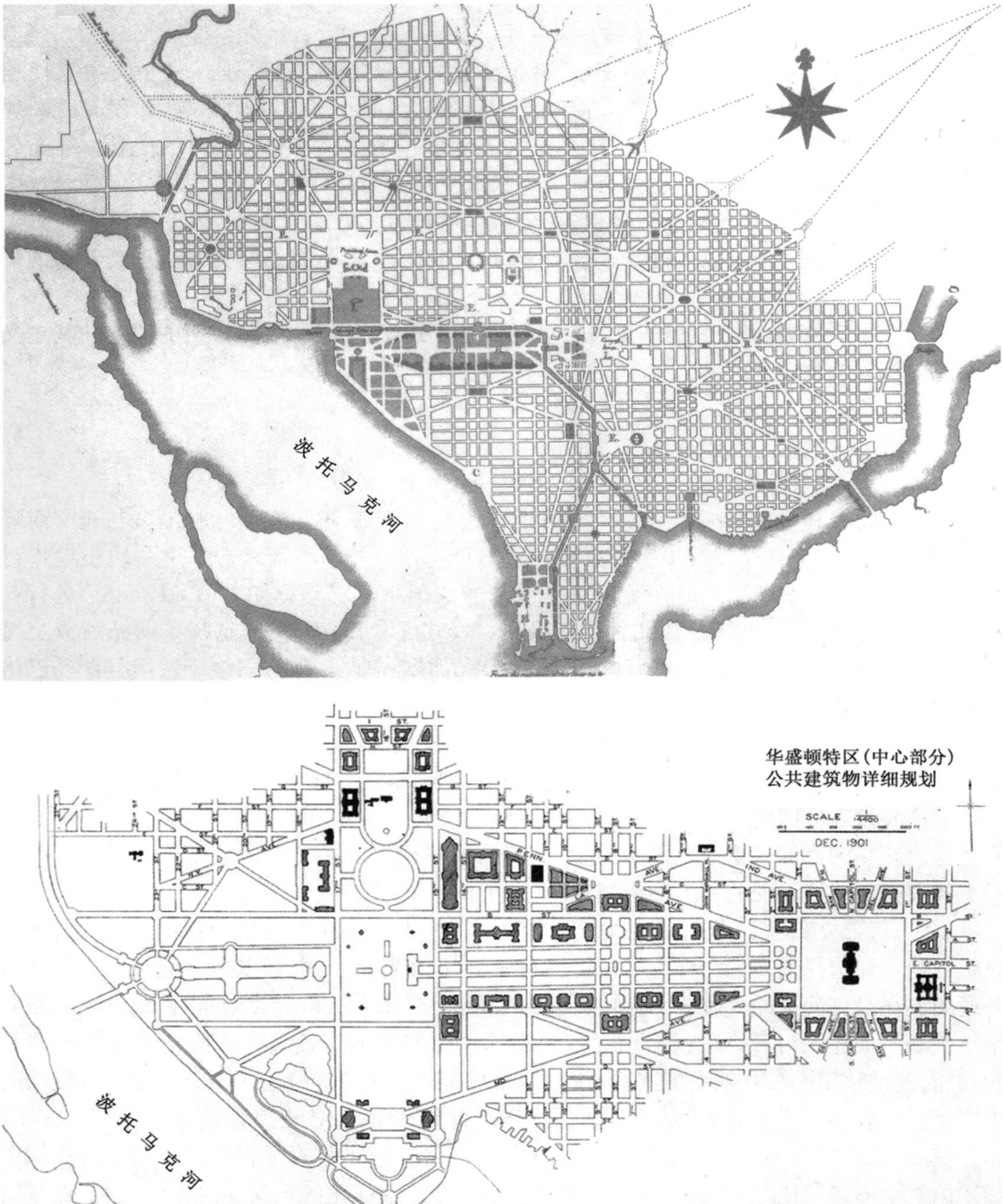

上图：华盛顿城市规划（朗方方案）　下图：核心区公共建筑群规划布局

图 3-26　华盛顿规划

资料来源：斯皮罗・克斯托夫.城市的形成：历史进程中的城市模式和城市意义[M].单皓，译.中国建筑工业出版社，2005.

全市华盛顿城从国会和白宫两点向四面八方布置放射形道路，通往各个广场、纪念碑、纪念堂等重要公共建筑物，设计了 15 个广场，代表当时的 15 个州，每个广场中央都相应地有能够表现其功能和特点的塑像和其他纪念物。结合林荫绿地，公共空间能够使新城市被快速、平均地定居和建设，同时交通畅顺，视觉效果丰富。每个公共空间都有各自具体的功能，不仅仅是人流汇聚的交通空间。

正如前文所提到的，追求壮丽的巴洛克风格必须得有强大的政权来支撑。尽管美国是一个逐利的资本主义国家，但是首都华盛顿的规划建设一直受控于国会。国会有权力和财力贯彻巴洛克式的设计原则，并建设完成诸多大型公共建筑、纪念广场以及林荫道，而不受简单实用的商业功利主义思想的影响。朗方规划的华盛顿特区总体方案虽经多次修订和补充，但基本原则没有变动。华盛顿特区虽然只有 200 年的建城历史，但坚持了尊重传统、保持特色的原则，使该城市在世界各国的首都中保持着自己的特点（见图 3-27）。

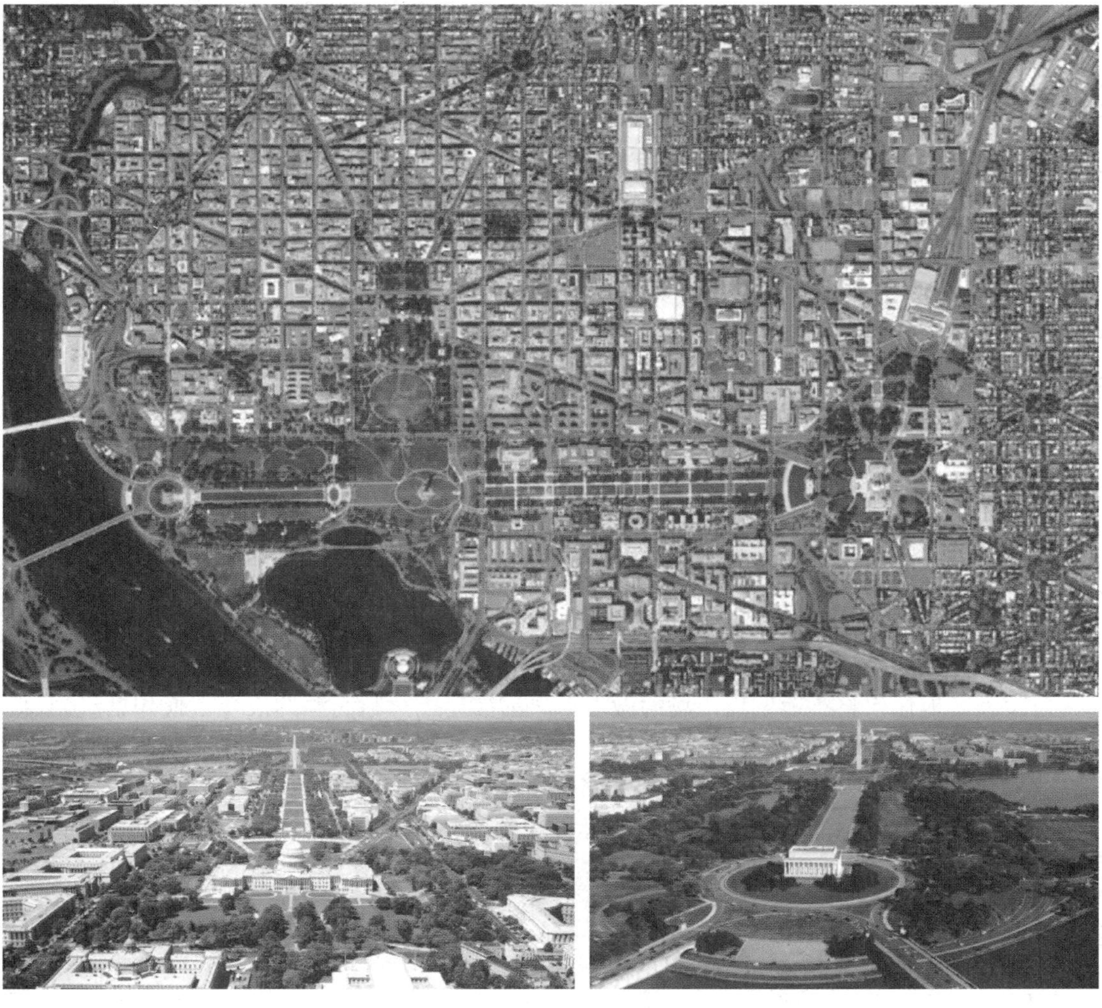

图 3-27 华盛顿城市面貌

二、纽约简单实用的商业功利主义

在纽约还是新阿姆斯特丹(New Amsterdam)的时候，荷兰人并没有建设网格状的路网。曼哈顿下城作为最早的建设区(华尔街以南部分)，路网有很强的自发性，缺乏统一规划。

1689 年的《东甘宪章》(Dongan Charter)在法律上授予了纽约市曼哈顿岛的所有土地(华尔街以南一小块土地属于私人所有)。1796 年，土地测量员卡齐米尔·格克(Casimir Goerck)已经测绘了曼哈顿中部大面积的土地，根据美国土地测绘原则，将这部分土地分割为长方形的系统。

为了城市未来的有序开发，1807 年，纽约州立法机关(New York State Legislature)任命了一个权威的委员会制定纽约市(主要是曼哈顿)的路网规划，这个委员会成员有美国开国元勋古弗尼尔·莫里斯(Gouverneur Morris)、美国前参议员约翰·卢瑟福(John Rutherfurd)，以及州测绘总长西米恩·德·维特(Simeon De Witt)。委员会的首席测绘师是当时才 20 岁的约翰·兰德尔(John Randel Jr.)。路网规划于 1811 年提出，因此被称为“1811 委员会规划”(Commissioners' Plan of 1811)，规划范围是曼哈顿岛休斯敦街以北、第 155 街以南的区域，是“纽约城市发展中最重要的单一文件”(the single most important document in New York City's development)。

在美国疆界最终确定之前的大约一个世纪，网格状城市几乎毫无例外地遍布整个北美大陆，从东部传统的殖民地带一直到西部太平洋沿岸。网格同样也成为传统城市如波士顿、巴尔的摩和里士满新区的建造标准，但没有任何地方比纽约更加疯狂，当时由三名成员组成的委员会将整个曼哈顿岛划分成相同的街区，一直到 155 街，中间没有任何形式的可供缓冲的公共开发空间，而当时的曼哈顿岛还只建设到第 23 街(见图 3-28)。

该规划没有选择华盛顿式的圆形和星形放射路网，而是采用了直线网格路网，也就是我们常说的棋盘式路网，矩形块组成的城市看起来哪里都大致相同，仿佛呼应平等的价值观。当然，最关键的还是好用，因为这种结构最容易建设，最有利于有序开发。虽然该报告提到不久前朗方所做的华盛顿规划，但报告并不赞同那些所谓的进步以及对圆、椭圆和星形的运用，并直截了当地声明，城市由人居住活动组成，而直边、直角的住宅造价最低廉，也最适合使用。

开放性网格来自资本主义，这时土地转变为在市场上可以买卖的商品。城市网格没有了边界，因此，只要哪里存在迅速及大量获利的可能，哪里就会不断扩张。在这种情况下，网格成为一种便捷的手段，帮助参与土地买卖的商人将大量的土地操纵过程标准化。公共场所、公园和其他任何将土地调离市场的做法自然都被当成对利润源的浪费。换句话说，只要存在从城市土地中获利的机会，公众利益就会被放到一边。

美国的行政机关也没有能力赶在无数个土地投机商和房屋建造商将土地快速蚕食和肢解之前，制定一套统一的城郊发展规划。投机式的网格规划不需要太多的谋略。刘易斯·芒福德这样说：“一个办公室职员可以计算出某个街区或某块出售土地的面积，……只凭一把丁字尺和一个三角板，……政府工程师可以在没有……接受过作为一名建筑师或一名社会学家的训练下，规划出一座城市。”①

① 斯皮罗·克斯托夫.城市的形成：历史进程中的城市模式和城市意义[M].单皓，译.中国建筑工业出版社，2005.

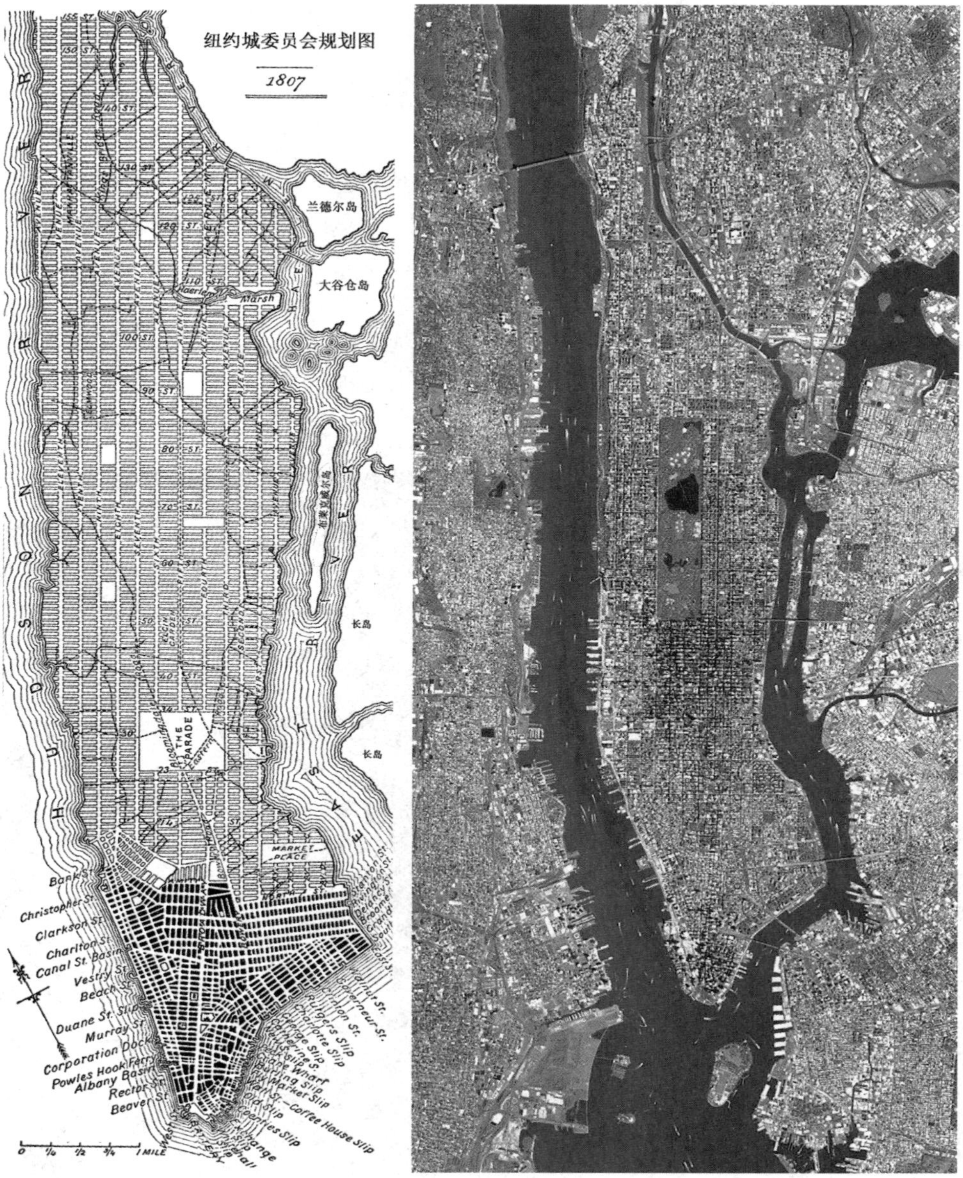

左图：1811 年纽约城市规划图　右图：21 世纪的纽约空间影像图(局部)

图 3-28　纽约城市地图

资料来源：斯皮罗·科斯托夫.城市的形成：历史进程中的城市模式和城市意义[M].单皓，译.中国建筑工业出版社，2005.

在这个规划中，公园、广场等公共空间的预留用地相对欠缺，因为委员会认为哈德逊河与东河这两条大河就像“大海环抱着曼哈顿岛的巨大手臂”，可基本满足市民对于公共空间的需求。同时，最初的规划里没有中央公园。

但是，委员会低估了纽约市的强大增长潜力，19 世纪 50 年代，纽约等美国大城市的城市化进程加快，随着大量人口涌入城市，公共开放空间被不断压缩，包括传染病在内的城市化问题开始暴露，市民对新鲜空气、阳光以及公共活动空间前所未有地渴望。1844 年，诗人威廉·布赖恩特(William Bryant)提出"城市的绿地就是城市的肺",建议在邻近都市的空地预留一大块土地,为纽约中央公园的出现提供了指导言论。

1859年,经过公开招标,弗雷德里克·劳·奥姆斯特德(Frederick Law Olmsted)及卡尔弗特·沃克斯(Calvert Vaux)二人合作的方案在35个应征方案中脱颖而出,成为中央公园的实施方案,奥姆斯特德则成为公园建设的工程负责人,由此拉开了城市公园运动的帷幕。1868年,奥姆斯特德又提出了纽约林荫道规划,他认为在纽约的城市发展中应该建设大公园,并通过林荫道把它们连接起来,这些林荫道就像网格状街道的"绿脉"(green spine),可以为未来的城市发展提供一个自然框架。

中央公园占据了南北向59街至110街之间、东西向第五大道与第八大道之间的区域,面积341公顷,约占曼哈顿岛面积的6%,该区域内的规划路网几乎全部被打断,只在东西向路网中保留了四条下穿路(见图3-29)。

图3-29　纽约中央公园

资料来源:Rybczynski W,陈伟新,Gallagher M.纽约中央公园150年演进历程[J].国外城市规划,2004(2):65-70.

中央公园现由一个非营利组织负责管理，管理委员会将公园划分成了 49 个区域，每个区域都由一位专业的园艺师亲自管理，以保证整个公园处于最优状态。如今，围绕中央公园的土地成为黄金地段，地价昂贵，但没有资本敢打中央公园的主意（见图 3-30）。这是因为尽管处于寸土寸金的曼哈顿中心，人们仍然坚持保护它的完整性，不容侵占。它除了为人们提供休憩和公共活动的场所外，也是曼哈顿的绿肺，是城市中各种野生动物最后的栖息地。

图 3-30 鸟瞰纽约中央公园

资料来源：中央公园（美国纽约市曼哈顿中心景区）[EB/OL].百度百科，https://baike.baidu.com/item/%E4%B8%AD%E5%A4%AE%E5%85%AC%E5%9B%AD/14770?fr=ge_ala.

三、芝加哥的综合规划理念：巴洛克式 vs.商业功利主义

芝加哥自 19 世纪 30 年代立市以来，凭借着北美大陆的核心地理位置、良好的农业基础和便捷的水陆交通条件，在不到 50 年的时间内，由边陲小镇成长为北美工业基地和商业贸易中心。1893 年，为庆祝美洲发现 400 年，在芝加哥举办了哥伦布世界博览会，芝加哥从此名声大噪，外来人口不断涌入，中心区交通堵塞严重。遍布美国的方格路网，因土地投机，使得城市的环境品质下降，缺少特色。这种繁荣与混乱共存的社会环境客观上为具有历史责任感的社会精英提供了很大的行为空间（见图 3-31）。

1909 年，受芝加哥商业俱乐部资助的《芝加哥规划》出版。丹尼尔 · 伯纳姆（Daniel Burnahm）尝试用艺术、建筑和规划的融合超越 19 世纪末的功利主义，将芝加哥发展成为像罗马、伦敦及巴黎一样举世闻名的现代化城市和一个美丽的地方。在这次规划中，伯纳姆提

图 3-31　19 世纪末的芝加哥

资料来源：斯皮罗·克斯托夫.城市的形成：历史进程中的城市模式和城市意义[M].单皓，译.中国建筑工业出版社，2005.

出“要做大规划”，既注重与区域互动又全面而系统。

华盛顿的巴洛克式与纽约的商业功利主义深深地影响了《芝加哥规划》。与现代主义规划相比，壮丽风格的巴洛克式城市在当时仍有很大影响力。对于纪念性的公共领域（建筑或者广场），巴洛克颂扬它，而现代主义规划理念轻视或排斥它。现代主义将居住邻里独立出来当作城市问题的关键来对待，而巴洛克则将居住邻里纳入与城市整体形式相关的纪念性格局中。最重要的是巴洛克把城市当作艺术品来对待，能够展现清晰、强烈的城市意象。这些意象一方面很现代，迎合普通大众的心理，另一方面又与传统的成就相呼应。丹尼尔·伯纳姆和爱德华·贝内特(Edward Bennet)以及他们的志同道合者试图通过城市美化运动来“教化”由于商业功利主义而呈无序发展的美国城市(见图 3-32)。

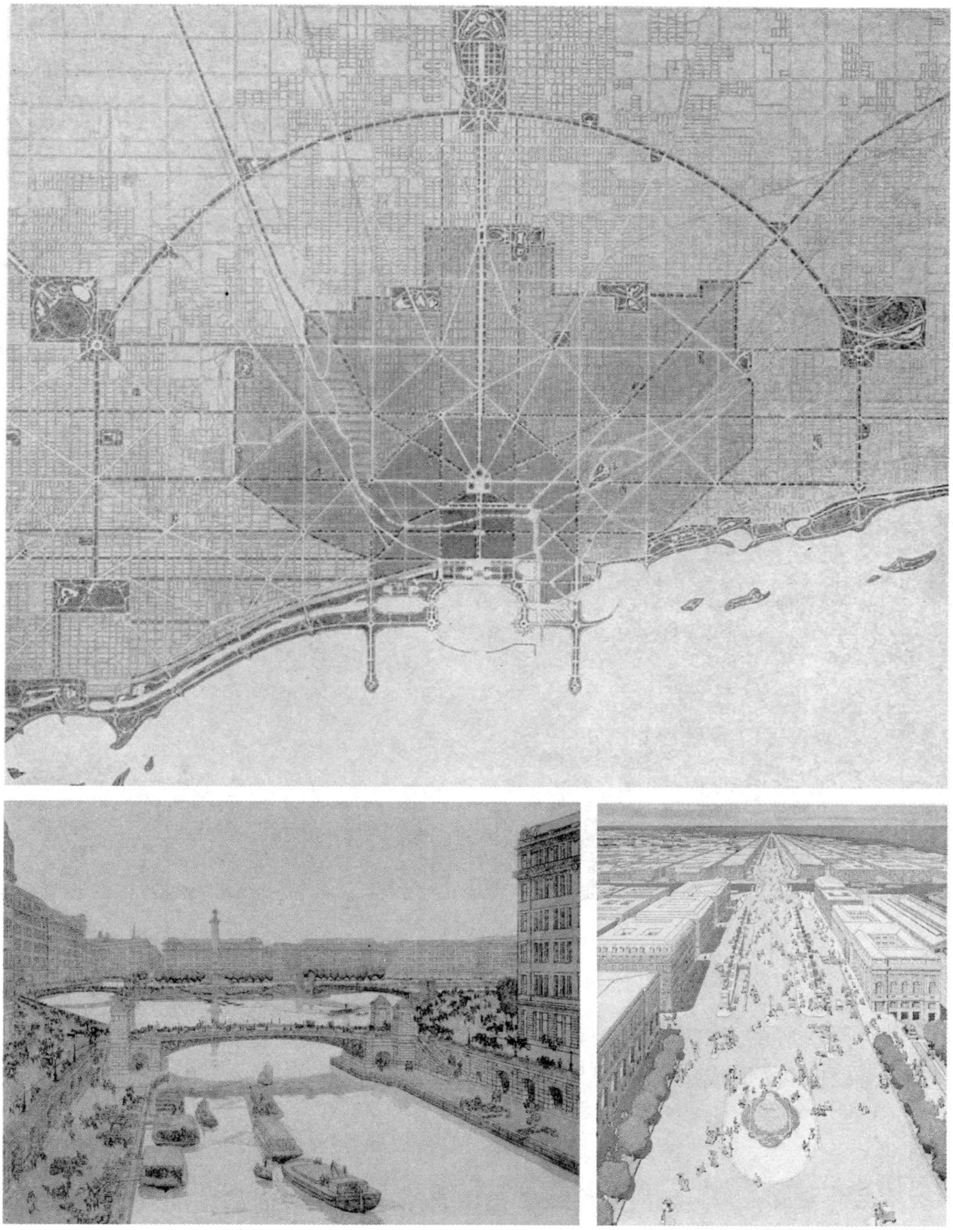

图 3-32　《芝加哥规划》

资料来源：丹尼尔·H.伯纳姆，爱德华·H.本内特.芝加哥规划[M].王红扬，译.译林出版社，2017.

《芝加哥规划》是现代城市规划史上第一部综合性规划，结合了巴洛克式和简单商业功利规划二者特点，被誉为美国现代城市规划的起点，但争议也不断。批评者认为巴洛克式城市设计不符合美国国情，以水粉渲染出一个精彩的奥斯曼式的芝加哥，规则、对称，但全无广泛的社会目标和内容。首先，规划强调的规整与中心区房地产开发追求高容积率的现实是不相协调的。正由于强调古典秩序脱离了美国的历史和国情，以巴洛克式的市政厅为代表的规划设想最终落空。其次，规划缺少对社会问题的关注，一味迎合新兴商人阶级的经济利益和审美情趣，热衷于宏大、规整、统一的物质景观效果，缺少对社会问题的关注，不关心作为整体的邻里，不关心居民住房，对城市秩序中的必要成分缺少充分的理念。最后，实施如此宏伟的规划，需要花去城市公共财政的大半，即使发行股票或债券来募资进行公共投资，最终的规划收益仍需要通过资本市场获得，仍要土地投机，因此，规划大都并未得到实施。如今的芝加哥鸟瞰图如图 3-33 所示。

图 3-33　鸟瞰芝加哥

资料来源：芝加哥建筑摩天大楼海岸航拍高清壁纸[EB/OL].桌面城市，http://www.deskcity.org/bizhi/26650.html.

但《芝加哥规划》的意义不同寻常，被认为是美国城市规划正式诞生的标志。它帮助规划师、政府官员和市民形成了总体规划应该是什么以及应该如何执行的观念。

问题思考

1. 古希腊的希波丹姆斯规划型式主要有哪些内容，如何影响后世的城市规划思想？
2. 西欧封建社会时期的城市形态有哪些？
3. 北美新大陆城市规划建设理论的传统继承与创新有哪些？

第四章　西方现代城市规划思想及其实践

本章导读

在划分人类文明进化阶段时，通常将14—18世纪西欧在思想认知、科学实验、生产技术、政权体制以及经济组织等领域所发生的一系列变化视为人类社会逐渐掌握了打开现代社会大门的钥匙的时期，从而标志人类进入现代社会的高速发展阶段。其中一个显著现象就是人口集聚到城市——城市化。这是一个被沿用至今的术语，用来表征经济、社会关系、文化、制度、空间等领域逐步过渡到现代社会的具有某种整体性的复杂演化过程。

城市是为满足人类需求而有意识构筑的事物，不是"它就在那儿"的自然物。随着人类文明的进化与发展，社会制度的变迁带来不同的人类需求，在如何确定城市的形态及功能时也就表现出显著的差异。

英国是率先进入现代社会的西方国家，也是最早完成城市化过程的国家。学界公认的现代意义上的城市规划理论出现的标志是，1898年埃比尼泽·霍华德（Ebenezer Howard）提出田园城市概念的《明日：真正改革的和平之路》（*Tomorrow: A Peaceful Path to Real Reform*）一书的出版。其后的现代主义建筑大师们或其他人文主义城市社会改革家提出的城市建设或社会改造方案迥异于之前的军事工程师或古典主义建筑师提出的城市建设理念。城市规划作为一门学科、城市规划师作为一项职业逐渐形成且发展异常迅速。

第一节　工业革命与城市化

现代城市规划产生于西方社会。思想启蒙运动、科学革命、工业革命、社会改良及其实验等领域的发展及其彼此间的相互影响为现代城市规划的产生奠定了基础。广大的农村人口向城市大规模快速集聚产生诸多城市问题，解决问题需要理论指导，从而催生了现代城市规划。城市化是工业革命带来的人类社会生产、生活形态方面的一系列变化。

一、传统生活与生产方式

工业革命前，大部分西方人都在乡间居住，并在细小的田地以耕种和畜牧维生。他们以人力辅以畜牛及简单工具耕种，耕种的方法仍沿用中世纪三田制（the three-field system）。根据这种方法，农民把土地划分出三块田，每年只在其中两块田耕种，另外的一块田休耕，所以收成不多。

工业革命之前，只有小部分的西方人在城市居住，当时城市的人口大多不足一万人。大部分的城市居民都是商人和工匠。商人以出售工匠的制品谋生，而工匠则多在家中用手动的工具和细小的机器来生产衣服和日用商品维持生计。这种用人工及简单工具在坊间作业的生产方式称为“家庭手工业制”。

在工业革命之前，乡间和城市的生产动力都以人力、畜力、风力、水力等为主，所以生产量不多。乡间和城市居民都以马匹和马车为主要的运输工具，但当时的道路网络设计并不完善，道路多是崎岖不平的。雨天时，很多道路会被水淹没，交通严重阻塞，因而交通运输效率极低。即使有水运条件的地区，由于仍要借助自然力，所以速度慢、运量低、成本高，对社会经济变革式发展影响十分有限。

在传统的生产生活形态之外，1215 年 6 月 15 日，英格兰的贵族们与约翰王之间签署《大宪章》，对后来其他国家的政治制度改革以及经济管理影响巨大。该宪章主旨就是尊重私有产权、限制王权，规定：“除非经过由普通法官进行的法律审判，或是根据法律行事，否则任何自由的人，不应被拘留或囚禁，或被夺去财产、被放逐或被杀害。”后来发展成为经典名言“风能进，雨能进，国王不能进”，意指政府只有在取得被统治者的同意，并且保障人民生命、自由和财产的自然权利时，其统治才有正当性。

二、科学革命与思想启蒙

14—18 世纪，物理学、天文学、生物学等对自然物的研究及所形成的认知都发生了根本性的变化。这些变化不仅发生在各个独立的学科内，也发生在对整个宇宙的认知上，典型的如哥白尼提出的“日心说”否定了“地心说”、开普勒发现天体运行三大定律、牛顿发表《自然哲学的数学原理》，以及列文虎克发现了细菌等。此外在方法上，“科学革命”之父培根强调实验，倡导归纳法，确立了一种新的对待自然的态度，给予新科学运动以发展的动力和方向。但其间出现的这么多科学发现及成就，大多数与实际的社会生活脱节，技术行家和工程师并不主动去吸取科学知识的营养。

虽然科学的实验研究与实际应用之间存在一道鸿沟，但科学革命为启蒙运动的诞生营造了基本的思想环境。自然观念的转变，不但在科学领域，而且在人类思想的其他领域提出了大量问题。机械哲学从物质和运动的角度解释一切自然现象，并用数学来表达事物之间的关系。理性主义赋予人类理性以极大的力量，仔细考察各种传统观念和信仰，摒弃那些错误的教条；经验主义要求从经验和实践中观察客观事物，使用这种方法人们才能秉承理性来推行秩序，并最终揭示事物的基本结构。

有关自然的认知刷新带来一种使用自然术语来表达观点的风气，对文化、意识形态和社会问题产生了显著影响。人们通过统计学和政治算术来为“开明的专制政治”提供知识基础，盼望一个通过科学发现与科学理性改变社会的未来。这个未来不仅仅以物质的改进为标志，而且以人类的完善为标志。

科学革命和思想启蒙运动培养出了进步、理性和人文主义的世界观以及关于人的能力的乐观态度。整个宇宙可以被充分认识，它是由自然而不是由超自然的力量所支配的；使用科学方法可以解决每一个研究领域的基本问题；人类可以被“教化”乃至获得无止境的改善。

三、工业革命

以前的科学研究很少用于工业生产，当时的科学革命未能直接解放生产力。在动力利用方面，风力和畜力仍然是当时的主要动力，生产的产品和形式仍是手工产品和作坊，产量和产能极其有限，满足不了当时航海大发现所带来的远洋贸易对商品的需求，直至 1763 年英国人瓦特制造了第一台蒸汽机。

构成 18 世纪工业革命的技术创新大都是由工匠、技师或工程师做出来的，他们没有多少人接受过大学教育，全是在没有学习过科学理论的情况下取得这些成果的。随着工业革命的推进，工程师与科学家的界限越来越小，更多的工程师埋头做科学研究。以前的科学家多是贵族或富人子弟，现在则有许多来自工业发达地区和工人阶级的子弟成为科学家，促进了化学、电学等学科的发展。

18 世纪后半叶，继瓦特发明蒸汽机之后，应用在不同机器上的蒸汽机不断得到改良和扩大应用，如 1782 年发明联动式蒸汽机，1785 年发明工业用蒸汽机。1801 年，蒸汽机首先为船只提供动力，帆船变成了轮船；1804 年，开发出高压蒸汽机，并设计出用蒸汽推进的火车头，载着 70 名乘客和 10 吨的车厢，在轨道上滚动了 9.5 英里（约 15 km）。这一系列技术革命引起了从手工劳动向动力机器生产转变的重大飞跃。蒸汽机武装了人类微弱的手，使其能够统辖最难以驾驭的东西，为机械动力在未来创造奇迹、造福后代打下了坚实的基础。

这一动力机器的飞跃随后从英格兰传播到整个欧洲大陆，19 世纪传播到北美地区。以机器代替人力，以大规模工厂生产代替个体手工生产，在生产力和生产关系方面均发生巨大的变革，人类历史进入一个全新的时期。一座座工厂在从前绿色的原野上耸立起来，高大的烟囱冒出浓黑的烟雾，机器的轰隆声惊醒了沉寂的山坳。如此，以工厂为基础的社会化大生产和以蒸汽为动力的交通运输极大地提升了社会生产力。与此相适应，人口在城乡间出现了大迁移，人类生活方式在工业革命中发生着巨大的变化。

纵观人类文明进化中社会生产力的发展，10 000 年前的农业革命使人类得以统治地球，接下来的是科技革命，使人类有了改造自然的力量。第一次科技革命发生在 18 世纪 70 年代，以蒸汽机的发明为主要标志。此次科技革命使资本主义生产迅速过渡到机器大工业，为资本主义生产方式的建立奠定了物质基础。第二次科技革命发生在 19 世纪中期至 20 世纪初，以电力的发明为标志。电力取代蒸汽机成为新的动力，使社会生产力又一次得到迅猛发展。第三次科技革命是在 20 世纪 50 年代出现的，以电子计算机的发明为主要标志。电子计算机将事物数字化，并极大地拓展了人类的数字处理能力，也称数字化革命。第四次科学技术革命在 20 世纪 80 年代开始出现，以信息技术和互联网的出现为标志，此次革命推动了人类社会由工业经济形态向信息社会或智能社会过渡。这四次革命又可合并为两个阶段，蒸汽革命和电气革命为第一阶段，主要是代替和扩展人类的体力；数字化革命和智能革命为第二阶段，主要是代替和扩展的人类的智力。

对城市的发展和规划影响最深远的是第一阶段的科技革命。电气革命紧随蒸汽革命发生，并从英国向西欧和北美迅速传播，之后又传播至日本。工业革命带来了“以机器取代人力，以大规模工厂化生产取代个体工场手工生产”的工业化进程，直接推动了城市化的兴起，使人类基本上完成了由农业社会向工业社会、由乡村社会向城市社会的转变。

四、城市化现象

工业革命以前，较大规模的工厂通常选址在能利用水力或风力的区域，而无法集中在没有水力或风力的城市里。受地理条件和自然力的约束及不稳定性影响，工场的生产规模不大，生产周期不稳定，发展速度也就比较缓慢。蒸汽机使用的燃料是煤，由于煤的长途运输成本高，所以一开始在煤矿区附近或产煤区集中了大量生产工场。由于煤矿区集聚了大量的产煤工人和工场工人，工业城市逐步成形。工业城市的发展又不断吸引新的产业工人和服务产业，因此，所谓的城市化现象开始出现。工业革命最早带动了英国的城市化进程(见图 4-1)。

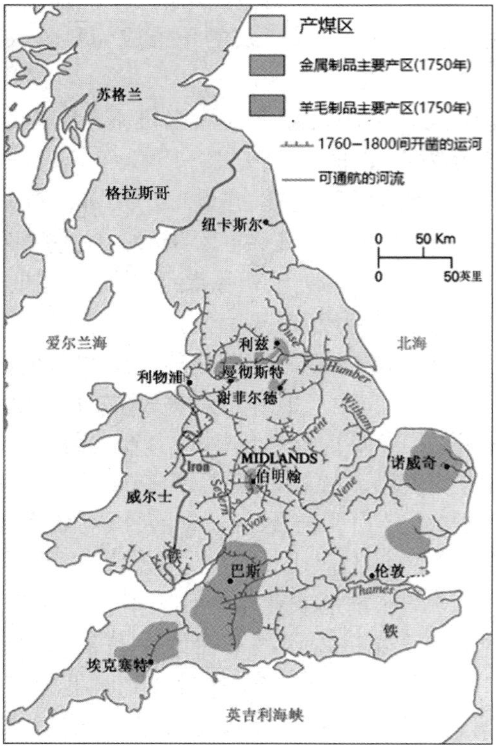

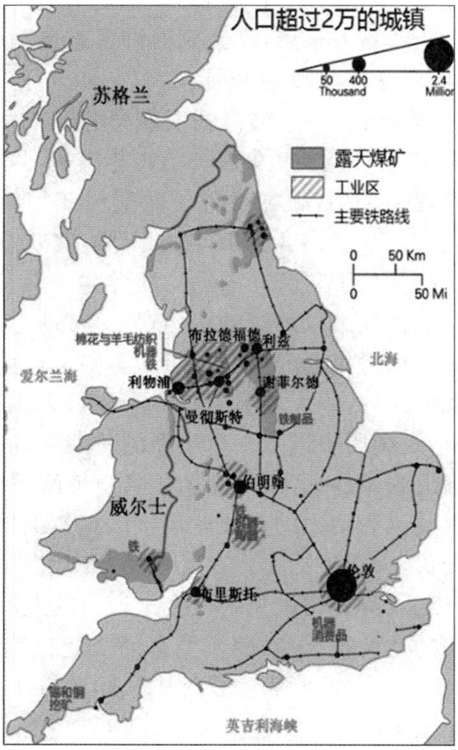

图 4-1　英国工业革命带来的城市化

资料来源：The Industrial Revolution Begins[EB/OL]. SlideServe, https://www.slideserve.com/tamera/the-industrial-revolution-begins; The Industrial Revolution 1700 - 1900[EB/OL]. SlideServe, https://www.slideserve.com/manon/the-industrial-revolution-1700-1900.

在工业革命过程中，机器生产和工厂制度的兴起不仅促进了英国原有城市的扩大，而且形成了许多新的工业中心。原来经济落后、人烟稀少的西北地区成为棉纺织业和煤铁工业中心，新的城市如曼彻斯特、伯明翰、利物浦、格拉斯哥、纽卡斯尔等迅速发展起来，成为新兴的工业城市。工业革命带来的机械化解放了大量劳动力，使农村劳动力出现大量剩余，这些人涌入城市，为城市注入了新鲜的血液。农村人口涌向城市，转变为工业劳动力，使城市人口与城市数目迅猛增长。1800 年，大约 20%的英国人口居住在城镇，城镇规模通常不超过 2 万人。接下来的一个世纪，庞大的乡村社会被城市化了，全国有超过 30%的人口在城里工作和生活。1900年,英国有至少50%的人口生活在超过2万人的城镇中。1832年,一家英国报纸用既满意又警觉的口吻宣称:“大不列颠的工厂体制,以及由之而来的大型城镇以令人难以置信的速度增长,这在世界历史上是没有先例的。”

人口的快速城市化需要很多支撑条件。其中,运河和铁路起着非常重要的作用。有了运河和铁路,材料和产品可以多种方式转移,而不受自然条件和风力、畜力及水力的限制。工厂的选址现在可以转移到煤田或城镇。

早期选择可通航的河流存在诸多限制因素,如河道的走向与货物流向不一致,即使一致,受到干旱和河床淤积的影响,或者由于其他行业的阻碍,许多河流仍然无法航行。根据需求而开凿的运河允许更精确地运输更多的货物,消除了走向和负担能力的约束而开辟了新的市场,可以把内河的腹地与海港贸易相连。此外,运河的开辟起先带来市场需求扩大,接着产生了更多对可开采煤炭储量的需求,因为煤炭可以运到更远的地方并以更便宜的价格出售,从而形成一个新的市场。

不过运河这种运输方式也存在问题,并非所有地区都存在适合开凿运河的自然条件,像纽卡斯尔这样的地方就很难开通运河。因此运河集中于英格兰中部和西北部,且没有统一的规划,宽度和深度不一,没有形成有组织的全国网络。此外,由于一些公司垄断了区域并收取高额通行费,运河运输可能很昂贵,再加上运河运输的速度也很慢,无法获得较高的成本效益。

在当时,能克服运河运输种种问题的运输方式就是铁路了。现代意义上的铁路首先出现于英国并不是偶然的,蒸汽机、冶炼业、采矿业三者互相作用,使得英国在19世纪初开始了“铁路时代”。工业革命中蒸汽机的发明和普及为铁路的发展提供了动力准备;冶炼技术不断改进,生铁和钢产量稳定增长为铁路的发展提供了必需的材料;从煤矿的机车发展出铁路,随着蒸汽动力在煤矿采集中的应用,现有的铁路雏形逐渐向现代化标准的轨道发展。

水路和陆路运输的便利大大降低了货运时间和费用,加强了城市之间和城乡之间的经济联系,并使处于交通枢纽地位的城市和城镇能够迅速成长,这大大加速了城市化进程。

在城市内部交通方面也出现变革性的交通工具。工业革命前主要依靠步行和马车等运输方式。随着工业革命的发展,特别是电的使用,城市里出现有轨电车。1863年在伦敦开通的第一条地下线路使用的是蒸汽机车,随着第二次工业革命的电力发展,出现了电力机车。该系统后又得到大规模的改进,城市很快有了发达的地下铁路网络。这些公共交通方面的改善为居民的出行提供了便利,能支撑城市人口和规模的不断扩大,也加速了城市化进程。

伦敦1801年大约有100万人口,到1851年人口就增加了一倍达到200万,1881年增加到400万,1911年则达到650万人:在一个多世纪中,人口规模增加了5.5倍。从城市建成区的墨迹图也可以看出城市内部交通变革方式对伦敦这座城市扩展的影响(见图4-2)。1801—1851年,伦敦人口增加了一倍,但伦敦的范围一直局限于步行的距离,半径还没有超过4.8 km。1850—1914年建设的蒸汽火车,1914—1939年建设的有轨电车、地铁和公共汽车,都带动了郊区发展。但是1939年之后,绿带限制了伦敦的发展。

五、城市化与工业化

城市化反过来也推动着工业化,因为由农业经济为主转向工业-服务经济为主是人类生产方式发展的必然。一方面,工业经济需要的载体正好是城市可以提供的,如厂房、仓库、商

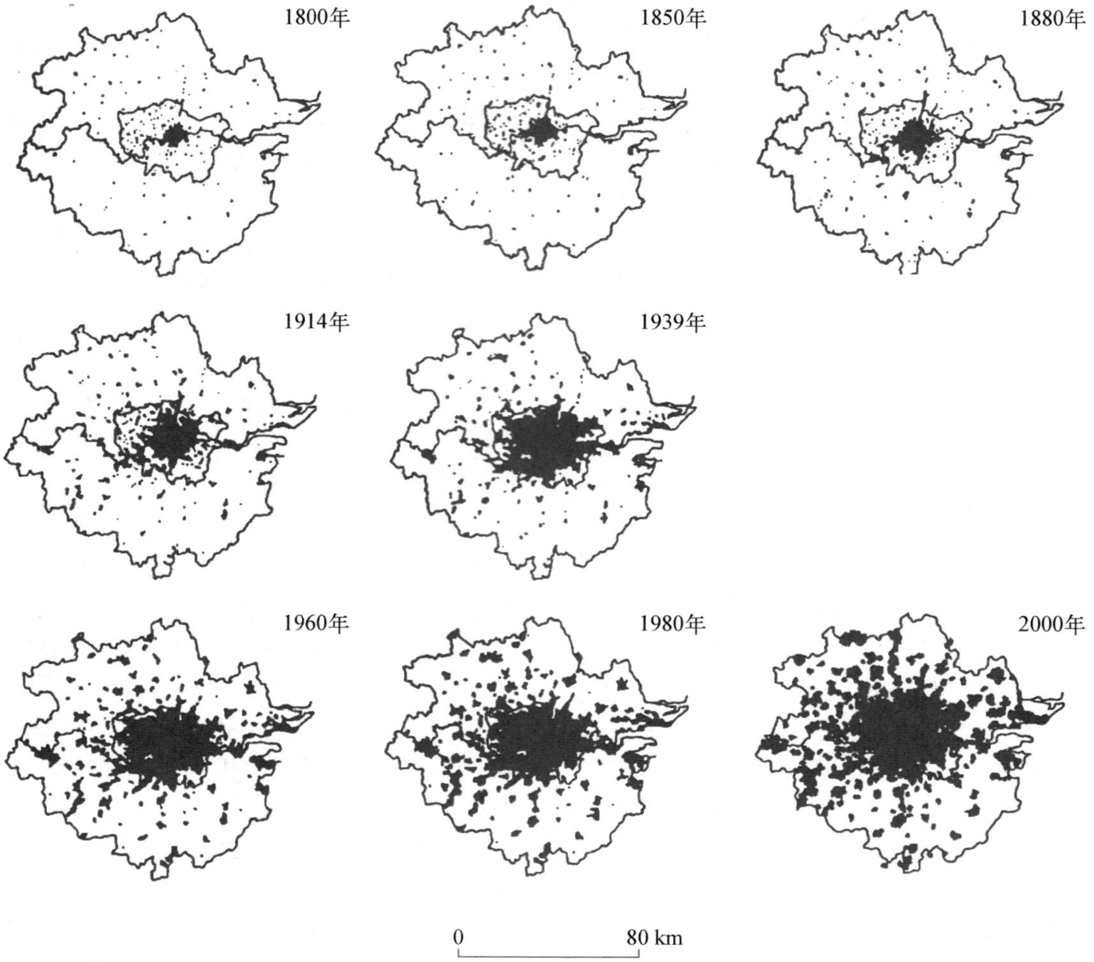

图 4-2 伦敦城市扩张墨迹图(1800—2000 年)

资料来源：彼得·霍尔.城市和区域规划[M].4 版.邹德慈，李浩，陈熳莎，译.中国建筑工业出版社，2008.

店、办公室、交通网络、大型劳动力市场和消费者市场等物质基础设施；另一方面，城市在加快人与人之间的交流和联系方面有天然的优势，工业经济活动在城市空间上的集中会带来高效率，即经济学上的规模效应。

由于工厂的发展及相关服务业和管理职能向城市集中，相应的产业工人和服务人口也向城市集中，使得城市规模和数量不断增长。随着人类社会生产力的纵深发展，不仅仅是以制造业为主体的第二产业推动城市化，第二产业带来的相关服务业，如金融、贸易、商业、房地产以及生活性服务等第三产业，也在开启另一种促进城市化的循环。工业发展为城市发展提供动力，城市为这样的生产方式提供载体，二者并行推进、相互促进(见图 4-3)。

但工业化也对城市化也有消极影响。工厂沿河而建，成排的烟囱日夜不停地将滚滚浓烟吐向天空笼罩市区，空气中充满了硫化氢，工厂废弃物对河流构成严重污染。人们不停地把尘埃吸入体内，造成大规模的呼吸道疾病或传染病。这些现象带来的后果是：城市污染严重，生活环境非常恶劣，传染病(如天花、霍乱等)肆虐流行，大量城市人口流失，最终阻碍城市化进程。

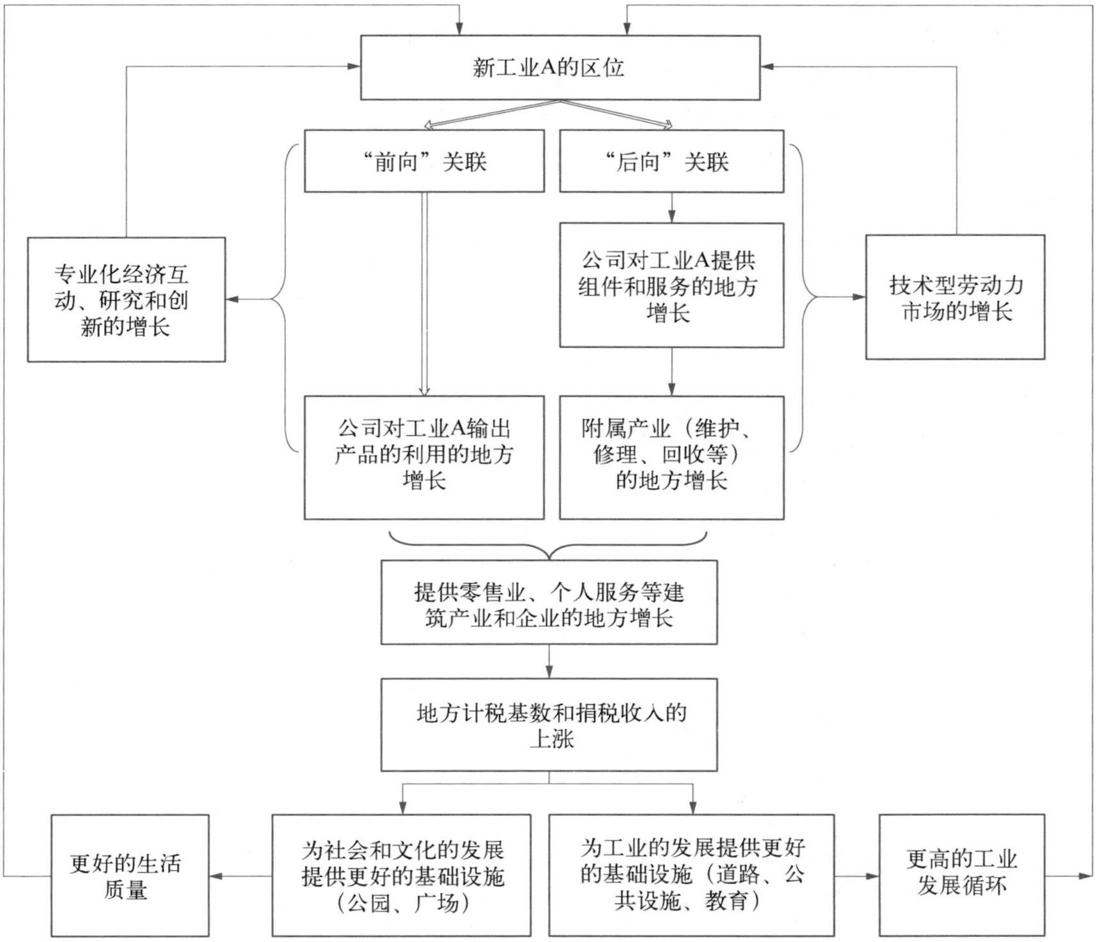

图 4-3　工业化与城市化并行促进发展逻辑框图

六、城市化规律

早期基于管理、防卫、贸易等功能而发展起来的城市，是在乡村社会的汪洋大海中为满足特定功能而建的城镇，不具有普遍性。现代工业经济的发展在全世界遍地开花，其所带来的城市化具有普遍性，是一种全球现象。发生在英国的这种城市化现象，其他国家在发展现代工业经济的过程中也同样要经历。根据相关统计，1800—1980 年，世界人口增加了 4.86 倍，城市人口增加了 63.82 倍。1950—1980 年，世界人口由 24 亿增加到了 44 亿，增长了 0.8 倍，城市人口由 7 亿增加到 18.7 亿，增长了 2.7 倍，而农村人口只增加不到 0.3 倍。工业发达国家城市人口一般占全国人口的 70%～80%。其中，日本为 88%，德国为 85%，美国为 81%，法国为 78%，俄罗斯为 60%。

城市化也称城镇化，是指随着一个国家或地区社会生产力的发展、科学技术的进步以及产业结构的调整，其社会形态由以农业为主的传统乡村型社会向以工业（第二产业）和服务业(第三产业)等非农产业为主的现代城市型社会逐渐转变的历史过程。许多学者研究这种城市化现象,尝试从不同角度定义城市化。人口学把城市化定义为农村人口转化为城镇人口的过程;地理学认为城市化是农村地区或者自然区域转变为城市地区的过程;经济学从经济模式和生产方式的角度定义城市化;生态学认为城市化过程就是生态系统的演变过程;社会学家从社会关系与组织变迁的角度定义城市化。通常用城市化率度量城市化的水平,即城市常住人口占总人口的比重。

迈克尔·帕西翁(Michael Pacione)认为城市化包含三个方面含义①:

① 城市人口占总人口比重的增加;

② 城镇规模的增长;

③ 城市生活的社会和行为特征在整个社会的扩展。

他给出的城市化定义是:农村居民向城市化生活方式的转化过程,具体是指城市人口增加,城市建成区扩展,景观、社会以及城市环境形成,由以农业经济为主的农村生活方式向以工业及服务经济为主的城市生活方式转变。

根据世界城市化普遍经验来看,城市化可以大致分为三个阶段:

① 初期阶段(城市化率<30%):生产力水平低,城市化速度缓慢;

② 中期阶段(30%<城市化率<70%):工业经济快速发展,城市化速度加快;

③ 稳定阶段(城市化率>70%):农村人口转化趋于稳定,现代化工业经济趋近稳定。

一国(或一个区域)的城市化进程可以用逻辑斯蒂(logistic)模型进行模拟,即一根拉长的"S"形曲线,也称诺瑟姆(Notham)曲线(见图 4-4)。

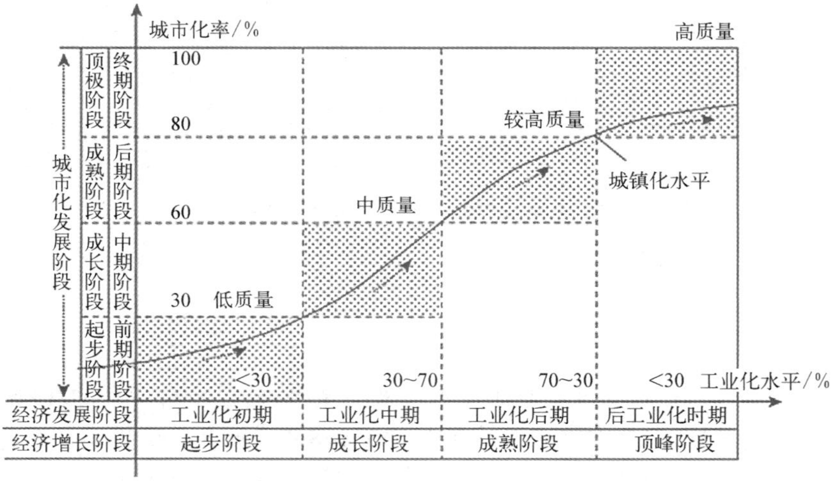

图 4-4 工业化与城市化发展阶段分析

逻辑斯蒂模型方程如下:$U(t)=\dfrac{K}{1+Ae^{-Bt}}+\varepsilon_t$

在这根曲线上大致有三个时间拐点,分别是 T_1、T' 和 T_2,对应的城市化率分别是 30%、50%和 70%。小于 30%的阶段(T_1 之前)是城市化缓慢发展阶段;越过该节点,城市

① Pacione M. Urban Geography: A Global Perspective[M]. 3rd ed. Taylor & Francis, 2009.

化的速度会逐步加速，一直加速至城市化率达到50%的拐点（T'）；越过该拐点，城市化率会逐步放缓，直至城市化率达到70%（T_2）；当城市化率超过70%时，城市化速度会放缓并趋于稳定。城市化率在30%～70%时是城市化进程稳步地快速发展阶段（图4-5）。

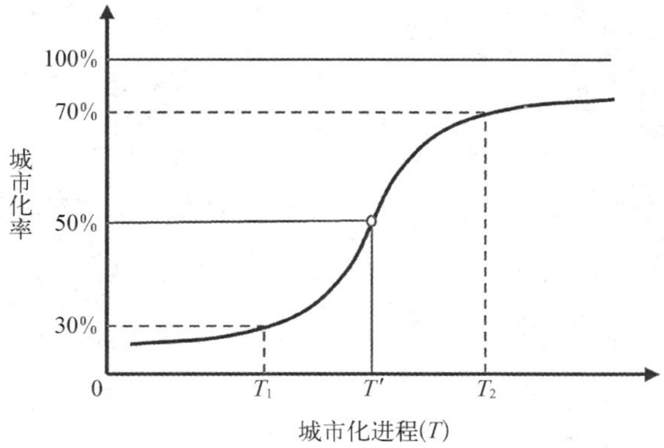

图4-5　城市化进程

七、城市化中的问题

英国“圈地运动”后①，那些失去土地的农民以及因土地歉收而陷入贫穷的人口蜂拥至蓬勃发展的工业城市和港口城市谋生，如利物浦、曼彻斯特、格拉斯哥等。但是，他们缺少或者没有新型工业所需要的专业知识，也没有太多城市生活所必要的社会和技术知识，多数人找工作较困难，造成大量的失业人口。

即使城市工业可为那些没有专业技能的劳动力提供就业机会，由于涌入的人口太多，城市的社会设施在提供居所、基本的公共服务设施（如供水、污水处理）以及卫生保健等方面是非常低劣且不足的（见图4-6）。很多城镇都是从农村和煤矿区飞跃发展起来的，实际上可能什么设施都没有。在发展较慢或停滞的城市，以及较小的城镇，因人口流入的量不大，情形或许还稍好一些。面对汹涌而入的人口，即使较大的城市有一些基础设施，也被淹没在人口汇集的洪流之中。因为没有像样的公共运输系统，多数居民必须住在工厂或仓库的步行距离以内。矿区只有很少或者甚至没有最基本的设施，如供水、垃圾及污水处理，或处置大量流行病的能力等。有限的供水也逐渐被污水污染了，污水的处理远远满足不了需要。

各种各样的污秽伴随着人口的密集而来，住户和每间房的居住人口愈来愈多，拥挤的状况日益恶化，在曼彻斯特、利物浦等城市，住地下室已是常态。医疗设施和公共卫生管理几

① 15世纪以前，英国的生产主要还是以农业为主，纺织业在人们的生活中还是个不起眼的行业。随着新航路的发现和国际贸易的扩大，在欧洲大陆西北角的佛兰德斯地区，毛纺织业突然繁盛起来，它附近的英国也被带动起来。毛纺织业的迅猛发展使得羊毛的需求量逐渐增大，市场上的羊毛价格开始猛涨。英国本来是一个传统的养羊大国，这时除了满足国内的需要外，还要满足国外的羊毛需要。因此，养羊业与农业相比就变得越来越有利可图。这时，一些有钱的贵族开始投资养羊业。养羊需要大片的土地，贵族们纷纷把原来租种他们土地的农民赶走，甚至把他们的房屋拆除，把可以养羊的土地圈占起来。一时间，在英国到处可以看到被木栅栏、篱笆、沟渠和围墙分成一块块的草地。被赶出家园的农民则变成了无家可归的流浪者。这就是“圈地运动”。

图 4-6 英国产业工人家庭的住宿条件

资料来源：谭纵波.城市规划[M].2 版.清华大学出版社，2016.

乎空白。此外，贸易带来的巨大流动让流行病能够比以往更迅速地传播开来。供水不足或者时常间断，井水也容易被污水所污染，个人卫生很差。因此，英国在 1832 年、1848 年和 1866 年发生了三次可怕的流行性霍乱。

要解决过快城市化带来的这些问题是个极大挑战。彼得·霍尔(Peter Hall)在他的名著《城市和区域规划》中分析，至少要做到三点。首先要有采取行动的愿望，这就需要花相当长的时间使那些操纵议会和地方行政机构的人中的大多数对此感兴趣。在新兴工业城市中出现的这些问题很少成为由资本家及其代言人把持的议会的议题。其次要有关于如何采取行动的知识。对于由细菌引起的疾病(如霍乱)是否会因水受到污染而传染，在 19 世纪早期，医学专家们还没有相关知识。直到 1854 年，一位伦敦医生约翰·斯诺(John Snow)通过早期的环境分析，证明了霍乱在伦敦一个贫民区蔓延与一口供水的机井有关，这才确认传染源和传播途径(见图 4-7)。有了相关知识，才可能找到解决途径。最后要有一个有效的行政机构以及资金，以实施必要的管理和提供公共服务，包括撤换现有的、无效能的地方政府等。以上三个方面在一个自由资本主义的时代，都是很难做到的。

相较于以上提到的工业化和城市化带来的传统城市问题，现代城市问题涉及面更广，更为复杂，因果关系也更为隐晦。第一次世界大战后，西方工业化国家中，城市化的主要动力是由第二产业转向第三产业。伴随着人类社会生产力的进一步提高，城市间发展出现不均衡的现象，一些大都市或大都市圈的集聚效应凸显，人口规模进一步扩大，而一些以钢铁、纺织等传统产业为主的工业城市由于产业发展上的结构性缺陷而趋于衰落。处于衰落状态的城市中，出现的主要问题是失业、新的贫困、城市活力低下、生活环境恶化、地方财政出现困难以及随之产生的犯罪等。

人口急剧增长的城市中，设施增长的速度无法满足人口增长、生活水平的提高以及生活方式的改变所提出的要求，从而导致更具普遍意义的现代城市问题(见图 4-8)。主要表现包括以下五个方面。

① 居住条件差，包括住宅狭小、密集、昂贵，基础设施、生活服务设施不足等。

② 交通出行难，包括机动车交通拥堵、事故多，公共交通拥挤，通勤距离及时间过长等。

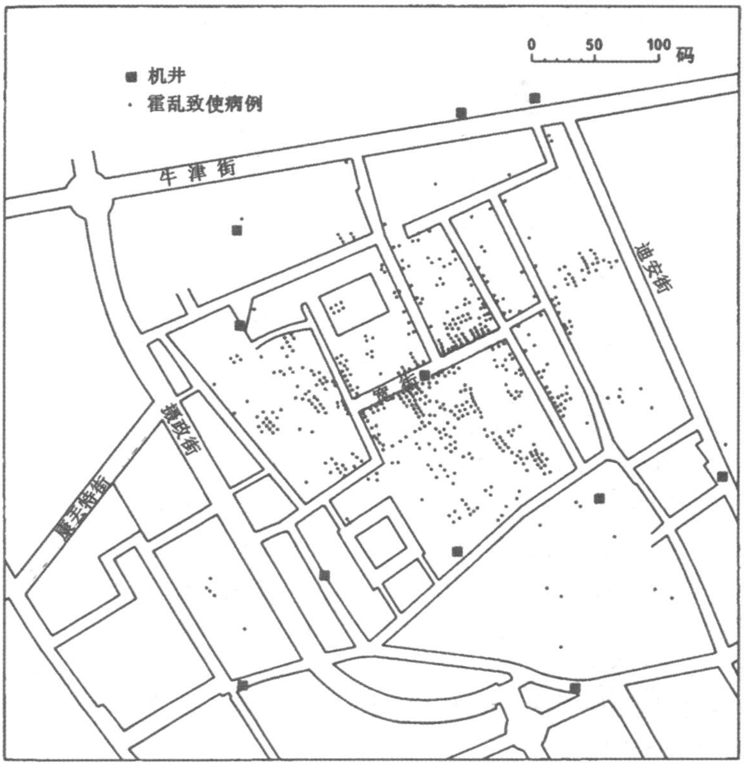

图 4-7　约翰·斯诺在宽街所做的死于霍乱的居民与机井的关系分析图

资料来源：彼得·霍尔.城市和区域规划[M].4 版.邹德慈，李浩，陈熳莎，译.中国建筑工业出版社，2008.

图 4-8　19 世纪初的纽约街头

资料来源：彩色老照片 1900 年代的美国纽约 就已经有不少的高楼大厦了[EB/OL].网易，https://www.163.com/dy/article/I6N3T2U10552YN9I.html.

③ 环境被污染，包括工业排放、汽车尾气、生活污物造成的大气、水体及土壤污染，还有噪声等城市环境污染（或称城市公害）。

④ 城市景观丧失，包括城市绿色空间、公共活动空间被压缩甚至丧失，传统城市文脉被破坏，城市景观的杂乱无章，等等。

⑤ 社会矛盾加剧，包括传统社区的解体、对弱者的漠视甚至挤压、以土地问题为代表的社会财富分配不公，以及更具普遍性的犯罪问题等。

第二节 近现代城市规划的早期探索

快速城市化带来的城市传染病问题最终进入了议会等政府管理部门的视野。下面简单列举英国为解决城市问题，在立法和机构设置上的进展。

（1）1844 年，政府报告建议在每个基层地区设立一个单独的公共卫生机构，管理排水、铺路、清扫和供水，要求有设定新建房屋的建设标准的权力。

（2）1848 年，通过《公共卫生法》(Public Health Act)，成立中央卫生部，准许建立地方卫生局。

（3）1855 年，通过《消除污害法》(Nuisance Removal Act)。

（4）1866 年，通过《环境卫生法》(Sanitary Act)。

（5）1868 年，通过《托伦斯法》(Torrens Act)，准许地方政府勒令拥有不卫生的住宅的房主自己出钱拆除或加以修理。

（6）1875 年，通过《克罗斯法》(Cross Act)，准许地方政府自己制定改善贫民区的计划。

（7）1894 年，通过《地方政府法》(Local Government Act)，赋予自治城市(borough)、郡和郡属区设立地方政府机构的权力。

（8）1909 年，《住宅与城市规划法》(Housing and Town Planning Act)正式颁布。该法于 1919 年修订，并要求住宅必须带有必要的设备，如盥洗室以及屋后花园等。1925 年该法分离成《住宅法》和《城市规划法》，并在 1932 年改称《城乡规划法》(Town and Country Planning Act)。

根据以上一系列的立法、机构设置及其赋权，1870 年后，地方行政当局特别是自治城市要求依法建设住宅。街道开始有统一的最小宽度以保证起码的光线和空气，每栋住宅有独立的室外厕所。

一方面，虽然地方当局制定了当地城镇规划，但是土地私有制条件下，土地所有者只要不违反城镇规划方案及其纲要，可以在其任何地块上进行建设，造成大城市的郊区无序蔓延，侵占了大量的优质农田；另一方面，住宅开发与工厂搬迁选址造成居住地与工作地间的日益疏离，在缺乏有效公共交通的情况下，交通日益拥堵，通勤不舒适且耗时过长。

近代城市规划不再是艺术家、建筑师或军事工程师的专属领地，一个包含了许多已有学科但又不同于已有学科、以通过城市布局改良社会为目的的新型专业人群开始出现。1914 年，英国成立了城市规划协会，规划师成为一项专门职业。

一、改造社会的先期试验

19 世纪初，由于工业经济发展迅速、大城市扩张带来高房价、高地租、拥挤等问题，不少有能力的企业家看到了把工厂疏散到远离现有密集城市的地方并围绕工厂建设新城的好处。首先，在农村的土地上建设工厂，投资比较经济；其次，可以迫使工人住到城外，企业家开发住宅，出租给工人及居民，又可以有节制地把投资收回来；最后，把工作与生活组织在一个卫生条件好、自然景观优美的环境里，人们的生产生活品质都比在密集城市中更高，可实现某种社会改良的理想。这样的城镇通常称为“公司镇”(company town)。

其中最有代表性的当属在苏格兰建设的新拉纳克(New Lanark)，2001 年作为文化遗产被列入《世界遗产名录》。新拉纳克创造了一个成功的商业模式，也是早期乌托邦社会主义的一个缩影，是城市规划上一个里程碑式的案例(见图 4-9)。

(a) 瀑布驱动机器运转示意图　　(b) 鸟瞰新拉纳克

图 4-9　新拉纳克

资料来源：New Lanark[EB/OL]. UNESCO, https://whc.unesco.org/en/list/429/gallery/.

新拉纳克位于英国苏格兰南拉纳克郡，是克莱德河边的一座村庄，最早是苏格兰商人大卫·戴尔(David Dale)于 1786 年建立的纺织厂以及工人们的居住区。企业家合伙人理查·阿克莱特(Richard Arkwright)发明了水力纺纱机，利用瀑布水流为工厂机器提供动力。罗伯特·欧文(Robert Owen)也是合伙人。1820 年，欧文在《致拉纳克郡报告》中提出消灭私有制，建立财产公有、权利平等和共同劳动的改革社会的理想主张，这标志着其空想社会主义思想体系的形成。公社实行生产资料公共占有、权利平等、民主管理等原则。在资本主义制度下，欧文的这些想法只能是幻想，行动的结局也必然是失败。

为了用典型示范自己改造社会的计划是可行的，1824 年，欧文在美国印第安纳州买下 1 214 公顷土地，开始新和谐移民区试验，建设“新和谐村”(Village of New Harmony)，如图 4-10(a)所示。这个试验型公司镇的功能及布局更像一个公社。村外有耕地、牧场及果林，耕地面积为每人 0.4 公顷或更多。村内有用机器生产的工厂与手工作坊，废除家庭小生产，以工厂型大生产替代。小镇设公用厨房、食堂、幼儿园、小学会场、图书馆等。全村的产品集中于公共仓库，统一分配，财产公有。

欧文的社会改良理想认为要获得全人类的幸福，必须建立崭新的社会组织。把农业、手工业和工厂制度结合起来，合理地利用科学发明和技术改良，创造新的财富。个体家庭、私有财产及特权利益将随着社会制度而消灭，未来社会将由公社组成。最后，公社将分布于全世界，形成公社的总联盟，而那时，政府也随之消亡。

另一个试验是法国的乌托邦主义者查尔斯·傅立叶(Charles Fourier)提出的"法兰斯泰尔"(Phalanstère)，可供400个家庭(1 620人)集中居住，如图4-10(b)所示。他认为当时的社会虽然可称为"文明社会"，但深藏各种危机，未来最高级的社会形态是"和谐社会"。在这个"和谐社会"下面有许多基层单位"法郎吉"(La Phalange)，法郎吉下面根据不同种类的劳动划分成若干个队，即谢利叶(Serie)。每个"法郎吉"都建有一个公共建筑群"法兰斯泰尔"，每个"法兰斯泰尔"都有不同的"谢利叶宫"(Seristeries)，不同的"谢利叶宫"和公共设施被连成一体，穿过庭院时，有专用的通道，它的穹顶和窗户可以挡雨和过滤吸收阳光，是一段半户外、半室内的过渡地带。为乌托邦居民争取更多不受自然天气影响的活动空间，是"和谐社会"超越"文明社会"的优越性表现之一。

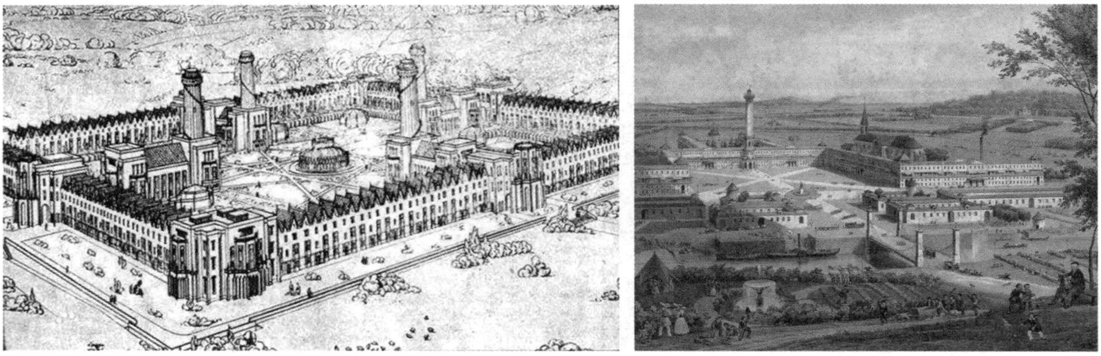

(a) 欧文设想的"新和谐村"　　(b) 傅立叶设想的"法兰斯泰尔"

图4-10　空想社会主义实践

资料来源：Baridon L. The Fourierist Phalanstère: Building a New Society through Architecture? [M]//Bressani M, Contandriopoulos C. The Companions to the History of Architecture, Volume III, Nineteenth-Century Architecture. John Wiley & Sons, Inc, 2017.

受思想启蒙运动影响的欧文和傅立叶相信理性能改变生活方式。凭借科技革命带来的社会生产力的极大提高，他们相信如果能组织好社会生产和生活，就能创造理想的社会。但他们的试验都以失败告终。这种社会试验被贴上了空想、乌托邦①的标签，引申为不实际的、理想的社会和政治改良计划。

理想主义(乌托邦)思想代表着人们对美好家园和生活环境的一种希望。尽管欧文和傅立叶试验失败，但改良社会的理想却深深地影响着后来的社会活动家，典型的例子有霍华德的田园城市理论。

① "乌托邦"(utopia)一词源自托马斯·莫尔(Thomas More)虚构的一个航海家航行到奇乡异国的旅行见闻。在那里，财产是公有的，人民是平等的，实行按需分配的原则，大家穿统一的工作服，在公共餐厅就餐，官吏由秘密投票产生。中文翻译很切其意，"乌"是没有，"托"是寄托，"邦"是国家，"乌托邦"三个字合起来的意思即"空想的国家"：美好，人人平等，没有压迫，就像世外桃源。

二、马歇尔的产业区

19 世纪末 20 世纪初，英国还处于工业化过程之中。著名剑桥经济学家阿尔弗雷德·马歇尔（Alfred Marshall）基于对当时谢菲尔德（Sheffield）的刀具工业和西约克郡（West Yorkshire）各种毛纺织业在地理上集聚的观察，创新性地提出了“产业区”的概念和理论。他认为产业区作为与大企业相对应的产业组织模式，是同一产业中大量小企业的地理集中，这种集中同样能够获得大规模生产的许多好处，并且这种地方产业系统与当地社会具有强烈的不可分割性①。

同一产业大量企业的地理集聚可以产生地方化的外部规模经济——地方化经济（localization economies）。首先，集聚能够产生地理接近的优势，降低运输和交易的成本，容易获得专业化的投入，如劳动力、服务、技术诀窍等。其次，集聚能够产生专业化经济（specialization economies），企业间的劳动分工使企业专注于某一产品或某一特定的任务与工序，并向多种用户提供产品。因此，产业区可以从多样化经济中获得好处，能够以不同方式生产最终产品而不损失生产效率。同时，也能通过任务的专业化从规模经济中获得好处。最后，同一产业的区域专业化能够刺激外部经济和新的企业家精神的形成，将企业融入相互依赖的地方生产系统，并为其提供必要的市场机会。

马歇尔除强调产业区由集聚而产生的外部经济的好处外，更重要的是强调产业与地方社会的不可分割性，并认为地方社会形成的社会规范和价值对创新和经济协调起着关键作用。一方面，地方社会的经济相互依赖性、社会的熟悉性和面对面的交流能够形成共有知识与相互信任，从而有助于降低地方生产系统的交易成本，方便信息与知识的流动，维持经济主体间竞争与合作的精巧平衡。另一方面，整个地方社会对公共项目的广泛参与能够形成地方特定的产业氛围。这种产业氛围包括基于自助、创新精神和地方归属感的生活道德伦理，以及创新自下而上的有规则流动。企业间因劳动力流动而产生的模仿文化，以及在特定细分市场上吸引顾客和贸易伙伴的区域声誉等，作为区域特定的“公共物品”，有助于劳动技能特别是意会知识和技能的形成与转移，促进创新、创新合作和创新的扩散。

可见，马歇尔所定义的产业区和集聚经济，一开始就具有社会与地域有机整合的特征，空间接近和文化的同质性构成了产业区形成的两个重要条件。马歇尔还认识到，很多工厂是“游荡者”（footloose），凡是有劳动力等资源的地方都可以选址布置。让工厂集聚在过度拥挤的大城市里，为劳动力提供不卫生且破旧的住宅，迟早会付出社会代价。与其如此，不如择址新建产业区，建造一个样板城镇（model town）。

三、霍华德田园城市设想及实践

准确地说，霍华德不是一个专业的规划师，他是一名法庭速记员，善于思考，写作和组织能力较强。在写作《明日：真正改革的和平之路》（后改名《《明日的田园城市》》）之前，霍华德居住在工业迅速发展的美国多年，旅行考察过在农村建设大工程并与建设新社区结合的实

① Marshall A. Principles of Economics[M]. 8th ed. Palgrave Macmillan, 2013.

践，如阳光港等公司城镇。受马歇尔产业区的启发以及对城乡生活和环境的深刻体察，霍尔德画出三种磁力图来分析人在城乡之间的迁移与定居（见图 4-11）。

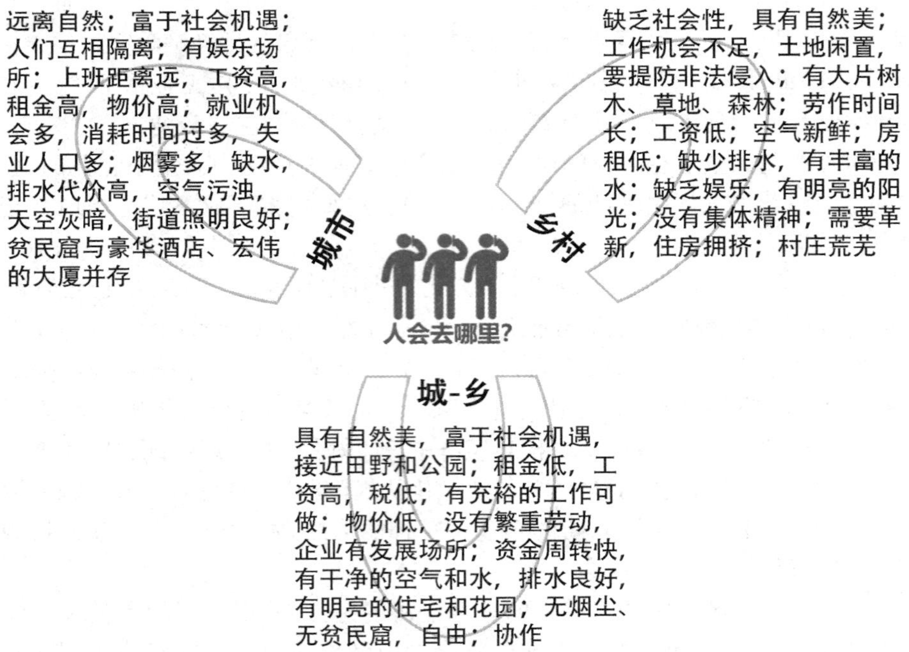

远离自然；富于社会机遇；人们互相隔离；有娱乐场所；上班距离远，工资高，租金高，物价高；就业机会多，消耗时间过多，失业人口多；烟雾多，缺水，排水代价高，空气污浊，天空灰暗，街道照明良好；贫民窟与豪华酒店、宏伟的大厦并存
城市
乡村
缺乏社会性，具有自然美；工作机会不足，土地闲置，要提防非法侵入；有大片树木、草地、森林；劳作时间长；工资低；空气新鲜；房租低；缺少排水，有丰富的水；缺乏娱乐，有明亮的阳光；没有集体精神；需要革新，住房拥挤；村庄荒芜
人会去哪里？
城-乡
具有自然美，富于社会机遇，接近田野和公园；租金低，工资高，税低；有充裕的工作可做；物价低，没有繁重劳动，企业有发展场所；资金周转快，有干净的空气和水，排水良好，有明亮的住宅和花园；无烟尘、无贫民窟，自由；协作

图 4-11　影响人口迁移定居的三种磁力

资料来源：霍华德·埃比尼泽.明日的田园城市[M].北京：商务印书馆，2002.

霍华德认为，城市人口过于集中是由于城市具有吸引人口聚集的“磁性”，如果能控制和有意识地移植城市的“磁性”，城市便不会盲目膨胀。城市环境的恶化是由城市膨胀引起的，城市无限扩展和土地投机是引起城市灾难的根源。建议限制城市的自发膨胀，并使城市土地属于城市的统一机构。

他认为，城市与农村都具有有利条件和不利条件。城市的有利条件是能获得就业岗位，有享用各种市政和文化科技服务设施的机会；不利条件则是远离自然、房价高、交通拥堵、空气质量差等。农村的有利条件恰好是城市的不利条件，而其不利条件是城市的有利条件。那么就可以创造一种城乡体（town-country）田园城市（garden city），兼具二者的有利条件，而避免二者的不利条件，作为未来理想的城市形态。

他设想在主要大城市的通勤范围之外，通过有计划地分散工人以及就业岗位，将其全部转移到新居民点上。这个居民点占地约 2 400 公顷（6 000 英亩），其中 2 000 公顷（5 000 英亩）用于农业或绿带，400 公顷用于建设城市。在这 2 400 公顷的土地上，居住 32 000 人，其中 30 000 人住在城市里，2 000 人散居在乡间。如果迁移过来的人口超过了规定数量，则应建设另一个新的城市。

田园城市的平面为圆形，中央是一个面积约 59 公顷（145 英亩）的公园，有六条主干道路从中心向外辐射，把城市分成六个“区”。最外圈地区建设各类工厂、仓库、市场，既有环形公路也有铁路支线。田园城市围绕一个规模有 58 000 人的中心城市，是由一个中心城和六个田园城构成的一个具有 25 万人的“无贫民窟、无烟尘”的城市群（见图 4-12）。

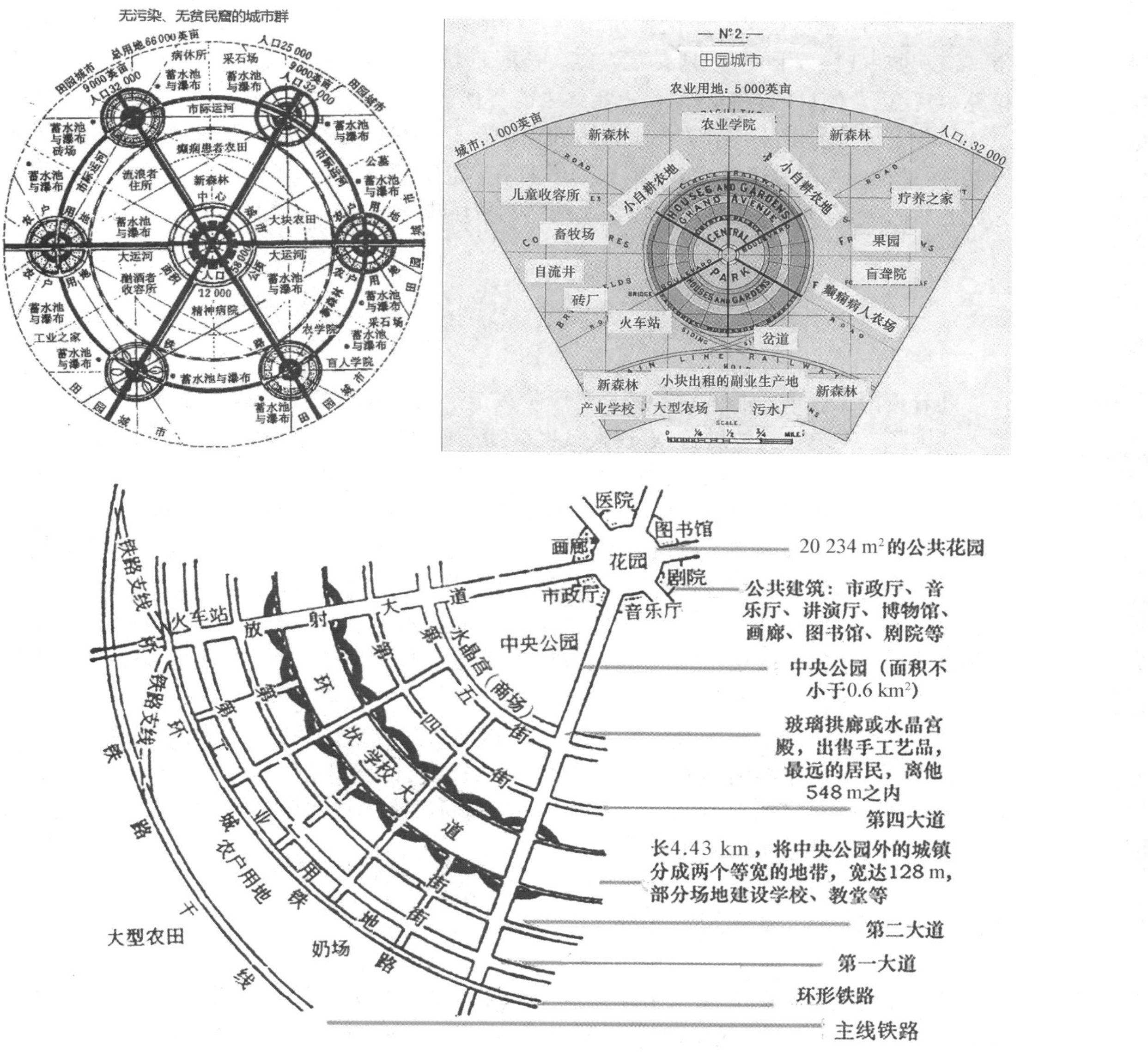

上左图：城市群　上右图：田园城市构成　下图：城市分区功能布局

图 4-12　霍华德的田园城市群

资料来源：霍华德·埃比尼泽.明日的田园城市[M].北京：商务印书馆，2002.

霍华德还深入思考如何让新城建设起来。他认为如果能够从农村得到较便宜的土地，通过市政基础设施建设使得土地增值，增值部分不仅能够让新城公司按期偿还借款，而且会有利润进行再投资，以及建另一座新城。

霍华德于 1899 年组织成立了田园城市协会来宣传他的主张，并于 1903 年组建“田园城市有限公司”筹措资金来实践他的理想城市设想。霍华德在距伦敦 56 km 的地方购置了土地，建立第一代田园城市——莱奇沃思(Letchworth)。该新城占地 18.4 km^2，规划 3.5 万人，严格按照他所倡导的新城思想来建设，到 1917 年，实际居住人口只有 1.8 万人，只有预期的一半。1920 年,霍尔德又在距伦敦西北约 36 km 的韦林(Welwyn)开始建设第二座田园城市。该新城占地 9.7 km^2,规划 5 万人口。这两座新城的投资公司都遇到了财政困难,独立核算、自我运营的目标在新城建设上始终未能实现。

尽管霍华德的田园城市实践没有达到预期目标,但是他的很多思想被其忠实追随者所发展,而且社会影响越来越大,城市规划学科在他的思想影响及其追随者的努力下得到确立。此后的规划师及其所做的工作深刻地影响着城市建设和社会改良。

第三节 现代城市规划的主要理论发展

随着英国工业革命的纵深发展及资产阶级走上历史舞台建立现代民主制度,北美及欧洲大陆国家人口总量持续增长,农村人口也持续迁移至城市,城市蔓延式扩张的建设需求如火如荼。在此背景下,产生了诸多满足发展需求的城市规划建设思想。按照彼得·霍尔的分类,可以分为英美派(Anglo-American Group)和欧洲大陆派(Continental European Group)①。英美两国的城市规划先驱共同面临持续郊区化现象,中产阶级工人阶级先后从拥挤的中心地区搬迁至郊区带有个人花园的独户住宅,满足郊区化交通需求的一开始是公共交通,之后是私人小汽车。欧洲大陆整体进入现代社会则晚几十年,且欧洲城市的典型特征是由高层(或是 4～6 层)公寓围合而成街坊、街坊中间是绿地的城市肌理形态。欧洲大陆城市的人口密度远远大于英美两国的城市。

城市问题的表现形式及内在肌理不一样,因而解决方案也就明显不同。英美规划师关注的是以何种方式来容纳不断增加的城市人口,注重居住空间组织和降低人口密度;西欧大陆在工业革命前就已成形的城市不适应工业革命所带来的技术要求,关注的是如何转型改造城市以适应工业技术的内在需求。

一、英美居住单元规划思想

美国原是英国殖民地,在文化上一脉相承。美国独立战争结束后,有大量的欧洲人口移民美国,城市只是他们进入美国的驿站,他们在城市短暂停留后,最终希望到广阔的风景秀丽的农村和西部开辟自己的生存之地。

美国的规划思想相较于英国而言是青出于蓝而胜于蓝,综合了英国的田园画境风格和欧洲大陆的巴洛克式宏大规则性布局,在城市中采取由街道与广场组成的规则网格,在乡村则采取自由绵延、自然天成的绿化景观。这种规划设计思想在奥姆斯特德设计的具有浪漫气息的郊区居住区体现得很明显,他设计的里弗赛德(Riverside)住区规划图就是如此。这迎合了较富裕的美国人住在高品质社区的愿望,所住社区既能在大自然之中,又有高效的交通系统与城市相连(见图 4-13)。

随着工业革命的发展,小汽车越来越多。以往城市街道网沿用规则或不规则的方格网式小尺度布局,住宅基本上沿街道而建,沿街住宅入户门面向城市街道,整个街区呈开放式

① 彼得·霍尔.城市和区域规划[M].4 版.邹德慈,李浩,陈熳莎,译.中国建筑工业出版社,2008.

布局形态。在没有汽车交通时，如此布局下的沿街居民可安全地利用街道作为活动空间。但是街道上的汽车越来越多且速度越来越快时，这种布局下的问题开始显现，如尾气污染、交通事故、汽车噪声等。因此，英美建筑师和规划师在面对汽车交通带来的城市问题时，提出了许多有创见性的思想和设计方案。

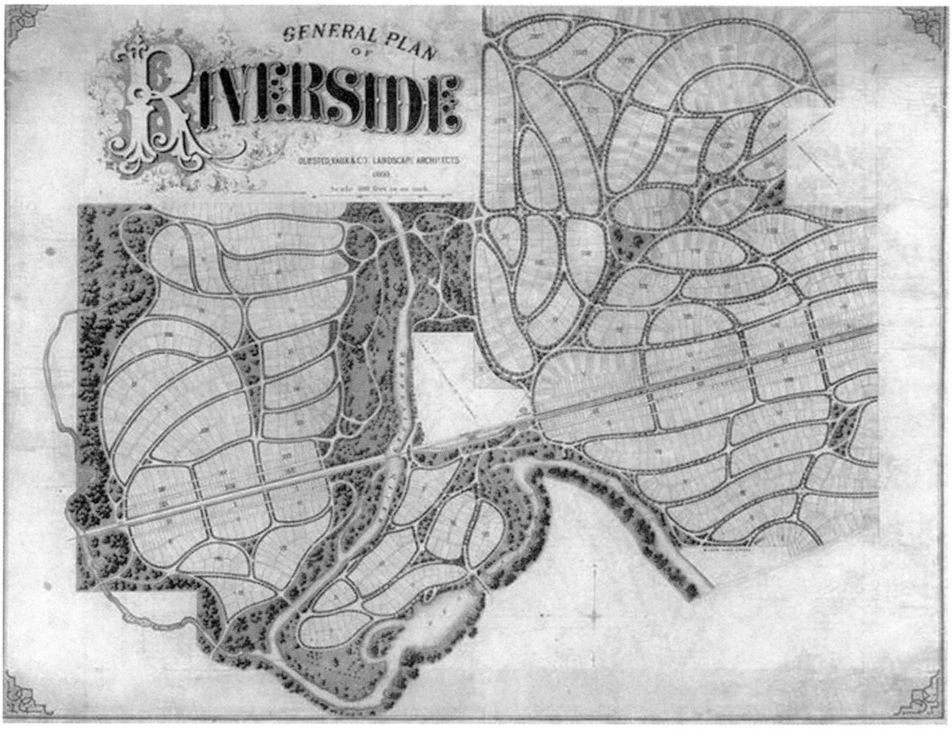

图 4-13 Riverside 住区规划

资料来源：孙施文.现代城市规划理论[M].中国建筑工业出版社，2005.

1. 邻里单元

20 世纪 20 年代，纽约道路上机动交通日益增长，车祸经常发生，严重威胁老弱及儿童穿越街道的安全，同时存在交叉口过多和住宅朝向不好等问题。因此美国社会学家克拉伦斯・佩里(Clarence Perry)在参与编制纽约地区规划时，提出在较大范围内统一规划居住区，使每一个邻里单位组成居住的“细胞”，并把居住区的安静、朝向、卫生和安全置于重要位置，在邻里单位内设置小学和一些为居民服务的日常使用的公共建筑及设施。

在他的概念图解中(见图 4-14)，一个邻里单位的四界为主要交通道路，规模应该按一个小学所服务的面积来确定，儿童不穿越周边的主要交通道路去上学，任何方向的服务半径都不超过 0.8～1.2 km。周边道路要足够宽，满足交通的需要以避免汽车从居住单位内穿越，邻里单位的内部街道网设计要在便于单元居民通行的同时又能阻止过境交通的使用。居住户数大约 1 000 家，居民 5 000 人左右。邻里单位内设置日常生活所必需的商业服务设施，可以布置在道路交叉口处，并与相邻邻里单位的商业设施共同组成商业区。邻里单元内要保持原有地形地貌和自然景色以及充分的绿地。各类住宅都须有充分的日照、通风和庭院，可以根据需要自由布置。

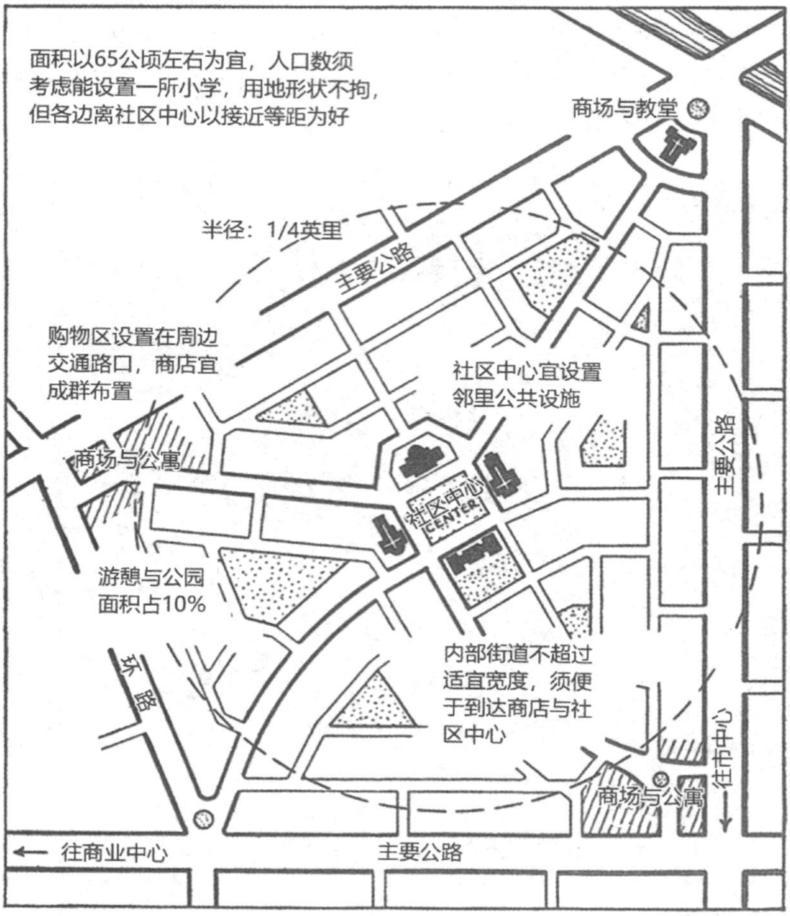

图 4-14　邻里单元的概念

资料来源：吴志强，李德华.城市规划原理[M].4 版.中国建筑工业出版社，2010.

邻里单元的思想实质上就是为了妇女、老人和儿童等不开车且不用走很长的路就能获得日常的生活服务(由社区中心来提供)而设计，按照可接受的步行距离和适宜的人口密度来推算邻里单位的用地规模和人口规模。社区中心在单位内部，房屋和道路都围聚指向社区中心，周边道路与外界有明显的分界线，因此，可以帮助居民对所在社区和地方产生一种乡土观念及社区归属感。该思想对 20 世纪 30 年代欧美的居住区规划影响颇大，在当前国内外城市规划中仍被广泛应用。它不仅是一种创新的设计概念，而且成为一种社会工程。

2. 雷德邦模式

按照邻里单元的思想来进行城市道路网规划，必然会形成迥异于以前“密路网、小街坊”的网格状超大街区(super-block)的城市肌理形态。美国建筑师克拉伦斯·斯泰恩(Clarence Stein)在邻里单元形成大街区的基础上，对人行系统和车行系统做了进一步的创新性设计。

在这个超大街区中，把家庭主妇和孩子们使用的步行道路与汽车道隔开，设计了一个与汽车道分隔并与街区绿化系统结合的步行道路系统，通向每户住宅的后门。如果步行道与汽车道出现交叉，那么步行道从地下穿越机动车道以保证人车完全分流。

机动车道则按照分级原则进行设计，从城市主要道路转向街区局部性支路，再转向服务于一小组住宅的局部性通路，最后通向住宅的停车库。在道路的尽端，则按尽端路(Cul-de-Sac)原则来设计。

按照该原则，斯泰恩于 1933 年设计了新泽西以北的雷德邦(Radburn)大街坊(见图 4-15)。

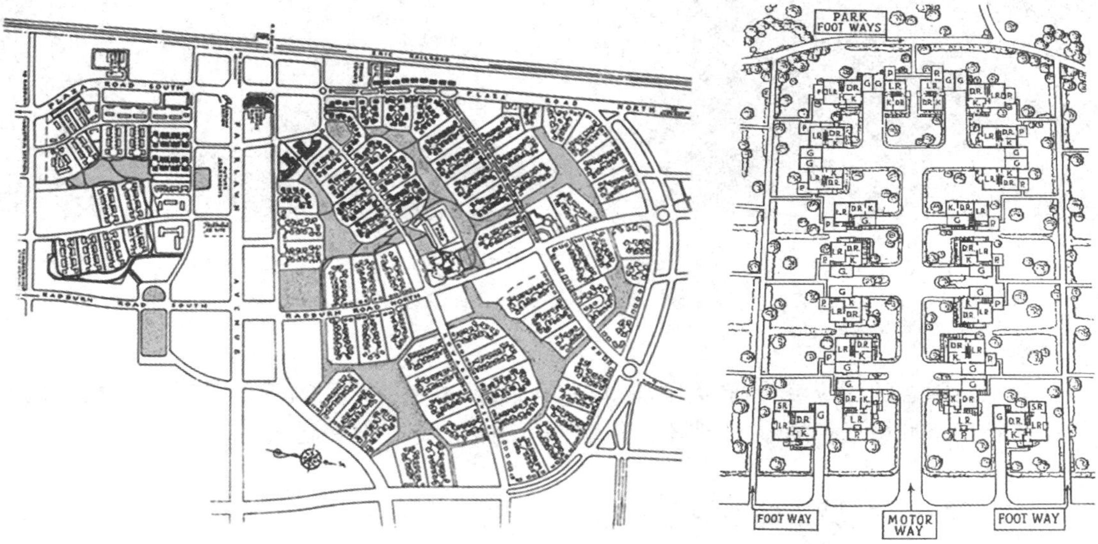

左图：街区平面规划图　右图：人车分流道路设计图

图 4-15　雷德邦规划

资料来源：Parsons K C, Schuyler D. From Garden City to Green City: The Legacy of Ebenezer Howard[M]. The Johns Hopkins University Press, 2002.

3. 广亩城市思想

美国大萧条之前很长一段时间，享受这电气化科技革命带来的经济繁荣。福特流水式的生产方式，使得小汽车的价格能为普通老百姓所接受，家用小汽车逐渐普及。在这个背景下，一向钟情设计草原别墅的建筑师费莱克·劳埃德·赖特(Frank Lloyd Wright)提出广亩城市(broadacre city)构思。他认为现代城市不能适应现代生活的需要，也不能代表和象征现代人类的愿望，因而这类城市应该取消，尤其是大城市。在汽车和廉价的电力设施遍布各处的时代里，已经没有将一切活动(包括住所和就业岗位)都集中于城市的必要，最为需要的是从城市中解脱出来，发展一种完全分散、低密度的将生活居住和就业结合在一起的新形式，这就是广亩城市。在《宽阔的田地》一书中，他正式提出了广亩城市的设想。这是一个把集中的城市重新分布在一个地区性农业网格上的方案(见图 4-16)。

在广亩城市里，每一户周围都有一英亩(4 050 m^2)的土地来生产供自己消费的食物和蔬菜。居住区之间以高速公路连接，提供方便的汽车交通。沿着这些公路，建设公共设施、加油站等，并将其自然地分布在为整个地区服务的商业中心之内。

赖特对于广亩城市的现实性一点也不怀疑，认为这是一种必然，是社会发展不可避免的趋势。他在《宽阔的田地》中写道："美国不需要有人帮助建造广亩城市，它将自己建造自己，

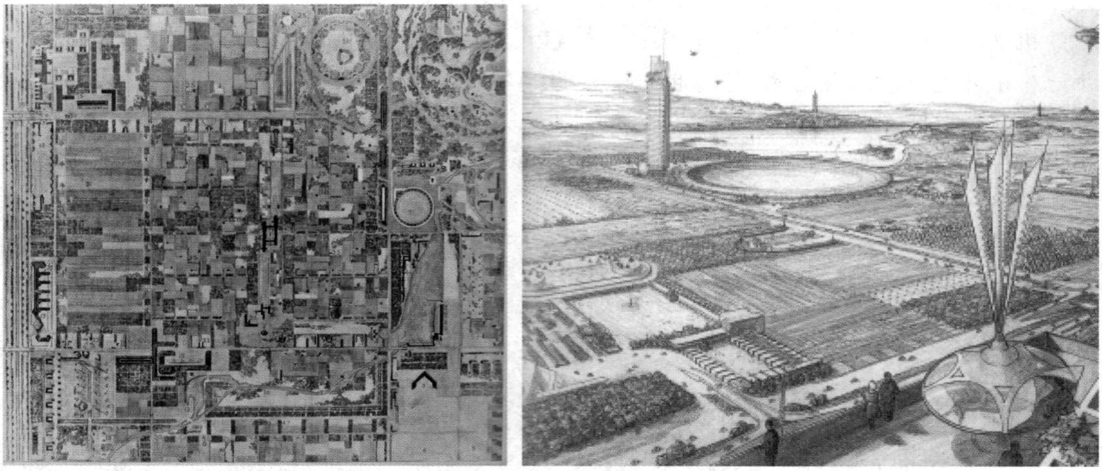

图 4-16　广亩城市的构想

资料来源：广亩城市[EB/OL].百度百科，https://baike.baidu.com/item/%E5%B9%BF%E4%BA%A9%E5%9F%8E%E5%B8%82/3790596?fr=ge_ala.

并且完全是随意的。”应该看到，美国城市在 20 世纪 60 年代以后普遍的郊迁化在相当程度上是赖特广亩城市思想的体现，但不是以赖特所期望的方式发展起来的。

二、欧洲大陆城市转型规划思想

尽管英美和欧洲大陆很多国家都属于西方发达国家，但其实英美与欧洲大陆在传统上仍有很大区别。英美奉行的是以归纳思维为主的判例式海洋法系，而欧洲采用的是以演绎思维为主的条例式大陆法系。英美注重私有产权甚于王权，而在欧洲大陆国家，王权的统一和神圣仍占有较高地位。所以，伦敦大火后的重建方案与奥斯曼改建巴黎所采取的手段和方法迥异。面临工业技术革命带来的冲击，欧洲城市如何适应？

1. 基于铁路技术的线形城市

工业革命的一个重要交通技术发明就是铁路。铁路技术相较于运河和林荫道有更多的优势。且 1863 年，第一条地铁在伦敦建成通车。西班牙工程师索里亚·玛塔(Soria Mata)因此认识到铁路线在交通上带来的革命性影响。铁路可以把遥远的城市连接起来，在城市内部及其周围，地铁线和有轨电车线的建设改善了城市地区的交通状况，加强了城市内部及其腹地之间的关系。在玛塔看来，传统的从核心向外扩展的城市形态已经过时，那样只会导致城市拥挤和卫生恶化。在新的铁路运输方式的影响下，城市将依赖交通运输线组成城市网络。

玛塔于 1882 年首先提出基于铁路交通技术大发展的线形城市，只有一条 500 m 宽的街区，要多长就有多长。铁路是能够做到安全、高效和经济的最好的交通工具，而且可以使人从一个地点到其他任何地点在路程上耗费的时间最少。城市不再是分散在不同地区的点，而是由一条铁路和道路干道串联在一起的、连绵不断的城市带，并且这个城市带可以贯穿整个地球。线形城市就是沿交通运输线布置的长条形建筑地带，城市中的居民既可以享受城市型的设施又不脱离自然，并可以使原有城市中的居民回到自然。玛塔还提出城市平面应当呈规则的几何形状，在具体布置时要保证结构对称，街坊呈矩形或梯形，建筑用地应当至多只占1/5，要留有发展的余地，要公正地分配土地，等等(见图4-17)。

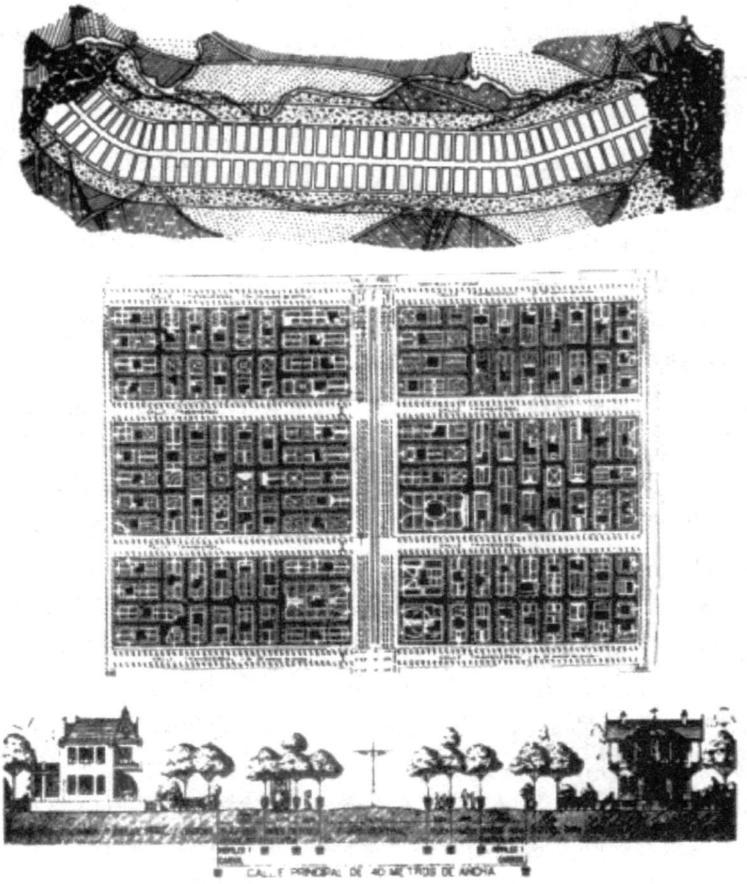

图4-17　带形城市的构思

资料来源：孙施文.现代城市规划理论[M].中国建筑工业出版社，2005.

1894年，玛塔在马德里市郊开始建设第一段线形城市。主轴线是长约50 km的环形铁路干线，铁路白天用于客运，晚上用于货运。建筑物全部集中于两侧，横向街道穿越建筑地带，形成一个个居住街坊，在里面布置四周是绿地的独立式住宅。不过由于耗资巨大，该线形城市只建成5 km。

可以明显看到，线形城市的纵向延伸会导致市政设施开支的加大以及公共服务设施系统的拉长和分散，导致建设耗资大和低效使用等。此外，还有布局形态呆板、忽视了商业经济和市场利益等方面的因素、居民心里缺少中心感、城市内聚力薄弱等方面的不足。

尽管基于该思想建设的线形城市没有达到预期，但是如果场地和资金等条件允许，铁路确实能方便快捷地满足交通需求，形成城市发展通道或轴线，所以该思想对后来的一些城市总体空间发展产生过影响，形成了一些变种，如第二次世界大战后的哥本哈根指状规划。华盛顿与巴黎的城市建设实践都已证明，在私有企业者企图在指状或轴线式布局的中间空隙地带进行建设的情况下，这种线性城市的规划形态是很难保持住的。

2. 工业城市

法国青年建筑师托尼·加尼耶（Tony Garnier，1869—1948）从大工业的发展需要出发，在出版的《工业城市》一书中系统地分析了对工业城市规划方案的探索。加尼耶提出的工业城市设想是一个假想城市的规划方案，对大工业发展所引起的功能分区、城市交通、住宅群等都做了精辟的分析。

这个城市位于山岭起伏地带，在河岸斜坡上布置了一系列工业部门，包括铁矿、炼钢厂、机械厂、造船厂、汽车厂等，在大坝边上是发电站。这些工厂被安排在一条河流的河口附近，下游有一条更大的主干河道，便于进行水上运输。建立这样一座城市的决定性因素是靠近原料产地或附近有提供能源的某种自然力量，或便于交通运输。选择用地尽量合乎工业部门的要求，这也是布置其他用地的先决条件。

工业区与居住区之间通过铁路进行联系。城市中的其他设施布置在一块日照条件良好的高地上，沿着一条通往工业区的道路展开，沿这条道路在工业区和居住区之间设立一个铁路总站。在市中心布置大量的公共建筑，其中有各类办公用建筑、商业设施及博物馆、图书馆、展览馆、剧场、医疗中心、运动场等。在市中心两侧布置居住区，居住区划分为几个片区，每个片区内各设一个小学校。居住区基本采用传统的格网状道路系统，汽车交通与行人交通完全分离。居住区基本上是两层楼的独立式建筑，四周围绕着绿地。建筑地段不是封闭的，不设围墙，它们互相组成为一个统一的群体（见图 4-18）。

在这个工业城市中，城市社会的组织原则也发生了重要变革。没有私人地产，所有的土地均归公共使用；没有教堂，没有军营，没有法院，没有监狱，没有警察局；土地的分配以及水、面包、肉类、牛奶、药品的分配，乃至垃圾的重新利用等，均由公共部门管理。基于对个人的物质及精神需求的调查结果，创立若干道路使用、卫生等规则，社会秩序的进步将使这些规则自动得以实现而无须借助法律强制执行。

加尼耶的工业城市规划方案已经摆脱了传统城市规划（尤其是以巴黎美院为代表的学院派城市规划方案）追求壮丽并大量运用对称、轴线和放射等手法的桎梏。在工业城市中，城市空间的组织更注重各类设施本身与外界的相互关系。在工业区的布置中将不同的工业企业组织成若干个群体，对环境影响大的工业如炼钢厂、锅炉、机械锻造厂等布置得远离居住区，而职工数较多、对环境影响小的工业如纺织厂等则尽量接近居住区布置，并在厂区布置大片的绿地。

尽管工业城市思想只是书本里的模型，但是其对工业区、居住区和公共建筑的功能分区及其间的交通联系的精辟分析，至今影响着现在的城市规划设计思维。不夸张地说，我们今天仍生活在加尼耶的理想中。

3. 光辉城市

作为现代主义建筑师的先驱，出生瑞士、成年后定居巴黎的勒·柯布西耶（Le Corbusier）面对工业革命带来的建筑新材料（如玻璃、混凝土、钢材）、新技术（如电梯的发明促进建造高层建筑）和新结构（如钢筋混凝土框架结构可使墙不再承重）的革新，认为工业革命带来的工厂化生产组织必须带来新精神，也必将创造出新建筑、新居住和新城市。他思考如何从建筑设计等物质要素来改造现有城市和利用现代交通技术布局未来，出版的两本著作《明日之城市》（*The City of Tomorrow*）和《光辉城市》（*The Radiant City*）详细地阐述了其城市规划思想。

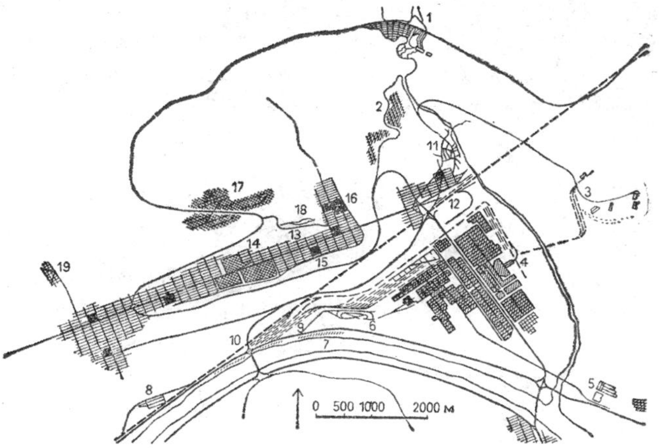

1—水电站；2—纺织厂；3—矿山；4—冶金厂、汽车厂等；5—耐火材料厂；6—汽车和发动机制动试验场；7—废料加工场；8—屠宰场；9—冶金厂和营业站；10—客运站；11—老城；12—铁路总站；13—居住区；14—市中心；15—小学校；16—职业学校；17—医院和疗养院；18—公共建筑和公园；19—公墓

图 4-18　工业城市概念

资料来源：Curtis W J R. Modern Architecture Since 1900[M]. 3rd ed. Phaidon，1996.

柯布西耶认为传统城市的绿地、空地太少，缺乏日照、通风，游憩、运动条件太差。由于城市化带来的人口规模增长，市中心拥挤程度加剧，城市已出现功能性的老朽。未来随着工业革命的纵深发展，城市仍会继续发展。城市中心区仍对各种工作活动有最大的聚合作用，街道上的交通负担会越来越大，那些存续了数百年的中心区里新古典主义的多层结构房屋及其容量无法满足新发展要求，需要通过技术改造以完善其集聚功能。

中世纪的城市建筑密集，私有庭院狭小，缺少公共绿地，有些沿街布局的住房朝向不好，缺少阳光。可以充分利用现代建筑新材料、新技术和新结构，建设阳光充足和空气清新的新住宅。新住宅可以建成高层，空出大量的土地用于公共绿地（见图 4-19）。柯布西耶认为摩天大楼朝气蓬勃、坚固、雄伟，并能反映时代精神。就像过去高耸的大教堂形象地宣告对上帝和教会权力的信仰一样，钢筋、混凝土和玻璃组成的五光十色的摩天大楼宣告着对大规模的工业社会的信仰。

传统的街道系统无法满足现代交通技术的发展要求，无法适应越来越多的小汽车以及越来越快的行驶速度。柯布西耶认为“一个为速度而建的城市是为成功而建的城市”。街道

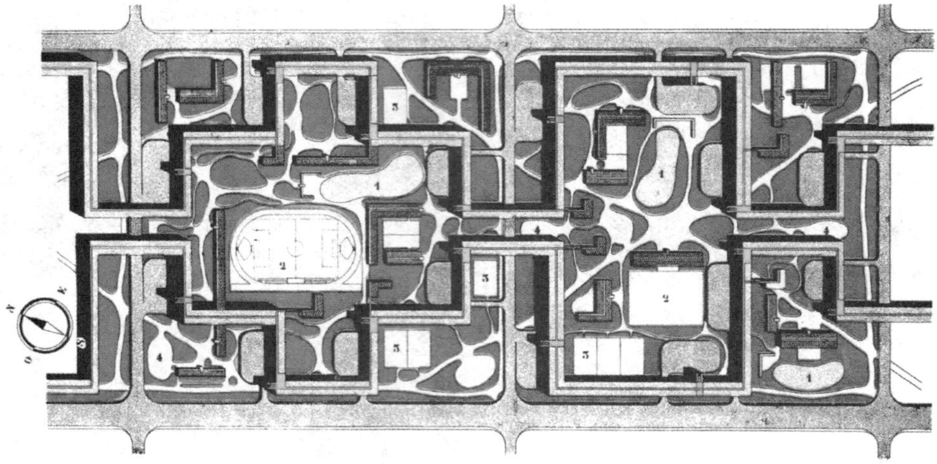

(a) 居住单位图解

注：这张图描绘的是一个居住单位。一个主入口服务2 700人，两个主入口则服务5 400人。每个居住单位都配备一系列与家庭生活直接相关的公共服务，如社区中心、托儿所、幼儿园、露天活动场所以及布置在公园里的小学。1~14岁的孩子们都可以在自家门口找到必需的教育设施，而且这些设施都在公园里。这样的居住单位人口密度达到每公顷1 000人。

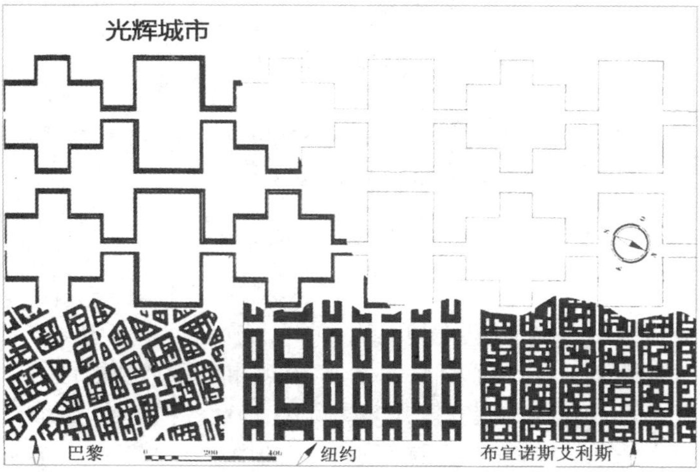

(b) 光辉城市的肌理及对比

注：此图直观地说明了光辉城市通过引入1 000人/公顷的人口密度，对城市肌理造成的巨大改变。它意味着一种全新的生活方式。（图中巴黎、纽约、布宜诺斯艾利斯和光辉城市的地图都采用相同的比例。）

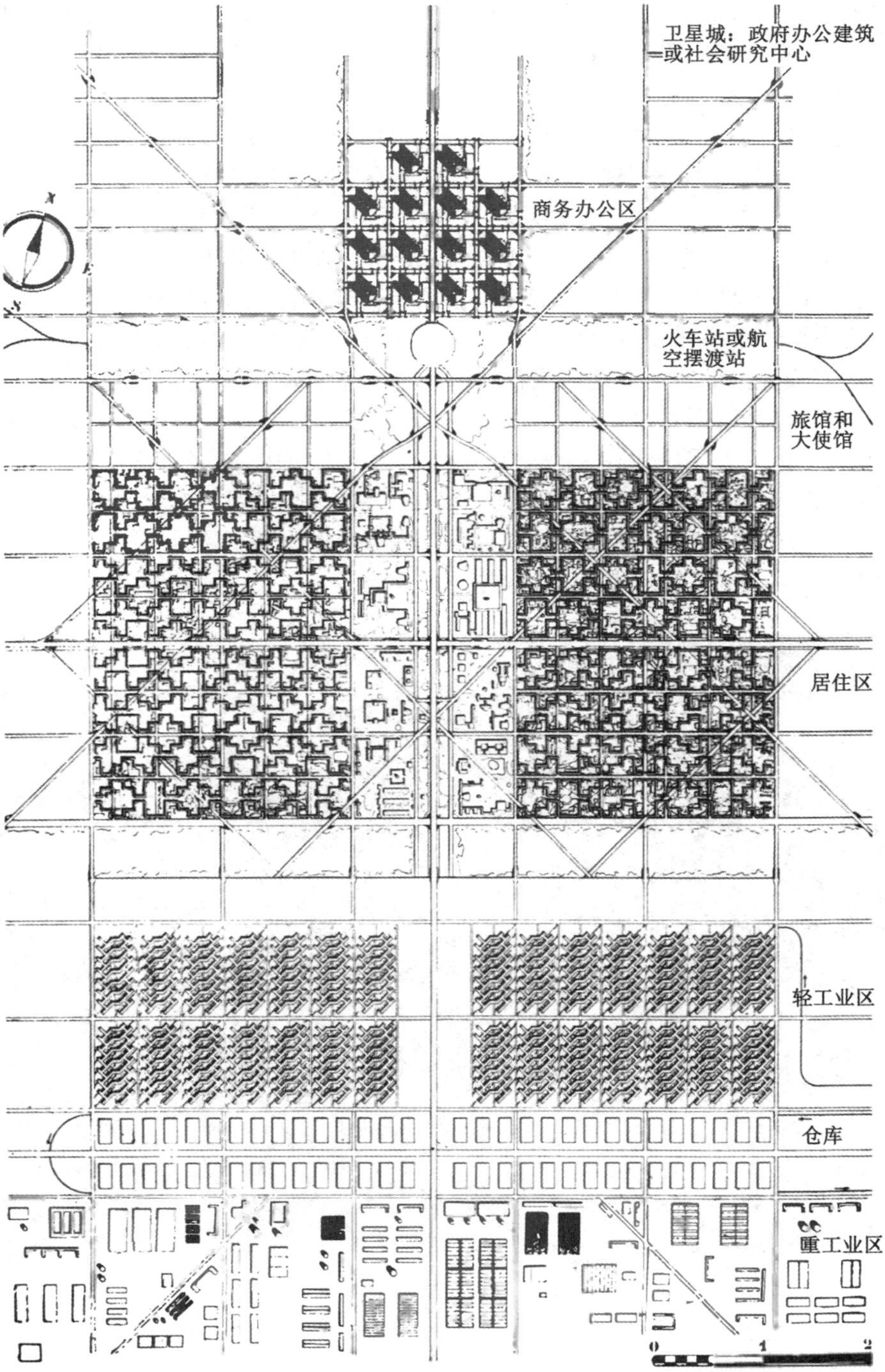

(c) 光辉城市的功能分区

图 4-19　新建筑的概念

资料来源：勒·柯布西耶.光辉城市[M].金秋野，王又佳，译.中国建筑工业出版社，2011.

不再是马车的路径,而是交通的机器。他主张大城市交通系统要发展立体式的:地下、地面和高架,道路交叉采用立交形式。地下采用地铁等中心交通,高架留给小汽车,而地面则是常规街道复杂而精致的网络。为保证速度,街道间的交叉口间距离要有 400 码(约 366 m),并以 400 码为间隔标准划分地面路网。

至于城市密度太高造成的拥挤问题,柯布西耶的思想很深邃。他认为人口密度高不是坏事,局部地区的密集有助于保持城市活力。住在高层住宅里的居民可以形成自己的社区,增强相互间的交流(如马赛公寓里就形成一个小社区)。摩天大楼是"人口集中、避免用地日益紧张、提高城市内部效率的一种极好手段"。装有电梯的高层还可以进一步增加密度,增强社区活力。如果整体控制密度的话,可以在高层建筑周围腾出很高比例的空地用作公共绿地,不过柯布西耶仍主张要调整城市内部的密度分布,降低市中心区的建筑密度与就业密度,以降低中心商业区的压力而使人流合理地分布于整个城市。

在 1925 年出版的《明日之城市》一书中,柯布西耶假想了一个 300 万人口城市的模型。中央为商业区,有 40 万居民住在 24 座 60 层高的摩天大楼中,高楼周围有大片的绿地。周围是环形居住带,有 60 万居民住在多层连续的板式住宅内。最外围是容纳 200 万居民的花园住宅。平面是现代化的几何形构图,矩形的和对角线的道路交织在一起。规划的中心思想是疏散城市中心、提高密度、改善交通,并提供绿地、阳光和空间(见图 4-20)。

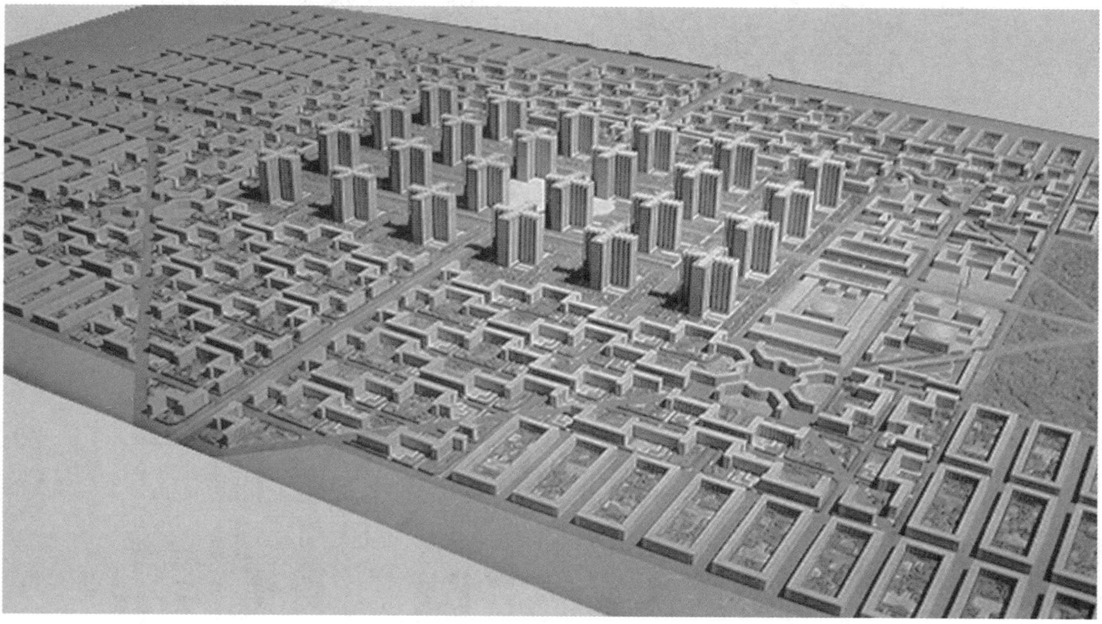

图 4-20 光辉城市模型

资料来源:勒·柯布西耶.明日之城市[M].李浩,译.中国建筑工业出版社,2009.

柯布西耶 1925 年做的巴黎中心区改建规划设计中,给巴黎城岛对面的右岸地区来了个彻底改造,设计了 16 幢 60 层供国际公司总部大厦等使用的高塔。地面完全开敞,可自由布置高速道路和公园、咖啡馆、商店等。这个规划抛弃了传统的走廊式街道形式,使空间朝四面八方扩展开去(见 4-21)。

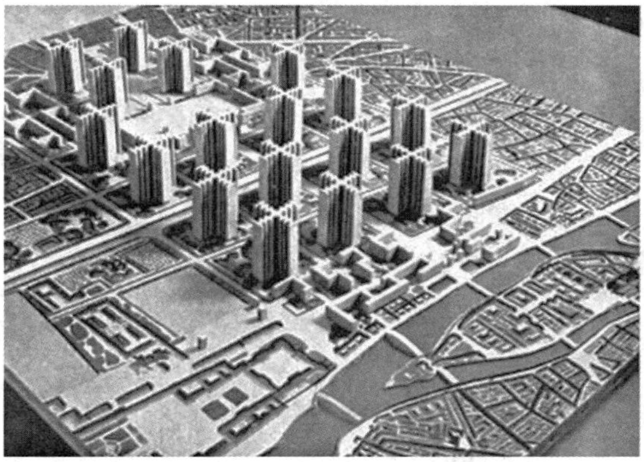

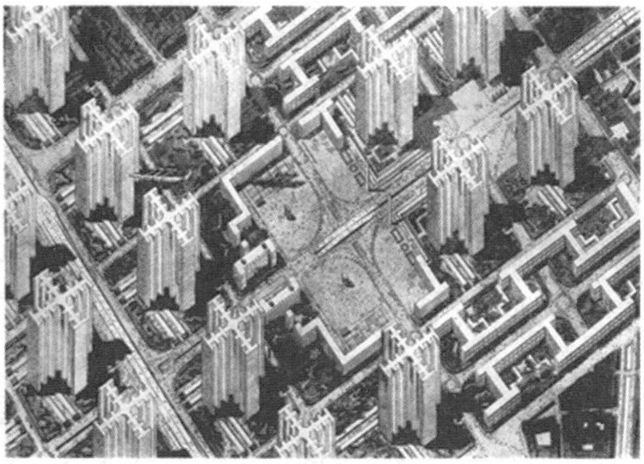

图 4-21　勒·柯布西耶的巴黎改建规划模型

资料来源：勒·柯布西耶.光辉城市[M].金秋野，王又佳，译.中国建筑工业出版社，2011.

由于柯布西耶采用过于激进的全部拆除现有建筑并代之以高层建筑的方案，实施起来非常困难，而且此时的巴黎已被奥斯曼改造成了世界最美的城市，柯布西耶现代主义的简单明快的风格与巴黎的传统风貌格格不入，所以他的思想很少得到法国当政者的支持，不过现代主义的光辉城市思想仍然极大地影响了巴黎拉德芳斯区的城市设计。在第二次世界大战后的重建中，柯布西耶的思想在城市新区建设中得到了广泛的体现。对照我国的城市高层住宅现象，是不是可以说中国的城市是光辉城市思想的最好体现呢？①

三、城市规划中的人类生态学

以上是建筑学视角下关于城市规划的理念。将城市视作人工环境，即人类生存和发展的地理环境，则属于人文地理学研究范畴。从人类生态学角度出发对城市进行研究，也产生了一些有影响的规划思想。

人文地理学强调人类居住地与土地、环境之间存在内在联系，“地点-工作-人”三位一体形成一个人类活动区（或称自然区）。城市作为人类工作生活的载体应被置于由周边土地、环境构成的自然区中分析其发展。这不仅为城市规划限定了规划范围，而且提供了人类生态学意义的理论依据。代表人物主要是英国生物学家帕特里克·格迪斯（Patrick Geddes）。

1. 区域规划

格迪斯对规划的贡献就是引入人类生态学中的自然区概念，将城市规划建立在研究客观现实的基础上，周密分析城市周边地域环境的潜力和限度及其对居住地布局形式和地方经济体系的影响。格迪斯认为在经济和社会的压力不断作用的条件下，城市规划必须把城市和乡村的规划都纳入进来。对城市问题的分析和解决要基于“区域”而论，并遵循规划的标准程序：首先对城市周边区域进行调查，了解它的特征和趋向；其次是分析研究，提出基于地区特征的解决方案；最后才是实际的规划②。1915 年出版的《进化中的城市》（*Cities in*

① Abramson D B. Haussmann and Le Corbusier in China: Land Control and the Design of Streets in Urban Redevelopment[J]. Journal of Urban Design, 2008, 13(2): 231-256.

② 帕特里克·格迪斯.进化中的城市：城市规划与城市研究导论[M].李浩，吴骏莲，叶冬青，等，译.中国建筑工业出版社，2018.

Evolution)系统地研究了决定现代城市成长和变化的动力。

格迪斯的人类生态学规划思想深刻地影响到帕特里克·阿伯克隆比(Patrick Abercrombie)。后者在制定大伦敦规划时,就将伦敦置于一个比较广阔的范围来分析,把城市和它周围的整个地区放在同一个规划中,勾画了一幅以伦敦为核心、向各方向延伸50 km、包含1 000万人口以上的广大地区的未来发展蓝图。其目的就是有计划地从过度拥挤的大城市疏散几十万人口,并将其重新安置到许多经过规划的新城,而这些新城是追求就业-居住平衡、自给自足半独立的。

2. 大伦敦规划

该规划是阿伯克隆比在1944年提出的,旨在防止伦敦再次无序蔓延。他将霍华德的田园城市群思想、格迪斯的区域规划思想和雷蒙德·恩温(Raymond Unwin)的卫星城思想融合在一起,采纳巴罗报告(Barlow Report)提出的从伦敦密集地区迁出工业和人口的建议。

该规划方案既考虑了城市建成区本身的延续性和进行全面改造的困难,也兼顾了城市向外扩散的需要,采用降低已建成区的人口密度、在城市的建成区之外有计划建设新城的方式来整合整个区域,把城市及其周边均纳入有序的发展之中。该方案提出要从伦敦中心区迁出100万人口,配合放射状的道路系统在距伦敦中心城区48 km的半径范围内划分四个圈层(见图4-22)。

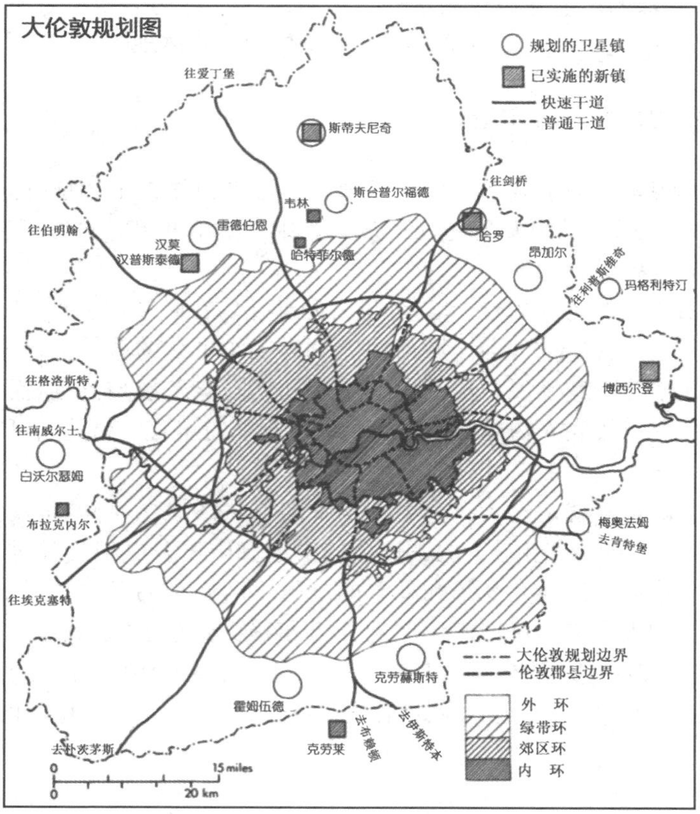

图4-22 阿伯克隆比制定的大伦敦规划

资料来源:孙施文.现代城市规划理论[M].中国建筑工业出版社,2005.

（1）内环。内环特点是密度过大，规划从这里疏散出40万～50万人口，也迁出相应数量的工作岗位，进行全面的城市更新，人口净密度降至每公顷190～250人。

（2）郊区环。郊区环存有相当数量的在两次世界大战期间建设的住房，人口密度不是很高，规划建议不再在这里增加人口，且需要对该地区进行重新组织，提供合适的舒适环境。居住用地的人口净密度控制在每公顷125人以内。

（3）绿带环。规划建议将围绕原有城市的绿带进一步拓宽，在整个建成区外围将绿带环扩展至16 km宽，规划设置森林公园、大型公园绿地以及各种游憩运动场地，以阻止伦敦扩展到1939年的边界以外，同时为整个地区提供休闲活动场所。

（4）外环。要接受伦敦内环疏散出来的大部分人口，并有计划地集中建设一系列卫星城，开发新的中心。规划设置8个卫星城，每个卫星城人口规模应在6万～8万，可以安置迁入50万人口。使每个卫星城均具有一定的吸引力，满足其自身发展的需要。

该项规划对每个圈层实行不同的空间管制政策，特别是控制并降低中心内圈层的密度，通过绿地圈层实行强制隔离以阻止建成区连片蔓延的局面，且通过对城市交通的分区和社区的划分而重组内部空间结构。大伦敦规划充分汲取了以前一系列的规划思想，落实在具体的规划方案中，成为现代城市规划史上的一个重要的里程碑，标志着现代城市规划的成熟，同时也为第二次世界大战后的城市规划提供了可以参照的基本模式。

3. 有机疏散理论

将城市的发展置于一个区域中并将过度拥挤的中心城市疏散至新城的思想，与芬兰的建筑师伊利尔·沙里宁（Eliel Saarinen）做“大赫尔辛基”方案时的思想有相似性。1918年，沙里宁在制定赫尔辛基新区明克尼米-哈格17万人口的扩展方案时，认为单中心城市的中心区过度拥挤，而在郊区开始建造的卫星城镇仅仅承担居住功能会导致生活与就业不平衡，使卫星城市与中心市区之间发生大量交通阻塞问题，并引发了其他社会问题。他主张在赫尔辛基附近建设一些可以解决一部分居民就业的半独立城镇，以此缓解与城市中心区通勤的矛盾。

后来，沙里宁在1943年出版的著作《城市：它的发展、衰败和未来》（*The City: Its Growth, Its Decay, Its Future*）中进行了详细的阐述，并提出了有机疏散理论（organic decentralization）。他认为，城市与自然界的生物一样都是有机体，城市的发展原则也应该像生物体一样通过“细胞”繁殖而长大。所以在他的城市规划思想中，城市是一步步逐渐离散的，新城不是跳离母城，而是有机地进行着分离运动。城市在较大的范围内采用多中心发展、多功能布局模式，郊区新城与母城的关系应该是居住与就业相对平衡的半独立状态。从而实现将市中心的功能有机疏散到新城，这样不但可以减轻交通的负担，更会降低市民的生活成本，提高城镇居民生活质量（见图4-23）。

一方面，把挤在城市中心地区的日常生活供应部门从城市中心疏散出去，同时把中心地区的许多家庭疏散到新区，既可以降低中心区的人口密度，又可以使疏散出去的家庭得到更适宜的居住环境。另一方面，把重工业和轻工业从城市中心疏散出去，腾出的大面积用地用来增加绿地，成供必须在城市中心地区工作的技术人员、行政管理人员、商业人员居住，让他们就近享受家庭生活，毕竟许多事业和城市行政管理部门仍必须设置在城市的中心位置。

沙里宁还认为，个人的日常生活应充分发挥现代交通手段的作用，并不是现代交通工具使城市陷于瘫痪，而是城市的机能不善迫使在城市工作的人每天耗费大量时间、精力进行往返旅行，才造成城市交通堵塞。沙里宁认为日常活动区域的生活和工作应尽可能集中在一定的范围内布置，应以步行为主，使活动需要的交通量降到最低程度，并且不必都使用机械化交通工具。不经常的偶然活动（如看比赛和演出）的场所，不必拘泥于一定的位置，可作分散的布置。往返于偶然活动的场所，即使路程较长亦无妨，因为在日常活动范围外绿地中设有通畅的交通干道，可以采用较高的车速迅速往返。这样有机疏散的城市发展方式能使人们居住在一个兼具城乡优点的环境中。

图 4-23　伊利尔·沙里宁绘制的大赫尔辛基规划总图

资料来源：Gordon D L A. Planning Twentieth Century Capital Cities[M]. Routledge，2006.

有机疏散论在第二次世界大战后对欧美各国建设新城、改建旧城，乃至大城市向城郊疏散扩展的过程有重要影响。但 20 世纪 70 年代以来，有些发达国家城市过度地疏散、扩展，又产生了能源消耗增多和旧城中心衰退等新问题。

第四节　城市规划宪章

宪章（charter）是指某一重要国际组织所遵循的宗旨或发表的国际条约性质的声明文件。

在城市这个议题上，国际现代建筑协会（Congrès International d'Architecture Modern，CIAM）从1928年成立之初至现在，共发表过三次以城市规划原理或原则为主题的宪章，分别是雅典宪章、马丘比丘宪章和北京宪章。

一、雅典宪章

国际现代建筑协会在1933年雅典会议上发布了由勒·柯布西耶起草的雅典宪章。这是第一份论述人类聚居地规划原理和原则的基本文件，也被称为“城市规划大纲”。其中在概论城市与区域现象时，写道：

> 城市只是构成区域经济、社会、政治复合体中的一个元素。与经济、社会和政治价值相提并论的是人的生理和心理本原的价值，它们与人类密不可分，应将个体和群体秩序引入人们考虑的范畴。只有当个体与群体这两个支配人性的对立原则达到和谐时，社会才能够繁荣发展。
>
> 生物和心理上的恒定性会受到地理、地形条件和政治、经济形势等的影响。首先会受地理、地形条件、元素构成、土地和水、自然、土壤、气候的影响。其次，生物和心理的恒定性还受到经济环境、区域资源及与外界自然和人为接触的影响。最后，这种恒定性还受到政治形势和行政管理体系的影响。
>
> 纵观人类历史，各种特殊的需要均决定了城市的特征，如军事防御、科技发明、管理制度延续、交流手段的进步，以及水陆空等交通方式的不断发展。因此，影响城市发展的根本原因是不断变化的。机械时代的到来引发了巨大的混乱，包括人们的行为以及他们在地球表面的聚居方式：在机械化速度的推动下，失控的人流涌入城市，这是前所未有的。因而，现代城市的混乱是机械时代无计划和无秩序的发展造成的。

城市应按居住、工作、游憩进行分区及平衡后，再建立三者联系的交通网。宪章列举了居住、工作、游憩和交通四种活动存在的严重问题后，指出居住为城市主要因素，应多从人的需求出发。

关于居住，提出要把城市中最佳的土地让给居住区，在其布置中充分利用地形之便，并考虑气候、日照、绿地等多种因素。根据地形特征所限定的居住形态，确定合理的人口密度，保证每套住宅获得最基本的日照时间并禁止住宅沿交通干道布置。应该利用现代技术建造高层建筑，并保证间距，从而为开阔的绿地留出足够的用地。

关于工作，提出应考虑与居住区缩短距离，减少上下班人流。工业区应该独立于居住区，之间以绿化带相隔离。工业区必须靠近铁路、运河或高速公路。手工业源于城市生活，且与之密不可分，因此必须在城市内部为手工业指定专门的用地。各种公共或私人运营的城市商业应结合居住区布置，城市内部或附近的工厂要和手工作坊保持良好的联系。

关于游憩，提出任何居住区都必须包括足够的、合理布置的绿色空间，以满足儿童、青年、成年人游戏和运动的需要。有碍健康的建筑街区应拆除掉并以绿地代之，从而改善邻近居住区的卫生条件。新的绿地应有明确的功能，应当包括与住宅紧密联系的幼儿园、学校、少年宫和其他公共设施。应对现有的自然资源进行评估，包括河流、森林、山丘、山脉、山谷、湖泊和海域，因为在机械时代，交通距离不再是我们考虑的决定性因素，重要的是选取合适的自然资源，创造宜人的周末休闲空间，包括公园、森林、活动场地、露天大型运动场和海滨。

关于交通，要充分了解城市交通系统及其承载能力，基于精确的统计对整个城市和区域的交通进行严密的分析。应根据道路类型进行分级，同时根据它们所服务的车辆种类及其速度进行建设。人车应该分流。同时，道路应有明确的分工，包括居住区道路、步行道、快速路和过境路。可以采用立交的方式分散交叉口的交通压力，同时保持交通流的连续性。交通干道两侧应有绿化隔离带。

宪章还提出城市发展中应保留名胜古迹及古建筑，指出无论建筑单体还是城市片区，代表某种历史文化、能引起普遍兴趣、有历史价值的古建筑都应保留。但历史建筑的保留不应妨碍居民享受健康生活条件。可以清除历史性纪念建筑周边的贫民窟，并将其改建成绿地。反对借着美学的名义在历史性地区建造旧形制的新建筑，这种做法有百害而无一利，应及时制止。

宪章还指出区划(zoning，也常译成分区规划)是不合理的住宅配置的根源。尽管环境的差别使豪华住宅和普通住宅有所区分，但没有人有权力规定只有少数人才能享受健康有序的生活。需要刚性的法规来确保每个人都能分享一定的福利条件，而无论其财产多少。新的刚性建筑法规需要明确定义城市管理制度，必须坚决禁止完全剥夺他人享受阳光、空气和空间的行为。

雅典宪章第一次全面系统地阐述城市规划建设应遵循的原则。尽管该宪章由现代主义建筑师勒·柯布西耶起草，反映的是他的城市思想，但不应忽视的是，他是紧扣时代发展脉搏且有着满腔现代精神的伟大规划思想家，其思想的光辉已经无声地弥漫在诸多城市建设中。特别是那些想急速实现现代化的国家，面对城市问题时多从雅典宪章中寻找对策，因地制宜地制定相应的城市规划设计政策。后续的马丘比丘宪章也只是在其基础上做局部的修订和完善，仍没有否定其思想宗旨。

二、马丘比丘宪章

雅典宪章发表的44年后，国际现代建筑协会于1977年在秘鲁首都利马集会。以雅典宪章为出发点，讨论了20世纪30年代以来城市规划和城市设计方面出现的新问题，以及城市规划和城市设计的思想、理论和观点。随后在马丘比丘山的古文化遗址签署了具有宣言性质的马丘比丘宪章。该宪章回顾了雅典宪章在指导城市规划及建筑设计上的“功与过”，并提出全世界快速城市化带来的新情况、新问题：一方面，发展中国家的人口过量涌入城市，造成土地资源的不足；另一方面，发达国家的城市居民向郊区扩散，小汽车的迅速普及使得道路交通不堪重负等。宏观经济计划同实际的城市发展规划脱节，国家和区域一级的经济决策没有把城市建设放在优先地位且很少直接考虑到城市问题的解决等，是当代普遍存在的问题。

整个文件的正文部分共11节，即城市和区域、城市增长、分区概念、住房问题、城市运输、城市土地使用、自然资源和环境污染、文物和历史遗产的保存和保护、工业技术、设计和实施，以及城市和建筑设计。

宪章指出，应该按照可能的经济条件和文化意义提供与人民要求相适应的城市服务设施和城市形态。为达到这些目的，城市规划必须建立在各专业设计师、城市居民和政治领导人之间系统的协作配合的基础上。城市规划师与政策制定人必须把城市看作连续发展与变化过程中的一个结构体系，它的最终形式是很难事先看到或确定下来的。不应当把城市当作一系列组成部分拼在一起来考虑，而必须努力去创造一个综合、多功能的环境。

三、北京宪章

马丘比丘宪章发表22年后的1999年6月，国际现代建筑协会第20届世界建筑师大会在北京召开，大会一致通过了由吴良镛教授起草的北京宪章。北京宪章总结了百年来建筑发展的历程，并在剖析和整合20世纪的历史与现实、理论与实践、成就与问题以及各种新思路和新观点的基础上，展望了21世纪建筑学的前进方向提出了“建筑学-地景学-城市规划学”融合的“广义建筑学”。建筑学要着眼于人居环境的建造，任务就是综合社会、经济、技术因素，为人的发展创造三维形式和合适的空间。通过城市设计的核心作用，从观念上和理论基础上把建筑学、地景学、城市规划学的要点整合为一，实现三位一体。这种三位一体的学科要求使设计者有可能在更广阔的范围内寻求问题的答案，既带来更切实的要求，也带来更大的机遇。

问题思考

1. 工业革命产生了现代意义上的城市化现象，其内在逻辑是什么？
2. 应对快速城市化，早期现代城市规划的思想及其实践有哪些？
3. 现代城市规划实践及其理论的发展与建筑学有怎样的渊源？
4. 城市规划宪章作为理论认知和价值观的共识，怎样呼应了时代需求？

第五章　中国古代城市及其建设理念

本章导读

自人类文明形成以来，主要分布在北半球，即使在当今全球化的时代，这一格局仍未改变。工业革命后，西方文明占据强势地位，西方中心论思想将伊斯兰文明集中地(西亚地区)称为近东，而将东亚地区称为远东。但如今中国人所说的东西方文明主要是指中华文明与西方文明，两种文明即使在科技昌明时代也依然特征迥异。钱穆先生说："就东西方文化传统而言，似乎西方较重技，中国更重道。……道主合，技主分。明于道者，乃为通人。若擅一技，则为专家。"①

考古发现，中国范围内的原始聚落可上推至约 7 000 年前的河姆渡遗址和 6 000 多年前的西安半坡村落遗址。根据国际通行的共识，文字和城市是标度文明的两大证据。在河南安阳殷墟出土的甲骨文确凿地证实了中华文明可上推至3 000 多年前的殷商时期。中华文明从商周以降，从未中断，一直延续至今，是诸多人类文明中存续时间最长的文明，至今仍然生机勃勃。

"城，所以盛民也"，"牧人民，为之城郭。内经闾术，外为阡陌"。古代中国的城乡空间作为"圣王域民"的容器，讲究"器以载道"，追求特殊的盛人之器所承载的空间之道。从治国的角度看，中国古代的城首先是管理国家广阔地域空间的工具。城乡这个"器"就是将治国之道落地，成为具体的生活环境与内容，涵养居民的性情和精神。

本章着重分析中国古代城市建设一以贯之的"器"及其所承载的"道"。

第一节　中国古代的礼制及其空间秩序

中华文明的先祖主要在黄河中下游一带生息繁衍，经历过氏族部落、部落联盟等阶段(见图 5-1)。经炎帝和黄帝之后，尧、舜、禹都先后成为部落首领，"摄行天子之政，以观天命"。为治理黄河洪水泛滥等区域性难题，必须有统一的指挥和协调，大禹就因治水有功而被推举为部落联盟的首领。为治水患，必须统一号令，王权就自然而然地产生了。大禹并没有把王权禅让给他人，而是传给了他的长子，从而开启家族治理的王权时期；与之相应，官僚机构逐渐建立和发展起来。

到了周朝，一些秩序观念开始建立。天地之间的自然万物被古代先民们人格化为"天"。

① 钱穆.中国学术通义[M].北京：九州出版社，2011.

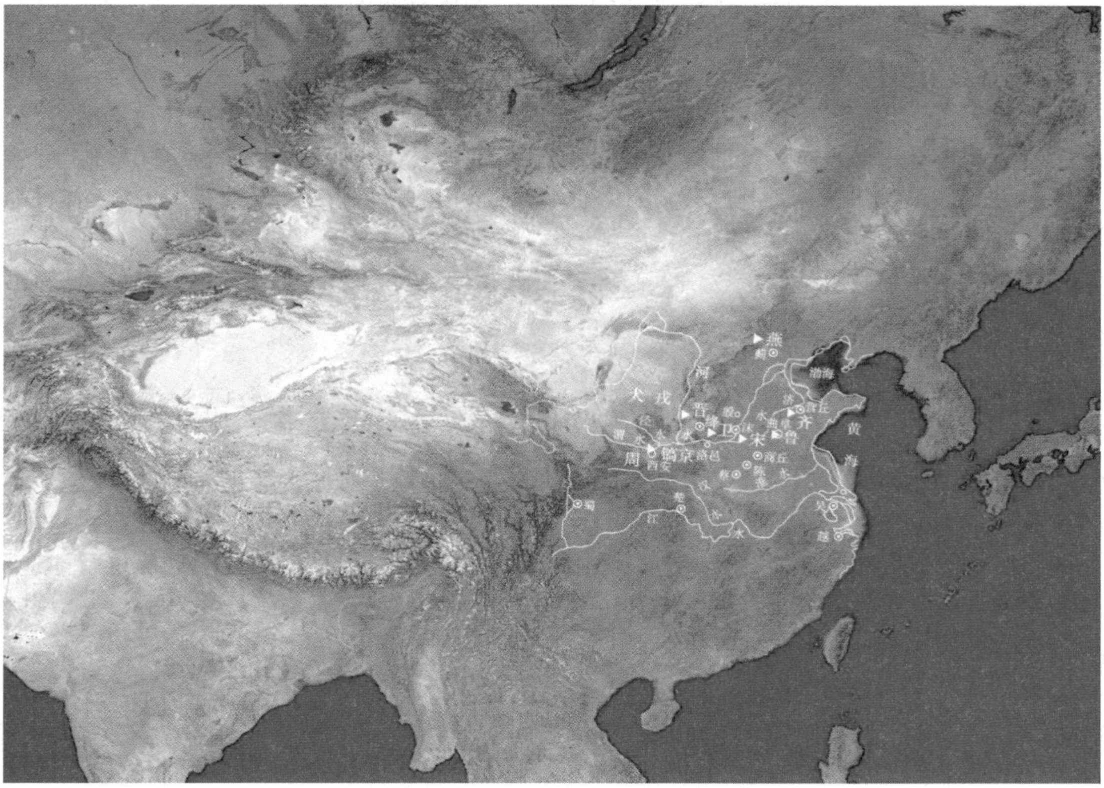

图 5-1　中华文明发源地的地形地貌

天为父，称为“皇天”；地为母，称为“后土”。“天子”，顾名思义就是天的嫡长子，即天之元子，部落联盟首领就被称为“天子”，被认为是宇宙最高的主宰。按照宗法制度来说，只有嫡长子才有权力继承天父的遗产，因而天子就是天的嫡传子孙。

一、周礼的确立

商朝是一个迷信鬼神、宗教思想极其浓厚的国家，祭祀、殉葬、占卜等活动盛行。可以说，商王朝的统治是靠武力镇压和宗教崇拜来维系的。周代替了商，需要重塑分崩离析的社会，既要凸显周人的权威，又要避免血腥的冲突。为维护统治者的地位，必须建立稳定的秩序。周公旦作为周武王的宰辅，认为问题的核心在“礼”字上，“凡治人之道，莫急于礼”。周公旦将商朝时期对自然、天地、先祖的崇拜转换为一种社会伦理，探讨自然、社会的秩序。

“礼”就是秩序。分封制、宗法制和等级制度就是这个观念的产物。分封制就是以封地连同居民封赏给王室子弟和功臣，诸侯在其封国内享有世袭统治权，同时有服从天子命令、定期朝贡、提供军赋和力役、维护周室安全的责任。在家族内，实行宗法制，就是嫡长子一支确立为大宗，在同宗中居于支配地位或主导地位；其他的儿子称为庶子，分立为小宗，处于从属地位或次要地位。等级制度就是按血缘关系、财产关系、政治地位等将居民划分为不同的社会阶层。等级制度中最高一层就是天子，下面依次为诸侯、卿大夫、士和平民，平民下面还有奴隶。士之上的等级可看作统治阶级，士之下则被视为被统治阶级。这种制度化的等级划分把人们的社会地位固定下来，建立了一种秩序，等级身份一般都是世代相承，且各等级之间界限森严。

周朝伊始，为配合政治上维护宗主统治的分封制，需要“制礼作乐”，周公旦在洛阳著《周礼》，在意识形态领域进行了全面革新，对上古至殷商的礼乐进行大规模的整理、改造，创建了一整套具体可操作的礼乐制度，包括饮食、起居、祭祀、丧葬……社会生活的方方面面，都被纳入“礼”的范畴，由秩序到习惯，由习惯到性格，把统治方式深深地植入每一个人的生活与思想里。学习《周礼》不仅可以使人们遵守礼法，而且《周礼》中贯穿着的等级制度思想可以有效地维持稳定的社会秩序。

二、《考工记》的营国制度

西周初期，封邦建国，形成了古代中国第一次筑城高潮。在城市建设方面，同样建立了界限森严的城邑等级制。天子居住的城称为“王城”，诸侯居所所在地称为“国都”，而大夫所辖的区域称为“采邑”。城之规模、城垣、城门、道路等，都要按照相应的等级规制进行建造，不得僭越。天子都城方九里，王宫方三里，郭方二十七里；诸侯都邑方七里；卿大夫采邑方五里。王城城墙高九仞，诸侯国都高七仞，卿大夫采邑则高五仞或三仞。

营国建城之人称为“匠人”，属于“攻木之工”之一，为木工工种。《周礼正义》记载：

> 凡建立国邑，必用土木之工，匠人盖木工而兼识版筑营造之法，故建国营国沟洫诸事，皆掌之也。

在《考工记》中，有“匠人建国”“匠人营国”和“匠人为沟洫”三篇。在“匠人营国”篇中记载：

> 方九里，旁三门。国中九经九纬，经涂九轨。左祖右社，面朝后市，市朝一夫。

用现代汉语理解就是，国城的范围是九里见方，每边设三座城门。城中有横向和纵向各九条道路，道路要有九轨宽，即要能并排走九辆马车。这里所称左右前后的相对位置，均以“宫”为中心而言；“宫”指朝寝宗庙等宫廷建筑群所构成的宫廷，处于城中央（见图 5-2）。“朝”指前方的“外朝”，“市”指宫后面的市集。“朝”和“市”的规模均为“一夫”，即占地一百亩。

“匠人营国”篇中还记载有：

> 王宫门阿之制五雉，宫隅之制七雉，城隅之制九雉。经涂九轨，环涂七轨，野涂五轨。门阿之制，以为都城之制。宫隅之制，以为诸侯之城制。环涂以为诸侯经涂，野涂以为都经涂。

王宫门阿指宫门之屋脊，高为五雉；宫隅指宫城四角处，高为七雉；城隅则指城墙的四角处，为九雉高。该段文字规定了门阿、宫隅和城隅间的等级安排，记述了王城、诸侯国都和卿大夫的采邑等城的营建规格。以王城为基准，按一定的级差递减，形成明显的等级制特征。

《考工记》所记载的城邑礼制要求和准则是我国城市建设的成文档案。我们可以看到，整个“礼”的等级制思想全部贯穿于营国之中。宫殿应位于城市的中央显赫位置，王城的规模必须高于其他城市。各级贵族宅第的建筑规模、材料、色彩和彩画装修种类都有规制。它要求城乡建设空间符合礼乐的标准，更要求统治阶层的行为合乎“礼”。这为中国古代城市建设定下了基调，为后世特别是社会比较安定的大一统时期所称颂和推崇。周礼营国思想成为长达 3 000 年的古代中国城市建设和规划传统的基础，影响了中华民族此后若干王朝的城市建设。

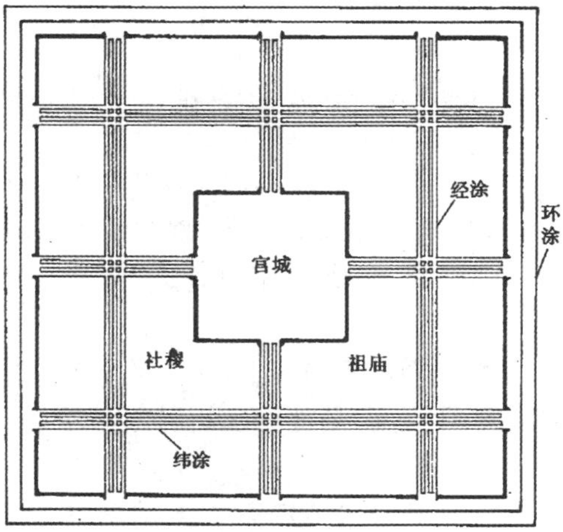

图 5-2　匠人营国的王城概念图

资料来源：董鉴泓.中国城市建设史[M].4 版.北京：中国建筑工业出版社，2021.

三、《管子》的营建思想

春秋战国时期，我国进入铁器时代，铁制工具出现并在生产上广泛应用，极大地促进了生产力的发展，剩余产品增多，商业开始繁荣。土地私有及地主土地所有制确立，贵族地主阶级出现。诸侯列国分立，彼此或征伐或媾和或兼并。战争频繁使得价值失范，王官之学衰微，诸子兴起，他们各道其道，希望借助话语建构改造社会现实。其中，齐国的管仲在辅佐齐桓公成就霸业的同时，著《管子》一书，对当时的城市建设规划布局提出许多有原创性的思想。

《管子·乘马》中写道：

> 凡立国都，非于大山之下，必于广川之上。高毋近旱而水用足，下毋近水而沟防省。因天材，就地利，故城郭不必中规矩，道路不必中准绳。

管子强调城市形制应充分发挥城址的地利条件，视地形的实际情况而定，不必强求形式上的规整，道路网也应当随地形而变。

在城市规模和分布密度上，强调城市必须与周围的田地以及居民数量保持恰当的比例关系，这样既可以保证城市居民的生活给养，也有利于巩固城防。《管子·乘马》写道：

> 凡田野，万家之众，可食之地方五十里，可以为足矣。万家以下，则就山泽可矣。万家以上，则去山泽可矣。彼野悉辟而民无积者，国地小而食地浅也。田半垦而民有余食而粟米多者，国地大而食地博也。
>
> 上地方八十里，万室之国一，千室之都四。中地方百里，万室之国一，千室之都四。下地方百二十里，万室之国一，千室之都四。以上地方八十里与下地方百二十里，通于

中地方百里。

在城内的建筑院落安排上，要求采取封闭的形制以确保城市安全。《管子·八观》记载：

大城不可以不完，郭周不可以外通，里域不可以横通，闾闬不可以毋阖，宫垣关闭不可以不修。故大城不完，则乱贼之人谋；郭周外通，则奸遁逾越者作；里域横通，则攘夺窃盗者不止；闾闬无阖，外内交通，则男女无别；宫垣不备，关闭不固，虽有良货，不能守也。

在城中居民布局上，认为从事不同职业的居民不能杂处，应按照职业组织聚居，各就从事的职业之便，划地分区而居，这样便于城市管理。《管子·小匡》写道：

桓公曰："定民之居，成民之事奈何?"管子对曰："士农工商四民者，国之石民也，不可使杂处，杂处则其言哤，其事乱。是故圣王之处士，必于闲燕。处农，必就田野。处工，必就官府。处商，必就市井。"

因此，《管子·大匡》明确提出：

凡仕者近公，不仕与耕者近门，工贾近市。

凡是官府人员都应该靠近国都宫廷区居住；官员以及从事农耕的人要出入田野，故而应该靠近城门居住；那些手工业者和商人，则靠近集市居住。

四、营国与治野

营国必须治野，有国有野，即有城有乡，这便是城邑建设的基本体制。按照这个体制，建一城实际上是建立一个以城为中心连同周围田地居邑所构成的城邦国家。西周封国，即"受民受疆土"，建城实即建国，就是取得土地和人民，故直称营国。治野实行"井田制"，就是把耕地划分为一定面积的方田，周围有经界，中间有沟洫，阡陌纵横，像一个"井"字。100 亩为一个方块，称为"一田"，中间为公田，周边为私田。井田属周王所有，领主强迫庶民集体耕种井田，且不得买卖和转让井田，还要交一定的贡赋(见图 5-3)。

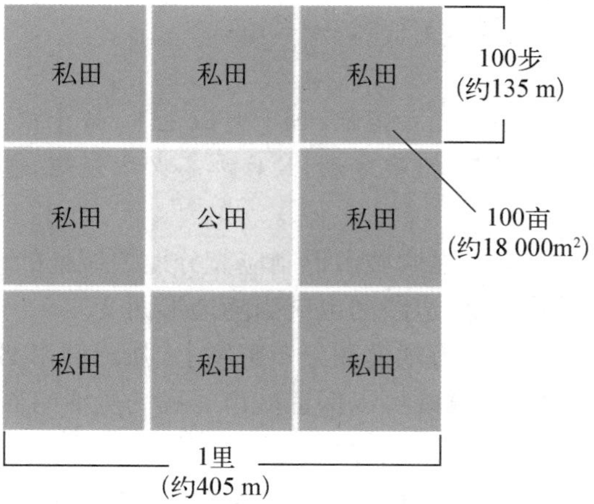

图 5-3 井田制示意图

《周礼·地官司徒》载：

乃经土地而井牧其田野，九夫为井，四井为邑，四邑为丘，四丘为甸，四甸为县，四县为都，以任地事而令贡赋，凡税敛之事。

在《汉书・食货志》对井田制做了较为详细的阐述：

> 理民之道，地著为本。故必建步立亩，正其经界。六尺为步，步百为亩，亩百为夫，夫三为屋，屋三为井，井方一里，是为九夫。八家共之，各受私田百亩，公田十亩，是为八百八十亩，余二十亩以为庐舍。出入相友，守望相助，疾病相救，民是以和睦，而教化齐同，力役生产可得而平也。……在野曰庐，在邑曰里。五家为邻，五邻为里，四里为族，五族为党，五党为州，五州为乡。乡，万二千五百户也。邻长位下士，自此以上，稍登一级，至乡而为卿也。于里有序而乡有庠。序以明教，庠则行礼而视化焉。春令民毕出在野，冬则毕入于邑。

从这段文字可看出，中国古代关于城乡的空间规划，从根本上讲，乃是一套与国家政治制度相适应的城乡治理体系，不仅是一套专门的学问体系，而且融入了整个制度文化。

中国古代城乡空间是士大夫和匠人合作创造的产物。士大夫虽然没有直接参加营建房屋的劳动，但是一切建筑计划、布局安排、式样设计都是经过士大夫审核决定并布置各项工作的。计划的制定者和直接执行者之间有分工，但是不能完全分开。匠人的工作之本为“技”，却暗含着“道”，规划追求“技进乎道”的境界，规划之技成为治道的重要组成部分。因此，仅仅从技术来认识古代中国城乡规划是远远不够的，唯有提升到“治道”的观念层面，在“技进乎道”的追求中，才能切实把握中国古代规划的实质及发展大势。城邑规划制度作为整个封建王朝统治文化制度的组成部分，与其他文化制度有着非常致密的联系，已然形成高度统一的文化体系。

第二节　中国古代城市的形态、功能与结构

在中国古代，不管是“营国”还是“治野”，都是为了让天下臣民安分守己、安居乐业，安其位、从其“礼”，从而维持家族统治天下的秩序，所以“筑城以卫君，造廓以守民”。但如果天下纷争，出现王朝更替，秩序格局被打破，那么新王朝就需要思量是否需要原有秩序及其安排。需要，则继承之；若不需要，那么就毫无疑问地毁弃之，通常不做农业生产或手工业生产等经济方面的考量。

在我国几千年的王朝建城史中，城市生生灭灭。代表王朝气象的天子所居住的王城大都随着王朝的更迭而被毁弃，后人只能通过史书或者考古了解。那些郡县府治所在的城市，不管王朝如何变换，新王朝仍需倚靠它们来治理江山，反而被继承下来的较多，随时间的冲刷，城市建筑虽不断被更新，但城市格局却保持稳定。

一、城市选址

如果说《周礼》界定人与人间的关系和秩序，那么《周易》则界定人与自然的关系和秩序。《周易》认为自然宇宙是有着严密秩序的有机整体，各个自然物之间存在着相互促动和相互转

化的关系。生生不息是周人对自然万物及人类社会之变化规律的基本认识，因而《周易》用高度抽象的八卦符号对“天、地、人”三大领域进行共通性的概括和阐述。《周易·系辞》曰：

> 古者包羲氏之王天下也，仰则观象于天，俯则观法于地，观鸟兽之文与地之宜，近取诸身，远取诸物，于是始作八卦，以通神明之德，以类万物之情。

后来的风水家吸收和发展了这种思想，认为“地运有推移而天气从之，天运有转旋而地气应之，天气动于上而人为应之”。在选择城址和规划城市时，必须全面考虑“天、地、人”三才思想。例如，居住地点基本上都选择在河流沿岸的台地或阶地上，或河流曲折之处，或依山傍水、背风向阳之地，或大河下游平原的土墩上，或沿海岸边的高阜冈丘上。此即相地相宅术（堪舆术），可视为城市、乡村聚落与住宅选址理论（见图5-4）。

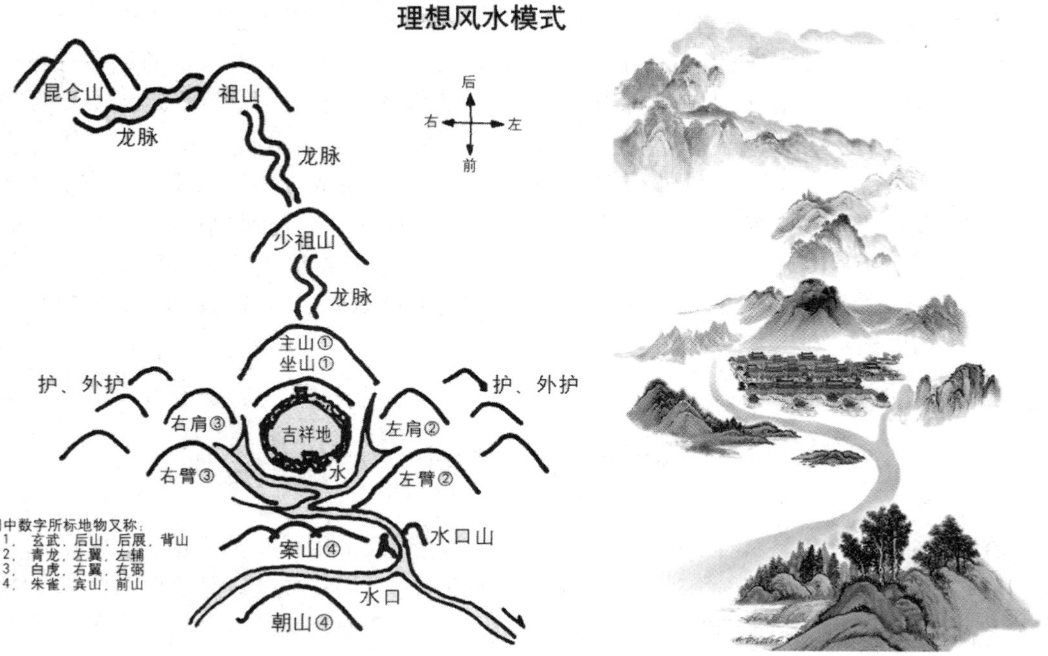

图5-4 相宅选址风水示意图

资料来源：中国城市规划设计研究院.凤阳县城发展概念规划[R].2009.

周代曾多次迁都和营建新邑，每次都要相地，勘察地理环境是否合适。秦都咸阳的选址及城市建设充分运用《周易》中“象天法地”之思想。咸阳在九嵕山南、渭水北，山水俱阳，故名咸阳。咸阳城比渭河川地高数十米，俯瞰关中平原，遥望南山，背山面水，可谓大气磅礴，正合理想风水格局（见图5-5）。有《史记·吕不韦列传》为证：“地在渭水之北，北阪之南。水北曰阳，山南亦曰阳，皆在二者之阳也。”

秦始皇统一中原后，仿周迁商民于洛而迁徙六国富豪于咸阳，以便就地管制并充实国力，通过仿建六国宫室安定民心。由于人口的增加，秦始皇便南跨渭河拓建宫室，首创“渭水贯都，以象天汉；横桥南渡，以法牵牛”的都城建设的新模式。《三辅黄图》记载：

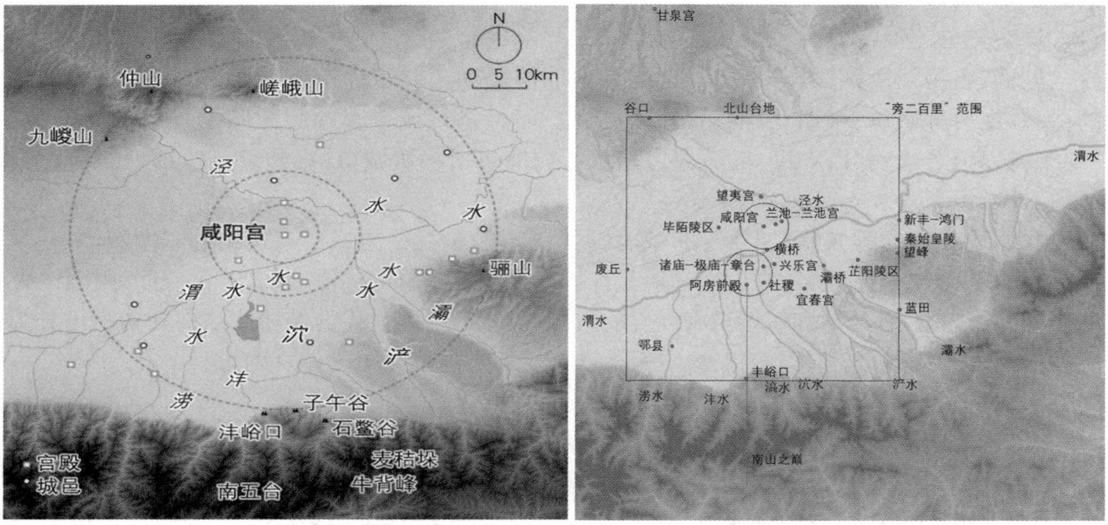

(a) 秦咸阳地区宫室布局空间层次示意　　　　(b) 秦始皇三十五年的咸阳格局

图 5-5　秦咸阳城城址考古示意图

资料来源：(a) 图来源为武廷海.画圆以正方——中国古代都邑规画图式与规画术研究[J].城市规划，2021，45(1)：80-93；(b) 图来源为徐斌，武廷海，王学荣.秦咸阳规划中象天法地思想初探[J].城市规划，2016，40(12)：65-72.

(始皇)二十七年作信宫渭南，已而更命信宫为极庙，象天极，自极庙道通骊山。作甘泉前殿，筑甬道，自咸阳属之。始皇……筑咸阳宫，因北陵营殿，端门四达，以则紫宫，象帝居。引渭水贯都，以象天汉，横桥南渡，以法牵牛。

文中的“天极”“阁道”“营室”“端门”“紫宫”“天汉”“牵牛”均是天象星宿名称。秦都咸阳的布局呈现出一幅壮丽而浪漫的景色，沿着北原高亢的地势营造殿宇，宫门四达，以咸阳城为中心，建造象征“天帝常居”的“紫微宫”。渭水自西向东横穿都城，恰似银河亘空而过，而横桥与“阁道”相映，把渭水南北宫阙林苑连为一体，象“鹊桥”使牛郎织女得以团聚，建阿房以象“离宫”，天下分三十六郡又似群星灿烂，拱卫北极。

虽然咸阳城在秦汉战争中被摧毁，但其选址和空间格局等规划概念由汉长安城延续和发展，并影响着后世其他王城的选址考察。

二、城市基本要素

华裔美籍考古学家人类学家张光直根据商代二里冈期与殷墟期的考古材料，分析当时的城市包含的要素主要有：① 夯土城墙、战车、兵器；② 宫殿、宗庙与陵寝；③ 祭祀法器(包括青铜器)与祭祀遗迹；④ 手工业作坊；⑤ 聚落布局在定向与规划上的规则性①。

秦汉时，生产技术进入铁器时代，出现了砖瓦等烧制建筑材料，且汉王朝大一统及长治久安的状态使得我国从王城到县治府城都在践行着《周礼》中的建城模式，基本要素具有较

① 张光直.关于中国初期“城市”这个概念[J].文物，1985(2)：61-67.

高的稳定性。

1. 城墙

城墙，古汉语简称“城”，是指一定地域内的居民为了防卫而围起的墙垣，是一种防御性的堡垒，也可称城垣、城堡、城池、城郭。《吴越春秋》将筑城造郭的起源归于夏禹的父亲鲧：“鲧筑城以卫君，造郭以守民，此城郭之始也。”城墙包括一切城市（京师、王城、郡、州、府、县）的内、外城垣。

我们现在看到的城墙，如西安的城墙（见图 5-6），都是由土或砖石筑砌的刚性实体，并具有一定的厚度与高度。其所在位置一般都在城市或建筑组群的周围，起着分割空间、阻隔内外的作用。作为城市、城池和城堡抵御外侵的防御性建筑，中国古代的城墙按结构和功能可分为墙体、女墙、垛口、城楼、角楼、城门、瓮城等部分，绝大多数城墙外围还有护城河。

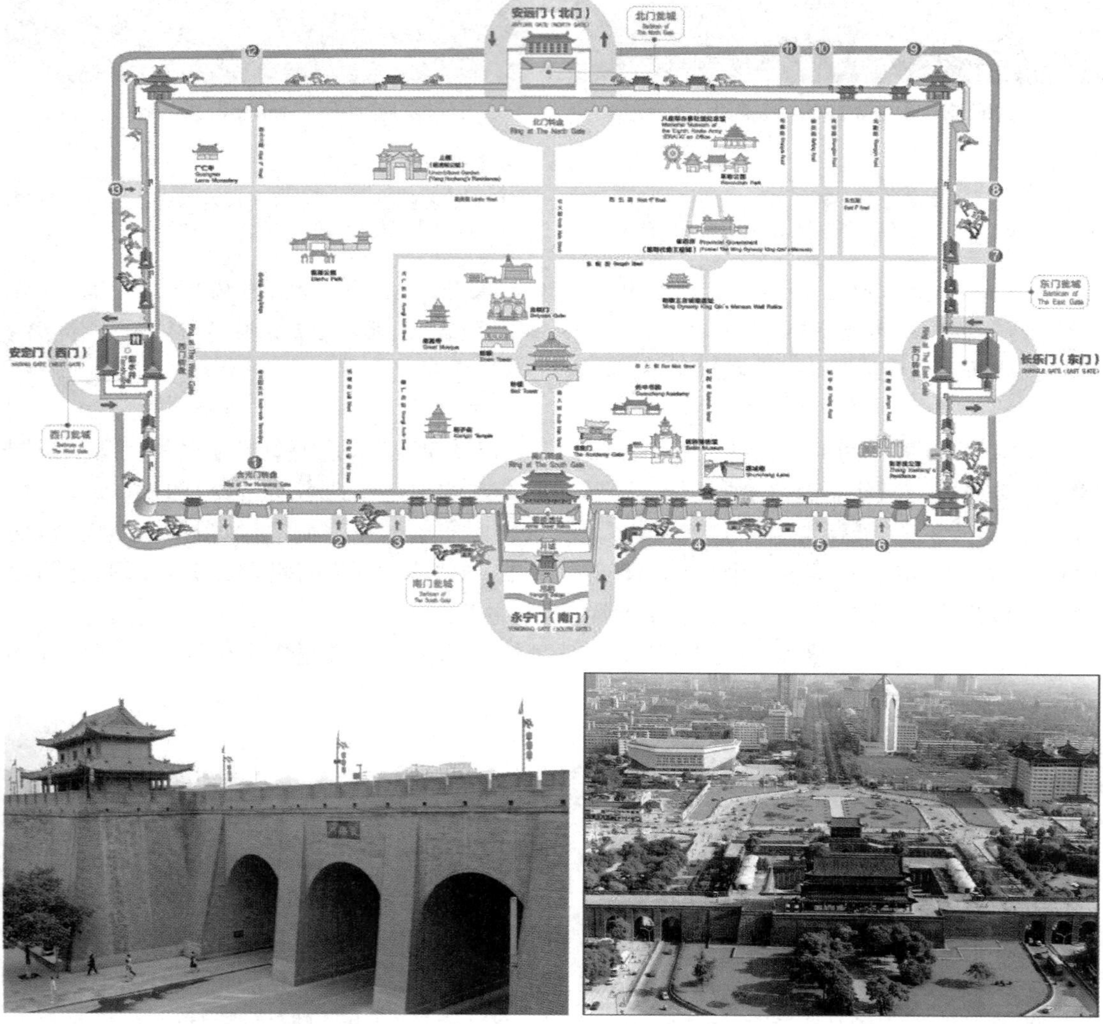

上图：明清时期西安的城墙体系　下左图、下右图：城墙南门现状照片

图 5-6　西安城墙体系

瓮城是城墙体系的重要节点，两侧与城墙连在一起，是城门外（亦有在城门内侧的特例）修建的半圆形或方形的护门小城（见图 5-7）。瓮城设有箭楼、门闸、雉堞等防御设施，用于加强城堡或关隘的防守。瓮城门通常与所保护的城门不在同一直线上，以防攻城槌等武器的进攻。

图 5-7　瓮城的组成

资料来源：杨国庆.中国古城墙[M].江苏人民出版社，2017.

由于受工业发展影响，20 世纪五六十年代，拆城运动席卷全国，各大城市古代城垣以各种理由遭到了毁灭性拆除。中国原始长度、现存长度及规模最大的城墙为南京明城墙，保存较为完整的城墙有西安、平遥、荆州和开封城墙等。中国保存最完好、规模最大、结构最复杂的堡垒瓮城是南京明城墙的内城南门聚宝门（今中华门），其规模仅次于被拆除的通济门瓮城。

如果有多重城墙，从内向外围合的区域分别是宫城、皇城、内城和外城，外城也称郭。不管怎样，城墙的修筑均重于有形的墙体和防御职能。

2. 皇城与宫城

中国历代国都王城的规划建设均尽力遵循周礼的建制，体现“天-地-人”之关系及礼制秩序，完整体现并留存至今的都城当属北京古城。北京古城基本分为外城、内城、皇城和宫城四个部分，每个城都有城墙。皇城通常指位于都城与皇帝、皇族所居的宫城之间的区域，由城墙围绕，具有独立的城门。皇城内通常布置宗庙、官衙、内廷服务机构、仓库、防卫等建筑以及园林苑囿。宫城是皇帝的居所，宫城坐落在皇城内部，一般被皇城所包围，或在皇城之北，包括中央官员的住所及官署。沿宫城形成南北向的中轴线以示“中规中矩”，以王权至中显威严。北京紫禁城是目前保存最完好、规模最大、建筑最精美的宫城（见图 5-8）①。

3. 祭祀宗庙

在中国封建时代，祭祀是一件比较重大的事情。如果祭祀出了问题，会被认为大不

① 王军.城记[M].新知三联书店，2003.

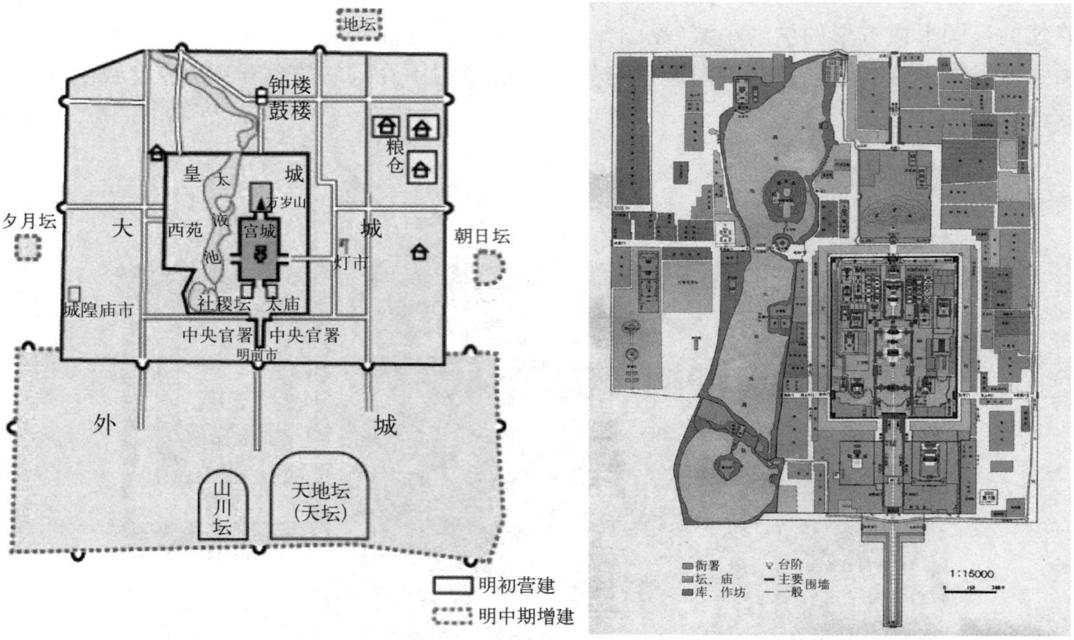

(a) 明清北京城的主要构成

(b) 北京的皇城与宫城

图 5-8　明清北京城的构成

资料来源：(a)图来源为张敬淦.北京规划建设纵横谈[M].北京燕山出版社，1997；(b)图来源为北京市测绘局.北京地图集[M].测绘出版社，1994.

敬，是一种不好的征兆。祭祀是为了祈求国家安定、人民生活幸福、庄稼有个好收成，表现了古时候人们对大自然的敬畏，同时也是人们对自然现象无知和害怕的一种表现。祭天、祭地、祭祖宗、祭社稷是我国四大祭祀活动，因而设置天坛、地坛、宗庙和社庙是古代都城建设的重要内容。

在北京古城外东西南北每一侧分别设立天坛与地坛、日坛和月坛，其布局遵循“天南地北”“日东月西”的原则，如图 5-8 所示。先期建设的天坛和地坛在建筑形制上遵循“天圆地方”的理念。天坛用于祈求风调雨顺，希望上天能够给农民一个好天气，让庄稼有好收成；地坛用来祈求土地公，保佑庄稼平平安安，不要有什么意外发生。祭祀天和地通常皇帝每年都亲自参加。稍晚一点建设的日坛和月坛分别用于祭祀太阳和月亮，这两个仪式不如祭天和祭地那么隆重，通常皇帝每隔一年参加或者派遣代表祭祀。

在中国传统观念中，祭祀祖宗先人是平常百姓家族中最重要的活动，皇家祭祀列祖列宗的规格最高。周代礼制规定：天子七庙，三昭三穆，与太祖之庙合而为七。昭穆是宗庙中祖先位次排列的顺序，自始祖而下，父为昭，子为穆，依照世次递嬗排列。进入宗庙的先王皆有庙号，通常以开国之君称“祖”，其余守成之君称“宗”。以太祖之庙居中，昭庙在左，穆庙在右，依世次横排。宗庙的朝向坐北面南，依然有南面为王的意思。《左传・庄公二十八年》：“凡邑，有宗庙先君之主曰都，无曰邑。”

拥有四大祭祀设施的只能是天子所在的都城。天坛在宫城南，地坛在宫城北。宗庙与社稷则按“左祖右社”式形制，宗庙在宫城左，社庙在宫城右。

4. 文庙

文庙也称孔庙，是纪念和祭祀我国伟大思想家、政治家、教育家孔子的礼制性庙宇，又称夫子庙、至圣庙、先师庙、先圣庙、文宣庙等。历史上，不同建制和规模的孔庙有 2 000 余座，国内现有保存较好的孔庙数百座。文庙的历史和儒学的发展息息相关。唐代，唐高祖下诏国学立孔子庙，从而确定了“庙学合一”的定制。

文庙与衙署一样属于重要的公共建筑群。文庙的选址关乎当地文运及文教之风，根据文王八卦图解，文庙适宜建造在东、东北、东南三个方位，但通常会根据城市及周边具体的风水格局因地制宜地来选址。各地孔庙大同小异，整个建筑由前后进院落组成，分别建棂星门、登瀛桥、泮池、大成门(或称戟门)、东西配殿、东庑、西庑、大成殿等(见图 5-9)。

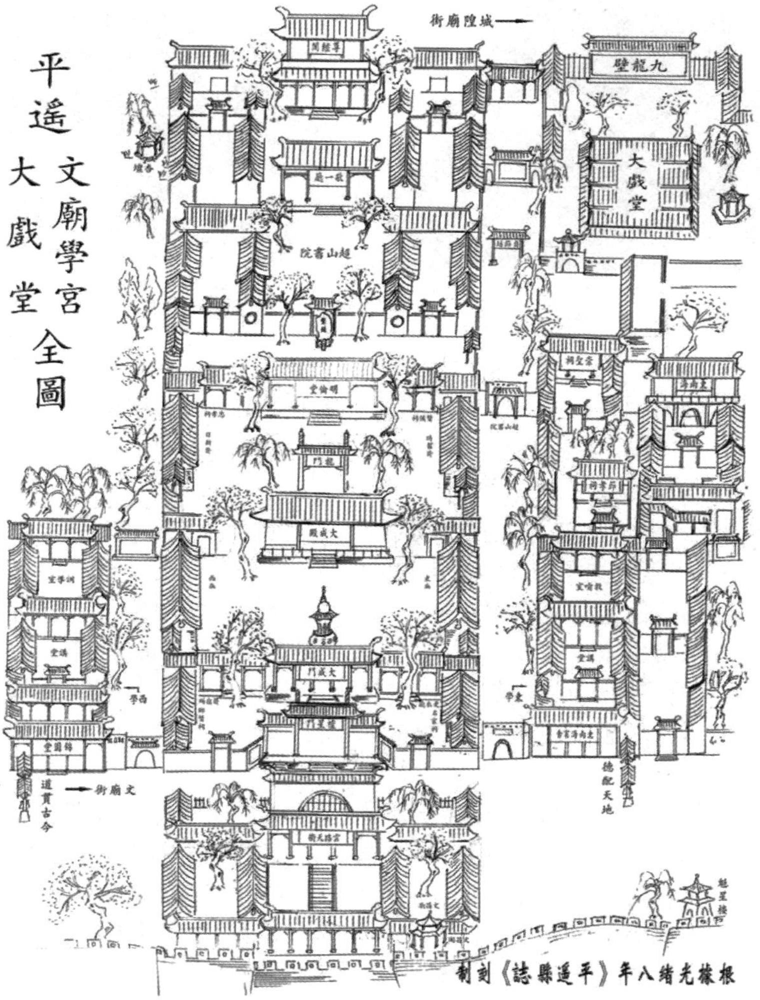

图 5-9　山西平遥文庙全图

资料来源：王夷典.平遥县志[M].山西经济出版社，2008.

5. 钟鼓楼

古时没有钟表，只能通过日晷来定时，因此，通过建设钟楼和鼓楼，由官府定义每天的时辰。钟楼和鼓楼通常对称相望，相距不远，建于城市中心地带，多为两层建筑，建筑内设有大鼓和大钟。鼓楼定更击鼓、钟楼撞钟报时极有规律。古人将黑夜分为五更，每更次为一个时辰，即现在的两个小时。每天定更时分（即一更，19—21 时），先击鼓后撞钟；亮更时分（即五更，3—5 时），先撞钟后击鼓。无论是定更还是亮更，都需要击鼓和撞钟，只是先后顺序不同。当定更钟声响起，守城门军兵关城门，阻断城里与城外的交通；当亮更钟声响起，开城门，通衢开市，这就是所谓的“晨钟暮鼓”。图 5-10 展示的是位于西安城中心的钟楼和鼓楼。

图 5-10　西安现存的钟楼（左）和鼓楼（右）

6. 市场

《考工记》中有“面朝后市”一说。市就是市场，也称市井，是指商肆集中的地方，古代又称作“市廛”。《管子·小匡》曰：“处商必就市井。”意思是做生意一定要在市井中，市井就是我们平常所说的商业区。

秦汉以前商业不发达，“市”只是在城市中某一地点定期交易，日中为市，市罢而散。随着剩余产品的增多以及分工的日益深化，定期交易不能满足需要，出现了专门从事商品流通的职业即商人，并形成固定的商市。汉代长安有九个市：六市在大路西边，统称西市；三市在大路东边，统称东市。东西市以外还有个槐市，北魏洛阳有东市、大市、四通市等。根据古代市场交易时辰和货品的不同，有草市、夜市、早市、集市等之说。唐长安城改“面朝后市”为“面市后朝”，宫城和皇城居中偏北，东西两市（面积各 90 多公顷，比周王城的“市”大得多）分列两厢。

唐代后期，开始打破市坊制，也不再限制商品交易的时间。在繁华城市，不论白天还是夜晚，集市贸易都相当发达。唐代中期，随着农业、手工业的不断发展，商业出现了新的繁荣局面，单靠白天的市场交换商品显然已不能满足需求，于是夜市正式出现。北宋工商业的繁荣超过了前代，南方的商业尤为发达。那时商业都市很多，最大的要数人口达 150 万的国都开封市（见图 5-11）。后南宋迁都于临安，其早市、夜市也极其发达。

早期的市主要承担行业交换功能，隋唐长安的市中已有商业与手工业结合的情况，形成前店后坊的形式。之后随着商业和手工业的进一步发展，集市内一般按不同行业分为若干“肆”。宋代的东京城（开封）中虽然各行业并没有完全按照街道集中，但不同街道的行业分布也有所区分和侧重。明清时代，手工业作坊及商店按不同的“肆”在不同的街道集中的情况很普遍，“丁”字街和“十”字街是不少古代城市大规模街巷制的体现。

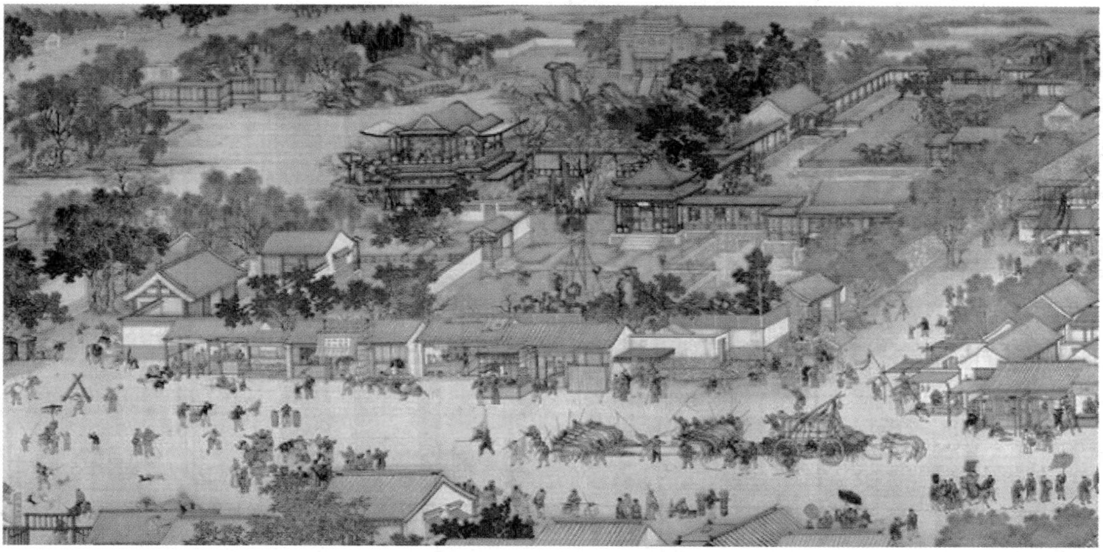

图 5-11　清明上河图(局部)

资料来源：清明上河图[EB/OL].百度百科，https://baike.baidu.com/item/清明上河图/2317507.

7. 城市街道

古代城市的道路主要是指能通向城门的路，城门是通往城外的关口，在严格封闭的管制下，通常有重兵把守。因此，城内的道路系统直接与城门的数目有关。都城每边三门，府州城每边两门，一般县城多为每边一门。都城及府州城的道路可分为干道、一般街道、巷三级，县城的道路可分为街、巷两级。

在都城里，南北向主要道路通常为三条道路并列，中间的路较宽，为皇帝专用的御路，通常在断面上用红漆杈子将御道与其他行人路分开。唐长安城中就有一条由大明宫经兴庆宫至曲江的用夹城保护的专用道路。明清北京城由宫殿至天坛主要中轴线的干道上，也有高出两边道路的皇帝专用御路。道路两旁也种植树木，两边有排水沟，有的是明沟，也有的是暗沟。

三、城市结构

从古至今，中国城市居住形态经历了闾里制、里坊制、街巷制、邻里单位制和现在的社区制五种形态。后两种形态出现在近现代的中国城市，但也是对古代城市里坊制和街巷制那种封闭居住空间形态的继承。

在古代中国，结合“九经九纬”式的道路网络，将城市划分为若干的“块”，有的用作“市”，有的则为居住区，规模较大的宫城或府衙占据多个“块”，如图 5-12(a)所示。用作居住的“块”通常都用高墙围起来，设里门与市门，由吏卒和市令管理，全城实行宵禁。最早的居住形态是“闾里”，这是一种封闭的居住单位，闾是里的门。

街坊以道路划分，仍采取类似闾里的形式，称“里坊制”。当时，隋唐长安城就被划分为108个里坊，每个里坊大小不同(每个面积25～70公顷，大体相当于今天一个大型的居住小

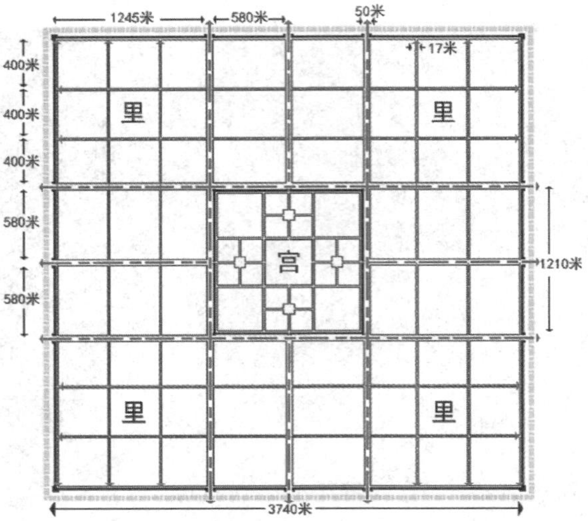

(a) 国都宫城示意图

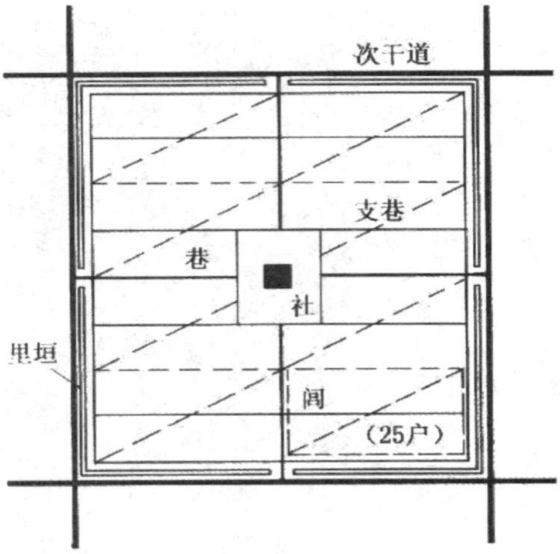

(b) 典型的里坊解析图

图 5-12　闾里制布局示意图

资料来源：(a)图为作者自制；(b)图来源为吴志强，李德华.城市规划原理(第四版)[M].中国建筑工业出版社，2010.

区）。里坊四周围以高墙，即坊墙，墙基宽度 2.5～3 m，墙高 2 m 左右。居住里坊道路为“十”字、“一”字或“井”字形，宽度约 15 m。四面开门，坊里有严格的管理制度，日出开坊门，日暮关坊门。坊墙不得随意开门开店，夜晚实行宵禁，坊外空无人行。坊内居民实行“连保制度”，以便于统治和管理。里坊整洁划一，“百千家似围棋局，十二街如种菜畦”，诸坊“棋布栉比，街衢绳直，自古帝京未之有也”。朱熹对唐代的里坊制度甚为赞赏，说：“唐宫殿制度正当甚好，官街皆用墙，居民在墙内，民出入处皆有坊门，坊中甚窄。”唐长安城是中国古代实行“里坊制”城市的典范(见图 5-13)。

这种严格的里坊制度以强化城市治理、防范盗贼为目的，却也给市民生活、生产及人际交往带来了诸多不便。于是，随着城市商品经济的发展，唐代中期以后，长安城内侵街建房、坊内开店、开设夜市等破坏里坊制的行为不断出现。据文献记载，唐末开始出现在里坊内设店及破坊墙沿街设店的现象。

唐末到北宋，我国封建制度下的生产力有很大发展，手工业分工日益细密，生产技术和工具有很大进步，城镇商品经济有所发展。商业、手工业和城镇中各种行业的发展与自古沿袭下来的里坊制规划形制的矛盾愈来愈突出。其焦点是：商业市场的活动空间需要扩大和开放，而旧形制下市场过分集中且用地禁锢。这是开放与封闭的矛盾，也导致许多被认为破坏祖宗法制的行为。

大致到宋朝，这种旧的规划观念终于被彻底冲垮了。北宋东京(今开封)完全采取新的规划形制，彻底废弃了“里坊制”，取消了坊墙，使街坊完全面向街道，沿街设置商店，并沿着通向街道的巷道布置住宅。商业和各种行业的布置呈开放之势，它们分布在城市各条主要街道上，并按一定专业相对集中，如“瓦子”是“娱乐区”。这种新型的街巷制适应了当时生产力水平和商品经济发展的需要，因而东京成了宋代全国乃至世界上经济发达的大城市。所谓“州桥夜市”“相国寺内万姓交易”等盛况见诸文字与绘画，真实地记录了当时的繁华胜景(见图 5-11)。

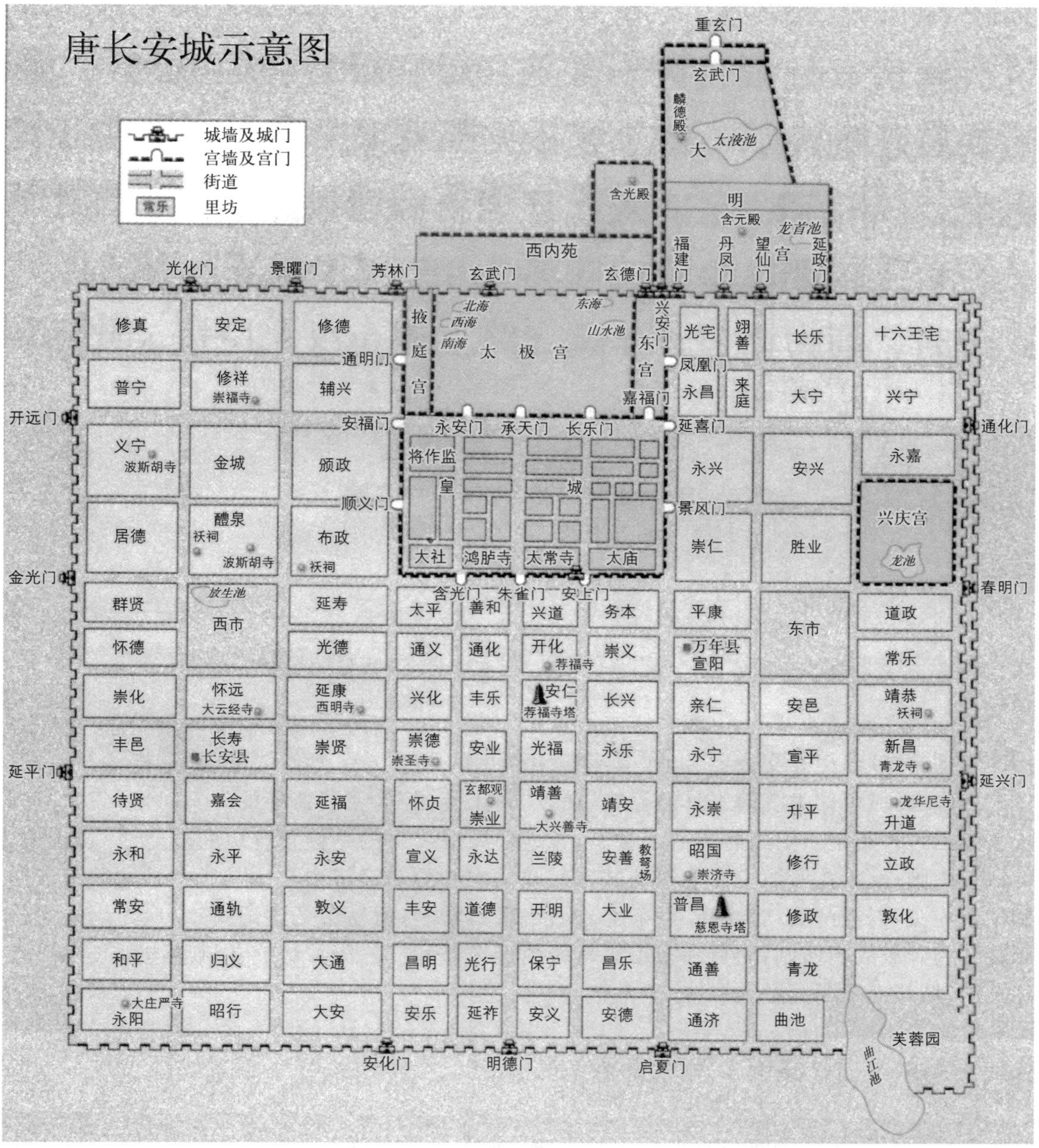

图 5-13　唐长安的里坊制布局图

资料来源：刘振东，张全民.长安复原图——大汉长安复原图盛唐长安复原图[M].学苑出版社，2016.

从里坊制到街巷制的演变，自唐末至南宋，经历了 300 多年才彻底完成。街巷制则经过元、明、清一直沿袭到近代。我国现在很多旧城市和旧城区仍然保存着街巷制的形制。

明清两代的北京城，方正形“块”中增加了多条东西向的小道、小巷。用于分割“街坊”的道路比较宽直，是城市主要道路，而增加的东西向小街巷比较窄，称为胡同。胡同与胡同之间坐落着“四合院”。四合院和胡同是一个统一的体系，各自不能单独存在，四合院生在胡同中，胡同是四合院的筋络。在四合院里主要进行居住生活活动，而出了四合院就是胡同，是街坊邻居进行社会活动的场所(见图 5-14)。

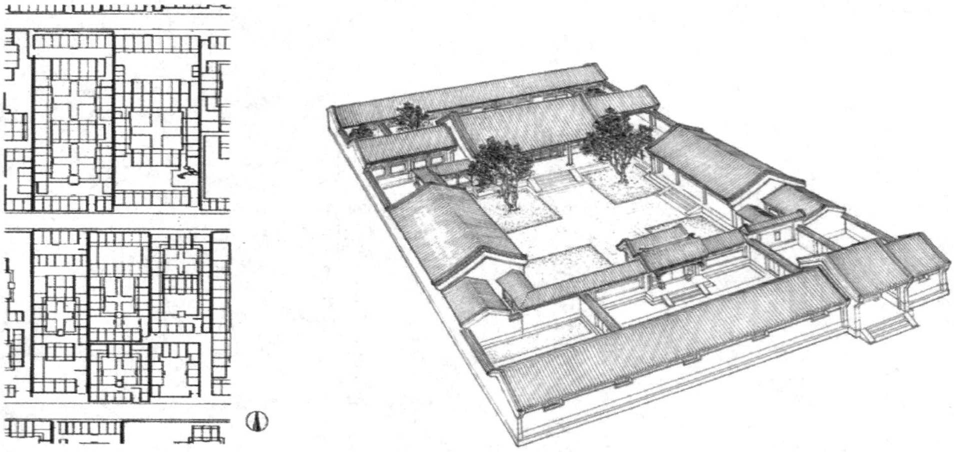

图 5-14　北京胡同与四合院布局图

资料来源：王军.城记[M].新知三联书店,2003.

第三节　中国古代城市体系

我们现在所说的城市,由两个字组成:“城”与“市”。这两个字分指不同的概念:“城”是指四周围的城墙,扼守交通要冲,是具有防卫作用的军事工程屏障;“市”则是指贸易市场。在古代中国,城市作为统治工具而存在,在以“封土建国”为主要特征的先秦时期,建城是为了营国治野。秦统一中国后实行郡县制,各地建城首要目的是设置各级府衙。在“官本位”的古代中国社会,在府衙所在地建的城市是政治中心而非经济中心。古代中国的城市以防御性质为主,以经济活动为辅。后来随着城市人口增多,贸易市场逐渐繁荣,从封闭的里坊制转变为开放的街坊制,而且许多市集从城内迁至城厢、城郊,并最终在城墙内外长期存在和发展,城与市才渐渐融为一体。

一、中国古代城市布局的发展

自夏商至鸦片战争前夕的 4 000 余年,中国城市的分布范围随着国家疆域的扩大而逐步地扩展,总体趋势是由北方向南方发展,至明清时期,南方地区的城市发展水平超过了北方地区。

商代的城市集中于黄土高原东部和华北平原上,仅在今河南省的范围内就集中了中国古代城市的近半数,而当时的长江流域城市发育很少。春秋战国时期,城市分布范围大大扩展,其中秦岭—淮河一线以南地区的城市要占总数的约四分之一。

秦代建立了强大的中央集权和郡县制度,城市在全国更广泛的范围内发展起来。到汉代,全国城市的分布格局仍然以黄河中下游地区为主,占全国城市总数的 60%,其次是长江两岸,岭南和西北较少,云贵高原则更少。

东汉末年和魏晋南北朝时期，人口第一次向南大迁移，经济中心开始逐渐向南方转移，城市分布也发生了相应的变动，在今四川、湖北、广东三省范围内新增的城市最多。

隋代开凿的大运河沟通了经济发展较快的南方与仍是政治、经济和军事中心的北方之间的联系，运河沿岸的一些城市如雨后春笋般发展起来。

唐代是我国古代历史上社会经济发展的一段鼎盛时期，广大的南方得到了更大程度的开发，经济发展水平也很快地赶上了北方。新增加的城市绝大部分在长江以南，其中位于长江东南部的约占一半，位于长江西南部的约占 1/3，开始出现了欣欣向荣的商业城市。

宋、辽、金时期涌现了一批新城市，其中以分布于今江苏、浙江、福建、湖南、甘肃、宁夏、河北等省境的为多，在今东北三省和内蒙古自治区范围内也有分布，我国城市的分布范围得到了更大的扩展。

在元代，城市的地区分布又获得了进一步的发展，尤其是在我国北方地区、沿海地区、大运河沿线以及今云南、西藏等地区，一些新兴城市相继崛起，成为当地的社会、经济和文化中心。

明代，城市的区域扩展不甚明显，但其集中程度有所提高。随着农业、手工业生产水平的提高和商品经济的发展，产生了资本主义萌芽，在长江和大运河沿岸涌现了相当数量的大中型工商业城市，特别是江南地区由于出现大量工商业市镇，成为我国最早的城市化地区。

清代中期，农业、手工业和商业的发展水平超过明代，资本主义萌芽在东南地区得到缓慢发展，城镇的发展也较前迅速。长江沿岸、大运河沿岸的大中型工商业城市有了进一步发展。奉天（今辽宁省）、吉林、黑龙江、新疆、台湾等地相继设省、设县，也促进了城市的区域扩展。

伴随着朝代的更替和疆域的扩大，中国的城市布局也不断扩展，城市数量逐步增加。中国历史上曾有发达的城市体系，但这通常是官僚政治体系的体现。“溥天之下，莫非王土”，不论王都还是州府县治，都是各级统治者的驻地，也是各级统治机构的中枢，因而也都是大小不等的防御据点。作为中央集权体系的统治工具，城市的选址建设、功能设置及其规模发展完全受制于行政体系的等级。不同行政等级的城市相应地有不同的用地规模。府城的占地面积通常有数个平方千米，省城的面积往往超过 10 km^2，至于都城面积则高达数十平方千米，如隋大兴、唐长安达到 84 km^2，高居世界第一位。

二、都城

都城是全国性的政治性中心城市。中国古代城邑有 2 500 处左右，都城约 200 处，其中有 140 多处是春秋时期诸侯国的都城，规模小，水平低。商代前期都城迁徙频繁，自盘庚起才定都于今河南省安阳市境内。目前历史学界和地理学界公认的全国性古都仅有 9 个，它们是安阳、西安、洛阳、开封、杭州、郑州、南京、北京和大同。其中建都次数多的城市依次是西安、洛阳、开封、北京和南京。古代都城大多按照规划营建，遵照封建社会的礼制及都城规划的传统，规模宏大，布局严整，且有多重城墙。

在古代中国，由于疆域辽阔、人口众多，加上政治、军事、经济、文化等诸多因素的变化，历代王朝在选择统治中心即都城时，不得不千思百虑，选出有利于统治全国的中央政权所在地。纵观历史，政治和军事的需要始终是最根本的选址要素。历史上也有几个统一王朝的都城，既是政治、军事中心，也是经济中心，如西汉的经济中心在关中平原，都城也在关中的长安。但不少统一王朝是政治、军事中心与经济中心相分离，因而需要采取漕运等办法弥补都城经济力量的不足。有的朝代除首都外，还设有陪都，如隋唐的东西二都（长安、洛阳），短暂的辽国则有辽上京、辽中京和辽南京之分，元代则有元上都和元大都之分等。

图 5-15　中国九大古都

注：20 世纪 20 年代，中国学术界开始形成五大古都的说法，即西安、洛阳、南京、北京和开封。1983 年陈桥驿在《中国六大古都》一书中将杭州列入六大古都。1988 年，谭其骧鼎力推荐安阳为大古都。2004 年 11 月，中国古都学会认定郑州为大古都。2010 年 9 月，中国古都学会发表"大同宣言"认定大同为大古都。由此就有了中国九大古都之说，即西安、南京、北京、洛阳、开封、杭州、安阳、郑州和大同。按历史建都时间和建都政权数量来排名，则排名顺序为西安、洛阳、北京、南京、开封、安阳、杭州、郑州。

1. 西安

家族统治的王朝体制，其都城的建设不同于一般城市的组织方式。通常在治国理政所需的朝廷及六部九卿等衙署办公设施之外，还有供帝王度假赏景的离宫别馆、习武练兵的苑囿以及体现王权正统的坛庙等祭祀建筑和帝陵系统，"城-郊-陵-苑"系统共同构成了都城特有的空间格局①。

最早在关中的西安附近建都的有丰、镐二京。丰、镐二京只是当时氏族部落联盟在频繁迁徙的漫长过程中，停留次数较多、时间较长的早期聚落而已。此二京分别位于沣水东西两侧的高地上，周边水道环绕，城中王宫、居住空间与作坊、墓葬相互交织。东周定都洛邑（今河南洛阳），丰、镐二京被毁弃。公元前 350 年，秦孝公派商鞅在咸阳营造冀阙（宫庭外的门阙），继而迁都至此，秦始皇一统天下后也定都咸阳。秦咸阳位于渭河之北坂，延续了背山面河、临水据险之地营城的传统。可惜的是，秦末战争中咸阳被项羽一把火所烧毁。

刘邦创建汉王朝时，曾想定都于洛阳。他的谋士张良和娄敬则力主建都于长安，认为关

① 董卫.隋唐长安城的历史环境-空间逻辑初探[J].城市规划，2021，45(6)：84-97.

中有险可守，进退自如，经济发达，还可依靠陇蜀；而洛阳地方不过数百里，田地薄，四面受敌。刘邦听从谏议，最后决定在渭河南岸建都长安。但汉长安在西汉末年又被摧毁。

隋统一中国后，虽然汉长安城已老化破败，水文条件恶劣，不宜继续使用，但隋文帝也不曾设想迁移渭北，而是诏令在汉长安城东南另行择地建都。承载西周丰镐与秦咸阳精髓的汉长安城不仅对隋大兴城的规划营建产生了重大影响，也为其奠定了优良的环境和空间基础，使大兴城从一开始就拥有宫苑环绕、古迹野处的人文意境（见图 5-16）。

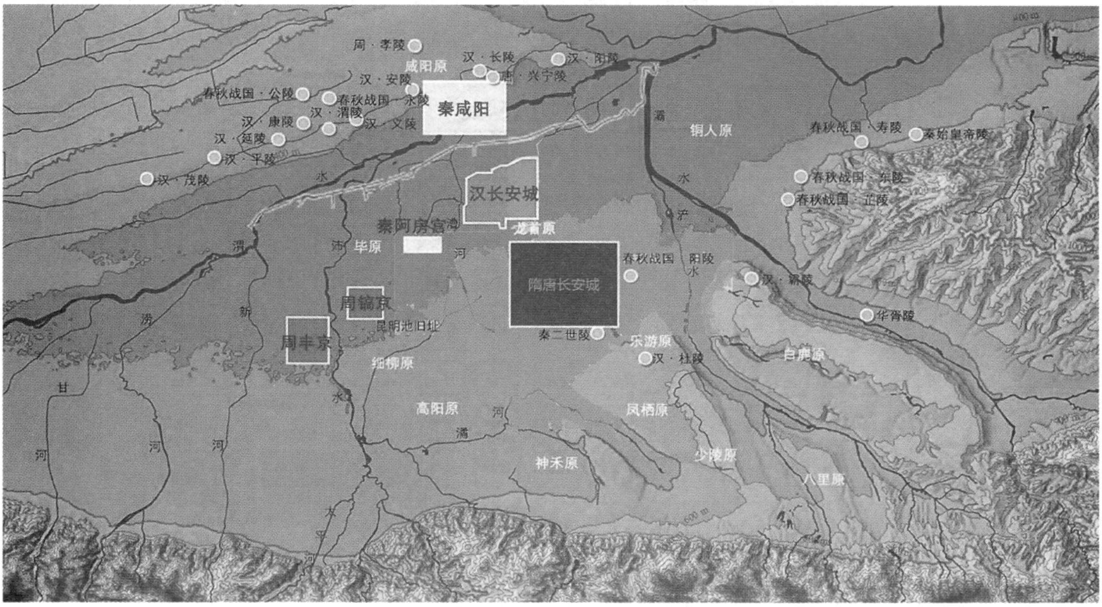

图 5-16　西安都城遗址分布

资料来源：董卫.隋唐长安城的历史环境-空间逻辑初探[J].城市规划，2021，45(6)：84-97.

隋文帝开皇二年（582 年），在宇文恺的主持下，仅用九个月左右的时间就建成了宫城和皇城。开皇三年（583 年），隋王朝迁至新都，因为隋文帝早年曾被封为大兴公，因此便以“大兴”命名此城。隋炀帝继位后，陆续开凿南北大运河，以水路连接大兴城和洛阳城。大业九年（613 年），隋炀帝动用 10 余万人在宫城和皇城以外建造了外郭城 108 坊，城市的总体格局至此基本形成（见图 5-17）。

公元 618 年，李渊建立唐朝，继续在此定都，并将其更名为长安，进一步修建和完善。在唐太宗、唐高宗和唐玄宗年间先后增建了大明宫和兴庆宫等宫殿。尽管当时的经济中心开始出现向江淮一带转移的趋势，但是长安城仍是全国的政治、军事中心，而且是一个国际性大都会。“安史之乱”使得长安城遭到彻底的破坏。唐亡以后，长安失去了国都地位。

西安作为都城选址，历经多次兴衰，建了毁，毁了又建，但其优越的地理位置和自然条件仍然使它稳居我国西北地区城市的首位，至今仍是西北地区的政治、军事、交通、经济、文化中心。

2. 洛阳

从小区域上看，洛阳位于伊洛盆地，北靠邙山，南临伊洛二水，东有虎牢、成皋之险，西拥崤山、函谷之固。从大区域上看，洛阳东部为华北大平原，有黄河与大运河为动脉，可以控制帝国主要粮食产区和国防重要区域；西靠关中秦陇之固，免受游牧民族侵袭之苦；北有黄土

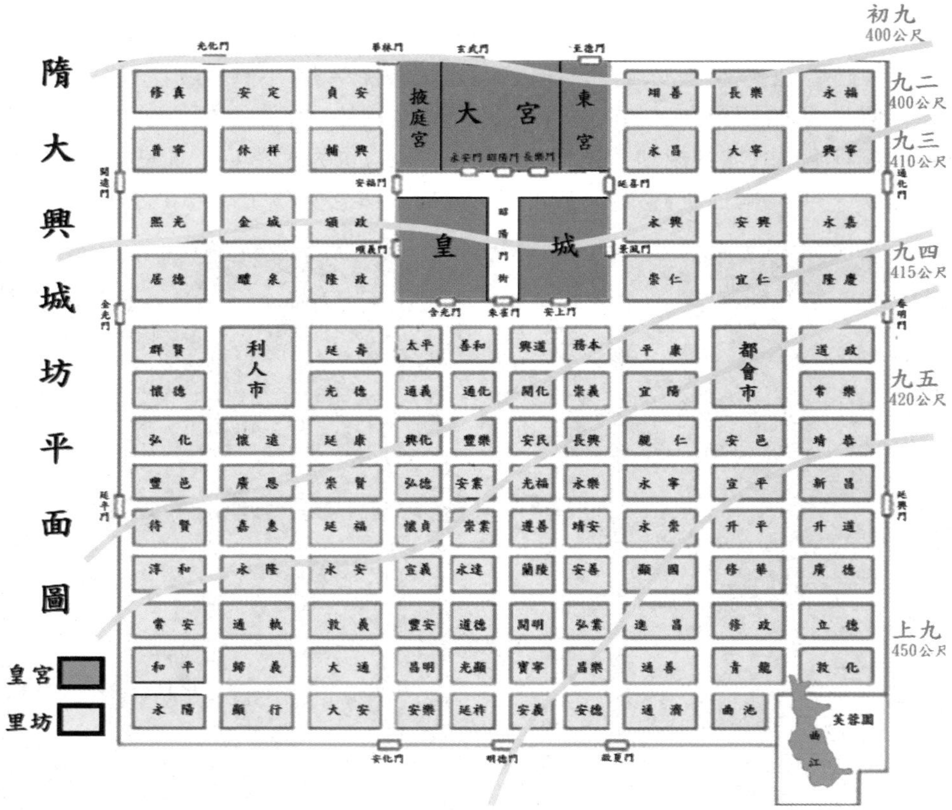

图 5-17　隋大兴城规划图

资料来源：刘振东，张全民.长安复原图——大汉长安复原图盛唐长安复原图[M].学苑出版社，2016.

高原为阻，整个山西皆为堡垒；南临南阳盆地，通汉水直达长江中下游。

如果将中国历史上三大中心——关中(长安)、幽燕(北京)、江南(南京)——连线成三角，洛阳和开封的地理位置大致居于三角形的中心，因此说，洛阳居天下之中。从洛阳出发，北上燕晋，西进秦陇，南下荆楚，东入齐鲁，东南至江淮，距离都较近，因此，洛阳有经略四方的地势之利。以这种得天独厚的区位作为王朝首都，在中央强大时容易掌控四方，但是一旦中央衰落，对地方的掌控下降，这种居中的位置又会使得洛阳容易沦为四方征战之地。

洛阳是天下名都，建都史长达 1 500 多年。在洛河沿岸东西近 100 km 的范围内，分布着历史上五大都城遗址，人称“五都荟洛”。早在西周王朝，就在洛阳建成周以监视中原，东周甚至迁都洛阳。东汉、魏、西晋、北魏皆以洛阳为都(见图 5-18)。隋唐以洛阳为东都，延至五代、北宋才迁都开封。

洛阳和长安是隋唐两代的主要城市，两者在首都与陪都之间转换，互为中心，即所谓的“两京制”(西京长安、东京洛阳)，洛阳城是一座等级略低于京师长安的都城。隋唐洛阳城主要由宫城、皇城、外郭城、东城、含嘉仓城和西苑等部分组成，占地 47 km^2，规模宏大，气势壮观。布局独树一帜，皇帝办公和居住的宫城、中央各“部委”所在的皇城位于外郭城的西北隅。洛河穿城而过，将洛阳城分为南北两部分。洛河以北，西为宫城与皇城，东为与洛河以南一样的里坊住宅区。有丰都、通远、大同三大市场(见图 5-19)。

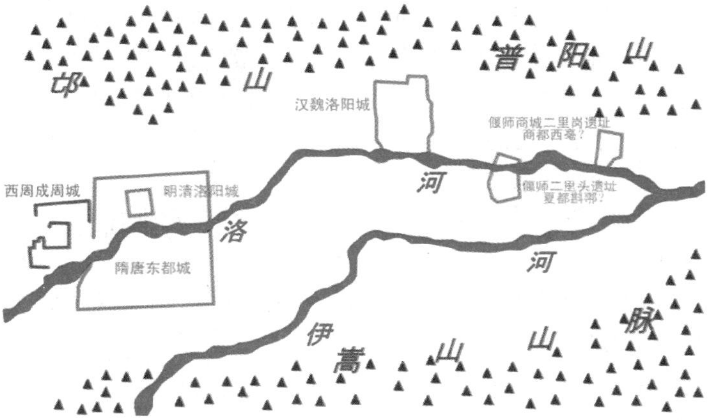

图 5-18　洛阳不同朝代都城选址图

资料来源：知乎-东周-城池-东周王城[EB/OL].知乎，https://zhuanlan.zhihu.com/p/471247163.

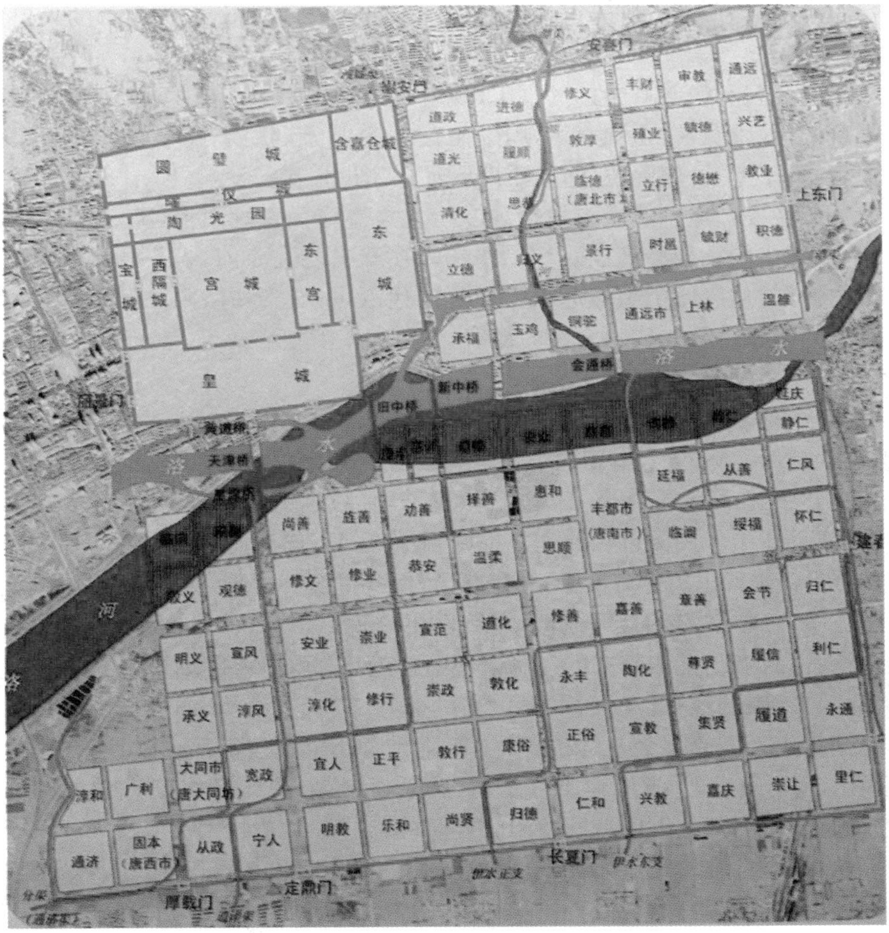

图 5-19　唐代洛阳城

资料来源：隋唐洛阳城[EB/OL].百度百科，https://baike.baidu.com/item/%E9%9A%8B%E5%94%90%E6%B4%9B%E9%98%B3%E5%9F%8E/3823396?fr=aladdin.

唐高宗李治有着浓厚的洛阳情结，晚年一直在洛阳生活和办公，一生在洛阳总共待了11年，直至把生命的最后时光留在那里，并把洛阳改为东都。在武则天时期，更是将政权的重心放在了洛阳，将东都改为神都。武则天称帝改国号为周，前后执政50余年，大部分时间都在洛阳生活和工作。她花费巨大的人力财力，对神都进行了大规模建设，“日役万人，采木江岭，数年之间所费以万亿计，府藏为之耗竭”。

洛阳从东京到东都，再到神都，城市发展处于历史上最为鼎盛的时期。据开元元年（713年）的统计，洛阳城有居民19万多户，人口近120万。唐代诗人宋之问在其《明河篇》一诗中写道：“洛阳城阙天中起，长河夜夜千门里。复道连甍共蔽亏，画堂琼户特相宜。”诗句形象地描述了这一时期洛阳城的盛况。

不可忽视的是，洛阳本身的命运不济。从汉朝开始，中国的经济重心就开始渐渐南移，不过直到隋末唐初，北方还是占优势。以秦岭—淮河为界，北方和南方的人口比例当时差不多是3∶2。但到安史之乱前夕，这个比例逐渐演变到一个关键点，即1∶1。安史之乱的爆发骤然打破了平衡，大量的北方人口南迁，出现了史诗级的“衣冠南渡”，南方在经济上取得了决定性的胜利，北方则无可挽回地衰落了。到了宋朝，北方与南方的人口比例已经翻转为2∶3。

即使是隋唐实行“两京制”时期的洛阳，规模也只有长安的一半左右。至于形胜，洛阳虽有一些天然屏障，北临黄河，东临洛水，周围还有太谷、广成、伊阙、轘辕、旋门、孟津等八个关口，但东临黄河大平原，不够险要，防守难度要远远超过长安。

五胡乱华以及安史之乱造成大批缙绅、士大夫及庶民百姓南下，随之导致经济中心的南移，彻底改变了中国社会经济以及政治格局。在安史之乱之前，长安和洛阳，无论战争的破坏有多严重，都能从废墟中重建起来。但是五代以后，长安和洛阳已经衰落，继之而起的开封、南京、杭州等城市开始成为全国的经济、交通和政治中心。

3. 南京

公元229年，孙权在武昌称帝，国号为吴，不久迁都建业。280年，西晋灭吴，改建业为建邺，后又改名为建康。317年，南渡的琅琊王司马睿在建康即位，建立东晋。后宋、齐、梁、陈四个朝代均在建康建都。吴、东晋、宋、齐、梁、陈合称六朝，故南京被称为“六朝古都”。后南唐、明初、太平天国、中华民国也在此建立都城，故南京又有“十朝都会”之称。

南京城依山傍水且山川秀美，诸葛亮在东吴舌战群儒时，评价建业“钟山龙蟠，石城虎踞，真帝王之宅”。南京素有“江南佳丽地，金陵帝王州”之说。

隋唐时期，面对五胡乱华带来的经济中心南移趋势，朝廷因要稳住北方经济中心地位而采取了抑制南方发展的政策。但后因安史之乱加剧了“衣冠南渡”的规模及时长，南方经济逐渐占据半壁江山。因北部金蒙的侵扰，南宋朝廷南迁至杭州定都，并将南京作为“行都”。1275年元军占领建康后，开省设建康宣抚司，后立建康路，1329年冬又改建康路为集庆路。宋元时期，南京的城邑基本上保持了南唐的规模。

朱元璋从1366年起改筑应天府城，开始了长达21年的浩大工程。这就是至今尚大部分留存的闻名世界的明南京都城。1368年朱元璋称帝，改应天为南京，定都南京。明王朝建立后，南京第一次作为拥有全国版图的大一统封建帝国的都城。明初营建的城垣官室、官署廨宇乃至酒楼街市，其规模之大，都是空前的。南京城建有13个城门，一个中华门就能藏兵三千。可以说，南京的城邑建设至明初达到了鼎盛时期。今天南京古城的基本格局就是在明初奠定的(见图 5-20)。1421 年,朱棣迁都北京,但南京仍作为南都继续发挥着作用。作为南方唯一一个全国性都城,南京在经济、文化上的发展和发达推动了长江中下游地区的开发。

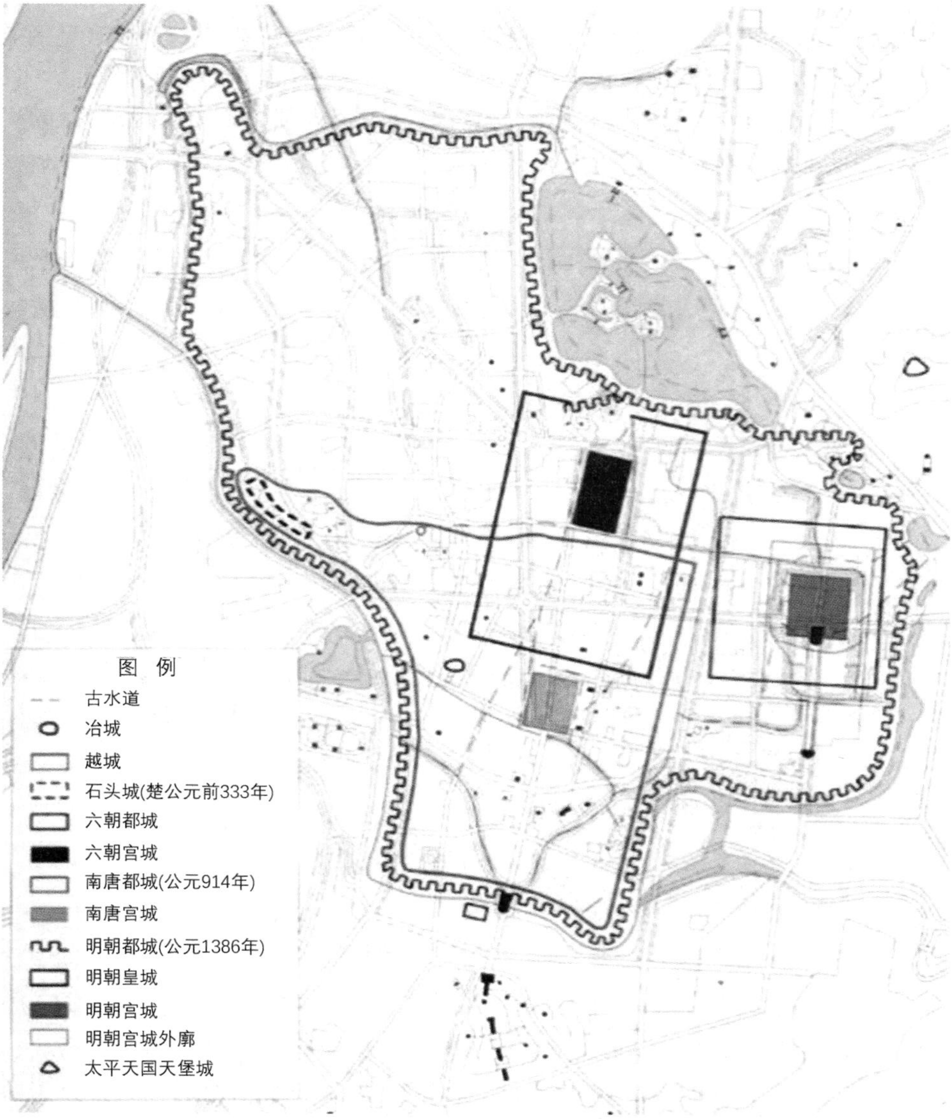

图 5-20　南京都城变迁示意图

资料来源:南京市规划局.南京市城市总体规划(1991—2010)[A].

4. 北京

北京又称燕京,春秋战国时,燕国属苦寒之地,南北朝时的幽州也是偏远地带。因为靠近北方长城带,北京处于南方农耕文化和北方游牧文化的交流融合和冲突中,这种冲突与交流融合,让北京从早期的地方城市逐渐上升为北部中国的政治中心,乃至全国的政治中心。

金取得北部中国统治权后于 1153 年正式迁都燕京,改名中都,由此开创了北京正式作为皇都的历史。金中都在辽南京的基础上向东、南、西三面扩展，增修宫殿，扩大皇城范围，动用 120 万人历时两年营建而成，采取外城、内城、宫城回字形相套的布局。外城周长 37 里(约 21 km)，有十三门。修建好的中都城，宫廷宏伟，街市繁华，成为街巷与里坊相结合的一代皇都。

元朝取金中都后，于 1267 年在距旧都城东北三里处修筑新都，称为大都(见图 5-21)。大都的前身是蓟城，城址就建在古代永定河的渡口边。它居于北京小平原、华北大平原和北方山地之间，在军事上具有地理优势。元世祖忽必烈定都大都的主要原因是大都原是金代都城，地势险要，进可夺取天下，退可回蒙古故土。

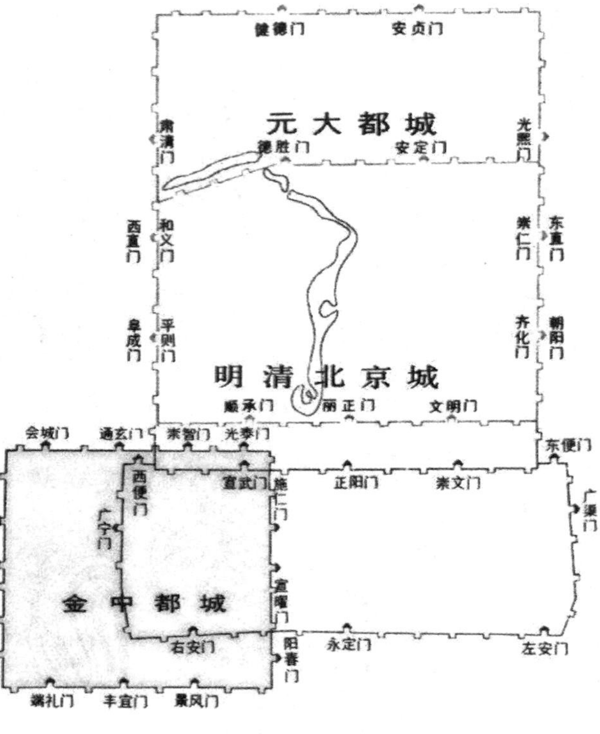

图 5-21　北京城不同朝代都城范围图

资料来源：北京市测绘院.北京地图集[M].测绘出版社，1994.

明成祖朱棣将都城从南京迁至北京是考虑到：① 朱棣原受封燕王，驻地北京，这里是他势力集中的地方；② 北京是金元两朝的旧都，具有一定的基础和规模，而且地理形势险要，“足以控四夷、制天下”；③ 可以有效地抵御北方蒙古复辟势力，并加强对东北地区的控制和开发。

明北京城在城市总体格局上仍袭元代旧制，即全城呈现以中轴线为核心的对称形式与以东西、南北向为主的街区规划风格。在明初建城的第一阶段，首先针对大都北部的空旷地将北城墙南移五里，然后对南城墙进行相应的调整，向南移动一里半。经过这一阶段迁建以后的北京城被称为内城。在明嘉靖年间的第二阶段，原想环绕京城四周一律加筑外垣，后因物力所限，只修了正南一面，进而使北京城在平面图上构成了“凸”字形轮廓。外城修建首选南墙的原因是这里有比较稠密的居民住所和帝王祭祀天地的天坛、山川坛。如此，北京城墙分为四重，即外城、内城、皇城和宫城。城各有门，有“内九外七皇城四”之说。

清代沿袭明北京城城市整体格局无变化，只是在居民的居住地段上做了较小的调整，但紫禁城等宫殿由于种种原因大都重建。

宫城即紫禁城，南北长 960 m、东西宽 760 m，基址沿用元朝宫城的旧址而稍向南移，南墙向南推移近 400 m，北墙向南推移近 500 m。开拓紫禁城南城，将皇城和大城的南墙依次南移，并移建太庙、社稷坛于宫城左、右前方。在紫禁城北面堆筑景山，它既是全城的制高点，又处在宫城的中轴线上，而五峰中正中主峰含有压胜前朝之意。在城北原元代中心阁的位置上，分别建造了鼓楼和钟楼，南北相望，作为中轴线的新顶点。正阳门外建天坛和先农坛。开辟天安门前宫前广场，并在东、西、南三面修建宫墙，把广场封闭起来，中间为御路，在广场两侧的宫墙以外，遵从“左文右武”制度集中布置了封建王朝官署，左侧（东侧）为文职六部等，而右侧（西侧）为武职五府等机构（见图 5-22）。

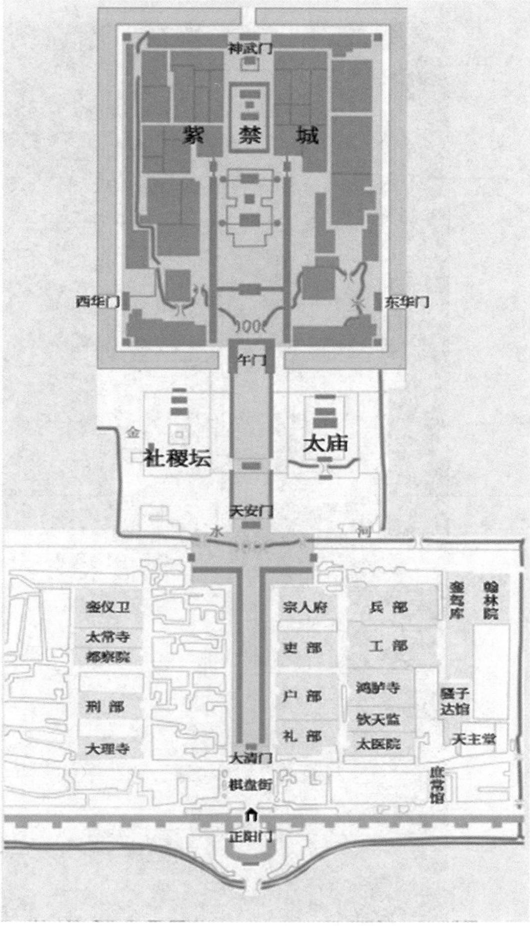

图 5-22　紫禁城与六部等空间位置分布

资料来源：北京市文物局.正阳——正阳门历史文化展[A].2017.

皇城在京城中，包括三海及宫城。周长超过 10 km，缺其西南角，南北长 2.75 km，东西宽 2.5 km，面积 6.87 km^2。东部为宫城，西部为西苑（元为西御苑），中部为太掖池（增开北海、中海和南海）。皇城有六门，正南为大明门，东为东安门，西为西安门，北为北安门，大明门东转称长安左，西转称长安右。清朝改大明门为大清门，改北安门为地安门。

紫禁城仍采取“前朝后寝”之制布局。明成祖时，前朝三大殿为奉天殿、华盖殿和谨身殿；内廷三宫为乾清宫、交泰殿和坤宁宫；中轴线上从午门到保和殿有三个院落，包括午门、金水桥和太和门；宫城开有四门，即午门、玄武门、东华门和西华门；四角建有华丽的角楼，护城河河岸全部用条石砌岸（见图 5-23）。

北京城经过金元明清几个朝代历时 700 年的建设，成为世界上最大、最繁华的帝王都城，是我国古代都城规划和宫殿建筑的杰出代表。它继承了历代都城规划的优良传统，严格按照“左祖右社”的礼制布局，又有新的发展，规划布局严整，功能分区明确。

整个城市以宫城为中心，按中轴线对称的原则设计，全长达 8 km，这在以前的城市规划中是绝无仅有的。在中轴线上还布置了牌坊、华表、桥梁和各种形体、尺度不同的广场，使中轴线虽长而不单调，城市布局重点突出，主次分明，加强了宫殿的庄严气氛，形成宏伟壮丽的景象（见图 5-24）。

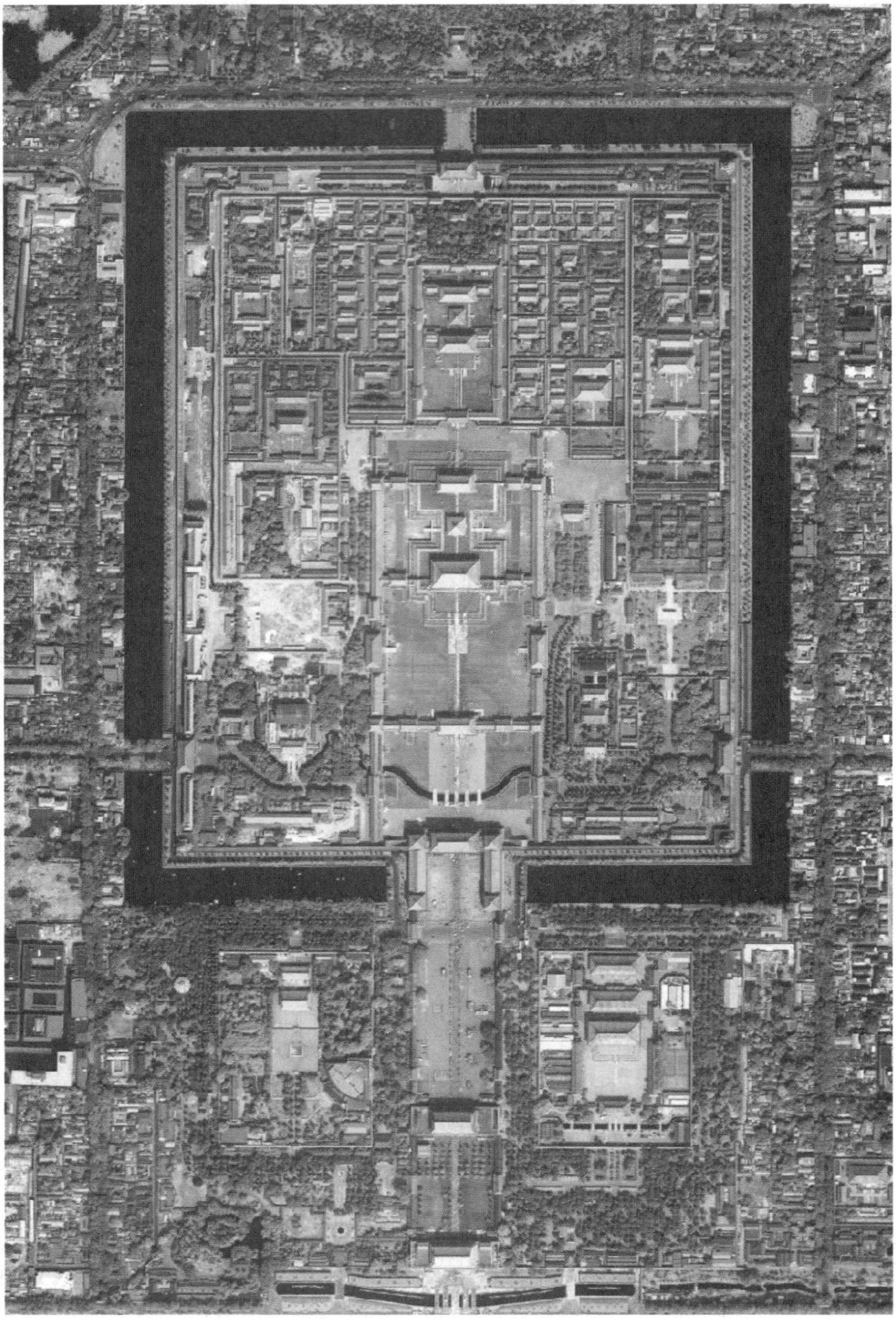

图 5-23　紫禁城平面布局

资料来源：北京测绘院.北京地图集[M].测绘出版社，1994.

图 5-24　北京中轴线

资料来源：北京中轴线[EB/OL].百度百科，https://baike.baidu.com/item/%E5%8C%97%E4%BA%AC%E4%B8%AD%E8%BD%B4%E7%BA%BF/5315908?fr=ge_ala.

三、地方性城市

随着人口数量的增加和人口大规模的迁移，南方蛮荒之地得到开发，相应的城市也被创建起来。在农业经济占绝对主导地位的中国，决定城市发展与发育的动力有三个：一是国家统治体系中，城市所占据的行政地位；二是水运条件等交通区位所带来的剩余产品在区域间及城乡间的贸易；三是资源禀赋所产生的专业化生产（见图 5-25）。

科技革命带来的工业化大生产在古代中国没有出现，而大航海（如郑和下西洋）中的国际贸易给城市发展所带来的影响因海禁政策也可以忽略，即使有，也只是某几个城市在某段时间内的发展，如泉州等。鸦片战争后，“五口通商”以及西方工业技术对古代中国城市建设和发展的冲击将在下一章阐述。

1. 地区性中心城市

在古代中国，自上而下的中央集权统治秩序是城市发展的决定性维度。行政等级高的城市管理的范围更大，能得到更多的分配资源。仅次于都城一级的城市通常称为省会城市，由于古代中国不同朝代的行政体系层级不同，其称呼和数量呈现较大差异，如秦汉称郡，唐代称州，宋代称府，元代称路，明清两朝称省。

宋代以降，随着中原人口两次大规模的持续南迁以及王朝统治疆域的扩大，以前是蛮荒之地的南部以及偏远的西北部，开始出现诸多地区性城市，如成都、太原、武昌、长沙、南昌、兰州、

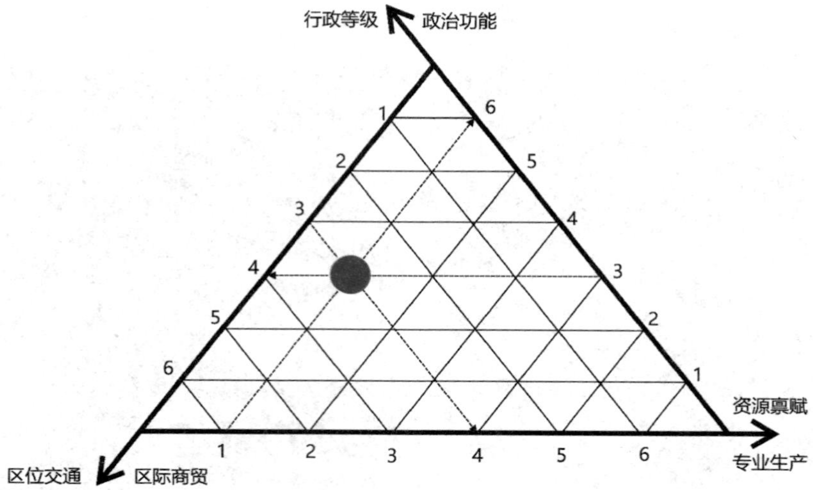

图 5-25　城市功能发展分析框架

贵阳、昆明、广州、福州、济南、乌鲁木齐、沈阳等。这类城市一般规模很大，不仅集中着省一级的封建统治官府，也是服务一个地区商业手工业的经济中心，甚至许多皇家藩王在这些城市建有王府，如成都的蜀王府、太原的晋王府、西安的秦王府、开封的周王府等。这类城市因为商业繁荣，城市经济发达，城市人口集中，规模较大。在清代，满族为统治考虑，一般建有驻兵的满城。

水运漕运条件是城市发展重要维度，尤其是到了明清王朝稳定发展上升期，大量的剩余产品在区域间贸易，出现了许多商帮，也出现了许多商业城市。有的是综合性的商业中心，如前述省级城市，不仅是政治中心，通常也是城乡贸易服务的经济中心；也有的城市只是某一种商品的集散中心，如大米集散中心无锡和芜湖、陶瓷业输出城市九江以及盐业运输中心扬州。专业性集散中心城市尽管行政等级不高，但其规模和影响力是区域性的。

各地的资源禀赋不同，派生出来的农业种植和手工业也随之不同。南宋时，最重要且对今日城市发展产生重大影响的当属以纺织为主导的平江城（今苏州）和松江。

“衣冠南渡”不仅带来人口，而且带来了生产技术（如唐代就已出现的缂丝技术），极大地促进了长江中下游的开发。宋末元初时，丝织业成为新兴的手工业部门，苏州凭借其地理条件及已有基础，逐渐成为丝织业的中心。冯梦龙在《醒世恒言》（卷十八）中对苏州丝织业的盛况有生动的描写：“镇上居民稠广，土俗淳朴，俱以蚕桑为业。男女勤谨，络纬机杼之声，通宵彻夜。那市上两岸，绸丝牙行，约有千百余家。远近村坊织成绸匹，俱到此上市。四方商贾来收买的，蜂攒蚁集，挨挤不开，路途无伫足之隙。乃出产锦绣之乡，积聚绫罗之地。江南养蚕所在甚多，惟此镇处最盛。”明末清初，棉布加工和集散中心也由松江转移至苏州。清康熙、乾隆年间，苏州每年加工运销土布约 1 000 万匹。

宋代《平江图》不仅记录了宋代城市形制，还反映了隋唐苏州城的概貌（见图 5-26）。平江城南北长、东西短，城墙周长近 20 km。吴国时筑起了夯土城墙，为取土顺势挖了护城河，设置了两条防线。隋朝开凿大运河时，疏通、扩大了城西护城河。平江府城是宋代江南官僚、地主、高利贷者集中的地方。《平江图》上有 65 个坊、359 座桥梁，图上还刻有报恩寺塔、定慧寺塔、天庆观等著名的塔、寺庙、道观，有以鱼行、果子行、丝行、鹅栏、鸭舍等命名的街、巷、坊、桥，有以西市、利市和穀市等命名的坊桥。

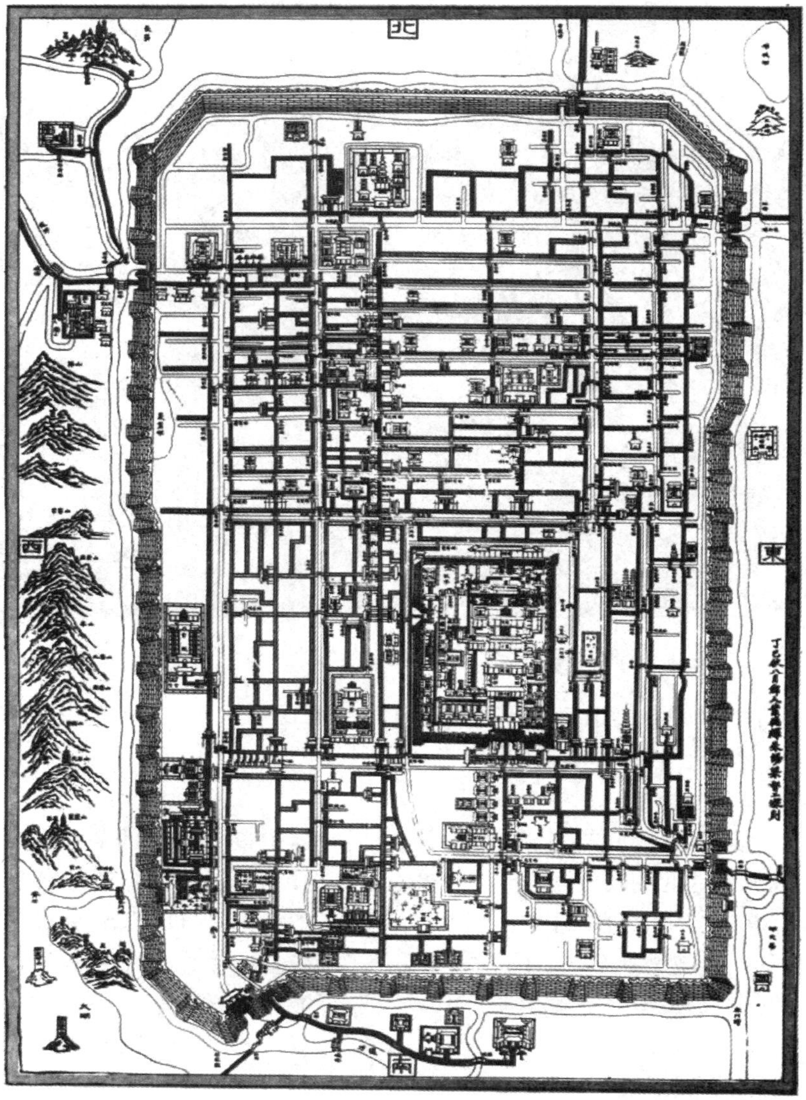

图 5-26 《平江图》

资料来源：董鉴泓.中国城市建设史[M].4版.北京：中国建筑工业出版社，2021.

府城中央有衙城，称为子城，为府城衙门之所在。子城内有府院、厅司、兵营、教场、库房、庙宇、住宅和园林。主要建筑物布置在一条明显的中轴线上。子城四周有城墙，墙有城壕，是南宋一般州府城常用的布置形式。有城门五座，即盘门、葑门、娄门、齐门和阊门，每座城门旁边有水门一座，所以水门也有五座。城门是内外来往道口，是稽查、防守的要地。城门上建城楼，用来瞭望和守备。有的城门外又加设瓮城，如盘门，瓮城门开在另一侧，进城须经过两个转折。二道关口的布置在当时是很有效的防御工事，因为来犯之敌会全暴露在城上侧射火力的攻击之下(见图 5-27)。

图 5-27　苏州城防的二道关口

值得一提的是,苏州的纺织业等手工业空前兴盛,逐渐有了“行”的组织,这可说明资本主义在苏州开始萌芽。后续还会继续讨论。

2. 县城

郡州府下一级行政管理中心的所在地一般是县城,是最为稳定的政权单位。县城不仅官府衙门较多,也是地区的物资集散中心,有统治管理的官署衙门,有物资商贸的牙行以及手工作坊,也有承担文化教育功能的县学文庙等设施。“皇权不下县”,通常认为县衙是封建统治的基层单位。县城里基本居住着三类人:第一,在县衙工作的小吏和衙役们;第二,在县城拥有店铺的生意人,毕竟县城属于全县的商业流通中心;第三,在县城置办了房产的各地乡绅。每个县城通常都有护卫队,用于对该县的守卫,一旦有土匪或者反势力攻击时,可由官军守城或禀报至朝廷抽调附近驻军救援。

中国行政区划中的“县”起源于春秋时期,完善于秦汉时期。随着历代疆域的变迁、人口的增减和经济的兴衰,“县”的数量有较大的变化:秦朝有近 1 000 个县;汉代激增为 1 500 多个;隋代有所减少,为 1 200 多个;唐代又增至 1 500 多个;北宋减为 1 200 多个;明代增为 1 400 多个;清代又增为 1 500 多个。中国古代县域人口规模的基本标准是 1 万户,县邑是中国基层政治城市,是封建王朝长期维持专制国家的最基层的单位。

我国 1 000 多个县中存留下来成为历史文化古城的也较多,比较有名的如山西平遥、云南丽江、湖北荆州、辽宁兴城、湖南凤凰、四川阆中、浙江慈城等。

平遥古城位于山西省晋中市,始建于 2 700 年前,明洪武三年(1370 年)扩建成现在规模,是我国保存最完整的古代县城,由古城墙、古街巷、古庙宇、古店铺、明清民居等组成。古城墙高 12 m,周长 6 500 m,有 6 座城门、4 座方形瓮城、3 000 多个垛口,东南城墙还有一座魁星楼。墙外有护城河，深广各 4 m。平遥古城墙、镇国寺、双林寺称为“平遥三宝”，古城内外有各类古遗址、古建筑 300 多处，民居近 4 000 座（见图 5-28）。

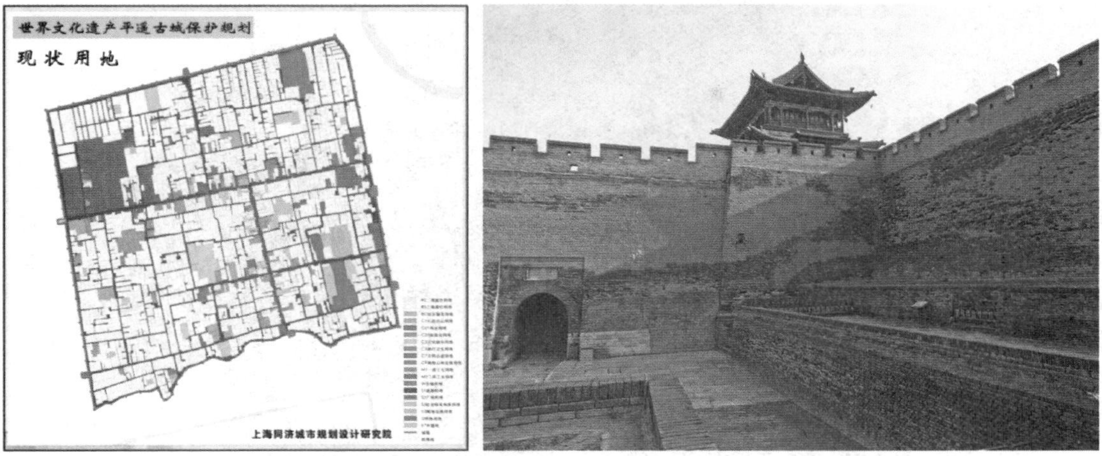

(a) 平遥古城平面图　　(b) 平遥古城墙

图 5-28　平遥古城

资料来源：上海同济城市规划设计研究院.平遥古城保护性详细规划[A].

作为县治的浙江慈城，到 1954 年被降格为镇，历经风雨 1 200 多年，是我国江南地区目前保存最为完整的古代县城。古县城占地规模约 2.17 km^2，城内保留有唐代的街巷格局，明清古建筑保存完好，著名的古建筑有孔庙、甲第世家、福字门头、布政房、姚状元宅、符卿第、向宅、冯宅、俞宅等，集中地反映慈城明清时期建筑风格和生活气息（见图 5-29）。

3. 市镇

明清两朝数百年的稳定期极大地促进了农业生产力的发展，棉、麻、桑、茶、蔗、烟、药材等商品性经济作物特别是棉花得到了大面积的推广种植，在此基础上发展起来的商品手工业和商业都很发达。由于商品经济发达，加之明清两代农村人口急速增长，原来唐宋时期形成的为数有限的农村市镇已远不能适应商品经济发展的需要，因此出现了大量的市镇。这些工商业市镇因无城墙，传统上不被称作“城”。但是这些市镇植根于农耕文明，是乡土中国农产品的贸易中心，村镇间的关系朴素而紧密。

市镇根据所处区位和专业化分工的不同，形成了棉纺织与贸易中心、蚕丝及丝织业贸易中心、米粮贸易中心、盐业中心及港口城镇等许多专业性市镇。特别是江南地区，有些镇的规模较大，如太湖附近的震泽、盛泽、平望以及上海附近的罗店等。江西景德镇、广东佛山镇、湖北汉口镇、河南朱仙镇都是当时著名的城镇，号称“四大镇”。

2003 年，我国开展中国历史文化名镇名村评选，经过七批次的遴选，全国已有 312 座历史文化名镇，分布在 25 个省份，包括太湖流域的水乡古镇群，皖南、川黔渝交界、晋中南、粤中等古村镇群，既有乡土民俗型、传统文化型、革命历史型，又有民族特色型、商贸交通型，基本反映了中国不同地域历史文化村镇的传统风貌。

4. 防卫城镇

古代城市的军事防御虽是重要功能，但属于自上而下调拨资源的寄生型功能，与行政等

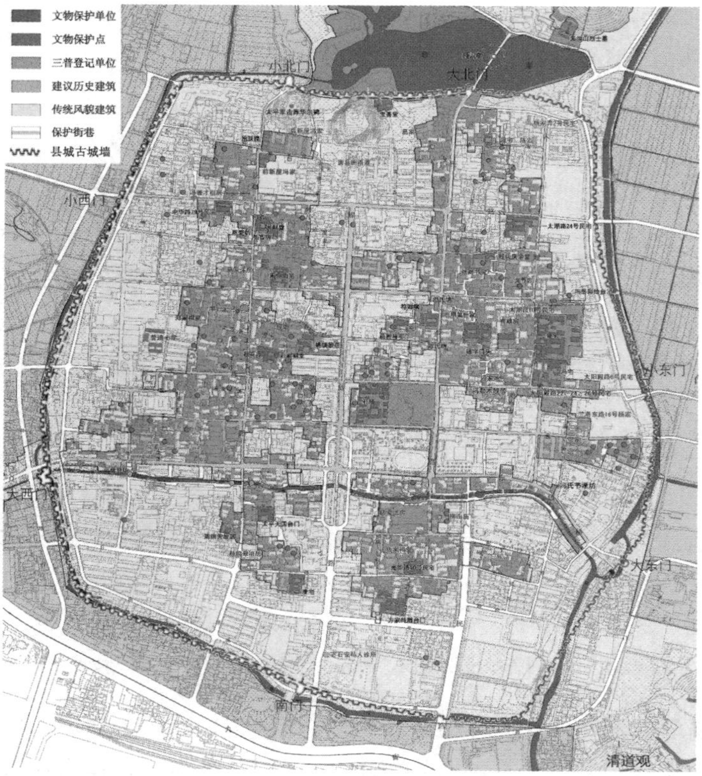

(a) 慈城古县城平面图

(b) 县衙大门

图 5-29　慈谷县城平面图及县衙

资料来源：上海同济城市规划设计研究院所.宁波市慈城古城控制性详细规划[A].

级决定城市发展的逻辑一致。建设边关防卫型城镇以守护国门是王朝统治者的主要考量，因而也出现了不少边关防卫城镇。

这些城镇的选址多从军事防御要求出发，城镇规模并不大，且多为一次建成，有深沟高垒的防御设施，也有在山口险要处筑城设关，在其旁另建城堡，供驻军或屯戍之用；汉族与其他民族交接地区的城镇，其兴衰变化主要取决于中央王朝政治和军事力量的强弱消长。一般而言，在全国统一、政治相对稳定时期，这些城镇发展较快，规模也较大，如汉武帝为抗击匈奴、开发西域，建设了一些新城镇，即“河西四郡”（武威、张掖、酒泉和敦煌）。到唐代，由于东西方贸易和文化交流的频繁，西部的敦煌发展成为中国对西域贸易和交通的门户，东部的武威发展成为河西最重要的国际市场，这两个城市成了河西走廊上两个最大的城市和经济中心。

在明代，由于国内外的政治形势，大量修建防卫性的城堡，如沿长城而建的九边重镇、沿海而建的海防卫所等。张掖是全国“九边重镇”之一，在酒泉之西 40 km 处设嘉峪关（明代长城的西端终点）并建城。但清代以后，因为政治、军事、经济等种种原因，经由河西走廊的东西方贸易和文化交流减少，致使边防城镇逐渐由盛而衰。

第四节 中国古代城市发展逻辑及其规划理念

与两河流域、古埃及、印度河流域等地出现的早期城市的起源逻辑一样，中国城市的起源也是与国家制度的出现紧密结合的，城市作为王权统治中心的功能占据突出地位。同一时间，中国古代城市与中世纪城市形成了截然不同的城市面貌：西欧中世纪的城市以工商业为主要推动力，在多元政治环境和市民阶级的共同作用下得以形成，并最终走向城市自治；中国古代城市则在强大的政治力量主导下形成了自身独特的城市形态，这一形态不具备实现城市自治的条件，也未能孕育出强大的社会力量①。

中国古代城市的发展经历了一个漫长而曲折的变迁过程，在从简单聚落发展成为规模宏大的城市的进程中，受到了地理位置、山水形胜、政治军事、社会经济等因素的影响和制约。因此，中国古代城市除具有世界城市发展的一般特点之外，还形成了自身特有的一些特征。

一、中国古代城市的总体特征

王夫之在《周易外传》中说：“无其器则无其道。”城市是“器”，是硬件，是载体；政治、社会、经济、文化等是“道”，是软件，需要城市空间及其建筑来承载。“道”要实现统摄地位，离不开它的承载物“器”，“器”的形式与布局载着“道”，体现着“天-地-人”的相互关系及秩序，反映出我国传统文化的独特追求。

在古代中国“大一统”的理念下，城市基本是在一个封闭的政治统治地域和社会环境中发展演化的。因此，古代的城市最能反映中国历史上政治、经济发展的总体特征和典型的文化内涵。

1. 城市是各级统治机构的据点

从古代到近代，从王都到郡县，古代中国城市都是统治阶级根据其管理和控制需要兴建的，以政治、军事实体为基础，以法律、行政、暴力等强制手段来实现人口的聚集。“筑城以卫

① 崔盼盼.中国古代城市与中世纪城市的比较——兼论城市自治的形成条件[J].卷宗，2018(2)：276-277.

君，造郭以守民。”因工商业的发展而导致人口聚集的城市较少，仅有的资本主义城市萌芽也由于王朝更迭而中断，后期受王朝衰落影响而没有继续发展。

尽管在宋代，城市由里坊制转向街坊制，出现资本主义的萌芽，在东京汴梁（开封）出现了城市工商业的繁荣，但由于金元等外族的入侵而被中断，明清两朝转向更加封闭的胡同制。总体而言，中国古代城市职能由政治、军事向经济生产的转换是缓慢而不彻底的，也没有受到统治者的明确推动，主要还是一个自发的过程。

2. 城市的兴衰起伏大

城市是统治阶级卫君守民的工具，因而王朝的命运就决定了城市的兴衰。受到中国王朝发展周期性的影响，城市呈现出波浪形曲线向前发展的轨迹。发展—衰落—破坏—恢复—发展—衰落—破坏，如此周而复始的循环成为古代中国城市发展的一个特点。总体而言，由于受到社会生产力水平的限制，城市发展的步伐很缓慢。如长安和洛阳两大都城的发展，虽然多次出现辉煌，但都不能长久保持，随王朝的兴亡而兴盛衰落的特征明显。

3. 政治和经济的中心逐渐分离

我国都城位置随着国家政治、军事、经济形势的变化而变化。早期集中在经济最发达的中原地区，特别是长安、洛阳一线；后来由于少数民族数度南侵、国家分裂等，在东晋南北朝和金、南宋时出现过两个并列的都城。但国家统一时，都城仍在长安、洛阳和开封一线。安史之乱后，中原人口再次大规模南迁，由此产生了我国政治中心与经济中心相分离的现象。由于政治中心与经济中心相隔较远，所以必须在两者之间修建交通干道（如大运河），元明清以后沿长江及南北运河形成一个城市较发达的地带。长江中下游地区、岭南地区和成都平原则发展成城镇密集地带。

4. 城市数量众多、规模宏大

中国历史上除秦代以外，城市数量大体浮动于 1 200～1 700，清代更是超过 2 000。其中南朝的建康、唐代的长安和洛阳、两宋的开封与临安、明初的南京和清代的北京人口都曾在百万以上。特别是在明清之际，中国大城市的数量居世界第一位。在钱德勒列出的 40 个世界最大城市表上，1575 年时中国城市有 9 个，1675 年时有 7 个，1775 年时还有 6 个，其中中国 5 个城市先后 8 次位居世界第一。这说明古代中国城市的发展的确居于世界前列①。

5. 城市发育过程中出现过资本主义萌芽

北宋时，中国古代城市发生了一次具有重要意义的变化。这种变化就是自下而上城市经济功能的强化，对此后的中国城市发展及规划建设影响巨大。这种变化对江南经济发达地区的城市发育动力机制产生了影响，苏南地区的城市功能不再限于行政管理需要，即使以政治功能为主的城市，在功能上也发生了变化。由于经济要素日渐多元化并在城市集中，城市社会结构也不断多元化，城市中以工商业者为主的市民主体不断壮大，甚至出现“行会”。这对城市空间结构也产生了深层次的影响，如城厢地区的发展以及出现真正意义上的“城市”（既有城墙也有市场的城市）。明清时期，长途贩运贸易兴起并得到一定的发展，更是带动了以经济功能为主的工商业市镇的繁荣和区域贸易中心的出现。

其中最典型的是苏州。一方面，它仍然保持传统的政治中心功能，是一个府城（清代一度为江苏省省会）；另一方面，它已成为全国性市场网络中的一个流通中心和重要的手工业

① Chandler T, Fox G. Three Thousand Years of Urban Growth[M]. Academic Press, 1974.

中心。与政治中心功能相比，苏州的后两个职能更显重要。

与苏州的变化相同的其他城市还有上海、汉口等沿江、沿海城市。清代时，上海只是一个县城，但作为苏州的外港，其贸易范围包括整个中国东部沿海地区，在全国性的粮食和棉布流通中起着重要的作用。经济功能的增强促进了上海城市的发展和人口的增加。因此，到封建社会后期，中国城市的功能已不仅仅是政治统治据点，还有可能是工商业中心。

二、中国古代城市规划的理念

《考工记》是我国第一部系统阐述王城、国都和采邑营建的著作，此后的城市建设在继承其主体思想的前提下，创造性地发展出许多城市建设理念。这些城市建设理念是中华文明特有的文化观念。

1. 城市总体布局嫁接"井田制"

我国早期的城市总体形态受到以井田制为代表的早期农耕制度的影响。所谓井田，即"方里为井，井九百亩，其中为公田。八家皆私百亩，同养公田。公事毕，然后敢治私事"。井田制形成后，其方格网的特征很快为早期城市所采用。把城市视为一大块井田，利用井田阡陌式的经纬涂制，构成道路网；按照井田制，将它划分成若干等面积的方块底盘，充作城市建设用地；同时规定，以井田的单位"夫"作为城市用地的单位。由此形成中国早期城市方格网空间格局的总体特征。

2. 城市功能布局贯彻礼制思想

中国古代城市的形制受到以礼制为核心的封建政治制度的深刻影响。礼的基本思想是"天意"不可违，君臣、长幼等尊卑有序。表现在城市的规划布局中，特别强调"辩证方位"，并借助传统文化观念中的对数、方位等尊卑高下内涵，界定礼制的等级位序，如"择中立宫""前朝后市""左祖右社""文左武右"。城市的轴线既有形成尊卑分别的功能，也是一种调和各种建筑布局的组织手段。封建政治制度的内涵直接形成了中国古代城市较为突出的有序感、整体感和较为统一的礼制规划风格。

3. 中华文明特有的文化观念

"器以载道"，则有"以道制器"，文化观念对城市规划具有深层次的影响。在中国古代城市的形成和发展中，文化观念的影响是极其广泛和显著的，并成为中国古代城市独具特色的基本因素。主要可以归纳为三个方面：一是"天人感应"的思想，这是中国传统文化和哲学观的核心；二是易经学说，主要提供了传统文化中共同性的思想方式；三是相土、形胜与风水术，这是传统文化思想核心和思想方式结合具体环境的进一步丰富和发展。三者共同组成了中国古代城市规划完整的理论体系。

"天圆地方说"是中国早期特有的对宇宙万物空间形态的基本感知，"方属地"的认识已经被赋予了高度的象征意义，并成为人们居住空间的理想模式，从深层次的文化意识上奠定了中国古代城市"方形城市"的思想基础。"天人感应"思想是认为天的意志通过天象来表达，从而感应人事。在城市规划建设中，借助中国传统文化特有的许多形与数的表达方式，将天、地、人之间的契合引申到城市空间的象征性布局中，强调天空中的星宿与人类社会各种活动之间的严格对应关系，"在天成象，在地成形"。许多城市、城市中的物质要素、建筑群的命名及位置摆布等，都具有与天耦合的强烈象征意义。

五行、阴阳和易学都是中国古代基本的哲学和文化思想。"五行"思想是对世界构成物质及万物发展规律的基本认识;"阴阳"思想是揭示万物运动过程中矛盾运动的两个方面;"易"学说是在吸收五行、阴阳思想基础上,由原始的占卜术发展而来的系统的归纳、解释世界观的理论。五行、阴阳和易学对古代中国城市规划的影响表现在三个方面:① 这些学说以观物取象的思辨过程,将"天人感应"这一核心思想反映到现实世界的物质形态上,形成了中国古代城市空间布局中极具特色的"象天法地"基本思想;② 易学说等还将卦数之律应用于城市的规划,形成了古代中国城市布局讲求用数的基本特征;③ 在城市规划布局中多讲究"择中""对称""对偶"等手法,通过明确的轴线统领整个城市的基本布局形态,也是五行、阴阳和易学思想的体现。

相土、形胜与风水术是从中国古代尊重山川环境的传统出发,逐步形成和发展的关于城市选址和布局的一系列思想与学说。相土思想指各种营建活动对地址的考虑和对周围环境的审视。形胜思想强调山川环境,将对城市选址、建设与地理环境的观察进一步扩大到宏观的山川形势,并强调形与意的契合,对风水术的产生和发展有着重要的影响。风水术也称堪舆术,是我国古代人民经过实践而归纳总结出的关于基址选择的学问。风水术对山川形势所蕴含的"气"的考究形成了一套完整的分析概念和技法体系,如"气乘风则散,界水则止,古人聚之使不散,行之使有止,故谓之风水",换言之,风水术研究"气"的运行规律,气动成风,又随风而散,曲水导之且聚之。

三、中国古代城市文明特征迥异于西欧封建城市

中国古代城市在发展中频繁地兴衰交替,这在很大程度上阻碍了城市发展的步伐。特别是明代以前,每当城市发展进入兴盛时期之后,紧接着就是一场大破坏,然后城市的发展再度从零开始。到了明清时期,城市被破坏的程度才有所减轻,从而使清代城市发展的水平超过以前各个朝代。然而,清代城市的发展终究是相当有限的,与同期欧洲城市的发展进程相比明显落后了许多。为什么我国古代城市的发展只能停留在资本主义萌芽阶段,没有像欧洲城市那样再向前走一步发展到资本主义阶段呢?这是因为我国古代城市有以下四个方面的特征。

1. 以政治、军事为基础建立起来的城市属于寄生性质

西欧封建社会随着商品经济的发展,庄园制度遭到败坏,人口迁移的自由度越来越高,城市人口限制放松后,工商业得到了长足的发展。在工商业的推动之下,城市有着持续稳健的发展动力。以工商业带动的西欧城市慢慢发展成为具有政治、宗教、文化中心性质的多功能城市。中国古代的城市则多是以政治、军事为基础建立起来的城镇,作为中央王权统治和管理国家的工具,由此形成的"国都—省城—州府—县治"四级行政中心体系占据着支配性的地位。由于具有较强的政治性,由商品流通形成的市场网络体系只能依附于城市的政治功能,且受它的控制。这种寄生性质的城市为了不受本地经济资源的制约,强制获取更多的外部资源以扩大城市规模,往往容易变成敌对政权的攻守对象。这种状况无疑妨碍了城市的自主发展,因而必然造成其发展受王朝兴衰影响,稳定性不够,兴衰变动巨大。

2. 基于经济因素自然形成的市镇未取得自治地位

欧洲中世纪广泛存在于城市中的自治团体,如包括行会在内的自治组织,拥有较为独立

的团结的力量，它们对市民阶层争取政治权利起到了极大的促进作用。而在古代中国，那些基于经济因素集聚而自然形成的市镇，尽管具有更强的经济功能，且重要性在上升，但是自秦汉以来，城市中工商业者的社会地位一直受到专制政府的压抑而相当低下，尤其是雇佣劳动者的地位更为卑贱。尽管在一些商业城市存在商会，但大部分也依附于王权，有的甚至与王权勾结一同对付城市的工商业者，工商业者自身无法形成团结的力量以达到商人自治。

3. 政府的抑商政策与官办手工业阻碍了城市经济的发展

中国古代商业长期受到国家的控制乃至压制，从秦至唐都实行贱商政策，其直接后果就是城市中的里坊制。宋代以后，里坊制瓦解，直到清代雍正时期，商人的社会地位仍然不高。商人赚的钱通常用于购买土地，很少转化为产业资本，城市经济的发展动力明显不足。同时，城市手工业的主体在大多数时期一直是官办手工业，大规模官办手工业的存在抑制了私人手工业的发展。即使存在雇佣劳动关系，但当时的社会观念认为，雇佣双方绝非劳动力买卖的平等关系，而是雇工无以为生，接受主人家豢养。明代前期用匠籍制度对那些自谋营生而有技艺的匠户进行掠夺性的奴役，匠户们被强加人身依附关系到难以忍受的程度。这与西欧中世纪城市法律明确保护市民的人身自由、工商经营诸权利是截然不同的，两者的社会法律地位存在着本质的差异。

4. 家庭手工业与农业紧密结合是中国古代城市发展迟缓的经济原因

在我国，手工业一直与农业紧密地结合在一起。即便是明清时期产生资本主义萌芽的江南地区，这种结合也是十分牢固的。如松江府号称“衣被天下”，但棉布的纺纱、织布过程全部是在农村中进行的。长距离贸易虽然有所发展，但用来贸易的货物主要是消费品，而不是生产资料，它所反映的只不过是小农经济男耕女织的另一种形式，即以家庭为单位的自然经济转化为地区性的自然经济。在这种经济结构下，新技术的推广和城市的自主发展都是难以进行的。在欧洲，随着手工业与农业分离而出现的第二次社会大分工是城市产生的经济基础。中世纪后期起，大批手工业者集中于城市，不仅使城市的功能转向以经济为主，而且为后来城市的自治创造了条件，并进一步形成鼓励科学技术发展的社会和政治基础。

问题思考

1. 追求礼制秩序的古代中国，在城市建设上体现着怎样的空间秩序？
2. 中国古代城市功能单元的空间格局经历了哪些阶段，各有怎样的特征？
3. 中国古代城市规划的理念有哪些，如何影响城市的选址及空间布局？

第六章　中国近代城市转型发展与规划

本章导读

近代以来，中华文明发展的进程出现了波折和转向。因鸦片贸易引起的中国与已完成工业化的西方国家的战争开始改变中国传统社会经济发展的路径和方向。中日甲午战争以及庚子事变等几次战败后签订的不平等条约加速了这一进程。打开国门看世界，使得许多封建士大夫和留洋回国的知识分子认识到，发展工商业经济、施行城市自治是富国强兵的必要条件。城市不只是王朝统治人民的治所，更是工商业经济和社会文化发展的载体。西方国家在通商口岸城市开辟租界、中国自己寻求自立商埠城市以及中国城市建设不断引入西方工业技术和建设管理理念等使得中国城市发展进入大转型阶段。

在清朝省、府、州、县行政层级之外设立“建制市”是中国近代城市转型发展的重要标志，且一直持续影响着当今中国的城市建设与管理。钱穆说：“某一制度之创立，绝不是凭空忽然地创立；它必有渊源，早在此项制度创立之先，已有此项制度之前身……某一制度之消失，也绝不是无端忽然地消失了；它必有流变，早在此项制度消失之前，已有此项制度之后影。”①

第一节　西方现代国家的城市文明及带来的冲击

中华文明经过数千年不中断的发展，把基于农耕技术的小农经济模式发展到了极致，到18—19世纪，已是泱泱大国，物丰民阜。乾隆皇帝1793年因英国使臣乔治·马嘎尔尼(George McCartney)进贡西洋技术产品而给英国国王回信：“咨尔国王，远在重洋，倾心向化……天朝抚有四海，惟励精图治，办理政务，奇珍异宝，并不贵重。”那种视任何他国为蕞尔蛮夷小国的骄傲自大，可见一斑。

尽管早在宋代，开封、临安等城市就已出现街巷制，在晚清时期，长江沿线的苏州、汉口等城市，手工业行会、农副产品的商会以及票号汇兑等工商业经济也发展迅速，俨然具有资本主义社会经济特征，但并没有顺其自然地在中国的城市里孕育出资本主义体系。在古代中国的城市里没有形成由具有市民身份的自由人组成的“市民共同体”，也没有在政治、行政和法律等层面争取到城市自治的权利。1840年的鸦片战争中，经历了科学革命和工业革命的西方国家制作出来的工业技术产品(如前膛枪、炮舰以及望远镜和钟表等)展现出强大威

① 钱穆.中国历代政治得失[M].九州出版社，2001.

力，给传统中华文明带来巨大的冲击，极大地改变了近代中国城市建设的理念。

一、西方国家的城市自治

马克斯·韦伯(Max Weber)是现代西方一位极具影响力的思想家，与卡尔·马克思(Karl Marx)和埃米尔·杜尔凯姆(Emile Durkheim)并称社会学的三大奠基人。他在《经济与社会》一书中对城市做了极具说服力的分析，详尽地对比了近东、北非、东亚、欧洲等地区的城市，认为[①]：

> 在历史上，并不是任何经济意义上的“城市”，也不是任何其居民具有政治-行政意义上的特殊身份这样的要塞都会构成一个“公社”(Gemeinde)。完整意义上的城市-公社作为一种大规模现象仅仅出现在西方；近东(叙利亚、腓尼基，或许还有美索不达米亚)也有，但只是作为一种转瞬即逝的结构存在过。在其他地方所能看到的则仅仅是一些萌芽。
>
> 一个聚落要发展为一种城市-公社类型，至少在相当大的程度上必须具备以下特征：1. 一个要塞；2. 一个市场；3. 一个自己的法院和至少具有一定程度自主性的法律；4. 一个联合体结构(Verbandscharakter)以及与此相关的；5. 至少一定程度上的自治和独立，这包括当局的行政管理，且市民能够以某种方式参与对行政当局的任命。

对于特征 1 和 2，历史上各地区的城市多少都有，而后面三点特征则只出现在了西方城市。城市要变成一种自治且自主的制度化联合体，需要从国王那里获得“城市资格”，而成为一个能动的“地方法人”。这就要求城市必须有市民联合体和一个能担纲的阶级或阶层(所谓的资产阶级)；同时，国王的管辖或教会势力不能够强大到超过该联合体的理性行政的力量。因此，资产阶级可以代表市民共同体，根据市民的经济利益制定城市的法律并影响法院和行政机构(市政厅)的运行。只有拥有制定法律和影响司法、行政的权利，才可能认为城市拥有自治权利，因为在历史上，这些权利几乎始终表现为国王或教会的“等级”特权。

按照韦伯的分析，西欧封建社会城邦林立、教派分裂，构成其多元化的政治背景，对城市的管辖一直处于微弱状态；大航海带来的商贸繁荣增强了商人阶层的势力；最后庄园制经济的解体带来了大量的自由民，进入城市后住满 366 天，就可获得市民身份[②]。这一系列社会变革和文化传统促使独立的自治团体出现，从而使得城市能够实现自治。城市自治的实现又进一步孕育出强大的社会力量，这必将导向民主社会的发展。

艾伦·麦克法兰(Alan Macfarlane)在《现代世界的诞生》中分析认为，恰到好处的人口结构、以政治自由为主要特征的政府构建、公民社会的建立、全新的财富生产方式(工业革命)和特定的认知方法(科学革命)是评判一个社会是否具有现代性的五个特征，具有现代性社会的国家即可认为进入了现代世界。麦克法兰还指出，传统与现代并不是割裂开来的，而

---

① 马克斯·韦伯.经济与社会(第二卷)[M].阎克文，译.上海人民出版社，2020.

② 一个外来的流民或农奴要想成为城市市民，必须作为个人进行公民资格的宣誓。他在当地城市联合体中的个人成员身份保证了他作为一个市民的法律地位，而不是由他的部落或民族提供这种保证。

是互相联系的，一个现代化的社会不可能凭空出现，一定是由传统社会慢慢演变而来的，如英格兰就演变了八九百年才逐渐转型成为现代社会①。

二、近代中国的自我变革图强

尽管在晚清的汉口和苏州等城市出现了商业行会和各种商帮(如徽商、晋商、江右商帮等)，但这些具有“公社”特征的行会商帮始终表现为延伸到城市之外的亲属联合体而已，没有形成真正意义上的“市民共同体”，也就更不可能形成能担纲向统治王权争取自治权利的阶层。古代中国城市一直在中央集权制的专断权力之下生存，唯一可以与西欧中世纪市民阶层相提并论的“士阶层”也依托于封建王权，成为封建地主阶级官僚制的核心成员，极力维护着专制王权。最后，中央集权的大一统王权非常强大，单一政治根本不容许出现能与王权对抗的新兴力量，因此在这样的政治背景下，社会力量长期被专断权力压抑，难以形成城市自治的气候。

鸦片战争及随后的一系列与西方列强展开的战争也让国人看到西方国家工业文明的强大威力，开始反思自己。一开始从“用”的角度、“器”的层面“师夷”，后甲午战争战败，开始思考从“体”的角度、“制度”的层面学习日本君主立宪制和相关的制度改革，如废科举、兴新学，学习科学，尝试建立民主共和制度等。1901 年，内患外扰的清政府启动了新政改革，开启了近代中国的自我变革图强，以期实现现代化。如何激发内部活力、赋权地方是清末新政的重要内容之一。钱穆曾经谈道：“中国政治上的中央集权、地方没落，已经有它显著的历史趋势，而且为期不短……地方政治也一天天没有起色，全部政治归属到中央……如何使国家统一而不要太偏于中央集权，能多注意地方政治的改进，这是我们值得努力之第一事。”②

宪政与地方自治是当时政体改革的核心内容，其根本在于调整中央与地方、集权与自治的关系。梁启超认为：“集权与自治二者，相依相辅，相维相系，然后一国之体乃完。如车之两轮，鸟之双翼，缺一不可。就天下万国比较之，大抵其地方自治之力愈厚者，则其国基愈巩固，而国民愈文明。”③宪政与地方自治成为 20 世纪初中国现代化最为重要的制度安排。

1905 年 8 月，清朝廷接纳刑部侍郎沈家本等人的奏请，下令奉天和直隶试办地方自治。1909 年 1 月到 1910 年 2 月，先后颁布《城镇乡地方自治章程》《城镇乡地方自治选举章程》《京师地方自治章程》《府厅州县地方自治章程》《府厅州县议事会议员选举章程》。这些章程规定各地分设选举产生的议事会和董事会，实行民主自治。

《城镇乡地方自治章程》规定，凡府厅州县官府所在地为城，其余市镇村屯集等地人口满五万以上者为镇，不满五万者为乡。城镇乡均为地方自治体。乡设立议事会和乡董④，实行议事与行政分立。乡议事会在本乡选民中选举产生，为议事机构。自治范围以学务、卫生、

---

① 艾伦·麦克法兰.现代世界的诞生[M].清华大学国学研究院，译.上海人民出版社，2013.

② 钱穆.中国历代政治得失[M].九州出版社，2001.

③ 梁启超.饮冰室文集(四)：商会议[M].上海广智书局，1990.

④ 乡董通常由士绅担任。士绅并不是当政官僚集团的一部分，而是地方官长和百姓之间的中介人。州县官往往对于长期建设规划不感兴趣，因为对于他们的短暂任期起不了作用，士绅的职责包括：筹款修建桥梁、渡口，疏浚河道，修建沟渠堤坝，改良灌溉系统；修缮庙宇、神殿和古迹，建私塾；从事当地的慈善赈济事业；还有一个主要的作用是在公堂外劝解仲裁，解决邻里之间的民事纠纷，因为当时认为对簿公堂关乎一个人的声誉。士绅通常是中举的士子，拥有很多特权，如出席官方的祭孔仪式、主持宗族的祭祖礼仪等，可以免除体力劳动、蠲免丁税。

道路、农工商务、善举、公共营业及自治经费筹集为主。同时规定,以上若有专属于国家行政者,不在自治范围之内,且以“专办地方公益事宜,辅佐官治为主”。城镇乡董事会和议事会及其职员必须接受地方官的监督且地方官有权解散之。

1909 年 1 月颁布实施的《城镇乡地方自治章程》在中国现代化历程上具有划时代的意义,标志着在几千年来以农业生产为命脉的传统中国社会中,城市作为非农业生产的空间第一次正式进入权力变革的核心,由此揭开中国城市现代化的序幕。

三、“建制市”的设立

清朝的统治层级按照“行省—府(州)—县”设置,行省下设府(州),再下设县。清末时内地有十八行省,加东三省和新疆,共二十二行省。各府(州)根据地方的不同状况下辖有数县。数量众多的府(州)治、县治所在地(城镇)构成清末时的城镇体系空间格局。

“要建国先建市,要建市先建制”成为民国时期社会精英的普遍认识。1913 年,北洋政府颁布《划一现行各省地方行政官厅组织令》,废除府级设置,形成省、道、县三级政府设置,同时设立了京都(北京)、津沽(天津)、淞沪(上海)、青岛、哈尔滨、汉口 6 个特别市。国民政府完成北伐统一全国后,于 1928 年颁布《市组织法》和《特别市组织法》,并在此后多次修订,将“市”分为院辖市(亦称直辖市)和省辖市。1948 年,国民政府行政院直辖的城市有 12 个,分别是上海、天津、北平、沈阳、南京、重庆、广州、青岛、大连、武汉、哈尔滨和西安。对于省辖市设立的标准是:“人口在三十万以上或人口在二十万以上而其所收营业税、牌照税、土地税每年合计占该地总收入二分之一以上的人民聚居地方,得设市隶属于省政府。”表 6-1 展示了 1948 年我国各大城市人口。全市最高行政机关定名为“市政府”,最高民意机关定名为“市参议会”。

表 6-1 近代中国前 20 大城市人口排行(1948 年)

序号	城 市	人口(万)	序号	城 市	人口(万)
1	上 海	430	11	哈尔滨	63.7
2	天 津	171	12	成 都	62
3	北 平	167	13	杭 州	60.6
4	沈 阳	109	14	长 春	60.5
5	南 京	103	15	济 南	59
6	重 庆	100	16	西 安	50.3
7	广 州	96	17	长 沙	42
8	青 岛	76	18	丹 东	31.5
9	大 连	72	19	福 州	30
10	汉 口	64	20	自 贡	29

院辖市和省辖市的设立不同于西方国家城市因内生性发展而要求自治并从国王那里获得“城市资格”而设，而是中央政府的赋权。在当时，中国仍是小农经济占主体，中央政府迫切希望通过设立的城市孕育出现代性，通过赋权地方民众促成内生性发展。地方政府学习西方城市设立“市政厅”等自治机构，通过官治的现代化来促进自治能力，通过兴办工业、发展交通和扩充金融，使国家较快地形成现代性而进入现代发达国家行列。

西方列强通过不平等条约，一方面不断向中国倾销工业品，另一方面不断抽取农业生产资料和产品，形成工农业产品价格的“剪刀差”，使得广大农村处于破产状态。仅有在城市里发展起来的民族资本借助官督商办模式建立起来的商埠城市，通过学习租界的建设管理模式，不断“进步”。城市通过兴办工业可以吸纳农村的剩余劳动力，改善破产农民的生活；通过发展交通可以降低城乡间物质交换的成本，使得农产品更便利地转换成商品；通过扩充城市金融，可以使得城乡间的资本流动起来，使得农村中搁置的资本流动起来，也减少高利贷者的剥削①。

只有建设都市才能救济和发展乡村，但后来军阀混战、抗日战争等对于农村剩余劳动力的高强度提取不仅使得广大农村自给自足的自然经济破产，哀鸿遍野，也使得城市的金融极度紊乱，物价严重通货膨胀。这一状况直至新中国成立才开始有了新的转机。

第二节　口岸开放与城市培育

1840 年鸦片战争爆发，清王朝因战败而签订了第一份不平等条约《南京条约》，被迫开放广州、厦门、福州、宁波、上海五个东南部沿海口岸，并允许设立租界②。1856—1860 年的第二次鸦片战争中，西方列强又迫使清政府先后签订多个不平等条约，其中《天津条约》要求增开牛庄（后改营口）、登州（后改烟台）、台南、淡水、潮州（后改汕头）、琼州、南京、九江、镇江、汉口 10 处通商口岸，《北京条约》要求增开天津为商埠。1876 年的中英《烟台条约》又增开宜昌、芜湖、温州、北海为通商口岸。1895 年，中日《马关条约》开放重庆、沙市、苏州、杭州为通商口岸。至此，我国的开放从东南沿海开始，深入沿长江的各口岸，又深入内陆，中国被迫纳入全球的贸易体系。

尽管主要通商口岸的开放是外力强迫的结果，一系列不平等条约严重损害了中国的主权，然而开放通商口岸的影响并非全是负面、消极的。

首先，口岸开放前，口岸城市的贸易除广州以外都只面对购买力比较低下的国内市场，停留在较低的水平上。开埠通商以后，这些城市的市场由国内市场扩大到广阔的国外市场，从而为这些城市走“以港兴市、商贸兴市”的发展道路奠定了良好的基础。其次，口岸城市租

---

① 杨宇振.生产新空间：近代中国建市划界、冲突及其意涵——写在《城镇乡自治章程》颁布 110 年[J].城市规划学刊，2019(1)：108-117.

② “租界”一词在中文中出现的时间为 19 世纪 60 年代，英文对应的词汇主要有 concession area 和 international settlement，是指两个国家议定租地或租界章程后，在其中一国的领土上为拥有行政自治权和治外法权（领事裁判权）的另一国设立的合法的外国人居住地（土地国有化），有明确的地域四至，区域内的外国居留民有独立完善的行政、司法体系。中国的租界制度以最早建立的上海租界为蓝本，影响到其他租界。租界最主要的特点是内部自治，并不由租借国派遣总督，而是成立市政管理机构——工部局，承担市政、税务、警务、工务、交通、卫生、公用事业、教育、宣传等职能，兼有西方城市议会和市政厅的双重职能。

界区的开发建设展示了西方资本主义现代化的政治、经济、文化和城市风貌，是认识西方发达国家的窗口，带来了中国人建设自己现代化家园的样本。再次，沿海沿江口岸城市不仅是中国商业和交通最发达的地带，也是近代工业最集中的地带，口岸城市先进的经济文化具有强烈的辐射作用，带动了民族资本经济的发展。最后，对于广大的内地和农村而言，这些口岸城市的成长、壮大不仅带动了所在区域的发展，还通过各种交通路线和商业网络影响了广大的农村。

第三节　城市发展新形态

西方工业技术文明对传统中国的冲击是巨大的。这表现在两个方面：一是西方列强通过战争迫使清政府签订一系列不平等条约，迫使清政府设置通商口岸并划定租界，在租界内欧美各国按照自己的理念建设和经营；二是留洋回国的社会精英带来了西方工业技术以期改造传统中国城市，如开矿建厂兴办实业、修建铁路和公路发展交通、改造城市马路以改善生活条件、增建自来水和电力等基础设施等。不管是租界区还是华界区，也不管是传统老城区还是新建城区，近代中国城市建设的形态及规划理念都完全撇开了传统中国的城市规划原则和理念。

按照西方城市规划理念介入的深入程度，可将近代中国城市建设和规划分成三个层次，即因设租界地而新建的城市、因租界而兴起的城市以及自开商埠的新兴工业城市。

一、因设租借地而新建的城市

租借地(leased territory)不同于租界。租借地的租借时间往往长于一般租界，并且这些地区不但允许外国军队驻扎，还由外国人完全掌握当地的行政权(如驻青岛的德国胶州湾总督、日本关东州长官、英国香港租借地总督等)，中国官员不能决定这些地区的行政事务，这是租界与租借地的最大区别。因设租借地而新建的城市，典型的如日、俄先后独占的哈尔滨、大连，德、日先后独占的青岛，以及日本建立伪满洲国的政治中心长春等。

1. 哈尔滨

哈尔滨直至19世纪末时还只是在松花江畔的一个渔村，居民约三万人，由数十个村屯组成。哈尔滨的发展全因1903年通车的“中东铁路”①。第二次世界大战结束之前的50年时间里，哈尔滨通过中东铁路“T”字形节点的区位优势，作为铁路附属地，成为“东西方文明的交界点”，确立了中国东北、东北亚、欧亚贸易交流中心的地位，从传统农业聚落转型为近代新兴城市。

哈尔滨主要由俄国人规划建设及经营。这座城市无论在建筑风格，还是市政管理、文化教育等方面，俄罗斯文化气氛浓烈。规划上很注重对城市区域功能的布局处理。以圣·尼古拉教堂为中心的不规则放射广场呈现出一种别具一格的动态风格，向东、西、南、北以及西

① 中东铁路以哈尔滨为中心，西起满洲里，东至绥芬河，南到旅顺口(大连)，呈“丁”字形，总长2 478 km。初名“东清铁路”，民国后改称“中国东方铁路”，简称“中东铁路”。沙俄1896年通过《中俄密约》攫取中东铁路修筑权并于1897年开始修建，1903年建成通车。

北、东北辐射出六条路面，在其周围陆续修建了莫斯科商场（现黑龙江省博物馆）、秋林俱乐部（现哈尔滨市少年宫）等异域风格建筑；而教堂南侧则与哈尔滨老火车站遥相呼应，连为一线。如果从空中鸟瞰，圣·尼古拉教堂更是镶嵌在以东西新市街（现大直街）和南北车站街（现红军街）构成的巨大路面十字架的中心，使得当时整个哈尔滨都处在东正教十字架的遮盖之下（见图 6-1）。

图 6-1　哈尔滨卫星影像图

日俄战争后，来自包括美国、德国、波兰、日本及法国在内 30 多个国家的 16 万侨民移居哈尔滨，先后共有 100 多个国家在哈尔滨建立了领事馆，并建立了几千家企业。20 世纪 20 年代后，随着沙俄政权的垮台和俄国内战的爆发，中国逐渐收回了掌握在俄国人手里的司法、警察、土地、邮政等权力。值得一提的是，由于哈尔滨的战略区位（包括军事、交通以及国际贸易等）的重要，俄国、日本以及中国对其掌控权的争夺异常复杂，城市管理机构设置也异常复杂。1926 年，哈尔滨被一分为四，处于多重行政管辖的特殊格局之下（见图 6-2）。傅家甸属吉林省滨江县；道里区、南岗区属哈尔滨特别市；马家沟、顾乡、香坊、偏脸子、正阳河等其余江南各区，统归东省特别区市政管理局，属哈尔滨市；松花江哈尔滨段北岸的松浦区，则由黑龙江省长官公署下属的松北市政局管辖。尽管当时的哈尔滨在行政管理上属于不同的国家或政府，呈现“两国、三省、四方”的市政管理格局，但在经济上是互通的。整体上逐渐形成了南岗以街区为主、道里以建筑为主、道外以中式为主的城市风格和规划。

2. 长春

在明末清初，长春为蒙古郭尔罗斯旗地。随着东北地区的开发以及人口和耕地的增加，清嘉庆五年（1800 年）设立了长春厅，光绪十四年（1888 年）改长春厅为长春府。改厅为府，标志着长春的社会经济发展走向成熟。根据文献记载，长春城修筑于同治四年（1865 年），

图 6-2　20 世纪 20 年代的哈尔滨城建图及俄罗斯风格建筑

资料来源：陈晨.哈尔滨近代城市公园与道路绿化特征解析[D].哈尔滨工业大学，2019.

其东西宽、南北窄，因而俗称“宽城子”，设有城门六座。

沙俄修建中东铁路以控制中国的东北，并将铁路附近土地作为铁路的附属地划归其管辖。光绪二十五年(1899 年)，沙俄在长春城北 5 000 m 的二道沟修建了火车站，同时，在长春火车站以北又划出 5.7 km^2 作为中东铁路附属地。沙俄在附属地的规划采用的是欧洲惯用的棋盘格式的布局，主干道以及小街基本都横平竖直(见图 6-3)。

1905 年日俄战争之后，日本取代沙俄获得南满铁路特权，在沙俄时期修建的城区与老城区之间继续扩展铁路附属地。日本扶持傀儡在长春(更名为“新京”)建立伪满洲国。1908 年，日本人就对长春附属地进行实地勘测，并完成了一期规划方案。1932 年 3 月，成立了伪国务院直属伪国都建设局承担“新京”从制订到实施规划的全部任务。为了维护伪满洲国的形象，日本集中了一些优秀的设计和建筑专家，融合了当时最新的规划理念。1932 年 8 月，关东军、奉天特务机关、伪国务院三方举行联席会议，对满铁调查会和伪国都建设局的两个方案进行比较。11 月，伪国都建设局再次制订城市建设规划，确定“新京”的建设规划区为 200 km^2，除近郊农村的 100 km^2 以外，以 100 km^2 为建设区域，规划人口为 50 万。该规划报请关东军司令部并最后定案，称为《大新京都市计划》(见图 6-4)。

“新京”不仅是东北铁路系统的重要枢纽，而且作为伪满洲国的“首都”，日本人将其视为“大东亚共荣”思想的物质体现，是他们骄傲的新家园，所以要投入大量精力加以规划和建设。该规划仿照 19 世纪巴黎改造规划、霍华德的田园城市理论以及 20 世纪 20 年代美国的

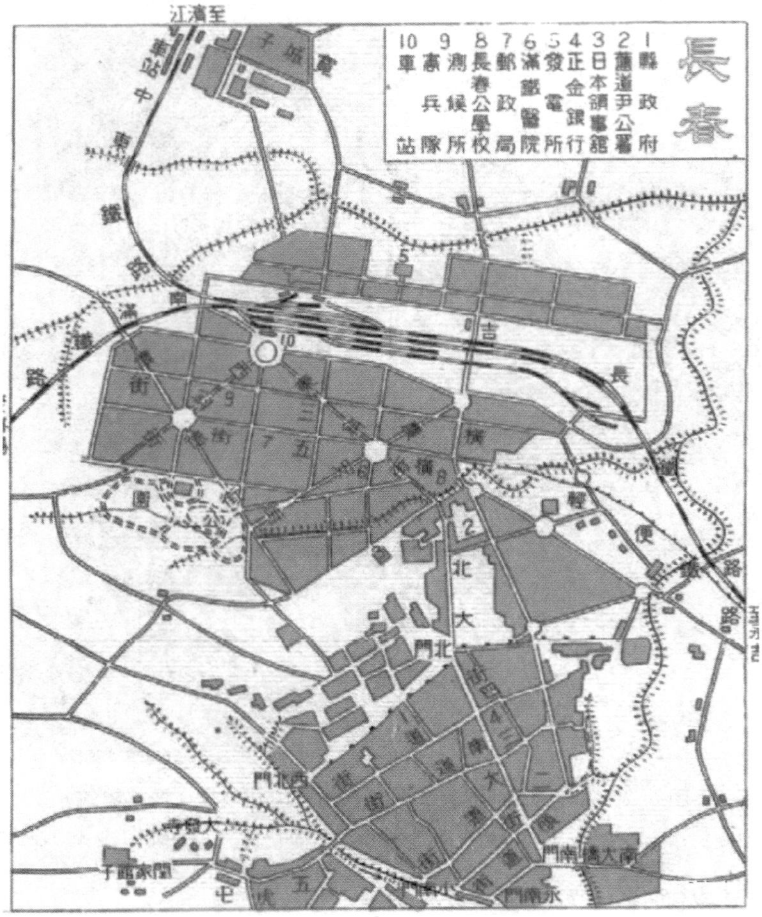

图 6-3　1932 年的长春地图

资料来源：长春，一座城市的地图记忆[EB/OL].澎湃新闻，https://www.thepaper.cn/newsDetail_forward_10919965.

城市规划设计理论，以广场为核心，以放射线的斜向道路为骨架，进行城市建设。

根据《大新京都市计划》的规划，行政中心位于安民广场至顺天广场的顺天大街（今长春市新民大街）一带，建设伪帝宫、伪国务院及伪政府各部。伪帝宫面积为 51.2 公顷，包括大广场、正门、本殿、正殿、宫内府、尚书府……花园城郊铁路西侧另有 200 公顷的伪帝宫保留地（见图 6-5）。

城市中心位于大同广场（今天的人民广场），周围建有伪满洲中央银行、伪满洲电信电话株式会社、伪国都建设局、伪首都警察厅（见图 6-6）。按照“中日分离”的原则将社交中心规划在盛京大路与和平大路，日本人娱乐区设于开运街，建有高级饭店、酒吧、赌场、高级妓院、高尔夫球场、赛马场等，中国人娱乐区则在“新天地”。交通中心为“新京驿”和“南新京驿”，规划为大型的国际中心车站。文教区设于南岭及协和广场（至今还是充满活力的“文教区”，吉林大学、东北师范大学均有校区在此处），建设亚洲最大的动植物园和综合体育中心。建筑风格也很多样，有伪满八大部这样充满军国主义特色的兴亚式建筑，有哥特式教堂，还有鸟居、东本愿寺、西本愿寺和神武殿等日本传统特色的建筑。

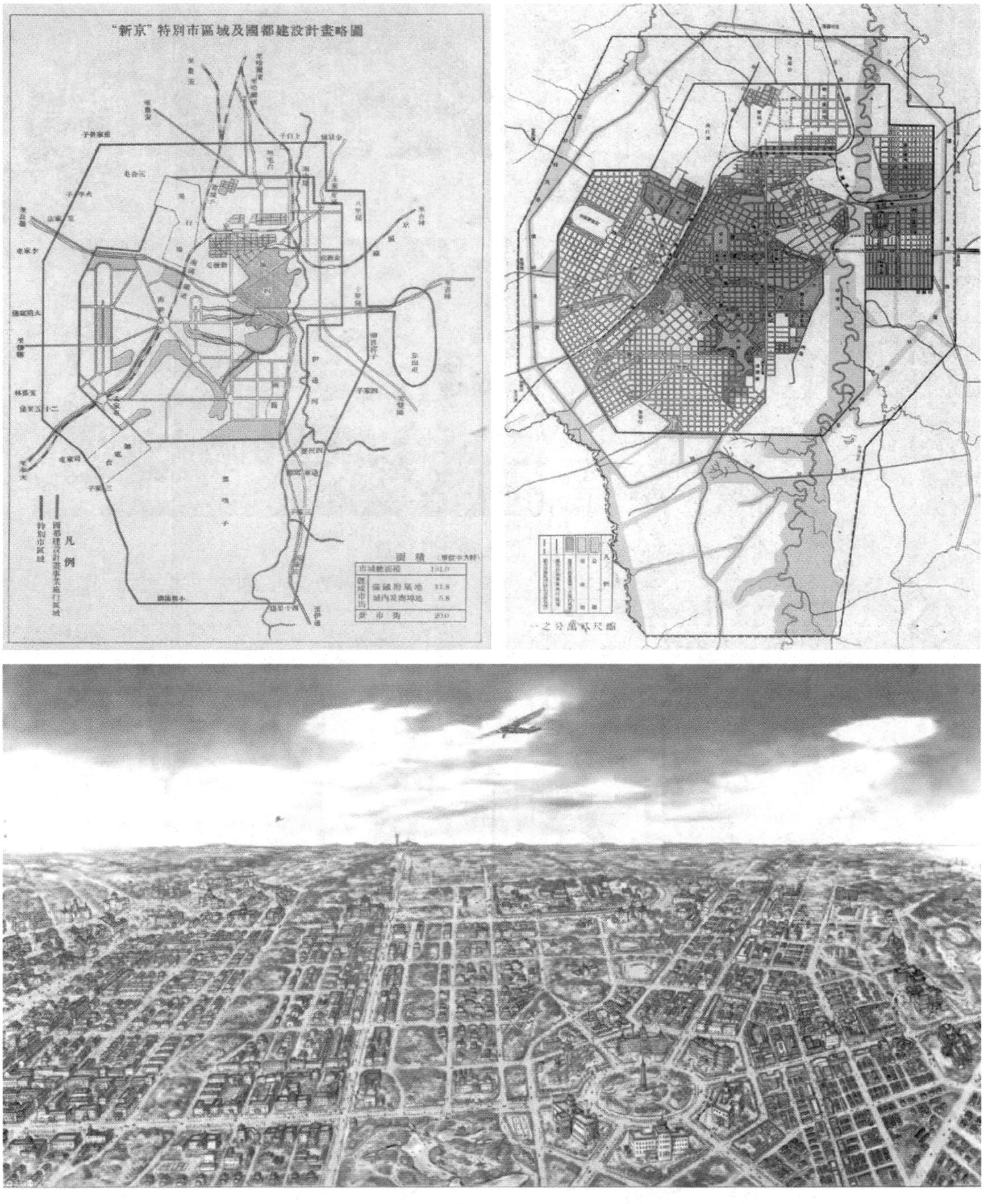

图 6-4　《大新京都市计划》图纸

资料来源：地球知识小能手.日本军国的大东亚迷梦[EB/OL].知乎，https://zhuanlan.zhihu.com/p/25557573.

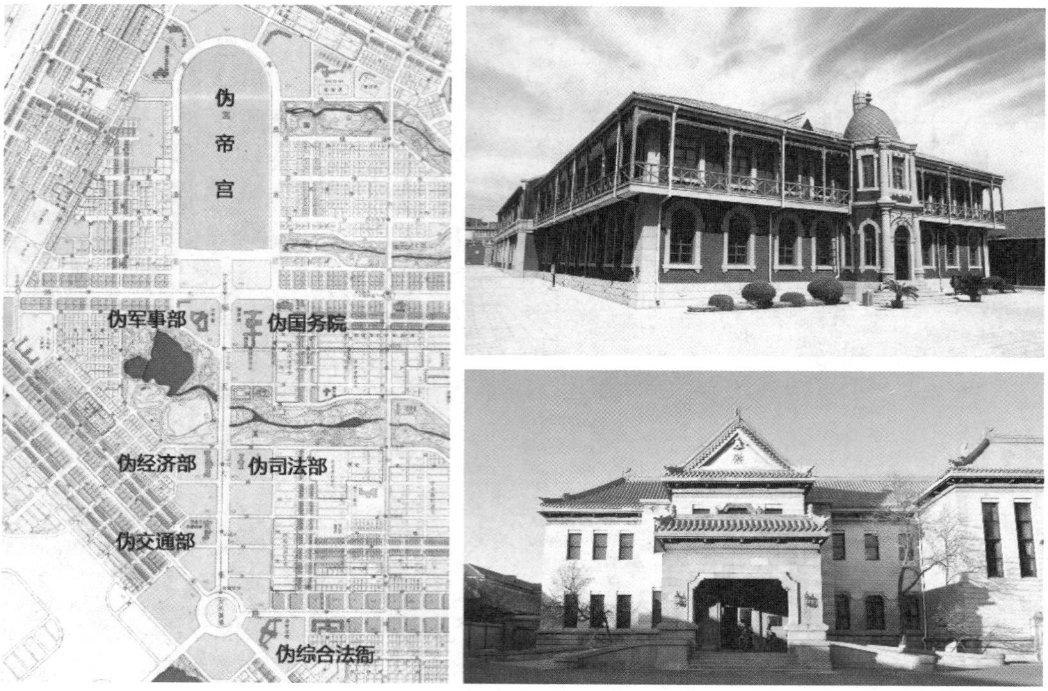

图 6-5　伪帝宫及其建筑

资料来源：李欣宇，杜凡丁.伪满洲国权力的游戏(下)——新京城市的权力空间：清源文化遗产[Z].2017.

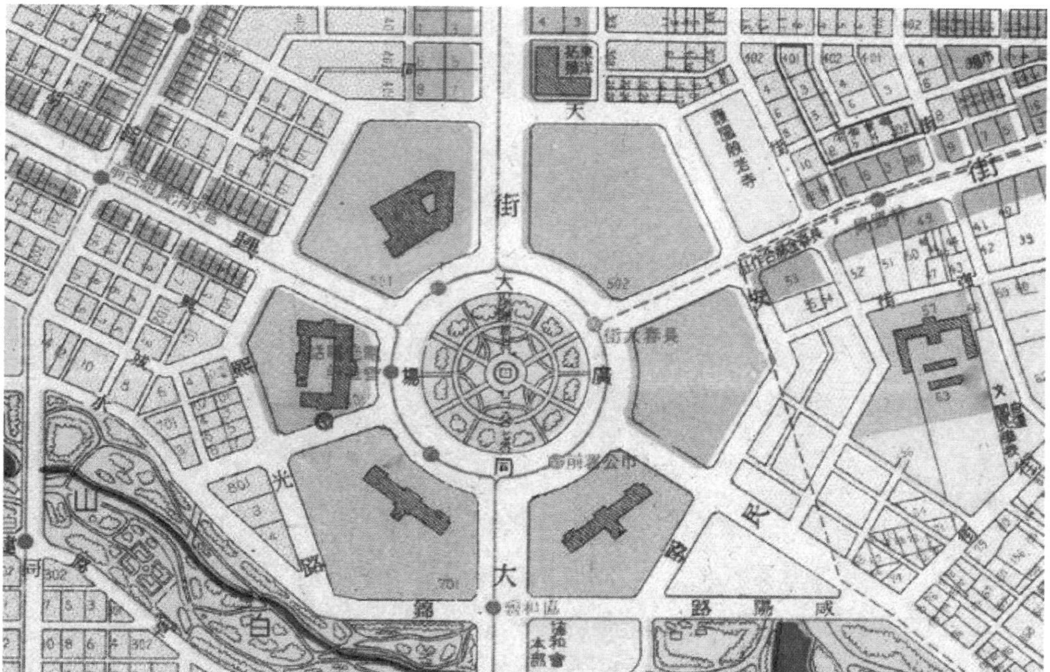

图 6-6　伪满洲国时的大同广场

资料来源：地球知识小能手.日本军国的大东亚迷梦[EB/OL].知乎，https://zhuanlan.zhihu.com/p/25557573.

“新京”的干道网采用放射状、环状与方格状结合的多心形式，重要路口都设置了广场，如直径 300 m 的大同广场和直径 244 m 的安民广场。道路按不同功能分为主干道（宽 26～60 m）、次干道（宽 10～18 m）和辅道（宽 4～5 m）。干道由绿化带分割为汽车道、公共汽车道、马车道及自行车道，两旁为人行道。路旁建筑不得超过 23 m，办公楼和大型商业建筑要从道路界限后退 10～15 m。规划建设 120 km 的环城地铁和有轨电车道路，以及环城高速公路。主要街道的照明和电讯线路采用地下管线。

1945 年，日本战败投降，溥仪再次“退位”，“新京”还没有建完。“新京”的城市规划深刻地体现了殖民侵略的特点和本质，使我们清楚地意识到，殖民侵略的工具不仅是炮火和战争，城市规划、建筑甚至一座城市形象的塑造都可以变成殖民的手段。

近代的长春城曾出现迥然不同的三种街道布局方式：中国老城有着相对平直的大街，但内部小巷凌乱；沙俄时期规划了棋盘格式的街区；日本占领时期规划了以圆形广场和放射形街道为骨干的街区。现今的长春是一座由于其历史而有着独特特点城市，城市中有日式、欧式以及中国传统风格的建筑。

3. 大连

1898 年沙俄强行租借旅大地区之后，曾取名“达列尼”（俄文意为遥远的，与“大连”谐音）。日俄战争之后，1905 年日本人将该地区正式称为大连市。

1899 年，沙俄政府通过了由萨哈罗夫和盖尔贝茨编制的大连港和大连城市规划方案，开始建设大连。该规划方案意在把旅顺作为太平洋舰队的基地来经营，建成一个海军要塞，同时在大连湾沿岸开辟新港，建设一座新的港口城市。在城市东部青泥洼海岸规划了四个突堤式码头并有铁路与港口相连，形成了海运和陆运结合成一体的优势（见图 6-7）。

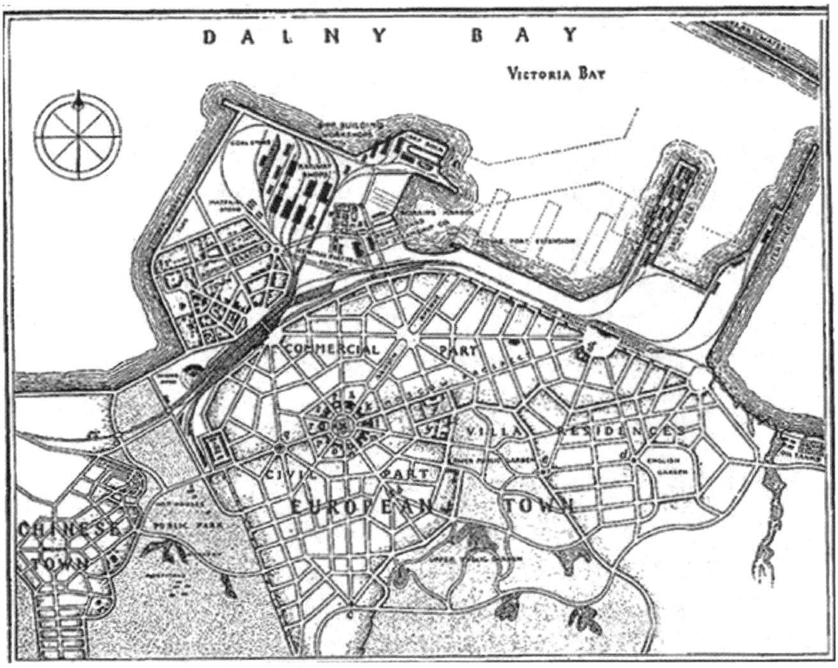

图 6-7　沙俄时的大连规划

资料来源：地球知识小能手.日本军国的大东亚迷梦[EB/OL].知乎，https://zhuanlan.zhihu.com/p/25557573.

在萨哈罗夫的规划中，交通运输和布局上采用了欧洲当时盛行的欧洲古典主义布局，运用了放射线、对角线、圆形广场的规划手段，以及严格的功能分区概念。以尼古拉耶夫广场（现在的中山广场）为中心向外辐射，分为“行政区”“商业区”“别墅区”“欧洲镇”和“中国镇”等几个主要板块。中山广场的布局迥异于中国传统的方格式建筑布局，而完全是巴黎的辐射式布局。当时萨哈罗夫做城市规划时，巴黎已经成为全世界公认最漂亮的城市，故而以巴黎为蓝本来规划大连。中山广场参照的即当时的巴黎星形广场，人民路则完全仿效香榭丽舍大道。

日本人于 1905 年“接管”大连后，对大连的房屋建筑规格、式样、高度、安全、市容以及公共卫生等以立法的形式加以限制，保证了市街区统一和谐的外貌。1909 年，仓冢良夫和前田松韵主持编制了以沙俄规划为基础的《大连市区规划》。在不改变沙俄时期城市区划的情况下，又根据军事需要对大连市区功能进行了部分调整：中心广场以东为军事要地，广场以西至西公园（今劳动公园）及俄罗斯街以北地区为日本人居住区，西公园以西为中国人居住区。对已经建成的部分未作变动，对未建成的部分继续细化或调整，如对于原规划街坊划分得比较大的三八广场一带高级住宅区，在新规划中配置了街区道路，并将其分成小的街区，人民路、中山路以南地区的广场、直线道路予以保留，弯曲曲折的道路改为直线道路等。随后又制定《大连市建筑规则》，对建筑退后道路红线、临街建筑高度、建筑密度、建筑功能等做了详细规定。

日本人后来认为俄国人之前对于广场的规划布局不利于交通。于是，在西部新扩张的城市街道设计上，虽然继续沿用了东部广场设计的特点，有长者广场（今人民广场）、大正广场（今解放广场）、回春广场（今五一广场）等，但把之前的放射形道路组合变成了方格形道路组合，只是在个别方格中加入了少量斜路。在日本统治时期的大连地图中，这种改变一眼可辨：东部是以中山广场为核心的放射形主干道与街区道路相连接，组成了一个个蜘蛛网状的城市交通网络；中西部（过人民广场后）则是整齐的棋盘式主干道组成的大方格，再被街区道路分割成若干排列有序的小方格，其间各广场相对独立，不像东部广场与广场之间有直通道路相连（见图 6-8）。随着城市经济的快速发展，市区人口规模增至 10.8 万人，城市用地日趋紧张，日本当局在 1919 年又编制了《市街扩张规划》，城市向西继续发展，城市用地从 16.7 km^2 扩大到 35.6 km^2。

日本占领时期，大连成为日本实施大陆扩张政策的桥头堡，是其掠夺中国资源、向中国出口产品的交通枢纽。规划中，军事与经济高于一切，其他都可以牺牲。例如，大连湾沿岸全部建设码头和工厂，取消所有生活岸线；不重视城市生态环境，取消了很多公共绿地；随意填海造地形成很多低洼地，造成连年的雨涝忧患；污水任意排放，污染了大连湾海域。有些问题直到今天也很难彻底解决。这一时期的规划实施形成了大连市的基本雏形，对以后的城市规划和建设产生了深远影响。

4. 青岛

直至 1891 年，清政府才在胶澳设防，以古代渔村青岛命名。1897 年，德国以“巨野教案”为借口派兵抢占胶州湾，并于 1898 年逼迫清政府签订《胶澳租借条约》，强租胶州湾 99 年。此后，青岛沦为德国在远东地区的重要殖民据点和海军基地，直到 1914 年 11 月被日本夺占。第一次世界大战结束后的巴黎和会上，中国政府强烈要求收回山东权益，以此为导火索爆发了五四运动，最终青岛于 1922 年 12 月被中国政府收回。抗日战争时期，青岛再度被日本占领，抗日战争结束后又被美国占据作为海军基地，最终在 1949 年获得解放，开启了这座城市全新的历史篇章。

1897 年，德国强行租借青岛后的第二年，德国胶澳总督府推出《青岛湾畔的新城市规划》，

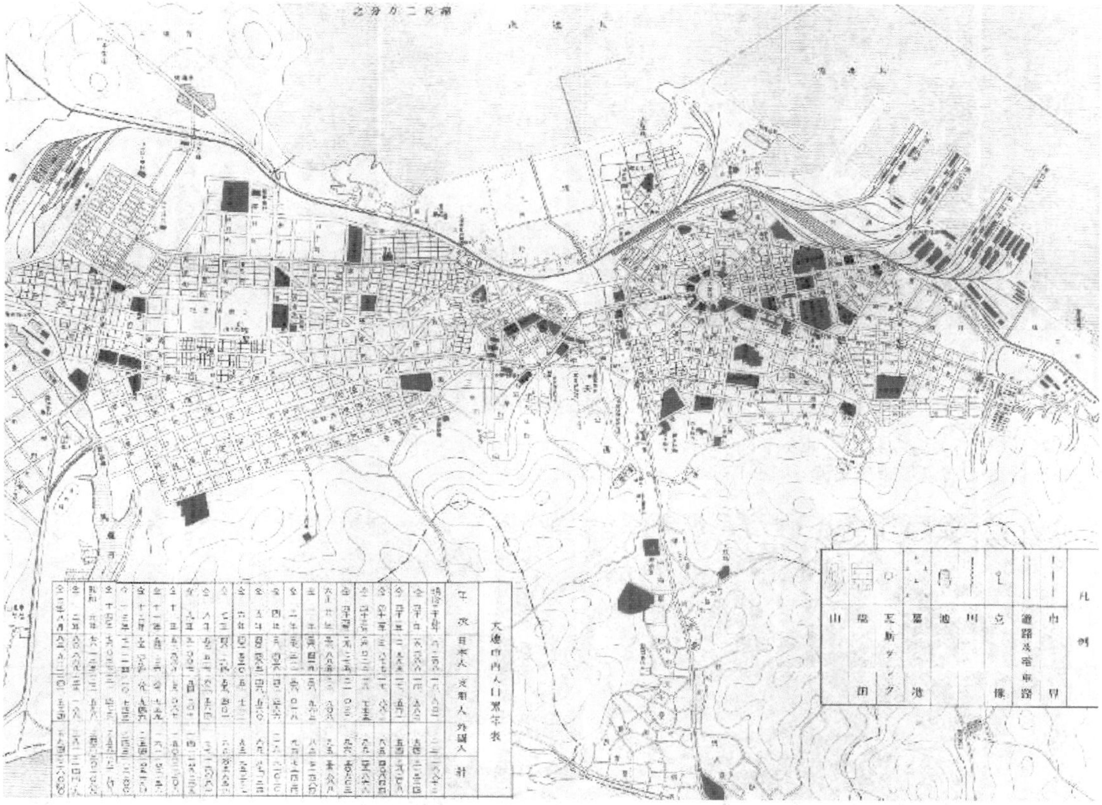

图 6-8　沙俄时的大连规划

资料来源：地球知识小能手.日本军国的大东亚迷梦[EB/OL].知乎，https://zhuanlan.zhihu.com/p/25557573.

将青岛的城市性质定为“德国在远东的军事基地和港口贸易城市”。从地形、气候、景观等因素考虑，将城市选址于前海湾的山岭南麓。当时城市范围很小，仅限于今市南区、市北区和台东区一带。德国人基于分区思想，将青岛分为欧人区、华人区、别墅区、商业区、仓储工业区、港埠区等功能区。胶济铁路从西部沿海纵穿城市，直达南海岸附近；铁路东侧为商业区和居住区；在铁路西侧即今大港、小港一带修建码头；城市东南部沿海的汇泉角、太平角一带为军事基地；在城市的北面海泊河开辟水源地，修建自来水厂，并布置城市下水道系统。道路系统结合地形布置，但基本上呈方格网状，道路密度很大，居住街坊面积较小(见图 6-9)。

总督府为当时的城市中心，位于团岛和汇泉两个控制点的中间。总督府居高临下可观察海上活动情况，到港口和火车站的交通都很方便。沿海岸的城市轮廓线以总督府为中心，在地形高处左右布置两个教堂作为制高点。建筑依地势布局，多采用德国的建筑形式，黄墙红瓦，平面、立面形式各异，风格多样而无雷同，尤其对沿南海岸线的建筑精心做了规划安排(见图 6-10)。

德国当局始终遵循基础设施先行的原则，把城市道路、上下水管网、电力照明、绿化等建设放在首位，根据城市规划制定一系列有关建筑设计、道路、绿化、环卫等的具体法规。

青岛先后两次被日本占领后，均制定过城市规划。1915 年，日本当局为满足城市迅速扩容的需要，除沿用德国城市规划外，还制定《青岛市街扩张计划》；1940 年，日本青岛兴亚

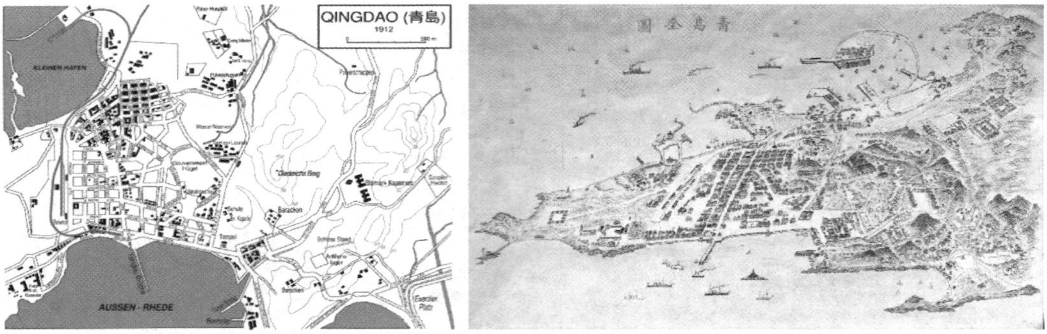

(a) 德占期的青岛市区平面图 (b) 德占期的青岛全图

图 6-9 德占期的青岛街区图

资料来源：(a)图摘自李洋.明治日本海军侵华史研究(1874—1912)[D].北京：北京大学历史系，2017；(b)图摘自青岛市档案馆.青岛城市历史读本(1891—1949)[M].青岛出版社，2013.

图 6-10 德占期的青岛街区图

资料来源：青岛市民政局.青岛文化地图[M].青岛出版社，2020.

院青岛都市计划事务所编制《青岛特别市地方计划》和《青岛特别市母市计划》。国民政府统治期间，青岛市政府于 1935 年完成《青岛施行都市计划方案初稿》，这是第一份由中国人制定的青岛都市计划，该计划把青岛城市性质定为“中国五大经济区之一黄河区的出海口，工商、居住、游览城市”。青岛可以说是中国第一座按照近现代规划理念整体规划的城市。1958 年，梁思成在青岛主持召开中国建筑学会专题学术讨论会，对青岛的城市规划与建设进行了全面分析和评价。

二、因租界而兴起的城市

在中国，曾经设立过外国租界的城市有上海、广州、厦门、天津、镇江、九江、汉口、重庆、苏州、杭州、沙市、福州、厦门(鼓浪屿)、北京 14 个城市①。设置租界最多的城市是天津，上海

① 英国设有七处，分别是天津、汉口、广州、九江、厦门、镇江和上海；日本设有五处，天津、汉口、苏州、杭州和重庆；法国设有四处，上海、天津、汉口和广州；德国和俄国在天津和汉口设两处；意大利、奥匈帝国和比利时均在天津设有一处租界。

和厦门(鼓浪屿)的租界内设有多个国家的领事机构,称为公共租界。

我们可以看出,这14个城市均是中国原来最大的工商业和交通中心,也是传统的府县治所在,有较好的城市基础。新划出来的租界通常在老城厢之外,四至界线清晰分明,租界内外的道路及公用管线互不联系。同一城市内有多个租界的,各个国家在各自的租界内自成体系发展,建有各个国家不同时期的建筑形式,形成特色明显的外国建筑风貌区,但就城市的整体布局而言,建筑面貌的多样化造成一种混乱状态。西方国家在其租界内应用先进的工业技术和建筑管理经验,整体规划布局有序,道路及水电基础设施等较为完备,生活条件较好,与旧城区有强烈的对比。

1. 上海

上海在开埠前只是一个小县城,在中英《南京条约》中成为五口通商口岸之一,并于1843年11月17日正式开埠。《南京条约》规定英国人有权居住在上海,但是并没有答应给英国人在上海划一个租界。时任上海道台的宫慕久害怕中国人和英国人杂处易生事端,影响自己的乌纱帽,于是他自愿把上海县黄浦江河滩上的一块不毛之地划给英国人当租界,并于1845年签订《上海土地章程》,正式确定了第一块租界的范围,计830亩。这份《上海租地章程》中有这样的文字:"……为晓谕事:前于大清道光二十二年(一八四二年)奉到上谕内关:英人请求于广州、福州、厦门、宁波、上海等五处港口许其通商贸易,并准各国商民人等挚眷居住事,准如所请,但租地架造,须由地方官宪与领事官体察地方民情,审慎议定,以期永久相安……"在租地内,可以建筑房舍,安顿眷属、侍从,储藏合法商品,建设教堂、医院、慈善机构、学校、会堂,亦得栽花植树,设置娱乐场所,但不得储藏违禁物品。承租人在办理租地手续后可自行退租,但原业主不得任意停止出租。实行华洋分居,界内之地,华人之间不得租让,亦不得架造房舍租与华商。

这里简述一下上海租界发展的历史(见6-11)。1848年11月,英国将租界面积扩大至2 820亩。1849年6月,法国建立租界,面积986亩。1862年,美英租界合并;1893年,美英租界面积扩展至10 676亩。1899年,美英租界正式更名为"上海国际公共租界",并再次扩展到33 503亩,法租界扩展至2 135亩。1914年,法租界扩展至15 150亩。根据《上海租界志》,抗日战争胜利后,国民党政府于1945年正式收回上海租界主权,前后正好100年。英租界辟设以后,外国人源源而来。在开埠时,上海登记在册的外国人只有26人,但到1942年增加到15多万人。还有大量的外来人口来上海闯天下,在100多年的时间里,上海城市居住人口从20多万发展到500多万。

租界内成立了工部局,负责租界的道路、上下水电基础设施建设、建筑管理、消防治安等一系列城市规划建设管理。租界里的英美人把当时欧美国家新出现的东西都引入上海,包括物质、制度、精神以及衣食住行等各方面,如电灯、电话、教育制度、自治制度等。与天津相比,上海煤气的使用早19年,电灯的使用早6年,自来水的使用早14年,在物质文明方面远远走在中国其他城市前面,成为现代化城市的一个范本。开埠不久的上海成为发展最快的一个口岸,在20世纪30—40年代,上海对外贸易一度占全国总额的80%,已经是中国的金融中心,是整个亚洲最大的国际大都市(见图6-12)。

由于实行华洋分处原则,租界就变成"国中之国",造成上海"一市三治四界"的奇怪格局,即一个城市,三个管理机构,华界、公共租界、法租界各有自己的管理机构,华界又分为南市与闸北。尽管英、美、法等国带来新式的生活方式,但城市各个部分不衔接,整体比较混乱。

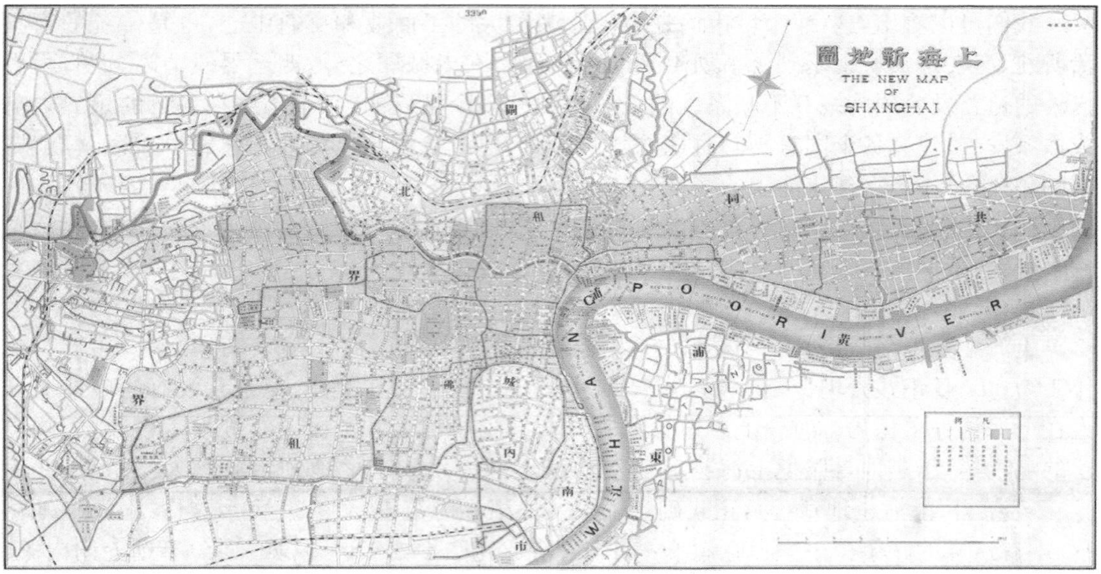

图 6-11　上海租界划分图及老城厢

资料来源：上海新地图(1927 年日本堂书店发行)。

图 6-12　20 世纪 30 年代的外滩

资料来源：外滩历史文化风貌区！不可不看的上海经典历史建筑群[EB/OL].上观，https://sghservices.shobserver.com/html/baijiahao/2020/04/17/169822.html.

2. 天津

天津自古因漕运而兴起，唐朝中叶以后成为南方粮绸北运的水陆码头；金朝在直沽设“直沽寨”，其规模只是个大渔村；元朝设“海津镇”，是军事重镇和漕粮转运中心。明永乐二年(1404 年)正式设卫，开始筑城，修建门楼，挖护城河。设四座城门，城的平面东西宽、南北窄，呈矩形，状如算盘，也称“算盘城”，当中有沟通南北东西的十字街，向外延伸可通四乡大道，十字街交叉处建鼓楼，卫城的格局是典型传统中国县城。

1725 年，天津改卫制为州制，后升为直隶州；1731 年，设天津府。清代从顺治到嘉庆 140 多年间，天津城重修 12 次。1900 年 7 月，八国联军攻破天津城；次年，由列国联军组成的天津都统衙门下令拆除天津城墙，在原址建成东南西北四条马路。从那时起，具有 496 年历史的天津城垣不复存在。天津租界划分如图 6-13 所示。

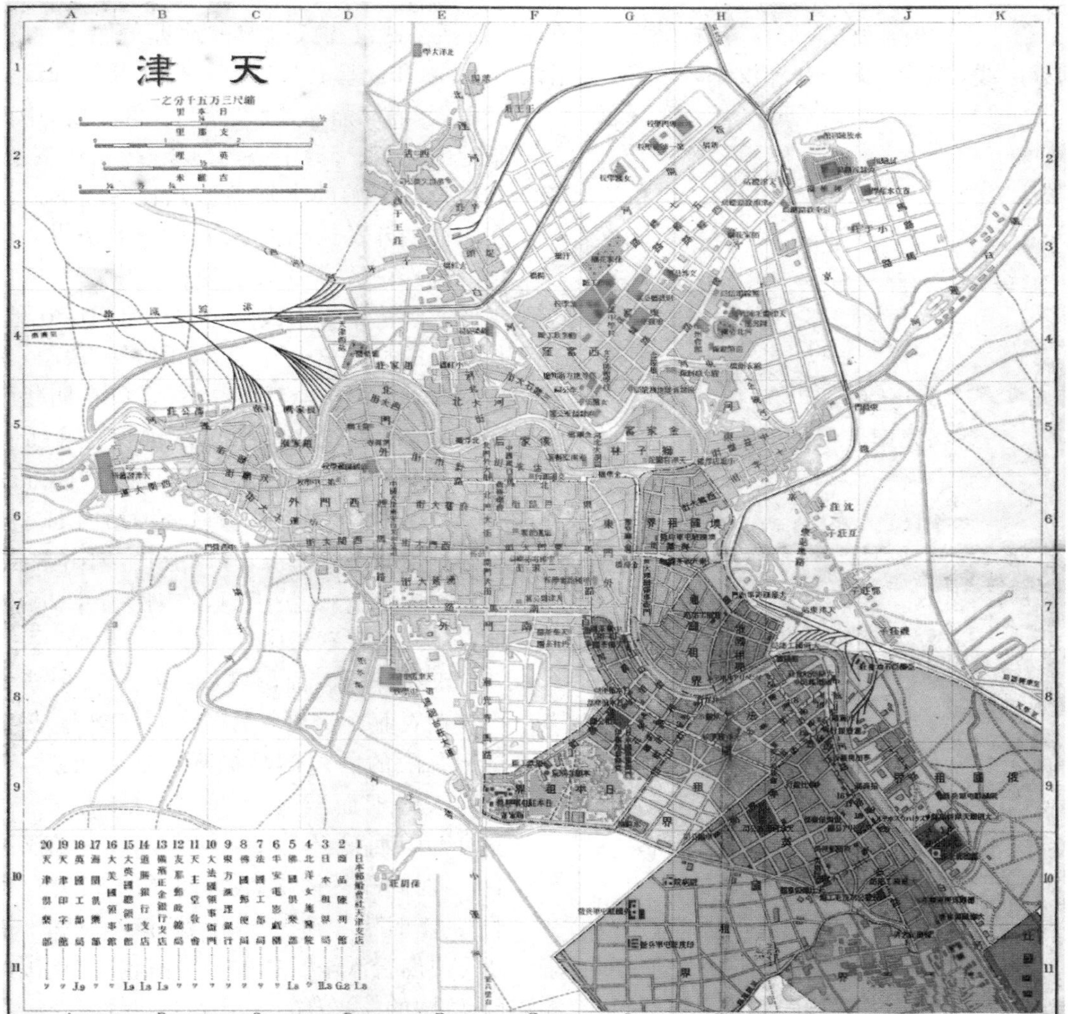

图 6-13　天津租界划分图及老城厢

资料来源：天津租界[EB/OL].百度百科，https://baike.baidu.com/item/%E5%A4%A9%E6%B4%A5%E7%A7%9F%E7%95%8C/744229?fr=ge_ala.

根据《北京条约》，天津成为继牛庄（营口）、登州（烟台）之后的北方第三个通商口岸。1860 年 12 月起，英、法、美、俄、德、日、意、比、奥九国列强先后在天津建立了本国的租界和领事馆，使天津成为中国近代史上设立租界国别最多的通商口岸。

开埠以后的天津成为中国北方开放的前沿和近代中国洋务运动的基地。天津利用广阔的国内外市场和优越的经济运行环境，大力发展进出口业和近代工商业。到 20 世纪 20—30 年代，天津已经发展成为北方综合经济实力和辐射能力最强的经济中心，是仅次于上海的中国第二大工商业都会。在天津的经济辐射与带动之下，华北、西北和东北的广大地区在农业、畜牧业、工业、商业、交通运输业等方面的近代化和外向化水平都有了前所未有的进步，从而大大提高了北方地区的整体经济实力，改变了唐宋以后北方在全国经济地位不断下降的趋势，使北方重新成为全国经济发展水平最高的地区之一。

3. 武汉

“一线贯通，两江交汇，三镇雄峙”非常精练地概括了武汉得天独厚的地理条件：“一线”即京广线，“两江”即长江和汉水，“三镇”则指汉口、汉阳和武昌。“三镇”同位于长江和汉水交汇处，隔江鼎立，既是控制长江中游、中南腹地的商贸、交通中心，又是联结长江下游、开通长江上游的中转站。九省通衢的武汉在明清朝开发长江中下游、国家经济中心南移的过程中逐渐发展成为长江中游地区的工商业经济中心。武昌是省府衙门所在地，是武汉的科教文化中心；汉阳兴起最早，历史悠久，是中国的工业中心；汉口在明代强势崛起，20 世纪初期成为全国仅次于上海的国际大都市。民国时期的《汉口商业月刊》曾这样评价汉口：“汉口一埠乃内地之枢纽……盖其不处海滨，外国航轮，无由直达，只司集中土货，运沪出口，收纳洋货，散销内地，最为相宜。”（见图 6-14）

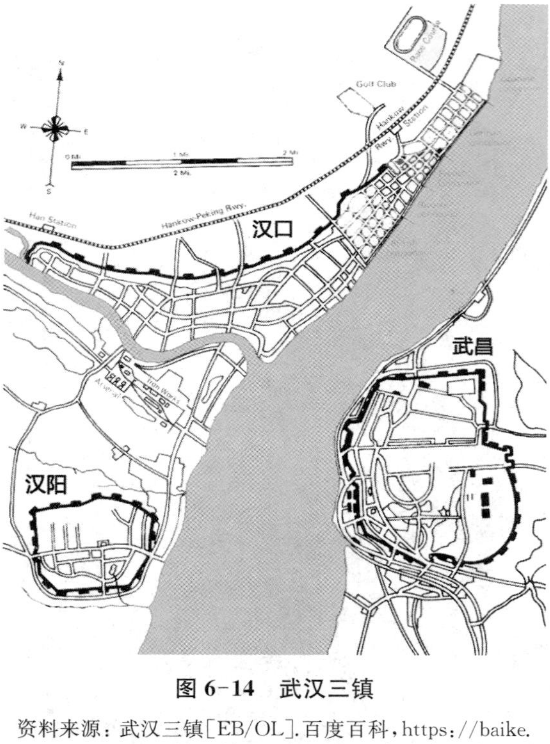

图 6-14　武汉三镇

资料来源：武汉三镇[EB/OL].百度百科，https://baike.baidu.com/item/%E6%AD%A6%E6%B1%89%E4%B8%89%E9%95%87?fromModule=lemma_search-box.

汉口开埠以前，虽以商贸而兴，但毕竟构筑在农业文明和自然经济的基础上，只能进行有限的内地商品循环。1861 年后，外国商人蜂拥而至，先后有英、美、法、德、丹麦、荷兰、西班牙等 20 多个国家在武汉通商，一时间洋行林立，武汉商界进入“万国交通”的新时代。到 1905 年，汉口洋行和外国商号最多时达到 250 余家，其中不乏一些在华大公司或商行派至汉口的分支机构，如英国的怡和洋行、和记洋行，德国的美最时洋行、礼和洋行，法国的立兴洋行，美国的慎昌洋行、美孚洋行等。1865—1888 年，汉口的洋货进出口总值超过同期的牛庄、天津、烟台、九江、宁波、厦门、汕头等商埠，仅次于上海而成为中国第二大对外商业中心（见图 6-15）。

在外国商人蜂拥而至的同时，本地商业在保持开埠前沿河传统贸易的基础上，商品贸易由“六大行”(粮行、盐行、油行、茶行、棉布行、木材行)发展为银钱、典当、铜铅、油烛、绸缎布匹、药材、纸张和杂货“八大行”,以及茶、油、海味、皮货、生漆、茶楼、酒肆等。这一时期,汉商除继续维持和保留商店与手工作坊相结合的前店后坊式古老经营方式外,还随商业环境的改善创设出具有地方特色的名店名品,涉及日用百货、文化用品、服装鞋帽、副食调料、布匹绸缎、钟表饰品、五金交电等,尤以“汉绣”闻名天下。民族工业也应运而生,且逐渐发展壮大,武汉由近代商业市镇逐渐转型为工商业综合性城市。此外,商品贸易的快速发展刺激了长江航运的发展,也为民族航运业的兴起与革新提供了动力与契机。

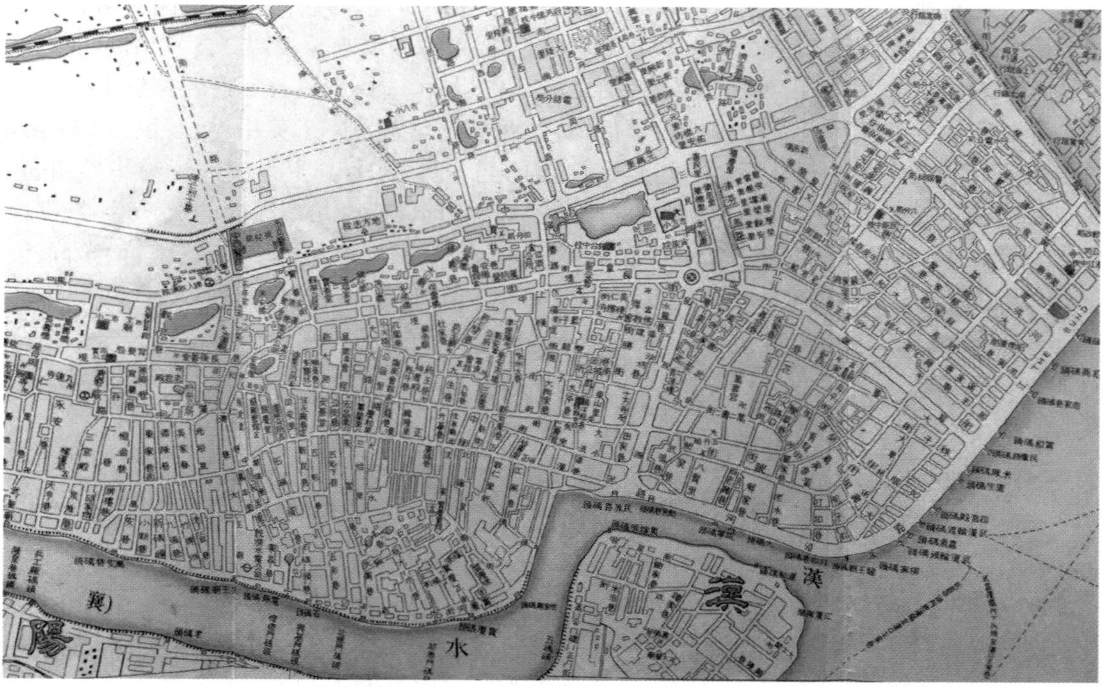

图 6-15　汉口商埠

资料来源:武汉历史地图集编纂委员会.武汉历史地图集[M].中国地图出版社,1998.

4. 广州

广州有 1 800 多年海上贸易的历史,主要是南洋海上贸易,范围很广,包括东南亚、印度洋和非洲东海岸。当时的海上贸易实际上是从藩属国向宗主国纳贡开始的,“假入贡之名,行市易之实”发展成为与外族贸易的一种形式,即“贡市贸易”。各地运来的货物,除规定贡品以外,其余的货物官府可以“抽买”,即“有司择其良者,如价给之”。官府抽买之后多余的货物才临时“招商发卖”,所以由贡而生市,因市而有征。但“非入贡,即不许其互市”,交易仅限在驿馆内进行,不许商人与蕃人在馆外私自授受。这种贸易是“官商贸易”性质,并不积极谋求商业利益,只是为了“通夷情抑奸商,俾法禁有所施,因以消其衅隙”,从而宣扬“中华帝国的威德”。

广州早在唐代就设立了市舶使,康熙年间开放海禁,设粤海关,经营蕃馆。经营蕃馆行栈的华人必须得到户部的批准,除了保证外商的食宿以外,还要向中国官方担保外商的行为端正,既要有与外商贸易的经验和资金,也要和地方长官有关系。从事这种专业的商人称为

“行商”(hong merchants),他们是外国商人和中国商人的中介商人,故又俗称“牙行主”。随着来中国的欧洲商人逐渐增多,后来便形成包办欧商贸易的洋货行。洋货行出现时俗称“十三行”。英法等国贸易公司在广州设立商馆,这些商馆就是外国在中国的贸易代理处,经营该国与中国之间的货物进出口。商馆的房屋名义上由十三行行商提供,实际上是外商出资兴建,还雇佣中国人充当总管,外国领事也驻在馆内,比起先前包办外商食宿的行栈已大有进步。从南洋贸易到欧美贸易,从贡市贸易到商行贸易,从蕃馆到洋行,从官商、半官商到买办,这一历史演变的过程造就了广州不同于其他城市的特点。

明清之际的广州十三行处于广州城外西关最繁盛的商业区,它的覆盖范围约为今天东至仁济路、西至杉木栏路、南至珠江岸边、北至十三行路的一片地区,第二次鸦片战争期间被中国群众烧毁。根据《虎门条约》,英、法两国占领广州后,选择十三行附近的珠江中的小沙洲,人工填筑成沙面岛,并且按照出资比例,将其西部 4/5 划为广州英租界,面积约 264 亩,东部毗邻面积较小的广州法租界,北部为沙基涌,与华界分隔,其上设有一桥与华界相通。兴建时有比较完整统一的规划,有一条贯通东西的主干道,辅以几条纵向的次干道,将用地分为若干区域,每个分区又划分为若干小区,建有警察局、领事馆、教堂、学校、银行、洋行、俱乐部、旅馆以及很多小住宅。清末时期的广州城如图 6-16 所示。

图 6-16 清末时期的广州城

资料来源:广州市城市规划展览中心.哲匠营城:古代广州城市营建[M].科学出版社,2022.

昔日的英法租界现在已是广州市荔湾区下辖的沙面街道(见图 6-17),是广州著名的旅游区、风景区和休闲胜地,1983 年还新建有白天鹅宾馆。岛上绿化较好,有古树 150 多株,空气清新,环境卫生甚佳,称得上广州的世外桃源。目前岛上仍有多国驻广州的领事馆。

图 6-17　广州的沙面街道

资料来源:百度地图卫星影像图.

三、自开商埠的新兴工业城市

早在戊戌变法期间,中国政府为捍卫国家主权,抵制列强强迫中国增开条约口岸,主动对外开放了若干口岸,形成了与条约口岸不同的通商口岸类型,这些口岸被称为"自开商埠"。为了振兴商务、奖励实业,1901 年开始的新政决定设立商部,总揽所有商务及铁路、矿务诸要政。商部设立后,制订并颁布了一系列规范工商业的制度及奖励办法,一些著名的工商业人士得到了朝廷的褒奖和优待,如张謇被礼聘为商部头等顾问官,并赏加三品衔,华侨巨商张振勋被任命为考察外埠商务大臣,并被授权督办闽广农工及路矿①。

最早开放的自开商埠是岳州、三都澳和秦皇岛,后增加到 35 个,其中山海关内有 19 个,关外有 16 个。省会城市辟为自开商埠比较有影响的是济南、武昌、昆明、南宁等。另外,一些素有商贸传统、商贾荟萃的市镇或具有商业发展潜力的地区,如山东的潍县、周村,江苏的南通、海州,湖南的常德、湘潭等,也有自开商埠。自开商埠的大量设立有利于所在城市社会经济的发展,在一定程度上实现了自开商埠主政者抵御列强侵略的初衷。

自开商埠在空间上通常是在老城之外另辟新地(见图 6-18),如吴淞商埠之与上海城厢、浦口商埠之与南京城厢、济南商埠之与济南城厢、南宁商埠之与南宁城厢等。商埠区的行政管理无论在法律上还是在事实上,均完全与城厢内的行政体系脱离,城墙内的行政事务仍一如既往,归府县治负责,城墙外的商埠则通常是"官督商办",自成一体。

① 杨天宏.清末新政时期自开商埠的设置[J].四川师范大学学报(社会科学版),2002(6):109-116.

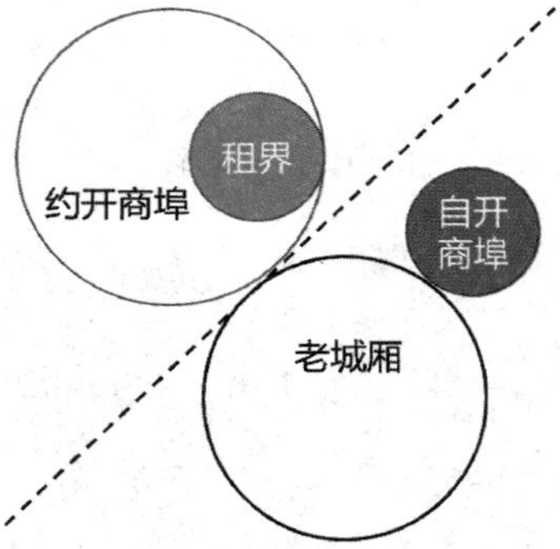

图 6-18 自开商埠与老城厢的空间关系示意

进入民国时期，新政催生了官僚资本和民族资本的崛起，出现了不少因新工矿企业而兴起的新城，如河北唐山、河南焦作、湖南锡矿山、湖北大冶以及甘肃玉门等城市。另外，工业革命带来的新型交通方式（特别是铁路）对工商业及城市的发展影响很大，在铁路枢纽或铁路与主要河道交叉处的城市得到较大的发展，如郑州、徐州、石家庄、蚌埠、浦口以及抗日战争时期的宝鸡和双石铺等。

1. 济南

1940 年，时任直隶总督袁世凯和山东巡抚周馥联名上奏："山东沿海通商口岸，向只烟台一处。自光绪二十四年德国议租胶澳以后，青岛建筑码头、兴造铁路，现已通至济南省城，转瞬开办津镇铁路，将与胶济之路相接。济南本为黄河、小清河码头，现又为两路枢纽，地势扼要，商货转输较为便利，亟应援照直隶秦皇岛、福建三都澳、湖南岳州府开埠成案，在于济南城外自开通商口岸，以期中外商民咸受利益。"这份奏折清晰全面地说明了济南开办商埠的原因、目的和优势。在袁世凯和周馥等人的周密安排下，成立商埠总局统一协调管理商埠事务，下设工程局，掌管界址内工程建筑、房地产、工商行政、税务、治安管理，并制定相关设计方案。1906 年 1 月 10 日（就在胶济铁路开通前 10 天），济南、周村、潍县三地同时举行开埠典礼，正式开放为"华洋公共通商之埠"，济南成为中国近代史上第一批自开商埠的内陆城市之一，走上近现代工业化城市的蜕变之路。济南老城厢与自开商埠区位关系如图 6-19 所示。

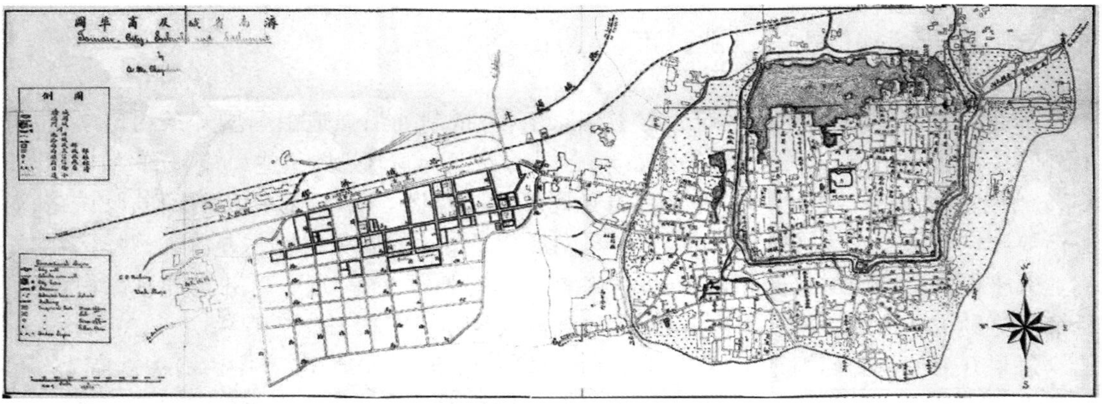

图 6-19 济南老城厢与自开商埠区位关系

资料来源：1920 年代《济南省城及商埠图》[EB/OL].历史地图网，http://www.txlzp.com/ditu/1417.html.

济南商埠选址在老城厢的西侧，范围东起济南老城之西（今纬一路），西至北大槐树（今纬十路），南沿赴长清大道（今经七路），北以胶济铁路为限（今经一路），东西长约五里、南北约二里。采用识别感较强的方格型路网，沿胶济铁路由北向南依次平行排列着经一路至经七路，由东向西的纬一路至纬十路与之垂直排列。商埠区的核心地段分布的是领事馆、教堂、银行、住宅等，多数采用西方列强的文化风格（见图 6-20）。

随着胶济铁路的开通和 1912 年津浦铁路的全线通车以及黄河铁路桥的建成，济南成为南北交通枢纽，商埠区很快由荒郊野地变成了店铺林立、贸易繁荣的繁华街区，吸引并涌现了一大批中外商号和民族实业家。尤其是洋务运动刺激了民族工商业的发展，纺织厂、面粉厂、制药厂、机械厂等近代工业在济南北郊工业区迅速形成。济南便利的交通加速了中西文化的交流，修建的教堂、领事馆、银行、车站、洋行、住宅等都采用西方建筑形式，邮政局、电影院、公园等新兴事物纷纷出现，形成了风格多样的建筑群，人们的思想观念和衣食住行都发生着前所未有的变化。济南从一座自给自足的封闭古城逐渐发展成为华北的重要商品集散地，形形色色的西方建筑风格与原有济南旧建筑掺杂一起，使济南城市面貌由一个封建古城变为半殖民地半封建的城市。

图 6-20　济南自开商埠的建筑风貌

资料来源：喜马拉雅-解密济南|济南是哪一年自开商埠的[EB/OL]. https://www.ximalaya.com/lvyou/12519557/79502292? source=m_jump.

2. 南通

国内民族资本的迅速发展也使得有志气、有理想的人士探索在自己的国土和体制框架内图强，寻找一条完全通过“内力”推动，切合于时代、适应地方、较为完整的城市建设和经济发展之路。张謇在南通的实践为当代中国城市的开发建设提供了一个新鲜、进步的样板。他在没有任何西方“外力”作用的条件下，在有限的社会生产力下，立足于中国的农耕社会，从村镇到城市，一步步综合考虑，结合地区优势和特色，自行规划设计了“一城三镇”的城镇空间布局(见图 6-21)，具有首创性，至今仍是组团式城市空间结构的经典之作。

南通是中国最早按照先进理念规划和建设的城市。在张謇的推动下，在唐闸镇开辟了建筑、纺织和榨油等工业，在天生港镇开辟了建筑和港口，在老城区南面的狼山镇形成风景区。如此，老城区居中(政治、金融、商业、文化中心)，唐闸工业区、天生港区、狼山风景区三镇环绕，彼此相距九千米，其间自然分布着绿色的田园，互不干扰，各自合理发展。城市之间通过城闸路、称善路、港闸路和城港路相连，以河道和公路连接，在功能上保持为一个整体。

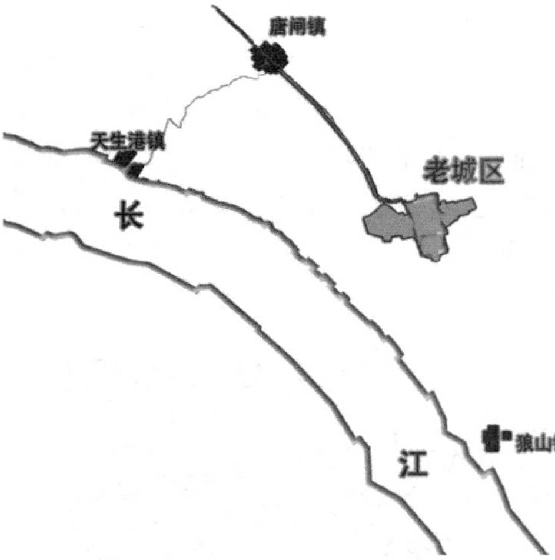

图 6-21 南通“一城三镇”的空间布局

南通不同于租界、商埠或列强占领下发展起来的城市，是中国人基于中国理念，比较自觉、有一定创造性、较为全面地规划、建设、经营的第一个有代表性的城市，实践了“城市-地区”规划建设思想，在不长的时间内使一个封建的县城过渡到现代城市（并被称为“模范县”），不能不认为具有划时代的意义①。

3. 唐山

唐山是李鸿章等办“洋务”而发展起来的城市。唐山的前身是河北东北部一个名叫乔家屯的小村庄，只有十几户人家。由于唐山发现煤矿，所以开始在此开矿建厂、兴办实业。1877 年，开平矿务局成立。有了煤矿，自然少不了铁路，几年后，唐胥铁路修理厂成立。之后，细绵土厂和水泥制造厂等也相继开办（见图 6-22）。

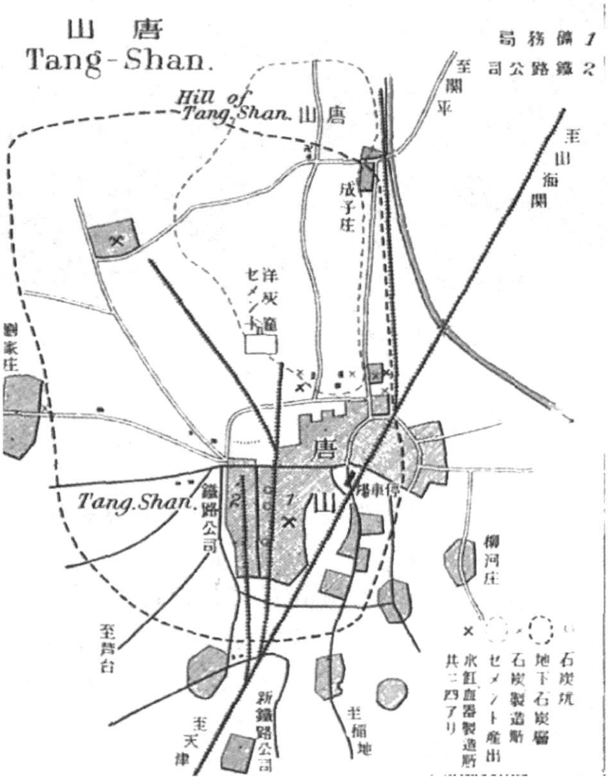

图 6-22 煤矿与铁路驱动的唐山城

资料来源：小川一真.八国联军侵华时期照片集[M].北京学苑出版社，2008.

① 吴良镛.张謇与南通“中国近代第一城”[J].城市开发，2004(12)：16-19.

唐山虽然不在帝国主义直接控制下，没有租界，但在中国半殖民地半封建的社会背景下，这里一些工业也一度为帝国主义所占有，也有专为外国人居住的地区。城市发展显现出早期资本主义城市自发、畸形发展的特点。整个城市建设沿唐胥铁路车站附近并围绕矿场向外扩展。铁路穿越并分割市区，市内道路曲折，且多与铁路交叉，城市交通复杂。矿场西部是工人住宅区，拥挤不堪，城市建筑面貌混乱；西北部地势较高、风景优美，为外国人住宅区；车站南移改为京奉铁路新站后，城市又沿原来工人居住区附近的道路向南发展。唐山虽然有了煤矿、工业、铁路等现代设施，在中国早期现代化方面先行一步，但在城市建设上尚无工业、交通、居住等全面的经营，未形成完整的格局。

4. 蚌埠

蚌埠原隶属于凤阳县，是一个在淮河北岸的小渔村——小蚌埠，以盛产河蚌和珍珠得名，又被称为“珠城”。蚌埠的发展得益于其交通。蚌埠具有水运交通优势，建有千里淮河第一大港，主要用于盐运和漕运。1911 年，津浦铁路线开通，水运和铁路两种交通方式的汇集使蚌埠成为皖北地区的交通枢纽，因此蚌埠又被称为“火车拖来的城市”，进而成为政治、经济、军事战略要地，曾被汪伪政权选择作为“首都”及经济中心来建设，后来因政治时局原因而放弃。不过在民国时期，其城市居住人口曾达到 20 万～30 万人。民国时期的蚌埠城如图 6-23 所示。1947 年，蚌埠正式设市，脱离凤阳县。

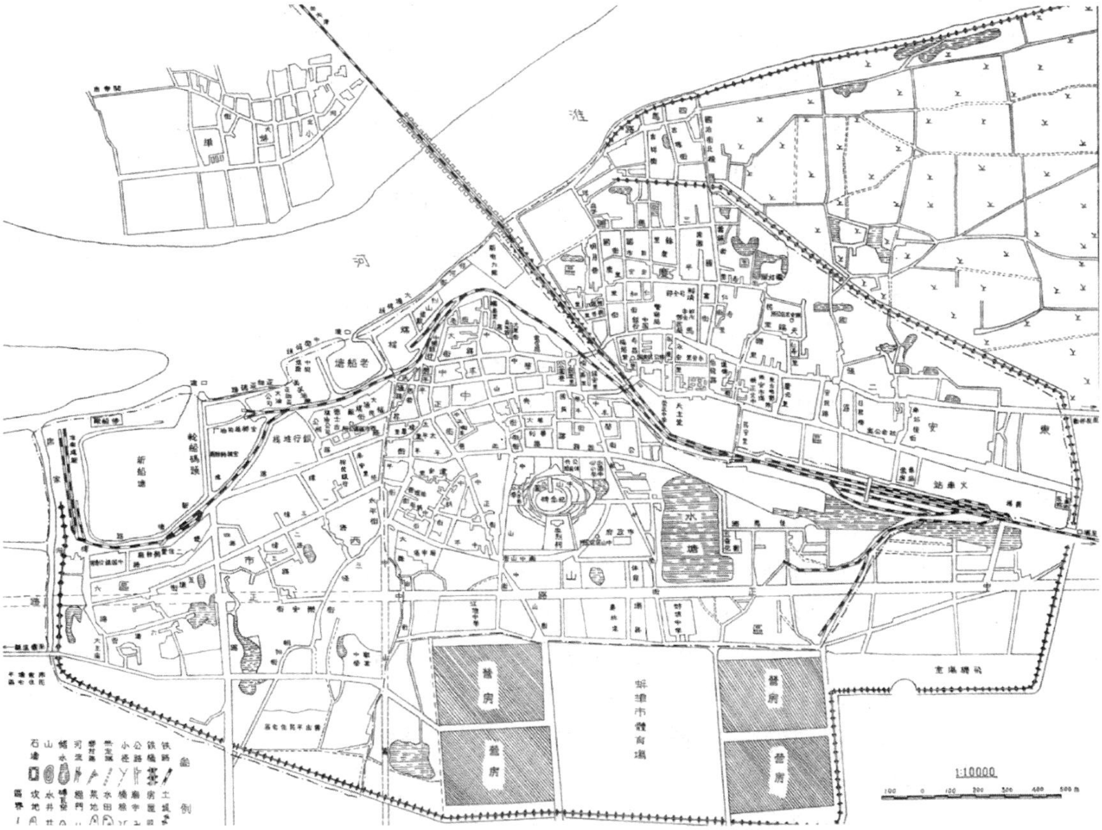

图 6-23　民国时期的蚌埠城

资料来源：吴炳华，朱殿学，赵太鹏.蚌埠市城市建设志[M].方志出版社，1992.

蚌埠因水路、铁路交通枢纽而兴，体现在城市布局上就是在淮河码头和火车站之间开始自然形成商业及居民住宅区。由于港口和铁路站均在淮河南岸，所以市区首先在河岸以南发展，之后又在铁路以东发展，形成市中心地区。1911 年辛亥革命后在铁路以西形成军政区。1919 年，在淮河南岸边开挖了新船塘，船塘附近逐渐发展为商业活动中心。1928 年，在南郊修建简易机场，至 1934 年形成机场区。铁路将城市分成东西两部分，主要道路建有跨线桥，次要道路则与铁路平交，正常通行受到很大阻碍。铁路沿线是劳动人民的居住地，房屋简陋。

四、近代中国城市转型发展

我国的农耕文明经历了康乾盛世后，到 19 世纪中叶时已是落日黄昏，无革新生机。鸦片战争及此后一系列不平等条约使得我国不得不打开国门，被拖拽着进入全球贸易体系。西方列国根据条约在开放口岸设置租界，一方面凭着先进的工业技术制作的商品在中国倾销，另一方面通过多种非和平手段掠夺我国农业产品剩余，使得我国传统自给自足的自然经济破产，大量的农民和小手工业者衣食所需和日常食用不得不依靠市场，进入商品经济体系并涌入城市务工谋生。当政者一方面开展洋务运动，自开商埠，开矿建厂，学习西方工业技术，兴办实业图强；另一方面也学习西方民主制度，试图推行地方自治。中外两股力量交织作用到城市这个社会经济、政治载体上，其发展逻辑已经完全发生了变化，从过去以政治和军事为主要功能的封建统治阶级治所改变为顺应资本主义和工业文明发展的载体。转型发展，顺之则昌，逆之则亡。

城市所在区位是否顺应商品贸易发展流向是城市发展的基础因素。西方贸易商品从海上来，这就决定了沿海沿江城市能较快且较好地适应和融入全球贸易体系，从而得到较快发展，生产生活上能较方便地接触到西方技术和文明，城市规模扩张较快，城市风貌更加西方化。至于原来靠着内河水运而兴起的城市，由于航路的变化（国际贸易大型船只走海运）改变了区域交通线路货物的流向和流量，原来位于交通沿线的城市变得停滞或衰落，如山东的临清，江苏的淮阴、淮安、扬州，上海的嘉定等。内陆型的封建统治中心，如西安、成都、太原、南昌、长沙、兰州等，仅凭省城地位承担着区域内贸功能，增量有限，因而城市发展缓慢。西北边防型城市则无经济基础可言，毫无疑问地快速衰落，甚至被遗弃，如嘉峪关、山海关等。

因"求强求富"的洋务运动而发展起来的民族资本所青睐的城市开始兴起。首先兴起的是煤矿城市和有色金属矿产城市，矿藏开采及实业经济是这些城市的主要功能。其次是因公路和铁路建设及设站而兴起的城市，一方面交通带来商贸物流功能，另一方面物资的流动也吸引工业落户，交通、物流和工业生产功能是这些城市兴起的动力。最后那些紧邻因租界发展起来的大城市的城市也受到民族资本的青睐而兴起，如靠近上海的无锡、南通等。这些城市一方面有广大的农村腹地，农业生产发达，可以从事剩余农产品贸易，另一方面可以较快地获得西方先进的生产技术而发展实业。那些得不到民族资本或官僚资本青睐的市镇，如江西的吴城镇、河口镇、樟树镇等，仅凭传统的农产品运输和贸易无法得到长足发展，对比之下则呈衰落之势。

近代中国，城市建设的物质要素增多，功能结构复杂化，工业区和交通站场出现，邮政局等公共设施内容增多，自来水、电力公司等市政公用设施发展。最关键的是，城市土地资源的分配机制发生了变化，原来衙门占据市中心的街坊制彻底解体，转变成商业街区及商贸大楼，四周封闭型的院落空间转变为开放型的别墅或里弄，传统的书院和文庙衰落，继之而起的是大学堂。原来局限在城墙内的生产生活空间转变为租界区、商埠区、工业区、新市区等新兴空间"多区拼贴"的城市空间形态，城墙也因不适应发展转型而被大规模拆除。

乡村中国转型为城乡中国。建基于农耕文明的中国，近90%的人口从事农业耕作，居住在广大的农村，"士、农、工、商"的身份等级秩序以及"重农抑商"的政策使得从事手工业和商贸的人口比例极低，居住在城市里的多半是官员和少量的士绅，城市的职能就是管理乡村，属于城乡合治。进入近代，城市担负着发展工商业的重任，工商业创造财富和税收的能力远超农业，随着国际贸易的发展和工业技术的发展，可以通过开矿发展实业而无须依赖农村生产品，因而城市工商业经济的发展与农业经济间的关系逐渐削弱。早在清朝末年，随着《城镇乡地方自治章程》的颁布实施，城市就开始学习西方制度建立城市自治机构，民国时期设置"建制市"行政管理层级，城乡逐渐走向分治。周其仁教授形象地描述：偌大的中国，只有两块地方，一块是城市，另外一块是乡村①。

第四节 近代中国城市规划方案介绍

晚清时期，西方列强强占中国土地，开辟租界，哈尔滨、长春、青岛、大连等北方城市的规划大多基于欧洲的规划理念，如英国、法国、德国、俄国等(日本人的规划也大多由西欧留学人员所编制)。看到在实力上与列强的差距，自开商埠的规划和建筑营造并没有采用传统中国城市的规划理念，而是学习和移植西方的知识、技术、观念和组织管理方式。1911年辛亥革命后，许多利用庚子赔款留学美国的人回国参与国家建设，早期因西式知识与技术供给的稀缺而只能雇佣西方从业者的状况有所缓解，自治城市政府开始主动编制城市建设方面的规划或计划。由于留学国家主要是美国，所以美国的规划思想深刻地影响了此段时间的城市建设，涉及的主要城市有广州、南京和上海。

一、广州

广州作为传统的贸易城市，租界对其影响甚小。自开商埠风行之时，在两广总督周馥的主持下，自开了长堤、河南和黄埔三个商埠，并提出了近代以来第一个大规模的城市建设方案。方案以长堤改造、粤汉铁路建设为契机，发展省城、河南、黄埔三地之间的交通，以拓展市区，但由于辛亥革命、北伐战争等时局原因，方案被搁置。

广州是广东省治和府治的所在地，也是番禺县和南海县的管辖地。广州市被省政府赋权，从县的行政区域中切割和剥离出来。作为国民革命力量的集中地，1921年，广州颁布了当时中国最早的市政组织法规《广州市暂行条例》。《广州市暂行条例》借鉴了美国市政改革运动所创新出来的体制安排，即市委员会制度②，将一个城市的议决和执行权都集中于少数

---

① 周其仁.城乡中国[M].中信出版社，2017.

② 美国是一个高度城市化的国家，市是州所属的政区，是由州特许设立的自治体。1820年前，市政首长一般由市议会或州长挑选，1820年后，向直接选举市长的方向发展。19世纪末，随着工业化的发展，城市迅速发展，人口骤增，市政管理面临的问题日益复杂。各州城市为适应现代化的管理，纷纷进行市政体制改革，选择把立法和行政职务(转下页)

人的委员会，更加强调地方自治。当时的广州还不是北洋政府指定的特别市，但是在城市管理体制改革上已经领先全国，“开始了国民党在夺取全国政权前管理城市、从事大规模市政建设的第一次实践”①。

《广州市暂行条例》颁布后，孙科（孙中山之子）经推举，受省长委任，担任广州市首任市长。1921 年 2 月 17 日，孙科带领六局局长任职，成立了广州市第一届政府，即广州市政厅。广州市政厅由市行政委员会、市参事会和审计处三个独立部门组成。市行政委员会主管行政，由市长任主席并对外代表市政府，市长由省长任命；下分设公安、卫生、公用、工务、教育和财政六局，六局局长均为市行政委员会委员。市参事会为行政监督机关，拥有议决市民请愿案并咨送市行政委员会办理、议决市行政委员会送交案件、审查市行政各局办事成绩三项职权，其成员部分由选举产生，部分由省长任命。审计处则办理审计事宜。

市工务局主管城市建设和建筑管理。时任工务局长的程天固在 1930 年提出《广州工务局之实施计划》。在该计划中，提出市中心区域的道路系统采用典型的方格路网与放射型路网相结合的方式。道路分级及形式、道路网络密度和道路间距采用“小地块、密路网”的布局方式，形成了不同于中国传统的城市肌理。同时，采用巴洛克式的城市设计手法，道路的走向注重与城市的轴线、公共建筑、公园和绿地布局相结合，以公共开放空间作为构图的中心，行政中心等核心地段采用“十”字形及尽端式布局以形成对景构图（见图 6-24）。

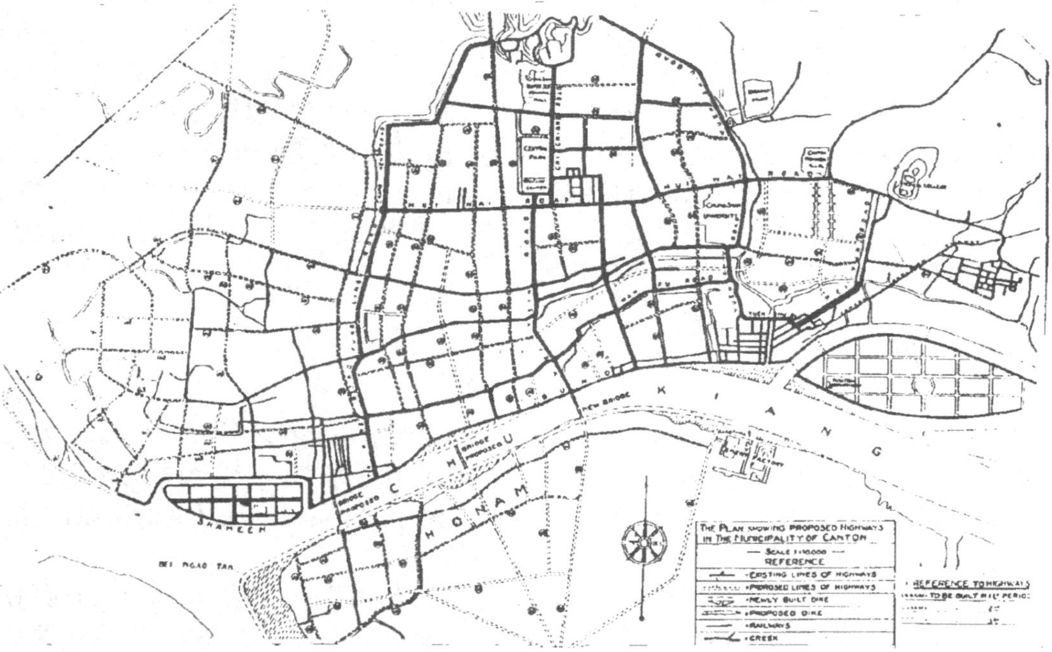

图 6-24　广州市道路网规划（1930）

资料来源：Cody J W. American Planning in Republican China, 1911-1937[J]. Planning Perspectives, 1996(11): 339-377.

（接上页）合二为一的市委员会形式。市委员会由选举产生的 3～7 名委员组成，每个委员在行政上负责一个具体部门的管理工作，委员中推选 1 人为主席（通常称市长）。主席与各委员的地位平等，无立法否决权和行政任命权。委员会实行集体领导、分工负责制。委员会既行使立法职能，又行使行政职能，有权制定政策、法令、章程、税率、编制、预算等。

① 邹东.试论民国时期广州城市规划建设[J].规划师，2017，33(1)：142-146.

1932 年 8 月，广州市政府正式公布了《广州市城市设计概要草案》，这是广州乃至全国最早颁布的具有现代意义的城市规划文件之一。该草案充分体现现代城市规划的思想，不仅注重功能分区、道路建设和基础设施的布局（即工务局的主要工作），而且谋划城市不同的功能片区定位。草案根据市民生活和城市发展的需要进行功能分区，将城市划分为商业区、住宅区、工业区及混合区四个功能区。除旧城内的原有商业区外，草案在黄沙铁路以东、河南沿岸、东山以东等地均规划了新的商业区，将住宅区划分为高档住宅新区和工人住宅区两类，工业区设置在临江一带，混合区主要为旧城区。

这个草案广泛吸收了西方城市规划的理论与经验，也吸收了孙中山提出的“南方大港计划”中的一些思想理念和目标等，如以港口、铁路等带动城市发展，城市总体布局中注重功能分区，道路系统要分级等，这些思想明显受到欧美城市美化运动的影响。由于广州政局相对稳定，该草案得到较好的实施，其形成的格局一直未有太大改变，如 1954 年广州市人民政府编制的城市总体规划以及其后的数版总体规划均延续了民国时期城市总体布局规划的思路。

广州市在民国时期的一系列规划成果达到较高的水平，领国内规划之先。首先，涵盖面广，从总体到局部、从综合到专项，各个方面的规划体系比较完整。其次，欧美先进理念本土化衔接较好，从规划的原则、理念、方法和内容等方面看，这些方案广泛吸收了西方现代城市规划科学的成果，并结合本土实际情况加以运用，如对城市的扩张和疏散进行有意识的引导，注重港口和铁路等基础设施的建设，在规划设计和工程技术等方面都达到了一定的水准。可以说，广州市政当局及规划实践者的研究范围、视野和深度以及付诸实践的行动力都达到了一定的水平，为广州城市后来的发展奠定了基础。

二、南京

南京是历史悠久的六朝古都，地势雄伟，襟山带河，便于防御，城墙坚固，是我国古代最大的城市之一。1919 年，孙中山发表《建国方略》，认为南京“位置乃在一美善之地区，其地有高山，有深水，有平原，此三种天工，钟毓一处，在世界中之大都市诚难觅如此佳境也……南京将来之发达，未可限量也”（见图 6-25）。

1858 年，按中法《天津条约》的规定，南京开埠，加速了南京近代化进程。1919—1949 年，针对南京共进行了大小深浅不同的城市总体规划七次，分别为 1919 年的《南京新建设计划》、1920 年的《南京北城区发展计划》、1926 年的《南京市政计划》、1928 年的《首都大计划》、1929 年的《首都计划》、1930—1937 年的《首都计划的调整计划》和 1947 年的《南京市都市计划大纲》。其中最有影响力的是 1929 年公布的《首都计划》。

1927 年 4 月 18 日，新成立的国民政府宣布定都南京，进入训政时期。历经十多年的混战，南京第一次成为真正意义上的中央政府。“训政肇端，首重建设，矧在首都，四方是则。”国民政府命令“办理国都设计事宜”。

1928 年 1 月，由孙科负责的首都建设委员会成立，下设国都设计技术专员办事处，以林逸民为主任，试图建设一座可以比肩华盛顿的“首善之区”。在同月发布的《南京特别市市政公报》中，国民政府明确表示：“只有把首都建成中国最好、世界上最好的城市，中国才能谈得上是第一等的国家。”“不仅需要现代化的建筑安置政府办公，而且需要新的街道、供水、交通设施、公园、林荫道以及其他与 20 世纪城市相关的设施。”孙科在《首都计划》的序言中提出，

“首都之于一国，固不唯发号施令之中枢，实亦文化精华之所荟萃”，“经始之际，不能不先有一远大而完善之建设计划，以免错误”。林逸民也呈文道：“全部计划皆为百年而设，非供一时而用。”首都计划强调要以“建设田园化、艺术化、科学化的首都”的指导思想来建设南京，城市规划应由科学、艺术专家主导。1929 年早春，美国建筑师亨利·墨菲（Henry Murphy）①和工程师欧内斯特·古力治（Ernest Goodrich）等受到邀请，进入首都建设委员会担任顾问，一批中国年轻有为的建筑师也进入国都计划办事处，其中包括吕彦直、范文照、董大西等。

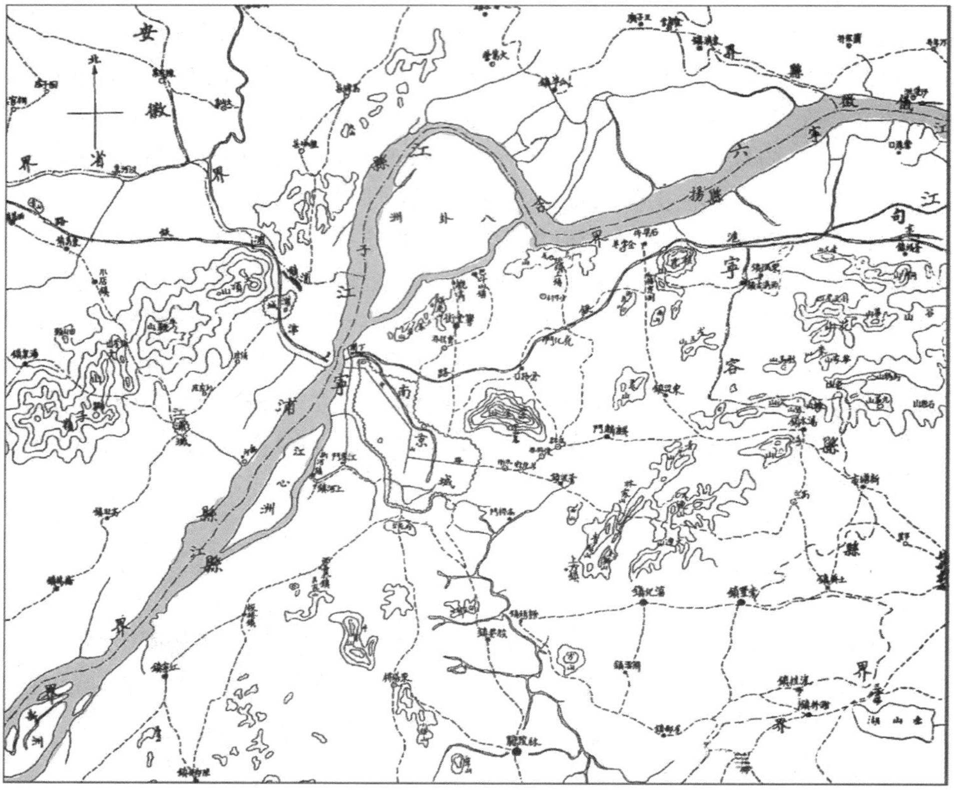

图 6-25　南京城周边的地形地貌（1929 年）

资料来源：（民国）国都设计技术专员办事处.首都计划[M].南京出版社，2018.

田园化指的是首都建设在注重工商业的同时要维持恰当的农业布局，这是当时国际上非常流行的城市规划设计思路；艺术化强调的则是城市建设应该体现中华民族的传统艺术，让中国的首都拥有中国的味道；科学化就是要借鉴此前西方科学规划城市的经验，解决南京首都建设中的问题，并用现代化的建筑材料和施工方法完成首都建设。简单地说，宏观上采纳欧

① 墨菲毕业于耶鲁大学建筑系，后到纽约攻读艺术学，随后开设建筑师事务所，为大学设计建筑。1914 年，墨菲见到紫禁城时称赞“这是世界上最完美的建筑群组”。在北京，他接到了第一个校园规划任务——清华大学。墨菲首次将明确功能分区的校园规划引入中国，在保留了少量建筑（工字厅）的基础上，设计了早期清华建筑中的大礼堂、科学馆、图书馆和体育馆。之后，墨菲多次往返中国，从北到南地奔波，先后设计了燕京大学、复旦大学、沪江大学（今上海理工大学）、金陵女子学院（今南京师范大学）等，堪称中国大学的总设计师。尤其是设计燕京大学时，墨菲大胆使用了中国古典建筑的元素，如殿堂、华表等。时至今日，这些建筑依然是中国校园中的颜值担当。

美规划模式，微观上采用中国传统形式。城市空间布局为四面平均展开，渐成圆形之势。

在规划之初，设计者对南京的地形、地貌、降雨、人口变迁等，都有着审慎的考量。规划的国都界线，南起牛首山，北至常家营，西至和尚路，东至青龙山，界线全长 117.2 km，面积 855 km^2（见图 6-26）。当时南京城市人口为 200 万人，以 6 年为近期规划期限，远期人口规模预测至百年后。

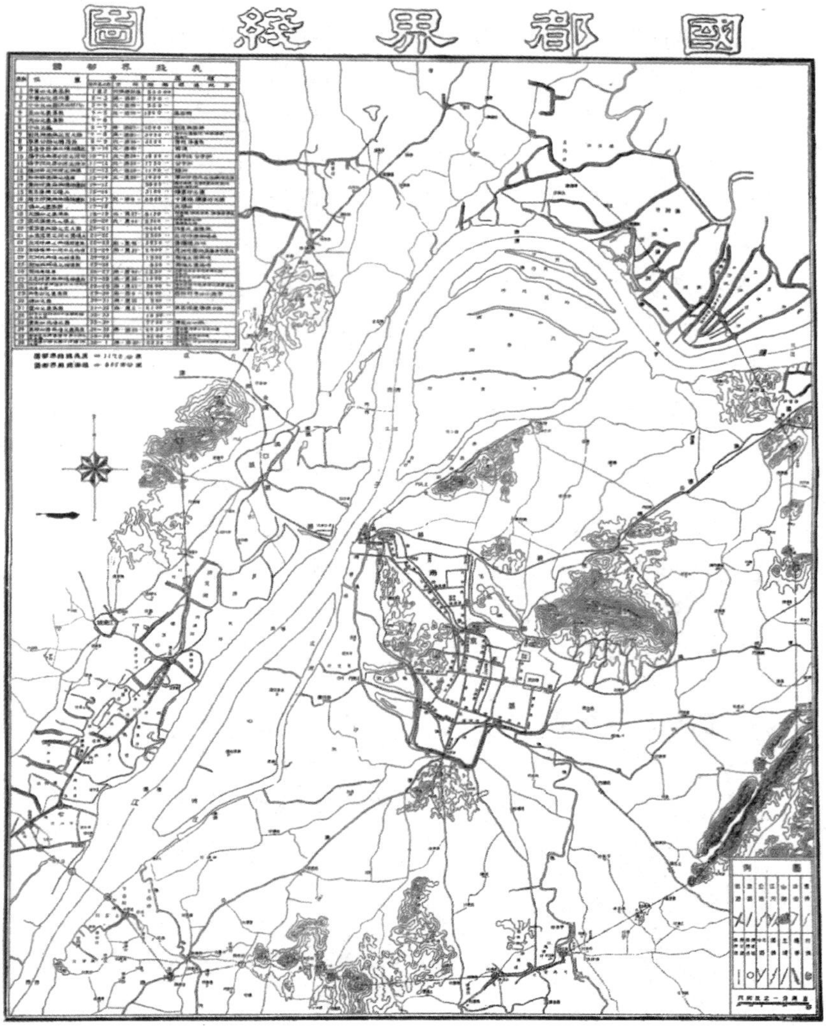

图 6-26　国都界线图

资料来源：（民国）国都设计技术专员办事处.首都计划[M].南京出版社，2018.

1929 年 12 月，林逸民将集结完成、总计 19 万字的《首都计划》上呈给首都建设委员会。《首都计划》甫一公开，就引起了轰动①。当时《纽约时报》②写道："这位建筑师与规划师为新

① 范忆.一本书 · 一座城——《首都计划》与民国南京城市建设[J].唯实，2016(6)：92-94.

② Cody J W. Building in China：Henry K. Murphy's Adaptive Architecture，1914 - 1935 [M]. The Chinese University Press，2001.

中国的首都所做的事情，就像一百年前朗方少校在美国的首都华盛顿所做的那样。墨菲也怀着一个梦想，也许他死后百年也不会全部实现。可是，朝着梦想成真的方向，他是快乐的……在印度新德里、澳大利亚的堪培拉，建筑师们正在地球上遥远的角落，建造欧洲血统的政府大厦。但墨菲的工作是在南京的古城之外建设中国的首都，他的梦想是把它建成中国的式样。他的任务之一，是说服新中国的领导人——中国的首都就应该是中国的样子。他几乎做到了。”

这是我国较早的一次较系统的城市规划工作。计划主要内容包括以下 13 个部分：① 南京今后百年人口之推测；② 首都界线、中央政治区地点、市行政区地点、建筑形式之选择；③ 道路系统之规划、路面(附说明书)、市郊公路计划、水道之改良、公园及林荫大道；④ 交道之管理、铁路与车站、港口计划、飞机场站之位置；⑤ 自来水计划、电力厂之地址；⑥ 渠道计划、市区交通之设备；⑦ 电线及路灯之规划；⑧ 公营住宅之研究；⑨ 关于学校之计划；⑩ 工业、浦口计划；⑪ 城市设计及分区授权法草案；⑫ 首都分区条例草案；⑬ 实施之程序、款项之筹集。

按照计划，南京将被划为六大区域。东郊中山门外，紫金山南麓为中央政治区；城中鼓楼傅厚岗一带为市级行政区；城北沿江两岸，因港口众多，成为工业区；城中的新街口和明故宫区域则成为商业区；城西的五台山一带，高校云集，划为文教区；居住了 2/3 人口的老城南为住宅区，此外在城中颐和路一带另设高级住宅区。

道路系统整体采用近代西方方格网和放射线的布局。以中山路、中正路、中央路、汉中路等为基线，平行或垂直展开；城市道路系统则分为干道、次要道路、环城大道、林荫大道和内街。计划中模仿当时美国一些城市的对角线形式，在商业区尤为明显，为了增加沿街店面，取得高额租金，道路网密度很高，街坊面积小而零碎，又生硬地将南北向道路插入西北部原有斜向东南 45°的道路系统，形成许多支离破碎的三角地带。拟在南京建设两条林荫大道，一条顺城墙而建，并环绕城内一周，形成环城大道，行驶汽车(见图 6-27)，另一条则依秦

图 6-27 南京城墙改造利用意向(1929 年)

资料来源：(民国)国都设计技术专员办事处.首都计划[M].南京出版社，2018.

淮河而建(见图6-28)。现在南京以中山大道为代表的林荫大道,就是《首都计划》中林荫大道观念结的果实。

图6-28　秦淮河沿岸改造设计意向(1929年)

资料来源:(民国)国都设计技术专员办事处.首都计划[M].南京出版社,2018.

在整个《首都计划》中,尤其值得一提的是中央政治区的规划(见图6-29)。中央政治区,顾名思义,就是首都的行政中心。当时,勘察完南京之后,墨菲和吕彦直认为紫金山南麓、明故宫、紫竹林三地均有可取之处。经过反复比较,他们最终选定了紫金山南麓,原因主要是"盖其地处于山谷之间,在二陵之南,北峻而南广,有顺序开展之观,形胜天然,具神圣尊严之象"①,且军事防守最方便。当初规划将火车总站设置在明故宫之北,那么总站之南则是商业区最良之地,因为"面积广大,适为繁盛市场,且该地现价甚低,大半又属官有;一成为商业区域,地价必倍蓰增加,政府收入,因亦大进"②。

对于一国而言,首都的规划绝不是单纯地造城,它还是执政者政治意图与理想的主张。中央政治区的规划最能体现这一点,从选址到建筑设计,大量植入党派意识形态和民族主义的政治理念③。中央政治区的规划(见图6-30)参考了美国华盛顿的布局形式。华盛顿的中央行政区保留面积为6 500 000 m^2,而南京则为7 758 000 m^2。按照美国公职比例标准推算,即每2 000人有中央职工1名,全部建造完工后,南京的中央政治区可容纳20万名办公人员。中央政治区主要建筑轴测图如图6-31所示。

从图纸上看,中央政治区南北中轴线从中山陵与朱元璋的孝陵之间穿过,越过紫金山上1 500多年前的六朝祭坛。墨菲和吕彦直设计的一期工程包括中央党部、国民政府,以及行政、立法、司法、考试、监察五院。中央党部在正中位置,其他环列两旁,有如翼辅拱辰之势。按照计划,方案通过之后,只需要分期分批沿着中轴线向南复制、拓展,即可完成整个政治区的建设。在中央政治区内,还计划凿筑湖泊,点缀园林,"于庄严璀璨之中,兼擅林泉风景之

① (民国)国都设计技术专员办事处.首都计划[M].南京出版社,2018.

② (民国)国都设计技术专员办事处.首都计划[M].南京出版社,2018.

③ 董佳.国民政府时期的南京《首都计划》——一个民国首都的规划与政治[J].城市规划,2012,36(8).

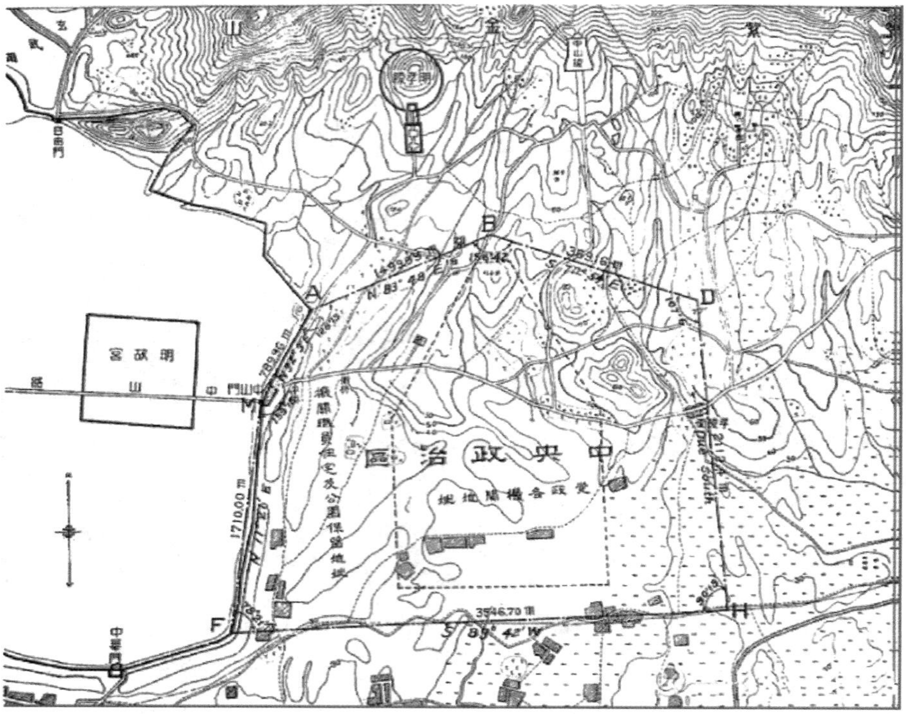

图 6-29　中央政治区选址

资料来源：(民国)国都设计技术专员办事处.首都计划[M].南京出版社，2018.

胜”。但是，《首都计划》公布后不久，蒋介石一纸命令将中央政治区改在明故宫一带所谓“中正之地”，让雄心勃勃的宏大设计永远停留在纸上。《首都计划》也开始沦为国民党派系权力斗争的牺牲品。后来因为种种原因，明故宫既没有建成中央政治区，也没有按照《首都计划》的设想开发成商业区。

《首都计划》中，对城市房地产也有详细的规划。南京将建设四类住宅，即政府公务人员的住宅、高级别墅、平民住宅和保障房。对于城区已有的老房子，尽量不拆除，而是依据需求加以改造。《首都计划》将明故宫和新街口打造为商业中心。为了配合商业中心的发展，规划中还提到将在明故宫北面建设一个火车客运总站，来往各地火车均在此汇集。这个车站对标纽约的中央车站，围绕着车站，将建设百货商场、戏院、餐厅等商业建筑。

要实施该《首都计划》，庞大高端的中央政治区及市政道路设施的建设需要投入巨额资金，这些资金从哪里来是摆在孙科面前的首要现实问题。

孙科深受其父建国思想的影响。孙中山认为，中国革命成功后，将会出现 15 个上海，大规模基础设施建设将会导致土地、房产的增值，拥有不动产的人将会分享基建的红利。如果没有良性的制度，社会或将因贫富差距过大而发生断裂。解决这个问题的办法就是设立不动产税、土地税和土地增值税，从拥有不动产的人手中切割部分红利，充盈财政的同时，实现土地平权。在《首都计划》的最后，孙科为了筹集城市建设资金，附上了南京当时的地段价目图。这张图清晰地显示，公共服务基础设施集中供应的地段，不动产的价值可能发生变化，由此带来税收变化。孙科认为，城市规划和建设不仅不会亏钱，还可以赚钱，可以说这个想法在当时极具前瞻性。

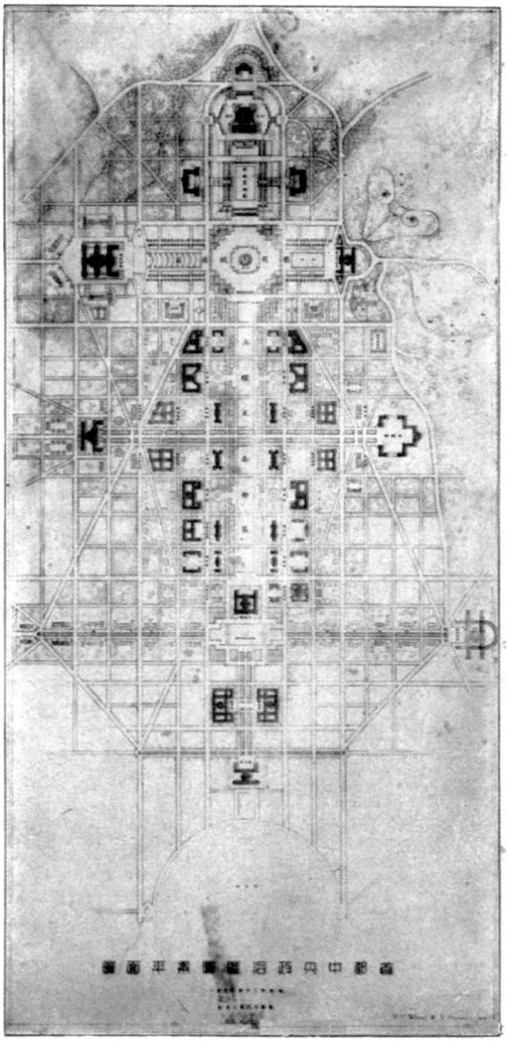

图 6-30　中央政治区平面布局图

资料来源：(民国)国都设计技术专员办事处.首都计划[M].南京出版社,2018.

图 6-31　中央政治区主要建筑轴测图

资料来源：(民国)国都设计技术专员办事处.首都计划[M].南京出版社,2018.

三、上海

上海位于长江入海处的南岸，因有黄浦江深水航道而成为天然良港，是一座港埠都市。鸦片战争后，上海根据《南京条约》于1843年开辟为商埠，英、美、法、俄、日等列强相继在上海设立租界(见图6-32)。上海从一个小县城迅速地发展为中国甚至远东最大的城市，成为帝国主义在中国进行经济侵略的最大基地和旧中国的工商业中心，抗日战争前已成为中国与国际金融中心(上海进口总值约占全国的60%，出口约占全国的一半)和世界闻名的"冒险家的乐园"。

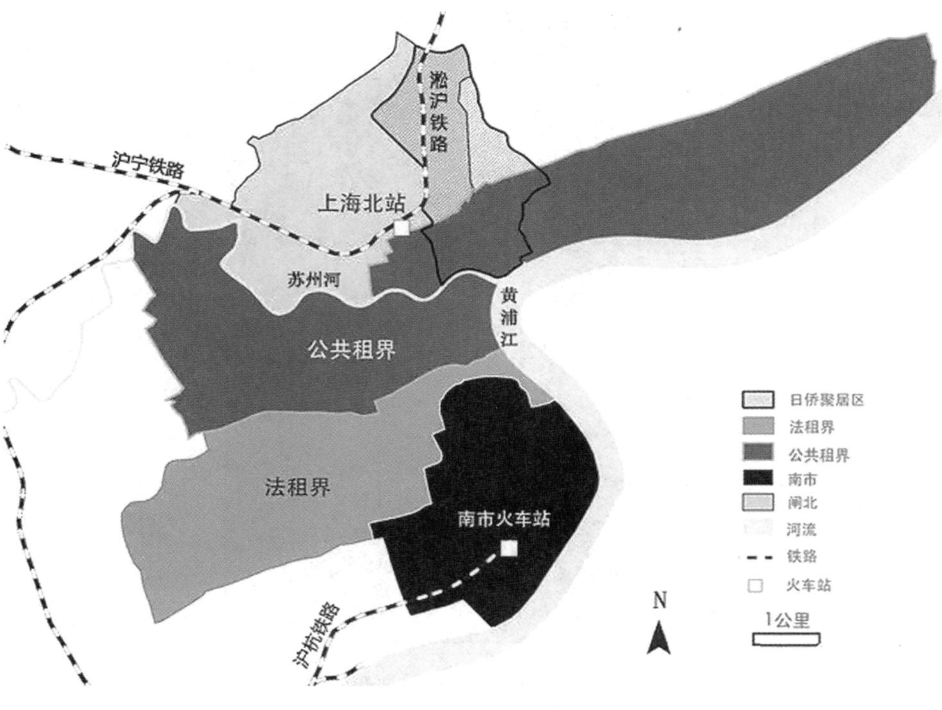

图6-32　上海租界分布图

近代上海的城市建设基本上是以租界的发展为核心、以城市道路的建设为先导而逐步发展起来的。由此，再加上华界的老城厢和闸北地区，形成了城市的格局。这样一种城市格局完全没有总体规划，呈现出一种全局无序、局部有序的状况。

尽管没有统一的规划，但英美租界设立的工部局发布过一些文件，成为城市发展的规章。《上海租地章程》涉及公共秩序的管理、环境管理、基础设施管理等①。道路规划成为公共租界和法租界城市规划的主要内容，规定建造四条东西向通道："商人租定基地内，前议留出浦大路四条，自东向西，共同行走，一在新关之北，一在打绳旧路，一在四分地之南，一在建馆地之南。"这四条道路就是今天的北京东路、南京东路、九江口和汉口路，这是近代最早的

① 姚凯.近代上海城市规划管理思想的形成及其影响[J].城市规划，2007，31(2)：77-83.

道路规划。

近代上海前后编制过三次规划，分别是抗日战争前国民政府的《上海市市中心区域规划》和《大上海计划》(1928—1930 年)，日占时期的《上海都市建设计划》(1937—1945 年)，以及抗日战争胜利后的《大上海都市计划》(1945—1948 年)。

1.《大上海计划》

1927 年南京国民政府建立后，7 月成立上海特别市政府。孙中山早在 1919 年所著的《建国方略・实业计划》一书中提出，上海苟长此不变，则无以适合于将来为世界商港之需用与要求，进而提出设东方大港于上海。国民政府迫切要求站稳上海、控制上海，但是上海黄金地带已分别被上海法租界和上海公共租界占据，原南市区老城厢所处的沪南地区人口稠密，无法再行建设，便决定在东北临黄浦江、吴淞口，西南与市区邻近的江湾地区征地兴建新上海。之所以选择在吴淞口附近建设市中心，还有区域交通上的考量。可以在虬江入黄浦江口建造停泊万吨级以上巨轮的深水码头，并改建原沪宁、沪杭铁路。随着航运量日增，租界附近码头渐不敷用，而且租界系外人管辖，所以上海特别市政府准备在近江海的蕰藻浜以南、黄浦江西岸辟建新港。另外因租界与闸北之间的沪宁铁路线阻碍市内道路交通，也准备将这段铁路线向西北迁移。这样，江湾一带靠近港区、铁路，交通便利，易于形成市中心。1929 年 7 月，上海特别市政府第 123 次会议划定上海市区东北方向的翔殷路以北、闸殷路以南、淞沪路以东以及周南十图、衣五图以西的土地 7 000 余亩，作为新上海市中心区域。该计划后来被称为《大上海计划》(见图 6-33)。

全市分为行政区、工业区、商港区、商业区、住宅区五大区域，以新上海为行政区，市中心和老城厢为商业区，吴淞江及黄浦江岸为商港区，大场、真如一带为工业区，曹家渡、法华、龙华、漕河泾一带为住宅区。

未来上海市中心采用中轴对称的严整布局，总体上呈“十”字形，正南北方向。计划规定，行政区集中各主要建筑物于一处，不仅仅是为了市民办事便利和各相关部门联系方便，更重要的是可使全市精华集中，增益观瞻，更加烘托出中心区宏伟的气势。位于中心位置的是市政府办公楼和市政广场(见图 6-34)，财政、工务、公安、卫生、公用、教育、土地、社会八个局的办公楼分列左右，中山大礼堂、图书馆、博物馆等公共建筑散布在此“十”字形内，有河池拱桥等点缀其间，成为全市模范区域。

要开发市中心区域，就需要筹措资金。参考欧美各国例行办法，发行建设公债，统一收购土地，待土地升值后，再抛出实施土地“招领”，所得款额抵偿公债，并进行第二期开发(与南京实施计划所采取的做法类似)。经过发行公债和出售土地的方法筹集到资金后，各项工程自 1930 年上半年起陆续开始建设。1933 年 10 月 10 日，上海市政府大厦完工，同时落成的还有社会、教育、卫生、土地、工务五局的房屋。1934 年 8 月，占地 300 余亩(近 20 万平方米)规模庞大的上海市运动场开工，同时还在附近建造体育馆和游泳池。1934 年 12 月，上海市立图书馆和上海市立博物馆动工，在布局上，两楼遥遥相对，而市府大楼恰位于两建筑中轴线上的北面。同时动工的还有上海市立医院和上海市卫生试验所。1935 年下半年，上述几项工程先后竣工使用。

可惜的是，1937 年 8 月 13 日，淞沪会战爆发，上海苏州河以北城区(除虹口、杨浦南部外)受到重创，华界基本沦为贫民区，此后城市格局仍然以浦西原租界地区为主。抗日战争胜利后，国民党当局将上海市政府设在旧市区的繁华地段，对当年的《大上海计划》弃之不

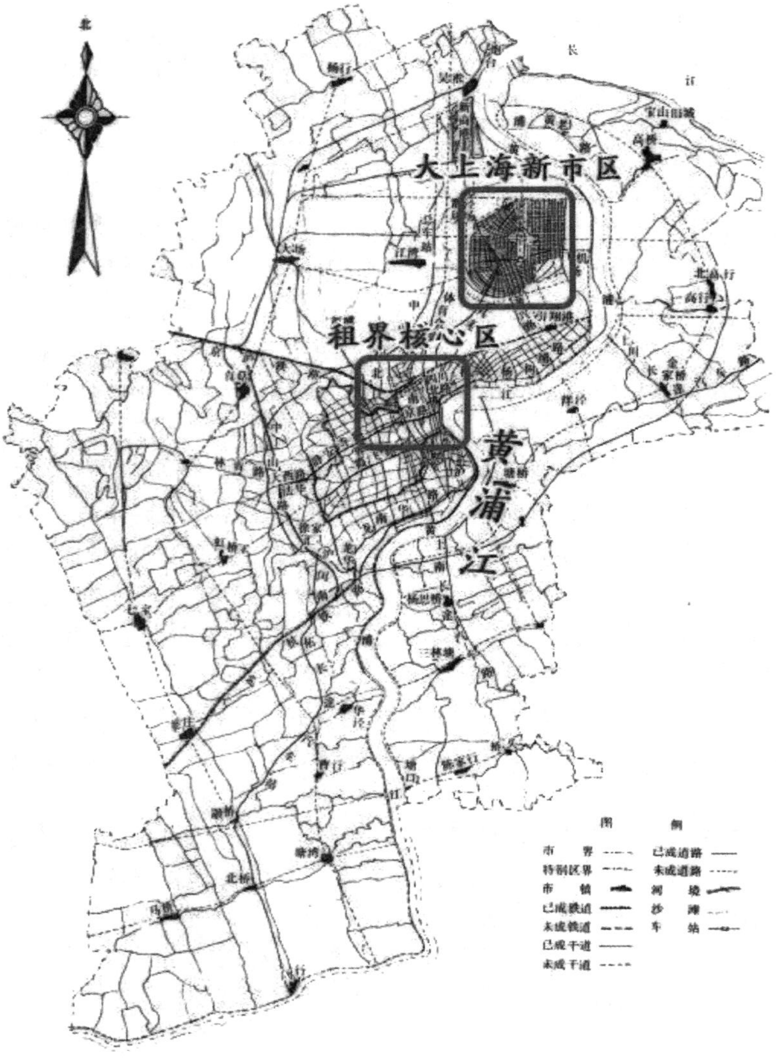

图 6-33　大上海计划(1929 年)

资料来源:《上海城市规划志》编纂委员会.上海城市规划志[M].上海社会科学院出版社,1999.

顾,五角场地区再次沦为芦苇丛生、野兔出没之地。国民党政府重新定了《大上海都市计划》,仍然以旧市区为中心。

《大上海计划》最大的特点是其道路网。其布局形式仿效芝加哥、华盛顿等城市巴洛克式的道路景观设计手法,从市中心放射出若干直线道路,并采用纽约"密路网、小街坊"式道路网,增加沿街长度以提升地价。按照计划,当时总共将构筑 11 条"中"字打头的马路、10 条"华"字马路、5 条"民"字马路、10 条"国"字马路、9 条"上"字马路、13 条"海"字马路、15 条"市"字马路、12 条"政"字马路、8 条"府"字马路,组合起来正是"中华民国上海市政府"(见图 6-35)。

计划修筑干道 20 条,形成全市干支相连的道路系统,先后建成了其美路(今四平路)、黄

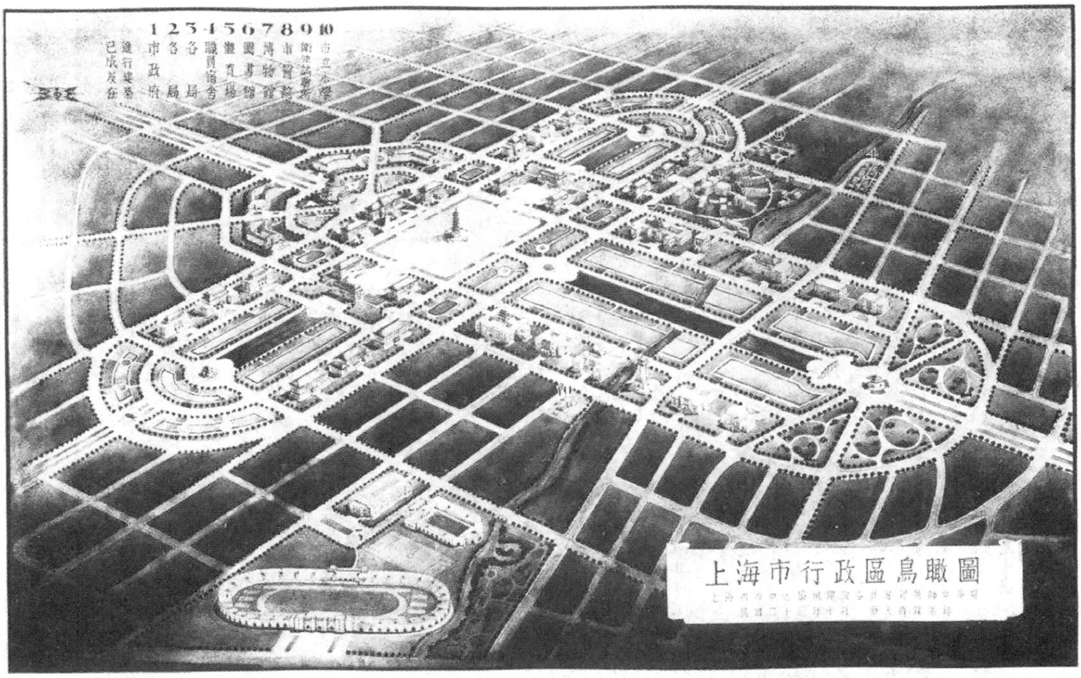

图 6-34　《大上海计划》中心区鸟瞰图

资料来源：董鉴泓.中国城市建设史[M].4 版.中国建筑工业出版社，2021.

兴路、三民路（今三门路）、五权路（今民星路）、淞沪路、翔殷路等主要干道。在命名上体现了孙中山先生思想中的“三民五权”“世界大同”等。

2.《上海都市建设计划》

1937 年 8 月 13 日淞沪会战爆发后，日本军队全面侵入上海，至 1938 年 10 月，上海的闸北、南市、浦东、虹口均被日军占领，1941 年 12 月又占领了整个公共租界。日本帝国主义为其军事和经济侵略服务，在 1938 年 9 月成立了伪上海市复兴局和“上海恒产公司”“振兴住宅组合”等建筑、规划机构，负责上海的城市建设、港湾建设，以及土地和建筑的买卖、租赁业务。日本规划专家负责实施伪复兴局编制的《大上海都市建设计划》，后改称《上海新都市建设计划》以及《上海都市建设计划图》（见图 6-36）。

日本人对《大上海计划》情有独钟，但为了执行其“工业日本，农业中国”的政策，添加了亲日规划内容，企图把上海变成一个掠夺中国大量原料和输出商品的大港口。该计划范围以苏州河口为中心，半径 15 km，面积 5.74 余万公顷。第一期计划建设面积 7 750 公顷，特别强调军事和交通运输方面的特殊要求。在军事方面，划出大片军事用地，新建江湾及大场两机场，作为日本在中国最大的空军基地，并在原江湾市中心一带建造军事机关、宿舍和医院等。在交通运输方面，企图把上海变成一个掠夺中国大量原材料和输出商品的大港口。计划在吴淞建立大港口，开挖浦江下游，使万吨货轮直接靠岸；在虬江码头下游增筑码头；开挖蕰藻浜，使之通往工业地带，并能停泊 4 000 吨的船只；开挖一段运河，直通纪王庙，与嘉定水路连接；在工业地带铺设四条引入线及临时铁路，与吴淞港及虬江码头连接，以便水陆联运。

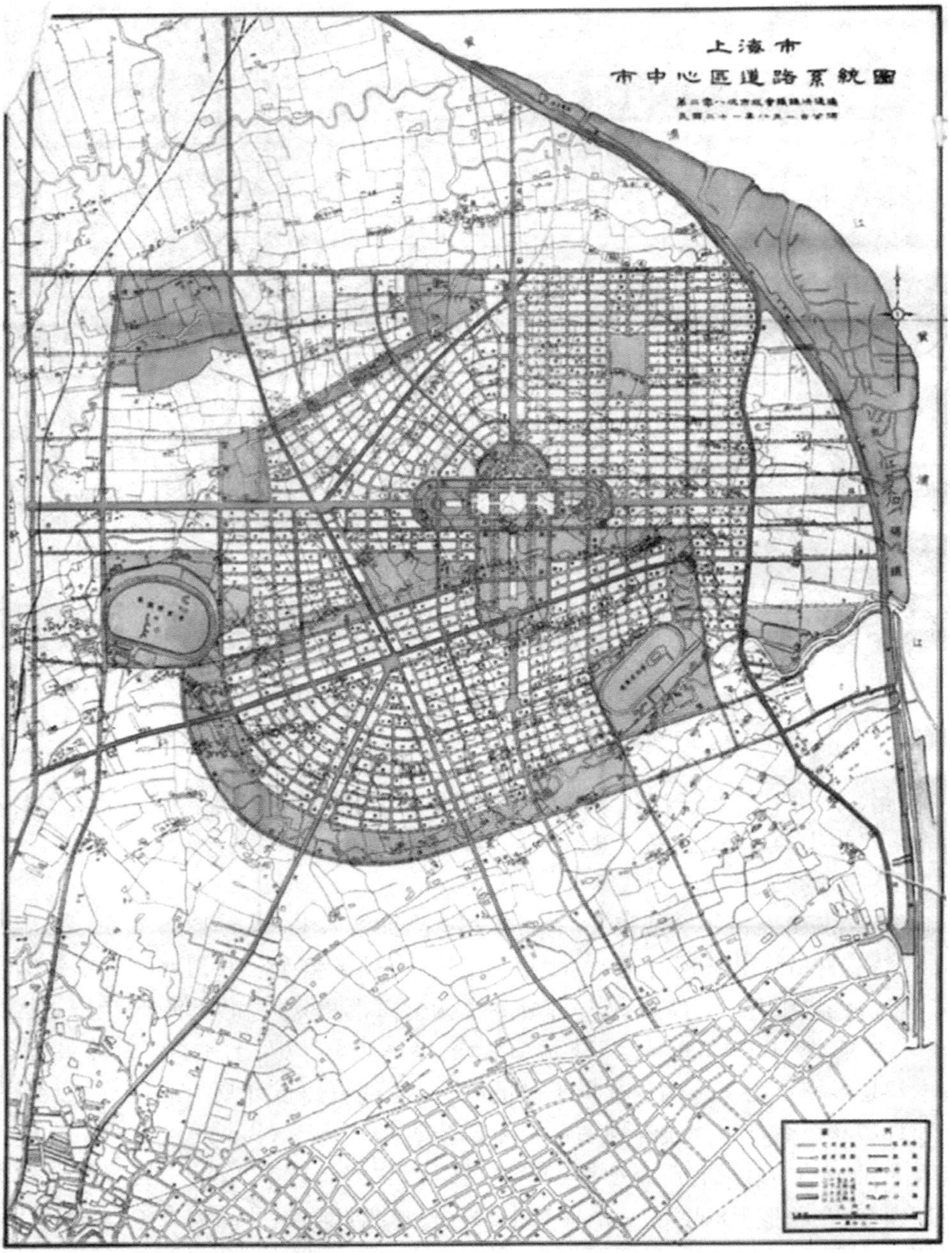

图 6-35　大上海计划道路系统规划图

资料来源:《上海城市规划志》编纂委员会.上海城市规划志[M].上海社会科学院出版社,1999.

在计划的中心重点地区用 15～100 m 宽干道把虬江码头(或称中央码头)、铁道栈桥、行政中心(市府附近)、维新广场、中央车站与吴淞江等方面纵横连接。在规划图上可以很明显地看出,军用机场、军事机关、码头仓库、铁道等占有突出的位置。规划图虽然画得很细致,但形式主义色彩很浓厚。

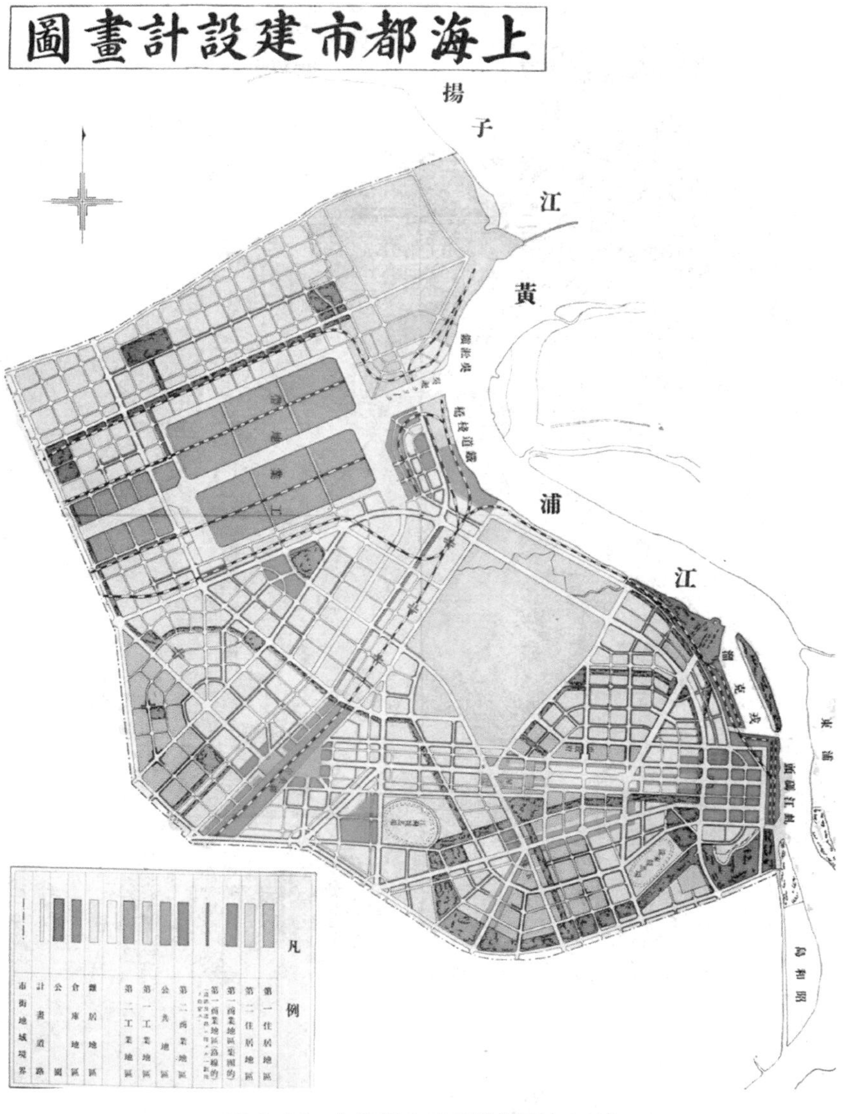

图 6-36　上海都市建设计划图(1938)

资料来源：《上海城市规划志》编纂委员会.上海城市规划志[M].上海社会科学院出版社，1999.

3.《大上海都市计划》

日本投降后，国民党政府收回上海及租界。1946 年 8 月 24 日，上海市都市计划委员会正式成立。该委员会由吴国桢市长任主任委员，赵祖康任委员兼执行秘书，委员会聘请各方面专家名流分立土地、交通、区划、房屋、卫生、公用、市容、财务八个专门小组。“以 50 年需要为期”具体规划上海市的建设发展，陆续制定了以《大上海都市计划》总其名的一套系统的上海城市发展规划。都市计划委员会在分析总结上海历史、地理、自然、社会环境的基础上，以全球的视野、区域的角度、客观的态度、严谨的方法，首次探索上海城市总体规划，并系统引进了西方现代社会规划的思想。1946 年年底初稿完成，1947 年二稿完成，1949 年 5 月上海解放，委员会并没有随旧政府倒台而自行解散，一直坚持到 1949 年 6 月三稿的完成(见图 6-37)。

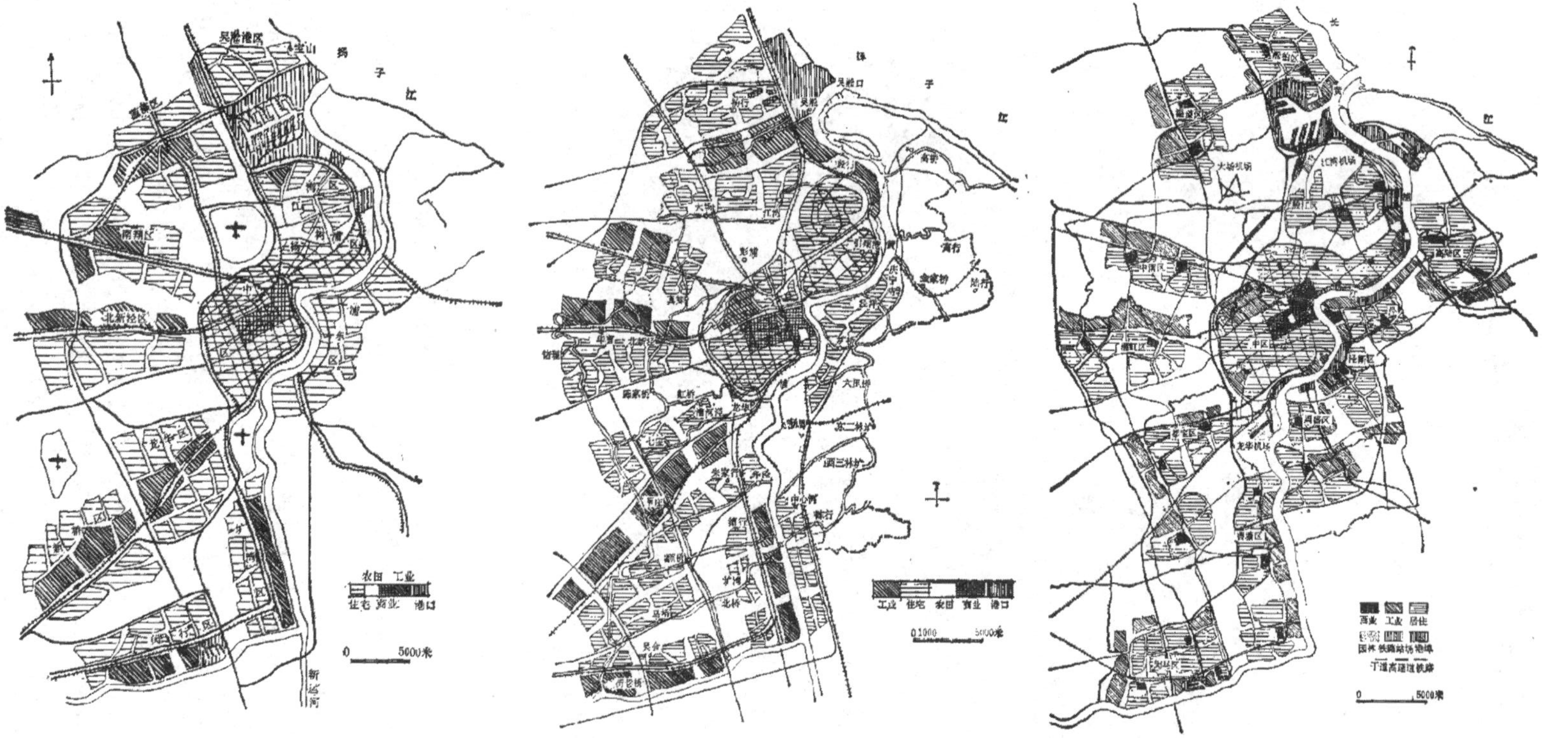

左图：一稿（1946年）　　中图：二稿（1947年）　　右图：三稿（1949年）

图 6-37　大上海都市划图(1946 年)

资料来源：上海市城市规划设计研究院.大上海都市计划[M].同济大学出版社，2014.

《大上海都市计划》是《大上海计划》的延续和发展，但建设规模和目标要大得多，规划更为周详又具有系统性，就当时的认识水平而言，在规划理论与方法上堪称世界一流。其基本理论是1930年第三届国际现代建筑大会上确定并在1933年雅典宪章中表达出来的功能主义思潮，将居住、工作、游息与交通作为城市的四大基本活动。因此，规划的核心问题就是区划，将“有机体的分散”作为区划的基本原则，城市的每一个地区内都包含住宅、工厂、商店、绿地等，自成体系，成为类似有机体的社会单位。这一切都受到欧洲“花园城市”“邻里单位”“有机疏散”“快速干道”“区域公合”等新的城市规划理论的影响。

这些规划思想的运用旨在解决当时上海城市发展存在的问题。

(1) 人口居住拥挤问题。1840年前后上海总人口为50万，1880年达100万，1914年达200万，1930年达300万，1942年达400万，1945年甚至增加到600万人，百年增长了11倍。人口的增加与用地的扩展是不成比例的。1914年前后，公共租界及法租界共计46 km^2，到1945年上海全部建成区不过80 km^2，而在此期间人口却增加3倍以上。尤其1937—1945年，市区几乎没有多大扩展，而人口却增加200多万，达到300多万，市区占全市总面积的9.6%(市区面积为893 km^2)，却居住着75%的人口。这就导致建筑密度及人口密度提高，居住条件奇差，居住区的建筑密度普遍在30%～50%，人口密度在每公顷1 000人以上的街坊有2 000公顷左右，一层房屋用阁楼分隔成三层，一张床甚至按三班使用制使用。上海居住区的发展反映了人口剧烈增长及高度集中与土地私有及土地投机之间的严重矛盾。

(2) 工业布局不合理问题。1946年，上海工厂数占全国31.39%，工厂资本总额占全国39.73%，工人数占全国31.78%。上海工业因资源关系，以轻工业为主，工业布局不合理表现在两个方面。

第一个方面是工业厂房与住宅混杂。1937年共有5 000多家工厂，被毁于炮火者2 000家，余下的有不少迁入租界内，这就使工厂与住宅混杂的情况更为严重。到20世纪40年代，工业的发展和分布更加畸形，在住宅区内的工厂数量占比高达58.3%，不少易燃、易爆、有毒害的工厂也分布在住宅区的里弄内，严重地影响了城市卫生和安全。

第二个方面是工厂的产品和原料仓库分散在全市各处，工厂之间缺乏直接联系，相互有协作关系的工厂也不集中在一起，增加了往返的货运。沪东、沪西、沪南几个较大的工业区之间也没有便捷的直达道路设施，大量的货运交通必须穿过市中心的商业区，如曹家渡与杨树浦工业区之间的货运都要经过延安路、外滩及外白渡桥一带，使市区交通负担过重，常常造成拥堵及车祸。工业分布的盲目性造成市内交通运输严重不合理，工业的分布与市际交通也不相配合，如工业较集中的杨树浦与铁路货运站无直接联系，大量货运需要由汽车及其他运输工具转运，增加了运输费用。

(3) 交通运输不顺问题。上海是全国最大的贸易港口，大部分货物在此转运，但是港口与铁路之间缺乏直接的联系。除东站货场上有几个很小的港池，可转运一部分通过苏州河的驳运物资外，无一处水陆联运码头。因为无联运码头，增加了货物在上海港的停留时间，使大量仓库储存了与上海本市关系不大的物资。

上海老城区和其他中国旧城一样，由很小的方格形道路网组成。道路宽度极窄，一般在2～3 m，不能行驶机动车辆。路面多为石板路或弹石路。道路两边为密集商店。最先发展的英租界及法租界，道路为简单的方格网，在英租界称为“棋盘街”。按照早期的规划，租界内的主干道宽度为 18～21 m，一般道路宽度为 10～15 m。但道路间距均在 100 m 以下，有的只有 40～50 m，沿街全部为商店店面。英租界以大马路（今南京东路）、法租界以法大马路（今金陵东路）为主要商业干道，均设有有轨电车。道路无明显的功能分工，交叉口多，使市内交通很不流畅。道路与租界的扩展方向一致，主要由东向西以“越界筑路”的方式发展；同时为了保证同江边码头的联系，建成很多东西向平行的直通道路。南北向几乎没有什么直通干道，特别是沪东与沪西两工业区之间及南市区与闸北区之间，因无直通干道，所有客货运交通都必须绕越外滩及市中心区的延安路，造成外滩和延安路人流、车流过分集中。租界当局曾成立交通委员会，并在繁忙的路口如西藏路进行实验，设置中间分车岛，鼓励推行红绿指挥灯等，但很多计划最终都流产了。

要解决以上大城市病问题，《大上海都市计划》从区域规划入手，以“有机疏散”为目标，以卫星市镇方式向附近区域发展，预测 50 年后人口增长到 1 500 万，以每平方千米 0.5 万～1 万人的人口密度来进行规划布局。

为从区域视角解决问题，该计划扩大了考虑范围：北面与东面沿长江口，南达滨海，西面从横泾向南经昆山、淀山湖地带而至乍浦，包括江苏、浙江之东部区域，面积约 6 538 km^2。将海洋船港选在乍浦附近，并在乍浦至黄浦江闸港之间开辟运价低廉、运量较大的河道运输，以利中区疏散和区域工业的发展（见图 6-38）。

采用“市区单元—市镇单位—中级单位—小单位”层级结构进行布局。市区单元以都市生活（使居住地点与工作、娱乐及生活上所需的其他功能保持有机联系）为标准，形成 50 万～100 万人的市区单位。市区以下，由 16 万～18 万人的市镇单位组成。每个市镇均有工业用地，而工业与住宅等用地以 500 米绿地隔离，主要干道也设在隔离绿地内。市镇发展范围控制在 30 分钟的步行距离以内。市镇单位由 10～12 个中级单位组成。每个中级单位约 1.2 万～1.6 万人，设商业中心及市民游憩设备。中级单位由 3～4 个小单位组成。小单位以小学校为中心，4 000 人左右（当时小学学龄儿童约占 12%，一个学校约 480 名学生，故小单位为 4 000 人左右）。设计原则是土地使用计划与交通系统相互配合，地方交通与长途交通有机配合，海、陆、空交通密切配合，客运与货运分别设立枢纽。

道路交通系统采用“区域公路—环路—干道—辅助干道—新市区单位公路—街道”层级系统。在中区内建立新型的辅助干道系统，并将中区分成若干段落，将商业区分为 400 m×800 m 的段落，在居住区划分为 600 m×1 000 m 的段落；新市区单位的公路及街道系统应以市镇单位为限，使中级单位与小单位不受主要交通路线分割。在中级单位及小单位内的街道宽度以能容纳两辆车并行为最高标准，并且在道路上可停放车辆。

按照这一规划方案，中心城的人口规模将控制在 650 万人左右，用地面积适当扩大，逐步形成较为开敞、由若干分区构成的布局结构。规划沿漕溪路、曹安路、共和新路、四平路、张杨路等城市干道方向建设若干个综合分区，并相应地形成各具特色的公共活动中心。各分区之间既有一定的分隔，又有便捷的交通联系。在距市中心 30～40 km 的范围内分布闵行、嘉定、松江、安亭等卫星城。以长江口南岸吴淞地区、杭州湾北岸金山卫地区两个卫星城为中心发展滨江、滨海两翼地带，加上穿插其间的小城镇，形成一条从中心城到吴淞地区和金山卫地区的发展走廊。建设由中心城通向卫星城、航空港、淀山湖风景区的快速干道，以及由公路、铁路、河网等构成的完整交通网络。在中心城和郊区城镇之间，布置蔬菜地、森林公园、动物园、植物园、花木苗圃以及虹桥绿化区等大片绿地，构成环城绿带和非建筑区。

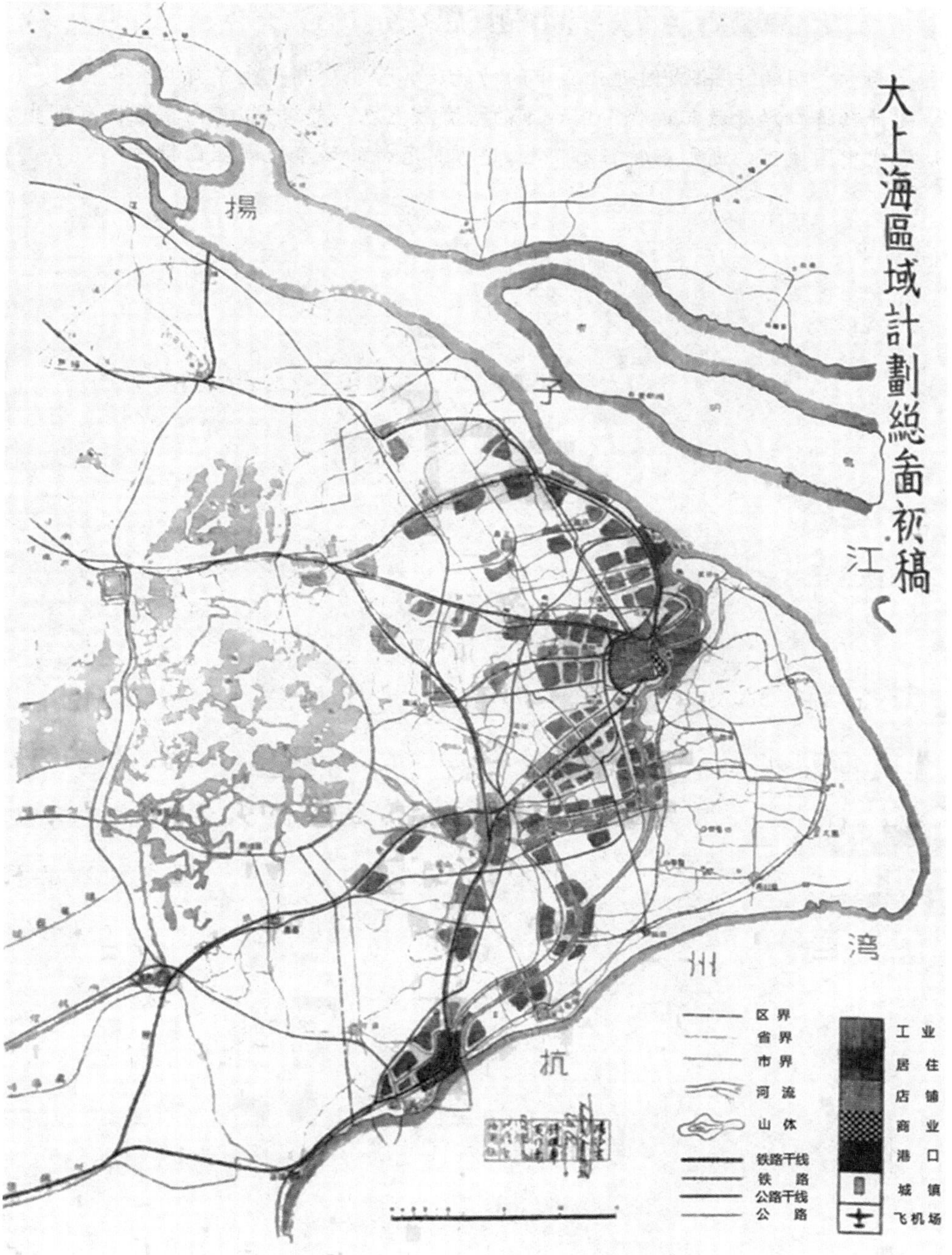

图 6-38　大上海区域规划总图

资料来源：上海市城市规划设计研究院.大上海都市计划[M].同济大学出版社，2014.

《大上海都市计划》是上海结束百年租界历史后首次编制的上海市全行政区的城市总体规划。虽然最后没有实施，但其规划理念给上海日后的城市规划和建设带来了深远的影响，并对上海发展建设具有重要指导意义。

问题思考

1. 受西方文明的冲击，我国近代城市的功能及其管理建制产生了哪些变革？
2. 为什么将口岸开放与近代中国城市的培育放置在一起考察，其内在逻辑有哪些？
3. 近代中国城市的新形态特征有哪些，遵循了怎样的城市规划理论指导？

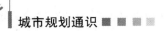

第七章　中国当代城市规划体系的建立

本章导读

前面的章节分别阐述了国外和国内的城市及其规划建设理念的发展历史，我们已然逐步廓清城市建设和规划理念在历史演进中呈现的特点，并开始了解城市规划学科建构的逻辑及内核。城市可以作为更适合人类生存和繁衍的生活环境、人类创新活动沉淀所成文化的容器、政治军事统治体系的据点、具有更高生产力的场所，也可以作为倾销商品或国际贸易的节点、掠夺他国资源的工具，还能作为代表更高层次的文明的载体等，因此可以理解，“城市是人类的伟大发明”，以及城市建设“兹事体大，不可不察”。在近代，因为工业文明的发展，西欧生产力水平已全面超越了中东地区和远东地区。人口向城市集中并从事第二、三产业的现象，被认为是现代性的体现。城市化水平越高，被认为是经济发展水平越高，工业化和现代化的程度也越高。追求国家的现代化与推进城市化画上了等号。

新中国成立后，实现现代化(如工业、农业、国防和科学技术)是国家建设工作的重点。作为城市建设和管理的基础和龙头，城市规划自新中国成立伊始就受到高度重视。毛泽东同志早在党的七届二中全会上就强调指出：“从我们接管城市的第一天起，我们的眼睛就要向着这个城市的生产事业的恢复和发展。”[①]1954 年召开的国家城市建设会议上，明确城市建设要为工业化、为生产和为劳动人民服务。

第一节　城市规划词汇及其所指

现在通用的“城市规划”一词，在古代中国文言文中其实并没有。与规划近义的词汇还有“计划”“策划”“企划”等。这些词汇既可以做名词，也可做动词。我们创造出这么多词汇到底想表达什么意思，其所指是什么？勇敢地识别和驱散语言的迷雾，廓清事物的特征和本质，形成共同的认知，才有助于进行下一步的行动并取得预期效果。

简略地区分，我们可以分辨这些词汇的使用场合和对象。“计划”通常用于社会经济等活动的事务性安排，“策划”常用在一项事物(如产品)从无到有或安排小规模活动的场景中，“企划”则是公司企业围绕生产经营活动而展开的各种安排。“规划”通常指的是城市及建筑物等事关土地或空间的利用安排。这些词汇的共同指向是未来，有秩序的未来，以期达到某

① 毛泽东选集(第四卷)[M].人民出版社，1991：1428.

个目标或目的。

“城市规划”一词是舶来品，对应的英文词汇是“city planning”“urban planning”或“town planning”，此外还有一个描述规划建设活动的英文词汇是“zoning”，中文把它翻译成“区划”。由于“规划”一词是由“planning”而生，所以“planning”一词在英文体系中所指是什么，国内学者一直在揣摩和探讨。

古代中国城市营建通常称为“营国”，很少使用“规划”一词，但《隋书·宇文恺传》中有“凡所规画，皆出于恺”的表述，这里的“规画”指宇文恺对大兴城的设计①。中文语义体系经历了古代文言文、近代白话文以及现代汉语的演变，词汇及其所指内容发生了微妙的变化，但是这些微妙变化产生的影响是巨大的。

1919年，孙科在《都市规画论》中提出了“都市规画”一词，这是中国人首次对“city planning”做出翻译和解释。此后有很多英美留学归国的学者（如董修甲、潘绍宪、沈昌、王志逸等）对“city planning”概念或内容做出诠释。使用的中文词汇各异，如“市区改正”和“市政改良”等，其含义也不尽相同。市区改正主要是指在测量和厘定房基线的基础上，拆除房屋，调整街道路线，确定街道宽度；市政改良的主要内容有道路的修筑和拓宽，提供自来水和电力，取缔人力车等。市区改正的目的是改良封闭的传统城市结构和迷宫般的传统街巷空间，而市政改良的目的是建设城市基础设施和运行制度，从而改善人民生活。但总体而言，对“city planning”的理解有着共同的特点：目的是建成平安、卫生、整洁、便利、华美的城市，使得人民能安居乐业；内容是道路整治、自来水供给、公共娱乐设施和公园的开辟、电车电灯的设置等城市卫生问题和城市基础设施建设。此时对“city planning”的理解大多局限于物质建设上，虽董修甲曾指出“city planning”是一种科学，但是从具体内容上看，人们仍然将其作为一种改造城市的工程或技术，而非具有体系化的概念和原理的科学。

至20世纪30年代，人们认识到要实现华美的城市，政府需要指挥灵敏得当，合市民之需求，需要制定法令、设置管理机构、成立学术团体以及在高等学校内开设专业等。此时的“city planning”所指，用“都市计划”一词似乎更为恰当。“都市计划是为大多数市民福利的土地使用控制”，“故都市设计，非但关系都市本身之发展，亦非但关系市民生活环境之改善，实亦关系整个社会与国家之进步与盛衰”②。1939年，国民政府颁布《都市计划法》。“都市计划”应该与国家宏观发展政策相联系，根据发展的需求确定都市的性质，进而制定适宜的计划。

“city planning”一词，其内涵从最初的整治街道、改造传统街区，到创造便利卫生华美的城市，再到强调全方位的公共福利，最后成为一项公共管理政策，实现了从物质性设施的设置，到精神上对空间美学的追求，最后到国家的公共政策的巨大转变。一次次内涵的转变，不是替代原有内容，而是在原有内容的基础上新增事项和要求。所以，城市规划既是指导城市未来社会经济发展的战略，又是城市生产生活空间安排的蓝图，还是对建筑道路等建设活动进行管理的依据。

吴志强院士在《GUIHUA》开刊词中对“规划”的内涵提供“说文解字”式的新视野，试图从汉字本身要义和构词元素中提取思维方法，挖掘“规划”一词的应有之义。“规”字由一个

---

① 武廷海.规画：中国空间规划与人居营建[M].中国城市出版社，2021.

② 中国城市规划学会.中国城乡规划学学科史[M].中国科学技术出版社，2018.

“夫”和一个“见”构成，即大夫之见；规划的“划”字，繁体字为“劃”，由一幅画加一把刀构成，在变成简体字“划”的时候，变成了左“戈”右“刀”，缺少了原来的诗情画意，取而代之的是法律和管理①。

“城市规划”一词的内涵不断扩张，虽然会在一定程度上带来概念上的混淆，让人捉摸不定“到底什么是规划”，但正是这种内涵不被固化的词汇，为我们开辟了多条前行的路。

第二节　城市规划的角色

欲让城市更好地发挥为人类的生存和繁衍服务的作用，或者更狭义地说，让城市为一国或地区的社会经济发展服务，需要经历规划、建设和运行三大环节。这三个环节是单向度循环的，因此，规划是龙头。

尽管我国当代城市规划所遵循的原理舶来自西方文化传统，但在我国，城市规划的地位和被赋予的作用迥异于西方国家。作为一项政府职能，城市规划不仅适应由农业国变为工业国的计划经济所需，而且适应国家改革开放发展市场经济所需；城市规划不仅要适应新时代生态文明战略所需，而且要适应国家治理体系和治理能力的现代化所需。

一、作为政府行为

在我国，政府是人民的政府，城市是人民的城市。城市的建设和运行与人民的生产生活息息相关，城市的规划也是为人民服务的规划。城市规划是政府行为，城市的规划、建设以及运行管理是政府的职责所在。城市规划管理就是各级政府依据经法定程序编制和批准的城市规划文本和图则，根据国家和地方各级有关城市规划管理的法律、法规和各种技术规范的具体规定，用法治、社会、经济、行政和其他科学的管理手段，对城市土地和空间使用进行合理引导和控制，确保城市的各项建设符合城市社会经济环境目标，增益城市居民的社会福祉。

计划经济时期，社会主要矛盾被认为是先进社会制度同落后社会生产力之间的矛盾，根本任务是优先发展工业，特别是重工业，尽快地从落后的农业国变为先进的工业国。毛泽东同志在中共七届二中全会上强调指出：“从我们接管城市的第一天起，我们的眼睛就要向着这个城市的生产事业的恢复和发展”，“将消费的城市变成生产的城市”，“城市中其他的工作……都是围绕着生产建设这一个中心工作并为这个中心工作服务的”②。1951 年的《中共中央政治局扩大会议决议要点》强调在城市建设计划中，应贯彻为生产、为工人阶级服务的观点，这成为城市建设工作的基本方针。1954 年，经中共中央批准，建筑工程部召开全国城市建设会议，明确城市建设为工业化、为生产、为劳动人民服务的方针。

在这一时期，城市规划指的就是城市建设计划(urban construction plans)，是“国民经济计划工作的继续和具体化”。城市建设必须与工业建设相适应，工业建设计划、地点和速度

① Wu Z. To the Readers[J]. GUIHUA，2020，1(1)：0.
② 毛泽东选集(第四卷)[M].人民出版社，1991：1428.

决定城市建设的计划、地点和速度，因为城市建设的主要物质基础是工业建设。先有工业投资项目，才有服务工业项目的城市建设项目。

在逐步确立社会主义市场经济体制的转型发展期内，城市规划可通过多种机制达到增益城市居民社会福祉的目的：制定城市发展战略和宣示政策以引导城市空间合理扩展；制定城市发展蓝图和确定开发时序，优化土地等资源在总量、结构和空间上的配置，维持生产、生活、生态的可持续发展。政府通过建设医疗、教育、体育、公园等公共设施及道路、桥梁、电力、给水等市政设施，确保人民生活便利及城市运行平稳。通过政府"有形之手"从安全、健康、美学等方面对城市土地开发及财产权进行限定，降低城市发展风险并减少城市功能活动空间的负外部性①。

二、作为一门学科

规划（既包括社会经济发展计划、城市建设项目安排，也包括工业选址上的市政工程考量或都市计划等）是政府公共管理职能中的重要组成部分，因而需要培养相应的专业人才以更好地发挥该职能，那么就有必要在高校里设置相应的专业。1909 年，英国利物浦大学设立城市规划专业和美国哈佛大学提出城市规划研究生培养计划，标志着城市规划学科的诞生。

城市规划因需求而生，因需求而变。由于各个国家的城市发展状况、发展历程、社会经济法律制度、社会需求和社会共识不同，出现了在控制对象、作用方式等方面不尽相同的规划类型，那么各个国家的城市规划学科的知识体系在内容、结构以及发展历程上必然存在差异：欧洲大陆国家多以建筑学和市政工程学为基础，以城市居住设施和环境的改善以及新区拓展为主要内容；英国以改善城市公共卫生、增加工人住房供应、加强城市管理为核心，制定和执行公共政策；美国则一方面基于私人土地开发控制，在法学领域发展区划与区划技术系统，另一方面基于政府的权力边界改革，强调公共政策和公共管理，传统的建筑学在城市规划学科中的作用逐步式微②。

我国的城市规划学科内容较为复杂，一方面本身就有历史悠久的"营国"传统，另一方面通过"西学东渐"从国外吸收"先进的"思想和技术，包括英国、美国和欧洲大陆国家等。从近代中国大杂烩、大融合之后至新中国成立后的 20 世纪 50 年代，适应计划经济体制和建设现代化新中国需求的城市规划学逐渐沉淀下来，即以建筑工程为基础的城市规划学科得以确立，成为建筑学学科下的二级学科。

在以建立社会主义市场经济体制为导向的逐步改革过程中，在对城市发展规律进行研究、对城市建设项目进行规划布局的过程中，要运用各相关学科如经济学、社会学、地理学等对城市发展问题、规律和趋势的研究。在规划未来发展和建设时会运用大量的自然科学、工程技术和艺术类知识，此外，管理学、法学、计算机技术、数理统计等也为规划的组织和实施活动提供方法、依据、手段等。正因有如此众多的学科知识融入城市规划，仅仅基于建筑学

---

① 何明俊.作为复合行政行为的城市规划[J].城市规划，2011，35(5)：20-26.

② 张庭伟.规划理论作为一种制度创新——论规划理论的多向性和理论发展轨迹的非线性[J].城市规划，2006，30(8)：9-18.

的知识体系已不足以满足城市与区域社会经济发展之需，因而城市规划在 2011 年升格为一级学科，且名称改为“城乡规划学”。我国社会主义发展进入新时代，在实现国家治理体系和治理能力现代化的要求下，城乡规划学在新形势新要求下，必将有新的发展空间并形成新的理论体系以解决面临的新问题。

三、学科发展服务于政府对规划的需求

城市规划知识体系的建立来源于对社会现实问题的解决，理论的实践运用与国家和政府的公共行为密切相关，其边界拓展受到国家、社会、经济条件与政治体制的约束，因而城市规划学科的发展具有强烈的时代性和政治性。城市规划不同于市场项目或活动的策划，也不同于企业的经营计划。规划城市是为了建设和管理好城市，从而提高人民的整体福利水平，这一角色定位决定了城市规划的学科发展取决于政府对规划的需求。因此，我国城市规划学科发展的兴衰取决于规划在服务政府需求上的成效。

新中国成立后，国家进入和平建设时期。在农村，农业和手工业实现了合作化生产；在城市，资本主义工商业通过公私合营运动完成社会主义改造，逐步建立起了社会主义计划经济体制。在接受苏联大量经济援助的同时，城市发展上也学习苏联的规划理念，应工业选址和配套建设需要、以建筑工程为基础的城市规划学科初步创立。如“一五”时期开展的西安、太原、兰州、包头、洛阳、成都、武汉、大同八大重点城市规划，是国家层面主导的首批较为重要的城市规划活动，对我国城市规划事业的起步起到了奠基性作用。1954 年 11 月，国家建设委员会成立。两年后，将城市建设局划分为城市规划局、区域规划局和民用建筑局，并正式颁布了《城市规划编制暂行办法》，这是我国第一份带有城市规划立法性质的文件。

在“大跃进”中，由于指导思想出现偏差，城市规划暴露出大量问题。城市规划的地位出现急剧变化，1960 年 11 月提出“三年不搞城市规划”；1966—1977 年，中央政府主管城市建设与规划的部门停止了工作，许多相关机构被撤销，工作人员被下放，大量城市规划图纸资料被销毁，城市规划受到毁灭性打击。

改革开放初期，城市工作逐步回归正轨。1978 年，国务院召开了第三次全国城市工作会议。1980 年，国家建设委员会召开了全国城市规划工作。1984 年，国务院正式颁布《城市规划条例》，标志着我国的城市规划开始向法治化方向迈进。1989 年《中华人民共和国城市规划法》(以下简称《城市规划法》)的颁布实施确立了我国自己的城市规划体系。适应我国逐步建立社会主义市场经济体制的改革需要，城市规划的市场化和法治化改革也逐步深化。2008 年，《城市规划法》更名为《城乡规划法》，标志着我国城市规划建立起了相对完整的法律框架体系。

与之相应，城市规划学科的发展历程也经历了从恢复到大发展的过程。全国目前已有约 130 所大学开设了城市规划专业，以建筑学、地理学、社会学等为生长点，与相关学科交叉融合，逐步形成了完整体系。城市规划学科领域内的学术期刊得到巨大发展，如《城市规划》《城市规划学刊》以及《城市发展研究》等。

考察城市规划发展程度的一个向度就是政府委托的规划设计项目的繁荣程度。规划设计项目是指对城市、区域或某一片区进行较具体的规划或总体设计，综合考虑政治、经济、历史、文化、民俗、地理、气候、交通等多项因素，完善设计方案，提出规划预期、愿景及发展方

式、发展方向、控制指标等。在计划经济时代，城市规划设计院是我国建设规划部门的下属机构。随着市场经济体制改革的进一步深入，我国规划设计行业已逐渐走向市场化，规划设计机构也更加多元化，城市规划编制单位逐步增加，城市规划行政管理机构的队伍也开始壮大。随着市场化与法治化的深入发展，我国开始实施准入类注册城市规划师制度，城市规划设计院（公司）通常受政府部门或规划编制单位委托，通过规划成果和研究报告为政府决策提供依据。随着《城乡规划法》及其配套法规体系以及各地条例规范等的颁布，规划设计市场逐渐形成"政府组织、专家领衔、部门合作、公众参与、科学决策"的工作机制。

第三节　国家工业化下的城市建设规划

中国人民在中国共产党的领导下，推翻了"三座大山"，摆脱了半殖民地半封建统治，在1949年建立了中华人民共和国。生发于清代和民国时期的民族资本所建立起来的工业体系，在经历抗日战争和解放战争后基本全毁。到1949年，我国几乎没有任何工业体系和技术，只有一些残破的、老掉牙的工厂，百废待兴。毛泽东在《论十大关系》中用"一穷二白"来形容："'穷'，就是没有多少工业，农业也不发达。'白'，就是一张白纸，文化水平、科学水平都不高。"①社会主要矛盾被认为是先进的社会制度同落后的社会生产力之间的矛盾，根本任务是优先发展工业特别是重工业，尽快地从落后的农业国变为先进的工业国。1965年的政府工作报告提出"在不太长的历史时期内，把中国建设成为一个具有现代农业、现代工业、现代国防和现代科学技术的社会主义强国"。建设现代化新中国是解决先进的社会制度同落后的社会生产力之间的矛盾的必由之路，是党和国家各项工作的出发点和落脚点②。

新中国借鉴的是苏联的计划经济体制。该体制下的城市规划是"国民经济计划工作的继续和具体化"。在计划经济体制中，为谁生产、生产什么、如何生产、在哪里生产由计划决定。于是，为发展生产而规划就是为生产计划而规划。旧中国留下的城市规划人员很少，加之当时的国际国内环境，凡欧美的建筑规划理论都受到批判，所以苏联计划经济体制下所形成的城市规划理论成为当时的主要潮流。

一、服务工业建设

毛泽东同志反复强调，推翻三座大山之后的最主要任务是搞工业化，由落后的农业国变成先进的工业国，建立独立完整的工业体系。在得到苏联和东欧社会主义国家大力支援的情况下，1953年开始社会主义工业化。"一五"计划的重点是以苏联援建的156个大型工业建设项目为中心，建立以东北为中心的重工业基地，同时在西北、中部建立一批新工业基地。

苏联援建的156项工程和其他限额以上项目，基本上集中在工业基础相对薄弱的内地。考虑到资源禀赋等因素，将钢铁企业、有色金属冶炼企业、化工企业等选在矿产资源丰富及能源供应充足的中西部地区，将机械加工企业设置在原材料生产基地附近。在最后投入施

① 毛泽东. 毛泽东文集(第七卷)[M]. 人民出版社，1999：44.
② 王凡. 现代化建设中城市规划的任务[J]. 城市规划，1983(1)：4-7.

工的 150 个项目中，包括民用企业 106 个，国防企业 44 个。在 106 个民用企业中，除 50 个布置在东北地区外，其余绝大多数布置在中西部地区，其中，中部地区 29 个，西部地区 21 个；44 个国防企业，除有些造船厂必须选址在海边外，布署在中部地区和西部地区的有 35 个。150 个项目实际完成投资 196.1 亿元，其中东北投资 87 亿元，占实际投资额的 44.3%；其余绝大多数资金都投到了中西部地区，中部地区 64.6 亿元，占 32.9%，西部地区 44.5 亿元，占 22.7%①。

1954 年 6 月，建筑工程部召开全国第一次城市建设会议。会议提出，城市规划是“国民经济计划工作的继续和具体化”。在第一个五年计划期间，城市建设要为工业化、为生产和为劳动人民服务。必须把力量集中在工业建设项目所在地的重点工业城市，以保证这些重要工业建设的顺利完成。在重点工业城市，市政建设也把力量集中在工业区以及配合工业建设的主要工程项目上。除北京外，包头、太原、兰州、西安、武汉、洛阳、成都也是“一五”计划的重点工业城市，必须采取积极步骤，使城市建设工作能赶上工业建设的需要。上海、鞍山、沈阳、广州等城市，过去有一定工业基础和一些现代化市政设施，今后还要建设一些新的工业，城市可以进行必要的改建和扩建。会议还建议今后新建的城市原则上以小城市及工人镇为主；中央人民政府成立城市建设委员会或城市建设部，负责领导全国城市建设工作。

1956 年 5 月，《国务院关于加强新工业区和新工业城市建设工作几个问题的决定》对工业生产力区域规划布局、城市和工人镇的规划、厂外工程和公用事业工程、民用建筑管理以及勘察测量等方面的工作提出了许多要求。这些要求可被视为当时城市规划的原则，影响深远。

在工业生产力区域规划布局方面，要求贯彻经济和安全兼顾的原则，既要便于工业的协作，缩短原料、燃料和产品的运输距离，力求经济合理，又应该注意安全问题，加以适当的分散，避免在一个工业区内集中过多的重要工厂。重要的工厂之间要保持必要的距离，工业区之间要保持更大的距离，如洛阳的工厂与城市设施布局空间关系如图 7-1 所示。工业不宜过分集中，城市发展的规模也不宜过大。新建城市的规模可以控制在不超过 20 万人口的范围内；在条件适合的地方，可以建设 20 万～30 万人口的城市；因特殊需要，个别地区可考虑建设 30 万以上人口的城市；有特殊要求的厂矿或限于地形条件，可以建设单独的工人镇。根据工业建设情况，从 1956 年开始进行包头-呼和浩特地区、西安-宝鸡地区、兰州地区、西宁地区、张掖-玉门地区、三门峡地区、襄樊地区、湘中地区、成都地区和昆明地区 10 个地区的区域规划。

在新建的工业城市和工人镇选择工业企业厂址的时候，要求同时确定住宅区的位置，且尽早规划。在进行城市规划时，对工业企业的厂址、住宅、公共建筑、交通运输、邮电、道路、绿化、供水、排水和其他工程管线应该进行合理的布置，以便有计划地建设。在初步规划的轮廓大致确定的基础上，要着重编制近期建设计划和即将修建地区的详细规划。在加强新工业城市规划工作的同时，还应该有计划地开展为 1～2 个企业（如工厂、矿区、水电站、国营农场、林业采伐区等）服务的各种类型的工人镇的规划工作。要有计划地逐步对我国原有的大中城市加以必要和可能的改造，原有各大城市、省会、自治区首府以及其他重要城市应开始初步规划的编制工作。对于建设任务大的城市，应该编制近期修建地区的详细规划。

厂外工程和公用事业工程的建设对于保证工业企业的建设和开工生产关系极大，但又

① 孙国梁，孙玉霞．“一五”期间苏联援建“156 项工程”探析[J]．石家庄学院学报，2005(5)：52-56.

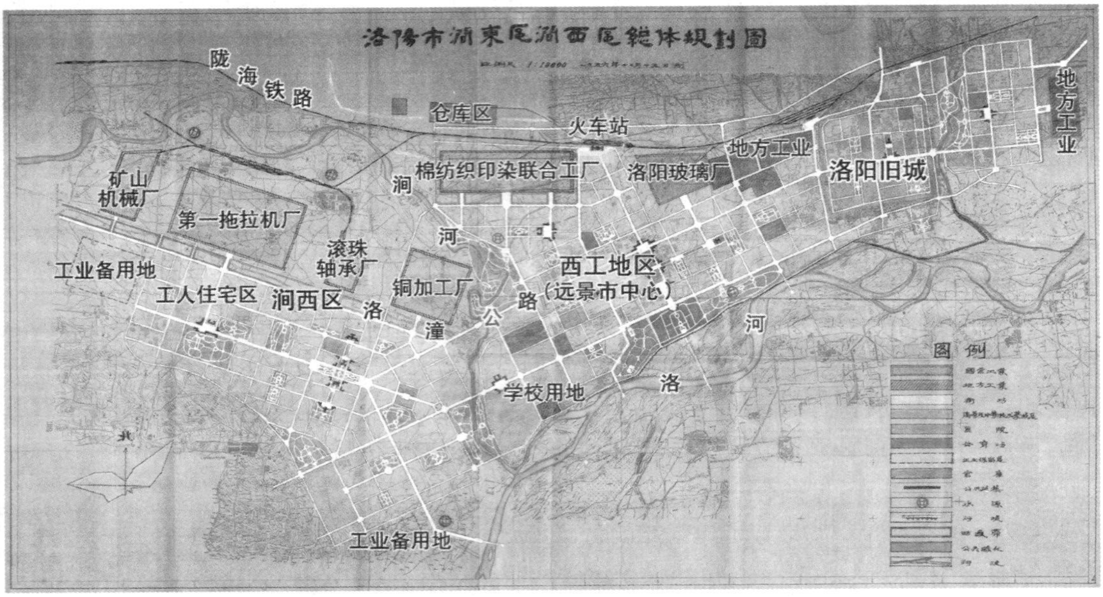

图 7-1　洛阳的工厂与城市设施布局空间关系

资料来源：李浩.八大重点城市规划[M].2 版.中国建筑工业出版社，2019.

是一个协作配合很复杂的组织工作。城市规划或工人镇规划的设计部门负责厂外工程和公用事业工程的综合设计工作。各单项厂外工程的设计、施工按专业系统分工，即供水（包括水源工程）、排水、道路、桥梁、防洪、厂区以外的绿化、电车道等由城市建设部和当地城市建设部门负责，热力管道、输电变电工程由电力工业部负责，铁路专用线由铁道部负责，电话由邮电部负责，工业供水的水库工程由水利部负责，水运码头和航道由交通部负责。

为使新工业城市和工人镇的住宅和商店、学校、邮电支局、托儿所、门诊所、电影院等文化福利设施建设得合理，应逐步实行统一规划、统一投资、统一设计、统一施工、统一分配和统一管理的方针。除新建工人镇的住宅和文化福利设施由主要建设部门统一建设和管理外，新工业城市和其他重要城市应该由当地人民委员会负责建设和管理。

第一个五年计划超预期完成，受建设成绩的鼓舞，盲目乐观情绪致使中央在 1958 年提出工业要“大跃进”、“多快好省地建设社会主义”、十五年赶超英美等不切实际的发展目标。自 1958 年开始的三年“大跃进”中，由于庞大的工业建设，特别是全国大办钢铁，各地纷纷增加新职工，农民大量涌进城市，使城市人口骤增。1957 年年底，全国城镇人口为 9 949 万人，占总人口的 15.4%；1960 年年底，增加到 13 073 万人，占总人口的 19.8%，三年净增 3 124 万人。全国设市城市数增加得也很快。1957 年年底，设市城市有 177 个；1960 年年底，达到 199 个；1961 年，又增加到 208 个，是新中国成立以后的 12 年中设市最多的一年。

在“大跃进”的高潮中，许多省、自治区都对省会、首府和部分大中城市在“一五”期间编制的城市总体规划进行了修订。城市规划服务工业建设，“用城市建设的‘大跃进’来适应工业建设的‘大跃进’”，所以这次修订是跟着工业“大跃进”的指标进行的。因此，修订后的城市规划，城市规模普遍定得过大，建设标准也定得过高。由于工业建设规模过大，城市和城市人口过分膨胀，远远超过了国家财力物力所能承受的限度，城市住宅严重不足，市政公用设施超负荷运转，影响了工业生产和城市人民的生活，而且征用了大量土地，占用了很多民房、绿地，造成了很大浪费，并打乱了城市的布局，恶化了城市的环境。对于这些问题，本应该让各城市认真总结经验教训，通过修改规划，实事求是地予以补救，但在 1960 年 11 月召开的第九次全国计划会议上，却宣布“三年不搞城市规划”。这一决策造成的后果是，不仅对“大跃进”中形成的不切实际的城市规划无从补救，而且各地纷纷撤销规划机构，大量精简规划人员，使城市建设失去了规划的指导，造成了难以弥补的损失①。

1961 年 1 月，中共中央提出了“调整、巩固、充实、提高”的“八字”方针，做出了调整城市工业项目、压缩城市人口、撤销不够条件的市镇建制以及加强城市设施养护维修等一系列重大决策。

二、服务三线建设

20 世纪 60 年代中期，为应对中苏交恶以及美国在中国东南沿海的攻势，加强以国防为中心的战略大后方建设，国家将大量的工业企业按照三层战略纵深进行迁移，“进山、隐蔽、挖洞”，以“备战、备荒、为人民”，即所谓的三线②建设。在大小三线③的建设中，为适应“大分散、小集中”“依山傍水扎大营”的要求，城市规划遵循“大分散、小集中，不建集中的城市，多搞小城镇”的方针。

我国因油田而建起来的城市大庆，就是在“不建集中的城市，多搞小城镇，要‘工农结合、城乡结合’，消除‘工农、城乡、脑体劳动’三大差别”等指导思想下建立起来的样板城市④。1962 年 6 月，周恩来同志视察大庆油田时指示，像大庆这样的矿区，不搞集中大城市，分散建设居民点，建“干打垒”房屋，把家属组织起来参加农副业生产，可以做到工农结合、城乡结合，对生产、生活都有好处。1965 年 7 月，发出《关于开展工人镇规划工作的通知》，规定了工人镇总体规划与近期修建地区详细规划图纸与文件的内容。

三、服务城市生活

城市规划建设必须服务劳动人民，适当满足劳动人民物质文化生活的要求。这不仅是发展生产的根本目的，而且是确保劳动力再生产、满足工业建设和生产对劳动力投入需求的需要。因此，与生产相协调、适当满足劳动人民物质文化生活的要求成为城市规划的基本原

---

① 侯丽，张宜轩.1958 年的青岛会议：溯源、求实与反思[C]//.城市时代，协同规划——2013 中国城市规划年会论文集(08-城市规划历史与理论).[中国城市规划学会]，2013：24-36.

② 一线是沿海和边疆的省区市；二线是介于一、三线地区之间的省区市；三线包括京广线以西、甘肃省的乌鞘岭以东和山西省雁门关以南、贵州省南岭以北的广大地区，具体包括四川省、云南省、贵州省、青海省和陕西省的全部，山西省、甘肃省、宁夏回族自治区的大部分和豫西、鄂西、湘西、冀西、桂西北、粤北等地区。三线建设的实施，为增强我国国防实力、改善生产力布局以及中国中西部地区工业化做出了极大贡献。

③ 大三线建设是中国国家战略后方基地的建设，是三线建设的主要部分，目标是建立以国防工业和基础工业为主体，包括交通运输、邮电通信的中国国家战略后方基地。小三线建设是指在各省、自治区、直辖市的战略后方地区建立作为武器配套的工业、交通运输业和邮电通信等地区后方基地，主要满足地区自卫战中地方部队和民兵作战需要，也为野战部队提供武器弹药。

④ Hou L. Building for Oil：Daqing and the Formation of the Chinese Socialist State[M]. Harvard University Asia Center，2018.

则和方针。邓小平同志视察陕西时，在西安干部大会上形象地把工业建设和市政设施比作“骨头”，把办商店、理发等生活福利设施比作“肉”，并指出工人和城镇居民福利必须是适度的，否则，不仅会影响投资和消费关系，制约工业建设和生产发展，而且会影响城乡平衡，导致农村人口过度涌入城镇①。在实践中，拿捏这个“适当”，成为这一时代城市规划建设面临的一个重要课题。这方面表现在，强调城市企业职工及其家属生活设施与工业建设和生产发展协调规划，有计划地规划建设工人镇。

“文化大革命”期间备战备荒，三线国防建设规模巨大，国家积累储备比例较高，公共设施建设和住宅建设偏少，商品供应比较紧张，居民住宅建设的资金很紧张，再加上以前的基础太差和人口迅速增长，人民生活的实际水平提高缓慢。改革开放前，居民的居住条件普遍较差，1978 年全国城市居民人均住宅净面积 3.7 m^2。大约有 40%以上的人住在新中国成立前建的住宅里面。天津、上海、北京、武汉、南京等老城市有大面积平房区，50%～70%的城市居民住在低矮破旧的平房之中，不少居民祖孙三代居住在十几平方米的平房里。20 世纪 50—70 年代兴建的居民宿舍楼和工人新村，也多为 3～6 层的简易楼房，这些住宅楼解决了部分人民群众尤其是劳动模范等先进工人家庭的居住问题。20 世纪 70 年代起，7 层以上的高层楼房和综合配套的大型居民区开始出现。

1978 年 3 月，国务院在北京召开了第三次全国城市工作会议，会议认识到大中小城市是发展现代工业的基地，是一个地区政治、经济和文化的中心，是巩固和发展工农联盟、实行无产阶级专政的重要阵地。城市工作必须适应高速度发展国民经济的需要，为实现新时期的总任务做出贡献。会议提出要正确处理“骨头”和“肉”的关系。多年积累下来的问题必须积极而有步骤地加以解决，否则，必然会拖四个现代化的后腿②。

1979 年起，先在所有省会城市和城市人口在 50 万以上的大城市(不含三大直辖市)，以及对外接待和旧城改造任务大、环境污染严重的 47 个城市，试行每年从上年工商利润中提成 5%，作为城市维护和建设资金。为了建设好小城镇，加强现有小城镇的维护管理，自 1979 年起，城市维护费的开征范围扩大到一些工业比较集中的县镇和工矿区，并提出今后在国家基本建设计划中，要专列城市住宅和市政公用设施建设(包括供水、排水、公共交通、煤气、道路、桥梁、防洪、园林绿化等)资金户头。为缓和城市住房的紧张状况，在对城市现有住房加强维修养护的同时，要新建一批住宅。1978 年，国家先补助城市住宅建设资金 2 亿元，以后国家每年要拨款 4 亿元，用于城市住宅建设。同时，动员地方、企业与国家一起，共同解决城市住宅问题。

由于各级政府重视住宅建设，充分发挥了国家、地方、企业和个人四个方面的积极性，住宅建设规模逐年扩大，住宅建设投资不断上升，占基建投资总额的比例从 1978 年的 7.8%上升为 1979 年的 14.8%、1980 年的 20%，“六五”计划期间，平均每年达到 21%。1979—1985 年，全国用于城镇住宅建设的投资共达 1 213 亿元，占 1950—1985 年住宅建设总投资的 76.6%。城镇住宅竣工面积以每年平均 11.2%的速度增长，城镇共新建住宅 8.25 亿 m^2，占新中国成立 36 年来建成住宅总面积的 60%。1985 年年底，全国城镇共有住宅面积 22.91 亿 m^2，平均每人居住面积 6.36 m^2，其中城市人均 6.1 m^2，县镇人均 6.48 m^2。住房设备水平也有提

① 邓小平文选(第一卷)[M].人民出版社，1994：266-267.

② 陈为邦.正确处理“骨头”和“肉”的关系[J].经济管理，1979(12)：39-41.

高，一般新建住房每户都有单独的厨房和卫生间。

四、城市规划的编制实例

"一五"时期我国的城市规划工作主要围绕西安、太原、兰州、包头、洛阳、成都、武汉和大同八大重点工业城市的规划编制和重大工业项目选址、配合重点工业项目的建设展开，在城市中配套布置了各项市政公用设施、工人住宅区和生活服务设施。在此仅介绍两个新中国成立初期最具代表性的规划成果。

1. 包头

国家开始执行第一个五年计划时，包头就被列为全国重点建设城市之一。与156项工程建设相配套的一批工业建设和城市建设等地方项目亟须落地，对城市规划的要求比较急迫。

包头市第一版规划的编制过程中，重点工业项目的厂址成为城市总体规划布局的决定依据。包头新市区规划经过多个方案的审议，比较了人民生活居住传统习惯，决定了房屋建筑布局的南北朝向以及市区主干道以南北、东西为主的走向。包头的城市规划方案由苏联顾问专家巴拉金亲自勾画草图，由我国的赵师愈、何瑞华、沈复云三位规划师主笔设计。

包头新市区选址在昆都仑河以东；城市远期人口发展规模暂定为60万人；近期钢厂住宅区与第二机械工业部工厂住宅区分开两处建设，暂不连成一片；远期每人平均居住面积定额为9 m^2；临街道广场可以修建楼房，其他地方修建平房。在城市道路布局上，确定以正对包钢中门的钢铁大街为城市的横轴线，以阿尔丁大街为城市纵轴线，以民主路和富强路与617厂和448厂大门相对，以呼得木林大街朝东北方向通向第二热电厂，以建设路通过钢铁大街和呼得木林大街交会点向东南与旧城区（现东河区）相连接，由此形成了新市区完整的道路骨架系统。另外，新区在工业选址、居住区用地规划、道路骨架系统、绿地系统规划、预留城市发展备用地布局等方面都得到了中央和地方政府以及苏联专家的认可。

1955年9月，中共包头市委向内蒙古内蒙古党委并转党中央呈报该规划（见图7-2），同年11月，中共中央以电报的形式对包头城市规划方案等问题做了批示，原则同意该规划。

2. 兰州

早在1951年6月，兰州市即已完成《兰州市都市建设计划草案概要（1951—1958）》，又于1952年6月制定了《兰州市新都市建设计划工作报告》。这两份文件为第一版兰州城市总体规划提供了重要的基础条件。兰州的规划虽然得到了苏联专家的指导和中央城市设计院的援助，但主要以地方规划人员为主完成，其规划成果是地方规划人员学习苏联规划经验的一种自我探索，更具地方特点。1954年12月11日，国家建设委员会下发对兰州市初步规划的审查意见，兰州成为新中国成立后规划最早获得正式批复的城市之一。

在任震英先生的主持下，1954年版兰州市规划的鲜明特征是因地制宜地形成了多中心的组团结构：兰州老城区被规划为市中心区，主要承担居住生活以及行政、教育和文化等公共服务功能；城市西部的西固区（距旧城约20 km）为新建设的石油化工基地；在西固区和兰州老城区之间是以机械工业为主的七里河区；兰州老城区的东部是以机械制造为主的工业备用地。市区长达40 km，沿黄河南北两岸，规划成一带形城市。与这种组团布局相适应的，是一条贯穿东西的城市干道，这是黄河南岸连串起三块河谷平原的唯一主干林荫路，全长约33 km，宽度为30～50 m，可通行各种车辆和行人，保证市内各区间的联系（见图7-3）。

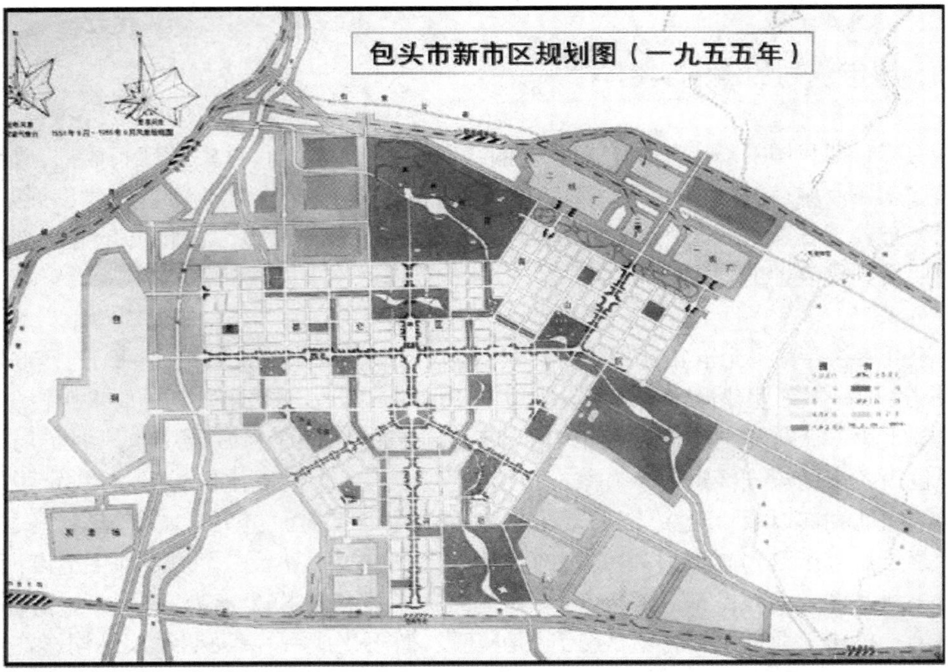

图 7-2　包头市新市区规划(1955 年)

资料来源：李浩：八大重点城市规划[M].2 版.中国建筑工业出版社，2019.

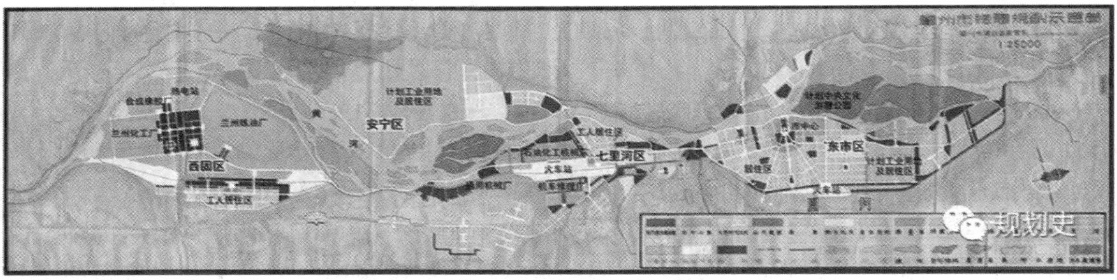

图 7-3　兰州市城市总体规划(1954 年)

资料来源：李浩，任震英：新中国第一位城市规划设计大师[EB/OL].规划史，https://mp.weixin.qq.com/s/jYr9dOg1iV8_coB7TezA_g.

从空间形态来看，兰州市规划与国际上著名的线形城市理论概念有异曲同工之妙，其优点在于可以为开辟通畅的线性交通提供条件，又具有两极自由发展的灵活性，既可保持城市的完整性，又便于控制沿线各个城市单元的规模，因地制宜，创造相对独立、有利生产、方便生活的适宜环境。

1954 年 6 月，在全国第一次城市建设会议上，苏联专家巴拉金曾赞扬该规划，说："兰州城市的自然条件以及布置工业和住宅的条件，都是非常困难的……当我们看到这个规划时，就会发现：城市艺术组织首先是依据自然条件，规划上的布局处理是与自然条件相吻合的。因而就使规划设计既能生动优美，又能够得到实现。全市中心，各区域中心，以及绿化系统，也处理得很好。”①正是这一极具特色的规划模式，为兰州市规划赢得了诸多声誉。

五、城市规划原则的探索

这些重点建设城市的总体规划是在苏联模式引导下完成的。以城市发展的终极蓝图指导工业选址，在这样的规划思想指导下，出现了工业建设与城市规划间的矛盾：工业企业的改扩建受到规划限制，新建工业企业普遍安置在城市远郊，需要自身配套相应的基础设施和职工住宅，相对提高了基本建设投资，这点在已经具有一定工业基础的城市尤为突出。

伴随着城乡建设与规划实践的大规模展开，以苏联规划的理论和范式为框架体系的中国城市规划面临着诸多问题与挑战，显示出快速新城建设和填充式建设下对实践指导的不适应。苏联规划标准超前于中国国情，“长远蓝图”式的规划在实施和管理上的僵化，在20世纪50年代后期及20世纪60年代国家经济建设遭遇挫折之际愈发凸显，出现了不同的批评意见。以国家宏观层面认识发展转变和意识形态冲突加剧为背景，规划学界和业界对于城市规划的作用和方法有了更为清楚的认识，认识城市、指导城市发展的方法与手段有了主动或被动的改变。城市规划指导城市建设应该由近及远、远近结合，不能以远景指导近期建设，要以近期建设为主，注重近期建设规划。要从实际出发，注重旧城改建的改良主义，反对全盘照搬的教条主义，不能彻底革命式地追求对称的中轴线。

1956年国家建设委员会正式颁布实施的《城市规划编制暂行办法》与1952年苏联专家草拟的《编制城市规划设计与修建设计程序》相比，简化了规划编制层次，缩短了设计周期。暂行办法提出以总体规划和详细规划两个层次为主，对不具备开展总体规划条件的城市，可以先编制初步规划和城市规划的示意图，在此基础上编制近期修建地区的详细规划，以后条件具备时则必须编制总体规划。新建工业城市在进行城市规划设计前，可以先由选厂工作组会同城市建设部门提出厂址和居住区编制草图，经过审查同意后，可作为城市规划设计的依据。

1958年，建筑工程部第一次以“城市规划”为主题在青岛召开了全国性的工作座谈会，与会者来自学会、高校、建设部门，具有广泛的代表性，讨论形成了《城市规划工作纲要三十条(草案)》。大会总结报告分析了新中国成立后近10年的工作得失，从10个方面阐述了城市规划和建设的基本政策：从全面出发进行城市规划与建设；大中小城市相结合；从实际出发，逐步建立现代化城市；城市规划的标准和定额问题；在适用、经济的基础上注意美观；近期规划与远景规划；旧城市利用和改造；县镇规划与建设；农村规划与建设；多快好省地进行城市规划和建设②。这些总结、探讨和观点虽然带有特殊时期的印记和历史的局限性，但在今天看来仍是中肯和切合实际的。

第四节　快速城市化下的城市规划转型

1978年年底召开的十一届三中全会标志着党和国家的中心任务全面向“社会主义现代

① 李浩.任震英：新中国第一位城市规划设计大师[Z].2021.

② 中国城市规划学会.中国城乡规划学学科史[M].中国科学技术出版社，2018：200-203.

化建设”转变。1980 年，国务院批准在深圳、珠海、汕头和厦门建立经济特区，鼓励外商投资和设立各种开发区，我国外向型经济发展迅速。1982 年 1 月 1 日，第一个中央涉农的一号文件《全国农村工作会议纪要》出台，正式确立“家庭联产承包责任制”的合法地位。这一系列政策对我国的现代化、工业化以及城市化发展影响极其深远，城乡商品市场逐步恢复，个体经济得以快速发展，家庭经济和乡镇企业异军突起。

国家开始对城市规划工作重新认可与重视。1978 年 3 月，国务院召开了第三次全国城市工作会议，重新确认：“全国的大、中、小城市，是发展现代工业的基地，是一个地区政治、经济和文化的中心，是巩固和发展工农联盟、实行无产阶级专政的重要阵地。城市工作必须适应高速度发展国民经济的需要，为实现新时期的总任务作出贡献。多年积累下来的问题必须积极而有步骤地加以解决。”①同时确定从上年的工商利润中拿出一定比例用作城市建设资金，要逐步把全国城市建设成为适应四个现代化需要的社会主义现代化城市。1980 年 10 月召开了新中国成立以来的第一次全国城市规划工作会议，系统总结了城市规划的历史经验，批判了不要城市规划和忽视城市建设的错误思想，讨论恢复城市规划工作的有关部署，指出“市政府一把手要亲自抓城市规划，市长的主要职责是把城市规划、建设和管理好”。

1987 年《国务院关于加强城市建设工作的通知》(国发〔1987〕47 号)强调：“城市规划工作必须面对现实、面向未来，适应社会主义有计划的商品经济的发展和对外开放、对内搞活经济的需要。既能指导城市的长远发展，又能指导当前的各项建设。既有一定阶段内相对稳定的目标，又要根据经济、社会的发展进程适时进行调整和补充。”“城市规划与城市的国民经济和社会发展计划互为依据，相辅相成，要切实搞好两者的衔接。与城市有关的建设项目，其项目建议书、设计任务书的审查，建设地址的选择，要有城市规划部门参加。根据城市规划确定的城市基础设施等建设项目，要纳入城市中长期或年度计划。城市供水、排水、污水处理设施、道路、桥梁、公共交通、煤气、集中供热、环境卫生、园林等建设项目，从制订计划到组织实施，逐步实行由城市建设部门统一管理。”

时隔 37 年的 2015 年 12 月，中央城市工作会议再次召开。会议认为必须认识、尊重、顺应城市发展规律，端正城市发展指导思想，切实做好城市工作。城市发展是一个自然历史过程，有其自身规律。城市和经济发展两者相辅相成、相互促进。城市发展是农村人口向城市集聚、农业用地按相应规模转化为城市建设用地的过程，人口和用地要匹配，城市规模要同资源环境承载能力相适应。要统筹空间、规模、产业三大结构，提高城市工作全局性；要统筹规划、建设、管理三大环节，提高城市工作的系统性；要统筹改革、科技、文化三大动力，提高城市发展持续性；要统筹生产、生活、生态三大布局，提高城市发展的宜居性；要统筹政府、社会、市民三大主体，提高各方推动城市发展的积极性。

在这 37 年的时间里，我国经历了世界历史上规模最大、速度最快的城市化进程，城市发展波澜壮阔，取得了举世瞩目的成就。常住人口城市化率从 1978 年的近 18%上升到 2014 年的近 55%，城市人口从 1.7 亿人增至 7.5 亿人，城市数量从 193 个增加到 653 个。每年城镇新增人口 2 100 万人，相当于欧洲一个中等收入国家的人口。中国社会从“乡村中国”经历“城乡中国”逐步转型为“城市中国”。城市化率 30%～70%是城市化快速发展的阶段，超过 50%就意味着从农业社会向城市社会转型。大半人口生活在城市里，涉及生活用水、处理垃

① 关于加强城市建设工作的意见[A].中发〔78〕13 号.

圾、公交出行、上学看病等，人民的生活与城市管理和服务时刻发生着交集。今天的中国，正面临快速城市化进程中出现的各种城市病，如空气污染、交通拥堵、垃圾围城、城市“摊大饼”、文化缺失……城市工作是一个系统工程，要“坚持以人民为中心的发展思想，坚持人民城市为人民”。为城市把脉，开出药方，引导城市更健康成长，这是城市规划发展的内在要求，也是学科的价值所在。

一、城市规划的角色转型

城市规划在计划经济体制下一直附属于国民经济社会发展计划，依托高度集中的国家投资体制，落实各个计划项目（包括工业建设项目、住宅小区建设项目、生活配套设施项目以及道路市政建设项目等）的空间布局，以方便生产和生活，做到“有利生产、方便生活”。其角色被视为执行和落实国民经济计划的技术工具，是“国民经济计划的延伸和具体化”，缺乏相对独立的、主动调节社会经济发展的作用。例如，兰州市七里河中心区详细规划（1954 年）如图 7-4 所示。

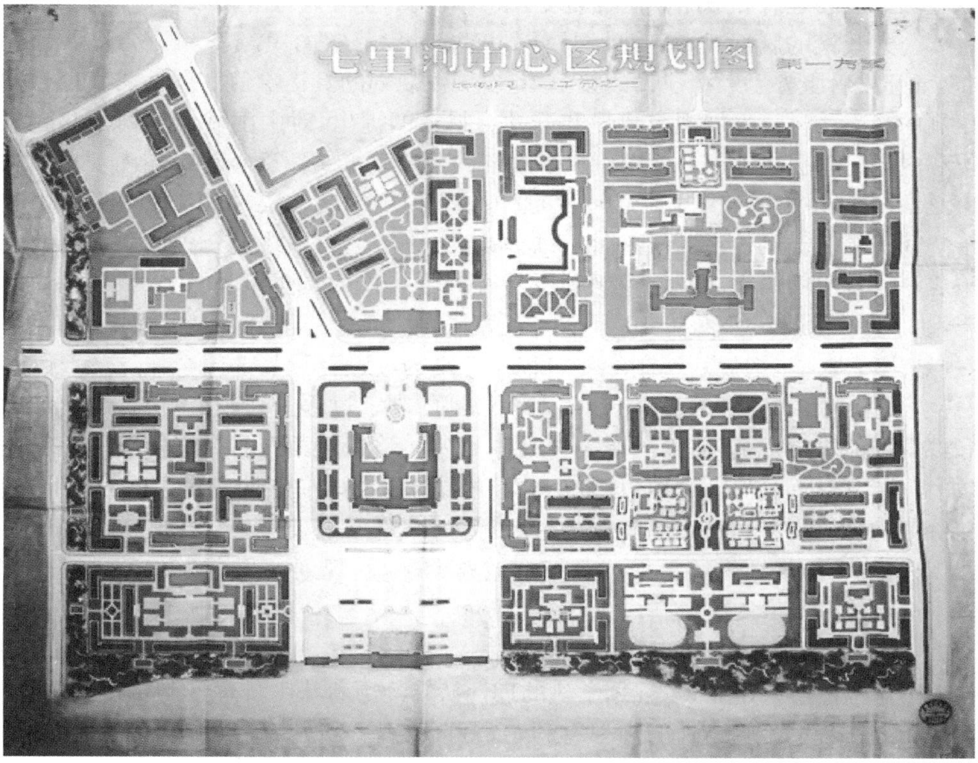

图 7-4　兰州市七里河中心区详细规划（1954 年）

资料来源：李浩.八大重点城市规划[M].2 版.中国建筑工业出版社，2019.

1. 建设项目的刚性管控转向发展的弹性规划

在改革开放和建立社会主义市场经济体制的过程中，政府逐步减少直接参与经济建设的活动，政府掌控资源并能做出直接计划安排的建设项目主要集中在道路市政、公共服务设施、公园绿化等方面。工业项目、住宅开发以及部分生活配套设施等建设开发项目则推向市场，这类项目的开发建设取决于市场主体的资源及发展意愿，政府的角色转向宏观调控经济发展质量，如此，政府由经济建设直接主体转为间接主体，由主角转为配角。作为政府行为的规划，也必然产生相应的角色转变。

多元利益主体带来的需求多样化迫切要求城市规划的角色定位的转型，从被动和封闭逐步转向适应商品经济的主动和开放。一方面，延续和完善原有的规划技术方法，通过执行精密而标准化的技术规范和人均规划指标，实现对城市空间发展的有效管控与秩序安排；另一方面，为应对快速城市化带来的空间拓展需求及在空间上与历史文化保护产生的争夺和冲突，系统化分析城市空间发展的规律，做好先期引导、提前控制，从而实现空间上的有效安排。对未来不确定性的大胆假设，对城市空间的超前组织和引导，对市场经济环境下的城市发展、规划模式进行的积极探索，催生了一系列理论创新。城市规划初步成为引领城市经济、社会与空间综合协调发展的主动工具，具有代表性的规划创新就是控制性详细规划以及城市发展战略研究（规划）、区域协调发展规划。

2. 转向城市空间资源调配的公共政策

随着国家发展理念和战略重点的转变，城乡规划的主导属性开始发生重大转向，其作为一种重要公共政策的属性日益清晰。从计划经济时代落实国民经济和社会发展计划的工具，到改革开放后服务于经济建设的技术工具，城乡规划的真正价值和属性一直处于被忽视和被压制的状态。科学发展观与建设和谐社会目标的提出，对中国城乡规划公共政策导向的定位和内涵完善提出了新的要求。城乡规划的公共政策属性逐步获得国内规划界和学术界的广泛认同。2006 年 4 月 1 日起施行的新《城市规划编制办法》指出“城乡规划是政府调控城市空间资源、指导城乡发展与建设、维护社会公平、保障公共安全和公众利益的重要公共政策之一”，首次明确提出了城乡规划所具有的公共政策属性和职能，为城乡规划的公共政策属性确定了基调。2007 年 10 月全国人大常委会通过并于 2008 年 1 月 1 日起施行的《城乡规划法》，进一步把规划编制的法定程序总结为“政府组织、部门合作、专家领衔、公众参与、科学决策、依法实施”24 字方针，对城乡规划的制定过程进行约束，对各级规划的政府责任和规划职能进行规范，明确了城乡规划作为公共政策所具有的严格的法定性和相应的法律效力，从制度层面确定了城乡规划由单纯的技术规范转向公共政策。这一时期的城乡规划在价值理念、关注内容、编制和实施过程等方面，都开始发生巨大的变化：规划价值观更加体现公平正义，规划内容更加注重综合效益的平衡，规划过程更为贴近政策的制定和执行。

3. 转向空间利益的交互平台

在人本思潮的影响下，城乡规划学科的理性认知经历着从工具理性到价值理性、交往理性的渐进转变过程。工具理性的规划有利于定量研究，分析性、评估性与操作性比较强，因此在这一时期，保持自身中立的工具理性仍然具有重大的意义。但在特定情形下，工具理性会导向片面关注效率、效用的形式理性，忽视结果与价值的实质理性，即以纯科学与纯技术的手段追求达成功利性目的，而有意无意地回避以致遮蔽了基于不同社会群体利益的价值判断。20 世纪 90 年代市场经济建立过程中的政治、经济和社会环境，使得相对独立的空间利益主体不断多元化，他们各自都有追求自身利益最大化的倾向。规划工作如果只信奉工具理性必将导致规划本体价值的迷失，包括总体规划编制被“异化”为争取土地指标的工具，控制性详细规划编制成为不当供地的“合法”外衣，等等。总之，在社会转型发展的背景下，工具理性的弊端不断凸显，关于规划价值理性的讨论不断增加，规划开始寻求自身核心价值体系的建构。城乡规划需要逐步转变为一种社会协商、平衡利益的平台，价值导向正确、过程理性、程序正义等成为城乡规划编制与管理的基本前提。规划所要处理的对象不仅仅是空间，实际上更包括人和空间的关系，以及发生在空间之中的人与人、人与社会的关系；规划所需要处理的核心矛盾不再仅仅是空间的形式问题，更是空间背后的复杂社会关系。2006年的《城市规划编制办法》在制度层面上肯定了城乡规划中多方参与和协作的重要性，一定程度上体现了当代交往理性思想的影响。随着中国社会的发展，在交往理性的影响下，城乡规划将进一步呈现出沟通规划的特征。

二、城市规划体系的改革与创新

改革开放初期，城市规划工作在恢复重建的同时即大力开展城市规划法律法规体系的研究。在大量实践积累的基础上，1984 年 1 月，国务院正式颁布施行《城市规划条例》，这是我国城市建设和城市规划方面的第一部基本法规。20 世纪 80 年代中期以后，全面启动《城市规划编制办法》《城市用地分类与规划建设用地标准》《居住区规划设计规范》《村镇规划标准》《县域规划编制办法》等研究工作，制定有关草案。1988 年 12 月，召开第一次全国城市规划法规体系研讨会，讨论《关于建立和健全城市规划法规体系的意见》，首次提出建立我国包括有关法律、行政法规、部门规章、地方性法规和地方规章在内的城市规划法规体系。

1990 年 4 月 1 日，《城市规划法》正式施行。这是我国第一部城市规划领域的法律，是城乡规划法规体系的主干法和基本法，对于依靠法律权威、运用法律手段，保证科学、合理地制定和实施城市规划，实现城市的经济和社会发展目标，具有重要的历史意义，标志着城市规划工作全面走上了法治化的新轨道。同时，它是面向全社会的法律文件，具有较强的社会性。该法于 2008 年 1 月 1 日废止，并开始实施新的《城乡规划法》，确立了从城镇体系规划、城市规划、镇规划到乡规划和村庄规划的新城乡规划体系，这一规划体系突出体现了一级政府、一级规划、一级事权的规划编制要求，也建构起了从宏观层面到微观层面、从战略性规划到实施性规划的城市规划编制体系。

1. 城市总体规划

城市总体规划作为城市规划知识体系的核心，在整体延续计划经济时期传统的基础上进行了适应性改造。作为指导、控制城市发展和建设的蓝图，城市总体规划是关于城市空间最为系统全面的安排，从计划经济时代开始就一直在中国城市规划体系中扮演着核心角色。我国城市总体规划虽然脱胎于苏联的模式和经验，但也引入大量西方有关城市总体空间结构组织的理论和方法，因此在以终极蓝图、静态、刚性、指令性思维作为主要特征之余，还做了一些调整，更契合当时城市发展的实际需要。典型的案例就是深圳的城市总体规划。

深圳作为首个开放城市和国家经济特区，不仅在经济发展上快速崛起，而且在制度建设等方面做出了开拓性的探索，其城市规划指导思想充分体现了转向适应商品经济的主动和开放。

针对深圳城市未来发展的不可预期性，根据港资小规模投资加工制造业的特点，规划以城市基础设施建设为引导，因地制宜地坚持“规划一片、开发一片、收效获益一片”的方针，采取小地块、带状分散组闭式的城市结构以及区域城镇网络结构布局，由罗湖区（老区）、蛇口东西两头起步，逐步向中心发展（见图 7-5）。这样的规划策略不仅为城市发展提供较好的生态环境，更为重要的是，其弹性的发展模式满足了不同时期城市的发展需要。深圳日后城市发展的巨大成就证明这一规划思想非常具有远见，城市环境没有随着城市规模的膨胀而恶化，为深圳 1996 年获得联合国人居环境奖奠定了基础。同时，深圳城市总体规划准确而富有远见地把握住城市在国际经济分工体系和区域发展中的定位，使城市空间发展与经济发展得到了较好的结合。这些做法打破了传统的苏联式、计划式规划思维，为即将到来的市场经济条件下的城市规划工作进行了积极有益的尝试。

图 7-5　深圳经济特区总体规划（1986 年）

资料来源：杨保军，郑德高，汪科，等.城市规划 70 年的回顾与展望[J].城市规划，2020，44(1)：14-23.

2. 控制性详细规划

20 世纪 80 年代，随着改革开放与经济体制改革的深入推进，城市建设投资主体日趋多样化，经济形态开始由单一形态向多元化转变。经济的快速发展使得城市土地开发利用需求剧增，城市土地的有偿使用使得土地的价值规律开始发挥作用，各种价值和利益取向之间的差异日益显现。传统的“城市总体规划—修建性详细规划”二层体系明显地暴露出与新形势的不适应，城市用地多元化建设需求与传统刚性规划管理之间的矛盾日益加剧。改革开放前沿城市如上海、深圳等试图学习美国纽约“区划”和中国香港地区“法定图则”的做法，探索新型的适合当地情况的规划类型。

1982 年黄富厢主持编制的《上海虹桥开发区详细规划》是我国最早的控制性详细规划（见图 7-6）。该规划为适应外资建设的要求，打破了以往只注重形体设计的规划方法，对规划片区进行分区和土地细分规划。在对各时期各类用地实际建设容量抽样调查分析的基础上，结合国外大城市规划法规，确定了每块地块的用地性质、用地面积、容积率、建筑密度、建筑后退、建筑高度限制、车辆出入口方位及小汽车停车库位八项控制指标。其中，土地定性、定量、定位、定界的控制方法至今仍然是控制性详细规划的主要技术手段，八项控制指标中的六项被纳入《城市规划编制办法》作为控制性详细规划中的规定性指标。

随后，广州、苏州、长沙等城市开展分区规划或法定图则的实践，温州等城市进行控制性

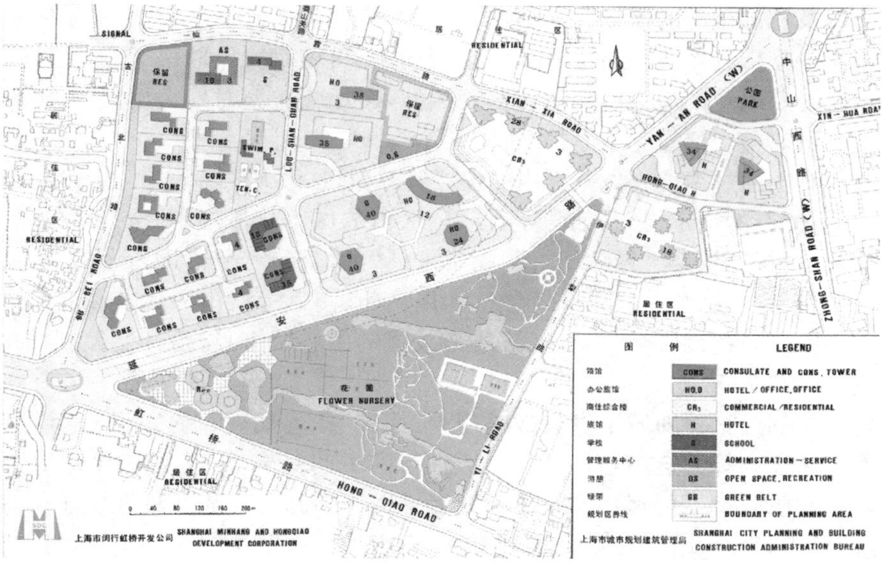

(a) 虹桥开发区详细规划

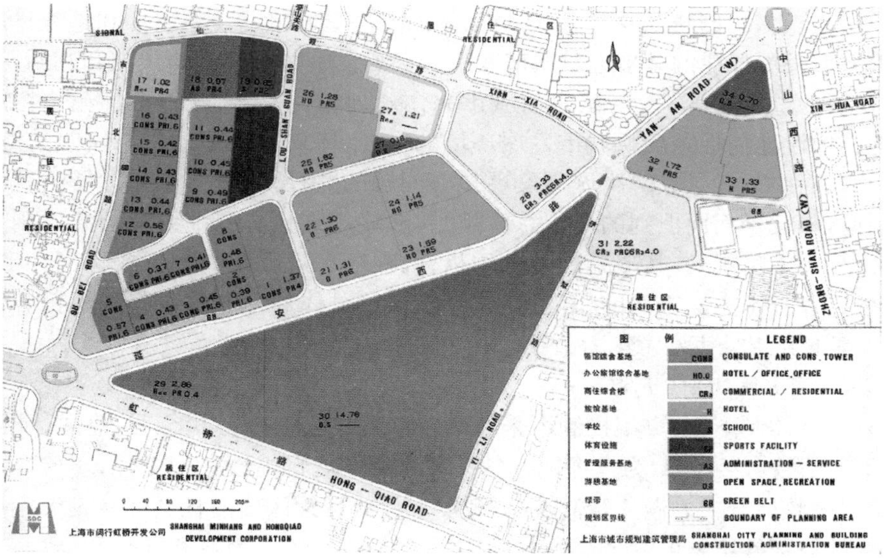

(b) 虹桥开发区基地布局

图 7-6　上海虹桥开发区详细规划和基地布局(1985 年)

资料来源：杨保军，郑德高，汪科，等.城市规划 70 年的回顾与展望[J].城市规划，2020，44(1)：14-23.

详细规划探索。从规划管理层面看，需要采取更多元的管理手段和宽严有度的控制措施；从规划设计工作层面看，市场经济条件下的规划需要提供更具弹性、操作性的规划成果。总之，改革开放和不断发育的市场环境对城市规划的编制与管理提出了新的、更高的要求，推动了控制性详细规划理念的引入以及初步技术框架的形成。《城市规划编制办法》明确了控制性详细规划的法律地位，使其逐步成为我国最为重要的规划类型之一。

3. 城市发展战略规划(研究)

以建立社会主义市场经济体制为导向的开放与改革向纵深发展，必然带来区域发展主体的地方化以及资源调配的市场化。因此，计划经济逐步而迅速地转变为竞争性地方政府驱动的政府主导型市场经济。在这种经济运行体制下，城市发展取决于竞争性地方政府在市场竞争中能否获取生产增长的竞争优势。因此，市场化转型时期为发展生产而规划就是为竞争性地方政府生产增长竞争而规划[①]。

城市政府意图通过聚合区域范围内的发展资源做强、做大中心城市，为中心城市的扩张寻求发展空间，原有的法定规划（如限于行政辖区内的城市总体规划）所设定的管控指标不能满足城市政府"拉开框架""做大城市""超常发展"的需要，需要借助所谓的"非法定规划"来达成其发展目标。因此，在进入21世纪后，以广州、南京等城市为代表和起步，国内数十个重要城市（特别是省会城市和一些经济实力较强的中心城市）纷纷开始编制战略规划（也称概念规划）（见图7-7）。

非法定性规划（研究）即城市发展战略规划（又称"概念规划"）的兴起，一定程度上是城市规划应对总体规划等法定规划种种不足而进行的主动变革，体现了中国城市规划理论与方法的创新，为规划学科更为多元、开放的发展开辟了道路。作为一种诞生于全球化、市场化、分权化环境中，由企业化的地方政府发动和组织编制的非法定规划类型，城市发展战略规划以"加速城市发展，提高城市竞争力"为立足点，"以问题为导向，抓主要矛盾，提战略构想"，具有"快速、实效、创新"的特征。通过系统的方法对城市发展的条件和趋势进行宏观分析，在把握城市发展规律的基础上对城市未来的宏观发展做出合理的预测和判断，进而提出城市未来发展的重大对策[②]。与法定的城市总体规划相比，战略规划不拘泥于特定的内容或形式，能够敏锐地捕捉并反映城市发展环境的变迁，体现了规划理论与实践的演进逻辑。战略规划为政府决策者寻找解决城市发展核心问题的路径，为城市未来发展的重大决策提供参考，因此，相较于面面俱到的城市总体规划，战略规划更具有提纲挈领的作用。尽管作为非法定规划的战略规划，其超越既有各种指标、程序和规范制约的方式存在一定争议，但其在编制思路和技术方法方面的积极探索，对于城市总体规划的改革起到了积极的促进作用[③]。更详细的介绍见第八章第六节。

4. 区域协调发展规划（研究）

在计划经济体制下，中央集权制下采取的是"中央决策、地方执行"的模式，计划指标层层分解。20世纪80年代后，为发挥地方各级政府的发展自主性和积极性，实行"一级政府、一级事权"式行政性分权的做法，各级地方政府均变成本辖区内的社会经济发展主体。上级政府对下级政府绩效考核的主要维度之一就是辖区内的经济增长和社会和谐稳定。因此，各级政府的主政官员为了自己的仕途，必须极力发展辖区内的经济，并且与相邻地区展开竞争，争取晋升的机会[④]。这种地方激励机制必然导致牢不可破的"行政区经济"模式，各级地方政府产生"以邻为壑"的心态，进行同质竞争甚至恶性竞争，由此导致不同地区存在较为严重的"产业同构""重复建设""产能过剩"等问题，出现"地方保护""行政壁垒""市场分割"等现象，使得产品和要素难以自由流动，市场一体化受阻，对在更大范围内优化配置资源、提高

① 杨开忠.新中国70年城市规划理论与方法演进[J].管理世界，2019，35(12)：17-27.

② 赵民，熊馗.概念规划与广州城市发展战略[J].城市规划，2001(3)：20-22，37.

③ 赵民，栾峰.城市总体发展概念规划研究刍论[J].城市规划汇刊，2003(1)：1-6.

④ 托马斯·海贝勒，雷内·特拉培尔，王哲.政府绩效考核、地方干部行为与地方发展[J].经济社会体制比较，2012(3)：95-112.

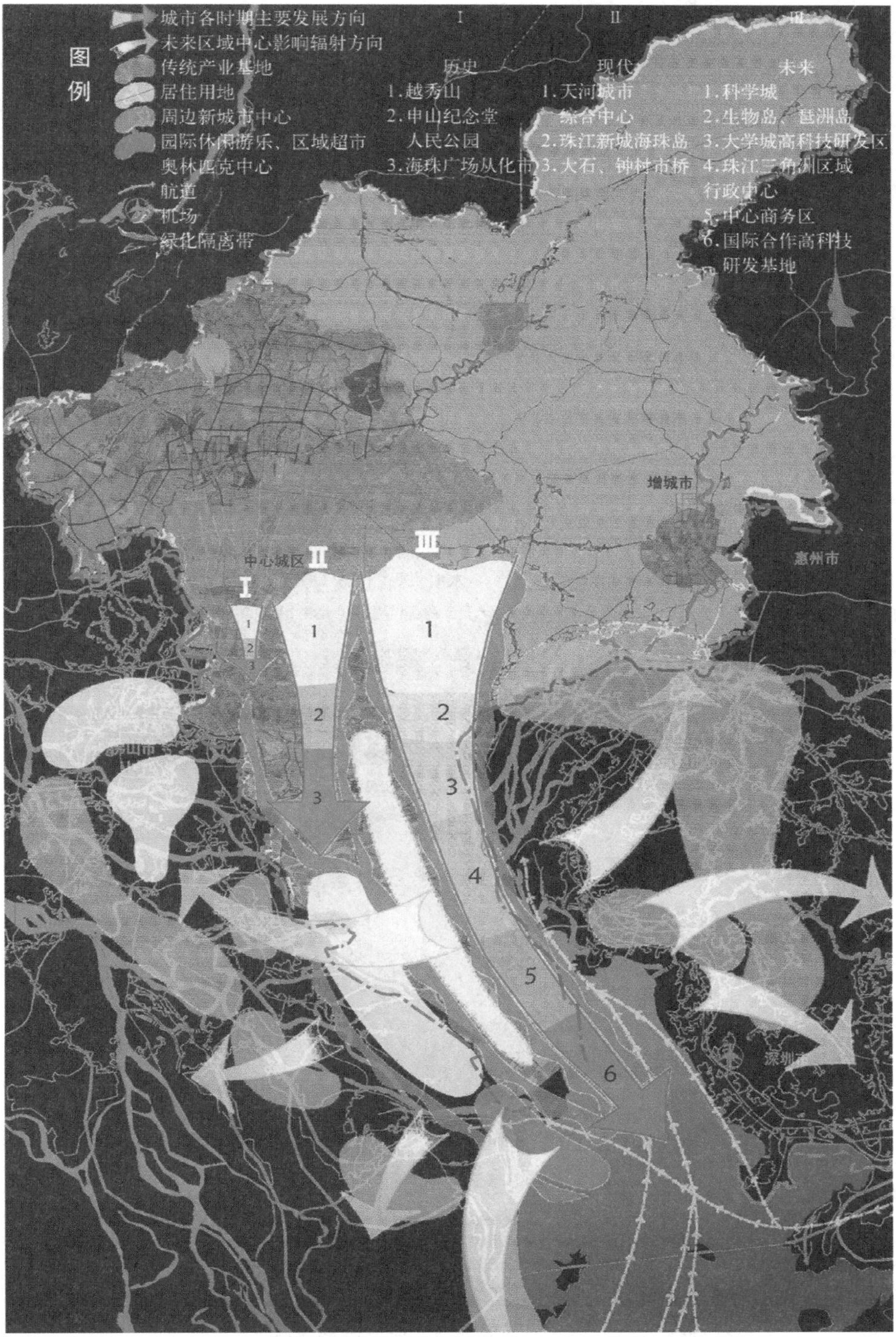

图 7-7　广州城市总体发展概念规划之空间发展示意(2000 年)

资料来源：广州市规划局.广州城市总体发展战略规划——从“拓展”到“优化与提升”[R].2009.

要素生产率和推进区域协调发展构成障碍①。

与此同时，在全球化、快速城市化背景下，区域城市化、城市区域化已经成为区域空间演化的主导趋势。区域规划在时代发展需求的变化下被赋予了新的角色任务：一方面，成为政府打造具有高度竞争力的中心城市与增长区域以应对全球竞争挑战的重要工具；另一方面，需要响应“科学发展观”“五个统筹”“可持续发展”“和谐社会”等新型执政理念，发挥区域整体统筹、城乡协调发展、生态共存共保、设施共享共建等规划内容的作用，解决 GDP 单一导向下城市-区域发展中所面临的粗放经营、生态恶化、重复建设、行政壁垒、整体利益和长远利益缺乏保障等资源环境问题。

因此，各种区域性规划再次成为国家进行宏观调控的重要手段，发改系统、国土部门及建设部门纷纷根据国家赋予自身的职权进行了不同层次、不同领域、不同类型的区域规划。例如，发改部门推出的主体功能区规划、国土部门推动的国土规划，以及建设部门延续至今的城镇体系规划等，形成了区域规划“群雄并起”的局面。在建设系统内，除原有的城镇体系规划不断得到充实完善以外，还陆续发展出都市区、城市群、都市圈、县市域规划、城乡一体化规划等多种区域规划类型，以应对城市、区域发展环境与需求的巨大变化。与此同时，日益突出的城乡矛盾促使区域规划普遍开始将关注重点从过去的“以城为主”逐渐转向“城乡协调发展”，并将城乡统筹发展规划、城乡一体化规划作为工具，对城市与乡村的基础设施、产业功能、基本公共服务以及空间用地进行全局性的统筹安排，以践行城乡统筹、科学发展观等理念，图 7-8 便是珠江三角洲城镇群协调发展规划。

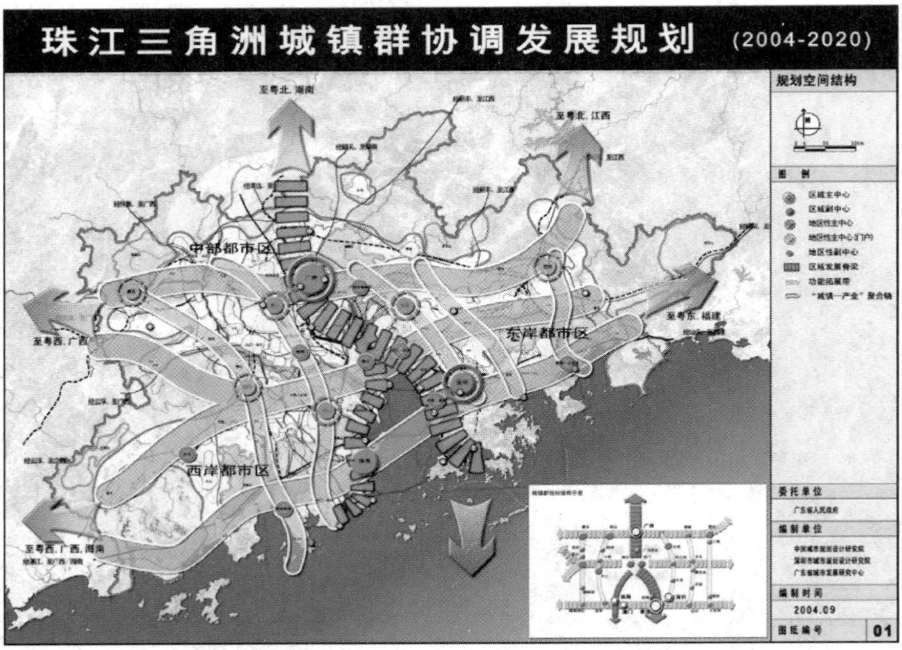

图 7-8　珠江三角洲城镇群协调发展规划（2004 年）

资料来源：吴志强，李德华.城市规划原理[M].中国建筑工业出版社，2010.

① 宣晓伟.中央地方关系的调整与区域协同发展的推进[J].区域经济评论，2017(6)：29-39.

三、城乡规划学科基础的融合与融通

1978 年以前，城市规划只是国民经济计划项目的空间落实，支撑其工作展开的知识主要集中在工程技术领域，如建筑工程、道路工程、管线工程等。但以建立市场经济体制为导向的改革促使各级地方政府成为辖区内经济发展的主体，不仅要执行上级政府指定的政策，而且要对大量辖区内的社会经济发展事务进行决策。第二、第三产业的经济活动是现代社会经济活动的主体，而第二、第三产业的活动载体是城市，因而城市规划逐渐成为城市社会经济发展的龙头，要承担“引领”角色。城市规划需要更多地关注城市区域发展的内在机制、与生产力布局的理性关系、经济发展的客观规划、生态环境建设以及社会发展规律与问题等。

2011 年，城市规划升格为一级学科，且名称改为“城乡规划学”。名称从“城市”转变为“城乡”，一字之差反映出规划理念的全新转变，旨在改变就城市论城市、就乡村论乡村的规划制定与实施模式，促进城乡统一规划、统一建设及统筹协调发展。在相当长的一段时间内，城乡规划学科是在建筑学一级学科之下发展的，在近百年的发展历程中，我国城乡规划学基于建筑学和工程学的知识基础，与地理学、生态学、经济学、社会学、历史学、公共管理学和系统科学等产生交叉（见表 7-1），致力于解决城乡人居环境发展中的现实问题，回应社会发展需求。

表 7-1　城乡规划工作中所需的相关学科知识

相关学科	在规划中的地位和作用
建筑学	进行物质空间形态分析，展现城市特色
地理学	分析空间行为，组织空间关系
计算机	进行规划分析、模型建构、空间演绎
经济学	揭示经济利益关系，规划效益评价
社会学	揭示社会发展规律，规划预测依据
生态学	维持生态平衡，保育、修复生态系统
历史学	揭示城市发展规律，把握规划传统
公共卫生	应对公共健康问题，建设健康城市
美　学	增强空间亲和性，促进认同与团结
未来学	发现人类未来需求，展望城市未来发展
系统科学	系统分析，系统认识，系统规划
公共管理学	制定公众政策，助力公共管理
法　学	保障规划实施，维护公共利益
哲　学	提供认识基础、思想基础、理论基础
传播学	协调公共关系，增进公众参与

城乡规划学从诞生之初就奠定了以解决实际问题为核心的宗旨，无论是知识构成，还是方法体系，有着很强的应用科学特征；或者按照一些专家的看法，其属于“技术”的范畴，学科发展的轨迹在很大程度上受制于人们对于城市问题的认知水平和解决城市问题的技术路线。因此，影响城乡规划学发展的不仅是自身知识体系的延展与完善，更是社会经济发展的客观需求，是工程技术和公共管理等维度所提供的技术可能性。为适应社会主义市场经济体制改革的需要，城乡规划学科经过40多年的发展，总体上在12个领域取得显著的进展：广义建筑学与人居环境科学；以城市总体规划为主体的宏观空间知识体系（城市总体规划）；城镇化及其相关领域的探索（城镇化道路研究）；城镇体系研究推动城市规划向区域层面拓展（区域规划）；土地有偿使用带来规划管控手段的变化（控规与空间管控）；历史文化名城保护理论与方法的积极探索（遗产保护）；对城市交通问题的积极探索（城市交通）；关注城市生活方式及对城市居住区规划的实践探索（居住区规划）；生态环境保护思想向城市规划的渗透（城市生态规划）；城市设计的实践萌芽与体系融合（城市设计与空间管控）；城市工程技术标准的探索（工程规划）；乡村建设规划。这些领域的研究进展，有些是基于计划经济时期既有的知识积累，有些则是工业化、城市化、市场化和全球化的产物，它们与计划经济时期的规划传统相互融合，更重要的是，城乡规划学与其他相关学科相互交叉，拓展了新的知识领域，形成了城乡规划学学科知识内核，即区域发展与规划、城乡规划与设计、住房与社区建设规划、城乡发展历史与遗产保护规划、城乡生态环境与基础设施规划、城乡规划管理六个二级学科（见图7-9）[1]。

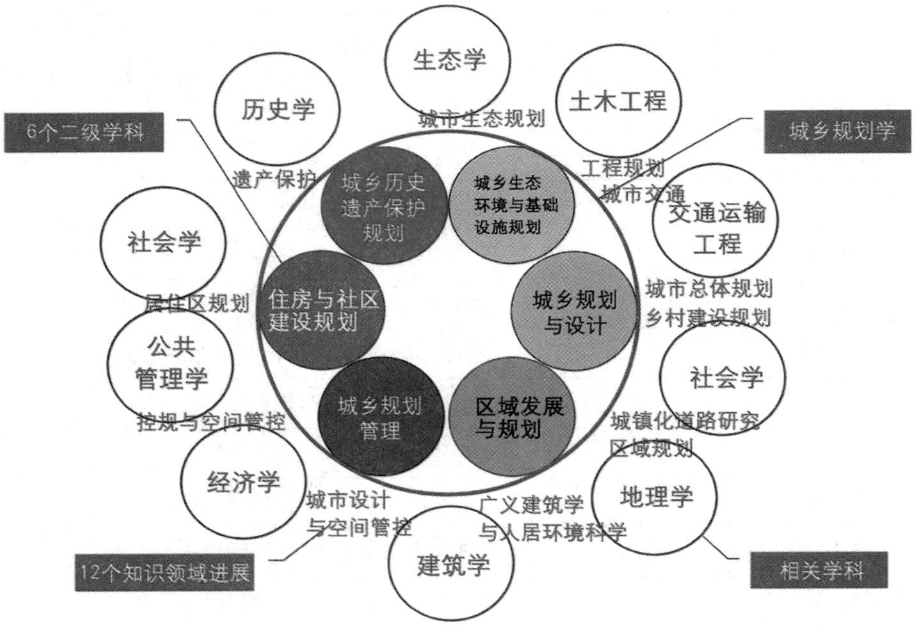

图7-9 城乡规划学的知识构成示意

资料来源：石楠.城乡规划学学科研究与规划知识体系[J].城市规划，2021，45(2)：9-22.

① 石楠.城乡规划学学科研究与规划知识体系[J].城市规划，2021，45(2)：9-22.

城乡规划学是关于未来的学科，和其他很多实证科学不同，城乡规划学描绘的是城乡人居环境的未来，这种“预测性描绘”一方面有赖于学科自身理论与方法的成熟，能够有效针对社会现实问题，另一方面有赖于规划从业人员的知识水平和职业技能。城乡规划是展望，是安排，是部署，该工作的有效性不纯粹表现为专业技术人员的研究成果或技术理想，更表现为一座具有生命力的未来城市或其片区，表现为一个时时刻刻处在演变中的空间体系或一个有成千上万居民作为其成员的社会。任何静态的规划图景展示的都只是白驹过隙式的瞬间影像，而不是城市这个故事片的整体。因此，资源环境条件、社会治理能力、民众认知水平、城市财政状况等要素，都会极大地影响这种对于未来的展望描述能否转变为人居环境的客观现实。所以，从某种程度上讲，城乡规划学本质上不是一门可以验证的学问，无法完全通过实验室对其结果进行验证和再现，而是一种应实际需求待验证的社会实验。

问题思考

1. 现代语境下的“城市规划”一词，其内涵是什么？

2. 在我国城市现代化建设中，作为政府行为的城市规划，发挥着怎样的作用？

3. 经历了快速城市化过程的城乡规划学科，其理论如何继承和创新才能呼应社会、经济、政治等方面的需求？

第八章　现代城市的发展及其战略

本章导读

通过前面几个章节的分析，我们已然知晓城市是人类在地球上生存繁衍、生产生活的高级聚落，是人应经济、社会、政治需求而创造出来的，是人类的伟大设计。人会本能地权衡成本与效益而选择最有利于生存繁衍的经济之道。不同群体间的交互与社会经济往来需求也必然是城市生长发展的决定因素。

工业革命及资本主义生产方式的建立催生了许多基于经济生产活动的城市。这些城市的生长机理显著不同于古代中国的政治、军事类寄生型城市。城市发展不仅是人口、资源、技术、产业等文明要素的空间聚集，更是发展方式、生产方式、生活方式、交往方式、文明传承方式的整体性转换。城市化可被视为社会生活系统的创造：由乡村型向城市型转换再造，建立全新的准则①。

随着中国持续快速的经济增长和工业化，对城市化的需求（或称拉动）越来越强，数以亿计的农村剩余劳动力在城乡间迁移和流动，此外，全球化和信息化也对沿海发达地区城市发展转型提出新的要求。城市这个被创造出来的实体不是孤立的，也不是"已经完成的"产品，而是一个应人类变化的需求而不断变化的实体。聚焦城市这个实体，可以知道城市应不同的人类需求而具有不同的功能，并应功能的变化而兴起、衰落或转型。詹姆斯·特拉菲尔（James Trefil）在《未来城》中，将城市比作一个"像一座森林似的生态系统……需要外来能量以维持功能……有生命循环——有诞生期、成熟期，也就会有死亡"②。城市犹如生命体，既有可能因人类需求而经历一个"生成—发展—鼎盛—衰亡"的生命过程，也会因功能转型而获得"新生"。城市规划就是要顺应人类需求而使得城市能更好地发挥功能，同时也要预判人类需求变化，在城市功能载体上做出主动调整而获得"新生"，在人类群体间的竞争性交互过程中占据优势。

第一节　城市是开放复杂的巨系统

城市作为占据某一地球表面位置的生命体，具有不可移动性。现代城市的发展不再是广大乡村农业基础上的寄生物，其本身所集聚的工业生产活动，不仅为农业生产提供高劳动

① 布赖恩·贝利.比较城市化：20世纪的不同道路[M].顾朝林，等译.商务印书馆，2008.

② 詹姆斯·特拉菲尔.未来城：述说城市的奥秘[M].赖慈芸，译.中国社会科学出版社，2000.

生产率的设备，也为乡村改善生活条件提供设施。城市发展所需要的各种经济要素不可能完全在城市内部产生，城市的生产和生活所产生的成果和代谢产物也不可能靠城市本身完全消耗、分解或转化，城市的发展必须建立在区域社会经济发展全面开放的基础上，并以区域为主要依托。为了保证城市正常的生产和生活，城市必须与所在区域保持密切的物质和能量交换，既从区域中获得各种各样的物质资料和生产要素，也为区域提供各种各样的产品和服务。城市通过人流、物流、能量流和信息流与外围区域发生多种联系，通过对外围腹地的吸引作用和辐射作用，成为区域的中心。外围区域则通过提供农产品、劳动力、商品市场及土地资源等成为城市发展的依托。因此，城市是开放的。

现代城市作为区域政治、经济、文化、教育、科技和信息中心，是劳动力、资本、各类经济、生活基础设施高度聚集，人流、资金流、物资流、能量流、信息流高度交汇，子系统繁多，多维度、多结构、多层次、多要素间关联关系高度繁杂的巨系统。现代城市不仅具有海量的科学技术，有巨大的物质系统，同时还有人的因素。如果说人是客观世界中一个复杂的巨系统，那么众多人聚集在一起的社会系统就更为复杂了。所以说，城市是一个复杂的巨系统①。

综上两点，由若干城市及其周围地区组成的区域就是一个开放复杂的巨系统②。从系统观点看，城市和区域结构是一种耗散结构，其子系统之间的互相协同与合作在一定条件下能自发产生在时间、空间和功能上稳定的有序结构，系统本身自动趋向稳定的有序结构。尤其是当社会经济活动的空间集聚形成人口密度和城镇密度特高的城市区域时，城市区域系统是一个系统化程度更高、系统规模更大、更为开放、更为复杂的巨系统③。

一、城市区域的发展

我们可以看到，自城市规划学科创立以来的100多年时间里，城市化进程发展迅猛，当前，全球约有一半的人口常住城市。2009年前后，我国城市化率超过50%这个拐点。根据第七次人口普查数据，至2020年我国有63.89%的人口在城市生产生活，城区常住人口超过千万的超大城市有上海、北京、天津、广州、深圳、重庆、成都等④。

在我国进行现代化建设之前，城市犹如矗立在乡村这个汪洋大海中呈星点状的孤岛。城与城之间相距甚远，联系极少且不方便，村民也只是偶尔进城。工业革命后，资本主义生产方式经过了一百多年发展，城市化发展到一定程度，人们才认识到城市和乡村以及城市和城市之间应该是一个有机整体。

① 钱学森.现代地理科学系统建设问题[J].地理环境研究，1989(2)：1-6.

② 周干峙.城市及其区域——一个开放的特殊复杂的巨系统[J].城市规划，1997(2)：4-7.

③ 周干峙.城市及其区域——一个典型的开放的复杂巨系统[J].城市规划，2002(2)：7-8，18.

④ 根据《国务院关于调整城市规模划分标准的通知》(国发〔2014〕51号)，新标准按城区常住人口数量将城市划分为五类七档。城区是指在市辖区和不设区的市，区、市政府驻地的实际建设连接到的居民委员会所辖区域和其他区域。常住人口包括：居住在本乡镇街道，且户口在本乡镇街道或户口待定的人；居住在本乡镇街道，且离开户口登记地所在的乡镇街道半年以上的人；户口在本乡镇街道，且外出不满半年或在境外工作学习的人。

(a) 超大城市：城区常住人口1 000万以上；(b) 特大城市：城区常住人口500万～1 000万；(c) 大城市：城区常住人口100万～500万，其中300万以上500万以下的城市为Ⅰ型大城市，100万以上300万以下的城市为Ⅱ型大城市；(d) 中等城市：城区常住人口50万～100万；(e) 小城市：城区常住人口50万以下，其中20万以上50万以下的城市为Ⅰ型小城市，20万以下的城市为Ⅱ型小城市。

认识城市化发展及其空间形态，相关名词术语有很多，比如：霍华德的田园城市指的是城乡结合的城市；大城市周围有卫星城组合成为集合城市(city cluster)，集合城市中大城市与卫星城间有较大范围的乡村空间；大城市与卫星城之间已经呈连绵发展形态，彼此之间没有空白地带的城市区域称为城市连绵区(conurbation，megalopolis)；如果该连绵区以特大城市为中心，连绵区范围内没有空白，且呈高密度、高强度发展形态，则称为大城市及其城镇密集地区(metropolitan region)。学界认为目前世界上只有七个城市连绵区可称为大城市及其城镇密集地区，分别是：① 美国东北部，由波士顿、纽约、费城、巴尔的摩、华盛顿城市带组成；② 日本东海道城市带，包括东京、横滨、名古屋、京都、大阪、神户等城市；③ 德国中部城市带，包括柏林、汉堡、不来梅、慕尼黑、汉诺威等；④ 欧洲西北部莱茵河下游城市带，包括阿姆斯特丹、鹿特丹以及鲁尔等；⑤ 英国中部城市带，包括伦敦、伯明翰、利物浦、曼彻斯特等；⑥ 中国长江三角洲城市带，主要包括上海，江苏的苏、锡、常、宁、镇、扬地区，以及浙江的杭、嘉、湖、甬、绍、舟地区；⑦ 中国珠江三角洲城市带，包括香港、深圳、广州、珠海等城市。

其中以长江三角洲地区的城市化进程特征最为典型。20 世纪 50 年代前长江三角洲内的城市是几个彼此孤立的点，新中国成立后逐步发展，苏、锡、常三市和上海经济地位相差悬殊，经济联系属于“前店-后院”关系，此时的城市区域也不过是一个松散的城市群。改革开放以后，乡村企业大发展，苏南经济实力大增，这一城市带就成为以大城市群组成的城镇密集地区。当城市区域规模和开发强度大到一定程度时，由于彼此间的交通越来越便捷，原来处于较为疏散状态的点与点之间的弱相互作用关系转变为强相互作用关系，就进入了大城市连绵区阶段。从中可以看出，长三角城市带经历了由较小到较大、由较简单到较复杂、由若干孤立的城市发展演变为城市群，最后形成以上海为中心的大城市及其城镇密集地区的历史过程。

图 8-1 展示的是我国东南部灯光图[①]，左上角是长江三角洲城市带，右下角是珠江三角洲城市带，它们是我国社会经济最发达的地区。图中白色斑块大小分别显示着城市光源的使用分布和强度，斑块越大说明该城市的规模越大，亮度越高说明城市的光源使用强度越高。

二、城市区域系统的特征

用系统论来认知城市区域的复杂性，有助于我们把宏观研究和微观研究统一起来，把定性研究和定量研究有机地结合起来，把科学理论和经验知识结合起来，把人对客观事物星星点点的知识综合集中起来，解决问题。

城市化发展进入城市区域形态阶段，相较于独立实体的城市而言，已然更加复杂。那么作为一个开放、复杂的巨系统的城市区域，具有哪些特征呢？系统论的研究任务就是以系统为对象，从整体出发来研究系统整体和组成系统整体各要素的相互关系，从本质上说明其结

---

① 美国国家航空航天局(NASA)发布的灯光图，展示的是入夜后城市灯火分布情况，数据是通过在某个时间段内，将各个特定时间点测定的地球夜间灯光数据汇总整理而获得。灯光图一方面直接反映着不同地区的工业化水平和城市化水平，另一方面也能部分地反映世界人口集中分布情况。

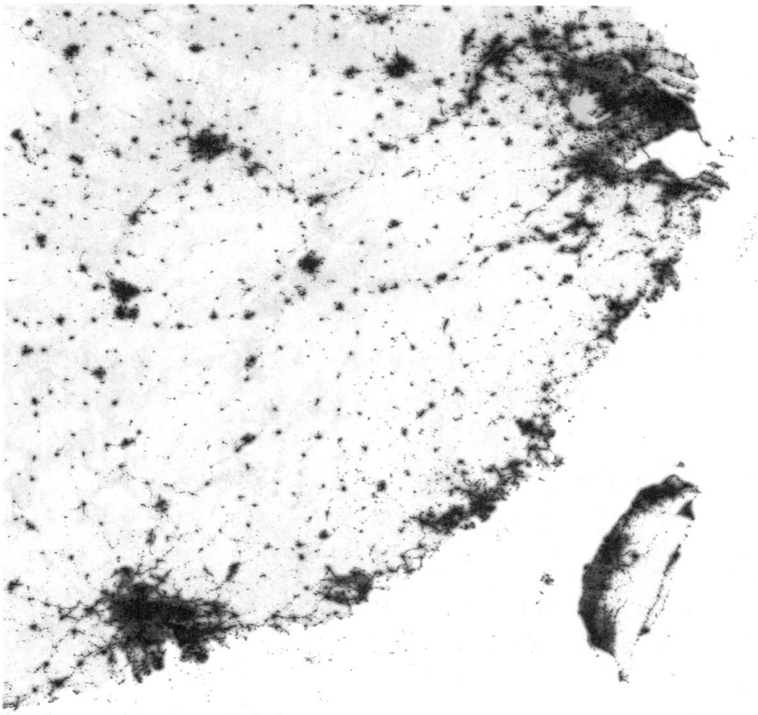

图 8-1 我国东南部灯光图(反相生成)

资料来源：NASA[EB/OL]. https://www.nasa.gov/ebooks/earth-at-night/.

构、功能、行为和动态，以把握系统整体，达到最优的目标。整体性、层级性、内在联系性、开放性、复杂性、自组织性、动态平衡性和时序性等，是所有系统的共同基本特征。城市区域复杂系统的主要特征包括以下八个方面。

(1) 整体性。系统观的本质就是将事物看作一个相互联系的整体，整体不是部分的简单综合，而是必须联系的部分之和。整体所具有的功能可能是各部分所不具备的，即所谓整体优势和整体作用。大城市的集聚程度高，所带来的规模效应要大于小城市，同时由大、中、小若干城市组成的城市群，在应对外部威胁或解决问题时，常常能表现出"1+1>2"的效果。

(2) 层级性。在巨系统中，上一层次的大系统决定性地影响下一层次的小系统。在城市区域系统中，区域中的中小城市系统受到城市群系统的决定性影响，即通常所说的下位城市规划要服从上位城市规划。

(3) 内在联系性。巨系统包含不同层级的多个系统，一个系统内不同组成部分之间是彼此联系的。城市区域系统具有较为典型的大系统套小系统的特征。各系统之间既有串行树枝状结构，也有横向蔓延的网络状、链状结构；各子系统之间既有统一性，又有非均质性和各向异性，如生产体系和生活体系的设施要求等。

(4) 开放性。尽管作为整体的系统有边界，但总是和更大的系统、旁系统进行种种交换，系统是开放的。随着社会经济的发展，城市总是通过边界与外界进行资源交换、信息交换、物质交换、能量交换等。

(5) 复杂性。城市是由无数个异质性极强的人组成的社会,其复杂性不言而喻。解决城市问题并制定相关政策时,不能用简单的处理方式来对待复杂的系统问题。如果认识不到问题中的种种相关因素,容易造成诸多负面影响或者后遗症,即发生决策失误。

(6) 自组织性。城市这个复杂的巨系统本身有一定的学习功能,系统具有一定的自适应性和自组织性。许多规划建设中考虑不到而实际生活中却必须解决的问题,往往通过这种自组织和自适应性得以暂时解决,如某些建筑改变使用性质,通过管理方法适应实际需要,等等。

(7) 动态平衡性。城市区域内有诸多不同层级的系统,各成体系,彼此之间有强弱联系不同的情形,且集聚和辐射带动作用不同,但彼此之间的强弱联系处于一种动态平衡,共同构成一个区域整体。如大城市连绵区内,各功能板块或城镇间的联系以及小城镇与中心城间的联系强弱明显不同,但正是这些非均质化的分布或联系才是整体所需要的。

(8) 时序性。系统因为开放性而随时间变化,对于系统中存在的问题,提出的解决方案具有时序性。任何一个问题的解决都不可能是一劳永逸的,"只能管一时,不能管一世"。系统环境变了,系统本身也会有变化,具体的计算参量及其相互关系也都会有变化。

面对一个具有如此多特性的开放复杂的巨系统,该采取什么样的方法来处理系统中出现的问题呢?现在能用的、唯一能有效处理开放的复杂巨系统的方法,就是定性定量相结合的综合集成方法(meta-synthesis)[①]。该方法是将科学理论、经验知识和专家判断力相结合,提出经验性假设、判断或猜想。虽然这些经验性假设往往是定性的认识而不能用严谨的科学方式加以证明,但可用经验性数据和资料以及几十、几百、上千个参数的模型对其确实性进行检测。这些模型建立在经验和对系统的实际理解上,经过定量计算,通过反复对比,最后形成结论。这些结论就是我们现阶段认识客观事物所能达到的最佳结论,是从定性上升到定量的认识(见图 8-2)。

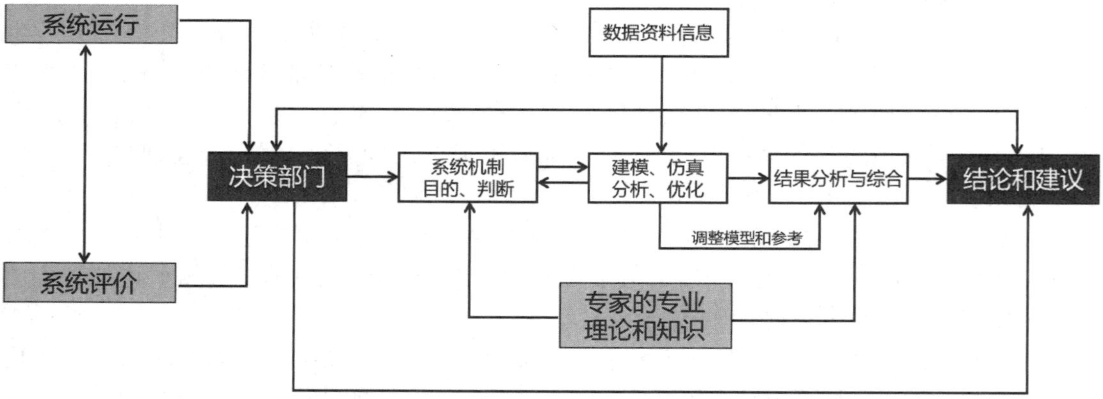

图 8-2 定性与定量相结合的综合集成方法的技术路线

资料来源:钱学森,于景元,戴汝为.一个科学新领域——开放的复杂巨系统及其方法论[J].自然杂志,1990(1):3-10,64.

① 钱学森,于景元,戴汝为.一个科学新领域——开放的复杂巨系统及其方法论[J].自然杂志,1990(1):3-10,64.

第二节　城市是区域经济活动的集聚

城市是地球表面的一个“亮点”，其生成和发展、功能及转型，深受所在区域的人类群体所发展出来的社会经济文化影响。正如亨利·列斐伏尔在《空间的生产》中所说，城市化过程究其实质是一种空间生产的过程，这种过程以一种新的、陌生的方式将全球和地方、城市和乡村、中心和边缘连接起来。

任何社会的经济活动都是在空间里的活动。空间对经济发展极具重要性。首先，为了经济发展，要确定一定的空间位置，不同的空间定位或布局，资源配置一定会产生不同的效率；其次，还要选择不同的空间结构，因为不同的资源、产业和市场在不同的空间结构下，产生的效益是不同的；最后，在不同文化土壤中建立起来的空间组织形式和区域政策体系对社会经济活动运行起着基础性支配作用。

对于基于工业生产活动而成长起来的城市，当代具有普遍适用性且较为可信的理论主要来自经济学领域。区域经济学通常认为各类生产要素在某一区位集中就形成了城市，因此城市是区域经济活动的空间集聚。社会经济活动的空间集中一方面与特定活动有关，如军事或宗教的活动，另一方面则是由于经济活动的聚集能节约成本或者是外部经济的驱动所致。

一、新古典经济学的解释

人类社会经济活动按照空间类型分为城市工商业经济活动和乡村农业经济活动。农业活动的土地使用是粗放型的，空间分布是分散型的，没有大量的聚集经济效益。城市活动则集约利用土地，集中分布且需要的空间较少。城市活动和乡村活动都需要另一种活动所创造的产品，城市与乡村间存在物资、劳动力及产品上的交换。

假设在一个均质的土地上进行城市和乡村活动，即土地肥力、资源分布、产品需求以及交通成本在空间分布上都是均质的。在一片无边界的土地上有一种城市活动，生产的产品要销售给周边区域(见图 8-3)。那么服务范围是一个圆形区域，该圆形的半径取决于商品销售的交通成本。

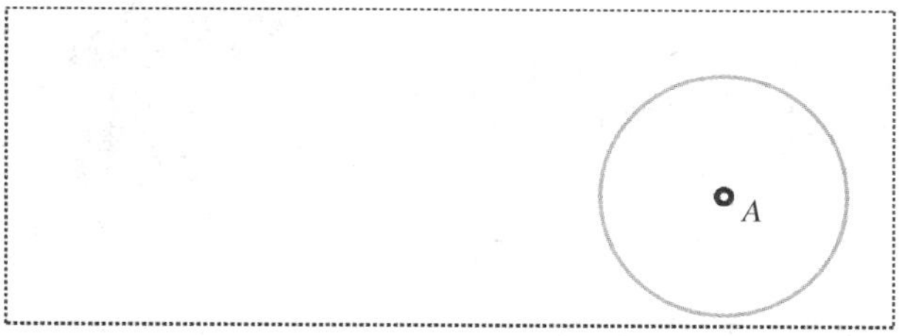

图 8-3　一个经销商(一座城市)的市场区范围

图 8-4 表示的是在只有一个销售商的情形下，其空间需求曲线为 D_S 的情况。销售商确定的价格为 P_0，该价格下产品最优产量为 Q_0。 此时边际成本 MC 等于边际收益 MR_S。

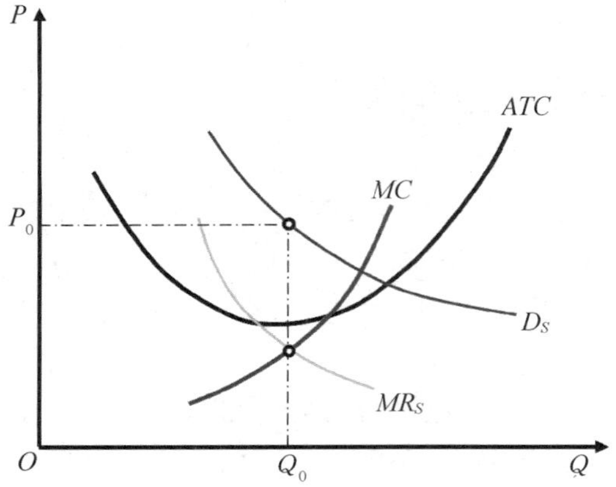

图 8-4　价格与生产量的供求曲线

销售商的平均生产成本用曲线 ATC 表示。此时的 $P_0 > ATC$，说明经销商有超额利润。有超额利润就会吸引外来的经销商。

如果出现多个城市（多个销售商），那么各个销售商的市场区将相互侵蚀（见图 8-5）。新产生的 C 经销商的市场区与 A 经销商的市场区有重叠，重叠部分均分，那么 A 经销商的市场区面积就被切除一部分，说明它的客户减少了，需求下降了，需求曲线 D_S 向坐标原点方向移动至 D'_S，价格也从 P_0 下降到 P_1（见图 8-6），A 经销商的利润减少，但 $P_1 > ATC$，A 经销商仍有超额利润，只不过不如以前那么多。只要有超额利润，就会吸引大量的经销商进入市场，扩大总市场区，同时压缩单个经销商的市场区，最后使得每个经销商的需求曲线移动至 D''_S，$P_2 = ATC$。价格与成本相等，没有了超额利润，每个销售商只能获得平均利润，仅能维持其正常开支，就不会再吸引外来的经销商进入，那么此时就会出现均衡（见图 8-7）。

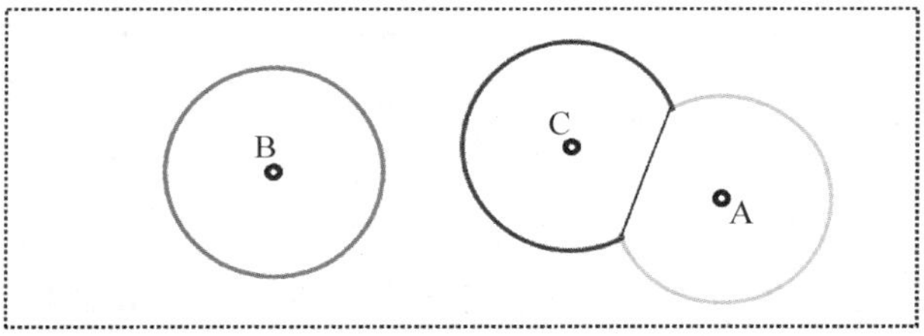

图 8-5　经销商 C 侵占经销商 A 的市场区范围

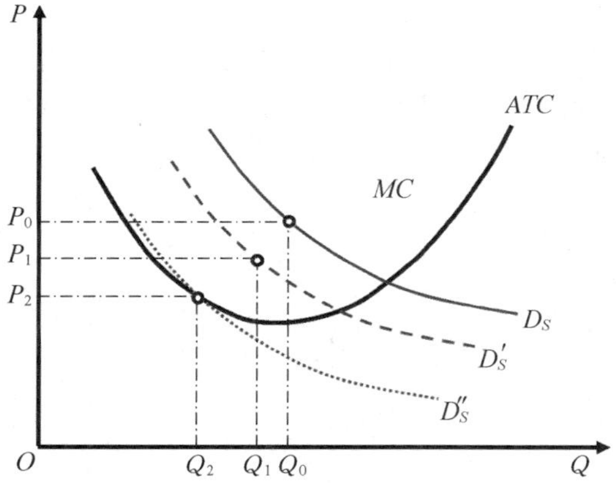

图 8-6　A 经销商的需求与价格变动分析

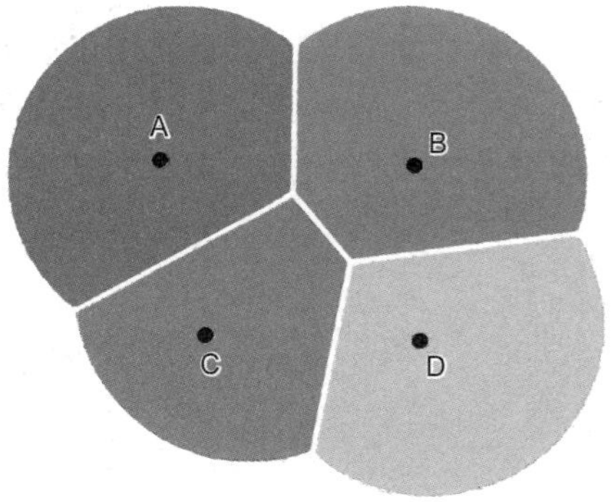

图 8-7　多个经销商（多座城市）的市场区范围

图 8-7 显示的是只有四个"中心-市场区"处于均衡状态的情形。在一个无限大的均质平面里，所有的城市中心都有相同的市场区，那么彼此分割的市场区必定是直线相接的正多边形。在这种情况下，只有三种对称和统一的市场区形状才能填满整个平面，即正三角形、

正方形(见图 8-8)以及由正三角形组成的正六边形。从买卖双方平均距离最短来看,正六边形的市场区面积最大,因而最为有效。因此,来自四面八方的竞争会使得离中心最远的市场区被切割掉,那么一个原本圆形的市场区就会形成正六边形的市场区(见图 8-9)。

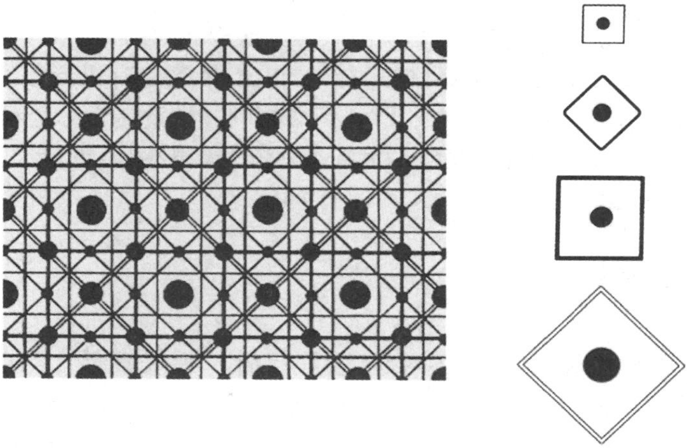

图 8-8　正方形的市场区

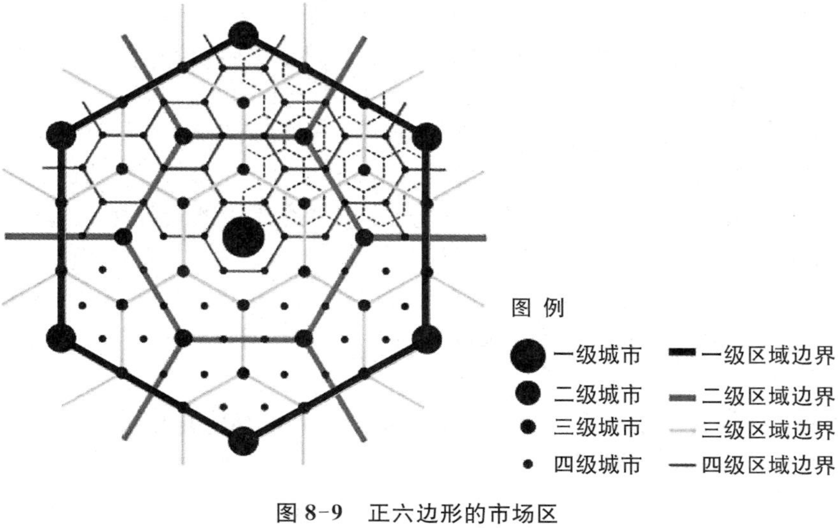

图 8-9　正六边形的市场区

在均衡条件下,市场区的大小或者说半径取决于交通成本(与距离呈线性关系)和市场密度。如果有两种以上的城市活动需要形成自己的市场区,那么每一种新的城市活动都将有适度规模的市场区和供给中心,如果不存在由集聚带来的规模效应,那么将原子化地稀疏均匀地分布在均质土地上而形成严格的正方形或者正六边形。事实上,集聚带来的规模效应会激励将多种城市活动集中在一个供给中心,那么市场区较大的城市活动会选择市场区较小的城市活动的中心作为其供给中心,如此必然出现具有一个城市活动的中心和具有多个城市活动的中心。由于城市活动的多样性(或者说产品种类或服务类型的多样性),包含多个城市活动的中心地是高等级中心,只有少量城市活动的中心是低等级中心,如此就形成了所谓的中心地等级体系(hierarchy of central places)。图 8-8 和图 8-9 就展示了这类中心地体系模式。

如果把中心地看作一个个规模不等的城市,那么,在这一城市体系中,除了最小规模等级的城市以外,任一规模等级的城市不仅是自身地区的中心,也为一个较小规模等级的地区服务。也就是说,每一级的中心地都从事所有较低层次中心地的活动,再加上一些较低层次地区所没有的层次较高的活动。因此,在最大的城市里,顾客也有机会买到那些在最小的村庄中能看到的商品和服务,而较小地方的顾客则必须到较大的城镇才能得到一些他们需要的商品。现实世界中存在不同规模等级的城市,规模等级越高,城市活动越全面,城市数量越少,而且相互间隔也越远。

二、新经济地理学的解释

社会经济活动的集聚现象出现在很多地理空间层面上,种类繁多。从居民小区、商业区到工业区等,都是不同层面上的集聚。城市本身就是集聚的结果,区域经济一体化也是集聚的一种形式,集聚的极端则是全球经济的中心-外围结构,即国际经济学家们密切关注的南北分化问题。所有不同层面、不同种类的集聚都处于一个更大的经济系统中,共同形成一个复杂的体系。

长期以来,区域经济学在解释区域中产生城市的现象方面,实际上存在着以区位论为核心的微观区域经济学和以城市区域形成论为核心的宏观区域经济学的分野。前者关注的是作为微观经济主体的区位单位以交通成本最小化(古典区位论)或利益最大化(新古典区位论)为目标的空间选择行为,后者关注的是与聚集经济的外部性有关的经济活动的空间分布和组织、协调等问题。但后者由于长期处于宏观层面,一直缺乏对微观主体的空间选择行为如何导致聚集的发生和维持的研究,有学者认为这是因为研究技术手段匮乏。以保罗·克鲁格曼(Paul Krugman)和藤田昌久(Fujita Masahisa)为代表的新经济地理学派在阿维纳西·迪西特(Avinash K. Dixit)和约瑟夫·斯蒂格里茨(Joseph Stigliz)构建的垄断竞争和规模收益递增框架的基础上,借鉴新贸易理论,引入保罗·萨缪尔森(Paul Samuelson)提出的“冰山”交通成本技术,完成了新经济地理学的开山之作,建立了“核心-边缘”(center-peripheral, CP)模型①。

克鲁格曼把主流经济学长期忽视的空间因素纳入一般均衡理论的分析框架中,研究经济活动的空间分布规律,用数学化的语言处理集聚力与分散力之间的均衡问题,据此解释现实中存在的不同规模、不同形式的生产的空间机制,并通过对这种机制的分析深入探讨各种生产要素在区域中的流动途径和分布规律以及其中所蕴含的政策意义,从而使空间维度不再长期“徘徊”于主流经济学之外,迎来了区域科学研究的新高潮。

阿尔弗雷德·马歇尔(Alfred Marshall)认为人口产业的集聚可以通过知识溢出(学习,learning)、熟练劳动力市场(匹配,matching)的形成以及本地大市场的前后相联系(分享,sharing)来实现。但是由于缺乏处理规模收益递增和不完全竞争的技术工具,造成认知上的“黑箱”:经济活动空间聚集本身创造了出现聚集或导致进一步集聚的经济环境。新经济地

① 藤田昌久,保罗·克鲁格曼,安东尼·J. 维纳布尔斯.空间经济学:城市、区域与国际贸易[M].梁琦,译.中国人民大学出版社,2005.

理学的任务就是揭示这种“黑箱”，解释经济的空间聚集不断自我强化的动因。

由于自然环境的差异，各地区间会存在人口密度不均匀的情况以及少量贸易。土地肥沃程度的不同以及土壤、气候和资源的差异都意味着，即使在规模报酬不变的情况下，也没有一个地区能够生产所有的产品。现实经济中存在着显著的空间不平衡，如人口稠密的制造业带和人口稀疏的农业带之间有差距，拥挤的城市和荒凉的农村之间也存在差别。这种差别不是内在差异的结果，而是某种累积过程的结果，同时这一过程必然涉及某种形式的报酬递增，并由此形成了地理集中的自我强化。这种空间集中不断自我强化的积累过程(cumulative process)，就像滚雪球一样，使城市或区域集中随时间的推移不断壮大。

与新古典的规模收益递减(不变)和完全竞争不同，新经济地理学以规模收益递增和垄断竞争为主要理论基础，认为只要满足运输成本足够低、制造业的差异产品种类足够多和制造业份额足够大三个条件，即使两个区域初始条件完全相同且不存在外力作用，经济系统的内生力量也终将使区域演化分异，产业集聚不可避免，经济的演化将可能导致“核心-边缘”格局。在一个经济规模较大的区域，生产者选择接近大市场从而能较为容易地获得各种供给的地段作为生产地。生产者集中的地方，由于生产者和劳动者的需求很大，往往成为大市场，同时因为存在众多的生产者，往往成为各种产品的供给地。既成为大市场又成为大的供给地，就相当于经济发展理论中的前向联系和后向联系。一旦形成了产业的空间聚集，则这种聚集将持续存在下去，且初始的区际差距随着时间的推移将逐渐拉大。产业集聚区域(核心区)在满足本地需求的同时向非集聚区域(边缘区)输出商品。核心区的市场需求远大于边缘区，并成为它进一步吸纳人口和产业转移、促进资本积累和知识创造的重要力量来源之一。新经济地理学建构的模型所得出的许多结论与新古典框架下的结论是完全不同的。

三、城市经济基础理论

阿兰·普雷德(Allan Pred)1966年在解释城市开发与增长现象时，将城市增长视作一个经济循环累积过程，并提出城市经济基础理论①。该理论认为，一个城市的全部经济活动，根据其服务对象的不同可以分为基本经济活动(basic economic activities，简称基本活动)和非基本经济活动(non-basic economic activities，简称非基本活动)两部分。前者是为城市以外的需求服务的，是城市得以存在和发展的经济基础，是城市发展的主要内在动力；后者是为本城市居民的正常生产和生活服务的，会随着前者的发展而发展。城市发展的内在动力主要来自输出活动即基本活动部门的发展。由于城市基本活动的建立和发展，从输出产品和劳务中获得的收入增加。一部分基本活动收入导致基本部门的职工对本地消费和服务需求扩大，也就带来了本城市非基本活动部门就业岗位的增加和收入的增加。另一部分基本活动收入则用于自身的扩大再生产，继续为城市从外部获得更多收入。基本活动和非基本活动每一次的增加都会引起当地人口的进一步增长，这样反过来又会增加本城市的需求和人口。城市基本活动部门每一次投资、收入和职工的增加，最后在城市所产生的连锁反应的结果总是数倍于原来投资收入和职工的增加。城市基本活动所引起的这样一种放大机制被称作“乘数效应”。

① Pred A R. The Spatial Dynamics of U.S. Urban-Industrial Growth, 1800-1914: Interpretive and Theoretical Essays[M]. MIT Press, 1966.

从城市就业职工的结构来看，城市总就业人数（E，employment）等于基本部门就业人数（BE，basic employment）和非基本部门就业人数（NBE，non-basic employment）之和：

$$E = BE + NBE \tag{1}$$

$$E = BE + \frac{NBE}{BE} \cdot BE = BE\left(1 + \frac{NBE}{BE}\right) \tag{2}$$

$$\text{设：} 1 + \frac{NBE}{BE} = m$$

$$E = m \cdot BE \tag{3}$$

其中，m 就是乘数，它表示基本活动部门的职工数增加一个单位，引起城市总职工人数的增加量是基本活动部门职工数增加量的 m 倍。显然，乘数的大小和城市就业职工的基本/非基本比率是有关系的。

城市人口（P）与城市总就业人数（E）和基本部门就业人数（BE）之间也有一种乘数关系，乘数大小也和 B/N 比有关：

$$P = \alpha \cdot E \quad (\alpha > 1, \text{也称带眷系数}) \tag{4}$$

$$P = \alpha \cdot m \cdot BE = \alpha \cdot BE\left(1 + \frac{NBE}{BE}\right) \tag{5}$$

如果知道城市非基本职工人数（NBE）与它所服务的总人口（P）之间的系数 β，则

$$NBE = \beta \cdot P \ (\beta < 1) \tag{6}$$

那么，从式（1）、式（4）和式（6）可以得到以下三个经济基础方程式，说明城市或区域的人口和职工的发展（与衰落）是由基本活动部分的变动控制的：

$$E = \frac{1}{1 - \alpha\beta} \cdot BE \tag{7}$$

$$P = \frac{\alpha}{1 - \alpha\beta} \cdot BE \tag{8}$$

$$NBE = \frac{\alpha\beta}{1 - \alpha\beta} \cdot BE \tag{9}$$

非基本部门的职工被细分成为消费者服务的职工和为基本生产服务的职工两个部分。假设城市已知的人口职工比 α、消费者和非基本部门的职工比 β_1，基本生产者和非基本部门的职工比 β_2 是不变的。那么，把输入基本部门的职工数后，就可确定最终造成的非基本部门的职工数和城市人口的增长量。根据这一逻辑，人们进而可以预测由于基本部门职工数的增加，所需增加的新住宅单元、中小学的班次、电话、公共交通、上下水道设施等的数量。

值得注意的是，一个城市中的基本活动和非基本活动在部门之间是可以转化的。许多城市发展的事实说明，老的以基本活动为主的部门到一定时候会衰落，原来以非基本活动为主的部门中也会成长出新的基本活动。19 世纪 20—30 年代，底特律刚开始成长的时候，最早的输出产品是面粉，在面粉厂附近有为面粉业服务的制粉机修造业和为面粉运输服务的

造船业。早先船用发动机的制造工艺是相当落后的，但后来随着造船业的扩大，发动机制造技术得到了提高，到 1860 年左右，船用发动机也成为底特律的重要输出产品。在发动机制造业成长为基本活动部门的同时，为制造发动机提供铜合金的冶炼业也发展起来，甚至铜一度成了底特律最大的输出商品。1880 年以后，由于矿石枯竭，冶炼业一落千丈，被迫停业，但这时已经有许多其他的工业发展成为输出产业，弥补了铜冶炼业衰落所带来的影响，城市继续得到发展。到 20 世纪初，在长期机械制造业基础上发展起来的汽车工业成为底特律最重要的基本活动部门，直至今天。

从底特律的例子不难看出，由于分工的日益精细和技术的不断进步，在一种输出产业的基础上，会演变或分化出新的输出产业，这是第一种转化。输出产业数量上和种类上的增加扩大了对输入产品的需求，这种需求的扩大会吸引城市本身去发展更多种类和更大规模的服务产业，力图取代这些输入商品。第二种转化就是会产生鼓励城市进一步发展的力量，而且会和第一种转化合流，从中又形成新的输出产业。城市规模的扩大使城市在经营管理、技术、协作、基础设施等方面处在有利地位，甚至在国家政治上的发言权也得到加强，这一切又都有利于新的基本部门的发展。结果就是，城市的成长是一个循环和累积的过程。按照循环和累积过程的原理，一个城市一旦形成，从理论上讲，它会无限地发展下去。特别是在城市基本活动部门的比重随着城市人口的增加而变小的规律支配下，大城市未来的发展对基本活动部门的依赖较小，而城市发展的乘数效应较大，大城市有更强大的自我发展能力。基本活动部门小小的增加就可以导致非基本活动部门的大发展。按此推论，结果是惊人的。

但事实并非如此。因为循环和累积原则下的集聚是城市经济发展的内部需要，这只是问题的一个重要的方面。城市发展同时还受其他因素的制约，特别是受到城市外部条件如区域的自然、经济条件、地理位置等的限制，如是否有充足的水源和备用地，是否有充足的劳动力、粮食、副食品和其他原材料的供应，与腹地是否有方便的联系渠道，产品在市场上是否有足够的竞争能力，等等。只有在内部需要和外部条件都具备的情况下，城市发展才能实现。从另一个侧面讲，如果经济发展的内部需要和外部条件都具备，人们企图阻挡城市的发展也是徒劳的。

城市在发展过程中，同时存在着要求集中和要求分散的两股内部力量。要求分散的力量主要来自大城市中心的拥挤，导致用地紧张、地价上涨、环境恶化等一系列经济、社会问题，而交通和通信技术的日益进步则使产业区位选择的灵活性大大增加。当集聚不经济超过集聚经济时，大城市的规模就不会继续膨胀，并转向空间结构的分散化。

随着城市规模的扩大，城市不得不从更远的地方购进原材料和各种必需品，到更远的地方去销售它的产品，从而势必增加产品的成本、减少所得的收益，如果不能采取某种技术措施冲破这种限制，城市的继续发展将受到外部条件限制，同时城市内部的基础设施和市政建设的投资也会随着城市的扩大而需要跨越新的门槛。

第三节 城市是资本的空间生产

法国城市社会学家亨利·列斐伏尔认为，工业革命引发的城市化现象所造成的城市规模的扩大及数量的增长，本质是资本主义在扩大生产空间，此空间不是简单的客观物质空间，而是被生产出来的社会实践的产物，且每个社会群体由于其生成方式的不同都会产生相应的空间生产模式①。当前,资本主义生产关系及与之适应的上层建筑主导着全球社会经济关系的构建。作为满足人类生存繁衍及社会经济发展需求的城市,也必然受资本主义生产方式的决定性影响。

那么什么是资本主义呢?为《牛津通识读本》写作《资本主义》分册的学者詹姆斯·富尔彻(Jams Fulcher)认为,资本主义是一种能将各类资产转换成资本的制度,它的本质特征是以营利为目的的投资。资本是用来投资以获取更多金钱的金钱。广义上,“资本”一词常用来指可用作投资的金钱,或者说,能够转成金钱形式用以投资的任何资产。城市中的住房就能被看作资本,因为可以通过出售或者抵押贷款将住房转换成资本。但是,要将资产转成资本需要具备若干条件:资产所有权必须明确界定,资产价值可以测算,资产所有权可以转让,以及存在资产交易的市场。资本主义社会发展的一个标志性特征就是出现了能将各类资产转换成资本的制度②。

批判性揭示资本主义本质方面,最具影响的当属卡尔·马克思。他认为,与商业资本、借贷资本不同,产业资本直接产生剩余价值,通过资本循环,完成资本积累,实现价值增殖。以产业资本为分析对象,产业资本的循环运动要经过购买、生产、销售三个阶段,相应地采取货币资本、生产资本、商品资本三种职能形式,实现价值增殖并回到原来的出发点。实现其正常循环,必须要保持三者在空间上并存,同时在时间上继起(见图 8-10)。

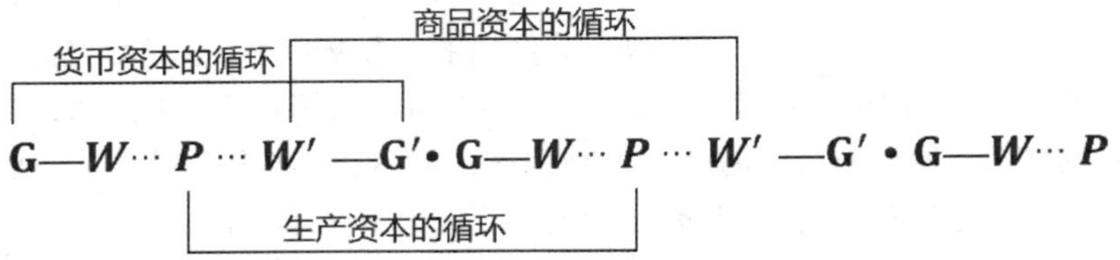

图 8-10　马克思的资本循环

资产阶级追求超额利润的动机导致资本的过度积累,表现为商品的过度生产,使产品相对过剩,导致经济危机的爆发。因此,资本第一循环中存在的内在矛盾就是资本过度积累所形成的危机,主要表现为商品过剩、资本闲置、劳动力闲置等。在大卫·哈维(David Harvey)看来,马克思对产业资本的循环分析深刻揭示了资本主义剩余价值的本质及其危机的本质,但只能称为资本的第一循环(primary circuit),因为只按照该循环理论分析,持续不断的危机积累必然造成资本主义体系的崩溃。实际上,当代资本主义在全球范围内大行其道,“腐蚀了共产主义、击败了国家主义”③。

哈维在继承马克思第一循环理论的基础上认为,资本主义转移内在的过度积累危机的办法是:当工业生产中的第一循环产生的危机逼近时,投资转向第二循环(secondary circuit),即将资本投资转向包括城市建筑在内的固定资产和消费基金项目。

哈维认为,资本主义城市的本质是由各种各样的人造环境要素混合构成的一种人文物质景观,是人为建构的“第二自然”。城市化就是各种人造环境要素的生产和创建过程,其中

① 亨利·列斐伏尔.空间的生产[M].刘怀玉,等译.商务印书馆,2021.
② 詹姆斯·富尔彻.牛津通识读本:资本主义[M].张罗,陆赟,译.译林出版社,2013.
③ 梁鹤年.西方文明的文化基因[M].生活·读书·新知三联书店,2014.

每一种要素都是在不同条件下按不同的规律进行生产的，如住房、工厂货栈仓库、学校教育机构、文化娱乐机构、办公楼、商店、下水道污水处理系统、道路停车场、港口码头、公园等。其中某些要素，如住房、工厂和交通网络等，既有生产性建成环境的功能，又有消费性建成环境的功能。它们具有长期存在、难以变动、空间上不可移动、需要大量投资等属性。

资本的第二循环是为了资本的积累而创建的人造环境。因此，在后现代资本主义城市化过程中，城市这个"第二自然"就是资本控制和作用下的结果，资本积累不断突破城市空间障碍，进入有利于自己的循环，因此，资本主义的生产方式将加速城市的发展。城市空间的日益扩大将吸引广大农村人口涌入，由此城市的金融、商业、公共设施建设以及市政管理等将会得到很大发展，城市的经济地位迅速提高，成为支配乡村的力量。城市特定的空间形式对于资本主义的建立和扩张又起到了巨大的推动作用，城市发展成为资本主义生产方式成熟的基本成果和独特标志（见图 8-11）。

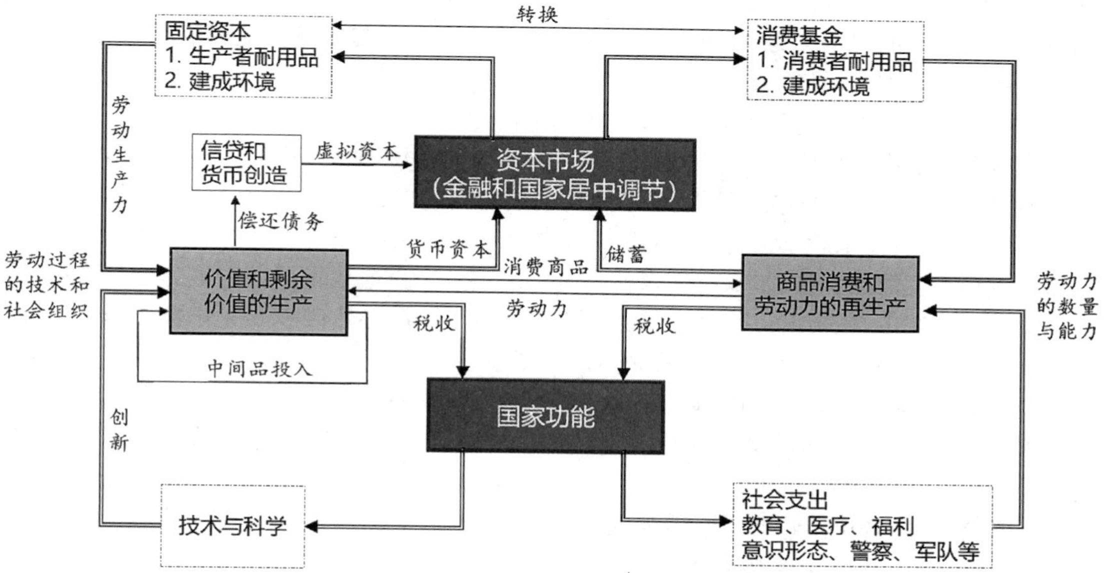

图 8-11　资本第一、第二和第三重循环的联系框图

资料来源：Harvey D. The Urban Process Under Capitalism: A Framework for Analysis[J]. International Journal of Urban and Regional Research, 1978, 2: 101-131.

哈维还指出资本的第二循环也会不可避免地出现饱和，造成固定资产和消费基金项目如住房的贬值，危机形式由资产的贬值扩大到货币的贬值，表现为大量的工厂和公司倒闭，厂房和办公楼闲置，城市出现衰退。他继而指出，当资本积累在第二循环过程中达到饱和时，会对国民教育、医疗福利和技术科学等投入而启动第三循环（tertiary circuit）。就城市各种固定资产要素而言，大量的建筑投资创造出大量的物质资产。虽然这些城市建筑物具有较长的价值转让期，但是如果城市建筑环境没有在较短时期内将自己的价值转移出去，就会阻碍资本积累。因此，资本主义发展不得不在保存建筑环境中原有资本投资的交换价值和破坏这些投资的价值以开拓更大积累空间之间进行两难选择。就消费基金项目而言，危机的形态表现为消费耐用品的贬值。解决资本第二循环中危机的办法就是资本向第三循环转移。资本的第三循环是对科技创新和社会公共领域的投入。

第四节　城市功能与性质

一、区域中的城市：类型及其分布

城市与乡村或者说区域中的城市，可以被比喻成一棵从土壤里生长起来的树，树的种类及繁茂程度与区域的土壤气候密切相关。任何一个城市的生长与发展都离不开一定的区域背景作为其形成的条件和发展的基础。城市所在区域的经济基础条件越好，城市发展得到的各类经济要素越多，就越能促进城市的生产并提供更多的产品和服务。区域经济基础越强，就越能吸收和消化城市提供的产品和服务并刺激城市的进一步发展。因此，区域经济基础也是城市发展的根本动力，要确定一个城市的发展方向及其在更大区域范围内劳动地域分工中的地位和作用，必须深入分析影响城市发展的各种区域因素，进行对区域经济基础条件的评价以及对区域经济结构和区域经济联系的分析。

本章第二节中我们假设的一种理想均质平面土地上中心地的分布模式中隐含着如下公理性假设：在一个完全自给自足、资源禀赋均质或者贫乏的区域内，没有分工就不会产生市场交换需求，没有需求就不会有供给，没有供给就不会产生城市。即使资源禀赋均质，一旦有分工就会产生物品交换需求，有需求就会天然出现一个交通成本最低的地方——市场，该市场就会产生城市，城市就提供区域服务。资源禀赋不均质必然产生专业化生产分工，必然出现产品交换，必然产生市场地，也就必然产生城市。

现实中，交通网络并不均质，且各条线路的交通成本率不同，需求的密度也不尽相同，这就使得正六边形或正方形的城市和区域模式发生了变形。再加上在不同规模等级的城市间，甚至在同一规模等级的城市间，原材料成本及产品成本各不相同，使得这种变形进一步加大。最终，整个区位模式将不断地随人口、区域收入水平、交通成本和技术等因素的变化而作出反应，因而无法真实地描绘其平衡状态。

但这并不影响我们对区域中的城市进行分类和描述其分布状态。若交通供给是均质的，即取决于两地间的空间距离，那么市场地的服务区域是圆形；若交通供给因交通线路的供给而不均质且呈线形，那么只有交通线路服务的区域才能参与市场交换，在交通线上的市场地发展起来的城市则是交通型城市。因此，人口、土地和矿藏资源的空间分布均质与否以及交通运输成本率多高是决定城市类型的基本要素，在区域中孕育出来并能在区域中成长的城市有三种基本类型，即中心位置型、专业生产型和交通运输型(见图 8-12)。城市的产生往往是三种基本类型的组合，并且因三种基本因素占比不同而导致城市的多样性。图 8-13 中的(a)图、(b)图和(c)图展示的是三种基本要素所产生的城市区域分布，(d)图则是三种基本类型组合后的城市区域分布。

1. 作为服务区域的中心

本章第二节介绍的中心地等级体系及其分布模式，是沃尔特·克里斯泰勒(Walter Christaller)1933 年在分析德国南部的小城镇分布时所得出的结论①。在一个均质的平原

① 沃尔特·克里斯塔勒.德国南部中心地原理[M].常正文，王兴中，译.商务印书馆，2010.

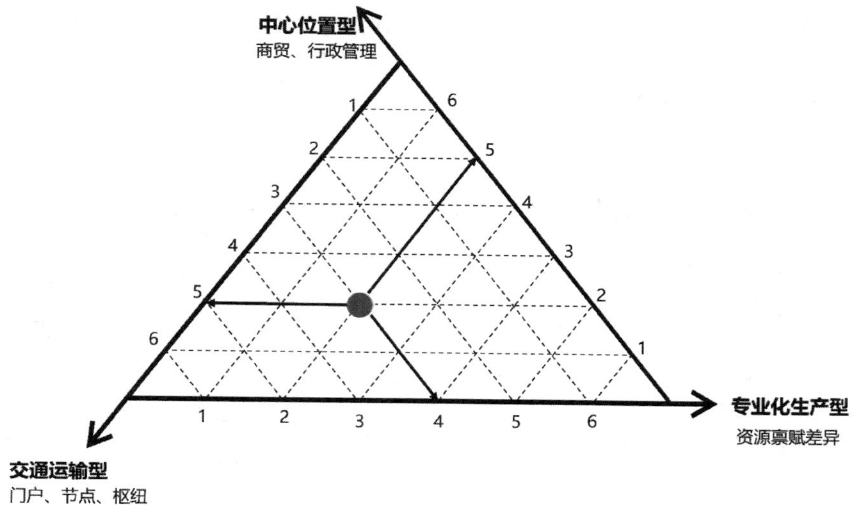

图 8-12　在区域中生长起来的城市类型示意图

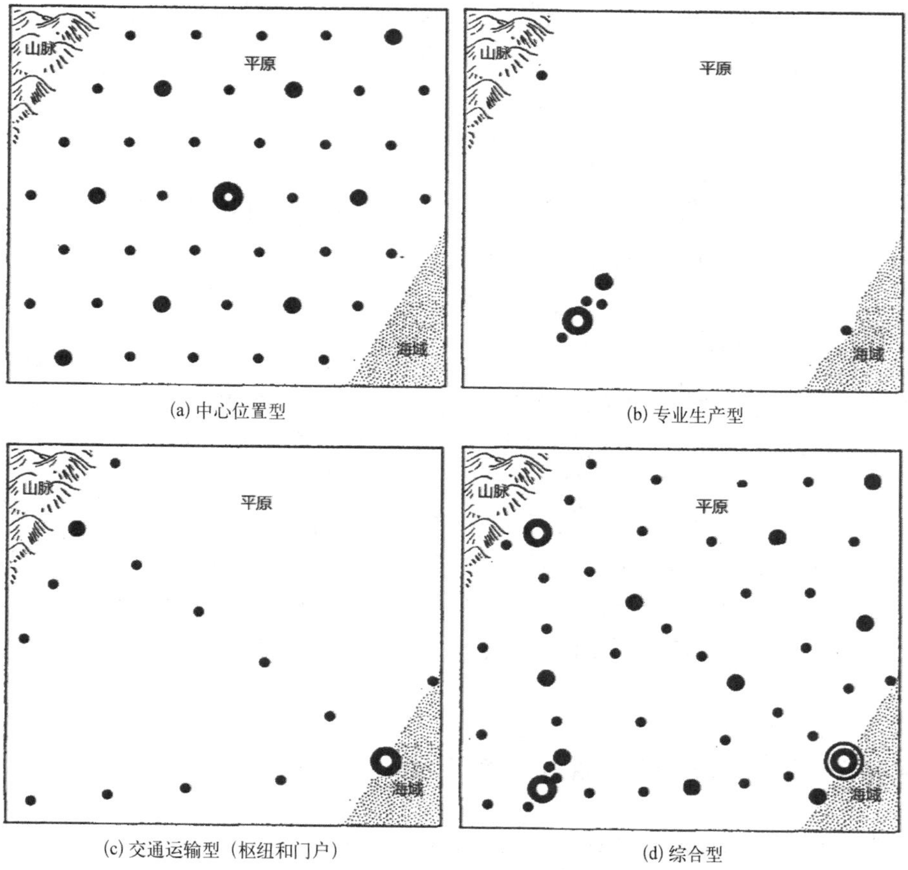

图 8-13　区域中的城市发育及分布规律示意图

资料来源：Harris C D，Edward L. The Nature of Cities. Annals of the American Academy of Political and Social Science，1945(242)：7-17.

上，最大的城市在区域中心（如斯图加特），周围分布着六个次一级中等规模的城市（分别是海德堡、安斯巴赫、奥格斯堡、乌尔姆、弗赖堡和卡尔斯鲁厄），这六个城市的周边是六个再次一级小中心，其中再次一级的小中心也分布在斯图加特一级中心的周围，如图 8-13 中的(a)图和图 8-14 所示。

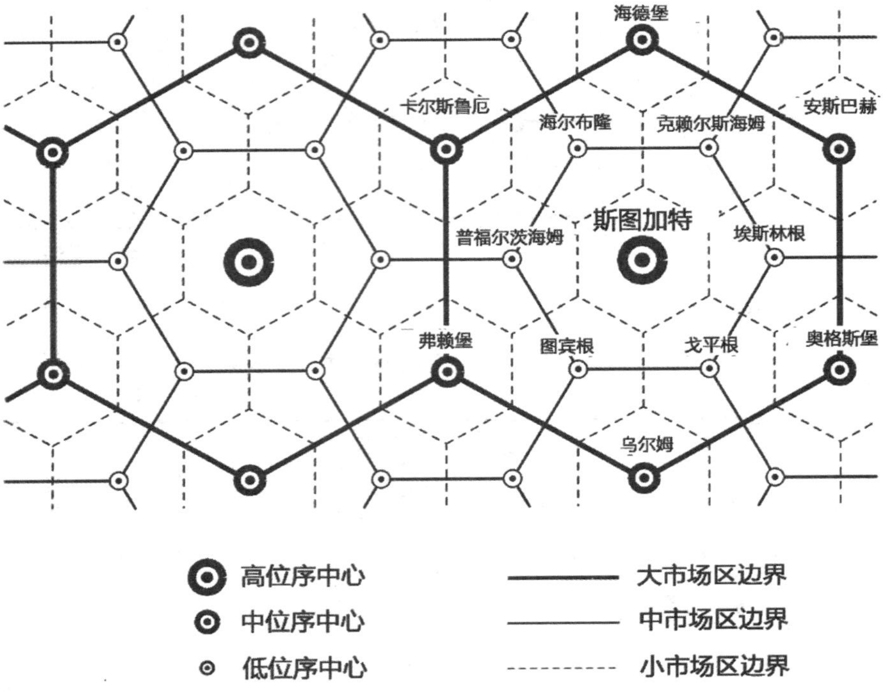

图 8-14　德国南部的中心地体系示意图

资料来源：Matthews J A, Herbert D T. Geography: A Very Short Introduction[M]. Oxford University Press, 2008.

如果把这个市场地视作城市的诸多功能之一，那么区域的需求还会有行政管理、科教文化、医疗、娱乐、金融、信息交流等诸多方面，城市是个具有多重服务功能的综合中心。区域需求是城市发展的基础，需求的种类、强度、频率及其增减变化决定了城市发展的规模、层级及兴衰趋势。一般而言，需求频率低、层级高，所需服务的范围大。高档消费品、名牌服装、宝石等商品通常只会在大城市中心的高级市场地提供，数量少，服务范围大。小百货、副食品、蔬菜等日常消费品则会在层级较低的市场地提供，如街道社区级的市场地，数量多，服务范围小。区域中心城市通常有高等院校、图书馆、博物馆、体育馆、体育场、文化馆等各类大型文化设施，是区域的文化中心。

2. 作为专业化生产的场所

区域内有各种资源要素，包括耕地、矿藏等自然资源以及人力、资本等制度性资源。自然资源是人类生存发展必不可少的物质条件，自然资源通过数量、构成、质量、相互关系和分布制约着人口的数量和分布。某种独特自然资源在特定地域内大量存在，意味着该自然资源处于地域内丰富、地域外稀缺的非均衡分布状态。对于这种区域中的资源分布不均或占比不等而呈现的天然差异状态，我们称为资源禀赋差异。在前工业化时期，由于知识欠缺与技术落后，经济活动呈现自然化特征。人们总是顺应自然环境与利用当地资源来发展地方经济，同时形成与地域自然资源禀赋差异特点相匹配的产业与产品结构。

地方的生产方式及其发展路径通常取决于地域自然资源禀赋特点。自然资源禀赋在地方经济发展中的地位与作用，不仅反映了地方产业与产品结构选择中的资源约束，而且体现了地方经济发展中基于地域自然资源禀赋特点而具有的比较优势。这种内在关联构成了地方产业集聚的初始条件，不仅提供了独特的有商业价值的生产要素，而且使地方产业集聚具有独特的发展环境。一方面，这使所在地域的地方产业集聚能够根据社会需求增长而不断扩大生产规模，从而促进分工与专业化生产；另一方面，地域独特资源所蕴含的成本优势与市场前景会吸引本地生产商、供应商、销售商与外地投资者在该地域集中。根据本章第二节中分析的城市基础产业带来的乘数效应及形成的第一转化和第二转化，城市会进一步发展壮大。典型例子如我国在 20 世纪 50 年代初发现和开发的克拉玛依油田以及 1959 年发现的著名的大庆油田，在石油开采和加工的基础上形成了克拉玛依和大庆等专业化的石油工业城市，我国铁矿资源分布的特点则决定了辽宁鞍山和本溪、四川攀枝花等成为我国重要的钢铁工业城市。

专业化生产型城市必然会带来服务型产业的集聚。由于专业化分工以及生产技术的不断革新，企业之间的分工协作和集聚带来生产效率的不断提高。专业化生产型城市代表着区域生产力的最高水平，进而会在组织社会经济、创新、信息交流等方面发挥巨大作用。随着城市社会经济的发展，该城市必然对整个区域的发展起主导和推动作用，运用城市中发展起来的先进技术和生产出来的产品，会彻底改造整个区域经济。

3. 作为区域运输线路上的节点

区域市场交换带来运输需求。货物运输系统有门到门的直达运输以及需转换方式的中转运输（如由水运转铁路、转公路等），此外还有收集和分发货物的集散运输。使得整个运输网络成本最低的位置将会承担分卸中转货物的功能，即该位置因有区位优势而使得其可向区域供给运输服务，也就会产生服务于运输产业的产业，从而也会产生城市。运输业务量最大的节点通常会产生最大的交通型城市，如港口城市和交通枢纽城市，而在交通线路上的节点通常是承担收集、分发、分卸中转业务的小城市，如图 8-13 的(c)图和图 8-15 所示。

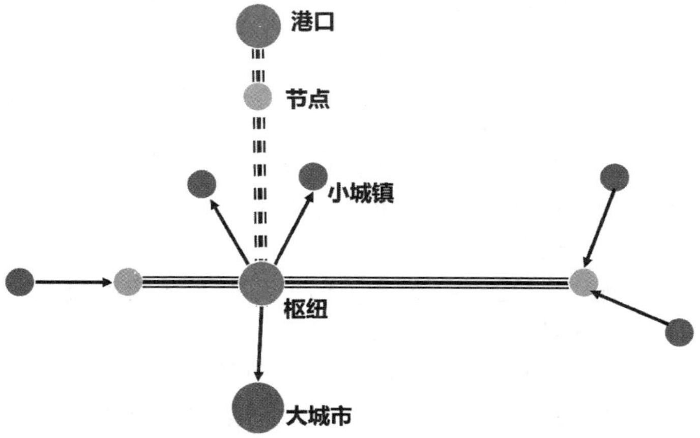

图 8-15　运输网络的门户、枢纽与节点示意图

交通技术改进、交通网扩展和行政区变更会引起经济地理位置的变更。近代铁路这一先进交通方式的出现，改变了以前我国陆路交通向来以驿道为主要交通线路和以马车为主

要交通工具的运输状况，这对我国城市的兴起和发展带来了很大的影响。由于铁路的修建，形成了郑州、徐州、石家庄、蚌埠等一批铁路枢纽城市。位于古代中国南北主要交通线即大运河沿岸的城市淮阴(今淮安)，远在隋唐时期就已成为我国经济繁荣的“淮、扬、苏、杭”四大城市之一，但由于近代先进、廉价的海轮运输代替了落后的运河运输，以及1911年津浦铁路通车，中国南北运输几乎以铁路运输代替了大部分的水路运输，大运河的运输量大量减少，作为运河沿线重镇的城市淮阴自然失去了它原有的经济地位，城市地位一落千丈，商业衰退，人口减少，进而成为相对衰落的城市。

在相对封闭的区域，中心位置起主导作用，而在开放的区域里，门户位置地位就会上升。在门户位置发展起来的门户型城市必然是某一较大区域内的综合交通枢纽所在地，承担着一个区域货运运输出入与内外交往的服务功能，对区域腹地有极大的促进和带动作用。门户型城市通常为拥有大型港口的城市，且往往会发展成当地的首位城市。

区域的中心位置和门户位置也会因交通条件改变而发生历史变迁，如广西在封建社会中，其主要联络方向是经湖南向中原，桂林是首要门户，经济和文化发展比较繁荣。在近代，由于五口通商，广州开埠，西江成为广西出海的主要通道，所以梧州晋升为广西第一门户。再到改革开放后，北海被确定为我国14个沿海开放城市之一，钦州和防城港两港相继开发，北部湾上的北海、钦州、防城港三港成为广西走向世界的大门。

4. 功能综合型城市

现实中，城市和区域是复杂和多侧面的，城市的功能不会是单一的，而一定是复合的；其空间分布不会严格按照理想模型来分布，而会因诸多可知或不可知的因素呈多样性、复杂性。首都北京虽不在国境的中心位置，却是全国的政治中心、文化中心、国际交往中心，具备政治、经济、军事、文化、金融、交通信息、国际交往和旅游八大城市功能，具有超强的综合性城市特征。城市规模越大，层级越高，其功能的综合性越强，提供区域服务的内容越多，辐射的区域范围越大，发展潜力越大。再如华南地区的广州，是广东省的行政文化管理服务中心、区域物流枢纽和国际门户，也是生物医药、新能源智能汽车、轨道交通、新型显示等新兴产业的专业制造型城市，还是科技创新策源地。

二、城市的功能

城市功能是主导的、本质的，是城市发展的动力因素。人文主义城市学大师刘易斯·芒福德在《城市发展史》中说：“城市的主要功能是化力为形，化能量为文化，化死物为活生生的艺术形象，化生物繁衍为社会创新。”

早在1933年，国际现代建筑协会就发表了雅典宪章，明确指出城市的四大功能是居住、工作、游憩和交通，并且认为，城市的种种矛盾是由大工业生产方式的变化及土地私有引起的，应该科学地制定城市总体规划：先按居住、工作、游憩进行分区及平衡后，再建立三者联系的交通网。宪章提出改变过去巴黎设计学院派那种追求“排场”“伟大气派”的巴洛克式做法，不要沿交通干道建造住宅和商店。宪章所体现的认知是建筑师将城市作为由建筑群组成的实体所应具备的功能，可以视为城市的内部功能。

城市作为由多种复杂系统所构成的有机体，其生成与生长，一定是因为具有服务区域需求的某项功能。城市的区域功能是城市存在的本质特征，是城市系统对外部环境的作用和所执行的任务。城市是区域的核心和焦点，其功能体现在物资流、资金流、人才流、信息流的集聚与辐射功能上。

城市功能的演变体现着社会的发展进步。在工业革命以前，作为首都的城市具有管理功能，而那些封建领主城堡的周围则分布着有商品贸易功能的市场地。工业革命后，机器化大生产要求协作而集中在一地，从而形成工业城市，具有生产功能。产业工人的集中带来服务人口的集中，从而城市具有了服务功能。当城市规模进一步扩大，生产水平进一步提升，城市成为区域与区域间联系的门户和枢纽，从而具有集散和管理功能。城市孕育出大批科学家，其研究带来的科技进步被应用于工业生产，开发出人类的新需求，如计算机技术带来的网络通信等，城市的创新功能愈发重要。追求生产效率的经济全球化带来的标准的统一会对人类文化的多样性产生挑战。一个有生命力的城市一定要具有多彩的地方文化并能对全球文化兼容并蓄(见表 8-1)。

表 8-1 城市功能演变与社会发展进步

发展阶段 对比项目	18 世纪 80 年代— 19 世纪 40 年代	19 世纪 40 年代— 19 世纪 90 年代末	19 世纪 90 年代— 20 世纪 30 年代下半期	20 世纪 30 年代末—
技术创新	棉纺、铁、蒸汽动力	交通运输革命 冶金技术进步	电力、汽车、化学	以电子计算机为代表
城市产业结构	农业部门占主体 制造业比重上升 服务部门比重小	制造业比重上升 服务部门增加 农业比重下降	制造业占主要地位 服务业比重加重 农业比重减少	第三产业为主体 第二产业＜30% 第一产业＜5%
城市化水平	城市化率 6%左右 人口向城市集中 城市围绕旧城扩大	城市化率 13%左右 人口向大城市集中 大城市郊区化开始	城市化率 25%左右 产业向郊区迁移 城市分散化开始	城市化率 42%左右 城市中心区呈现衰退 城市分散化普遍
世界经济增长重心	英国伦敦是国际中心城市	英国、美国开始起飞 伦敦的国际中心城市功能向纽约分化	纽约、伦敦成为并驾齐驱的国际中心城市	纽约、伦敦、东京成为三足鼎立的国际中心城市
城市功能	生产功能	生产、服务功能	生产、服务、集散和管理功能	文化、创新功能

资料来源：徐巨洲.探索城市发展与经济长波的关系[J].城市规划，1997(5)：4-9.

城市功能是多元化且综合的，这是城市发展的基础，城市的发展也为城市功能多元化演化提供了机遇。

分析城市在区域中的功能就是确定“城市性质”，以上海市为例，可以了解城市功能分析的重要性。国务院批复原则同意的《上海市城市总体规划(2017—2035 年)》，明确上海市作为国际经济、金融、贸易、航运、科技创新中心的定位。

1. 生产功能：“上海制造”是国际经济中心的基础

保持适度的制造业规模不仅是现代经济体系建设的需要，也是科技创新体系的重要支撑。“上海制造”以高质量发展为基础，代表着我国制造业的水平，也是新时代上海城市发展的基本出发点。在产业整体发展层面，利用资源条件优势积极培育具有国际领先水平的高端装备企业，主动承接国家高新技术及核心部件制造，加大对国外高科技生产企业引进力度，合理规划产业体系，确立上海在国际高端制造业中的核心地位；在微观制造层面，“上海制造”要追求卓越的品质，大力弘扬工匠精神，建立高水平的质量标准体系，形成一批代表上海制造水平的优质产品。

2. 金融控制：人民币国际化提升国际金融中心的地位

当前，随着我国经济规模的扩大和对外开放的日益深化，人民币国际化成为经济发展的内在要求，特别是人民币国际化对于提高我国国际竞争力和经济整体发展水平具有重要意义。作为我国国际化程度最高的金融中心，上海肩负着人民币国际化的重要职责。上海集聚了国内外众多金融机构和金融资源，应有计划地推进人民币国际化，推动人民币在跨境交易中计价与结算，提高人民币定价权，积极开展新兴科技在金融领域应用示范，加强金融管理体制创新，扩大金融业对外开放，鼓励和支持金融产品创新。

3. 商贸功能：国际博览和自由贸易提高上海国际贸易中心的吸引力

上海的进出口货物总量位居全球城市首位，具有世界贸易中心的地位。上海要以国际进口博览会为依托，加大对国际高端品牌的引进，逐步融入上海文化特色，打造具有东方特色的国际时尚之都，增强上海时尚消费的全球引领力；积极引入国内优质特色品牌产品，为国内企业的产品提供国际展示窗口，充分发挥上海国际贸易中心的带动作用。全面推动中国(上海)自由贸易试验区建设，积极推动管理制度创新，“先行先试”探索有中国特色的自由贸易模式，优化贸易环境，建设高水平的贸易基础设施。

4. 集散功能：完善航运基础设施建设，拓展国际航运中心辐射力

国际贸易中心必然是航运中心和区域的门户。无论是集装箱吞吐量，还是航空货运量，上海均位于世界城市的前列，国际航运的优势地位明显。上海仍需要扩展全球航空和海运网络，提升机场、港口和铁路运输等基础设施水平，加强与国内主要地区的交通连接，全面提高运输能力和运输效率，强化连接全球、服务全国的枢纽功能。

5. 创新功能：培育创新生态，激发科技创新驱动力

与上述四个中心相比，上海作为科技创新中心的定位确立较晚，但科技创新中心非常具有新时代的特征，代表上海转型升级的方向。科技创新不仅是上海在我国科技强国建设中城市功能的体现，而且也是上海整体发展的主要驱动力。上海具有优越的科技创新条件，聚集了众多高水平的大学、科研机构和科技型企业。上海既要充分利用国内国际科技资源汇聚的优势，优化科技资源配置，加快重大科技装备和科技基础设施建设，着力提升基础研究和应用基础研究能力，积极推动重大工程技术创新和关键技术创新，提升上海全球科技竞争力，也要进一步优化创新生态，完善科研管理、科技成果转化、人才激励政策，促进科技创新与经济社会发展的融合，构建企业、科研机构、大学、中介服务机构良性互动，资金、人才、信息流动顺畅的创新生态系统，打造全球最具创新活力的城市，增强上海的科技创新的吸引力，引领上海城市整体发展的转型升级。

三、城市的性质

我国城市总体规划编制要求中，通常会首先确定所规划城市的“城市性质”。国标《城市

规划基本术语标准》中，城市性质是指“城市在一定地区、国家以至更大范围内的政治、经济与社会发展中所处的地位和所担负的主要职能”。采用的英文翻译是“designated function of city”，是城市在其所处区域内所应担负的职能①。城市性质代表了城市的个性、特点和发展方向。

确定城市性质是总体规划的首要内容，因为不同的城市性质实际上决定着城市不同的职责和工作重点。城市性质是指导城市建设发展的方向和用地构成的重要依据，对确定城市规模、城市用地组织以及各种市政公用设施的配置水平等起着重要的作用，可以说城市性质是城市建设的总纲，是决定一系列技术经济措施及其相应的技术经济指标的前提和依据。正确拟定城市性质有利于合理选定城市建设项目，突出规划结构的特点（如交通枢纽城市和风景旅游城市在城市用地构成及其规划布局上有明显的差异），为规划方案提供可靠的技术经济依据。

城市性质也不是一成不变的。由于区域的发展，或因客观需要，或因客观条件变化，都会促使城市有所变化，从而影响城市性质。例如，北京在新中国成立后提出变消费性城市为生产性城市，随着其政治中心和文化中心地位的确立，又提出发展成为工业经济中心城市。庞大的综合功能，特别是过多发展能耗高、水耗高、运量大、占地量大和污染严重的钢铁、石油化工等多项工业，给北京城市发展带来了很重的负担，导致交通组织、水电供应、生态环境等方面的一系列问题。20 世纪 80 年代以来，北京一直在控制和削减不宜在北京发展的若干工业部门，而突出其政治中心、文化中心的职能。在 2004 年的北京总体规划中，提出的城市性质是“中华人民共和国的首都，全国的政治中心、文化中心，世界著名古都和现代国际城市”。2017 年，中共中央、国务院对《北京城市总体规划（2016 年—2035 年）》的批复指出：

> 北京是中华人民共和国的首都，是全国政治中心、文化中心、国际交往中心、科技创新中心。北京城市的规划发展建设，要深刻把握好“都”与“城”、“舍”与“得”、疏解与提升、“一核”与“两翼”的关系，履行为中央党政军领导机关工作服务，为国家国际交往服务，为科技和教育发展服务，为改善人民群众生活服务的基本职责。要在《总体规划》的指导下，明确首都发展要义，坚持首善标准，着力优化提升首都功能，有序疏解非首都功能，做到服务保障能力与城市战略定位相适应，人口资源环境与城市战略定位相协调，城市布局与城市战略定位相一致，建设伟大社会主义祖国的首都、迈向中华民族伟大复兴的大国首都、国际一流的和谐宜居之都。

确定一个城市的“城市性质”体现了城市总体规划对城市现状的认知和对未来发展的预期。如何预期，预期什么？可通过以下三个角度进行分析。

一是明确能深度参与其中的区域层级。城市是区域中的城市，但是这个区域是哪个层级？国家级、省级、流域级还是辖区级？城市一定是辖区内的综合中心和多项功能的集中地，这是所有城市的共性，不宜作为城市性质的确定依据。但是否又需要扩大到国家层面或全球层面呢？也不是。要考虑城市在哪个层级的区域中能深度参与其职能分工，即哪个层级的区域发展要城市有所作为。这个区域层级应该是一个相对稳定的综合的区域，通常是城市所在层级

① “职能”一词是城市回应区域所需，“要我为”；“功能”一词体现的是城市可为区域发展提供的作用，“我要为”。两词所指一致，只是角色作用在主动与被动间的状态切换。

的上一级区域层级，即参与分工的区域层级。若是省会城市，则通常考察跨越多省的区域，江西省南昌的城市性质考察区域应是长江中游城市群，苏州的考察区域则是长江三角洲等；若是地级城市，则考察其在省域内的地位和作用；若是门户城市，则要考察其所能辐射的腹地范围。在该区域内，再明确城市的地位，如中心城市、交通枢纽、能源基地、工业基地等。

二是明确能供给显著效用的专业化功能。确定城市性质既要研究宏观区域政策和上一层级区域规划的要求，也要分析城市本身发展条件和需要，分析该城市在区域中的独特作用。分析城市的主导产业结构是认识城市在区域中的职能分工的重要方法。应采用规范的经济统计数据和一定的技术指标，从数量上确定主导产业部门。如若钢铁、汽车工业的地位突出，则可以将这一城市定位为以钢铁工业、汽车工业等为主的城市。

三是充分挖掘独特的资源禀赋。资源禀赋是城市发展的天然优势。资源不仅包括用于工业生产的矿藏，而且包括历史文明、自然风光等旅游资源，甚至包括军事战略要地等资源。

城市性质的表述要准确、简练、明确。一要突出特色，充分反映城市特点，避免将城市的“共性”作为城市性质或者不区分城市基本因素的主次；二要回避雷同，如一般县城都有政治、经济、文化、交通等中心职能，但不能以“中心城市”来概括；三要避免罗列，如将城市的主导产业方向按照产业门类一一罗列。综合以上三个方面，一般常用“区域地位作用＋产业发展方向＋城镇类型”的表述方法。下面举例说明。

杭州市的城市性质：长三角中心城市之一，浙江省省会和经济、文化、科教中心，国家历史文化名城和重要的风景旅游城市。

上海市城市性质：我国重要的经济中心和航运中心，国家历史文化名城，并将逐步建成社会主义现代化国际大都市，国际经济、金融、贸易、航运中心之一。

苏州：国家历史文化名城和风景旅游城市，国家高新技术产业基地，长江三角洲重要的中心城市之一。

某小城镇：镇域南部交通中心，以发展农副产品深加工和建材工业为主的现代化工贸小城镇。

第五节　城市的发展战略

区域中的城市应区域需求而生成和生长，或为区域提供科技、教育、医疗等服务，或为区域经济发展提供专业化生产，或为区域的货物流动提供运输。城市一旦生成，即成为社会经济、生活生产的集中地，因资源集聚而产生规模效应、学习效应和创新效应，从而成为区域的代表，主导着区域的发展。资本主义生产体系下的现代城市之所以能生长、发展、壮大，是因为其专业化生产规模和种类的增长，即主导产业的规模性发展、多样性发展和创新性发展。城市主导产业的发展状况决定了城市的发展状况，产业兴则城市兴，产业衰则城市衰，产业发展的生命周期决定了城市发展的兴衰周期。

一、产业发展生命周期

在经济学上，“周期”(cycle)一词具有规律性的意义，即一种固有长度和振幅，围绕着某种趋势自我重复的波动形式。具体来说，波动的本质特征是不稳定性或涨落性，是指经济运行中的萧条、复苏、上升、繁荣、危机、衰退等现象。荷兰学者范·哥尔登仁（Van Gelderen）率先发现产业发展的生命周期现象，之后这一现象得到很多经济学家的重视。尼古拉·康德拉季耶夫（Nikolai Kondratiff）在《经济生活中的长期波动》一文中系统描述了经济周期现象，并利用英、法、德、美等主要资本主义国家的一系列经济指标（包括价格、利率、进出口额等）进行实证研究，提出资本主义经济发展过程中存在长度为40～60年、平均为50年的经济周期波动，这就是经济长波现象（见图8-16）。约瑟夫·熊彼特（Joseph Schumpeter）是第一个深度剖析经济周期的学者，他用技术创新在经济增长中的作用来解释经济长波，长波也被称为康德拉季耶夫周期或熊彼特长波①。

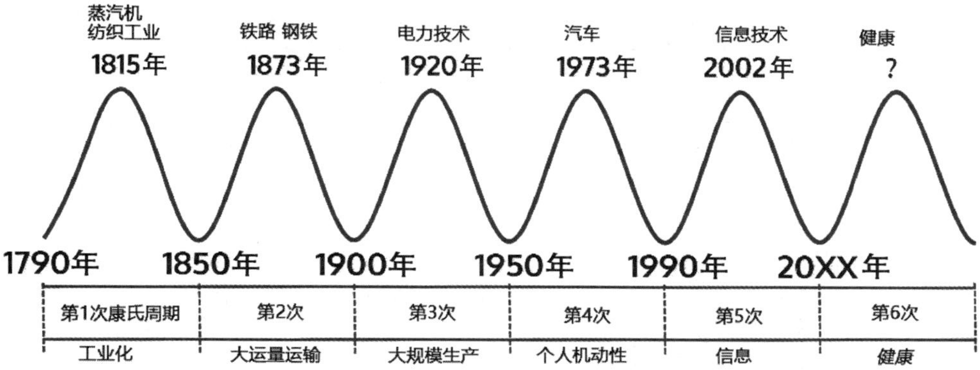

图8-16　康德拉季耶夫经济长波示意图

资料来源：Kondratiff N. The Long Wave Cycle[M]. Richardson & Snyder，1984.增加了后人的补充和验证。

经济长波理论认为区域经济具有增长、衰退、复苏的周期性发展特征。经济增长的前提是新“技术-经济”范式的出现带来超额利润，刺激投资与就业的扩张，推动经济快速增长。但是，随着各地区经济活动对资源与市场的争夺不断加剧，经济活动最终因受资源与市场的约束而出现增长停滞，继而转入衰退与收缩状态。当新一轮“技术-经济”范式出现，地区经济才能再次进入增长状态。纵观经济发展史，每次长波都由一种关键技术要素驱动（煤炭、铁、钢、电力、石油和微电子），关键要素价格下降和产量增加导致经济增长潜力增大。

每次长波发生都会有新的产品或服务出现，同时产生配套的基础设施；新的产品和服务会促进新的产业集聚形成；新的技术和新的工作方式同时会带来国家和组织结构的变革，进而促使新制度产生。在历次经济长波中，核心技术或关键要素、产品或服务、基础设施、产业聚集和组织结构等都会随着长波的更替而变化（见表8-2）。

① 一般来说，按时间长度来划分的经济周期可以概括为三种类型：(a) 高涨阶段间隔的时间为50～60年、平均50年的长周期即长波，也称康德拉季耶夫周期（Kondratieff Cycle）；(b) 从繁荣到繁荣或从衰退到衰退的长度7～12年、平均为10年的中周期，也称朱格拉周期（Juglar Cycle），亦可称为设备投资周期；(c) 平均为40个月即3～4年的短周期，也叫基钦周期（Kitchin Cycle），亦可称为库存周期。康德拉季耶夫周期的经济增长率表现为高增长与低增长的交替；朱格拉周期与基钦周期中，经济增长率表现为正增长和负增长的交替，经济周期也就相应地包括了高涨阶段与衰退阶段。

表 8-2　经济长波的特征和驱动因素

时　期	第一次长波	第二次长波	第三次长波	第四次长波	第五次长波
关键要素	水、煤、铁、煤		钢、金属合金	石油、天然气、合成材料	芯片、集成电路
新产品和服务	纺织品	蒸汽机、机械工具	电气设备	汽车、卡车、拖拉机、坦克、柴油发动机、飞机和石油精炼厂	电脑、软件、通信设备、生物
基础设施建设	运河、收费公路、帆船	蒸汽动力铁路、电报、蒸汽船	钢制铁路、钢船、电话	收音机、高速公路、机场、航线	信息高速公路(互联网)
新的产业集聚	以机械代替手工的棉纺产业、冶金、煤炭产业	铁路设备产业、蒸汽机产业、机械工具产业、制碱产业	电气设备产业、重型制造业、化学工业	汽车制造业、石化产业	电子信息制造业、软件产业、生物医药产业
组织结构变革	作坊的生产方式、工厂生产方式、开始注重生产规模		规模经济、垂直一体化生产	大规模生产、严格的等级制度	网络化、柔性化生产

从历史上的几次经济长周期波动来看,每一次均与主导产业群的变迁有着直接关联。每一次具有革命性的技术突破都意味着以新产业为主导的全球经济新格局形成。因此,主导产业群的演进是经济周期的物质承担者,是形成经济长周期的物质基础。主导产业群的不断演进使得经济形成了一个个长周期,经济长周期的发展正是一个个主导产业群交替演进的反映。

城市是区域经济的核心载体,因此,区域经济发展的长周期规律与城市的转型发展密切相关。根据西方工业化和城市发展的历程,主导产业的生命周期与城市发展转型高度吻合。近代资本主义工业城市产生后的 1800 年、1850 年、1900 年、1950 年、2000 年前后的五个时期是城市大发展的年代,这恰好与康德拉季耶夫周期吻合。以纽约的经济发展和城市转型为例。纽约自 1790 年奠定了贸易港城市地位至今,城市人口曲折上升,在总体上总是与国民经济的运动方向一致。先是 1800 年前的波峰增长,接下来是 1860 年、1880 年两个年段的波峰,到了 20 世纪 30 年代大萧条和第二次世界大战,人口陷入了两个世纪以来从未有过的负增长。第二次世界大战刚结束的 1950 年前后,人口增长率再一次回升,但 20 世纪 70 年代前后,又快速下跌到负数,一直到现在(见图 8-17)。纽约人口这种下降趋势是当代城市的典型,20 世纪 70 年代后欧洲的大城市,特别是正在进行工业化转换的中心城市,都明显地具有这种周期波动的特征。

路易斯·萨杰维拉(Luis Suazer-villa)在 1985 年研究美墨边境地区五座城市的人口、产业部门就业比重、城市产业结构、就业人数以及城市制造业工厂数量的增长过程时,也证实了“城市-制造业生命周期”(the urban-manufacturing life cycle)。城市人口的变化正是城市经济发展的表现,城市化的周期性发展正是工业化周期在城市发展中的反映与表现①。

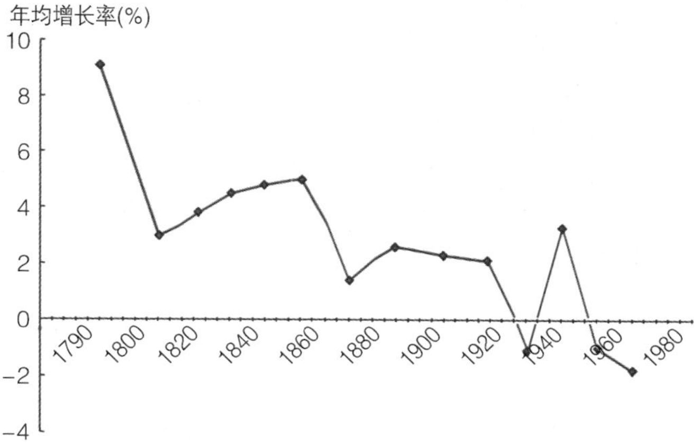

图 8-17　纽约-曼哈顿地区人口平均增长率趋势图(1790—1980 年)

资料来源:徐巨洲.探索城市发展与经济长波的关系[J].城市规划,1997(5):4-9.

在城市研究领域内,研究城市生命体周期波动的解释框架且具有一定影响的学者是彼得·霍尔,他早在 1971 年就认为城市发展具有阶段性,而且会形成一个生命周期。在这个生命周期中,一个城市从"年轻的"增长状态进入"年老的"稳定和衰落状态,然后转型发展进入下一个新的发展周期。他把城市发展划分成四个阶段,即城市化、郊区化、逆城市化和再城市化。

城市是一个多功能综合体,不仅会有多个主导产业,而且会有多个服务型行业。由于城市发展动力的多样性,城市发展生命周期的起伏波动不会像产业周期发展波动那么大,而且因种类多,周期的变动频繁而不太规则。可绘制图 8-18 来展示某个主导产业的生命周期与城市发展的生命周期的关系。从中可以看出,城市越早转型进入符合发展要求的阶段,越是有利于城市的平稳发展②。

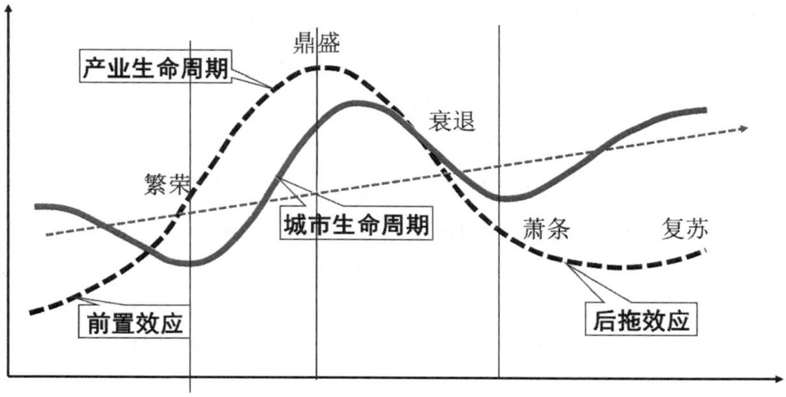

图 8-18　城市生命周期与产业周期的关系

---

① Suarez-Villa L. Urban Growth and Manufacturing Change in the United States-Mexico Borderlands: A Conceptual Framework and an Empirical[J]. The Annals of Regional Science, 1985, 19(3): 54-108.

② 敬东.经济长波理论与城市发展和城市开发[J].现代城市研究,2000(2):8-13,63.

此外，城市发展的波动性不仅体现在主导产业及服务业的兴衰起伏方面，更多地还体现在基础设施投资、土地和人口三种要素的增量变化上。这三种不同类型要素的投资会产生不同的周期长度。比如，对基础设施投资会产生基础设施使用平均寿命的波动周期（如维护、扩容及更新等），对土地的投资会产生功能有效使用期的土地周期（如建筑物的使用寿命或者土地出让的年限等），对企业和产业的投资会影响职工就业率而最终出现人口增减周期（人口城乡间的迁移或回流）。这三种周期互相独立运行且长短不一，在城市内部交替运行。当三者在运行的过程中形成一个最佳平衡点，产生共振叠加或实现最优组合时，城市发展就会进入爆发性的繁荣期。

二、城市转型发展

城市生命周期从本质上来讲，是主导产业集群自身周期性发展的表现。因此，城市要保持平稳发展，要预防城市衰退，就不能被动地受产业周期的影响，而是可以为之准备先决条件，尽早地实现产业的升级与转换，这就需要城市实现转型发展。

城市转型就是城市发展进程及发展方向的重大变化与调整，是城市发展道路及发展模式的重大变革。从具体内涵上来说，城市转型包括经济转型与社会转型。城市转型的目的就是让城市摆脱发展的衰落困境，通过转型主动迎接产业的更替与升级，及早地培植主导产业，使城市保持平衡持续的增长，最终使城市居民实现对更高生活质量的追求。通过转型，使城市进入新的更高层次的周期，通过循环往复，在螺旋式上升的过程中推动城市的发展。

从表 8-2 可以看出，发达国家已经进入第五次长波，而我国还处于第三、四次长波，叠加的主导产业正在成为支柱产业。由于受第五次长波的影响，我国东部沿海地区也同时开始了第五次长波中主导产业集群的发展，特别是通信等产业发展迅猛。但是我国的中部、西部地区和东北三省地区，仍然处于以钢和铝合金及石油与天然气为基础的第三、四次长波阶段，经济增长受到资源禀赋的刚性约束，产业优势逐步丧失，投资规模与就业机会开始缩减。依据经济长波理论，这些欠发达地区只有通过技术与制度创新，建立以信息技术为基础的战略性新兴产业体系，城镇衰退才能转变为增长，否则将处于持续收缩状态①。

由于主导产业形成过程中“前置效应”的存在，城市越早实现转型，越早对新一轮的主导产业进行扶持与培育，就越会使城市减少衰退振荡，在衰退时及早复苏，保持城市经济的平稳。因此，城市转型需要从未来的视角，基于产业发展的思路把握产业发展的走势，这样才能在新的周期还没有出现、新的主导产业还未露端倪时进入这一产业，才能获得先发优势。同时也要意识到，主导产业的转折会在城市生命周期的转折之前到来。所以，城市经济还在高歌猛进的时候，也可能是城市开始培植新一轮主导产业的时候。最后也要明白，城市在实施转型、培植了新一轮主导产业后，衰退产业在经济发展中的地位将会持续下降。但“后拖

① 马佐澎，李诚固，张平宇.东北三省城镇收缩的特征及机制与响应[J].地理学报，2021，76(4)：767-780.国际上专业的研究机构“收缩城市国际研究网络”(Shrinking City International Research Network)将城市收缩定义为：人口规模在1万以上的人口密集城市区域，面临人口流失超过2年，并经历结构性经济危机的现象。在中国，国家发改委发布《2019年新型城镇化建设重点任务》，第一次提到了“收缩型城市”。有研究团队在对我国 2 865 个县市（区）中涉及行政区划变动的样本进行分析后发现，中国 26.71%的地级及以上行政单元和 37.16%的县市（区）发生不同程度的收缩，其中，东北地区的收缩较为严重。此外，全市和市辖区人口同时减少的城市有 20 多个，较多分布于湖北、四川、安徽和黑龙江四省。

效应”的存在使衰退产业依然有稳定的发展空间，如果坚持下去，很可能会迅速抓住针对该产品的新技术，在新一轮的发展中占据主动。

城市发展是经济发展与社会发展相互作用的结果，是经济与社会转型的统一体。经济的发展必然带来社会的进步与繁荣，社会的发展反过来也会影响经济的发展。城市的转型既包括经济转型，也包括社会转型。城市转型的逻辑动因如图8-19所示。

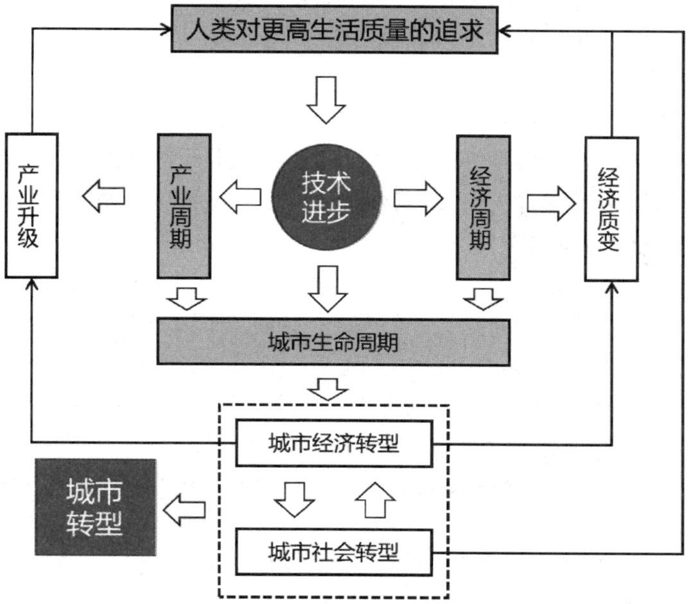

图8-19　城市转型的逻辑动因

资料来源：李彦军.产业长波、城市生命周期与城市转型[J].发展研究，2009(11)：4-8.

城市转型是城市在面临生产关系与生产力的矛盾时，自我调整经济活动的手段，因此，只要存在经济周期，就会有城市生命周期，就需要城市的转型发展。从这层意义上说，城市转型是普遍的。但是，我们也应该看到，各个城市发展面临的阶段不同，因而城市转型不能忽视城市各自发展的实际情况。就我国城市而言，沿海城市与内地城市，大城市与中小城市，其发展阶段不同，尽管都有产业结构技术升级的问题，但是不同城市有不同的转换方式和途径。因此，不同的城市，其城市转型都是特殊的。只有这样，才能避免城市发展千篇一律的固定化模式，才符合城市经济发展的规律。

三、城市发展战略

城市一旦在区域中生成，就会有管理城市的组织，即城市政府（或具有城市自治性质的市政厅），因而城市的发展会因城市政府的存在而具有发展的主观能动性，会根据区域经济发展形态或阶段，制定相应的城市政策或发展战略，主动实现城市转型发展。

军事学上，一场战斗本身的部署和实施称为战术（tactics），为达到战争目的所采取的各种策略和行动称为战略（strategy），运用战术是为了实现战略目的。城市发展战略泛指城市政府为城市实体所做的重大的、全局性的、长期性的、相对稳定的谋划，以期实现更高质量的生活。制定城市发展战略必须研究城市的区域经济发展长波特征及其阶段，根据城市自身的自然条件和资源状况，主动适应经济长波发展或主导产业生命周期带来的转型发展要求，确定城市30～50年的城市性质及城市固定资产投资的可能规模（如基础设施投资规模和用地开发规模），使得城市不仅能抓住经济长波带来的机遇，同时也能在主导产业衰退前主动转型发展，培养新兴产业，避免城市发展进入衰退期。城市发展战略的核心是要解决城市发展中潜在的问题，设立一定时期的城市发展目标及实现这一目标的途径。城市发展战略的内容一般包括确定战略目标、战略重点、战略措施等。

1. 战略目标

战略目标是发展战略的核心，是在城市发展战略和城市规划中拟定的一定时期内社会、经济、环境发展应选择的方向和预期达到的目的及其数量化的指标。战略目标可分为多个层面，包括总体目标和从经济、社会、城市建设等多个领域明确的城市发展方向，总体目标和发展方向一般采用定性的描述。

为更好地指导战略目标的实施，还需要对发展方向提出具体发展指标的定量规定。这些对应发展方向的具体指标一般包括：经济发展指标，如经济总量指标（国内生产总值、增长速度等）、经济效益指标（人均国内生产总值、单位产值能耗指标等）、经济结构指标（三次产业比例等）等；社会发展指标，如人口总量指标（总人口控制规模、城市人口规模等）、人口构成指标（城乡人口比例、就业结构等）、居民物质生活水平指标（人均居住面积等）、居民精神文化生活水平指标等；城市建设指标，如建设规模指标、空间结构指标、基础设施供应水平指标、环境质量指标等。

城市发展战略目标的确定既要针对现实中的发展问题，也要以目标为导向，对核心问题的把握与宏观趋势的判断至关重要，因此，开展城市发展战略研究是保证战略目标科学合理的前提。此外，必须从社会经济整体运行的关系中认识空间发展问题，而不是局限在某一领域之中，并对人口、经济、环境、土地使用、交通和基础设施等系统进行分析并提出关键性的问题，从大区域、长时段来考虑城市发展的未来。

2. 战略重点

战略重点是指对城市发展具有全局性或关键性意义的问题，为了达到战略目标，必须有明确的战略重点以更好地解决问题。城市发展的战略重点所涉及的是影响城市长期发展和事关全局的关键问题。遵循客观的市场竞争规律，把自己在城市竞争中具有优势的领域作为战略重点，在比较优势的基础上，不断提升核心竞争优势，争取主动，求得创新和发展。如有的城市虽然交通区位突出，但并没有将其转化为经济区位优势，对此就应注重对交通资源的整合，处理好交通发展与城市功能布局的关系。战略重点通常表现在以下三个方面。

（1）城市发展中的基础性建设。科技是推动社会经济发展的根本动力，资源、能源是工业发展和社会经济发展的基础，教育是提高劳动力素质和产生人才的基础，交通是经济运转和流通的基础。因此，科技、资源、能源、教育和交通都是城市可持续发展的基础性因素，通常都是城市发展的重点。

（2）城市发展中的薄弱环节。城市是由不同的系统构成的有机联系和互相制约的整体，如果某系统或某一环节出现问题将影响整个战略的实施，那么该系统或环节也会成为战略重点。如受到资源约束的城市，要深入分析本地区的资源环境承载能力。

（3）城市空间结构和拓展方向。城市空间增长的过程反映了社会经济发展的需求，如城市发展的方向、空间布局结构以及时序关系都会因不同阶段城市发展的需求而改变。

需要指出的是，战略重点是阶段性的，随着内外部发展条件的变化，城市发展的主要矛盾和矛盾的主要方面也会发生变化，重点发展的部门和区域会发生转换，因而城市发展战略重点也会发生转移。战略重点的转移往往成为划分城市发展阶段的依据。

3. 战略措施

战略措施是实现战略目标的步骤和途径，是把比较抽象的战略目标、重点加以具体化，使之可操作的过程。战略措施通常包括基本产业政策、产业结构调整空间布局的改变、空间开发的顺序、重大工程项目的安排等方面。政策研究在战略措施中占有重要地位。

城市发展战略的制定必须具有前瞻性、针对性和综合性，既要有宏观的视角，也必须有微观可操作的抓手，必须考虑城市发展的“软件”因素，同时注意体现“软中有硬”的整体发展思路。

第六节　城市发展战略规划

20 世纪 80 年代，我国打开国门，开始进入全球经济大循环。此时的世界经济发展进入第五次技术革新带来的经济长波，即信息技术推动的信息经济时代的到来。除了国际背景下工业化社会向信息化社会转变外，我国还面临着经济体制由计划经济向市场经济的转变。一方面，这些转变导致了资本、土地、劳动力等生产要素的重新组合。受其影响，中国城市化和城市发展出现了一系列新情况、新问题，如资本流动导致城市集聚区的迅速发展，城市体系重心进一步向东部沿海地带偏移；农村剩余劳动力转移和流动，极大地改变了中国原有的城市化模式；土地有偿使用和批租出让以及城市住房商品化和私有化等，都对城市土地利用规划、城市空间形态、郊区化产生了相当大的影响。另一方面，经济全球化为中国城市发展提供了新的机遇，使中国发挥潜在优势，有可能在较短的时期内完成工业化过程，使绝大多数地区迈入工业化社会，带动新兴产业的发展，不仅可以参与国际经济大循环，而且在国际经济大循环中逐步占有相对重要的地位，东部沿海地区有可能出现普遍的城市繁荣，并带动一部分城市率先进入信息城市的行列。为此，中国有必要建立国际性城市和自己的创新中心城市，使之成为联结中国与世界经济的新节点，并把中国的各级各类城市融合到新的城市网络体系之中①。

至 20 世纪 90 年代中后期，随着体制改革的纵深发展，中央和地方间的关系变化使地方具有较大的自主权，城市政府谋求自身发展的积极性提高。针对区域内、国内以及国际竞争不断增强的态势，城市政府迫切要求城市产业结构和空间结构的调整，明确城市定位以增强城市竞争力②。许多大城市受到全球化与中国加入世界贸易组织（World Trade Organization，WTO）的影响，经济持续地高速发展，从而需要新的空间保障，而原有的总体规划不适应这种形势，修编总体规划又总是旷日持久，因此，城市政府试图通过战略规划取得某种“突破”。最后，大城市策略性行政区划改变也带来城市功能和空间发展战略的调整。因此，“城市发展战略规划”这个在城市规划体系之外的新类型规划在 2000 年后顺应时代之呼，粉墨登场。

① 顾朝林.经济全球化与中国城市发展——跨世纪中国城市发展战略研究[M].商务印书馆，1999.

② 姚洋.诸侯经济：中国财政联邦化[J].南风窗，2003(3)：34-36.

我国的城市发展战略规划，也称“概念规划”(concept planning)，借鉴了英国的结构规划和新加坡概念规划(年限为 x 年)的经验，在编制中，对繁荣发展阶段的城市做出全面的轮廓性、结构性部署，展望更远的时间(通常展望的是一个经济长波，50～60 年)，审视更远的地域空间(如珠三角、长三角、东亚，直至整个全球网络)，透视更深的内部空间(资源、环境与城市动力机制、产业结构等)。战略规划通常要做若干个专题研究，如：① 发展环境与发展方向的研究；② 水、土资源和生态规划研究；③ 人口与劳动力资源研究；④ 城镇体系规划布局研究；⑤ 产业经济发展战略若干问题的研究；⑥ 远景交通战略规划研究；⑦ 城市综合基础设施研究；⑧ 城市历史形态演变及城市结构；⑨ 城市风貌特色和风景旅游资源开发利用；⑩ 中心城区土地使用布局分析。

战略规划不同于城市总体规划，不是法定规划体系中的一个规划层面，也不具备法律地位。它不能直接应用于规划控制和建设实施，只是应对城市发展的实际问题而提出的体系外的规划解决方案。但战略规划会指导城市总体规划，战略规划中的思想会在城市总体规划和次区域片区规划中得到贯彻，逐步把战略规划中的引导性策略演化为规划的控制性措施。战略规划重点是把握城市发展的大方向、大结构，宜粗不宜细，结构安排要相对稳定，细节留到总体规划、详细规划去深化，并为后续规划留下足够的灵活性(见图 8-20)。

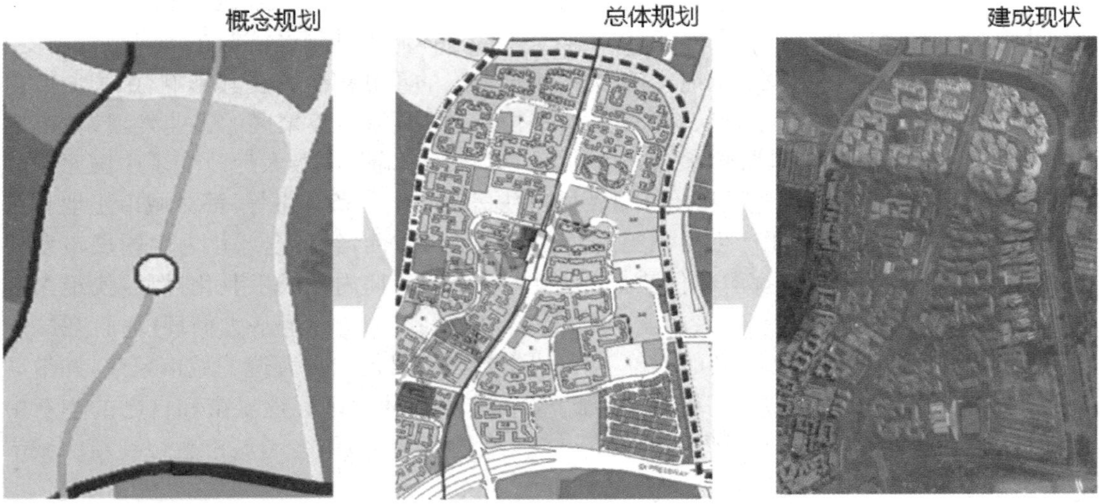

图 8-20　不同层次的空间表达方式对比

资料来源：王才强，杨淑娟.新加坡城市规划[M].中国建筑工业出版社，2022.

一、广州市“城市总体发展概念(战略)规划”

广州市在 1989—1999 年经历了近 10 年的高速发展，居民生产总值绝对值年均增长 21.8%，全市总人口由约 770 万人增至 905 万人。广州特别是中心城区的高速发展导致对土地、环境与交通运输设施的需求急剧扩展，中心城区的土地利用与基础设施建设均无法支持城市的持续发展。同时，广州亦必须面对经济全球化、中国加入 WTO 与知识经济的发展等新的机遇与挑战。2000 年 6 月，广州花都、番禺撤市改区。行政区划的调整为广州城市空间的拓展与城市持续发展提供了新的契机。面对新的背景的变化及各方面的增长需求，广州亟须拟定一个面对新的发展形势的纲要目标，并制定引导城市可持续发展的总体发展战略规划，作为城市发展与城市建设的指引。广州市政府邀请清华大学、中国城市规划设计研究院、同济大学、中山大学、广州市城市规划勘测设计研究院五家国内知名规划设计单位开展了广州市总体发展概念规划①。

清华大学方案提出了知识经济时代打破行政区划的网络城市概念，认为广州未来的城市发展不但要在市域范围内对城市功能、中心城区人口、产业等进行有效疏解，还应与珠江三角洲其他城市协同考虑城市的整体疏解与聚集。

中国城市规划研究院方案认为，中国正处于快速城市化时期，广州正处于经济社会高速发展时期，城市必须实行面向未来的跨越式发展，规划在南部地区建立广州珠三角新的核心区，实现北抑、南拓、西调、东移。

同济大学方案认为，广州在近期应实行内聚式发展，通过内聚增强城市的综合功能和实力，在基本完成内聚后再走向疏解和全市域均衡发展，即走向远期的外延式发展、向东向南发展。

中山大学方案提出了基于信息技术产业的城市空间结构，将广州建设成“多元一体和平衡发展的数字化中心城市”。

广州市城市规划勘测设计研究院基于生态概念提出了广州城市总体发展模式“从‘云山珠水’向‘山城田海’”演变，让广州在更大的空间尺度中寻求平衡发展，对城市的空间结构调整采取“分散的集中化战略”，并提出了“都市绿心”和“一江多岸”两个空间结构方案。

五家编制单位在同一个竞赛题目下，根据自己的分析框架得出各不相同的结论，甚至结论相左。这多多少少让人思考：同一个城市，都是探讨城市未来发展的规划，基于不同的分析框架得出不同的结论，给出不同的空间布局方案和规划建议，那么城市究竟该如何做呢？规划的科学性和权威性基于什么，学识还是权力？正如钱学森提出的，面对城市这样一个复杂的巨系统，唯一能有效应对的方法就是综合集成方法，城市规划专家把经验知识置于分析框架中综合集成，才能得到能形成群体共预期的认知，然后采取一致行动，共同建设。针对五家单位提出的方案，广州市城市规划局召开了由全国知名专家组成的研讨会，形成专家意见，并根据专家意见组织了广州城市总体发展战略规划的深化工作，以期在概念规划咨询成果的基础上寻求共识并进行整理、归纳、选择与深化，最后为政府提供广州城市发展的纲领性文件。

二、新加坡概念(战略)规划

新加坡 1965 年脱离马来西亚建国，国土面积约 724 km^2，人口 570 万，是一个资本主义生产体系发达的城市国家，凭借着地理优势，成为亚洲重要的金融、服务和航运中心之一，其经济模式被称作“国家资本主义”。新加坡在英国的帮助下建立了概念规划和总体规划相结合的二级规划体系。到目前，共形成了 1971 版、1991 版、2001 版、2013 版四版概念规划(见图 8-21)。

① 广州市城市规划局，广州市城市规划编制研究中心，广州城市总体发展概念规划咨询工作组.广州城市总体发展概念规划的探索与实践[J].城市规划，2001(3)：5-10.

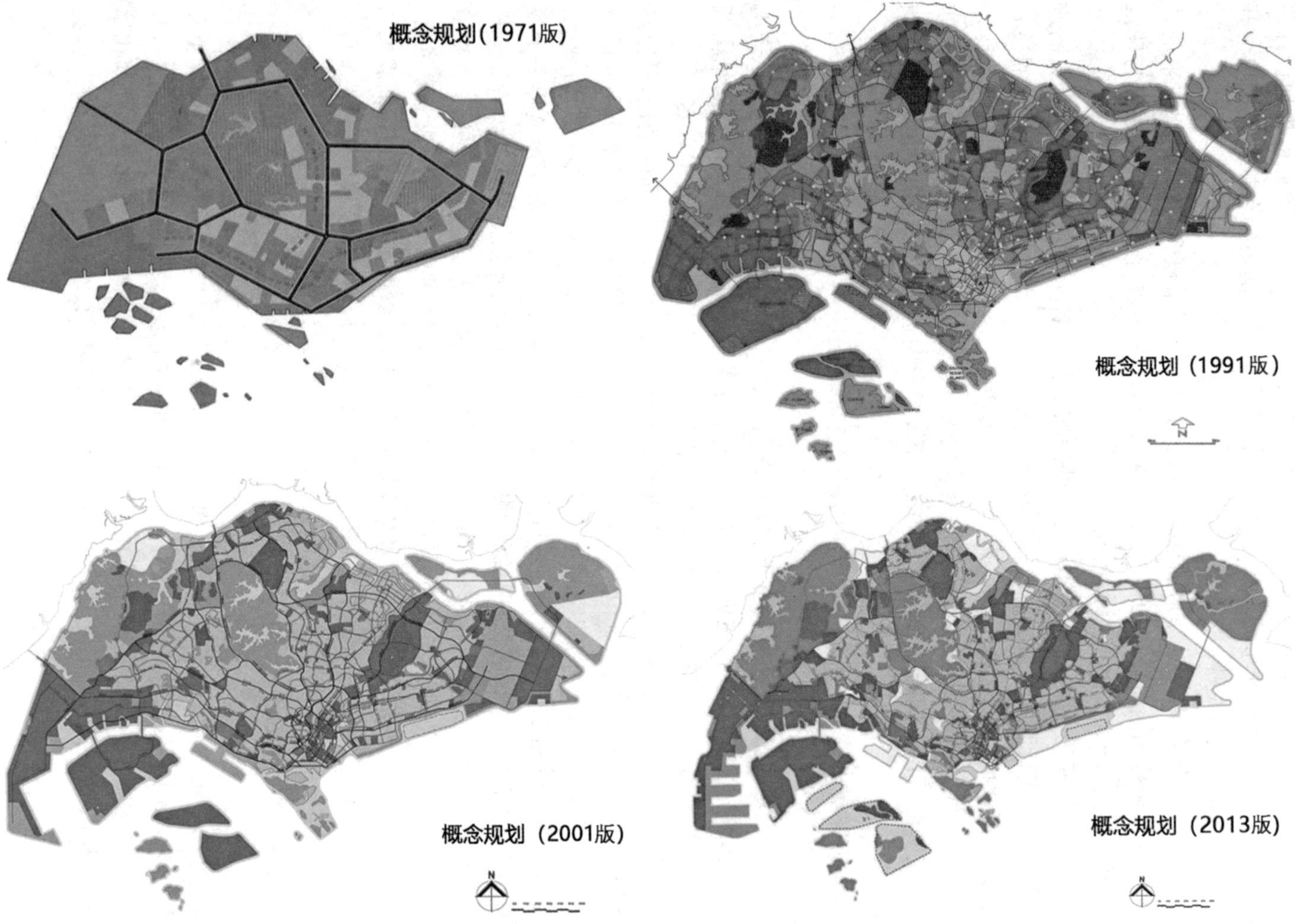

图 8-21　新加坡历次概念规划方案

资料来源：王才强，杨淑娟.新加坡城市规划[M].中国建筑工业出版社，2022.

新加坡概念规划具有综合性和长期策略性，规划期限为30～50年，一般每10年回顾并修编一次。由国家发展部领导下的概念图工作委员会负责协调，40多个政府部门分别对各领域提出研究报告。在此基础上，由市区重建局(Urban Redevelopment Authority, URA)领衔，与多个政府机构合作进行统一汇总修订编制。该规划是从战略层面对新加坡空间发展的总体部署，是指导土地利用和公共建设的纲领。强调以人为本和可持续发展的理念，紧紧围绕衣、食、住、行、乐等民生问题展开。主要内容包括：制定城市长远发展的目标和原则，明确总体城市结构、空间布局和基础设施体系等宏观内容；从宏观和战略角度看待土地用途，平衡不同的土地需求；协调和指导公共建设，确定重大的公共开发计划，并为实施性规划提供依据。

1. 起点型(1971版)

该版概念规划是新加坡建国后的起点型规划，其主要任务是应对新加坡建国伊始面临的一系列问题，核心是拟定发展构架和满足最基本的住房和基础设施需求。该版规划前瞻性地提出经济、社会、环境平衡发展的可持续发展理念，并提出花园城市和公共城市(公共住房与公共交通)的规划构想。在此理念指导下进行了结构性的空间布局。考虑到水是岛国的战略资源，首先确定了严格保护的中央蓄水区作为中心绿肺，围绕中央蓄水区的是依托快速交通走廊连接的组团式新市镇，形成借鉴荷兰兰斯塔德的环形结构；工业集中在西部裕廊工业区，国际机场位于东端，形成滨海东西向的发展带；中心区位于南海岸中部，形成城市中心。由此确立了“一环一带一心”的城市空间布局结构，被称为“环形城市”(ring city)。这一布局结构确定了新加坡的发展“蓝图”，成为未来城市空间布局雏形。

2. 完善型(1991版)

20世纪80年代是西欧战略规划的衰落期，受此影响，新加坡没有如期进行正式修编，直到1991年才编制第二版概念规划。这一时期，1971版规划得到有效实施，社会与经济出现转变，关注重心开始向提升生活品质和完善城市发展转移。因此，1991版规划以将新加坡建成卓越的热带城市为目标，并在1971版基础上，对城市中心体系进行分散设置和外围扩展。在具体策略上，提出：通过填海来拓展中央商务区，开始形成“滨海湾”概念雏形，并规划建设科技产业走廊；建设遍布全岛的道路与铁路网络；商业中心分散布置，增加裕廊、淡滨尼和兀兰三个区域级中心；提供多种类型住屋；建设绿色网络系统。

3. 竞争型(2001版)

2001年编制的第三版概念规划重新调整城市发展目标，将新加坡东南亚中心城市定位提升至21世纪的世界级城市定位，希望进一步融入全球化经济圈。相比1991版规划，本次城市中心体系进行了缩回调整，以有利于集中发展中央商务区。在具体策略上，实施新居旧址计划，进一步提高居住容积率；集中发展建设环球商务金融中心，提出白地概念；提供更多毗邻居家的工作岗位；建设覆盖更广泛的道路和轨道网络；开始重视地域文化，强调各地区的特色。

4. 质量型(2013版)

2013版概念规划提出要维持高品质的生活环境的总目标。按照预测，2030年人口将达到650万～690万，确保新加坡在经济和人口增长的同时，民众能够继续拥有高质量的生活环境。中心体系同时再次调整。具体策略包括：提供可负担的住屋；建设花园里的城市，建设公园连道和环岛线路；进一步发展滨海湾，打造裕廊湖区作为第二中央商务区；增强交通网络，推动减少用车；搬迁整合码头和机场，腾出空间。

新加坡历版概念规划的空间格局均以1971版确定的环状发展方案为基础，但在不同的发展目标指引下，其空间格局进行了相应的深化和调整。1971版强调整体格局对生态资源的保护和组团开发，只规划了南部沿海中部的"单中心"；随着经济发展，1991版在延续强化城市中心的基础上，提出建设多个能容纳80万人就业和居住的区域中心，形成"多中心"布局；2001版则顺应提升国际竞争力的发展目标，"集中式"发展环球金融中心；2013版规划提出"分散式"商业中心布局，对于其他次级中心重新予以强化（见图8-22）。

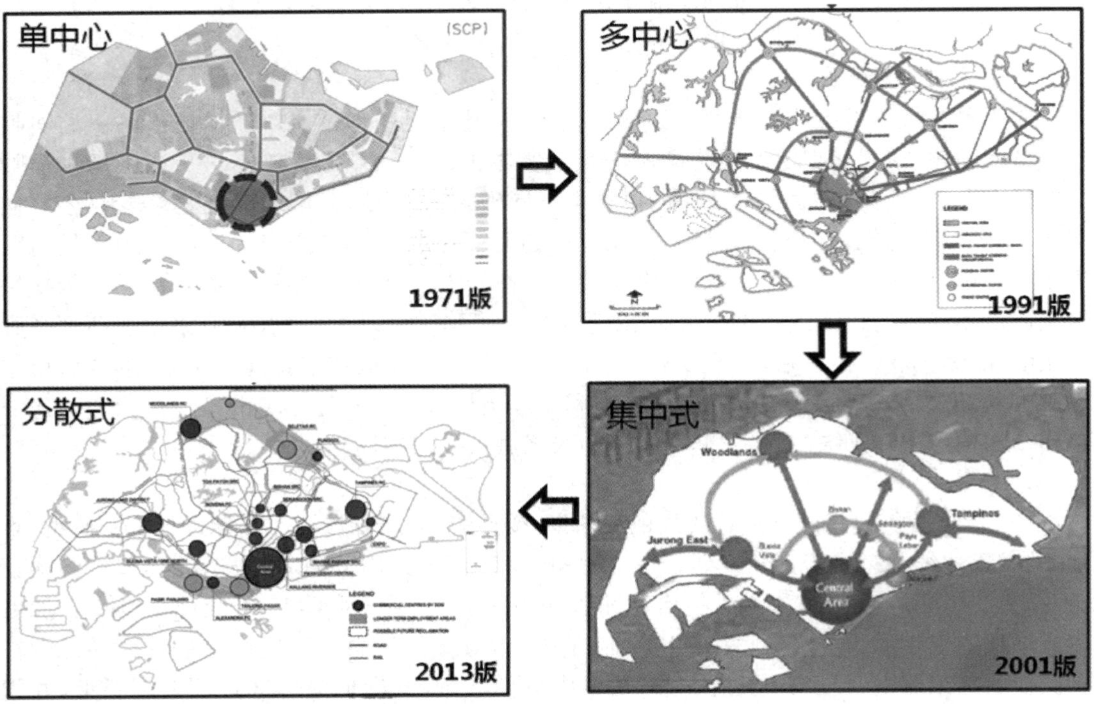

图8-22 新加坡中心体系变迁

资料来源：王才强，杨淑娟.新加坡城市规划[M].中国建筑工业出版社，2022.

问 题 思 考

1. 城市规划学科如何融合地理学、经济学和社会学等相关学科的知识体系和方法论？

2. 在人类的生产和生活体系发展演进过程中，如何认知区域中的城市类型及其发挥的功能？

3. 城市作为聚集人类社会经济活动的载体，为什么要思考和制定城市的发展战略？

第九章　城市建设用地及其布局

本章导读

人类在地球生物圈层中生存与繁衍。地球在进入"人类世"后的1万年时间里，就进入了"城市世"。城市是体现人类改造自然的最密集的人工环境。人类通过大规模地改造周围环境的方式来扩大自己的生存空间，不仅容纳更多的人口，而且在不断地提高自身的生活质量。当前形成了"乡村—城镇—城市—大都市区—城市连绵区"人类聚落体系。面对不同类型的自然环境，人改造自然的方式、规模及在建造城市的过程中所形成的文化特征也有极大的不同。我国幅员辽阔，所跨的经度（东经73度至东经135度）和纬度（北纬40度至北纬53度）范围内，南北间温差明显，东西间地貌差异明显，存在一条"胡焕庸线"①。这条线东南的各省区市，绝大多数城市化水平高于全国平均水平，而这条线西北的各省区市，绝大多数城市化水平低于全国平均水平。

城市选址和建设用地选择无不体现出从人与自然相互关系中总结出来的经验和教训。自然环境通过功能作用于生物体，反过来生物体也通过人工场所作用于自然环境。人工环境不仅反馈作用于自然环境，也塑造人及其社会文化。城市作为人类主观创造的客体，既是主观的体现，反过来也将塑造主观。创造什么样的城市客体会更有利于人类的生存、繁衍以及文化上的繁荣？本章将从人与环境（包括自然环境和人工环境）之间的内在依存关系视角探讨城市建设用地的选择及其总体布局。

第一节　城市人居环境

人居环境，顾名思义，是人类聚居生活的地方，也可称为人类聚落。是与人类生存活动密切相关的地表空间，它是人类在大自然中赖以生存的基地，是人类利用自然、改造自然的主要场所。按照对人类生存活动的功能作用和影响程度的高低，在空间上，人居环境又可以再分为自然环境系统与人工环境系统两大部分。自然环境包括地质、地形地貌、气候与大气、水文与水资源、土地等所构成的物理环境和由动物、植物、微生物所构成的生物环境；人工环境则主要指建筑物、道路、工程管线等各类城市设施，社会服务，以及生产对象等（见图9-1）。

按照人类生态学的观点，城市既有自然环境，也有人工环境、有形环境，此外还有表现为

① 这条线从黑龙江省的黑河市到云南省腾冲市，大致为倾斜45度的直线。线东南方以平原、水网、丘陵、喀斯特和丹霞地貌为主要地理结构，自古以农耕为经济基础；线西北方人口密度极低，是草原、沙漠和雪域高原的世界，自古就是游牧民族的天下。因此，划出两个迥然不同的自然和人文地域。"胡焕庸线"在某种程度上也成为城市化水平的分割线。

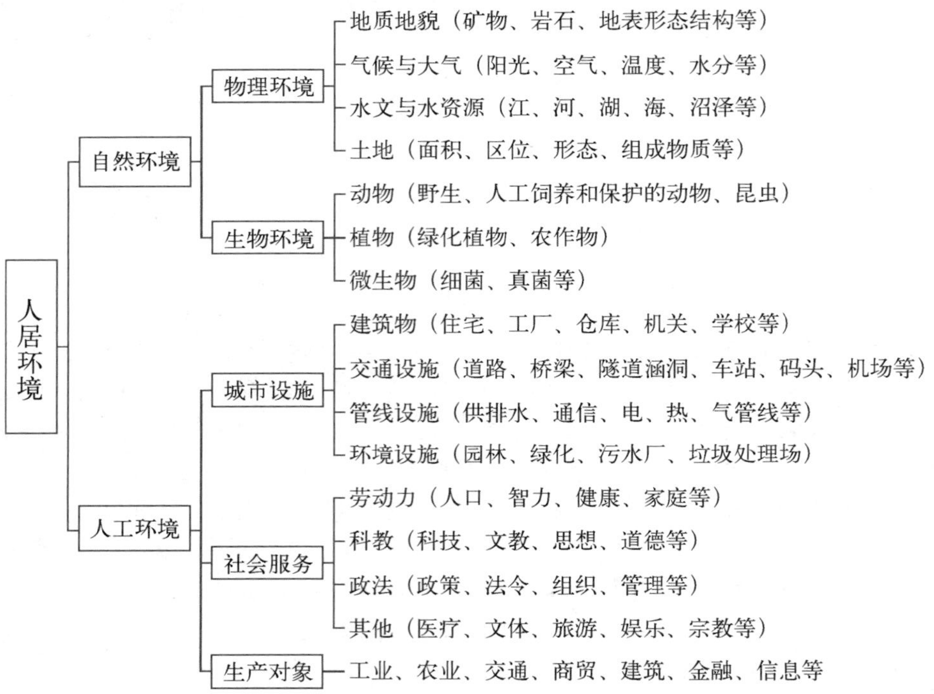

图 9-1 人居环境的构成

资料来源：杨士弘，等.城市生态环境学[M].2 版.科学出版社，2005.

制度、风俗、法律和文化的无形的社会经济环境，以承载人的各类活动，特别是聚集而居的活动。作为人工环境的城市，是人类有目的、按计划利用和改造自然环境而创造出的生存环境。希腊建筑师康斯坦丁诺斯·阿斯托路斯·道亚迪斯（Constantinos Apostolos Doxiadis）于 1942 年创造人类聚居学（EKISTICS，science of human settlements），强调把包括乡村、城镇、城市等在内的所有人类住区作为一个整体，从人类住区的元素（自然、人、社会、房屋、网络）出发进行广义的系统研究。2012 年，国家最高科学技术奖获得者吴良镛院士出版《人居环境科学导论》（*Introduction to Sciences of Human Settlements*）一书，系统阐述了人居环境科学是一门以包括乡村、集镇、城市等在内的所有人类聚居为研究对象的科学。他把人居环境分为五个大系统，包括人、自然、居住、社会和其他支撑系统，又有五个层次，即建筑、社区、城市、区域和全球。他还明确了处理这些问题的五大原则，包括生态观念、经济观念、科技观念、社会观念和文化观念①。

一、自然环境

城市作为人类所构筑的人工环境，必须占用大量的自然空间，因而城市环境必然与所处地域的自然环境不断地交互作用，形成特有的城市环境形态。在城市长期的形成过程中，自

① 吴良镛.人居环境科学导论[M].中国建筑工业出版社，2001；毛其智.中国人居环境科学的理论与实践[J].国际城市规划，2019，34(4)：54-63.

然环境作为一个基本的条件深深地影响着城市的发展。我国古代都城大邑，大都选址在山环水足、避害趋利、具有良好自然环境条件的地方，比如清代广州城（见图 9-2）。《管子·度地》中写道："故圣人之处国者，必于不倾之地，而择地形之肥饶者。乡山，左右经水若泽。内为落渠之写，因大川而注焉。乃以其天材、地之所生，利养其人，以育六畜。"同时，认为国都建设要避免"水、旱、风雾雹霜、厉（指瘟疫）和虫"五害，其中水害最大，"五害已除，人乃可治"。

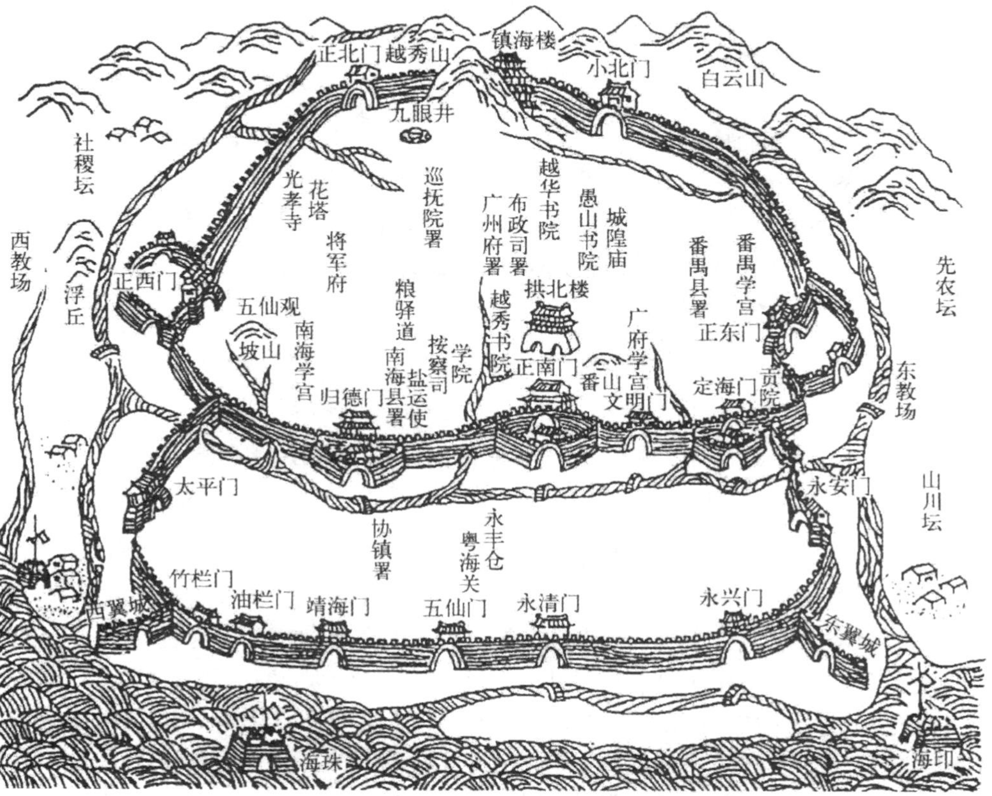

图 9-2　清代的广州城所处的自然环境

资料来源：吴志强，李德华. 城市规划原理[M].4 版.中国建筑工业出版社，2010.

在进行城市规划时首先要为城市的发展选择合适的自然环境，避开环境中潜在的危险。自然环境条件关系到城市职能的发挥，如一些军事要塞城市多选择易守难攻的有利地形。有着优良的水陆交通条件的地方则通常会孕育出地方商业城市，如我国的扬州因位处大运河和长江的交汇处，历史上曾经是商业繁华的大都市。有的城市则是因为矿产资源的开发利用而建起来的城市，如我国的唐山、大庆等。当然，自然条件的变迁既会使城市兴起，也可造成城市的衰落，剧烈自然灾害、土地沙漠化、水运条件的变迁等原因造成了古今中外诸多名城的湮灭或衰微，如楼兰古城、嘉峪关等，不胜枚举。

自然环境条件还关系到城市的空间形态和形象特征，如兰州、天水等城市因受地形的限制，只得在沿河的狭长河谷延展，而呈线形城市形态。我国疆域辽阔，地形与气候环境的差异使城市具有不同的个性特征，如江南的苏州、绍兴等水乡城市风貌与山城重庆、攀枝花等表现出迥异的城市景观。此外，自然环境条件还对城市工程的建设经济等多方面产生更为直接的影响。

影响城市规划与建设的自然条件是多方面的，有物理的，化学的，生物的，等等。组成的自然环境要素有地质、水文、气候、地形、植被，以及地上地下的自然资源等。这些要素以不同的程度、不同的方式，在不同的范围对城市产生着影响(见图 9-3)。

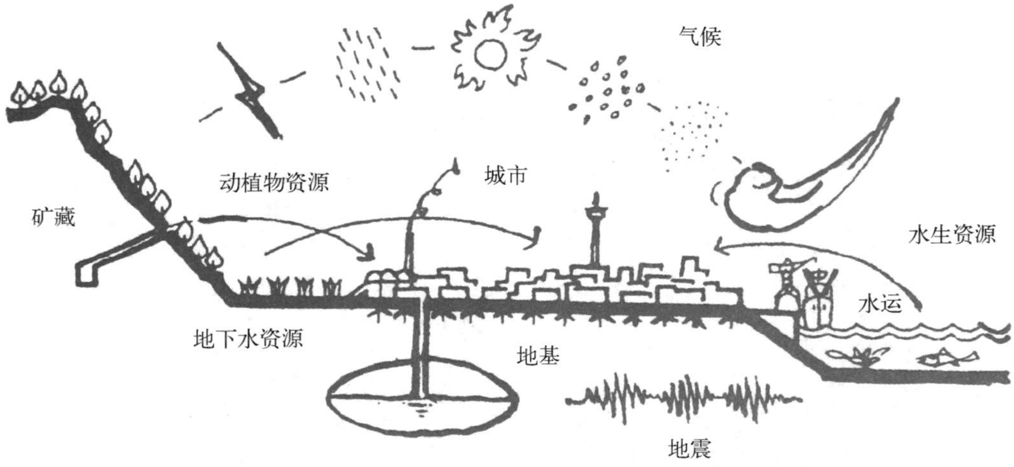

图 9-3　自然条件对城市规划和城市发展影响的关系框架

资料来源：吴志强，李德华.城市规划原理[M].4 版.中国建筑工业出版社，2010.

在城市规划与建设中，自然环境的作用与影响是作为一项前置条件而存在并予以考虑的，通常称为自然环境条件或简称为自然条件。由于地域的差异和自然条件的不同，同样的自然要素对于不同城市的影响并不相同，有的可能气候影响为主，有的也许地质条件较为突出，而且一项环境要素往往可能对城市产生既有利又不利的两方面影响。对此，在城市自然环境条件的分析中应着重主导要素，研究它的作用规律与影响程度。对于有些自然要素的影响，须超越所在的局部地域，从更大的区域范围来评价其利弊。如江河洪水侵害等水文情况，常受上游或下游区域自然与人为的条件所制约。此外，还要认识到各种自然环境要素之间的关系，有的有着相互制约或抵消的关系，有的则相互配合加剧了某种作用。前者如某城区土层为膨胀土，但由于当地降水量少，降低了土质对建筑地基的破坏作用。后者如在地震发生时，由于某城区土层为砂质土，加之地下水位较高，引起地面的砂土液化，加剧了震害。

需要说明的是，鉴于城市是自然演进和人为改造适应自然的综合产物，城市自然环境的原生状态和受人为开发活动影响的状态是同时存在的。城市规划建设中，对自然环境的影响的考虑不仅仅限于选择城市发展空间的阶段，而应贯穿于城市规划、建设与管理的全过程。城市规划中通常要考虑的城市自然环境有地质地貌、气候与大气、太阳辐射与日照、水文与水资源等。下面将分项简述这些城市环境要素的特征、可能的隐患以及城市规划中应注意的问题。

1. 地质地貌

城市生态环境是建立在大地之上的。地表面之上的地形地貌与地表面之下的地质条件构成了城市存在最基本的必要条件。无论是古代主要依靠经验所进行的城址选择，还是利用现代科学技术开展测量、钻探活动为城市建设用地提供依据，其目的都是选择适于城市存在与发展的地质地貌。

城市规划中分析研究地质地貌的最主要目的就是在选择和确定城市建设用地的过程中做到避害趋利、因地制宜。对存在发生灾害潜在威胁的地质条件和地形特征要事先掌握其可能造成灾害的程度，尽可能地使城市建设用地避开这些地区。如果由于客观原因确实难以避开，应采取必要的工程措施加以弥补。同时在确定城市结构以及内部各功能布局的过程中，应有意识地保留和利用部分自然地貌，使之与城市的人工地貌融为一体，既可以减少城市对自然生态环境的影响，也可以改善城市内部的生态环境。事实上，我国传统风水学说中的合理成分便体现在如何为城市在自然环境中选择一个安全、稳定、可持续的场所。

地质条件对城市规划的影响主要体现在：城市用地要尽可能避开地质断裂带、溶洞、人工采空区等有缺陷的地质构造；通常选择地基承载力足够高，地下水储量丰富、水质良好，且不影响建筑基础等地下构筑物安全、耐久的地区。

地形对城市布局、结构和空间布局的影响主要体现在，地面的起伏程度（如山体、丘陵）、河流走向等因素会影响城市用地的范围、规模、形态和发展方向。通常平原地区的城市用地由于在发展过程中较少受到地形的限制，多呈连绵发展的态势；位于山区、丘陵地带的城市，由于自然地形的制约，易于建设的相对平坦的用地较为紧张，城市用地多呈分片、分区的组团式结构。寻找与选择适于城市建设的用地成为城市规划中最主要的任务。在有地形起伏的地区，如果城市规划可以因地制宜、深入分析，还有可能充分利用当地地形地貌上的特征，构筑整体结构和艺术风貌均具有特色的城市形态。

2. 气候与大气

如果说城市的地质地貌条件形成了城市存在的下部基层，那么城市气候就是城市上部生态环境的重要组成因素。城市气候包括太阳辐射、大气气温、风向与湍流、降水与湿度等诸多因素，对城市的形态、布局、建筑物的设计均有直接或间接的影响。例如，某个地区的太阳辐射水平和方位角直接影响建筑物的间距、朝向以及日照标准的确定等；又如，城市的主导风向直接影响城市内部各类用地之间的布局关系以及城市的整体形态等。

城市地区的风环境对城市的结构、功能布局等都有着直接的影响。同时，城市中的建筑物等从地表面凸起的物体又人为地改变了城市地区风环境的特征，进而影响城市环境质量、生存舒适程度等。通常，在自然界风速达到一定程度时，城市中的建筑物等有减缓风速的作用。此外，城市中建筑物的高耸、密集等因素也会导致城市中的不同地区形成独特的局部气候，如街道风、峡谷风、涡流等。

在对风进行描述时，通常采用风向与风速两个概念。风向一般采用 8 个或 16 个方位来表达，而风速以米/秒（m/s）为单位度量。某一观测点上，一定时期内某个方位上累积出现风向的次数占总体的百分比称为风向频率，用百分数来表达。出现最多的方位即风向频率最高的方位被称作主导风向或盛行风向。就某个具体的城市而言，可能存在一个或两个明显的主导风向，也可能不存在明显的主导风向。我国东部大部分地区受季风环流的影响，通常呈现出冬季西北、夏季东南的主导风向。

城市规划中多按照气象统计资料，编绘累年风向频率和平均风速统计表，以及累年风向频率和平均风速图，直观地表达特定城市的风环境特征。由于累年风向频率和平均风速图的形态与盛开的玫瑰类似，又被形象地称为“风玫瑰图”（见图 9-4）。由于城市风环境与城市排放大气污染物的扩散机理直接相关，因此，风向频率与平均风速又被用来描述风对扩散大气污染物的作用，风向频率与平均风速之比被定义为“污染系数”。该数值越大，表示城市在这一方位上可能受到的污染程度越重，反之亦然。

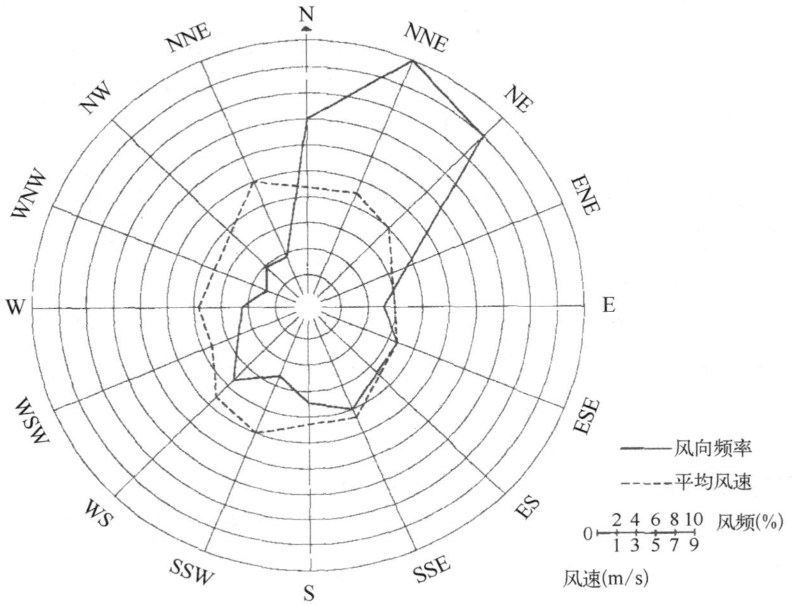

图 9-4　表达风向频率、平均风速的风玫瑰图

资料来源：吴志强，李德华. 城市规划原理[M]. 4 版. 中国建筑工业出版社，2010.

在城市规划中，为防止工厂等可能向大气中集中排出污染物的污染源对居住区等生活用地造成污染，通常根据当地风向频率和平均风速的具体状况对各类城市用地做出合理的布局。一般根据主导风向的有无、数量、方位等，尽可能将有污染的产业类用地布置在生活居住用地的下风向，或使二者平行于主导风向。如果全年只有一个盛行风向且与此相对的方向风频最小，如图 9-5(a)所示，或最小风频风向与盛行风向转换夹角大于 90 度，如图 9-5(b)所示，则工业用地应放在最小风频之上风向，居住区位于最小风频之下风向。如果全年拥有两个方向的盛行风，应避免使有污染的工业处于两盛行风向的上风方向，工业及居住区一般可布置在盛行风向的两侧，如图 9-5(c)—(h)所示。

为了有利于城市的自然通风，在城市布局、道路走向和绿地分布等方面，考虑与城市盛行风向的关系，留出楔形绿地、风道等开敞空间。这种做法在一些平均风速较低、常年处于微风或静风状态的城市尤为重要，因为依靠自然风力通过“风道”，可以加速城市大气污染物的扩散和漂移。

除大气候风外，城市地区由于地形的不同特点，所受太阳辐射的强弱不一，热量聚散速度也存在差异，从而会形成局部地区的空气环流，即地方风，如城市风、山谷风、海陆风等（见图 9-6 和图 9-7）。

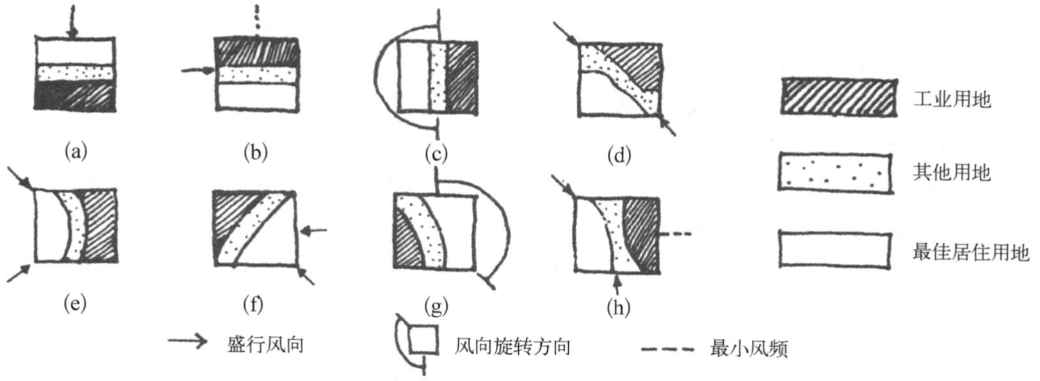

图 9-5　根据风环境来布置工业用地与居住用地

资料来源：吴志强，李德华.城市规划原理[M].4 版.中国建筑工业出版社，2010.

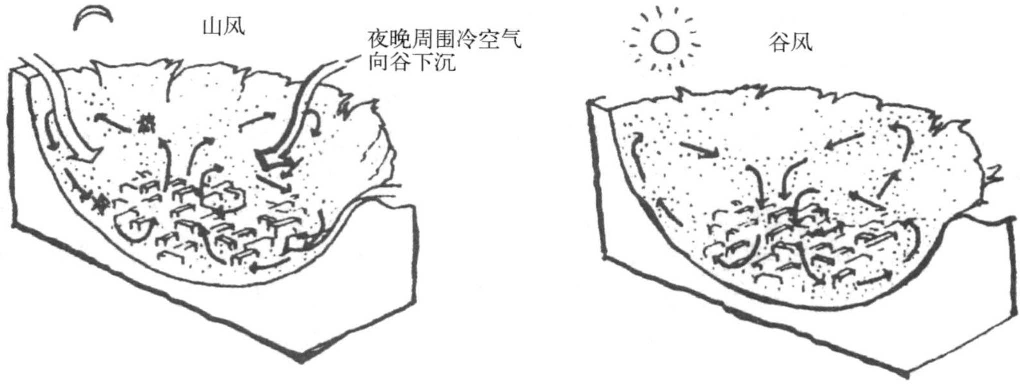

图 9-6　山谷风示意

资料来源：吴志强，李德华.城市规划原理[M].4 版.中国建筑工业出版社，2010.

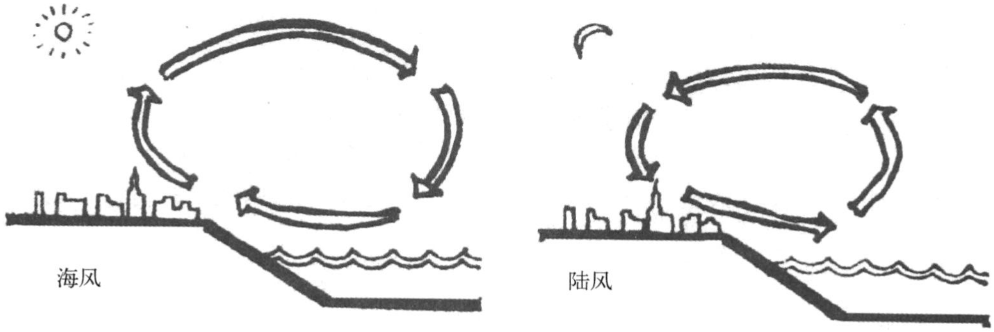

图 9-7　海陆风示意

资料来源：吴志强，李德华.城市规划原理[M].4 版.中国建筑工业出版社，2010.

由于城市中下垫面坚实、不保水，各类植被覆盖面积较小，温度较高等，城市中的地表蒸发量与植被蒸腾量较小，绝对湿度与相对湿度均小于其周边地区，形成城市的小气候，如所谓的“干岛效应”。在夜间静风或小风天气、城市“热岛效应”较强的情况下，也会出现城市中水汽含量大于其周边地区的“城市湿岛”或“凝露湿岛”现象。此外，由于城市中大批矿物燃烧所形成的颗粒悬浮物极易成为水汽凝结的凝结核，城市“热岛效应”所造成的较大温差容易在城市上空形成云层或在近地空气中形成雾。城市中的大雾不但会阻碍视线、妨碍交通、造成事故，而且往往会与空气中的粉尘、二氧化硫等污染物混合，危及人体的呼吸系统。近些年，$PM_{2.5}$颗粒物造成的雾霾及其对人体造成的危害引起广泛的讨论①，国家也因此对华北地区的工业生产体系进行了调整。

3. 太阳辐射与日照

太阳辐射不仅是取之不竭的能源，而且具有重要的卫生价值。太阳辐射强度是指达到地面的太阳辐射的强弱。大气对太阳辐射的吸收、反射、散射作用大大削弱了到达地面的太阳辐射。太阳辐射的强度与日照率在不同纬度和不同地区存在着差别。纬度低则正午太阳高度角大，太阳辐射经过大气的路程短，被大气削弱得少，到达地面的太阳辐射就多；反之则少。海拔高，空气稀薄，大气对太阳辐射的削弱作用弱，到达地面的太阳辐射就强；反之则弱。青藏高原是我国太阳辐射最强的地区。日照时间长，获得太阳辐射强；日照时间短，则获得太阳辐射弱。我国夏季南北普遍高温，温差不大，就是因为纬度高的地区白昼时间长，弥补了因太阳高度角低损失的能量。此外，还有云层厚薄、天气晴雨多少等因素。

太阳辐射有益于人体健康，能提高室内的温度，有良好的取暖和干燥作用。但过量的太阳日照会造成夏季炎热地区室内过热，直射阳光容易产生眩光、损害视力等不利后果。城市覆盖层内部日照的地区差异十分复杂，除受纬度、季节、云量、大气污染物浓度等因素的影响外，还受到街道两侧建筑物间相互遮蔽的影响，如街道走向及建筑群高度与街道宽度之比。需要争取日照的建筑主要有住宅、病房、幼儿活动室、农用日光室等，而需要避免日照的建筑有两类：一类是需要防止室内过热的建筑；另一类是需要避免眩光和防止化学作用的建筑，如展览室、阅览室、精密仪器车间，以及某些工厂的实验室或药品车间等。

国家强制性标准《城市居住区规划设计标准》(GB50180-2018)对住宅建筑日照标准做出表9-1式的强制性规定，保证每套住宅至少有一间居室在冬至日能获得满窗日照不少于1小时。住宅建筑之间的距离计算依据一般是要求冬至日(太阳高度角冬至日最小，一天中早晚最小、中午最大)这一天正午正南向房屋底层房间的窗台以上墙面能被太阳满照。建筑日照间距的要求不仅是建筑的日照标准、间距、朝向的确定依据，也是建筑的遮阳设施以及各项工程的热工设计依据，更将影响建筑密度、用地指标与用地规模等城市建设指标(见图9-8)。

① $PM_{2.5}$的中文名称是细颗粒物，指的是环境空气中空气动力学当量直径小于2.5微米的颗粒物。因为$PM_{2.5}$质量极小，所以能长期悬浮在空气中；$PM_{2.5}$能折射空气中的大部分可见光，所以当$PM_{2.5}$浓度升高时，造成的视觉障碍现象就是雾霾。$PM_{2.5}$的表面积很大，活性强，很容易吸附各种有害气体、重金属离子、微生物等。$PM_{2.5}$颗粒进入人体到肺泡后，会直接影响肺的通气功能，使机体容易处在缺氧状态，造成的危害主要有引发呼吸道阻塞或炎症、影响胎儿发育造成缺陷，且能使病原微生物、化学污染物、油烟等有害物质进入人体内致癌。

表 9-1　住宅建筑日照标准

建筑气候区划	Ⅰ、Ⅱ、Ⅲ、Ⅶ气候区		Ⅳ气候区		Ⅴ、Ⅵ气候区
城区常住人口(万人)	≥50	<50	≥50	<50	无限定
日照标准日	大寒日			冬至日	
日照时数(h)	≥2	≥3		≥1	
有效日照时间带(当地真太阳时)	8 时～16 时			9 时～15 时	
计算起点	底层窗台面				

注：底层窗台面是指距室内地坪 0.9 m 高的外墙位置。

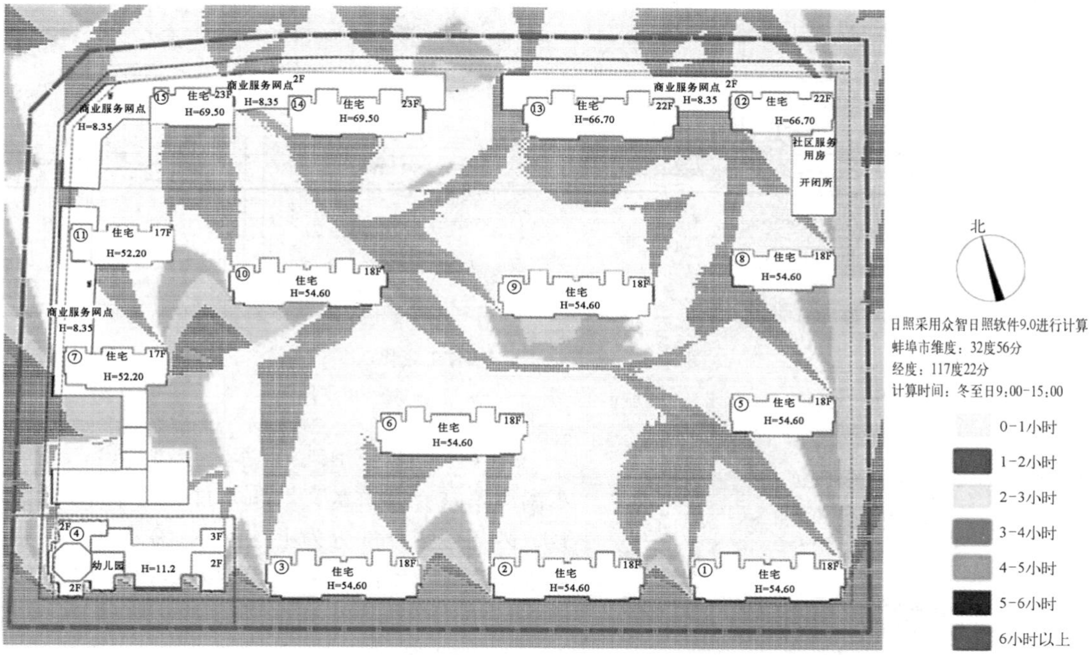

图 9-8　某小区的日照分析

注：所有住宅取黄河标高 27.800 m，幼儿园 27.300 m，室内外高差为 0.3 m，商业底层比住宅±0.000 m 低 1.15 m，商铺底层层高 4.2 m，二层层高 3.6 m。住宅底层层高均为 3.6 m，标准层层高 2.9 m，与商铺相接时层高为 3.4 m。故未架空底层受影面高度为 1.2 m，二层受影面高度为 4.8 m，三层受影面高度为 7.7 m，与商铺相接的三层受影面高度为 8.2 m，1＃、2＃、3＃、5＃、8＃、9＃楼边套有底层，其余楼栋架空。7＃楼东边套底层架空，10＃楼除西边套有底层，其余架空。11＃楼除西边套从三层以上有住宅，其余底层架空。12＃、13＃、14＃、15＃楼三层开始有住宅。幼儿园南面为 60 m 绿化带，满足冬至日连续 3 小时日照。所有住宅日照均能满足蚌埠市要求的冬至日满窗日照的有效时间不少于连续 1 小时。

资料来源：蚌埠市城乡规划管理局.蚌埠市某小区的修建性详细规划[A].2013.

4. 水文与水资源

水是一切生命体存在的基础，也是任何一个城市正常开展生产与生活活动的基础。不仅如此，现代城市中的河流、水面除作为水源这一基本功能外，还是城市排水、改善城市气候、净化城市环境、创造城市景观的重要因素。江河湖泊等水体不但可以为城市提供水源、接收城市排水，同时还是改善城市气候、净化城市污水、美化城市环境、为市民提供亲近自然和生物多样性生存环境的场所，一些水文条件良好的江河还可以开展水路运输。

通常，城市中河流、湖面的流址、流速、径流系数、洪峰、水质、水温、水位等被作为度量该水体水文条件的指标。在城市中，由于下垫面多由密度较大的坚实材料形成，降雨过程中的雨水很快通过地面及排水系统排向城市下游的水体，使得雨水的地面径流比例大大增加(见图 9-9)；而蒸发、渗透的比例明显下降，导致地面径流量峰值增高，峰值出现滞后期缩短的现象，从而增加了河流中的流量。在河道被人工截弯取直、河床宽度被压缩的情况下，河水流速也会相应提高。这些均会影响排水、排涝、防洪等城市基础设施的建设与设防标准。通常，河流的水位按照一年中的季节变化呈周期性涨落，在某些年份还会因上游地区的强降雨过程等而形成洪峰。城市中地面径流量峰值增高、峰值滞后期缩短的情况也会加剧洪峰的形成。

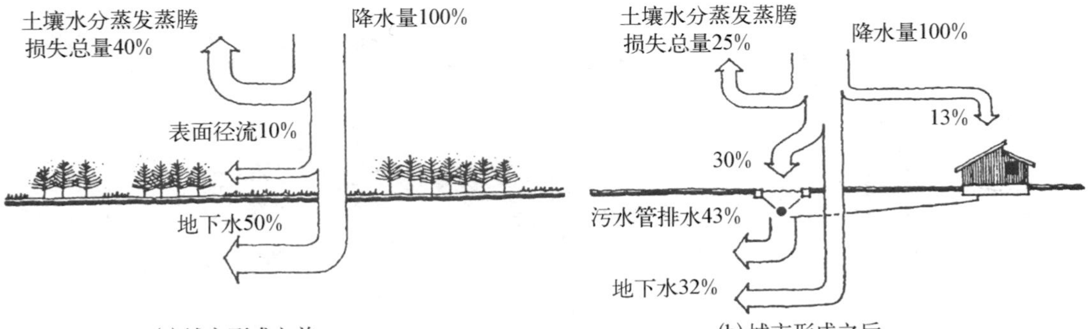

图 9-9　城市化引起的水文变化

资料来源：杨士弘，等.城市生态环境学[M].2 版.科学出版社，2005.

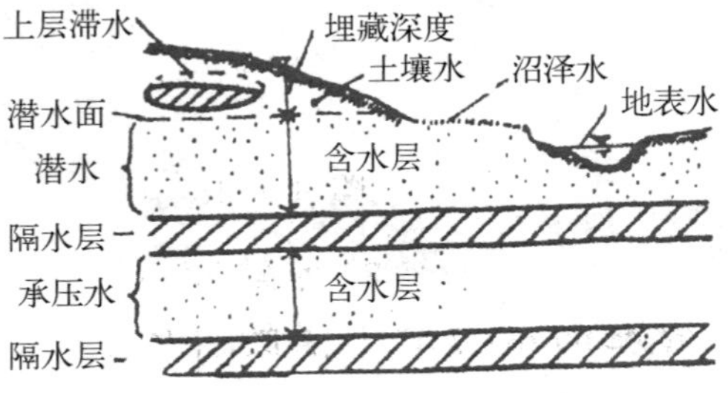

图 9-10　地下水的构成

资料来源：吴志强，李德华.城市规划原理[M].4 版.中国建筑工业出版社，2010.

地下水的存在形式、含水层厚度、埋深、硬度、水温等要素被称为水文地质条件。地下水通常按其成因与埋藏条件分为上层滞水、潜水和承压水，可以作为城市水源的一般为后两者(见图 9-10)。由于城市中的生产生活活动需要大量用水，尤其在地表水资源较为匮乏的地区，地下水常常被用作城市的主要水源。但地下水的过量抽取容易造成地下水位的大幅度下降，形成“漏斗”形的地下水位分布状态。地下水位的下降又会进一步造成地面沉降、江河海水倒灌以及地下水径流方向紊乱，并引起地下水质劣化、地下水源被污染等负面效果。

城市规划可以从以下方面处理好城市与水文环境的关系：确定适当的防洪标准，采用较宽的复式河床等方式，尽量降低防洪堤的高度，并采用贴近自然的平面线形和断面形式；通过采用渗透性铺装，增加绿化、水面面积等方式，提高城市下垫面的透水性和重土壤的蓄水能力，减少地面径流的比例；尽量保持江河湖泊的自然地貌特征，维护其原始水文特征，结合绿化使之成为城市景观的重要组成部分和市民亲近自然、开展休闲活动的场所。

二、城市灾害

1. 地质灾害

城市的地质灾害主要表现为滑坡与崩塌、泥石流、冲沟、地震等，其中影响最大且最深远的是地震灾害。

滑坡与崩塌常常相伴而生。斜坡上的岩土体在重力作用下整体向下滑动的地质现象称为滑坡，峭斜坡上的岩土体突然崩落、滚动并堆积在山坡下的地质现象称为崩塌。滑坡与崩塌现象常发生在丘陵或山区，在现实生活中，往往统称为塌方、砑塌、岩崩、山崩等。为避免滑坡所造成的危害，须对建设用地的地形特征、地质构造、水文、气候以及土或岩体的物理力学性质做出综合分析与评定，在选择建设用地时应避免不稳定的坡面。在用地规划时，应确定滑坡地带与稳定用地边界的距离。

冲沟是由间断流水在地表冲刷形成的沟槽。冲沟切割用地，使之支离破碎，对土地使用不利。所以在用地选择时，应分析冲沟的分布坡度、活动与否，并弄清冲沟的发育条件，采取相应的治理措施，如对地表水进行导流或通过绿化、修筑护坡工程等办法，防止沟壁水土流失等。

地震灾害是地壳运动过程中应力的突然释放所带来的后果，通常表现为地面震动、地表断裂、地面破坏以及引起海啸等。由于地震灾害破坏力极大，又常常表现为没有明显征兆的突发性灾害，从总体上看，地震发生时给城市带来的危害位于各种自然灾害之首。地震对城市所造成的危害主要表现为建筑物、构筑物的倒塌以及由此造成的人员伤亡和财产损失（见图 9-11）。同时，地震所引起的次生灾害，如火灾、堤坝溃决、海啸等，所造成的危害有时甚至超过地震灾害本身。

图 9-11　地震后的房子以及高架道路

我国地处世界两大活跃地震带即环太平洋地震带和欧亚地震带所经过的地区，属地震多发国。由于我国地震活动分布区域广，地震震源浅、强度大，位于地震带上或地震区域的大中城市较多，地震一直是威胁城市安全、有可能造成重大损失的首要自然灾害。

在城市规划时，应按照用地的设计烈度及地质、地形情况，安排相宜的城市设施。地震烈度达到 9 度以上地区，不宜选作城市用地；重要工业不宜放在软地基或易于滑塌的地区。对易于产生次生灾害的城市设施，要先期选择合适的位置，如油库、有害的化工工厂及贮存库等，不宜放在居民密集地区的上风或上游地带。在排布建筑时，尽量避开断裂破碎地带，以减少震时的破坏。在详细规划布置中，对建筑密度的确定以及各种疏散避难的通道和场所的安排等，都须按震时的安全需要来考虑。

2. 水灾

我国大部分地区受季风影响，夏季多雨，且时有暴雨。雨量的多少及降水强度对城市排水设施有较为突出的影响。此外，山洪的形成、江河汛期的威胁等也给城市用地选择及防治工程带来问题。洪水等水患灾害是一种随机的自然现象，造成水患灾害的原因较为复杂，除全球气候以及地区性气候的周期性变化外，流域范围内森林等绿色植被的破坏、城市所带来的城市下垫面性质的变化、局部气候的改变以及河道的人为改造等都是使洪水发生频率提高、危害加剧的重要原因。因此，为减少洪水等水患灾害对城市的威胁，除采用修筑水坝、疏通泄洪通道、提高城市防洪等级等工程措施外，更主要的还要从维护更大范围内生态系统平衡的角度来应对这一问题。

在城市防洪规划中，通常采用最高洪水水位重现期这一概念作为城市防洪标准，表达为××年一遇。按照 2014 年颁布的国家标准《防洪标准》(GB 50201—2014)，我国的城市防洪区依据城市的重要性、常住人口的数量和当量经济规模由强至弱被分为四个等级，其防洪标准分别为大于等于 200 年、200～100 年、100～50 年及 50～20 年。城市的防洪规划主要通过确定适宜的防洪等级、设置防洪堤坝、建设排涝设施、设置抢险通道等实现抵御水患灾害、降低其威胁的目的。

3. 风灾

热带暴风雨(又称台风、观风、旋风等)、龙卷风等自然界的风灾对城市亦可造成较为严重的破坏。风灾对城市的威胁主要体现在对高层建筑的影响。由于风速通常随着高度的升高而加大，城市中高层建筑、超高层建筑的结构安全性能、稳定性能以及外装饰材料的稳固性能等必须经受住瞬时最大风速的考验。

我国龙卷风发生的频率较低，对城市所造成的危害较轻。但东南沿海一带的城市在夏季经常会遭遇台风的袭击，影响城市的正常运转，并造成人员伤亡和财产损失。

三、构建城市与自然环境间的生态关系

生态学是研究生物有机体及其环境之间相互关系的科学。按照人类生态学的观点，城市既是自然环境，又是人工环境，以人群聚集和活动作为环境的主要特征和标志。作为人工环境的城市，是人类有目的、按计划利用和改造自然环境而创造出的新的生存环境。运用生态学的基本原理和系统论的方法，围绕城市人群的活动与环境的关系展开研究，并提出方案设想，这是一个非常重要的领域。

在人类出现之前，没有哪种生物可以依靠大规模改造周围环境的方式来扩大自己的生存空间和提高自身的生存质量，而更多是通过改变自身的特性来被动地适应环境，从而获得更多的生存机会。上帝创造了自然，人类创造了城市。人类通过所掌握的能力，按照自己的欲望改造自然环境、改善自己的生存条件时，或多或少地也就改变了原始生态系统

的平衡。这种破坏原始生态平衡的做法随着人类文明的发展而逐步扩大了其对自然界的影响力。

伊恩·麦克哈格(Ian McHarg)在《设计结合自然》(*Design with Nature*)一书中认为,生态系统可以承受人类活动所带来的压力,但这个承受力是有限度的。因此,人类应与大自然合作,不应与大自然为敌;某些生态环境对人类活动特别敏感,因而会影响整个生态系统的安危。应将自然价值观带到城市设计中,分析大自然为城市发展提供的机会和限制条件;新城市形态绝大多数来自我们对自然演化过程的理解和反应①。

城市既是人类文明的结晶,也是人类欲望的产物。按照自己的欲望和爱好改造自然环境是人类的本性,也是人类赖以生存、繁衍并成为生物界主宰的根本。城市是人类按照自己的欲望与爱好改造自然环境最集中的体现。因此,作为人类改造自然环境的产物,城市环境具有明显的两面性。积极面是因为城市环境的形成,人类的生存环境与生活质量有了大幅度的改善。高楼大厦可以给人类遮蔽风雨,做到冬暖夏凉;各种交通工具可以使交流方便快捷,四通八达;城市基础设施则使得生活方便、卫生。消极面则是城市的人工环境以及高密度的人类活动使得各种城市问题产生、暴露与恶化,反而降低了人类生存的适宜程度。由此可以看出,即使忽略城市环境对原有自然生态系统的破坏作用,以人工环境为主的城市环境中也同时隐含着适宜人类生存的积极因素与不适于人类居住的消极因素。城市规划的作用就是充分发挥城市环境的积极因素,同时最大限度地抑制城市环境的消极因素。

一方面,城市规划师按照生态观构筑区域城市。如刘易斯·芒福德就认为"区域是一个整体,而城市是它其中的一部分,真正成功的城市规划必须是区域规划,只有建立一个经济文化多样化的区域框架才能综合协调城乡发展"。② 他主张大、中、小城市结合,城市与乡村结合,人工环境与自然环境结合。为此,他积极推荐克拉伦斯·斯坦因(Clarence Stein)的区域城市理论和亨利·莱特(Henry Wright)的纽约州规划设想③。

斯坦因的区域城市由若干社区组成,每个社区都具有支持现代经济生活和城市基本设施的规模。每个社区除了居住的功能之外,还可具备几项为这个组群服务的专门职能,如工业、商业文化、教育、金融和行政、娱乐和休养,社区的四周有自然绿带环绕,既保持良好的环境,又控制社区的向外蔓延,各社区之间的开放空间将永久保存,只用于农业、林业和休憩。便捷的公路系统四通八达,并与不穿越城镇的高速公路相连,交通十分方便(见图9-12)。

莱特的纽约州规划设想概念图显示,通过将人口和工业分散到许多大小不一、功能不同的较小社区,组成新的城市中心,使城市相对集中,自然空间相对集中,位于主要交通节点的各种类型的城市相互联系,以达到区域平衡,进而建立一种新的城市模式:通过扩散建立一个更大的区域综合体,从而使得更理想的全州整体发展成为可能。只有通过周密、审慎的组织和联系,才有可能使最小的社区也拥有便利条件,同时又保持更加多样化的环境,以及更多接受教育和休憩的机会。这样不仅可以重建城乡之间的平衡,并且有可能使全体居民在

---

① McHarg Ian L.设计结合自然[M].芮经纬,译.天津大学出版社,2006.

② 唐纳德·米勒.刘易斯·芒福德读本[M].宋俊岭,宋一然,译.上海三联书店,2016.

③ 吴良镛.人居环境科学导论[M].中国建筑工业出版社,2001.

任何一地都能享受到城市生活的益处，享受到人们在大城市中可望而不可即的理想都市环境(见图 9-13)。

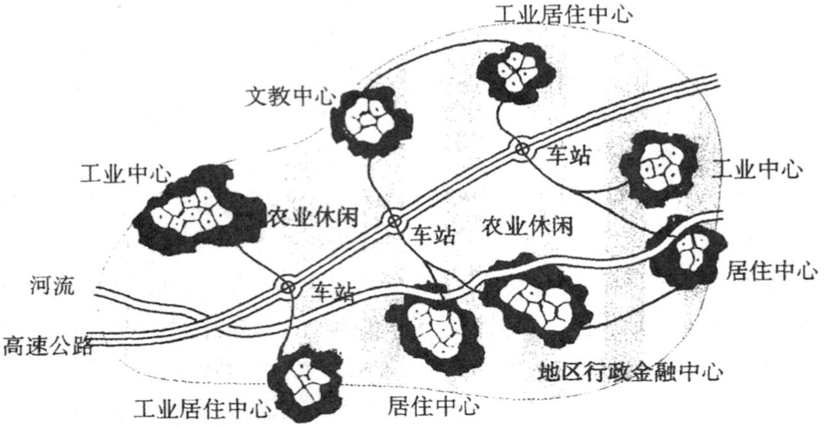

图 9-12　斯坦因的区域城市理论示意图

资料来源：吴良镛.人居环境科学导论[M].中国建筑工业出版社，2001.

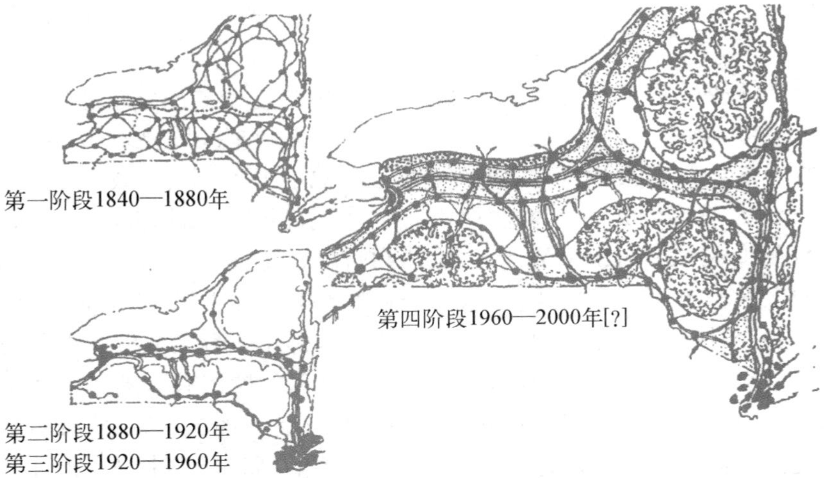

图 9-13　纽约州规划设想概念图

资料来源：吴良镛.人居环境科学导论[M].中国建筑工业出版社，2001.

另一方面，城市规划师通过选择适应当地自然条件的城市结构，合理地确定城市建设密度，选择恰当的交通运输系统和建设现代化的城市基础设施系统。如在某些地形条件相对复杂的地区，采用组团式的城市布局形态，利用山体、河流等作为划分各个组团的天然界线，把城市建设用地置于自然环境的大背景中。利用各种绿化用地、水面，构建与外部自然环境有机结合的以绿化、水系为主的开敞空间系统，以满足人类接近自然、回归自然的生理和心理需求，提高城市的宜居性(见图 9-14)。

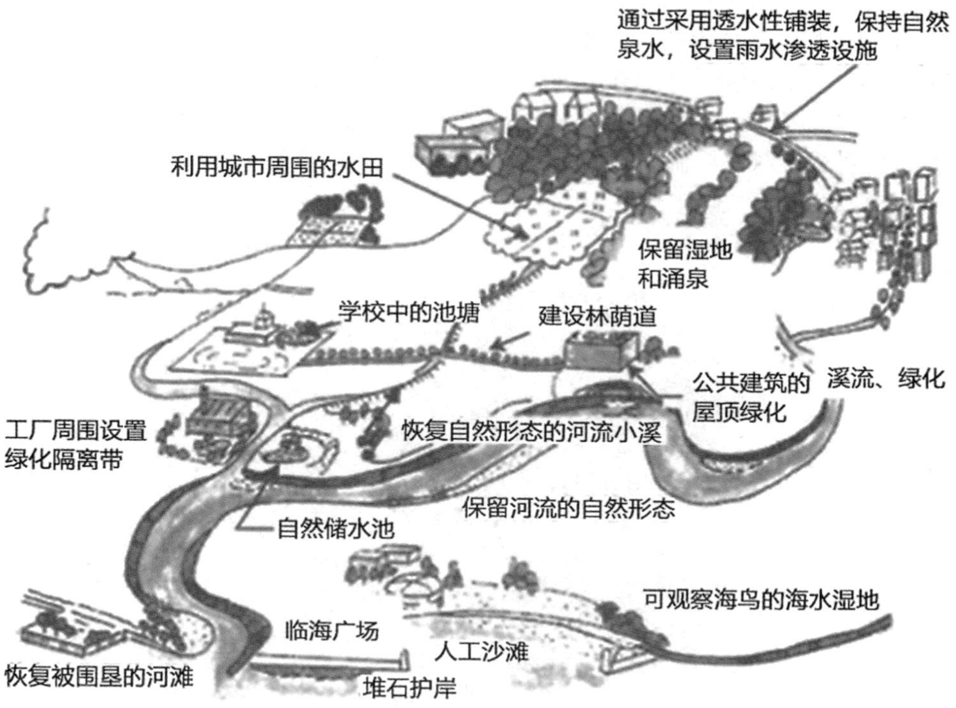

图 9-14　提高城市环境宜人程度的措施举例

资料来源：谭纵波.城市规划[M].2 版.清华大学出版社，2016.

第二节　城市建设用地的评定与选择

按照生态原则构建区域城市，也依然遵循路径依赖，在现有城市区域内选择建设用地进行人工环境的营造。无论兴建新城还是扩建旧城，都要在原有自然环境的基础上进行。选择什么样的地段进行城市建设既有利于城市的安全、便捷、舒适，又有利于保护自然生态环境和自然资源，提高建成后城市生活的便捷、舒适和宜人程度，是城市规划首先需要考虑的问题。总体而言，基于生态原则，城市规划所考虑的是如何营造一个适于人类居住生活和从事生产活动的人工环境，并使这一人工环境与自然生态系统保持有机的联系。因此，可操作的原则是选择适于人类生存的自然环境，并尽可能减少人类活动对整个生态系统平衡的影响。

一、建设用地的评定

由于城市建设必然要落实在土地上，因此，用地的工程地质条件有着更为直接的影响和特殊的重要性。城市用地的自然环境条件适用性评定是对土地的自然环境，按照城市规划与建设的需要，进行土地使用的功能和工程的适宜程度，以及城市建设的经济性与可行性的评估。其作用是为城市用地选择和用地布局提供科学依据。新建城市和城市新发展地区应绘制城市用地工程地质评价图。主要内容有：① 不同工程地质条件和地面坡度的范围、界线和参数；② 潜在的地质灾害(滑坡、崩塌、溶洞、泥石流、地下采空、地面沉降及各种不良性特殊地基土等)空间分布、强度划分；③ 活动性地下断裂带位置、地震烈度和灾害异常区；④ 水患，按防洪标准频率绘制的洪水淹没线(见图 9-15)；⑤ 地下矿藏、地下文物埋藏范围。

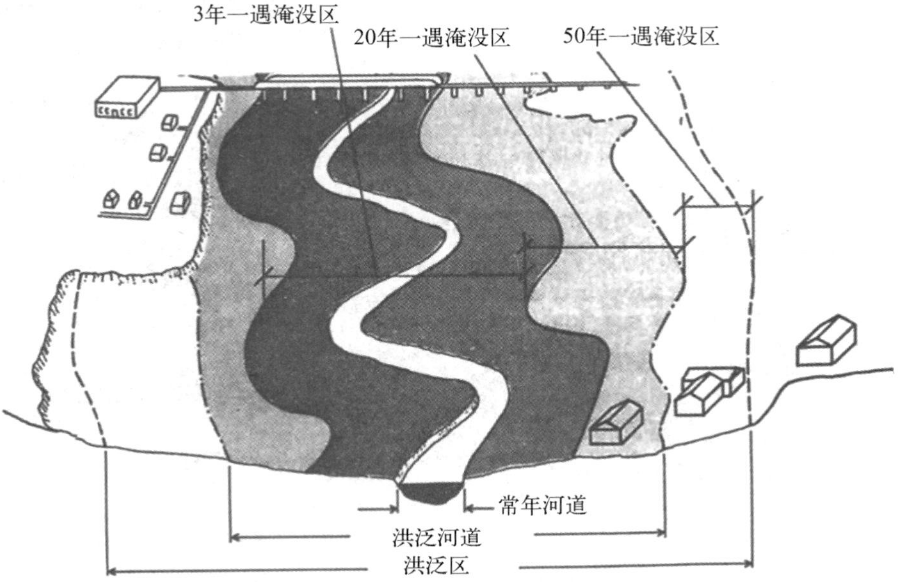

图 9-15　洪水水位与淹没区示意图

资料来源：谭纵波.城市规划[M].2 版.清华大学出版社，2016.

工程地质条件也可能会不同程度地受到其他相关自然因素的间接影响，前者与后者有着互动或互制的关联性，一些工程地质条件较佳的地区可能也是生态环境的敏感地带，如湿地或某种生物栖息地(见表 9-2)。进行城市土地质量的综合评价，目的是确定用地适宜性区划，即划分出适宜修建、不适宜修建和采取工程措施方能修建地区的范围，提出土地的工程控制要求。

表 9-2　城市建设用地自然条件分析一览表

自然环境条件	分 析 因 素	对规划建设的影响
地质	土质、风化层、冲沟、滑坡、熔岩、地基承载力、地震、崩塌、矿藏	规划布局、建筑层数、工程地质、抗震设计标准、工程造价、用地指标、工程性质
水文	江河流址、流速、含沙址、水位、水质、洪水位、水温，地下水位、水质、水温、水压、流向，地面水、泉水	城市规模、工业项目、城市布局、用地选择、给排水工程、污水处理、堤坝、桥涵、港口、农田水利
气象	风向、日辐射、雨址、湿度、气温、冻土深度、地温	工业用地布局、居住环境、绿地、郊区、农业、工程设计与施工

续　表

自然环境条件	分 析 因 素	对规划建设的影响
地形	形态、坡度、坡向、标高、地貌、景观	规划布局与结构、用地选择、生态环境保护、道路网、排水工程、用地高程、水土保持、城市景观
生物	野生动植物种类、分布、生物资源、植被、生物生境	用地选择、环境保护、生态保护、绿化、郊区农副业、风景区规划

资料来源：阮仪三.城市建设与规划基础理论[M].2 版.天津科学技术出版社，1999.作者进行了重新整理。

用地评定的内容方法与深度随着城市规划与工程建设学科的发展，不断地充实和深化。用地适用性评价不仅表现在影响工程经济方面，而且对地域生态、自然景观等环境条件的评价也开始纳入评价指标，如水环境敏感区（水源、地下水补给区、湿地等），大气环境（环境空气质量功能区等），生物网络（生物栖息地、迁徙点、廊道等），文化和地理条件（人文历史遗迹、特色地貌景观区等），自然生产系统（基本农田、物种保护区、矿产区等），以及敏感设施影响（核电站、放射性材料生产与储存地、机场控制区等）等。我国的城市规划编制办法对中心城区划定禁建区、限建区、适建区和已建区，并制定空间管制措施（见图 9-16）。

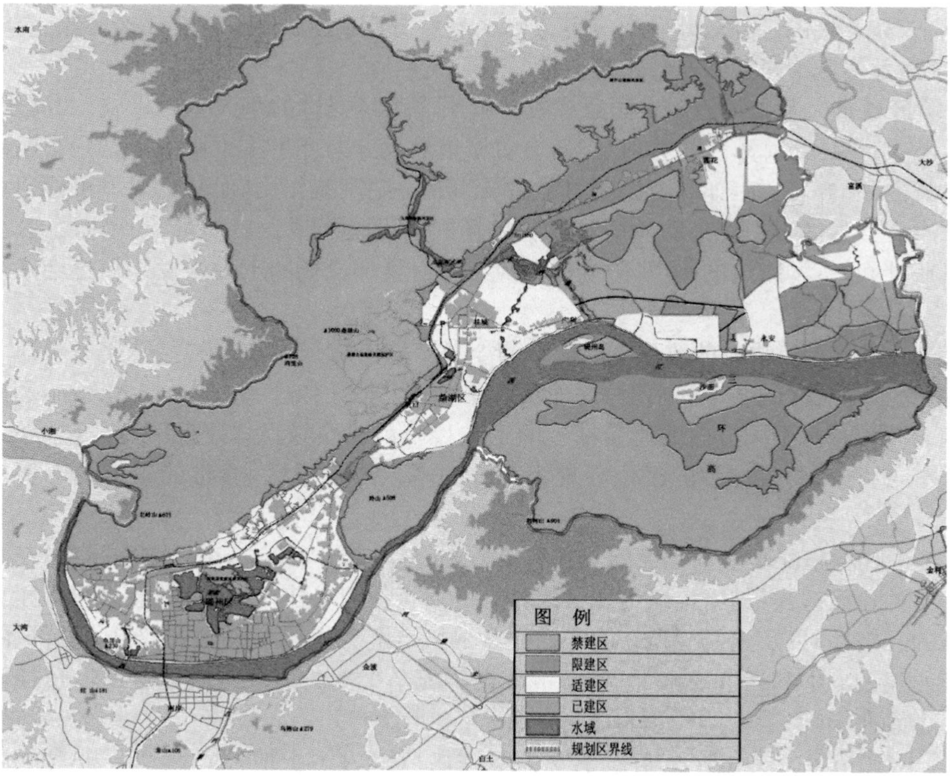

图 9-16　某中心城区的“四区”划定

资料来源：某城市的总体规划。

二、建设用地的选择

在城市建设用地评定的基础上，根据城市发展战略确定规模和性质后，应该在适建区、限建区和已建区范围中选择建设用地。新城市建设需要选择适宜的城址，旧城扩建也要选择所需的用地。城市用地选择恰当与否关系到城市的功能组织和城市规划布局形态，与城市空间结构和形态密切相关。以下六个方面是建设用地选择的基本考虑因素。

(1) 已建区现状。新城址的选择和城市的扩张往往需要占用现有的村镇聚居点和乡镇厂矿或军事设施等用地。《中华人民共和国民法典》(以下简称《民法典》)物权编中的第 243 条规定：为了公共利益的需要，依照法律规定的权限和程序可以征收集体所有的土地和组织、个人的房屋以及其他不动产。征收集体所有的土地，应当依法及时足额支付土地补偿费、安置补助费以及农村村民住宅、其他地上附着物和青苗等的补偿费用，并安排被征地农民的社会保障费用，保障被征地农民的生活，维护被征地农民的合法权益。征收组织、个人的房屋以及其他不动产，应当依法给予征收补偿，维护被征收人的合法权益；征收个人住宅的，还应当保障被征收人的居住条件。任何组织或者个人不得贪污、挪用、私分、截留、拖欠征收补偿费等费用。需要对它们迁移或拆除的可能性、动迁的数量、保留的必要与价值、可利用的潜力以及经济代价进行评估。比如城中村的拆迁改造，城中村既是中国的历史遗产，也是我国城市化过程中一个新的主题。城中村的改造是中国全面城市化的必然选择，但又非常复杂，涉及村民、集体、开发商等各方面的利益分配，也涉及社会、经济、文化、政治等各方面，因而很多城中村无法及时进行改造。

(2) 区域重大基础设施。在国家或省区市层面已经安排的重大基础设施，如高速公路、高速铁路、特高压走廊以及机场航道等，会对城市建设方向产生重大影响。这些影响既有积极的又有消极的。比如，如高速公路可能对城市有一定割裂作用，但其出入口可能对城市产业的开发有强烈的吸引和带动效应；再如，机场的建设是区域发展的重要基础设施，会带来发展机遇，同时机场跑道的噪声、限高以及航道等对紧邻机场的土地开发建设也会产生诸多限制。

(3) 城市间人流物流的流量与流向。当今各个城市或依靠强大的经济实力辐射其他城市，或接受更高层次的城市的辐射，这种辐射在空间上往往体现为人员、信息、资本和物资的“流量”和“流向”。不同方向的流量在空间上的反映就是会彼此“拉近”以降低空间相互吸引的成本，这种需要“拉近”的区位表现为此方向是发展潜力区，通常受到市场开发力量的追捧。

(4) 市政设施配套。基础设施是城市建设的主要支出领域，基础设施的容量与水平关系到相应的建设规模(如城市跨河发展时桥梁的通行能力)、建设经济(如建设成本投入和日常运营的经济性)以及建设周期等问题。块状的城市形态相较于线形或者组团状的城市，基础设施的建设成本和运营成本都更低，市政设施配套上的投资成本收益会对城市建设用地选择产生潜在影响。

(5) 文化遗存。文化遗存因素主要包括评估范围内的土地，地上、地下已发掘或待探明的文化遗址、文物古迹以及有关部门的保护规划与规定等状况。原则上，重要文化遗存都应该列入禁建区范围，即使不在这些禁建区和文化遗存的用地上进行开发，城市发展接近或包围这些遗存也仍然存在一定的风险，因而在进行城市用地选择时有相对的优势和劣势之分。

(6) 土地产权权属。土地产权权属指用地的产权归属，涉及原住民或企业，以及社会、民族、经济等方面问题。在一些城市中，已经出现了一些具有统治性地位的企业可以左右城市发展方向的状况。随着我国物权法及《民法典》的颁布和实施，对地产产权的重视将极大地影响城市的更新与扩展。特别是老城中工业厂房和老旧小区的开发改造，其间牵涉的利益主体非常繁杂，有的是集体建设用地，有的是集体非建设土地，有的是宅基地，有的是国有单位的土地，有的甚至是军事用地，等等。这些不同产权权属的土地在不同法律框架下导致诸多额外的问题，如南京江东路的一个城中村，前后耗时 13 年才实现"七通一平"①。

第三节 城市用地分类与布局原则

诚如第八章第四节所讨论的，城市的生成与生长是因为顺应区域发展所需提供了相应的服务功能，与此同时，城市也会自动衍生出服务城市自身的功能，如居住、医疗、文化教育、休闲娱乐等。提供这些功能活动的载体是城市用地。城市用地通常是依据城市土地所能提供的功能进行分类。

1933 年《雅典宪章》提出城市的居住、工作、游憩和交通四大功能划分。这一划分虽然粗略，但易形成共识。所以，尽管世界各国的文化和制度各异，各个国家或城市的分类标准和划分方式也有不同，但基本上大同小异。例如，美国通常将城市用地分为居住、商业服务、工业、交通、通信、基础设施、公共用地、文教用地等，日本将市街化区域的用途分成居住、公共设施、工业、商务、商业、公园绿地及游憩、交通设施用地等。

2020 年 11 月，自然资源部正式印发《国土空间调查、规划、用途管制用地用海分类指南》。该分类指南整合了现行国家标准《土地利用现状分类》(GB/T21010-2017)、《城市用地分类与规划建设用地标准》(GB50137-2011)及其 1990 版的分类思路(统一全国的城市用地分类和计算口径)、《城市地下空间规划标准》(GB/T51358-2019)，现行行业标准《第三次全国国土调查技术规程》(TD/T1055-2019)、《海域使用分类》(HY/T123-2009)等分类基础，建立了全国统一的国土空间用地用海分类。

本节聚焦城市建设用地，不涉及与城市建设用地无关的农村居住用地、工矿用地以及盐碱地等用地和用海，因此在表述上仍然采用国家标准《城市用地分类与规划建设用地标准》的口径，将在城镇开发边界(规划区)范围内的城乡土地划分为建设用地以及非建设用地两类。其中，建设用地又分为居住用地、公共管理与公共服务用地、商业服务业设施用地、工业用地、物流仓储用地、道路与交通设施用地、公用设施用地、绿地与广场用地 8 个大类(见表 9-3)。在各个用地大类中，又根据土地实际用途的差别进一步划分为 35 个中类和 44 个小类。

① "七通一平"是指土地(生地)在通过一级开发后，达到通给水、通排水、通电、通信、通路、通燃气、通热力("七通")以及场地平整("一平")等条件，使二级开发商可以进场开发建设。

表 9-3 城市建设用地分类

代码 codes	用地类别中文名称 Chinese	英文同(近)义词 English	范 围
R	居住用地	residential	住宅和相应服务设施的用地
A	公共管理与公共服务用地	administration and public services	行政、文化、教育、体育、卫生等机构和设施的用地,不包括居住用地中的服务设施用地
B	商业服务业设施用地	commercial and business facilities	各类商业、商务、娱乐康体等设施用地,不包括居住用地中的服务设施用地以及公共管理与公共服务用地内的事业单位用地
M	工业用地	industrial, manufacturing	工矿企业的生产车间、库房及其附属设施等用地,包括专用的铁路码头和道路等用地,不包括露天矿用地
W	物流仓储用地	logistics and warehouse	物资储备、中转、配送、批发、交易等的用地,包括大型批发市场以及货运公司车队的站场等用地(不包括加工)
S	道路与交通设施用地	road, street and transportation	城市道路、交通设施等用地
U	公用设施用地	municipal utilities	供应、环境、安全等设施用地
G	绿地与广场用地	green space and square	公园绿地、防护绿地等开放空间用地,不包括居住区、单位内部配建的绿地

一、居住用地

居住用地是指住宅用地及其配套公共服务设施用地、道路用地及绿地等组成的旨在提供居住功能的用地。除直接建设各类住宅的用地外,还有为住宅服务的各种配套设施用地,如居住区内的道路,为社区服务的公园、幼儿园以及商业服务设施用地等。因此,城市规划中的居住用地是包括这些为住宅服务的设施用地在内的总称。按照中国现行的城市用地分类标准,居住用地被进一步分为住宅用地、服务设施用地以及保障性住宅用地。居住用地按照其中住宅的高度、建筑质量、公用设施、交通设施和公共服务设施齐全程度、布局是否完整以及环境质量等因素,被细分为 3 个中类(见表 9-4)。

此处应指出的是,为居住功能配套服务的公共服务设施、绿地以及道路等,均是服务小区内部所需,通常不认为对外提供服务,即使是独立占地,也不同于城市用地中相同名称所表达的用地,如沿街商业店铺等,所以其表达与住宅用地用同一种颜色。

1. 居住单元

在雅典宪章采用"功能分区"而出现居住功能区之前,西欧封建城市里的居住功能与手工

表 9-4 我国居住用地的组成及次级分类

类别代码 大类	类别代码 中类	类别代码 小类	类别名称	范围	色彩编号(RGB)
R			居住用地	住宅和相应服务设施的用地	RGB(255,255,0)
	R1		一类居住用地	公用设施、交通设施和公共服务设施齐全、布局完整、环境良好的低层住区用地	RGB(255,255,127)
		R11	住宅用地	住宅建筑用地、住区内城市支路以下的道路、停车场及其社区附属绿地	RGB(255,255,127)
		R12	服务设施用地	住区主要公共设施和服务设施用地,包括幼托、文化体育设施、商业金融、社区卫生服务站、公用设施等用地,不包括中小学用地	RGB(255,255,127)
	R2		二类居住用地	公用设施、交通设施和公共服务设施较齐全、布局较完整、环境良好的多、中、高层住区用地	RGB(255,255,0)
		R20	保障性住宅用地	住宅建筑用地、住区内城市支路以下的道路、停车场及其社区附属绿地	RGB(255,255,0)
		R21	住宅用地		RGB(255,255,0)
		R22	服务设施用地	住区主要公共设施和服务设施用地,包括幼托、文化体育设施、商业金融、社区卫生服务站、公用设施等用地,不包括中小学用地	RGB(255,255,0)
	R3		三类居住用地	公用设施、交通设施不齐全,公共服务设施较欠缺,环境较差,需要加以改造的简陋住区用地,包括危房、棚户区、临时住宅等用地	RGB(204,204,102)
		R31	住宅用地	住宅建筑用地、住区内城市支路以下的道路、停车场及其社区附属绿地	RGB(204,204,102)
		R32	服务设施用地	住区主要公共设施和服务设施用地,包括幼托、文化体育设施、商业金融、社区卫生服务站、公用设施等用地,不包括中小学用地	RGB(204,204,102)

业、商业等功能混杂在一起[①]，成为除宗教设施、皇宫以及行政机构之外普遍存在于城市之中的最常见的形态。工业革命后，随着人口城市化，城市中从事工商业的人口增加，居住功能逐渐成为城市的首要功能，且形成生活设施较为完善的片区，即居住功能区。

美国建筑师佩里分析现代汽车交通的普及带来的诸多问题，提出“邻里单位”的概念（见本书第四章第三节）。该居住单元的思想对西方城市规划中居住用地的组织方式产生了极大的影响，许多西方新城的规划均采用“邻里单位”作为城市结构与居住用地组织的基本形式，例如，英国的哈罗新城规划巧妙利用了城市的地形地貌以及河谷、铁路、公路形成了新城的边界，把城市分成四块高地，即四个居住区，将这些块与块之间的冲沟和低地辟为主要道路和宽阔绿带。居住用地由三级构成：以邻里单位作为基本构成单元（6 000 人）；由 2～4 个邻里单位组成居住区（17 000～23 000 人）；再由几个居住区构成城市的居住地域（90 000 人，用地 2 450 公顷）（见图 9-17）。

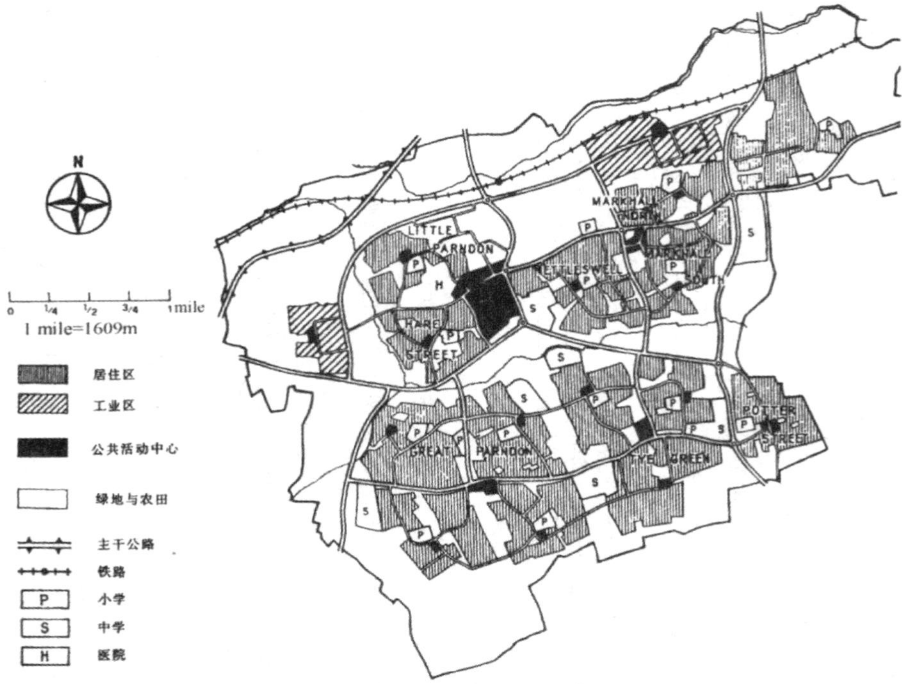

图 9-17　英国哈罗新城的居住单元组织结构

资料来源：吴志强，李德华.城市规划原理[M].4 版.中国建筑工业出版社，2010.

我国居住用地的空间组织也采用“单元”模式。受苏联和东欧国家的影响，将“邻里单位—居住区—居住地域”的三级构成改变为“居住组团—小区—居住区”三级称谓。《城市居住区规划设计规范》(GB 50180—93)条目 1.0.3 规定，居住区按居住户数或人口规模可分为居住区、小区、组团三级。各级标准控制规模应符合表 9-5 的规定。其规划组织结构可采用“居住区—小区—组团”“居住区—组团”“小区—组团”及独立式组团等多种类型。

① 比如“上住下商”，即在沿街多层建筑里，底层临街面是商业场所，二层以上是卧室。或者工厂车间与职工宿舍混建在一起，形成单位大院。这种居住形态在我国计划经济时代也很常见。

随着住宅商品化的进行，由于开发主体以房地产开发商为主以及开发模式以最大化盈利模式为主等原因，当前出现的城市居住片区通常由多个独立的开发商建设并承担相应的配套，一些商业性配套设施的服务对象不仅仅是内部业主，还常常沿街沿路为相邻地区的居民服务，所以已不存在组团、小区、居住区这种明显的等级组织，更多地表现为以开发项目为单位、以物业管理为特征的新型社区。

为应对新出现的居住区配套设施规划问题，新颁布实施的《城市居住区规划设计标准》(GB50180—2018)要求按照“15 分钟—10 分钟—5 分钟”三级生活圈来配套相应的公共服务设施。15 分钟生活圈居住区人口规模 5 万～10 万人(1.7 万～3.2 万套住宅)，配套设施要求完善；10 分钟生活圈居住人口规模 1.5 万～2.5 万人(0.5 万～0.8 万套住宅)，配套设施要求齐全；5 分钟生活圈居住人口 0.5 万～1.2 万人(0.15 万～0.4 万套住宅)，要求配建社区服务设施。

表 9-5 居住区分级控制规模

	居住区	小区	组团
户数(户)	10 000～15 000	2 000～4 000	300～700
人口(人)	30 000～50 000	7 000～15 000	1 000～3 000

2. 生活圈

城市居住用地的组织是基于居民对基本生活设施的需求以及设施的使用频繁程度，同时结合城市道路系统与网络的构筑，在保障居民生活的方便性、舒适性、安全性和土地利用合理性的条件下，对居住用地赋以一定的构成形态与机能。在城市的日常生活中，无论自觉与否，每个人都会建立起以各自的居所为中心的基本活动与交往范围，如外出购买基本生活物品、健身、散步、接送儿童去托幼和学校以及从事宗教活动的范围等(见图 9-18)。很容易熟悉在大致相同范围内从事同类活动的人群，并与之发生不同程度的交往，或者与居住在一定范围内的居民有着相近的整体利益或同属一个行政管辖区域。这样共同居住在一定范围内并有着相互关系和交往的人群的居住形态在生态学中被称为“社区”。

提供这些基本服务需求功能的是居住配套设施。因此，居住用地组织须充分考虑所在地域的居住生活方式(包括习俗文化)以及对居住生活设施的发展需求。同时，按照居住行为的特点和对公共服务设施的使用频度，划分不同的行为活动圈域和需求层次，以此作为居住用地空间组织与设施配置的依据。2021 年 9 月，我国推出《社区生活圈规划技术指南》，明确要求在适宜的日常步行范围内，建设满足城乡居民全生命周期工作与生活等各类需求的基本单元，融合“宜居、宜业、宜游、宜学、宜养”多元功能，引领面向未来、健康低碳的美好生活方式。15 分钟社区生活圈①要提供社区服务、就业引导、住房改善、日常出行、生态休闲、

① 15 分钟社区生活圈是上海在城市发展进入“更新和微更新”存量发展阶段，打造社区生活的基本单元提出的一个概念，即在 15 分钟步行可达范围内，配备生活所需的基本服务功能与公共活动空间，形成安全、友好、舒适的社会基本生活平台。由于该概念契合当今中国“以人民为中心”的发展理念，在解决“人民日益增长的美好生活需要和不平衡不充分的发展之间的矛盾”方面以及让全体居民有“幸福感、安全感和获得感”方面具有较强的可操作性，因此逐步被推广。

公共安全六方面内容以及健康管理、为老服务、终身教育、文化活动、体育健身、商业服务、行政管理和其他(主要是市政设施)八类设施。并按照服务半径划分“街坊中心—邻里中心—社区中心”层级,每个层级的中心满足不同的服务需求(见图 9-19)。

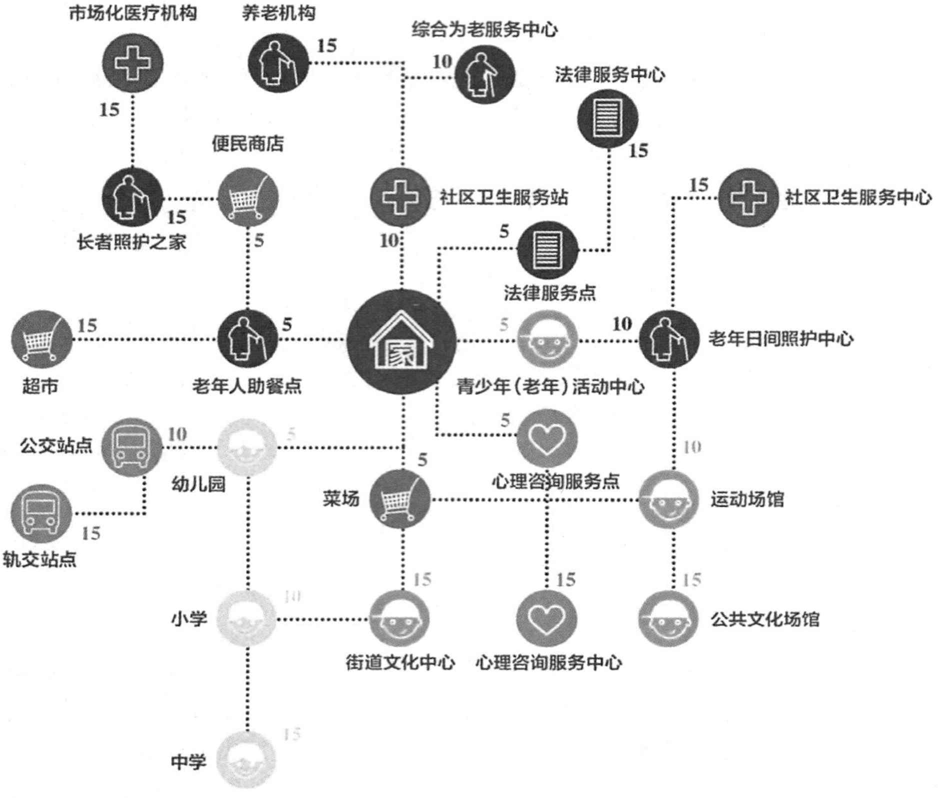

图 9-18 居民的社交及服务需求

资料来源:上海长宁:“未来 15 分钟社区生活圈”是啥样? 如何打造?[EB/OL]. https://mp.weixin.qq.com/s?_biz=MjM5ODA2NzgyNQ==&mid=2652602474&idx=2&sn=02f4410ed5cf0c74d7ee2be967c6ea67&chksm=bd3f4b748a48c262c7d493351c930ab5b56ebdf1a94f938e80c36e5a0e9eaa9ade25d67d1efd#rd.

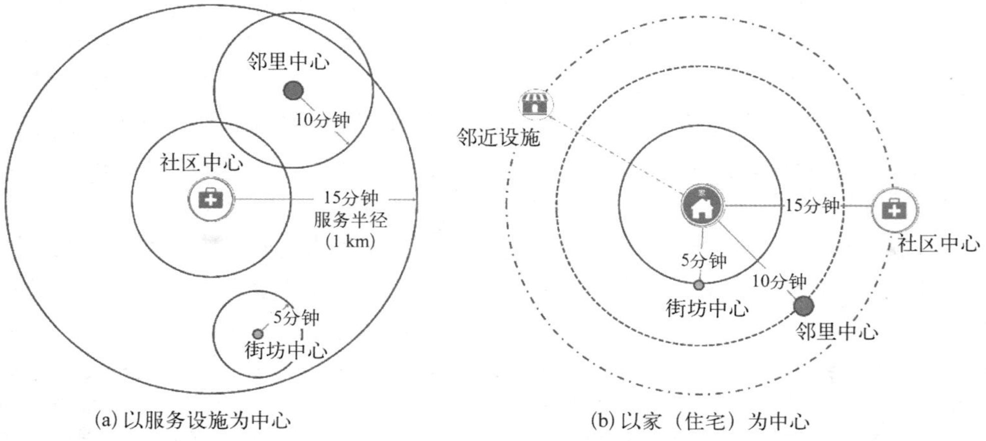

图 9-19 三级生活中心服务半径示意图

社区中心配置公共交通换乘枢纽、中学、社区卫生服务中心、社区文化活动中心、社区服务中心、全民健身活动中心、养老照料中心等设施，形成15分钟生活圈，服务半径约1 km，覆盖范围约3 km^2，服务人口5万人左右。

邻里中心建设1个社区服务综合体，满足一站式公共服务的要求，建设生活便利、开放共享、富有凝聚力和归属感的城市社区。配置小学、社区卫生服务站等设施，形成10分钟生活圈，服务半径约500 m，覆盖范围约1 km^2，服务人口1.5万～2.5万人。

街坊中心要配置婴幼儿照护服务设施、幼儿园、居委会工作站、社区文化活动站、小型多功能运动场、居家养老(助残)驿站等设施，形成5分钟生活圈，服务半径约300 m，服务人口0.5万～1.2万人。

当前，积极应用生活圈概念对老城区内的居住生活配套设施进行查漏补缺，在新城规划中按照该概念进行设施规划。最具代表性的规划案例就是雄安新区启动区控制性详细规划(见图9-20)。

3. 居住用地的布局

由于居住用地在城市用地中占有较大的比例，所以居住用地的分布形态与城市总体布局的形态往往是相同的。居住用地选择和布局应方便生活。根据社区中心的服务项目内容，一个居住人口达到5万人的居住区才能提供较为完善的配套服务设施，因此就居住用地的人口规模而言，社区中心的服务半径是1 km，居住人口达到5万人。还要接近就业中心，这个就业中心既包括城市中心(具有商业商务、政务管理以及文教体卫等综合功能)，也包括工业仓储区。

居住用地的分布既不能过于零散，也不宜在城市中某一地区过于集中地连续布置。通常城市规模不大，且用地足够、无地形限制等障碍时，居住用地可与商业服务设施用地结合，相对集中地布置在靠近城市中心的地区。但若是特大城市，居住用地与其他各项功能设施混杂在一起而涌现复杂性，则宜按照生活圈概念进行更新或微更新，对相关服务设施查漏补缺。新建城区若受用地条件的限制，居住用地更趋于与其他功能用地结合，形成相对分散的组团式布局。需要疏解中心城区过于密集的居住现状、改善居住条件时，通常结合新区建设或者大运量交通方式，形成若干个以居住功能为主体的组团，即所谓呈卫星状的“卧城”。所以，新开发的居住用地布局模式主要分为集中式、分散组团式和轴向组团式三种(见图9-21)。

居住用地的选择要注意用地自身及用地周边的环境污染影响，应选择自然环境优良的地区，具备适于建筑的地形与工程地质条件，有适宜的规模与用地形状，能够合理地组织居住生活，并能经济有效地配置公共服务设施；居住用地规划应与城市总体布局结构及就业区和商业中心等功能地域协调相对关系，如利用旧城区公共设施、就业设施，可以加强新区与旧区的联系，节省居住区建设的初期投资。此外，要结合房产市场的需求趋向和城市发展方向，考虑住宅小区建设的可行性与效益。

二、公共管理与公共服务用地

城市作为人类的定居地，所展开的多彩而有序的社会生活、经济生活和文化生活需要丰富多样的公共设施予以支持。从服务供给的角度，城市区别于乡村的核心，就是城市有大量、多样化、多层次的公共服务设施，既包括营利性质的商务办公、宾馆商场、娱乐休闲等设

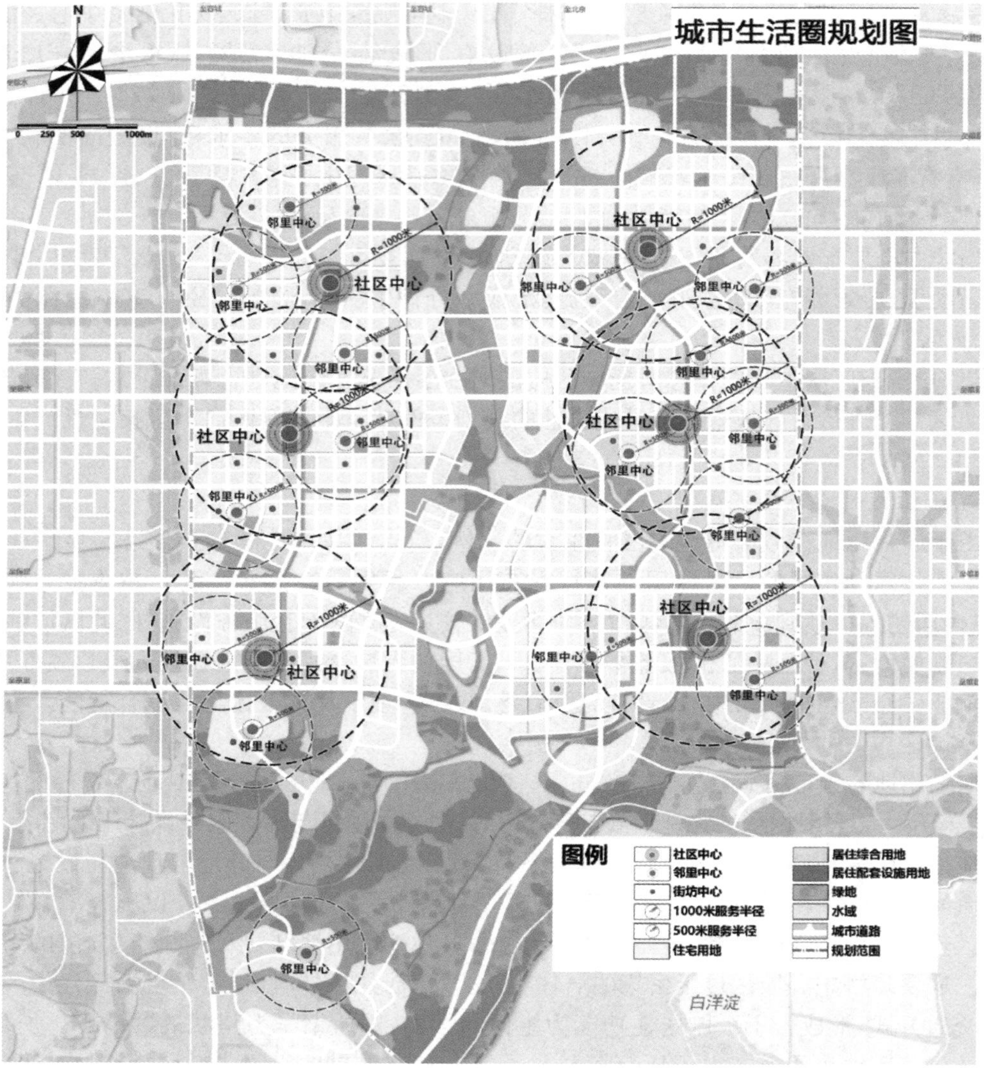

图 9-20　雄安新区启动区城市生活圈规划图

资料来源：河北雄安新区启动区控制性详细规划[EB/OL].中国雄安，http://www.xiongan.gov.cn/2020-01/15/c_1210440126.htm.

施，也包括准营利性的教育科研、文化展览、体育赛事、医疗康复等设施，还包括非营利性的福利设施，如政务管理、警察消防、文物古迹、福利院、养老院等。这些城市公共服务设施所承载的活动内容、目的不同，但都是为了满足城市居民不同层次及多种多样的需求。“人们来到城市，是为了更好的生活”（亚里士多德），“城市的功能是教育人、陶冶人”（刘易斯·芒福德），之所以先贤能做出如此评述，就是因为城市能提供多样化的公共服务设施。

这些公共服务设施的共同特征就是面向广泛的非特定对象，具有公共开放特点，要求区位趋中，且交通方便、人流集中。因此，这些设施比较集中的地方通常称为公共活动中心。城市公共设施的内容和规模在一定程度上反映城市的性质、城市的物质生活与文化生活水平和城市的文明程度。

(a) 集中式　　(b) 分散组团式　　(c) 轴向组团式（卧城）

图 9-21 居住用地的空间布局模式

资料来源：毛其智.中国人居环境科学的理论与实践[J].国际城市规划,2019,34(4)：54-63.

在由计划经济向社会主义市场经济体制转型的过程中，土地有偿使用制度的建立使得在城市公共设施用地分类中，按照营利与非营利进行两分：营利的公共设施用地称为商业服务业设施用地，非营利的用地称为公共管理与公共服务用地。公共管理与公共服务用地被进一步分成 9 个中类及 13 个小类（见表 9-6）。这类公共设施用地突出公益性，保障公共利益，通常通过划拨方式取得土地使用权。

公共管理和公共服务设施的种类繁多，它们的分布因各自的功能、性质、服务对象与范围不同而各有要求。它们与城市的其他功能地域有着配置的相宜关系，需要通过规划加以有机组织，形成功能合理、有序有效的布局。

总体而言，服务设施的区位分布通常倾向于所服务对象人口的重心（服务对象人口到服务设施的距离最短化）。与市民生活直接相关的公共活动设施，如零售业、服务业、医院、学校、市属行政管理机构等，按照其服务范围可以进一步划分为全市级、片区级、居住小区级等（见图 9-22）。

城市公共中心是居民进行政治、经济、文化等社会生活活动比较集中的地方。中心往往还配置有广场、绿地以及交通设施，形成一个公共设施相对集中而组织有序的地区或地段。全市性公共中心是展示城市历史与发展状态、城市文明水准以及城市建设成就的标志性地域，汇集全市性的行政、商业、文化等设施，是信息、交通、物资汇流的枢纽，也是第三产业密集的区域。按照一般规律，城市规模越大，城市公共中心公共活动设施的门类越齐全，专业化水平越高，规模也就越大。这是因为在满足一般性消费与公共活动方面，大城市与中小城市并没有太大的区别。但是层级较高的专业化服务设施，其设置需要最低限度的服务人口数量作为支撑，例如，可能每个城市都有电影院，但音乐厅则只能存在于大城市甚至特大城市中。

居住小区级的公共中心布局对于与市民日常生活密切相关的设施来说至关重要，如医院诊所、社区活动中心、小学和幼儿园、派出所、消防站等与市民生活密切相关的社区设施，主要根据市民的利用频度、服务对象、人口密度、交通条件以及地形条件等因素，从方便市民生活的角度出发，确定合理的服务半径。例如，小学的服务半径通常以不超过 500 m 为宜。全市性的设施，如市政府、图书馆、博物馆、科技馆等，通常位于市民便于到达的地点（如城市中心地区）。占地规模较大的城市设施，如体育场馆、博览会展设施等，则倾向于设在城市周边交通便捷的地段。至于各类大专院校，由于其占地规模巨大，多位于城市周边交通较为便捷的地区（见图 9-23）。

表 9-6　公共管理与公共服务用地中小类用地性质内容

类别代码			类别名称	范围	色彩编号(RGB)
大类	中类	小类			
A			公共管理与公共服务用地	行政、文化、教育、体育、卫生等机构和设施的用地，不包括居住用地中的服务设施用地	RGB(255,0,63)
	A1		行政办公用地	党政机关、社会团体、事业单位等机构及其相关设施用地	RGB(255,127,159)
	A2		文化设施用地	图书、展览等公共文化活动设施用地	RGB(255,159,127)
		A21	图书展览设施用地	公共图书馆、博物馆、科技馆、纪念馆、美术馆和展览馆、会展中心等设施用地	RGB(255,159,127)
		A22	文化活动设施用地	综合文化活动中心、文化馆、青少年宫、儿童活动中心、老年活动中心等设施用地	RGB(255,159,127)
	A3		教育科研用地	高等院校、中等专业学校、中学、小学、科研事业单位等用地，包括为学校配建的独立地段的学生生活用地	RGB(255,127,191)
		A31	高等院校用地	大学、学院、专科学校、研究生院、电视大学、党校、干部学校及其附属用地，包括军事院校用地	RGB(255,127,191)
		A32	中等专业学校用地	中等专业学校、技工学校、职业学校等用地，不包括附属于普通中学内的职业高中用地	RGB(255,127,191)
		A33	中小学用地	中学、小学用地	RGB(255,255,127)
		A34	特殊教育用地	聋、哑、盲人学校及工读学校等用地	RGB(255,127,191)
		A35	科研用地	科研事业单位用地	RGB(255,127,191)

续 表

类别代码			类别名称	范围	色彩编号(RGB)
大类	中类	小类			
A	A4		体育用地	体育场馆和体育训练基地等用地,不包括学校等机构专用的体育设施用地	RGB(255,127,0)
		A41	体育场馆用地	室内外体育运动用地,包括体育场馆、游泳场馆、各类球场及其附属的业余体校等用地	RGB(255,127,0)
		A42	体育训练用地	为各类体育运动专设的训练基地用地	RGB(255,127,0)
	A5		医疗卫生用地	医疗、保健、卫生、防疫、康复和急救设施等用地	RGB(255,127,127)
		A51	医院用地	综合医院、专科医院、社区卫生服务中心等用地	RGB(255,127,127)
		A52	卫生防疫用地	卫生防疫站、专科防治所、检验中心和动物检疫站等用地	RGB(255,127,127)
		A53	特殊医疗用地	对环境有特殊要求的传染病、精神病等专科医院用地	RGB(255,127,127)
		A59	其他医疗卫生用地	急救中心、血库等用地	RGB(255,127,127)
	A6		社会福利设施用地	为社会提供福利和慈善服务的设施及其附属设施用地,包括福利院、养老院、孤儿院等用地	RGB(204,102,127)
	A7		文物古迹用地	具有历史、艺术、科学价值且没有其他使用功能的建筑物、构筑物、遗址、墓葬等用地	RGB(204,51,0)
	A8		外事用地	外国驻华使馆,领事馆、国际机构及其生活设施等用地	RGB(79,127,63)
	A9		宗教设施用地	宗教活动场所用地	RGB(204,102,127)

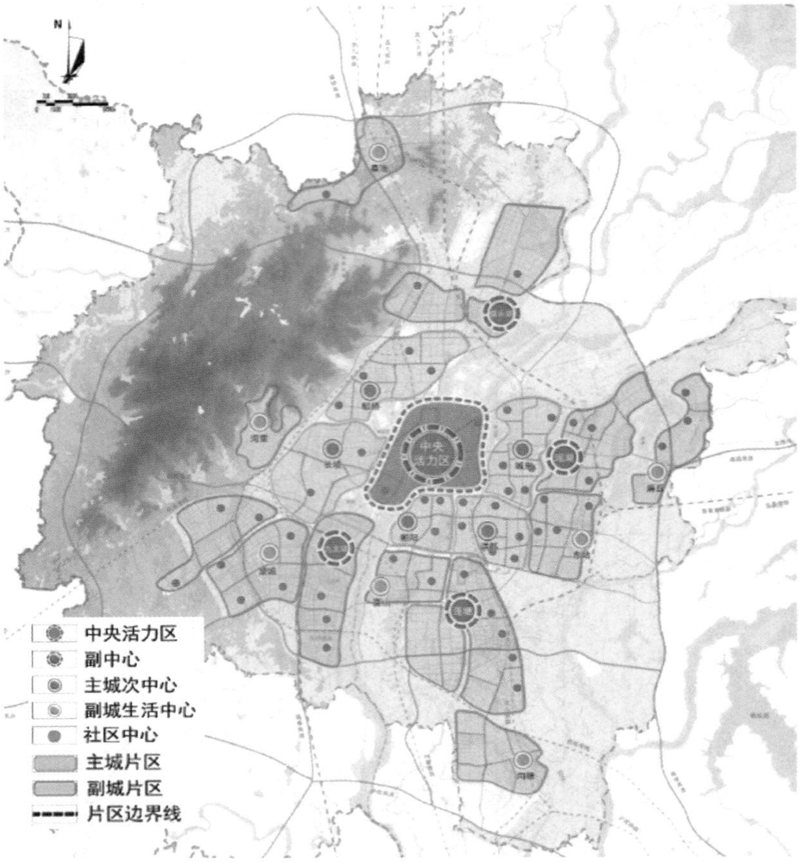

图 9-22　某城市公共中心分级与分布规划图

资料来源：某城市规划管理局。

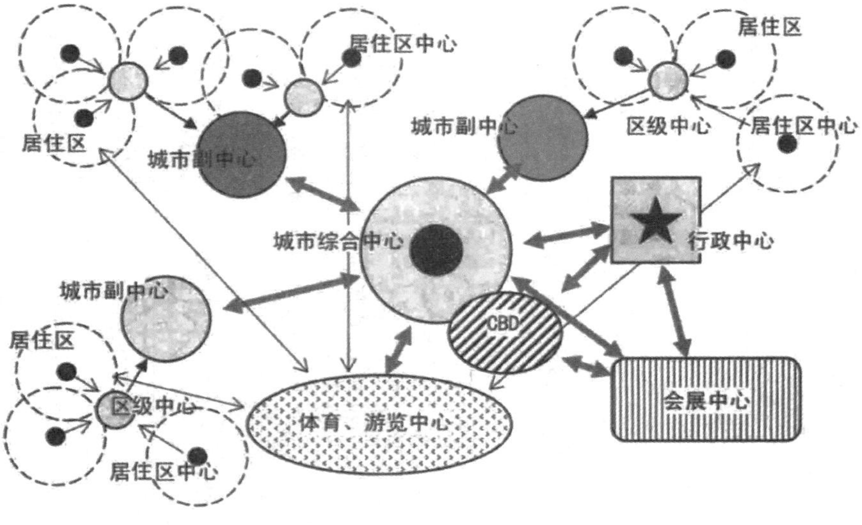

图 9-23　公共活动中心的层级及空间分布示意图

资料来源：谭纵波.城市规划[M].2 版.清华大学出版社，2016.

三、商业服务业设施用地

商业服务业设施用地主要为基于市场原则的以营利为目的的商业活动提供必要的空间，该类用地是面向市场、依靠土地竞标获取的经营性用地。在用地分类中，该大类用地被分为5个中类和11个小类（见表9-7）。在市场经济条件下，商业性设施的规模与选址在很大程度上依靠市场机制的作用，城市规划所要做的主要是发现和掌握其中的规律，按一定方法做出趋势性的预测，并将该类用地的需求反映到具体的空间。此外还可以通过用地兼容性等管理手段，结合其他城市功能（如居住、管理）形成综合性功能，保持一定的应对市场需求的弹性。商务办公、商业服务等主要随市场因素变化的用地，其规划布局必须充分遵循分布的客观规律。结合其他用地种类（特别是居住用地）进行综合布局，并协调好各个级别设施的用地空间关系，非常有利于商业服务设施网络的形成。

在一些国家或地区的经济中心城市里，有大量的金融、保险、贸易、咨询、设计、总部管理等经济活动，这些经济活动需要大量的商务办公空间，且通常会高度集中在城市中交通便利、人流集中、各种配套服务设施齐全的中心地区，并形成中央商务区（central business district，CBD）。这些用地往往位于城市的几何中心或交通枢纽附近，而且通常承载着高强度的城市经济活动，伴随着较高的土地利用强度，比较直观地反映为明显高于周围地区的容积率与建筑物高度。此外，商务办公用地周围通常不同程度地伴有商业服务及娱乐用地，甚至一些主要的地方政府行政办公建筑也处于或邻近这一地区。中央商务区中林立的高层建筑、造型独特的大型公共建筑常常是形成城市景观的主要因素。因此，公共活动用地的布局要与有关城市景观风貌的规划设计构思相结合，形成城市独特的景观和三维形象。美国纽约的下曼哈顿及曼哈顿中部、日本东京中央商务区、我国香港的中环和上海的陆家嘴都是比较有名的中央商务区的典型实例。

商业服务设施的聚集区按照专业化程度和居民利用的频率被分为不同的等级，其用地分别构成相应级别城市中心的主体。与商务办公用地相似，商业服务用地同样分布于城市中交通便利、人流集中的地段。大部分全市性的公共活动用地均需要位于交通条件良好、人流集中的地区。城市公共活动的用地布局需要结合城市交通系统规划进行，因为基于不同交通模式，城市中的商业服务用地分布形态具有较大的差异。如在轨道公共交通较为发达的大城市中，位于城市中心的交通枢纽、换乘站、地铁车站周围通常是安排公共活动用地的理想区位。在以汽车交通为主的城市中，大型商业服务设施则靠近城市干道或郊外的主要交通干线两侧、交叉口附近、高速公路出入口附近等。

在新城规划中，新城生活中心（社区中心）的规划通常是重点。当前主流的社区中心规划通常与轨道交通站点耦合发展，如1950年规划的瑞典首都斯德哥尔摩的六个卫星城之一魏林比（Vallingby），其社区中心的规划设计充分与轨道交通耦合发展。该新城位于斯德哥尔摩市西郊，距母城15 km，从斯德哥尔摩乘郊区电车或者城际铁路约25分钟便可抵达。原规划总用地约290公顷，在社区中心周边相继新建了若干小型的居住区。新城最初规划居住人口为2.5万人，随着本地区的常住居民、外国移民和消费人群的逐年增加，目前实际居民已经超过5万人，且聚居区人口构成趋向于多元化（见图9-24）。

表 9-7　商业服务业设施用地中小类用地性质内容

类别代码			类别名称	范围	色彩编号(RGB)
大类	中类	小类			
B	商业服务业设施用地			各类商业、商务、娱乐康体等设施用地，不包括居住用地中的服务设施用地以及公共管理与公共服务用地内的事业单位用地	RGB(255,0,63)
	B1		商业用地	各类商业经营活动及餐饮、旅馆等服务业用地	RGB(255,0,63)
		B11	零售商业用地	商铺、商场、超市、服装及小商品市场等用地	RGB(255,0,63)
		B12	批发市场用地	以批发功能为主的市场用地	RGB(255,0,63)
		B13	餐饮业用地	饭店、餐厅、酒吧等用地	RGB(255,0,63)
		B14	旅馆用地	宾馆、旅馆、招待所、服务型公寓、度假村等用地	RGB(255,0,63)
	B2		商务用地	金融、保险、证券、新闻出版、文艺团体等综合性办公用地	RGB(255,0,63)
		B21	金融保险业用地	银行及分理处、信用社、信托投资公司、证券期货交易所、保险公司，以及各类公司总部及综合性商务办公楼宇等用地	RGB(255,0,63)
		B22	艺术传媒产业用地	音乐、美术、影视、广告、网络媒体等的制作及管理设施用地	RGB(255,159,127)
		B29	其他商务设施用地	邮政、电信、工程咨询、技术服务、会计和法律服务以及其他中介服务等的办公用地	RGB(255,0,63)
	B3		娱乐康体用地	各类娱乐、康体等设施用地	RGB(255,159,127)
		B31	娱乐用地	单独设置的剧院、音乐厅、电影院、歌舞厅、网吧以及绿地率小于 65%的大型游乐等设施用地	RGB(255,159,127)
		B32	康体用地	单独设置的高尔夫练习场、赛马场、溜冰场、跳伞场、摩托车场、射击场，以及水上运动的陆域部分等用地	RGB(255,159,127)
	B4		公用设施营业网点用地	零售加油、加气、电信、邮政等公用设施营业网点用地	RGB(255,159,127)
		B41	加油加气站用地	零售加油、加气以及液化石油气换瓶站用地	RGB(255,159,127)
		B49	其他公用设施营业网点用地	电信、邮政、供水、燃气、供电、供热等其他公用设施营业网点用地	RGB(255,159,127)
	B9		其他服务设施用地	业余学校、民营培训机构、私人诊所、宠物医院等其他服务设施用地	RGB(255,159,127)

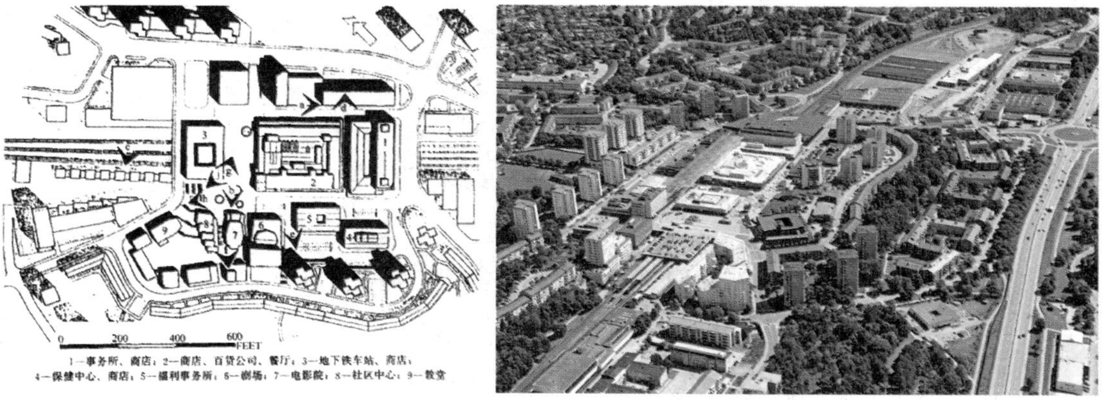

(a) 平面图　　(b) 鸟瞰图

图 9-24　魏林比(Vallingby)新城中心

资料来源：(a)图来源为吴志强，李德华.城市规划原理[M].4 版.中国建筑工业出版社，2010；(b)图来源为 Cook I R. Suburban Policy Mobilities: Examining North American Post-war Engagements with Vällingby, Stockholm [J]. Geografiska Annaler: Series B, Human Geography, 2018,100(4): 343-358.

四、工业用地

工业是近现代城市产生与发展的根本原因。新中国成立后，城市的规划与建设服务于156 个苏联援助的工业项目选址与建设。区域经济学也认为，正因为区域中的城市参与了专业化生产，才能生成和生长。机械流水线式的工厂化大生产需要合适用地作为载体，因而工业用地规划关系到城市发展潜力和质量。

要实现稳定的生产，符合生产工艺要求的用地要求是多方面的：① 工业用地通常需要较为平坦的用地(坡度＝0.5%～2%)，地基具有一定的承载力，并且没有被洪水淹没的危险，地块的形状与尺寸也应满足生产工艺流程的要求；② 能获得足够的符合工业生产需要的水源及能源供应，这点对于需要消耗大量水或电力、热力等能源的工业门类尤为重要；③ 要靠近公路、铁路、航运码头甚至机场，便于大宗货物的廉价运输；④ 工业用地原则上还应避开生态敏感地区，并与居住生活区有足够的隔离空间。

工业生产通常是影响城市环境的废气、废水、废渣和噪声的来源，只是各类工业排放的“三废”有害成分和数量不同而已。在我国现行用地分类标准中，按照其对环境产生干扰、污染和安全隐患的程度，工业用地被分为由轻至重的一、二、三类。(见表 9-8)

表 9-8　工业用地中类用地性质划分

类别代码			类别名称	范　　围	色彩编号(RGB)
大类	中类	小类			
M	工业用地			工矿企业的生产车间、库房及其附属设施等用地，包括专用铁路、码头和附属道路、停车场等用地，不包括露天矿用地	RGB(153,114,76)

续 表

类别代码			类别名称	范　　围	色彩编号(RGB)
大类	中类	小类			
M	M1		一类工业用地	对居住和公共环境基本无干扰、污染和安全隐患的工业用地	RGB(153,114,76)
	M2		二类工业用地	对居住和公共环境有一定干扰、污染和安全隐患的工业用地	RGB(127,95,63)
	M3		三类工业用地	对居住和公共环境有严重干扰、污染和安全隐患的工业用地(需布置绿化防护用地)	RGB(76,57,38)

根据污染类型和污染程度,工业用地的选址和布局有不一样的要求。电子工业、食品工业、服装工业及手工业等对居住生活基本无干扰的一类工业用地,可分散布置在居住区的独立地段上。机械工业、纺织工业等有废水废气等污染、对居住生活有一定的干扰的二类工业用地宜布置在城市边缘的独立地段上。那些有严重干扰和污染的工业,如化学工业、冶金工业等,不仅要设置在城市边缘的独立地段,而且需要设置较宽的绿化防护带。对于那些具有放射性、剧毒性、爆炸危险性的工业,不仅要隔离,而且要远离城市。

因此,一个城市的工业用地布局呈现如此形态:① 工业用地相对集中在城市中某一片区,形成工业区,或者分布于城市周边。中小城市的工业用地多呈此种形态布局,其特点是总体规模较小,与生活居住用地之间具有较密切的联系,但容易造成污染,并且当城市进一步发展时,有可能形成工业用地与生活居住用地相互混杂的情况。② 在主城区外围的独立地段,工业用地与其他用地形成功能相对明确的组团,即所谓的独立的工业卫星城,这些工业卫星城有较为完备的配套住宅和服务设施。③ 当某一区域城市内的工业城市数量、密度与规模发展到一定程度时,就会形成工业地带。这些工业城市之间彼此分工、合作,联系密切,但各自相对独立且对等,如德国的鲁尔工业带。

当前,我国东部沿海发达地区的城市,其城市主导经济业态逐步转向信息技术为代表的第五次经济长波,产业发展所需的用地形态发生了变化。出现了许多创新型企业,从事研发、创意、设计、中试、检验检测、技术推广、环境评估与监测、科技企业孵化器及无污染生产等新型产业功能。广州市、深圳市、东莞市等地提出 M0 新型产业用地①。该类产业用地虽然原则上在市级核心区、区级核心区、轨道交通站点周边 500 m 范围以外选址,但可兼容商业、居住功能,且用地容积率不低于 3.0,工业建筑的外观形态与商务办公建筑基本无异(见图 9-25)。

① 《广州市人民政府办公厅关于印发广州市提高工业用地利用效率实施办法的通知》(穗府办规〔2019〕4 号)规定:新型产业用地(M0)是指为适应创新型企业发展和创新人才的空间需求,用于研发、创意、设计、中试、检测、无污染生产等环节及其配套设施的用地。

图 9-25　新型产业地

五、物流仓储用地

这里所指的物流仓储用地并未包括企业内部用以储藏生产原材料或产品的库房以及对外交通设施中附设的物流仓储设施用地，仅限于城市中专门用来储存物资的用地。按照我国现行的城市用地标准，物流仓储用地被定义为“物资储备、中转、配送、批发、交易等的用地，包括大型批发市场以及货运公司车队的站场（不包括加工）等用地”。物流仓储用地与工业用地有着很强的相似性，均需要大面积的场地和便捷的交通运输条件，部分仓库也有危险性。按照对环境产生干扰、污染和安全隐患的不同程度，由轻至重分为三类（见表9-9）。

表 9-9　物流仓储用地的中类用地性质划分

类别代码			类别名称	范　　围	色彩编号(RGB)
大类	中类	小类			
W			物流仓储用地	物资储备、中转、配送等用地，包括附属道路、停车场以及货运公司车队的站场等用地	RGB(159,127,255)
	W1		一类物流仓储用地	对居住和公共环境基本无干扰、污染和安全隐患的物流仓储用地	RGB(159,127,255)
	W2		二类物流仓储用地	对居住和公共环境有一定干扰、污染和安全隐患的物流仓储用地	RGB(159,127,255)
	W3		三类物流仓储用地	存放易燃、易爆和剧毒等危险品的专用物流仓储用地	RGB(159,127,255)

物流仓储用地通常选择建在地势较高且平坦，坡度有利于排水、地下水位低、地标承载力强、具有便利的交通运输条件的地块上。为本市服务的物流仓储设施，如综合性供应仓库、本市商业设施用仓库、为本市提供服务的物流中心等，应布置在靠近服务对象、与市内交通系统联系紧密的地段；与本市经常性生产生活活动关系不大的物流仓储设施，如战略性储

备仓库、中转仓库、区域性物流中心等，可结合对外交通设施，布置在城市郊区。存储危险品的用地，必须布局在城市外围的独立地段上，且必须保留足够的安全距离。

六、道路与交通设施用地

道路与交通设施用地是满足城市中人和货物的流动运输所需的载体。我国城市建设用地分类中将该大类用地分为 5 个中类 2 个小类用地(见表 9-10)。道路用地指主干路、次干路和支路用地，包括其交叉路口用地，不包括居住用地、工业用地等内部的道路用地。道路交通用地通常是道路红线所框定的范围。道路用地和轨道线路用地呈线状，交通枢纽、场站用地呈块状(见图 9-26)。

图 9-26　某城市道路网框架

城市道路交通用地的布局形态与城市空间总体结构和形态相关，是城市实体的骨架，一旦形成，具有较高的稳定性。即使遭遇地震，街坊地块内的建筑全部重建或新建，但道路网络系统仍会延续原有的格局，如我国唐山市的城市重建就是如此。

七、公用设施用地

公用设施用地是维系城市人工环境系统正常运转的支撑系统所需的地面土地，主要包括供应设施、安全设施和环境设施等，这些设施是城市赖以生存和发展的基础。供应设施通常称为市政基础设施，供应水、电、气、热、信号等所占的用地；安全设施用地包括消防设施和防洪设施；环境设施则包括污水处理与排放，以及垃圾收集填埋与处理等设施。按照国家用地分类标准，该大类用地分为 4 个中类 10 个小类(见表 9-11)。

表 9-10　道路交通用地的中小类用地性质划分

大类	中类	小类	类别名称	范围	色彩编号(RGB)
S			道路与交通设施用地	城市道路、交通设施等用地，不包括居住用地、工业用地等内部的道路、停车场等用地	RGB(128,128,128)
	S1		城市道路用地	快速路、主干路、次干路和支路等用地，包括其交叉口用地	RGB(128,128,128)
	S2		轨道交通线路用地	独立地段的城市轨道交通地面以上部分的线路、站点用地	RGB(128,128,128)
	S3		交通枢纽用地	铁路客货运站、公路长途客货运站、港口客运码头、公交枢纽及其附属设施用地	RGB(128,128,128)
	S4		交通场站用地	静态交通设施用地，不包括交通指挥中心、交通队用地	RGB(128,128,128)
		S41	公共交通场站用地	公共汽车、出租汽车、轨道交通(地面部分)的车辆段、地面站、首末站、停车场(库)、保养场等用地，以及轮渡、缆车、索道等的地面部分及其附属设施用地	RGB(128,128,128)
		S42	社会停车场用地	公共使用的停车场和停车库用地，不包括其他各类用地配建的停车场(库)用地	RGB(128,128,128)
	S9		其他交通设施用地	除以上之外的交通设施用地，包括教练场等用地	RGB(76,133,153)

表 9-11　公用设施用地的中小类用地性质划分

类别代码			类别名称	范　　围	色彩编号(RGB)
大类	中类	小类			
U			公用设施用地	供应、环境、安全等设施用地	RGB(0,114,153)
	U1		供应设施用地	供水、供电、供燃气和供热等设施用地	RGB(0,114,153)
		U11	供水用地	城市取水设施、水厂、加压站及其附属的构筑物用地，包括泵房和高位水池等用地	RGB(0,114,153)
		U12	供电用地	变电站、配电所、高压塔基等用地，不包括各类发电设施用地	RGB(0,114,153)
		U13	供燃气用地	分输站、门站、储气站、加气母站、液化石油气储配站、灌瓶站和地面输气管廊等用地	RGB(0,114,153)
		U14	供热用地	集中供热锅炉房、热力站、换热站和地面输热管廊等用地	RGB(0,114,153)
		U15	通信用地	邮政中心局、邮政支局、邮件处理中心等用地	RGB(0,114,153)
		U16	广播电视用地	广播电视与通信系统的发射和接收设施等用地，包括发射塔、转播台、差转台、基站等用地	RGB(0,114,153)
	U2		环境设施用地	雨水、污水、固体废物处理和环境保护设施及其附属设施用地	RGB(0,114,153)
		U21	排水用地	雨水泵站、污水泵站、污水处理、污泥处理厂等设施及其附属的构筑物用地，不包括排水河渠用地	RGB(0,114,153)
		U22	环卫用地	生活垃圾、医疗垃圾、危险废物处理(置)，以及垃圾转运、公厕、车辆清洗、环卫车辆停放修理等设施用地	RGB(0,114,153)
	U3		安全设施用地	消防、防洪等保卫城市安全的公用设施及其附属设施用地	RGB(0,114,153)
		U31	消防用地	消防站、消防通信及指挥训练中心等设施用地	RGB(0,114,153)
		U32	防洪用地	防洪堤、排涝泵站、防洪枢纽、排洪沟渠等防洪设施用地	RGB(0,114,153)
	U9		其他公用设施用地	除以上之外的公用设施用地，包括施工、养护、维修设施等用地	RGB(0,114,153)

公用设施是由国家和各种公益部门建设运营，为社会生活和生产提供基本服务和一般条件的非营利性行业和设施。因此，通常划定城市黄线①来保证其用地利益不被私人开发侵占。

公用设施的建设程度与质量是衡量一个社会的发展水平和文明程度的重要指标。构成城市工程系统的各个专项系统繁多，内容复杂，各专项系统又具有各自在性能、技术要求等方面的特点。因此，通常结合各个城市的具体情况，合理地确定城市各项工程系统的设施规模和容量，在对各项设施进行科学合理布局的同时，制定相应的建设策略和措施。

八、绿地与广场用地

城市绿地是用以栽植树木花草和布置配套设施，通过人为的修饰与布置而呈现人工化的自然状态，并赋以一定的功能和用途的场地。计入城市建设用地范围的绿地与广场用地分为 3 个中类，如表 9-12 所示。

表 9-12　绿地与广场用地的中类用地性质划分

类别代码			类别名称	范　　围	色彩编号(RGB)
大类	中类	小类			
G	绿地与广场用地			公园绿地、防护绿地、广场等公共开放空间用地	RGB(0,153,0)
	G1	公园绿地		向公众开放，以游憩为主要功能，兼具生态、美化、防灾等作用的绿地	RGB(0,255,63)
	G2	防护绿地		具有卫生、隔离和安全防护功能的绿地	RGB(0,153,0)
	G3	广场用地		以游憩、纪念、集会和避险等功能为主的城市公共活动场地	RGB(128,128,128)

公园绿地基本是人工简单修筑后保持相当程度的原生自然状态的绿地。防护绿地的作用是隔离和减轻工厂有害气体、烟尘、噪声对城市其他用地的污染，以保持环境洁净，设置的主要目的是防护和减灾。生态绿地位于城市建设用地以外，其作用是使城市地区能够保持一种与自然生态良好结合的环境，有利于生物多样性保护，丰富城市景观和居民休闲生活，比如，上海的郊野公园保有成系统、大面积的自然绿地。居住用地内的绿地，以及公共设施用地中的附属绿地、专用绿地(如为城市绿化服务的生产花木的苗圃，以及用于科研的实验绿地等)，通常不计入该项用地。

该项用地的指标是衡量城市环境质量的重要参照，因为绿地能防治大气、水体和土壤的污染，减弱噪声强度，改善城市气候环境，调适居住其间的人的心理，提高城市生活质量，此外还能增加城市地景的美学效果。

---

① 城市黄线是指对城市发展全局有影响的、城市规划中确定的、必须控制的城市基础设施用地的控制界线，其中包括城市防洪堤墙、排洪沟与截洪沟、防洪闸等城市防洪设施。

绿地与广场是构成城市开敞空间系统①的主体，在城市化快速推进和城市高密度集聚建设导致城市诸多环境问题的形势下，绿地与广场的空间布局具有重要的意义。其形态主要包括：① 点状绿地，指集中成块的绿地，如不同规模大小的公园或块状绿地，或一个绿化广场、一个儿童游戏场绿地等。② 带状绿地，即城市沿河岸、街道或景观通道等的绿色地带，也包括在城市外缘或工业地区侧边的防护林带。③ 楔形绿地，即以自然的绿色空间楔入城区，以便居民接近自然，同时有利于城市与自然环境的融合，并与城市主导风相协调，提高生态质量。④ 环状绿地，在城市内部或城市的外缘布置成环状的绿道或绿带，用以连接沿线的公园等绿地，或是以宽阔的绿环限制城市向外进一步蔓延和扩展。某城市的绿地系统规划如图 9-27 所示。

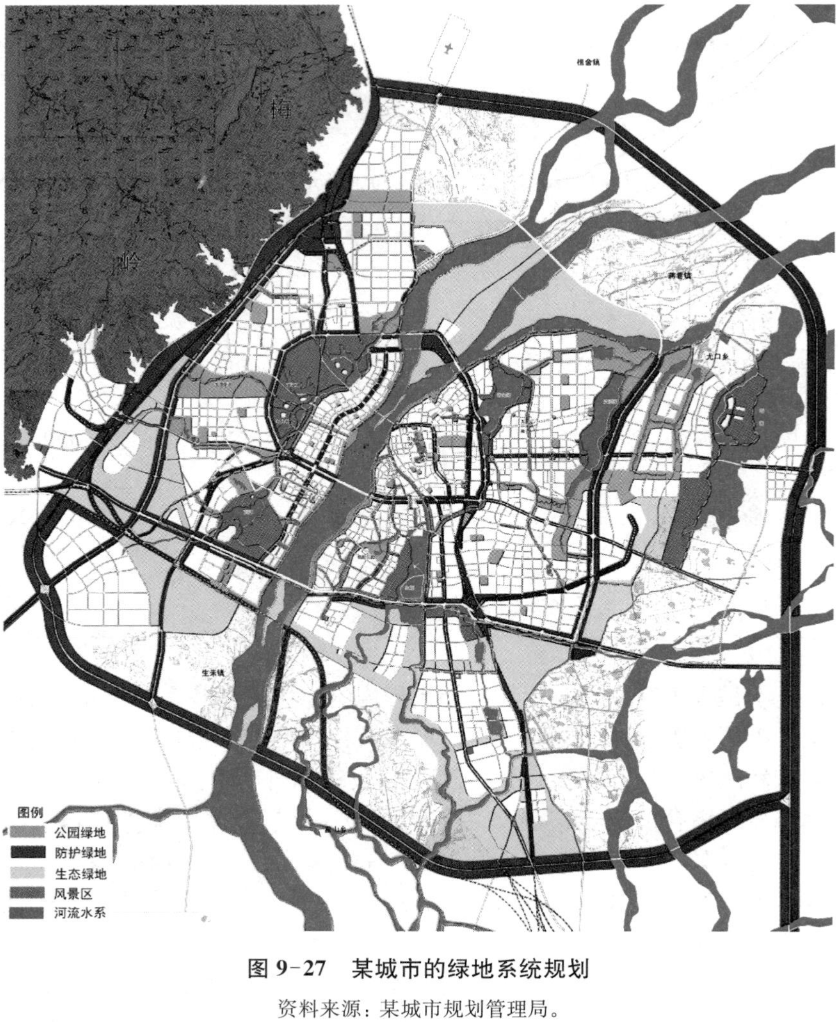

图 9-27　某城市的绿地系统规划

资料来源：某城市规划管理局。

① 在城市化的建筑实体以外存在的开敞空间体，是人与社会和自然进行信息、物质和能量交换的重要场所，包括山林农田、河湖水体、各种绿地等自然空间，以及城市的广场、道路、庭院等非自然空间，担负着城市多样的生活活动、生物的自然消长、隔离避灾、通风导流、表现地景以及限制城市无限蔓延等多重功能，是展现生态、社会、文化、经济多重目标的载体。

第四节 城市用地间的相互关系

我国对一个城市的发展管控,通常表现为划定规划区①。严格意义上讲,城市建设用地应在规划区范围内进行,所有建筑不得在规划区以外或建设用地以外建设。《城乡规划法》颁布实施后,各地从加强城乡统筹和区域统筹的需要出发,在修编城市总体规划时,通常将全市域范围都纳入规划区,加强对市域范围的统一规划和整体协调,市域范围内的各级城乡规划主管部门按照统一的规划实施建设管理。2011 年的《城市用地分类与规划建设用地标准》将市域内城乡用地分为 2 个大类、9 个中类和 14 个小类(见附录三)。

编制一个城市的用地规划的根本目的就是根据各种城市活动的具体要求,为其提供规模适当、位置合理的土地,处理好各类用地的数量及彼此间的比例以及区位关系,尽可能地减少用地间的负外部性,尽可能多地增加用地间的正外部性,以趋利避害并充分获得各类社会经济活动集聚带来的规模效益。

一个城市实体占据一定的土地空间,容纳相应的居住人口,提供相应的功能以满足活动需求。土地规模与人口规模间存在一个比例关系,就是人均建设用地标准。我国是人地关系较为紧张的国家,也是一个地形地貌差异极大的国家,气候区域间的差异明显,每个城市的能级与层级、功能与性质又不相同,必然使得人均建设用地存在较大差异。根据我国城市规划建设经验总结,在八大类城市建设用地人均值指标方面,绝大多数新建城市控制在 85.1～105.0 米^2/人。具体城市的规划用地总量控制,在现状统计的基础上,上下可增减一定数量以适应未来城市发展需求。首都的规划人均城市建设用地指标应在 105.1～115.0 米^2/人。边远地区、少数民族地区以及部分山地城市、人口较少的工矿业城市、风景旅游城市等具有特殊情况的城市,应专门论证确定规划人均城市建设用地指标,且上限不得大于 150.0 米^2/人。

在城市八大类用地中,居住用地、公共管理与公共服务用地、工业用地、道路与交通设施用地、绿地与广场用地五大类主要用地占城市建设用地的比例控制如表 9-13 所示较为合理。较为特殊但占地规模较大的用地,如对外交通用地中的机场、港口用地,教育科研用地,或用于军事、外事等目的的特殊用地等,只能根据具体情况具体分析

表 9-13 主要城市建设用地的占比

类别名称	占城市建设用地的比例(%)
居住用地	25.0～40.0
公共管理与公共服务用地	5.0～8.0
工业用地	15.0～30.0

① 依据《城乡规划法》,规划区是指城市、镇和村庄的建成区以及因城乡建设和发展需要,必须实行规划控制的区域。规划区的具体范围由有关人民政府在组织编制的城市总体规划、镇总体规划、乡规划和村庄规划中,根据城乡经济社会发展水平和统筹城乡发展的需要划定。

续 表

类 别 名 称	占城市建设用地的比例(%)
道路与交通设施用地	10.0～25.0
绿地与广场用地	10.0～15.0

需要重视的是，土地在“细分”基础上的“混合”发展是趋势。可以在同一地块内水平混合多种城市功能，如单位大院式用地，内部不仅有工厂车间，还有办公、宿舍、娱乐等设施；也可以进行同一栋楼的垂直混合，如1～4层是商场，5～8层办公，9层以上是公寓，其中，办公不仅包括商务办公，还包括办事网点等政务办公。各种相关功能用地的混合是世界各个城市的普遍现象，有利于城市的节能和减排，也有利于城市的良性成长。

随着城市房地产开发的发展，有不少实力较强的开发商不再局限于街坊内部的地块开发，而能操盘跨好几个街区的土地项目。开发商能在控制性规划总量控制的前提下，根据未来发展前景及时做出开发调整，这些建设用地往往是“商业-居住”“商业-工业”等复合型的。

问题思考

1. 如何评定和选择城市建设用地？
2. 我国的城市建设用地分类采取怎样的原则？

第十章　城市总体布局与规划方案

本章导读

一个区域中城市的生成和生长，其时间跨度通常以千年为单位计算，如我国关中平原的西安和华北平原的邯郸等城市，存续了数千年，与地区的人地关系所衍生出的文化及其文明的存续时间相匹配。即使生成阶段也需要几十年甚至上百年时间，而生成之后的生长及兴衰起伏则会绵延上千年。城市的整体结构一旦形成，则往往具有恒久性，很难改变，局部的改造不仅以巨大的人力、物力和财力为代价，而且耗费的时间也通常以数十年或数百年时间来计。所以，一个城市的总体规划通常被看作百年大计、千年大计。

本书第三章和第五章分别系统地阐述了古今中外工业革命以前城市总体布局规划的思想及城市案例，可以发现，那时的城市规模小且发展缓慢，其城市布局形态的形成通常由统治阶级的整体设计确定或由社会共识逐渐自然形成。工业革命带来的生产效率的巨大提高内在地要求人口集中在城市，从而出现前所未有的城市化，工业革命孕育出的供排水、供电、交通通信等技术也不断地支撑城市快速增长。城市快速增长过程中充满着种种不确定因素，传统的依靠某种权威一次性设计或放任自然发展的模式，或无法满足城市增长需求，或出现问题掣肘城市的增长。必须寻求一个可以从长远发展角度审视、分析、预测城市发展方向与结构，并通过一定的途径引导城市按照既定的方向和空间结构发展的手段。因此，以制定城市总体规划方案和建设控制为主体内容的城市规划学科应运而生。

城市总体布局的分析研究与方案确定不仅要求充分掌握城市的历史与现实，而且要求科学地认知城市规律、预见城市的未来。城市总体布局是城市发展战略在空间上的体现，需要真正的远见和全局观。“不谋万世者，不足谋一时；不谋全局者，不足谋一域。”所谓远见，是指不但要照顾到当前的城市发展建设需要，还要预见到城市未来发展的趋势和可能出现的问题，并能提出兼顾当前和未来的具体措施。所谓全局观，是指把城市的发展放在整个社会经济发展的大背景下进行审视，决定取舍，而不应拘泥于一时一事的得失权衡。

第一节　城市发展规律

城市是人类文明的标志，是人们经济、政治和社会生活的中心。城市的文明程度是衡量一个国家和地区经济、社会、文化、科技水平的重要标志，也是衡量国家和地区社会组织程度和管理水平的重要标志。

城市发展是一个自然历史过程，有其自身规律。城市化是人类进步必然要经过的过程，是人类社会结构变革中的一个重要线索。经济发达的工业化国家的城市化程度要远远高于经济比较落后的农业国家。顺利地完成城市化，标志着现代化目标的实现。现代社会，只有经过城市化的洗礼之后，才能迈向更加文明和现代化的时代。

一、我国的城市化进程

城市化是伴随工业革命进程，随现代工业的出现、资本主义的产生而开始的（参见第四章第一节）。早在原始社会向奴隶社会转变、产生王权的时期，就出现了城市，但是在相当长的历史时期中，城市的发展和城市人口的增加极其缓慢。直到1800年，全世界的城市人口只占总人口的3%。到了近代，随着产业革命的掀起、机器大工业和社会化大生产的出现、资本主义生产方式的产生和发展，才涌现出许多新兴的工业城市和商业城市，使得城市人口迅速增长，城市人口比例不断上升（见图10-1）。

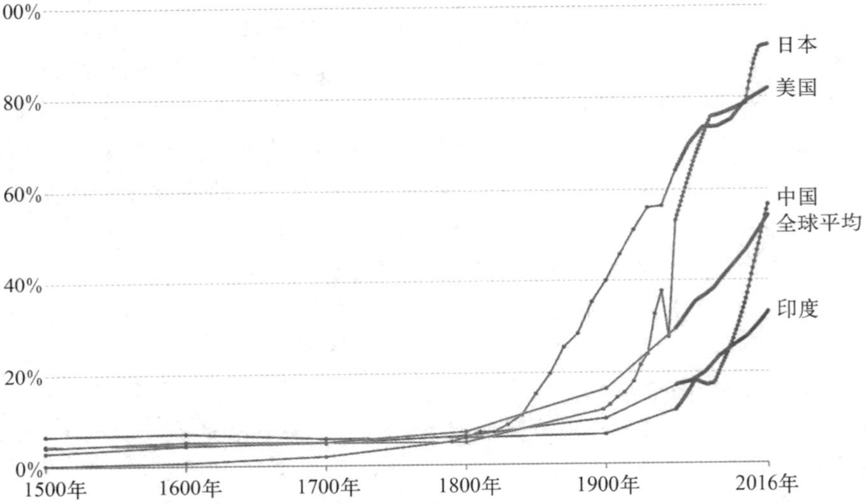

图10-1 过去500年里典型国家城市化进程（1500—2016年）

资料来源：UN Department of Economic and Social Affairs，Population Division[EB/OL]. https://population.un.org/wup/Publications/.

1. 人口城市化

“城，所以盛民也。民，乃城之本也。”人是城市的主体，是城市化的出发点和归宿。所以，通常按照常住在城市里的人口占城乡总人口的比重来衡量城市化程度。

$$城市化率=\frac{城市常住人口}{总人口}$$

从统计学的角度来看，要确定城市人口数量就必须明确界定居住在什么地方的人口才是城市人口。工业革命带来的城市大发展早已突破原有的城墙，不断将农村地区转变为城市地区。城市化是一个过程，其动态特征决定了城市与乡村呈犬牙交错状态，很难划清城乡间的空间分界线，不可能存在如行政管理辖区般的明确界线。因此，各国由于自身自然条件、地理环境、总人口数量的差异和社会经济发展的不平衡，统计上存在很大不同。

我国在《统计上划分城乡的规定》(国函〔2008〕60 号)中对城镇、镇、乡村有相关规定。

城镇是指在我国市镇建制和行政区划的基础上，经本规定划定的城市和镇。其中，城市是指经国务院批准设市建制的城市市区，包括设区市的市区和不设区市的市区。设区市的市区是指：市辖区人口密度在 1 500 人/千米^2 及以上的，市区为区辖全部行政区域；不足 1 500 人/千米^2 的，市区为市辖区人民政府驻地和区辖其他街道办事处地域，或者城区建设已延伸到周边建制镇(乡)的部分地域，还应包括该建制镇(乡)的全部行政区域。不设区市的市区是指：市人民政府驻地和市辖其他街道办事处地域，或城区建设已延伸到周边建制镇(乡)的部分地域。

镇是指经批准设立的建制镇的镇区，包括县及县以上(不含市)人民政府、行政公署所在的建制镇的镇区和其他建制镇的镇区。镇区是指镇人民政府驻地和镇辖其他居委会地域，或城区建设已延伸到周边村民委员会的驻地。

乡村包括集镇和农村。集镇是指乡、民族乡人民政府所在地和经县人民政府确认由集市发展而成的作为农村一定区域经济、文化和生活服务中心的非建制镇。

《国务院关于调整城市规模划分标准的通知》(国发〔2014〕51 号)规定：城区是指在市辖区和不设区的市，区、市政府驻地的实际建设连接到的居民委员会所辖区域和其他区域。常住人口包括：居住在本乡镇街道，且户口在本乡镇街道或户口待定的人；居住在本乡镇街道，且离开户口登记地所在的乡镇街道半年以上的人；户口在本乡镇街道，且外出不满半年或在境外工作学习的人。

20 世纪 50 年代以来，我国对城乡人口做过七次普查(见图 10-2)，城市化进程的总体特点是起步晚、速度快、有起伏。2011 年，城市化率达 51.27%，城市常住人口超过乡村人口，社会形态由乡村型转变为城乡型。2020 年的城市化率达到 63.89%，正在向城市型社会迈进。

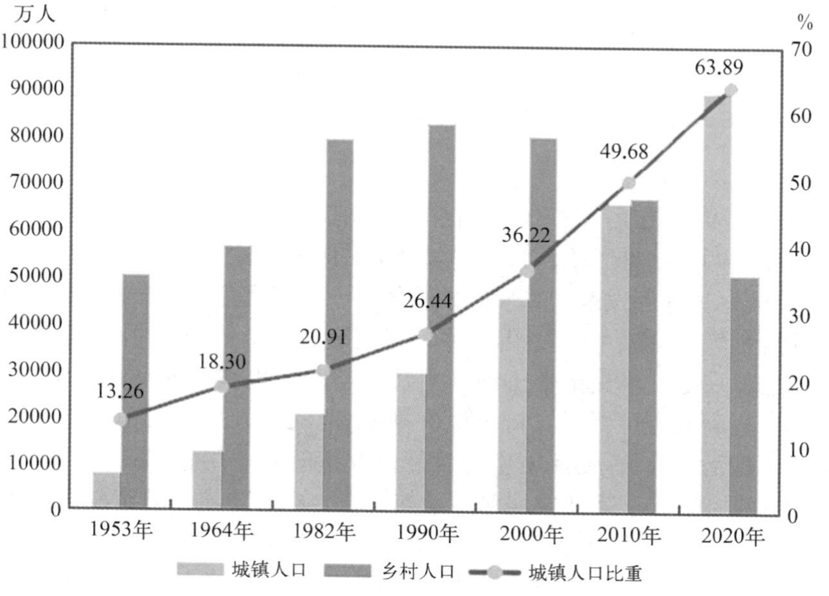

图 10-2　历次人口普查城乡人口

资料来源：第七次全国人口普查公报(第七号)[EB/OL].国家统计局，http://www.stats.gov.cn/sj/tjgb/rkpcgb/qgrkpcgb/202302/t20230206_1902007.html.

我国的人口城市化进程与世界普遍规律非常吻合。根据世界银行和国务院发展研究中心联合的研究成果，对自 1974 年以来每年的城乡人口统计进行逻辑斯蒂模型回归，得出：

$$U(t)=\frac{0.632}{1+20e^{-0.089t}}+0.15$$

根据该模型预测，按照当前的发展趋势，即按照城镇土地承载力、能源消耗效率和城市管理水平顺势发展，我国城市化率的峰值大概是 76.8%。但如果提高城镇土地承载力、能源消耗效率和城市管理水平的话，城市化率的峰值可能会增加，反之则会降低(见图 10-3)。

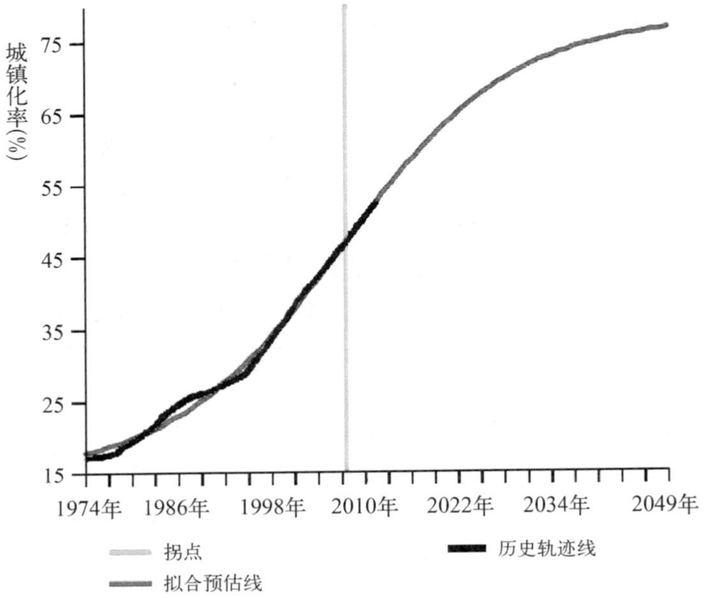

图 10-3　我国人口城市化趋势模拟

资料来源：世界银行，国务院发展研究中心.城市中国：迈向高效、包容和可持续的城市化[M].世界银行，2014.

2. 土地城市化

随着人口的增多，城市需要扩张，扩张需要占用农村用地，致使大量农地非农化。土地和人口是城市化的两个基本因素。人口是城市化的社会属性，那么土地则是城市化的自然属性，是城市化赖以生存和发展的物质基础载体。土地城市化是由于城市化的推进，土地利用属性由农业用地转变为城市建设用地、乡村景观变成城市景观的过程(见图 10-4)。

城乡经济的发展是城乡交错带土地利用及其空间结构演变的最根本动力。一方面，经济发展能够迅速提高城市边缘区农村土地价格，土地利用方式从农用转化为城市建设用地可极大地兑现土地潜在价值，促使城市建设侵占大量的农业用地；另一方面，经济增长还带动了以房地产为支柱的第三产业发展对土地的需求。政府要征用城市周边的大量农用土地进行城市基础设施、交通、住房等建设，以顺应城市化快速发展的需求。

1990 年以来，我国的社会经济发展处于高速增长态势，城市化进程快速推进。城市化的苏南模式中，大量乡镇企业异军突起，农村工业化发展迅猛，农用地转化为城市建设用地的速度非常快(见图 10-5)。

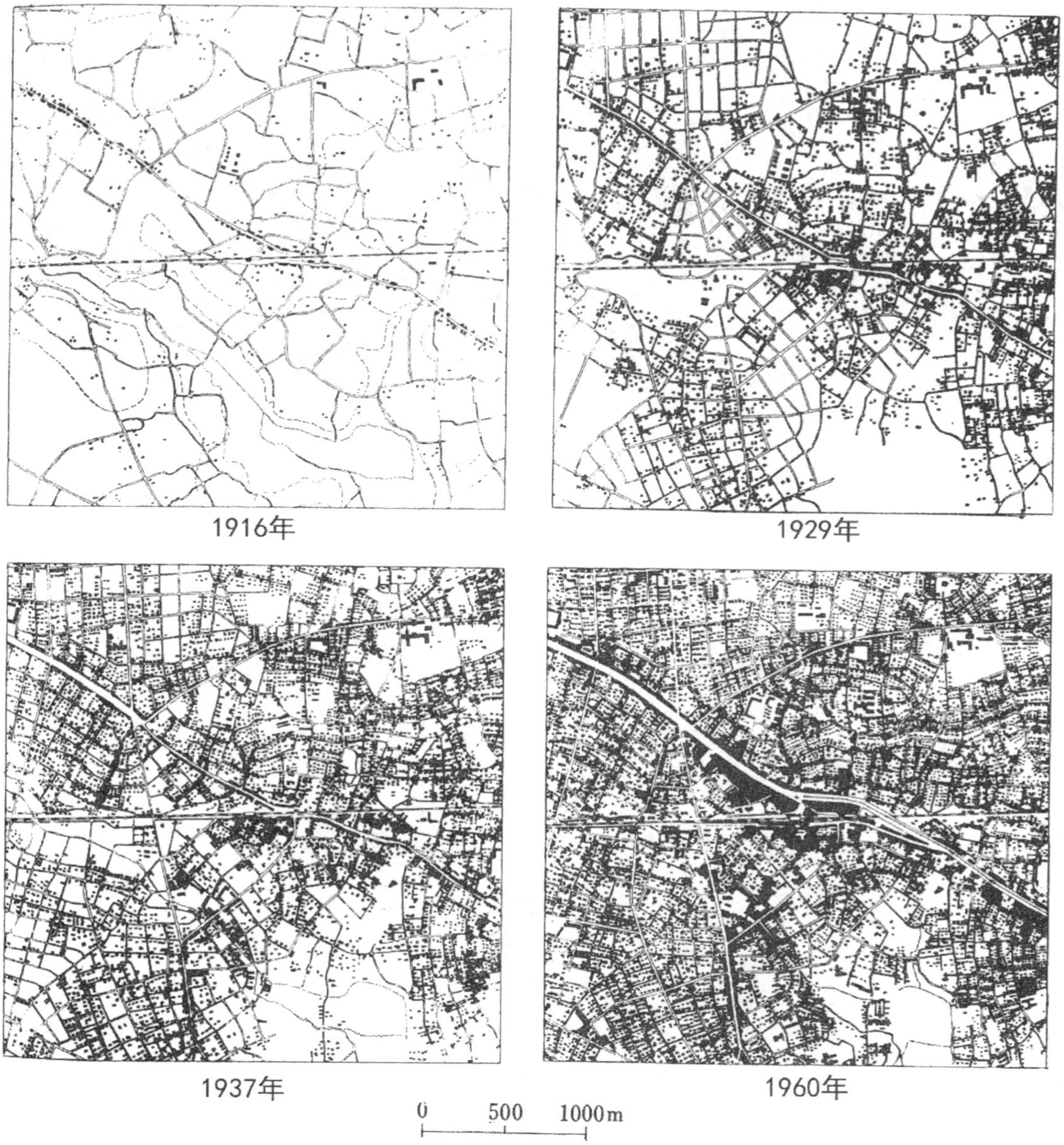

图 10-4　日本东京都荻窪駅地区的土地城市化过程(由杉山熙氏制作)

资料来源：日笠端.市町村の都市計画 2——市街化的计划的制御[M].共立出版株式会社，1998.

根据《中国城市建设统计年鉴》，我国城市建设用地扩张速度明显高于人口增长速度，在过去的 20 年里，中国设市城市建设用地增长了 2.7 倍，人口城市化率增长了 1.76 倍(见图 10-6)。

土地城市化必然会带来土地自然属性和社会经济属性的变化。在我国，城市建设用地必须是国有土地，因此，土地城市化必然也是土地产权属性由农村集体土地转为国有土地的过程。

土地城市化与人口城市化之间有着前因后果的逻辑关系。土地城市化和人口城市化都是城市化进程的一部分，且最终要实现人口的城市化。倚赖农用地生存的农民，其土地

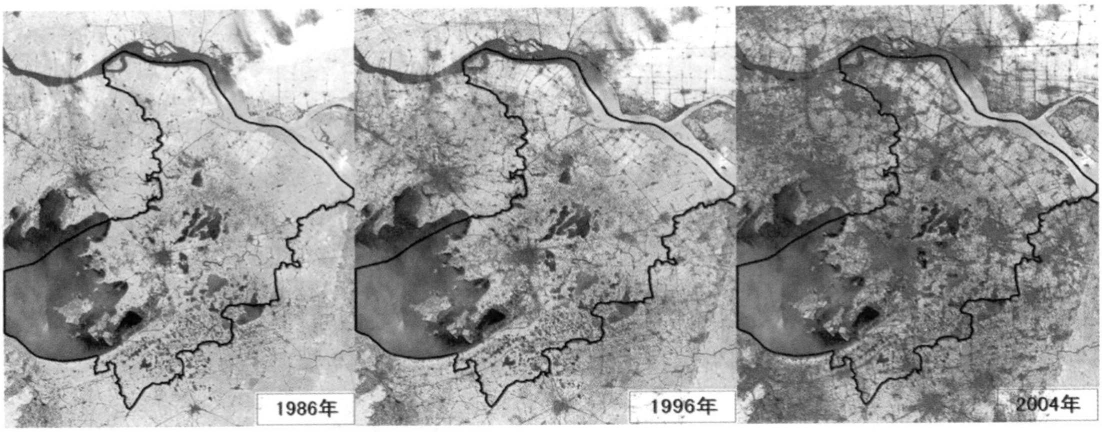

图 10-5 苏州及其周边地区的土地城市化过程

资料来源：戴继锋 2017 年的演讲《新型城镇化背景下城市与交通发展的思考》。

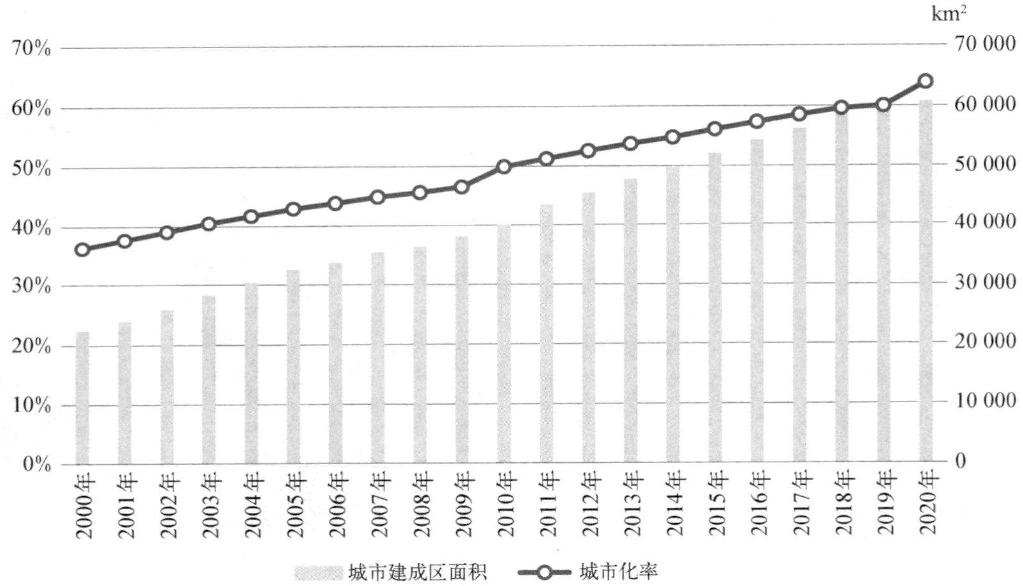

图 10-6 我国城市建成区和人口城市化率的发展趋势

资料来源：历年中国城市统计年鉴。

被征收为城市建设用地后，相应地就是农民也须市民化，土地城市化推动了人口城市化的进程。

这里存在一个中国特色的问题，就是我国实行城乡户籍管理制度①，居民分为农业户口

① 户籍制度是一项基本的国家行政制度。中国历史上的户籍制度是与土地直接联系的，以家庭、家族、宗族为本位的人口管理方式。现代户籍制度是国家依法收集、确认、登记公民出生、死亡、亲属关系、法定地址等公民人口基本信息的法律制度。2014 年 7 月 24 日印发的《国务院关于进一步推进户籍制度改革的意见》取消农业户口与非农业户口区别，合并为居民户口。取消农业户口与非农业户口性质区分和由此衍生的蓝印户口等户口类型，统一登记为居民户口，体现了户籍制度的人口登记管理功能。

和非农业户口。根据第七次人口普查数据，在城镇居住的常住户口人数达到了63.89%，而实现户籍人口城市化的比例只有45.4%，两者相差18.5个百分点。持有农业户口的居民身份隶属于村民小组（队）集体组织，依法享有农村集体经济组织的诸多权益①，但无法享受附着于城市户籍的相关权益，如子女接受公办学校教育和申请经济适用房或限价房等保障性住房等。土地城市化与人口城市化的政策及相关法律法规的制定应当确保农用地的非农化和农村人口的城市化同步发展，确保农民失去赖以生存的土地后能够平等地分享城市化带来的土地增值收益和城市居民待遇。

3. 我国城市的生长

社会经济的转型及快速发展造成乡村人口大规模蜂拥进城市。要容纳新增的城市人口，要么增加城市数量，要么扩大城市建设面积。我国实行"中央—省—地区—县—乡镇"五级行政层级，各级地方政府驻地所在的城市实体，主要有直辖市、设区市、县级市和县城。1980年以来，我国的城市实体数量总体稳中有降②（见图10-7）。因此，城市规模的扩大和城市密度的提高是容纳新增人口的主要途径。

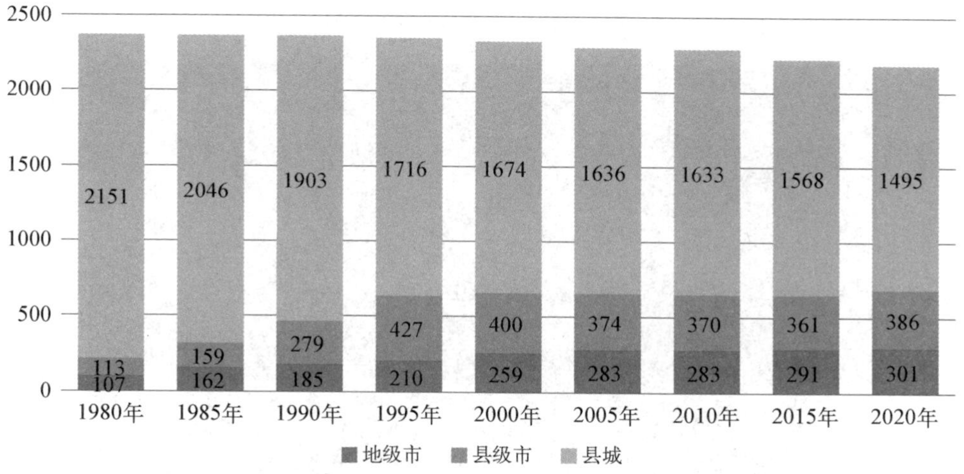

图10-7　我国城市数量变化情况

资料来源：历年中国城市统计年鉴。

北京城市生长与扩展过程的墨迹图类似工业革命后的伦敦（见图4-6）。图10-8显示的是北京城市人口增长以及土地城市化状况。北京的城市建成区面积由1985年的373 km^2

① 享有的主要权益有：(a) 拥有承包地和宅基地，农民可在自家宅基地建房。有承包地、宅基地、林地以及各种各样的补贴，还有近郊区的土地。(b) 享受集体收益分配权、分配土地等集体经济利益。如有些地方村里凡有户口的，每人每年能分红。(c) 征地补偿，对农民集体所有土地实行征收或征用，并按照被征地的原用途给予补偿。(d) 大病保险和新农合，新农合是以大病统筹为主的农民医疗互助共济制度。大病保险对患大病发生的高额医疗费用给予报销，针对参与新农合的农民报销比例不低于50%。

② 随着社会经济和人口城市化的发展，一些县级市会撤市设区，一些县或者镇也会升级为市。从增加角度来看，既有县升级为县级市，也有县级市升级为地级市。比如，广东的东莞县、中山县、宝安县都已经升级为地级市。从县升级为县级市的城市更多，比如，山东的招远县、掖县、黄县、莱西县、平度县都已经升级为县级市。从减少角度来看，很多地级市周边的县因为经济发展好且主城区基本连在一起，就会进行撤市设区。比如，广州增城改为增城区，青岛胶南改为黄岛区，成都双流改为双流区，山东莱芜地级市改为济南辖区，等等，结果就是形成超大型城市。

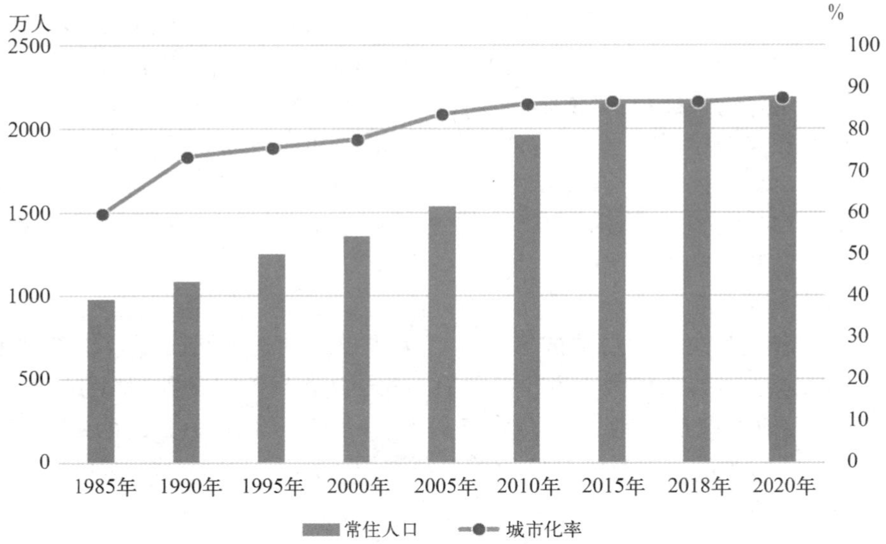

(a) 北京全市常住人口增长及城市化率(2018年)

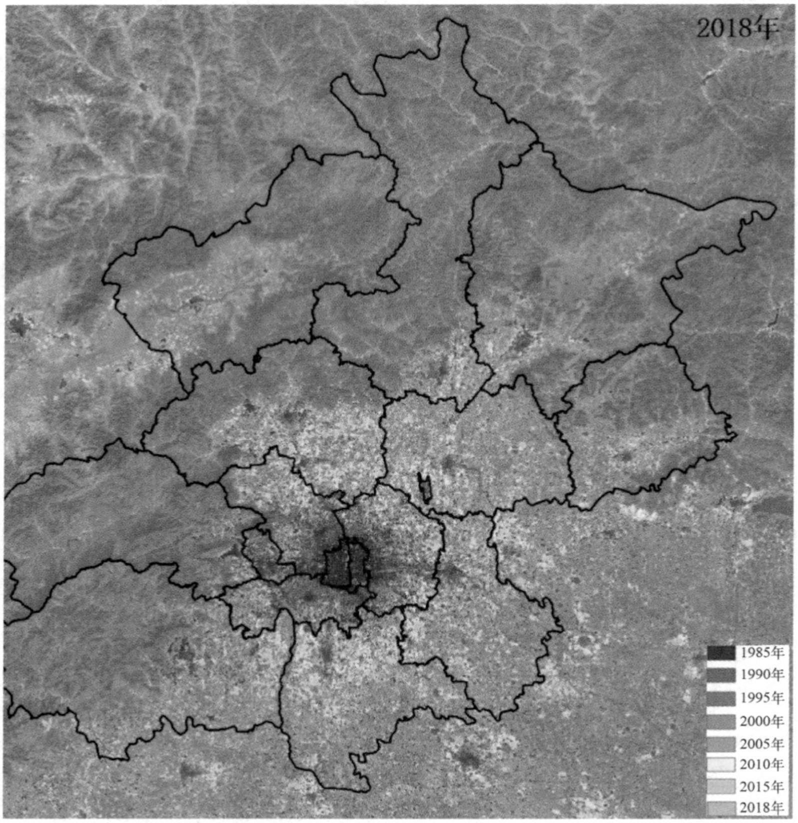

(b) 北京1985—2018年的建设用地变化

图 10-8 北京城市发展变化

资料来源：徐辉，陈明，等. 全球 6000 年城市发展史的接力棒[EB/OL]. 澎湃，https://www.thepaper.cn/newsDetail_forward_6763403.

拓展到2013年的1 360 km^2，到2019年达到1 469 km^2，增长了3.9倍，基本上新增了3个老北京。上海和广州等城市的规模都得到了巨大的扩展。

二、郊区化

郊区化(suburbanizing)是指居住在城市里的居民向市郊扩散的过程。郊区化的动力主要有：① 城市中心区居住环境恶化，居民追求郊区宽敞舒适的独立式住宅；② 地铁及小汽车交通发展，出行速度较快，保证了居民生活的便捷；③ 受就业岗位和商业设施服务外迁的影响，居住、工作在郊区能很好地匹配起来。

郊区化不是逆城市化(或反城市化)，郊区化和城市化都是城市快速生长的表现。若出现从城市返回乡村田园而不再回到城市的现象，以人口集中为主要特征的城市化由此发生逆转，则可称为逆城市化。逆城市化的结果就是区域整体的城市人口负增长，市区出现“空心化”。

相关术语简单区分如下：原本居住在乡村的人口迁居至城市(或城郊)，呈向心迁移之势，称为城市化；若居住城市里的居民逃离拥挤的市中心，呈离心式迁移至郊区居住，但仍然通勤至中心城从事第二、第三产业，则称为郊区化；如果已郊区化的居民再次回到城市中心享受完善的公共服务设施，则称为再城市化(也称绅士化)；如果逃离城市不再回城(不再在城里每年居住半年以上)，则可称为逆城市化。

郊区化不仅仅表现为人口居住区位的迁移现象，而且批发轻工产业以及生产型服务业也出现郊区化现象，这点美国表现得比较显著。大致可以分为三个阶段。

首先是人口居住郊区化——“卧城”发展阶段。西方国家工业化后期出现了城市病①，导致一些富有阶层迁往郊区居住，他们白天到市中心区上班，晚上回郊区休息居住。这种郊区特有的居住功能被形象地称为“卧城”，这是大城市郊区化发展的初级阶段。

其次是工商业郊区化——半独立卫星城阶段。20世纪中叶，随着中心市区那些难以承受高昂地价和环境成本的工厂企业外迁，与它们上下游联系紧密的供货小厂也跟着外迁，从而掀起了工业郊区化浪潮。由于居住人口已郊区化，原来处于市中心的商业(超级市场或购物中心)为接近客户而向郊区居民区迁移。随着中心城区工商业的郊区化，郊区“卧城”的规模、功能以及居民的生活方式均发生了巨大的变化，郊区逐渐成为中产阶级工作、生活和居住的重要场所，原来功能比较单一的“卧城”开始演变为半独立性的卫星城镇。不过，此时的郊区仍与中心城区保持着紧密的联系和依赖关系。

最后是服务业和办公场所的郊区化——边缘城市阶段。20世纪70年代以来，随着灵活、快速、安全的汽车专用公路的发展以及网络通信技术的超速发展，跨国企业的重要专业部门或城市总部、旅馆、科技教育和文化娱乐等服务型行业大规模向郊区扩张，原来半独立性的郊区卫星城镇的第二、第三产业多样化且层级不断提高，城市功能多元化趋势增强，中心城区的郊区化居民以及乡村城市化居民均迁移来此就业居住。原来对中心倚赖较重的卫星城逐步演变成具有相对独立地位的边缘城市，并成为城市扩散进程中新的集聚中心和边

① 城市病是指在城市化尚未完全实现的阶段，因社会经济的发展和城市化进程的加快，由于城市系统存在缺陷而影响城市系统整体性运动所导致的对社会经济的负面效应。城市化的加速发展使城市人口急剧增多和城市用地急剧扩大，城市功能增多，城市系统日益复杂。缓慢起步阶段的城市系统与功能已越来越不适应城市人口增加和城市规模扩张的需要，城市建设系统滞后带来了交通拥挤、住房紧张、基础设施严重不足等城市病。

缘经济增长极，这一阶段属于城市郊区化的成熟阶段（见图 10-9）。

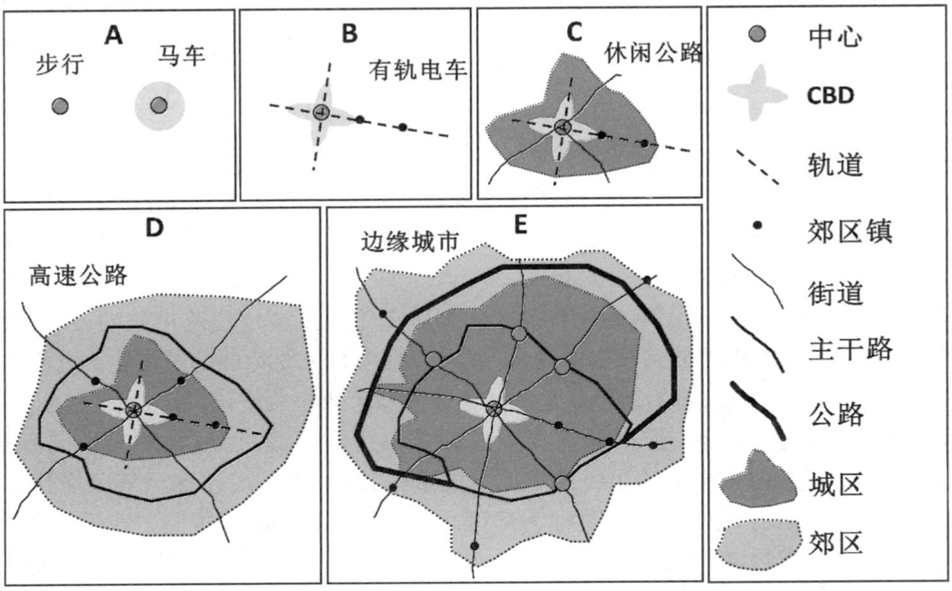

图 10-9　城市化与郊区化空间示意图

资料来源：Rodrigue J. The Geography of Transport Systems (5th edition)[M]. Routledge, 2020.

我国现处于城市化进程过半的阶段，在北京、上海和广州等许多超大城市的边缘区，城市化和郊区化同时存在。村镇、开发区、工矿企业在城乡交互地带相融成一片，高楼大厦、农田村庄、乡镇驻地建成区、独立工矿企业以及高级住宅区等彼此相连，无法明确区分，形成一种松散多样化景观地带。

城市和农村交叉结合的地带通常是城市规划与建设管理中“被遗忘的角落”，存在管理上的“真空”，布局分散，城市整体规划相对落后。由于在城市边缘区，土地便宜且数量较大，项目通常占地较大，密度较低，导致开发强度偏弱。由于“被遗忘”，所以道路交通、公共服务等基础设施建设会相对不足和落后。由于出现管理“真空”，过度追求利润的项目将会罔顾人文历史和景观环境的公共属性而将其私有化。城郊地带的村集体，由于城市化的推进，对集体性质的土地也有进行房地产开发的冲动，造成制度上不规范、产权不完整的“小产权房”。这给城市规划和建设管理带来诸多挑战。

三、出现的问题与挑战

回望工业革命以来的产业发展和城市化历史，世界经历了三次城市化浪潮。第一次是社会经济工业化及分工深化带来的大城市兴起，乡村人口大规模地集中到大城市，城市化趋势占主导；第二次是大城市带来的城市病使得大量城市人口迁移至郊区，中心小城发展迅速，郊区化趋势占主导；第三次就是通过强化大城市与中小城市的交通和网络联系，全面提高大城市的国际竞争力，可以认为此阶段是再城市化或者都市圈化。这个趋势在伦敦、巴黎、柏林、法兰克福、阿姆斯特丹、东京、大阪等城市开始起步，大城市获得了更加重要的地位。

当今产业发展正在经历第六次经济长波，即目前正在萌芽且发展迅速的“大健康”产业，工业化、市场化、城市化和国际化仍在深度进行中。其中，城市化是最核心也最复杂的命题，主要原因是，城市化是工业化的载体、市场化的平台和国际化的舞台。大量农村剩余劳动力转向城市成为市民，是消除城乡二元结构的根本出路，也是扩大国内需求的主要依托。城市化派生的投资和消费需求是拉动经济增长的主要动力。更重要的是，正确的城市化道路选择是实现国家粮食安全的保证，我国人多地少和缺水的基本国情决定了在城市和农村同时实现适度规模经济效益和深化分工，是实现可持续发展的客观选择①。

快速城市化和大规模人口转移带来了非常多的问题和挑战，不仅仅是城市建设过程中城市里显现出来的城市病，而且还有非常复杂的制度上的深层次挑战和难题，如粮食安全、农民利益、土地制度、户籍制度、社保制度、政府考核方法、财税制度、社会稳定甚至人权问题等。城市化是一个由乡村型社会经城乡型社会转变为城市型社会的过程，是一次较为彻底的社会形态上的转变，其间必然出现诸多问题，因为在此转变过程中，传统农村社会的思想、观念、行为方式影响较深，人们习惯于传统的管理方式而无法自动快速切换到城市型的社会管理方式上。这种转型可能花上两代人及以上的时间。

中国的基本国情使得城市化模式的战略选择必须是国家行为。在战略上，从我国人多地少的实际出发，按照建立主体功能区和特大城市圈的思路，从资源环境承载能力和生产力合理布局的角度做好城市群发展规划，对混乱的城市格局做一次整合，以大城市为核心，整合中小城市和小城镇，相应做好政府事权划分、财税、住房、教育、社会保障、土地利用等制度设计，培育和创造符合中国在全球经济中定位的大城市圈。在战术上，需要接受发达国家和部分发展中国家城市病的教训，审慎和负责地处理各类现实问题，在建立城市功能区、接受大量转移劳动力，以及治理大城市带来的噪声、空气和水污染、交通堵塞等社会难题方面走出符合国情的新路径②。

第二节　城市空间结构

现代城市自生成起，就可视为一个有生命力的有机体，会在一定空间范围内不断演变和发展。城市在发展过程中，职能分化带动形态的分化，形成城市内部空间布局，从而使得各个功能区有机地构成城市整体。在上一章，我们了解到影响城市功能布局的自然因素有多种，如地形起伏坡度、地基承载力、河流水系、洪涝灾害等，而且了解到城市的居住生活、工业生产、商业服务、行政办公、文化教育、旅游休闲需求等对自然条件的要求和对区位的偏好。此外，交通通信技术革新、不同的城市功能活动对土地的竞争以及社会群体集团化分层等因素都将对城市空间功能分区或分异产生基础性影响。

---

①　刘鹤.没有画上句号的增长奇迹——于改革开放三十周年[M]//中国经济 50 人看三十年——回顾与分析.中国经济出版社，2008.

②　刘鹤.没有画上句号的增长奇迹——于改革开放三十周年[M]//中国经济 50 人看三十年——回顾与分析.中国经济出版社，2008.

一、交通通信技术因素

交通是城市四大功能之一，起到链接其他三大功能（居住、工作、游憩）的作用。城市之所以能生成和生长，就是因为城市在连接人与人间的沟通交流、物与物间的互换组合方面相较于乡村有巨大的效率和规模优势。交通连接的方式、规模、形态和效率对城市总体布局起到基础性的决定作用。自工业革命后，满足城市居民出行需求的交通方式呈多样化发展。当前，一个城市的交通方式通常有步行、（电动）自行车、（轻型）摩托车、公共（电）汽车、轻轨、地铁、（出租）小汽车等。不同交通工具在实现空间位移上、在不同长度的交通距离上存在不同的优劣势，满足不同层次的交通需求。若从运输能力和适宜距离两个维度进行衡量，可判别不同交通方式的生态位①（见图 10-10）。

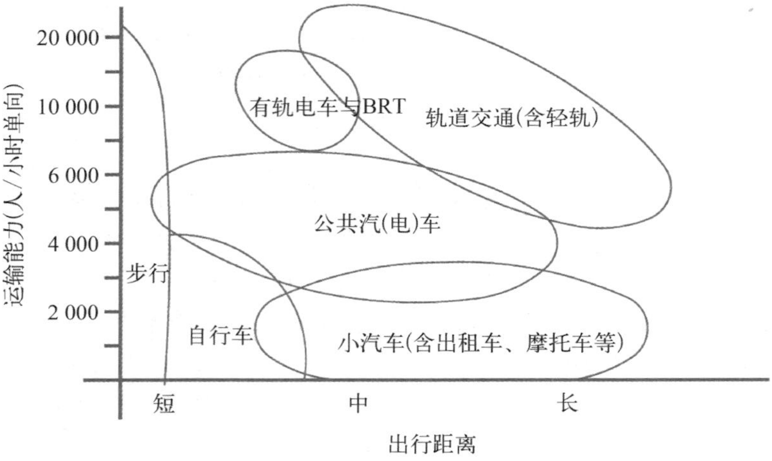

图 10-10　各种交通方式的生态位分布

工业革命前，人类的交通方式主要是步行和马车。那时出现的城市属于据点型，集中在城堡里，劳作半径也很小。在城市街道上，开行的也是有轨马车。工业革命带来的具有机械动力装置的汽车的发明和普及，扩大了居民日常生活的半径。城市一开始沿着有限的几条铺设了车行路的方向扩展，满足上层阶级休闲观光的需求；后来随着筑路技术的突破，尤其是钢筋混凝土路面的敷设（高速公路）以及成本的下降，小汽车得到较大范围的普及，城市开始大规模地向郊外扩展。城市由原来紧凑的单中心向松散的多中心转变，这点在美国的城市发展中得到鲜明的体现。在小汽车逐步普及的过程中，在固定轨道行驶的交通技术也得到了长足发展，如有轨电车、轻轨和地铁，这些适合大运量长距离运输的公共性质的交通方式可极大地满足城市向郊区扩展的需要，但同时由于铁轨不能像街道那样泛在性地建设，城市只能在有限的几条通道上延伸，因而就会形成城市轴向发展形态（见图 10-11）。

① 生态位（niche）是生物学概念，又称生态龛，指一个种群在生态系统中，在时间和空间上所占据的位置及其与相关种群之间的功能关系与作用。在没有任何竞争或其他敌害情况下，所占据的资源或空间称为原始生态位（fundamental niche）。因种间竞争，一种生物不可能利用其全部原始生态位，所占据的只是现实生态位（realized niche）。生态位的概念已得到广泛使用。

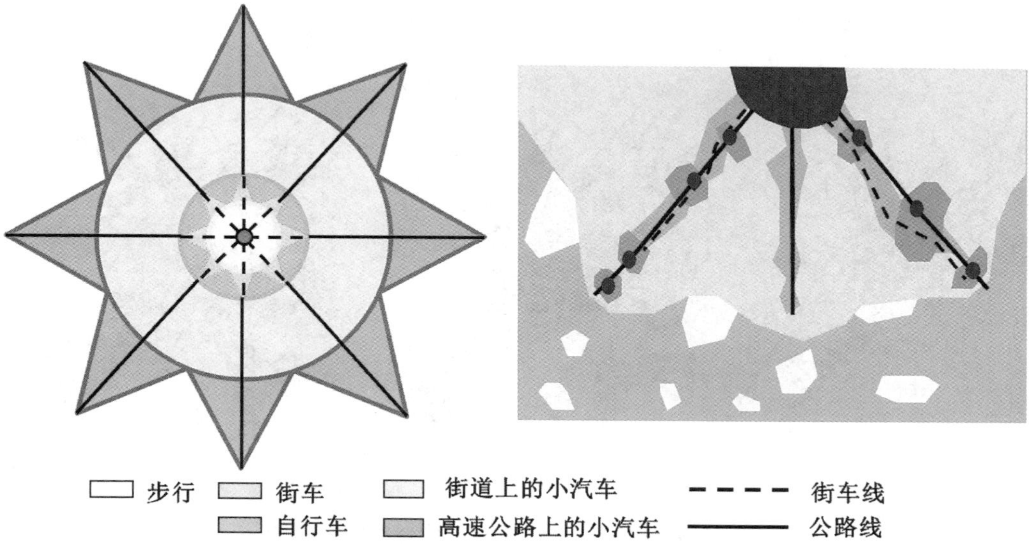

图 10-11　交通技术与城市形态示意图

资料来源：Rodrigue J. The Geography of Transport Systems[M]. 5th ed. Routledge，2020.

交通技术革新对我国城市的发育与发展也同样起到基础性决定作用。受益于水网密集的平原自然条件以及京杭大运河的开通，长江南岸地区的城镇发育较早。上海作为通商口岸，外滩源选在苏州河和黄浦江的交汇处，并利用长江的运输优势，迅速发展起来。此外，沿着京杭大运河发展起来了苏州、无锡和常州等经济发达的城市，并且沿着密集的次级水网生长出了许多小城镇。后来，苏南地区的城镇体系引入了公路、铁路等新式交通方式，城市均沿着交通通道轴向式延伸(见图 10-12 和图 10-13)。

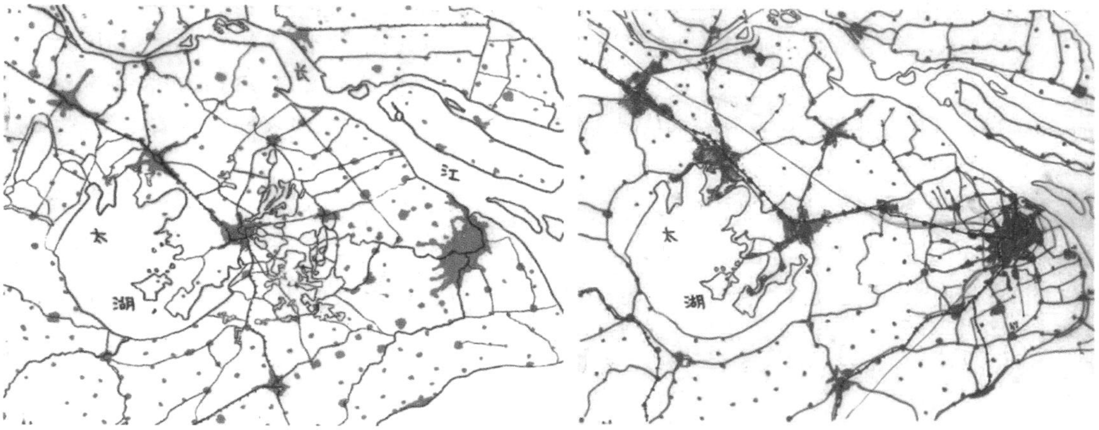

(a) 水网与城镇分布　　(b) 公路、铁路与城镇发展

图 10-12　交通方式革新与长江南岸城市生成与生长

资料来源：徐循初.城市道路与交通规划(下)[M].中国建筑工业出版社，2007.

交通之所以是城市扩张的基础性决定因素，不仅是因为道路或轨道等交通设施的建设为沿线的土地开发带来了土地可达性，而且是因为交通技术革新带来出行速度的加快，使得居民可以在给定的时耗内(出行时间恒定①)到达更远的地方,即城市交通主导方式决定了城市空间发展形态和规模。

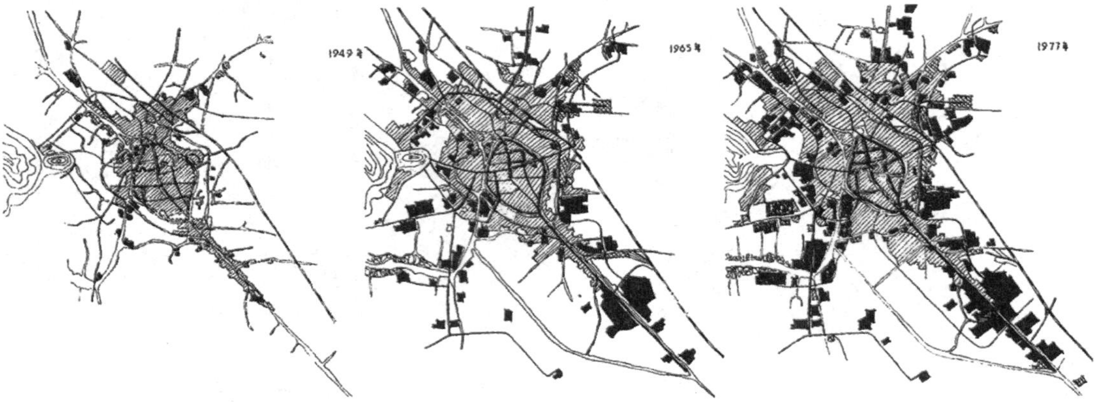

图 10-13　1949—1978 年的无锡城市扩展形态

资料来源:董鉴泓.中国城市建设史[M].4 版.中国建筑工业出版社,2021.

但不同的主导交通方式所能支撑的城市发展形态是不一样的。同样人口规模的城市,选择不同的主导交通技术会呈现不同的城市总体布局形态。以公共交通(尤其是大运量的轨道交通)为主导的城市形态通常是轴线式,围绕着站点高密度开发,形成功能综合且强大的中心区,围绕换乘站点会形成功能较弱的次中心;以私人小汽车为主导的城市开发形态则是低密度扁平化形态,没有一个规模较大、功能综合强大的中心区,只会出现许多个专业化分中心,分中心服务各自的居民需求和区域功能;公共交通和小汽车并重的城市,既会有一个较强的主中心,也会存在多个次中心,主中心与次中心间的能级差异以及职能分工程度不会很清晰(见图 10-14)。

图 10-15 显示的是 1990 年亚特兰大和巴塞罗那两座城市的形态,亚特兰大的主导交通方式是小汽车,250 万人居住在 4 280 km^2 的城市土地上,是城市人口密度最低的城市之一;有 280 万人的巴塞罗那,其主导交通方式是公共交通(街车),其建成区面积只有 162 km^2,是世界上人口最稠密的城市之一。

主导交通方式的选择和城市发展形态的选择是一个彼此适应、相互调整的过程。对于已经建成的城区,通常是城市交通方式的革新适应城市建设的需求;对于需要开发的新建城区,则应保证土地可达性的泛在,即在通过道路建设把土地划分成街区的前提下,先明确新建城区的主导交通方式,再决定城市开发形态。

---

① 有学者根据大量的文献追踪比对,发现在个体层面,因个体的诸多因素,如个人及家庭特征(如收入水平、性别、就业及交通工具保有)、在目的地的活动属性(活动的内容及持续时间)以及所居住地区的特征(如密度、空间结构及交通设施服务水平)不同,出行时间会表现出较大的差异。但总体上,出行时间预算是存在的,而且是恒定的,即一个人一天的通勤时间基本上在 1 小时上下波动。在交通上所愿意支付的金钱成本类似时间成本,交通费用所占总收入的比例波动范围在 10%～15%。Mokhtarian P L, Chen C. TTB or not TTB, That is the Question: A Review and Analysis of the Empirical Literature on Travel Time (and Money) Budgets[J]. Transportation Research Part A, 2004, 38: 643-675; Ausubel J H, Marchetti C, Meyer P. Towards Green Mobility: The Evolution of Transport[J]. European Review, 1998, 6(2): 137-156.

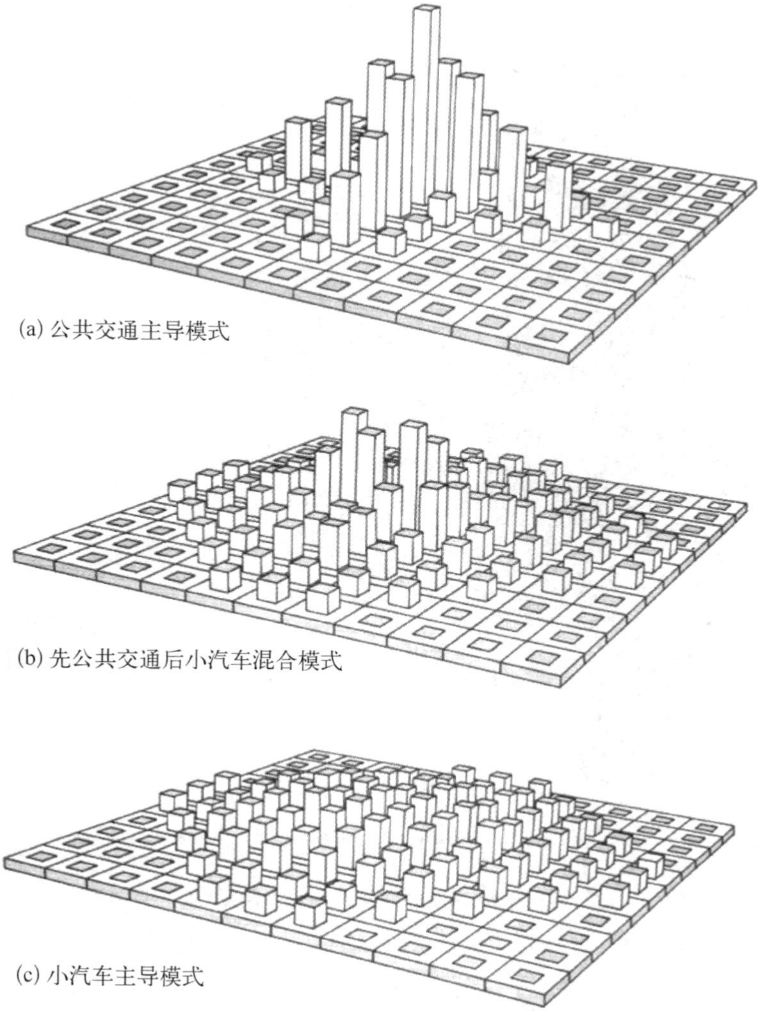

(a) 公共交通主导模式

(b) 先公共交通后小汽车混合模式

(c) 小汽车主导模式

图 10-14　不同交通技术主导下的城市开发密度形态

资料来源：Hartshorn T A. Interpreting the City: An Urban Geography[M]. 2nd ed. John Wiley & Son, INC, 1992.

二、土地竞租因素

作为人口、商品以及信息资源等高度集中的市场地，城市中心区具有天然的区位优势，因此，不管是从事商贸服务业还是企业（或行政）管理以及信息交流等城市功能活动，都会本能地靠近市中心选址。市中心的土地资源相较于需求而言永远是稀缺的，因而土地资源的功能利用必然受到经济学规律的影响。土地竞租（bid rent）理论是解释城市各种功能在空间上分布规律的经济学话语体系。

无论是零售商、办公人员还是居民，作为城市土地使用者，都愿意为中心区内最便利的土地支付一定的金额，这一虚拟金额即称为“意愿支付租金”。不同区位的土地，不同功能活动的“意愿支付租金”相差巨大。商业（尤其是百货公司和连锁店）愿意为市中心区位的土地

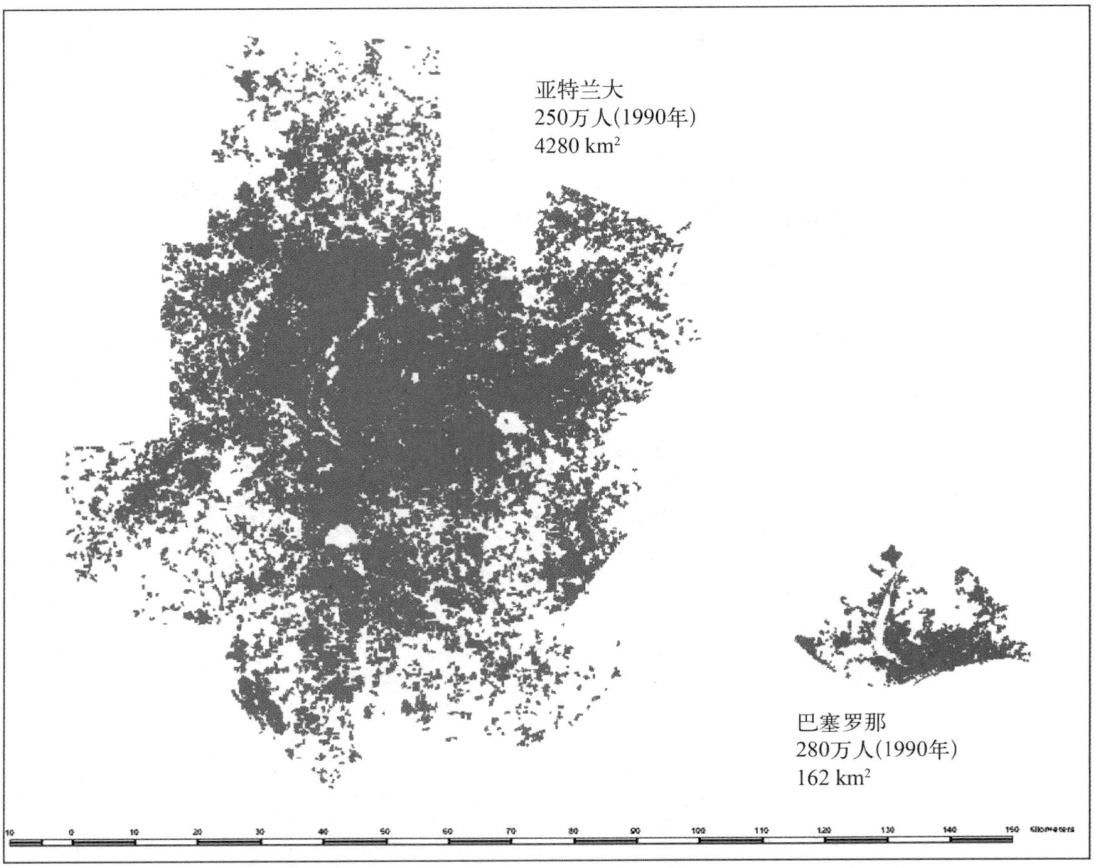

图 10-15　城市土地开发的形态比较(亚特兰大与巴塞罗那)

资料来源：Bertaud A. Order without Design：How Markets Shape Cities[M]. The MIT Press，2018.

支付最昂贵的租金，因为中心区位的土地对其极具价值，是传统意义上对广大人群而言最便利的区域。为了达到相当可观的营业额，中心区巨大的人流对于百货商店而言至关重要。因此，它们愿意也有能力支付极为高昂的土地租金。土地越远离中心商务区，交通联系越不便，市场效应也越弱，对于商务办公及零售商业的吸引力越弱，商业活动的“意愿支付租金”会迅速下降。居民可以在这些距市中心较远的地方购置土地，因为居住活动并不十分依赖这些因素，而且居民对市中心土地的“意愿支付租金”也不高。工业则更愿意选址在城市郊区，因为在那里可以利用更多的土地建设流水化作业的工厂，毕竟郊区的土地比中心区的土地便宜许多，单位土地上的工业生产赢利能力低于商务活动。商务、居住和工业三者对城市土地的需求分布规律呈同心圆模式(见图 10-16)。

不同的土地使用者会为了得到紧邻市中心的土地而彼此竞价，这一竞争活动称为“竞租”，即按照资源配置规律“价高者得”的竞拍原则，把土地分配给出价能力最高的功能活动。因此，市中心的土地价格最高。如此，在城市土地资源配置的过程中，不同的土地使用者理论上会达到均衡状态。这一均衡状态称为静态均衡，必须同时满足以下五个条件。

(1) 企业选址的均衡。在充分竞争的市场机制下，企业选址要在地租水平和运输(出

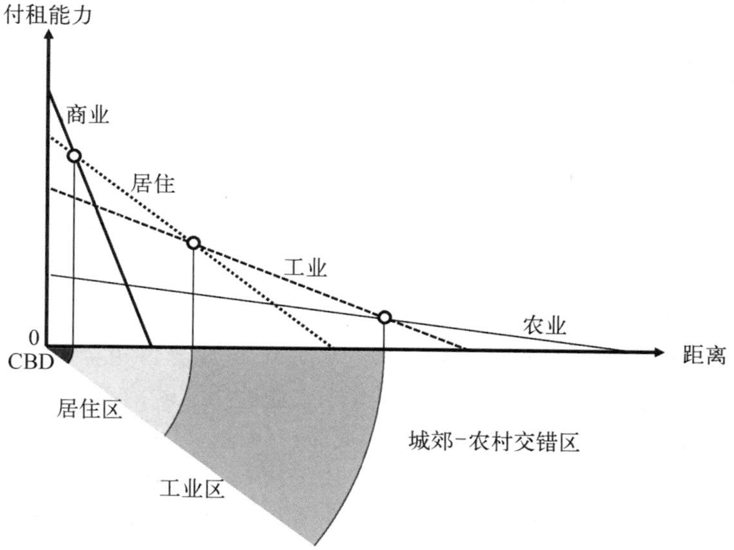

(a) 单中心

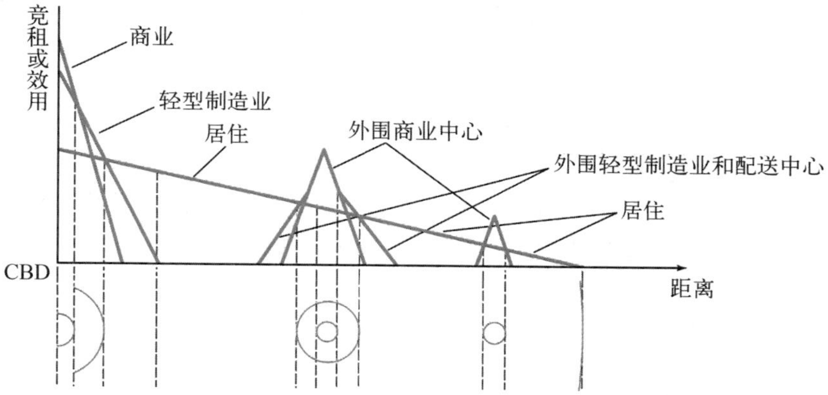

(b) 多中心

图 10-16 土地竞租曲线及土地功能示意图

资料来源：William A. Location and Land Use：Toward a General Theory of Land Rent [M]. Harvard University Press，1964.

行）费用之间进行权衡。地租高的地方，运输费用会少；反之，地租低的地方，运输费用会高。优越的区位可能节省了生产成本，但租金上升又起到了平衡作用，从而各个区位上各企业的总成本支付均是无差异的。当所有区位上的企业均达到零经济利润状态，企业都没有改变区位的动机时，企业选址就实现了均衡。

（2）家庭选址的均衡。居民竞争优越的居住区位就要支付较高的租金，经过不间断的选择调整，最终各个家庭在各个区位上的住房总支出是无差异的。当所有的家庭（无差异的典型家庭）在市内各区位上都获得了同水平的效用，任何家庭都没有再改变居住区位的动机时，就实现了家庭选址均衡。

(3) 区位竞价的均衡。在充分竞争条件下,土地总是被出价最高的使用者获得。在同一区位上,不同的企业或家庭的竞租水平不同,只有出价最高者才能获得该区位的土地。企业的最高租金出价取决于其土地要素的边际生产力、交通费用和产品价格,否则企业将难以达到生产均衡,而家庭的最高租金出价则是由其效用最大化下的消费均衡所决定的。所以,某一区位具体配置哪种类型的经济部门,是通过土地市场上的竞价均衡来实现的。

(4) 劳动力市场的均衡。形成以上均衡还必须保证城市内的工商业劳动力需求与居住区的劳动力供给相适应,否则就会有城市人口的迁入或迁出,从而影响地租乃至土地利用的变动。

(5) 土地利用边界的均衡。在两类土地利用的边界,两类土地的地租必须一致,如在中央商务区与居住区交界的土地上,商业活动和居住活动的"意愿支付租金"是相等的,否则边界将会移动。在城市土地利用边界上,城市地租等于农业地租。若前者大于后者,则城市用地必然侵占农用土地而向外扩张;反之,则不能形成城市用地。

满足上述几个条件后,城市用地结构就达到了均衡状态,从而决定了城市内部空间结构的形成。一般来说,服务业中,非土地要素对土地的替代性较强,在市中心土地的边际生产价值较高,从而地租出价较高,故占据了市中心地区的土地。住房、制造业紧随其后,故分别居于中间和边缘地带。对于同一种土地功能利用,在不同的区位,资本替代土地强度不同:分布在中心位置的住宅通常是高层公寓,人口密度和建筑密度较高,建筑面积替代土地面积的比率高;分布在郊区或农村的住宅则多半是半独立住宅或独立住宅,人口密度低,建筑面积替代土地面积的比率低。因此,可以看出,即使是同一种功能活动,其内部的差异也会在市场机制下形成同心圆形的分层结构模式。

我国城市的空间结构基本上是在原有城市模式的基础上,经过大规模的工业建设和住宅开发而形成和发展起来的,形成了工业区、居住区、商业区、行政区、文化区、旅游区等多功能分区组合配置的空间结构布局,仍体现了一定的圈层分异特征。

三、社会文化因素

城市是人造且为人的。有人群的地方就会出现差异,有差异就会分群,这是人类的本性。我们总是会不由自主地被划入某个群体,或是因为实际需要而组建一个群体,这些群体有着不同的嵌套方式,有可能交叉重叠或是彼此分离,群体规模也大小不一。几乎所有的群体都会和与自己相似的群体在某些行为方式或其他方面存在竞争①。

因此,在城市里,只要市民的经济收入和社会地位参差不齐,差异就会体现在空间上,所以城市里既有高档住宅区,也有低收入居住区。芝加哥学派重要人物路易斯·沃思(Louis Wirth)根据"规模扩大""密度提高""异质性强"这三个城市人口特征推演出与农村迥然不同的城市生活方式。城市人口增加带来丰富的劳动分工和专业化,也彻底改变了其间的人际社会关系。人际交流由首属关系(熟人社会)变成次属关系(角色社会),众多社会角色代替熟悉人群构成城市生活的主导模式。城市人口高密度导致对城市有限资源的竞争更为激烈,进一步导致社会的混乱和不稳定。城市人口异质性增强引起居住地域分化,人们按同质

---

① 爱德华·威尔逊. 人类存在的意义:社会进化的原动力[M].钱静,魏薇,译. 浙江人民出版社,2018.

组合，分别聚居在相互隔离的地区。这种现象体现在收入不同的人群之间，更突出反映在不同种族依照各自生活方式的集聚上①。由此，美国大城市里普遍存在黑人区、唐人街、犹太人区、拉丁区等。芝加哥人口分布呈现出明显的“马赛克”(mosaic)空间格局，不同种族集聚造成社会隔离(见图 10-17)。

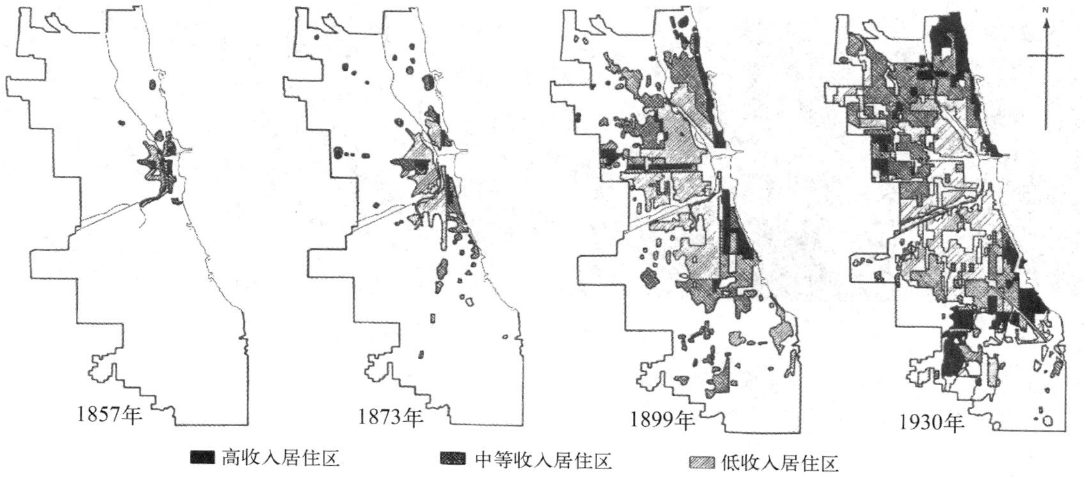

图 10-17　芝加哥社会阶层分布的“马赛克”及其演变

资料来源：Knox P, McCarthy L. Urbanization: An Introduction to Urban Geography[M]. 3rd ed. Pearson, 2011.

我国城市虽然没有种族问题，但居民经济收入水平差距确实存在。城市住房商品化运动强化了居住空间质量的差异，新建门禁小区居住质量大幅度提高，居住环境质量低下的老旧住房小区未见显著改善，因而也形成了城市的“马赛克”。城市的人口分布“马赛克”现象反映了人群依照自身文化和生活方式有选择地集聚(见图 10-18)。

图 10-18 中的右图展示的上海中心城区于 20 世纪 20 年代建成的某街坊，建筑密度高，街坊内几乎没有空地和绿地。住房平均层数 2 层，容积率 1.83，建筑密度 73%，初始建筑质量水平不高且密度偏高。此街坊在 20 世纪 40 年代已经呈现出工业、商业、居住高度混杂的状态，随着居住人口密度上升，“弄堂”公共通行空间被广泛蚕食，出现空间环境自我恶化的“公地”产权状况，空间环境管治水平日益低下。街坊居住空间质量下降促使有经济能力的户籍原住民出走寻找更好的居住环境。2000 年，该街坊 49.1%的户籍人口已经搬离；2020 年，离开的户籍人口达到 70.7%，留下的多是低收入居民。同时伴随着外来流动人口进入，2000 年，该街坊的流动人口占比 13.3%，到 2020 年上升至 40.9%，基本判断是低收入群体。经过多年的过滤，此街坊蜕变成高发展水平城区中低收入群体集聚的城市“马赛克”。

城市化带来人口迁移以及城市内部人口再迁移，城市空间单元会随着社会和经济的发展不断转型，向上提升或向下衰败。城市人口的空间集中、分散、隔离、侵入和代替现象及其生活方式的演变会极大地影响城市土地利用模式②。

① Wirth L. Urbanism as a Way of Life[J]. American Journal of Sociology, 1938, 44(1): 1-24.

② 罗伯特·E. 帕克. 城市：对城市环境中的人类行为的研究建议[M]. 杭苏红，译. 商务印书馆，2016.

图 10-18　上海城市空间的“马赛克”

资料来源：朱介鸣.空间管治质量造成社会集聚隔离：新的城市“马赛克”现象[EB/OL].《城乡规划》杂志，http://www.shspdi.com/index.php?a=shows&catid=9&id=151.

四、城市空间结构概念模型

以上三种因素都深刻地影响着城市空间结构的形成和总体布局形态。20 世纪初的芝加哥社会学派在研究城市生活方式演变、城市土地利用模式和城市人口分布方面有重大的发现和独特的认识。主要提出了同心圆、扇形和多中心三大城市空间结构概念模型(见图 10-19)。

1. 同心圆结构

美国社会学家欧内斯特·伯吉斯(Ernest Burgess)等人根据对芝加哥的调查，认为由于人口流动对城市功能地域分异所具有的五种作用力(向心、专业化、分离、离心、向心性离心)在各功能地带间的交叉变动，城市空间表现为自中心区由内向外呈圈层扩展的同心圆结构模式。这一模式揭示了开发地块的土地利用集约程度及地价与距城市中心区距离之间的关系，其从动态角度对城市空间变化特征所进行的分析比较基本符合单中心结构的城市。

2. 扇形结构

荷马·霍伊特(Homer Hoyt)在研究了美国若干中小城市和大城市的房租资料后，在 1936 年提出了扇形地带理论(又称楔形理论)。这一理论考虑到了运输系统对城市空间扩展的影响，认为城市空间在由市中心向外扩张时并非均质的，道路交通具有引导作用，放射形道路附近的高租金地域呈楔形向外扩展，低收入住宅区位于高租金地域之旁，城市的富裕阶层决定着城市住宅区的布局形态。

3. 多中心结构

罗德立克·麦肯齐(Roderick Mckenzie)在 1933 年首先提出了“多核心”学说，昌西·哈里斯(Chauncy Harris)和爱德华·乌尔曼(Edward Ullman)对该理论加以发展，认为现实的

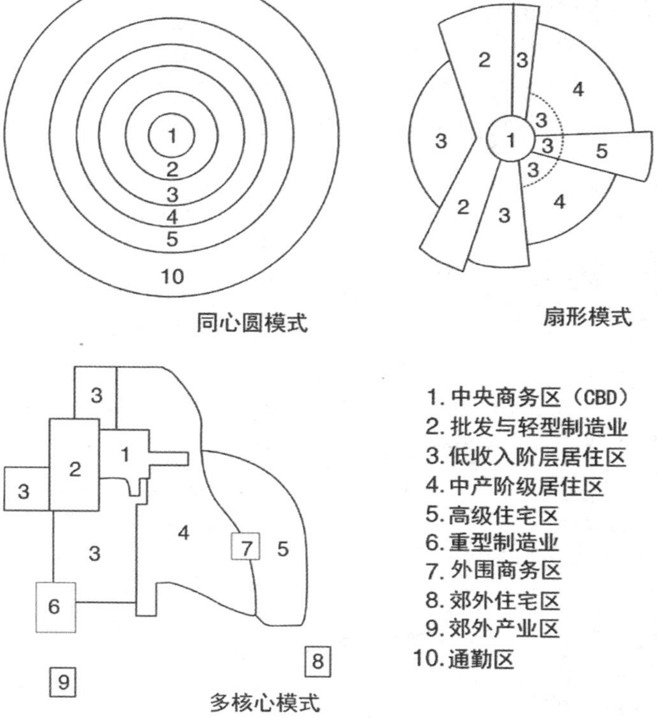

图 10-19　芝加哥社会学派提出的城市空间结构三大概念模型

资料来源：Knox P，McCarthy L. Urbanization：An Introduction to Urban Geography[M]. 3rd ed. Pearson，2011.

城市常存在两个以上市中心和若干副中心，这些中心各有自己的吸引范围，在城市成长中发挥着不同的作用，其中间地带会不断得到填充。城市越大，其核心越多。他们还提出城市地域结构形成过程中应遵循一些基本原则。这一模式涉及城市地域发展的多元结构，较前两种模式考虑到了更多的因素，揭示了城市地域分化的复杂性和影响因素的多样性。该模式对功能区的大小和布局序列并未做出机械的规定，更加符合实际情况。

没有哪种单一模式能很好地适用于所有城市，但以上三种城市空间结构概念模型能够在不同的程度上适用于不同的城市。

第三节　城市空间形态

从城乡二元视角来看，人口的迁移有从乡村向心式向城市集中和城市中心人口离心式向城郊分散迁移两种方式，分别称为集聚式和分散式两股力量。只要不出现城市人口返乡运动，城市就不会消解。城市作为体现现代性的主体，代表着人类社会文化发展方向，需要扩展城市以容纳新增的人口（包括城市人口的自然增长以及进入城市的乡村迁移人口），也就需要对城市土地开发利用进行总体上的布局。

一、空间形态是结构的投影

城市作为一个开放复杂的巨系统，必然存在系统结构。城市结构就是城市这个复杂巨系统各功能部分间相互联系而呈现出的一种网络状、层级状模式。城市结构反映城市功能活动的内在联系，是构成城市经济、社会、环境发展的主要要素在土地使用上的投影（见图 10-20）。各要素在一定时间内形成相互关联、相互影响与相互制约的关系。城市结构可以认为是内涵的、抽象的，由点、线、面等几何要素来表达。城市结构既可以表现经济、社会、用地、资源、基础设施等方面的相互关系，也可以表现政策、体制、机制等非物质的构成要素间的相互关系。

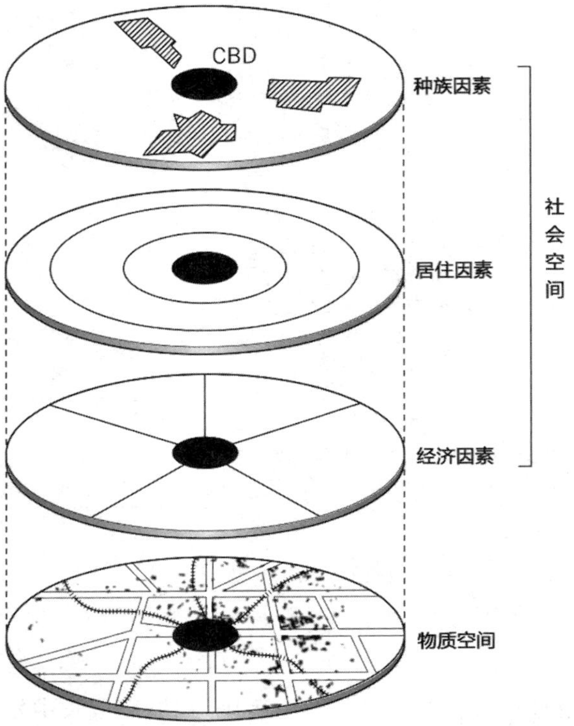

图 10-20　三大概念模型与实际城市空间形态

资料来源：Knox P，Pinch S. Urban Social Geography：An Introduction[M]. 6th ed. Pearson，2010.

形态是指事物在一定条件下的表现形式，如形状姿态或状态。与之对应的英文词汇有 form，shape，pattern 和 morphology。城市如同一个有机生命体，由不同的“器官”组成，各自承担着相应的城市功能，并维持相互之间的联系和整体的不间断运转。城市形态是城市结构整体和内部各组成部分在空间地域的分布状态，通常是指城市建成区的平面形状、内部功能和道路系统的结构与形态，是城市结构在土地载体上的投影。城市形态是表象的，是构成城市各物质要素和非物质要素在空间上的呈现状态。

城市结构及其形态所表现出的城市系统各要素发展变化间的形式与特征，是一种复杂的经济、社会、文化现象，是在特定的地理环境和一定的社会经济发展阶段中，人类各种活动与自然环境因素相互作用的综合结构。城市形态是在历史发展过程中形成的，或为自然发展的结果，或为规划建设的结果，或为两者交替作用的结果。

城市功能、结构与形态三者的协调关系是城市成败、兴衰的标志，也是体现城市形象的重要方面。城市功能和结构之间应保持相互配合、相互促进的关系。功能的变化往往是结构变化的先导，城市常因功能上的变化而最终导致结构的变化。结构一旦发生变化，又要求有新的功能与之配合。城市规划的不合理和建设发展的不恰当，或者城市功能的失控和管理的不严，将导致城市问题的产生。解决城市问题需要从城市布局结构入手，切实把握城市问题的关键，采取行之有效的对策。

一个城市问题解决了，城市会在一个新的发展阶段上得到提高和开拓，但有可能在另一个层面上产生新的问题需要解决；如此，周而复始，持之以恒，能动、综合地解决城市问题，城市总体布局才得以趋向合理和完善。城乡规划学诞生的核心宗旨就是能动地解决城市问题。

二、城市化形态

容纳新增城市人口的基本方式有三种：一是通过城市更新提高开发强度以提高人口密度，二是在城市边缘顺延式扩大中心城区的用地边界，三是在现有中心城区之外建新城新区。在现实中，很多城市会同时采用以上三种方式，只是三者间的比重组合关系不同而已。如果城市新增建设用地极度缺乏，只能在现有的城市建成区上做文章，那么就会以城市更新为主；如果现有中心城区规模不大，而且可新增足够的土地以容纳新增人口，那么就会选择"摊大饼"模式在城市边缘区连续开发，当然城市中心随着人口的增加，功能也会通过更新方式得到进一步提升；如果现有中心城区规模很大，已经出现了诸多城市病，而且预期未来还要新增大量的人口，那么就会倾向于选择"跳开老城建新城"的策略，或者在现有的小城镇基础上，培育具有疏解中心城功能的次中心或者新中心。

第二种方式基本上适合城市问题不多也不严重的中小城市，其空间结构可用第二节中介绍的三种空间结构概念模型去框定，布局形态相对简单。因此，在进行城市规划研讨和调整的过程中，不应彻底抛弃"摊大饼"模式，而是要根据城市自身的实际情况选择最优方案。

第三种情况通常出现特大城市里。一方面，城市本身的问题较多且较为复杂；另一方面，考虑到我国行政区划体系①的复杂情况，解决问题的备选方案会有多个，形态也各异，使得一般性地阐述我国城市空间结构及其布局形态有"张冠李戴"之虞（同一个概念，说的不是一个事物对象）。此时，应先廓清与城市形态相关的概念（见图 10-21）。

（1）中心城区。通常是团块状的主城区，一级政府机构的驻地，规划范围通常包括邻近各功能组团以及需要加强土地用途管制的空间区域。

（2）都市区。在市辖区范围之内、中心城区之外仍有乡镇一级政府驻地，该地段有城建基础，通常是城市功能体系布局的次中心。若是地级市，通常还有邻近的县政府驻地作为次中心而形成形态上的多中心城市，或称都市区。

（3）都市圈。以一个或多个中心城市为核心，以发达的联系通道为依托，由核心城市及外围社会经济联系密切的地区所构成的城市功能地域便是都市圈。都市圈是都市区发展的高级阶段，其地域空间范围大于都市区。在中国城市管治体系下，都市区空间范围一般界定在中心城市行政管辖的地域范围内，而都市圈是跨市域的地域空间组织。从城市群的角度

---

① 我国《宪法》规定：中国行政区划分为省级行政区、县级行政区、乡级行政区三个级别。但因为省一级政府没有办法直接管理太多的县，只好在省和县之间安插一级不受宪法承认的地级市（通常称为设区的市）来"分担工作"，实行"市管县"。"市管县"是一种"城乡合治"思路的产物，希望通过市管县来进行城乡互补，缩小工农"剪刀差"，实现城乡一体化，把城市经济区与行政区的形式统一起来。但是，因受到我国的行政性分权改革且政府职能转换不到位的影响，两者没有得到真正的统一，仍沿用传统的行政手段与管理方式对所辖市县进行经济管理。与我国行政区级别划分对应，我国的城市级别也分为"直辖市（省级）—设区市（地级）—不设区市（县级）"三级。直辖市通常直管县区，地级市则直管区、代管县（市）。县与区虽属同一级别，但县是完整独立的一级行政区，而区则是地级市辖区的部分，很多职能部门机构是市级部门的派出机构，而不是区政府下设的部门，完整独立性相较县而言要差很多。区县下一级行政单位则是街道/乡镇，再下一级的单位是社区/居（村）委会。社区/居（村）委会不属于行政单位，但承担社会管理或服务的职能。

界定，则都市圈通常是指城市群内部以超大城市、特大城市或辐射带动功能强的大城市为中心、以一小时通勤圈为基本范围的城市化空间形态。

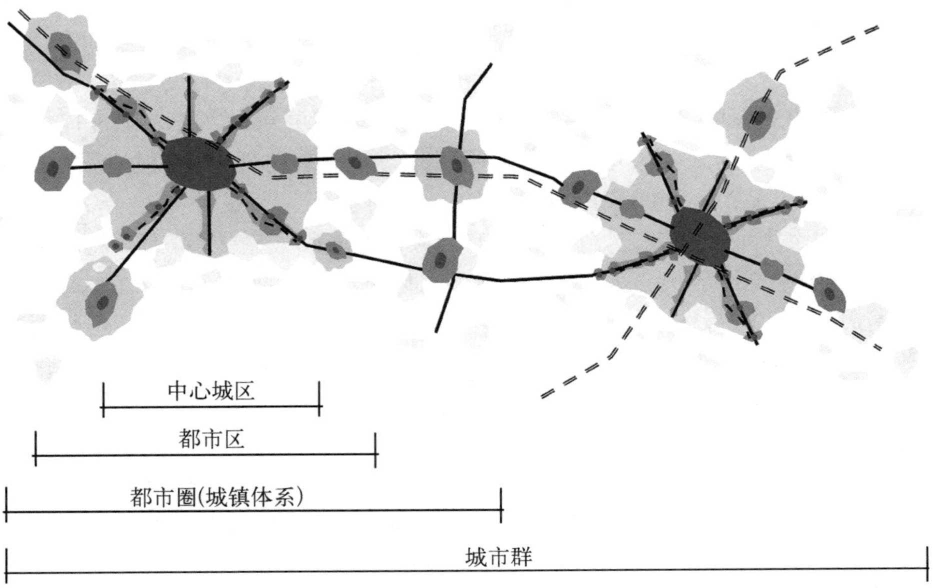

图 10-21　城市形态范围及其概念

(4) 城市群。城市群是在特定地域范围内，一般以一个以上特大城市为核心，由三个以上大城市为构成单元，依托发达的交通通信等基础设施网络所形成的，空间组织紧凑、经济联系紧密并最终实现高度同城化和高度一体化的城市群体。城市群是在地域上集中分布的若干特大城市和大城市集聚而成的庞大的、多核心、多层次城市集团，是都市区的联合体，是城市发展到成熟阶段的最高空间组织形式。

都市圈和城市群两种城市化形态的范围通常跨市域甚至跨省域，重点研究的问题主要是区域协调，协调不同级别的政府在城市区域土地开发、区域基础设施或生态环境方面的区域管控、联防联控及体制机制。城市总体布局形态通常关注的是中心城区尺度和城市区域尺度上的总体布局形态。

三、城市总体布局形态

城市形态是城市用地、街道的格局所表现出来的形状，是城市生成与成长的形式及其结构、功能和发展的综合反映。建筑学科研究建筑实体与街道及开放空间关系时，所采用的思想框架是“图底理论”(figure-ground theory)，图即地面建筑实体(soild mass)，底即开放虚体(open voids)。每个都市环境中，实体与虚体的相对位置及比例关系都有一个既定的模式(见图 10-22)。

通过在不同尺度上选择相关要素为“虚”和对应要素为“实”，可反映不同尺度的城市形态。

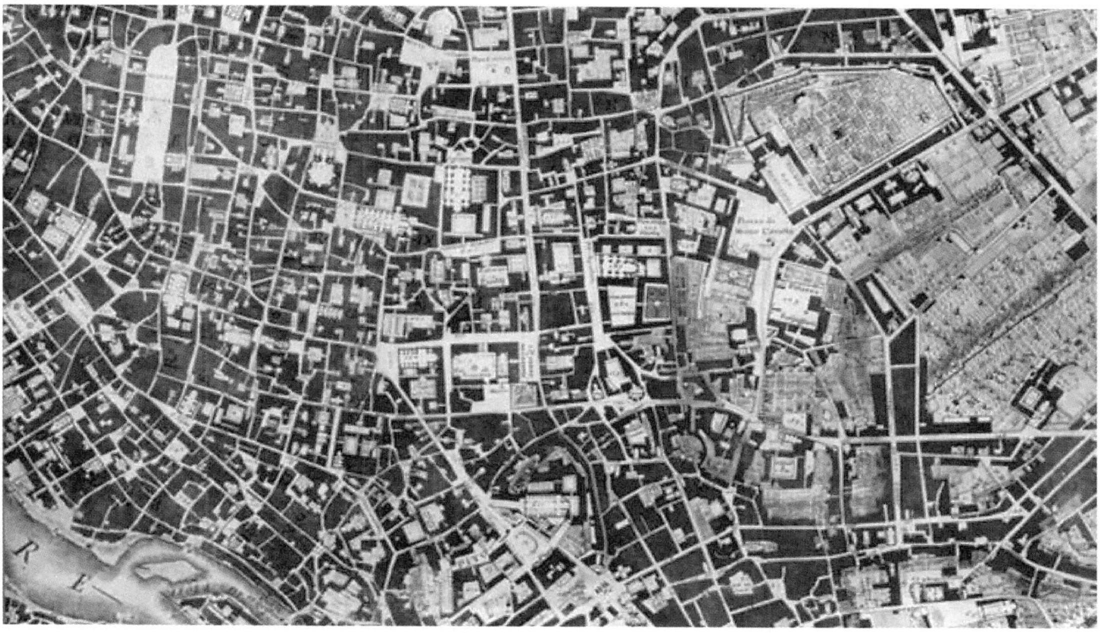

图 10-22　罗马城市形态的图底关系图

资料来源：罗杰·特兰西克.寻找失落的空间：城市设计的理论[M].朱子瑜，等译.中国建筑工业出版社，2008.

1. 中心城区布局形态

在团块状的中心城区尺度上，城市各类街区具有功能的用地是城市活动的主要载体，是城市形态的主要构成要素，在很大程度上是构成城市空间印象的主体。而其功能的发挥必须倚赖城市道路等基础设施为其提供支撑，街道空间为建筑的采光、通风和交通出入提供基本条件，二者相互联系，共同组成一个维持城市运转的整体。此时，城市街坊是"实"，街道是"虚"，二者表现出的虚实关系，"虚"决定"实"，即不同的道路形态决定了城区的空间形态。

道路网络的基本形态主要有方格网状、环状、放射状和不规则状。由于城市功能的多样性和层次性，由单一的基本形态组成的城市形态较少，更多是基本形态的组合，如交通干道网主要有"放射状＋环状""方格网状""方格网状＋放射状""方格网状＋斜线"等(见图 10-23)。城市普通道路的布局形态则由于历史原因或规划理念的不同等，形态千差万别且丰富多彩(见图 10-24)。

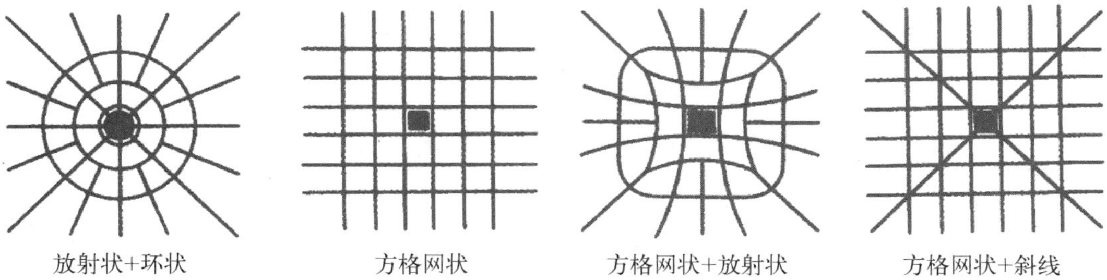

图 10-23　干道网的基本形态组合

资料来源：日笠端，日端康雄.城市规划概论[M].3 版.祁至杰，陈昭，孔畅，译.江苏凤凰科学技术出版社，2019.

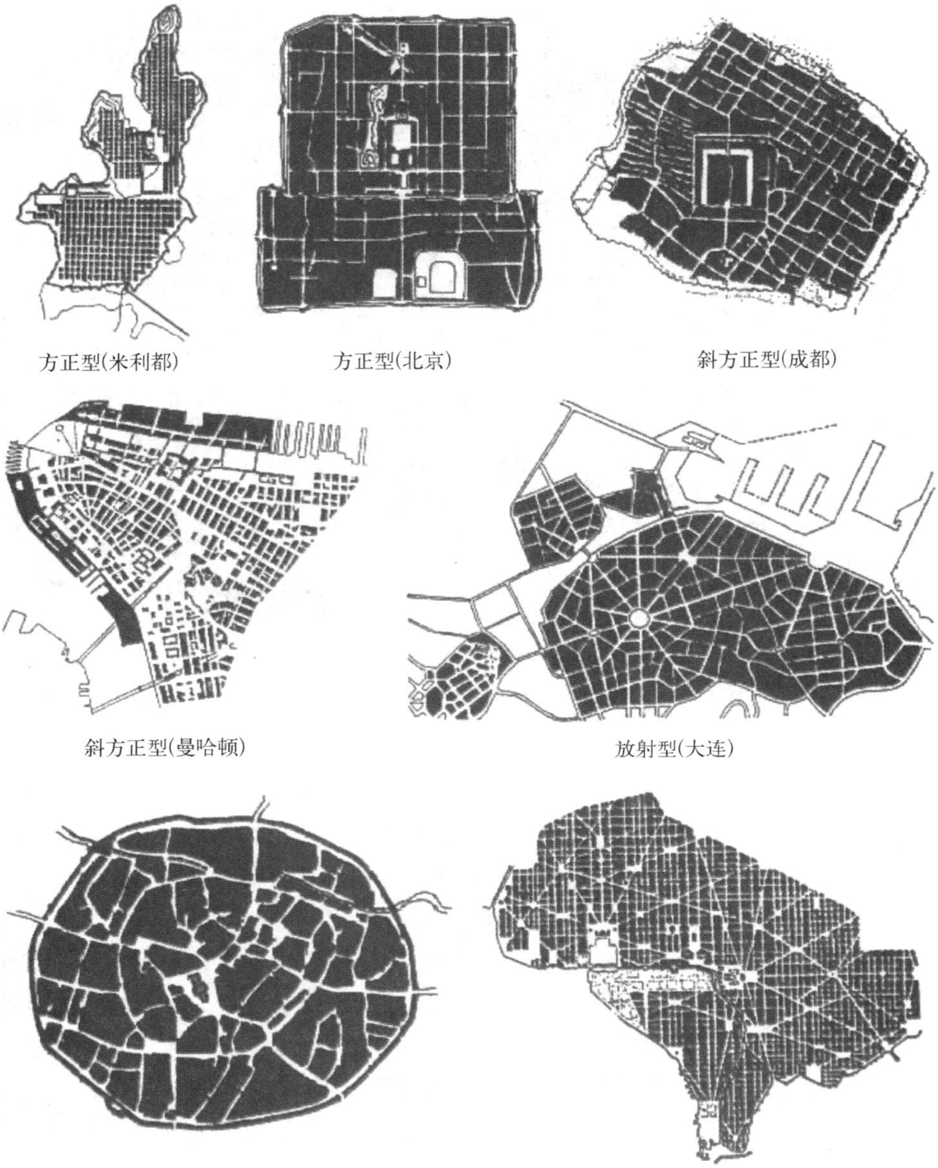

方正型(米利都)　方正型(北京)　斜方正型(成都)

斜方正型(曼哈顿)　放射型(大连)

环型(诺林根)　混合型(华盛顿)

图 10-24　中心城区空间形态主要类型

资料来源：胡俊.中国城市：模式与演进[M].中国建筑工业出版社，1995.

在中心城区尺度上，城市开敞空间穿插于城市功能区之间，两者的布局恰好形成互补的关系。城市开敞空间主要包括城市中的街心绿地、小广场等(点)，河流、林荫道等(线)，以及大型公园、绿地等(面)。这些开敞空间作为形态布局要素(“虚”)，与以建筑为主的街坊(“实”)构成一对图-底形态关系。

2. 城市区域布局形态

在城市区域尺度上，以建筑为主的街坊(如各种居住区、商业区、工业区)，以及以非建筑为主的街坊(如广场等),数个相同或相近类型的街坊集合在一起所构成的地区就是城市中的功能分区,成为城市区域形态构成要素中的实体要素;城市功能区所基于的大小绿地公园、河流水体、山体林地、湿地农田等构成了城市区域尺度的开敞空间,是城市区域形态中的虚体要素,即城市开敞空间系统与城市周围的自然构成了城市功能区的大背景。二者也构成一种图底形态关系。

在城市区域中,各功能区间保留的自然环境不仅是调节城市小气候、缓解城市过度密集所带来的弊病的必不可少的生态空间,也是为市民提供游憩空间,美化城市景观,阻隔、缓解各类城市污染的功能性用地。多呈不规则自然形状的多样的生态空间是城市区域形态的底色。

影响城市区域总体布局形态的因素主要有自然地理条件、区域城镇体系(包括职能分工和规模等级等)、区域主导交通系统、人口增长趋势以及中心城区的功能布局等。城市区域尺度上的图底形态类型有许多种,目前出现的具有典型代表意义的主要有圈层状(莫斯科)、卫星状(大伦敦)、指状(哥本哈根)、环状(新加坡)、线形(兰州)和组团状(兰斯塔德地区)(见图 10-25)。

(a) 圈层状(莫斯科)

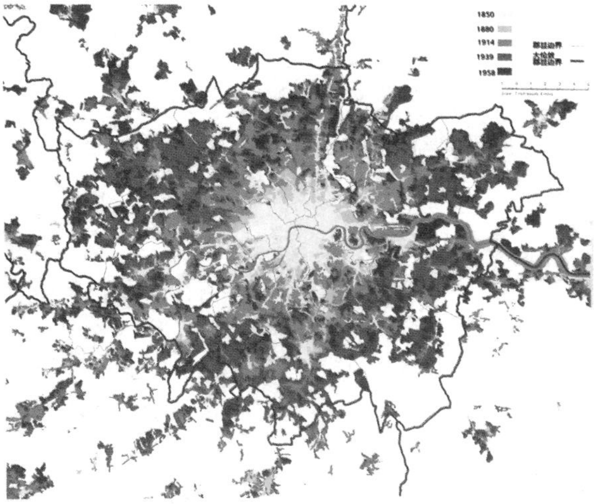

(b) 卫星状(大伦敦)

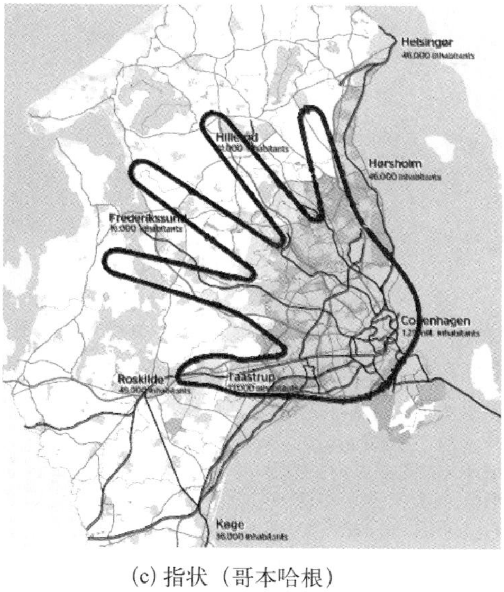

(c) 指状(哥本哈根)

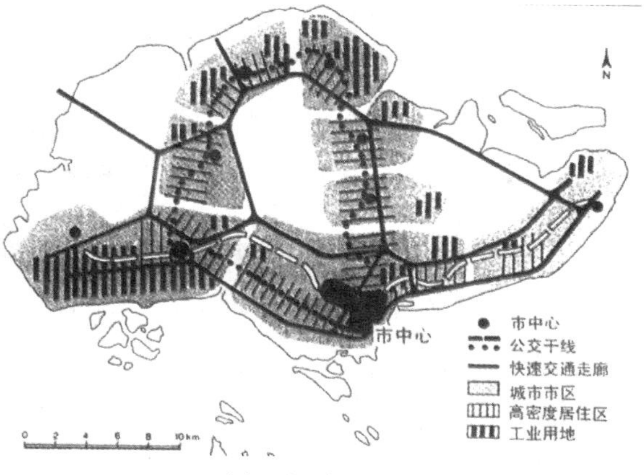

(d) 环状(新加坡)

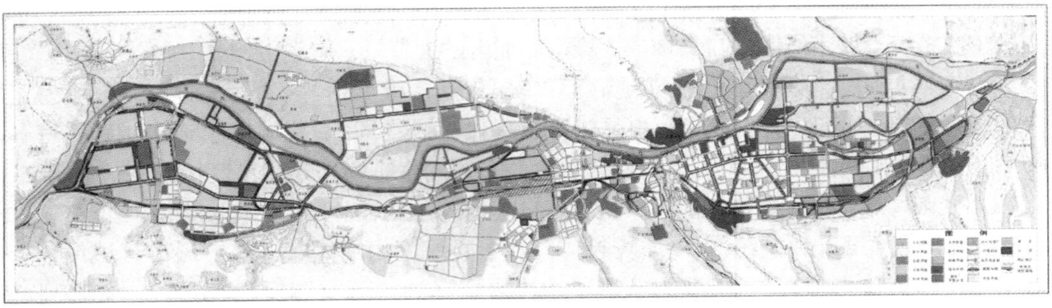

(e) 线形（兰州）

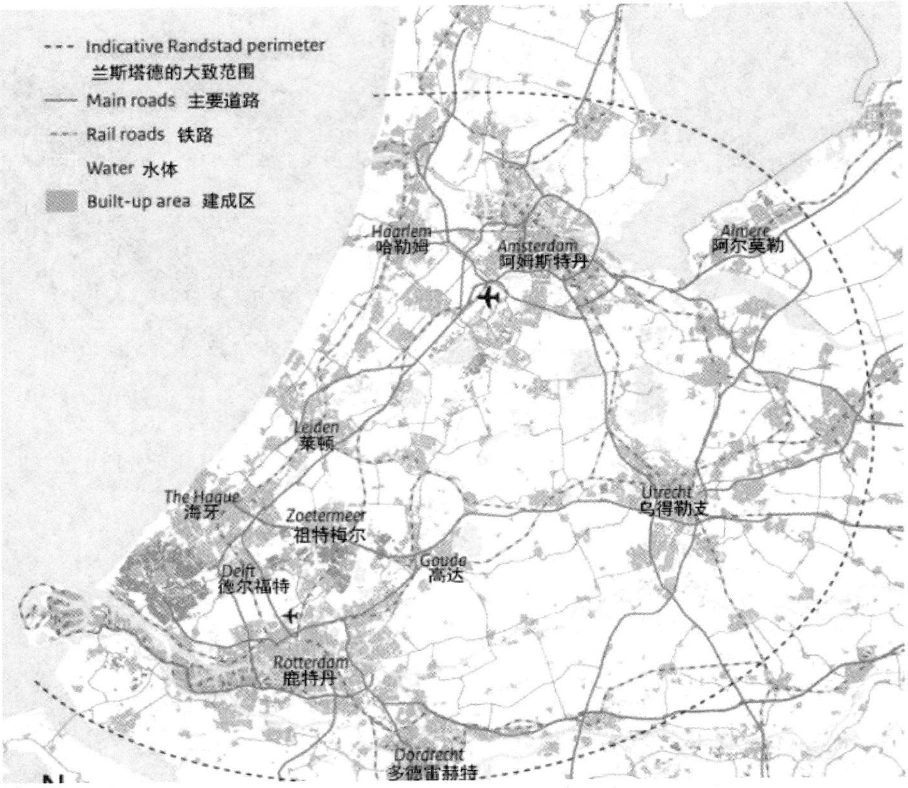

(f) 组团状（兰斯塔德地区）

图 10-25　城市区域尺度的空间形态类型举例

资料来源：(a)图来源为沈玉麟.外国城市建设史[M].中国建筑工业出版社，2007；(b)图来源为杨滔.从 16 世纪到现在，伦敦城在不同时期的演变[EB/OL].涌正投资，http://www.youinvest.cn/iinvestment/content/id/18/pid/3/newsid/1284.html；(c)图和(d)图来源为吴志强，李德华.城市规划原理[M].4 版.中国建筑工业出版社，2010；(e)图来源为李浩.八大重点城市规划[M].2 版.中国建筑工业出版社，2019；(f)图来源为 Zonneveld W，Nadin V. The Randstad：A Polycentric Metropolis [M]. Routledge，2021.

第四节 城市区域总体布局形态

在分析城市布局结构形态时不难发现，道路交通网络的布局形态具有举足轻重的作用。形态中的虚实图底关系中，最重要的要素是道路等起到交通联系作用的虚体空间。但在不同的社会经济发展阶段，它在城市布局上的作用、表现形式是不同的。历史上，街道美观长期成为城市布局结构考虑的因素，是古典城市规划的重要内容。在欧洲古典时期和中世纪，步行和马车是城市交通的主要方式，与之适应的城市街道狭窄、曲折，且重视街道建筑美观、协调。工业革命以后，机动交通工具逐步占据重要位置，冲击了原有的狭窄曲折的街道系统，促使城市布局形态发生重大变化。方格网状布局形态广泛发展，在原有形式和方格网状形式混合的基础上，发展出单一中心"放射状＋环状"系统，适应机动交通的需要。20 世纪 50 年代以来，小汽车大规模发展，进入城市社会生产、生活的各方面，其性能和数量远远超出了原有方格网状、单一中心"放射状＋环状"布局结构的承受能力，城市中普遍出现交通混乱阻塞的状况。为适应这种新的交通功能的要求，不仅社会生活方式发生了相应变化，而且新的城市布局结构形式和布局理论也相应产生。因此，出现了沿交通干线的走廊式和走廊节点式布局结构形式，多中心、分散布局、组合城市的概念或以高速道路为骨干的多中心组团式大都市的概念(见图 10-26)。

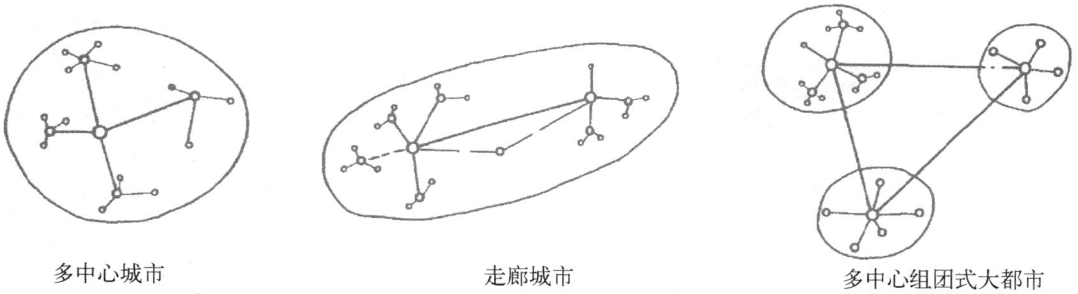

图 10-26 新型城市结构形态示意图

资料来源：顾朝林.经济全球化与中国城市发展——跨世纪中国城市发展战略研究[M].商务印书馆，1999.

一座没有结构规划的城市，各种城市活动，如居住、工作、购物、文娱场所在空间分布上是凌乱的，没有功能分区，也没有一个综合功能集中的市中心，很难组织起来运行高效的城市交通系统，尤其是公共交通。一座有结构规划的城市，有强大的市中心或者清晰的中心体系，那么中心就会比较繁华、有活力，而居住区会相对安宁，也能够组织起高效的城市公共交通系统(见图 10-27)。

现代城市空间结构的形成在很大程度上源于交通和通信技术的发展。一个城市的结构，除受到地理条件的约束外，大部分是由相对土地的交通可达性决定的。探讨城市区域空间结构和形态时，都会直接或间接地提到城市的交通系统。甚至可以认为，城市形态就是指城市交通系统和城市功能活动间的空间关系，表现为交通节点和社会经济活动节点间的耦合及其联系(见图 10-28)。

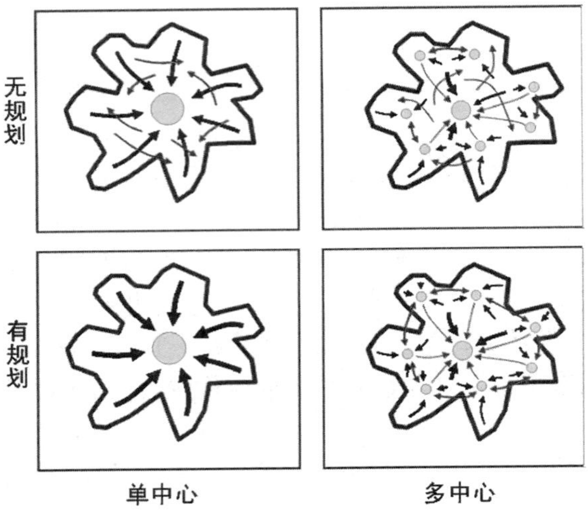

图 10-27　有无规划的城市空间结构对比示意图

资料来源：Bertaud A. Order without Design: How Markets Shape Cities[M]. The MIT Press, 2018.

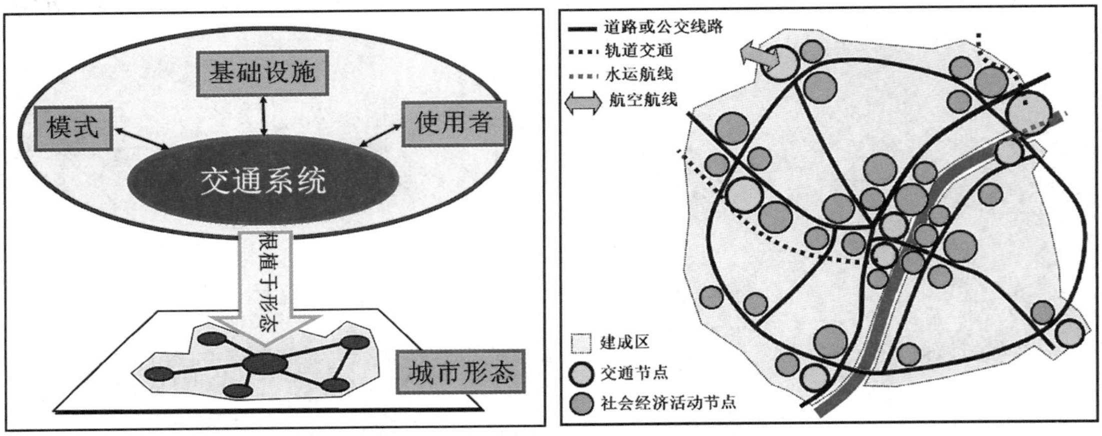

图 10-28　城市结构形态与交通系统的关系示意图

资料来源：Rodrigue J. The Geography of Transport Systems[M]. 5th ed. Routledge, 2020.

一、交通发展战略与城市布局结构

美国交通研究专家杰克·汤姆逊(Jack Thomson)在调查研究了世界上 30 个大城市的交通现状和问题后，提出解决城市交通问题的战略可分为五种，即充分发展小汽车战略局、弱中心战略、强中心战略、少花钱战略和交通限制战略(见图 10-29)。

1. 充分发展小汽车战略

充分发展小汽车战略的设计出发点是要使小汽车在全城各处能通行无阻，几乎全部道路都是通汽车的主要道路，高速公路间距 6.5 km(道路宽度有 8～10 条车道)，二级道路间距

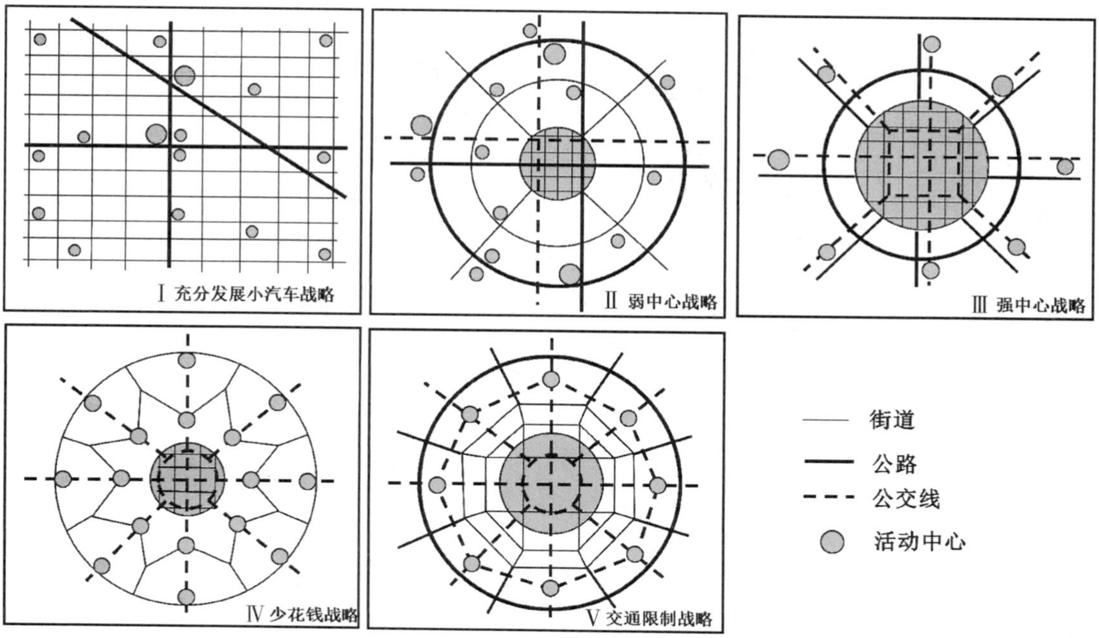

图 10-29　交通发展战略与城市结构形态耦合示意图

资料来源：杰克·汤姆逊.城市布局与交通规划[M].倪文彦，陶吴馨，译.中国建筑工业出版社，1982.

1.6 km(有 6～8 条车道)，集散道路间距 0.4 km(宽度为 2～4 条车道)，每隔 1.6 km 设置一个大的信号控制的交叉口。没有私人小汽车的人可乘坐公共汽车，公共汽车主要在二级道路上行驶，车速也可很快，骑摩托车的人可以沿着小的集散道路选择路线。对行人来说，这样的道路系统是不安全的。

这种城市布局形态没有真正的综合性市中心，只有无数个功能单一的中心。没有必要修建放射性交通网，适合 20 万～30 万的人口规模。如果中心区的工作岗位超过 12 万，就不适宜采用该布局模式。即使有一个中心，这个中心也是金融中心，其他的商业、文娱中心必须分散到小中心去。

代表城市主要有洛杉矶、底特律、丹佛、盐湖城等。美国的城市规划与建设参考了赖特广亩城市的原型(见图 10-30)。

2. 弱中心战略

采用这一战略的城市通常有传统的中心，但由于小汽车及郊区化快速发展而无法保持强大的市中心。市中心规模较小，工作岗位大概 25 万个，这些职工至市中心上班，有一小部分可开小汽车，另一大部分则通过规模适度的公共交通上下班。在这种情形下，公共交通系统由少数几条“中心放射状”轨道交通线即可满足，而不需要兴建大规模的综合性公共交通系统。由于大部分的工作岗位分布于郊区和边缘地带，必须通过环形快速路来提供交通供给服务。

这类城市的市中心，由于处于中心区位，所以商业可以适度保持。同时由于自由使用小汽车和建设了“放射状＋环状”的高速公路，市中心以外的工商企业会被吸引到环路和放射路交叉的地方，而形成郊区中心。由于公共系统利用率低，这种战略费用较高，同时由于城市外围的交通量比较大，开小汽车通勤的路程长，需要建造许多造价昂贵的高速公路。

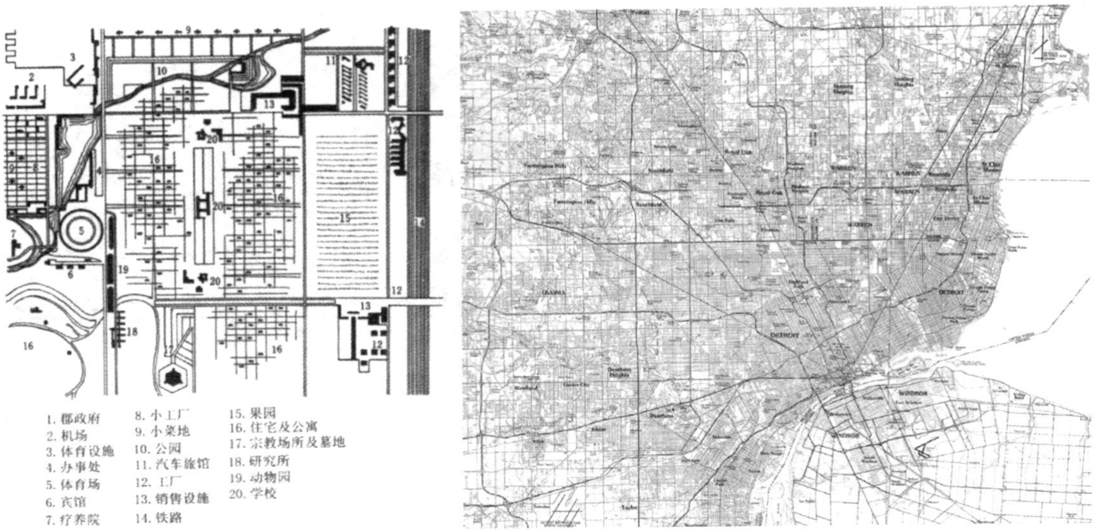

图 10-30　赖特广亩城市原型与底特律路网

资料来源：左图来源为日笠端，日端康雄.城市规划概论[M].3 版.祁至杰，陈昭，孔畅，译.江苏凤凰科学技术出版社，2019；右图来源为美国交通运输协会。

这种布局形态成功的关键是要看有多少人能被吸引乘公共交通上下班，如果公共交通乘客量不足，造成运营成本上升，就会使得城市财政出现负担。这是一种不能自行调整的战略，容易失去平衡，既有可能向强大的市中心方向发展（市中心的区位能够吸引更多的工商业活动），也有可能继续向弱中心衰退。因此，需要规划来控制并维持市中心与郊区中心的平衡。代表城市主要有墨尔本、哥本哈根、旧金山、芝加哥、波士顿等。

3. 强中心战略

这类城市在私人小汽车大量出现之前，早已集中了许多活动而拥有强大的传统中心。中心工作岗位的数量之大以及城市综合活动之多，导致不可能让大家都开小汽车去市中心，仅有的几条交通性道路的通行能力只能允许很少一部分人开小汽车去市中心。

城市必须规划布局运力强大的公共交通网。市中心内部不仅要有密集的常规公共交通网，而且中心与郊区间需要建设大规模且大运量的轨道交通系统。此战略的实现唯有通过公共交通服务质量的持续改善，任何企图提高道路通行能力以改善小汽车行车的办法，都会导致公共交通的恶化。

随着私人小汽车的增加，仍需要一个好的规划以使市中心继续享有优越、方便的小汽车交通条件。但这样的布局形态不能建设放射环式的快速路，因为放射式道路会把郊区的人流、车流导入中心区，使得中心区拥堵加剧，而环式道路又会诱导郊区间的交通需求。环式快速公路只能建设在中心区的边缘以缓解市内交通压力。适合这种战略的城市主要有巴黎、东京、纽约、雅典、多伦多、悉尼、汉堡等。

4. 少花钱战略

在波哥大、拉各斯、加尔各答、伊斯坦布尔、德黑兰等经济发展水平相对落后的城市里，大部分居民买不起小汽车，政府也建不起高速公路网和地铁网，只能对现有的道路网充分挖掘潜力，依赖常规公共交通、自行车和步行等交通工具来维持有效的交通。这类城市是高密度、非常拥挤的，市中心的工作岗位数可达 50 万～70 万个，各种功能混杂在一起，也不会有强中心。如果是 200 万人口的大城市，必须有多个分布在边缘的次中心。次中心要安排在放射路上，与市中心保持一定的距离，既不能近也不能远。次中心的规模应受限制，用地面积不要过大，不应超过 0.5 km^2，且要能就近服务，服务半径保持在 800 m 左右。

该战略就是要少建新的道路交通设施，通过对现有设施和管理进行调整，立足于普通道路，依靠公共交通和电车承载大量乘客。与此同时，要规划好土地使用，使其与交通供给能力相匹配。

5. 交通限制战略

积极地限制交通是有经济理论基础的，根据边际社会费用(marginal social cost pricing)理论，社会付出的投资和损耗应该与产生出来的商品和服务的价值相等或成正比，才是最理想的资源分配方案，假如投资产生的效用不高，就应该避免。

采用交通限制战略的代表城市有伦敦、新加坡、斯德哥尔摩、维也纳以及中国香港等。这些城市有着巨量的不可侵犯和不可拆迁的名胜古迹、历史性街道和无法估价的公园绿地等设施，不可能拆改出大量的土地用于修建小汽车专用行驶的道路，通常要限制小汽车和高速公路网的发展，不鼓励人们使用私人小汽车，不提供更多的停车场。

交通限制战略的目的是避免不必要的(长)路程。要把城市的居住、工作、上学、购物、文娱等活动规划好，把这些活动安排在人们可以充分利用公共交通的交通走廊地带。一旦交通拥堵，就不鼓励人们使用私人小汽车。

这类城市结构一定要有一个强大的市中心，有很好的公共交通为这个市中心服务，包括铁路(或其他分隔开的交通系统)。有许多分成等级的中心，这些中心的塔尖是市中心，往下分成三级，即区中心(sector centers)、郊区中心(suburban centers)和邻里中心(neighborhood centers)。这些中心的功能作用是由中心地原理决定的。如果人们比较均匀地分布在一个地区之内，这个地区的中心位于几何中心，是在最方便的位置上能把来参加活动的人的路程缩短到最低限度。

(1) 市中心。该中心应吸引全市各处的劳动力来就业工作，并具备为全城和全区域或为全国服务的功能，通常是一个商务功能多样和服务功能强大的中央商务区。

(2) 区中心。该级中心能吸引大量的商业设施和专业事务所等，在分区内就能找到职工，不大需要与本地区以外的人发生个人间的接触，如区政府，煤气、水、电等事业的区办事处，区法院，高校以及许多机构的区总部。分区内可容纳人口 50 万～100 万。

(3) 郊区中心。这是居民每天购买日常所需物品的地点。一个为 5 万～20 万人服务的市场就使区中心能为居民提供日常零售服务。居民去郊区中心比去区中心方便。郊区中心的重要之处在于它的交通联系仅限于本郊区之内，郊区中心位于郊区内交通最方便的地方。郊区中心除商店外，还有银行、仓库、电影院、地方政府的办事处、消防站、警察分局、小旅馆以及其他许多"小镇"活动场所。

(4) 邻里中心。这是为当地社区服务的，当地居民是"属于"这个社区的。人类需要依附在某一个社区里，所以一个城市如果瓦解了或者没有建立这样的社区，就会带来社会混乱。社区内居民使用服务设施所产生的行程是很小的。

城市中心分级布置，目的是尽量减少人们对外出交通的需要。有外出交通的需求，也应吸引人们利用公共交通设施，不要过分依赖小汽车，因而需要建设一个放射状的铁路网，甚至可能需要一条铁路环线把各区中心连接起来。但城外仍需要一条汽车环路，中心边缘的环路应疏导小汽车至外围的干道或者停车场。不应修放射状快速路，通往市中心的汽车路的通过能力应该逐渐降低或改为收费道路。此外还要有完善的限制交通的计划，如实行停车收费，设定禁止通行小汽车街道，广泛推行公共交通、自行车、行人优先通过等政策措施。

二、城市布局形态方案

城市布局形态方案关系重大，通常要开展多角度、多场景的方案设计，并评价方案的优缺点、实施的难易程度以及城市建设管理的有效程度等。比较整个城市用地布局的方案，应配合各专业工程，特别是城市道路交通工程和市政建设工程等，进行专项研究。既要分析影响城市总体布局的关键性问题，还要研究解决问题的方法与措施是否可行，通过比较筛选、优化综合才能得出符合客观实际、用以指导城市建设的方案。

要掌握方案比较的基本条件，包括要充分掌握城市发展的内部和外部因素与条件。城市发展的内部条件主要指城市自身的资源、自然条件及限制条件，如矿藏、物产、地形、地貌用地等。城市发展的外部条件主要指外部的环境及因素，如中小城市需要考虑邻近大城市、中心城市或区域性基础设施对城市发展的影响。还要考虑规划及上级部门对本城市的要求，在大区或经济区中城市所处的地位与作用，有无新设厂矿、机构、设施，国家或地区规划、计划对城市发展的影响，等等。

要围绕城市规划与建设中的主要矛盾进行，包括城市重要功能分区的选址、城市发展方向的选择及对周边地区的影响、城市结构组织方式的差异、空间发展时序上的考虑、重大项目选址的影响等方面。方案比较可以由大到小、由粗到细，分层次、分系统、分步骤地逐个分析。

1. 上海城市总体布局方案

20 世纪 70 年代末以及上海浦东开发开放以来，上海的经济发展、人口集聚以及城市用地规模的扩张呈现快速增长之势。第二产业逐渐向郊区转移，第三产业在中心城内集聚。城镇人口主要集中于中心城区，郊区的城市化水平不高。从人口的空间分布变化来看，上海依然处于集聚大于扩散的城市发展时期，单中心的发展格局十分明显，多心多核的发展趋势尚未形成。整个上海市域城镇等级不完善，城市发展呈现明显的单核心格局，城市功能过于集聚于中心城，市域的城镇规模较小，吸引力较弱，缺乏中间等级的与中心城相抗衡的郊区核心城镇。未来要在市域范围内建设相对独立于中心城的核心城市，以形成多层次的空间网络状城市发展格局，这是上海城市未来发展的关键(见图 10-31)。

上海市在分析未来发展趋势后，认为应在上海市域内形成联合经济发展区域的基础上建设“组合城市群”，即以重点发展的新城为中心，集聚周边的城镇，以形成关联紧密、交通联系便捷、生态环境优良的组合城市。其中，选择具有交通基础和发展前景的新城至关重要，因为市域的几个分中心是组合城市的关键。这几个分中心要起到与中心城相抗衡的“反磁力”作用，才能担负吸纳市域新增人口的重任。由此提出四个规划布局形态方案，进行比较(见图 10-32)。

(1) 方案一：基于现状的蔓延模式。

以中心城为核心，大规模向外蔓延，延续现状趋势。蔓延发展属于城市自发向外生长的方式，这一过程缺乏有效的引导和控制手段，投资和建设成为决定城市发展的主要因素，政治经济利益大于城市整体与长远的发展利益。这一模式往往是一种城市低效率、无序的扩

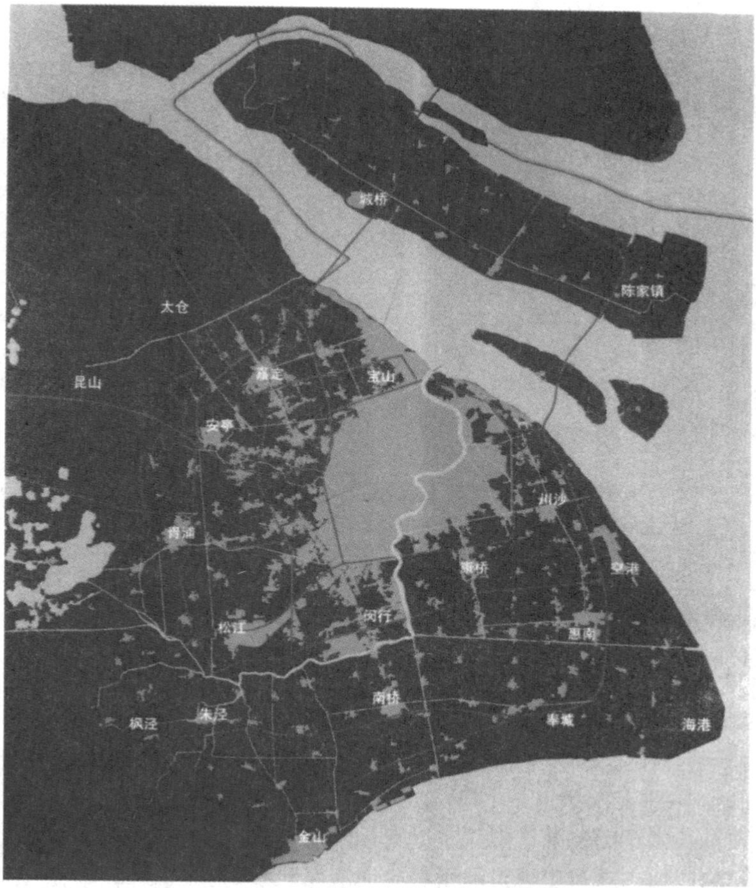

图 10-31　2000 年上海城市建设土地分布形态

资料来源：叶贵勋，等.上海城市空间发展战略研究[M].中国建筑工业出版社，2003.

张行为，将导致土地开发过多，效率下降。中心城承受基础设施、交通、服务设施等巨大的向心压力；城市内部各种生活指标将会下降，无法形成良性的发展。城市无节制的蔓延也将破坏周边的生态环境，给城市的社会经济长久持续发展带来严重损害。

上海中心城已经呈现向近郊区（宝山、闵行、浦东等地）蔓延的趋势，如无有力的控制与有效的引导，上海的城市空间格局将继续随交通干道和环线呈圈层状不断向外拓展，形成无生态空间隔离、城市功能过于密集的巨型饼状形态。若不加以积极引导，将使地区发展陷入无序和难以控制的局面。

(2) 方案二：基于交通的指状发展模式。

以中心城为核心，城市建设区沿主要道路和轨道交通线向外辐射并与郊区城镇相连。该模式旨在沿交通线开发，降低建设成本，同时试图保留郊区的生态环境，以廊道的形式楔入中心城市。依托主要道路和轨道交通发展，须防止城镇空间连绵发展，沿线交通与土地开发的协调是规划管理的重点。但事实上，中心辐射的指状模式总是同心圆蔓延模式的初级阶段，距离中心城越近，就越自然形成圈层蔓延的趋势。因此，与其说这是一种发展模式，不如说是一种发展过程。

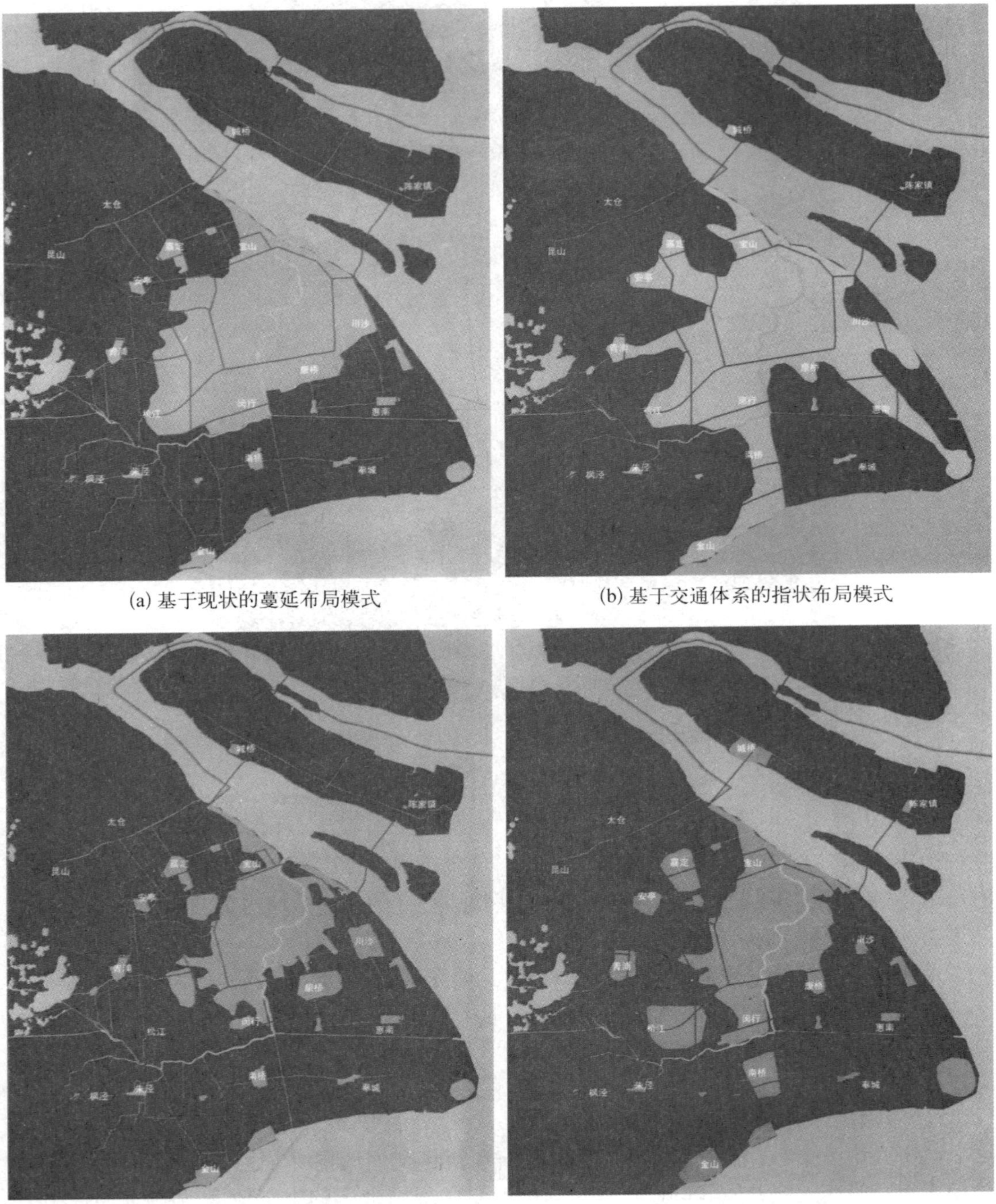

(a) 基于现状的蔓延布局模式　(b) 基于交通体系的指状布局模式

(c) 近郊城市培育布局模式　(d) 郊区核心城市布局模式

图 10-32　交通发展战略与城市结构形态耦合示意图

资料来源：叶贵勋，等.上海城市空间发展战略研究[M].中国建筑工业出版社，2003.

沪宁、沪杭是现有发展趋势较为明显的两条轴线，同时，随着沿海区域和跨海大桥的建设，往海港和金山卫方向也将成为城市轴向发展的主要趋势。指状发展只是城市发展中的一个过程，沿交通线建设最终可能导致的结局是圈层式蔓延。

（3）方案三：近郊城镇培育模式。

该模式相当于在蔓延模式的基础上加入比较严格的生态控制要求和近郊地区城镇培育要求，但这种近郊城镇的独立性受到的社会经济利益需求挑战较大，比较适合城市空间战略拓展的需求并不强烈、经济增长较平缓的城市发展时期。在社会经济快速增长时期，对空间拓展的需求将推动其不断向蔓延模式靠拢。

以中心城为核心，在城市近郊区培育若干具有一定规模的新城，需要一定的规划导向力。但在城市快速发展和对土地需求量很大的情况下，这一模式容易演变成空间蔓延模式。

（4）方案四：远郊核心城市培育模式。

该模式的主旨是在郊区培育若干个具有独立性、人口集聚力很强、能承担部分整个城市支柱性产业的核心城市，分担中心城压力，同时，在核心城市与中心城市之间进行生态环境为先导的整体整合。

在城市远郊区域选择若干个有一定基础的城镇，如嘉定、松江、海港、南桥，作为核心城市进行培育，形成以这些核心城市为核心，周边城镇围绕核心城市发展的格局。这一格局以远郊区域作为对抗中心城的反磁力中心，达到疏解中心城人口及产业的最终目标。

这需要很强的规划导向力，并且短期内的成本较高，包括建设成本、管理成本等。但以远期的总体利益衡量，这是一条能够保障城市经济、生态环境持续健康发展的未来之路。

2. 日本首都圈开发形态方案

随着 20 世纪 50 年代开始的日本经济复兴，以东京为中心的首都圈，人口集中、产业聚集现象严重。城市无秩序扩大、居住环境恶化、交通拥挤、公共设施不完善、住宅不足等大城市弊端越发严峻。针对这种现象，1956 年 4 月，日本颁布了《首都圈整备法》，开始了以东京为中心、包括周边七县在内的综合性首都圈建设。其基本方针是控制东京街区的过密化，将人口、产业疏散转移到周边的卫星城。同时，成立了首都圈整备委员会，对计划进行推动和调整。

日本城市规划学会、首都圈建设委员会分别于 1954 年及 1958 年对东京及周边城市形态与规模进行了研究，并根据"大都市否定论"与"大都市肯定论"提出了六种不同类型的城市开发模式。方案比较侧重对人口分布、交通设施、开敞空间、居住环境、新开发与既有中心城市的关系等方面的分析。在六个方案中，首都圈建设委员会采纳了开发特定城市的方案，并以此为基础参照 1944 年的大伦敦规划于 1958 年形成了第一次首都圈建设基本规划（见图 10-33）。

图 10-33 中的(a)(b)(c)(d)四个方案都要保持强大的中心，支持大都市肯定论，只不过在中心城"摊大饼"的方式路径上有所不同而已。(e)和(f)两个方案旨在限制中心城的集聚与扩张，通过建设新都市来分解中心城的功能，(e)方案侧重于发展小型都市，而(f)方案强调发展具备专业功能且能与中心城匹敌的特定都市，分解和弱化中心城某一专业功能，该方案与上海发展远郊核心城来形成反磁力中心的规划理念上殊途同归。以上分析如图 10-34 所示。

第一次首都圈建设基本计划预计 1965 年首都圈人口为 2 660 万人，将现有城市街道的

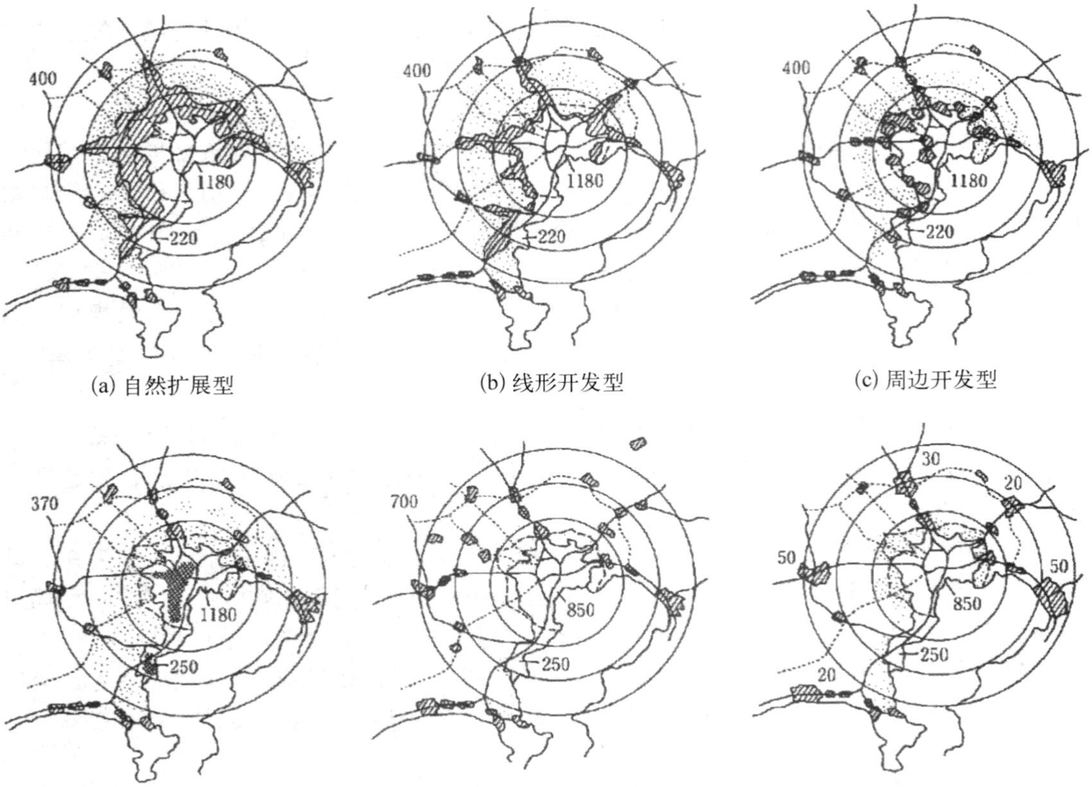

(a) 自然扩展型　(b) 线形开发型　(c) 周边开发型

(d) 内部再开发型　(e) 多个小都市开发型　(f) 特定都市开发型

图 10-33　东京城市圈开发形态方案比较

资料来源：日笠端.市町村の都市計画(2)——市街化的计划的制御[M].共立出版株式会社，1998.

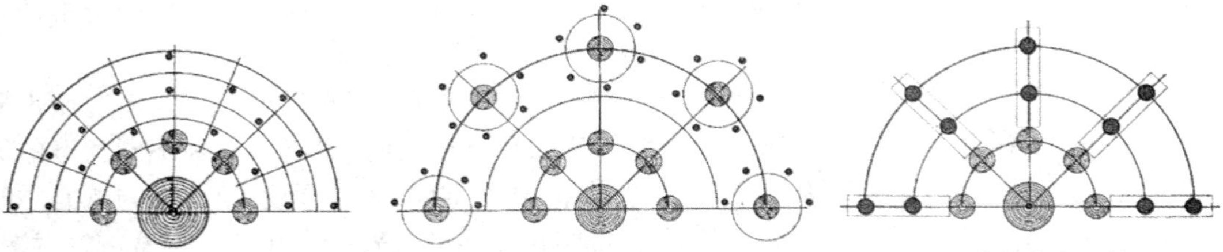

强大的中心　远郊反磁力中心　多个都市小卫星

图 10-34　中心与次中心的关系示意图

资料来源：日笠端.市町村の都市計画(2)——市街化的计划的制御[M].共立出版株式会社，1998.

周围 10 km 设为绿色带，以此控制现有城市街道的扩张；限制东京城市内新增工厂和大学，在周边地区指定了多处城市街道开发区（卫星城），将其打造成工业城市，吸收中心城市的人口及产业。此后在 1968 年发布第二次首都圈建设规划，1976 年出台第三次首都圈建设规划，1986 年制定第四次首都圈建设规划，1999 年制定第五次首都圈基本计划，都延续了第一次首都圈建设基本计划的布局形态，而且城市的建设用地扩张形态与规划预期较为吻合。东京城市建设用地形态演变如图 10-35 所示。

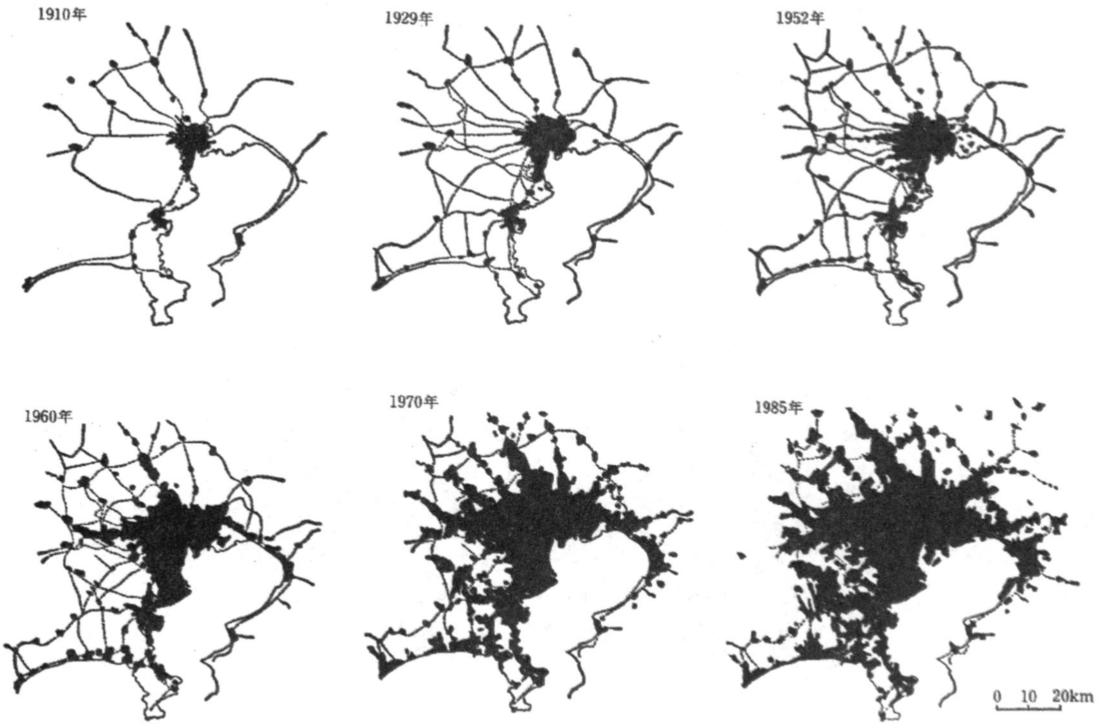

图 10-35　东京城市建设用地形态演变

资料来源：日笠端.市町村の都市計画(2)——市街化的计划的制御[M].共立出版株式会社，1998.

问题思考

1. 城市化和郊区化描述的是怎样的人口迁移过程？
2. 影响城市空间结构总体布局的因素主要有哪些？
3. 城市空间总体布局形态的方案及其比选，应考虑哪些因素？

第十一章　城市开发建设与规划管理

本章导读

上一章阐述了工业文明下的城市化发展及其表现出的结构和形态，并分析了城市总体布局的多种模式及其内在规律和要求。我们已知晓，工业革命后没有规划引导的城市建设产生了严重的城市问题，如街道污染物横流、交通拥挤堵塞、居住空间狭小且脏乱等。尽管中世纪自然缓慢形成的城市形象有其内在统一美，但在快速城市化过程中，原有自发形成的建设活动管理模式无法适应工业技术对城市生活的改造。城市规划作为一门学科才诞生百年之久，提出城市规划方案并指导城市开发建设活动的时间也较短。有规划指导的开发建设，其城区形态的有序性是显而易见(见图 11-1)。因此，基于城市总体布局方案对城市开发建设活动进行管理是现代城市发展的基本要求。

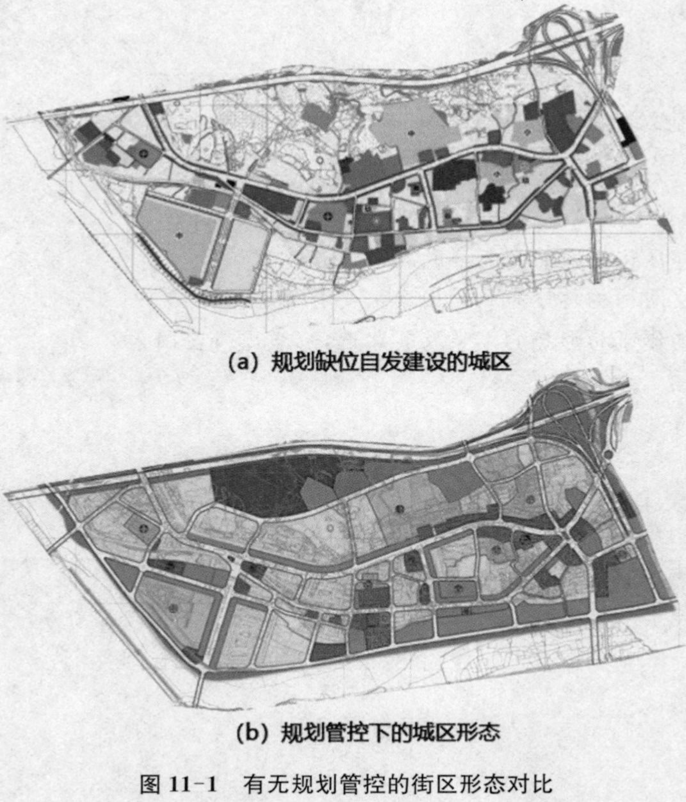

(a) 规划缺位自发建设的城区

(b) 规划管控下的城区形态

图 11-1　有无规划管控的街区形态对比

第一节　城市开发与建设管理

城市化既指农村人口向城市集中常住的过程，也指乡村型土地利用形态和景观向城市型转变过程。因此，必须对农业、林业等乡村型土地利用形态进行城市型开发，如通路、通给水、通排水、通电、通气、通信和平整土地，即所谓的土地“一级开发”，将生地变成熟地之后①，才能在城市型土地上建造相应的具有使用功能的建筑物或构筑物，进行“二级开发”。

一、城市开发

城市开发(urban development)是以城市土地使用为核心的一种经济性活动，主要以城市物业(土地和房屋)、城市基础设施(市政公用设施与公共服务设施)为对象，通过资金和劳动的投入，形成与城市功能相适应的城市物质空间品质，并通过直接提供服务或经过交换分配消费等环节，实现一定经济利益、社会效益或环境效益的目标。城市开发通常包括新开发和再开发两种类型。新开发是指将土地从其他用途(如农业用途)转化为城市用途的开发过程，即一级开发和二级开发。再开发是在现有的城市型土地利用形态基础上进行物质性置换，这一过程通常伴随功能变更的过程，如单一功能变更为综合功能，或者居住功能变更为商业功能，景观形态上通常是以高强度、高密度建筑形态代替低强度、低密度形态。

一个功能完整和运行良好的城市，既包括公共绿地、道路、基础设施用地和公共管理服务设施用地，也包括住宅、商场、写字楼、工业仓储等用地。前者通常是非营利性开发，由政府主导，称为公益性开发；后者通常可以通过二级开发营利，可交由开发商进行，称为商业性开发。公共开发的决策以公共利益为取向，把经济和社会发展的整体和长远目标作为决策依据，在城市开发中起着主导作用，公共空间构成了城市空间的发展框架，既为各种非公共开发活动提供了可能性，也规定了约束性。商业性开发的决策以自身的利益为目标，项目效益的高低和风险的大小是决策的依据。

城市的发展过程是一个不断建设、更新、改造，即如生命体一般不断新陈代谢的过程。城市开发作为城市自我生长、自我整合的表现形式，其意义就是使得城市结构和功能互动调节、相互适应。

二、土地开发

城市要发展，必须土地开发先行。城市土地开发是指为适应城市经济、社会、文化发展的需要，对土地进行投资、建设和改造的过程。城市土地开发是城市各项开发和建设活动中最重要的一项基础性建设，是城市经济、社会发展的前提和基础。

---

① 生地，指已完成土地使用权批准手续，但没进行或部分进行基础设施配套开发和土地平整而未形成建设用地条件的土地。熟地，指的是已完成土地开发等基础设施建设(具备“七通一平”)形成建设用地条件，可以直接用于建设的土地。

在我国，土地根据所有权[①]分为国有土地和集体土地。城市市区的土地属于国家所有，农村和城市郊区的土地，除由法律规定属于国家所有的以外，属于农民集体所有。农村的宅基地和自留地、自留山，均属于农民集体所有。所以，将生地变成熟地成为城市建设用地，必须改变土地所有权，将集体土地征收为国有土地。城市土地的一级开发就是由政府或其授权委托的企业，对一定区域范围内的城市国有土地、乡村集体土地进行统一的征地、拆迁、安置、补偿，并进行适当的市政配套设施建设，使该区域范围内的土地达到"三通一平""五通一平"或"七通一平"的建设条件(熟地)，再对熟地进行有偿出让或转让。

在我国，土地所有权和使用权[②]在法律上可以分离，城市土地所有权属于国家，但国家可以将土地使用权有偿出让或转让，而发生土地使用权的转移。国有土地使用者取得土地使用权的方式主要有划拨与出让两种。

1. 划拨

土地使用权划拨，是指县级以上人民政府依法批准，在土地使用者缴纳补偿、安置等费用后将该幅土地交付其使用，或者将土地使用权无偿交付给土地使用者使用的行为。划拨的土地没有使用期限的限制，但不得进行转让、出租和抵押。城市公共开发中所需使用的土地通常是划拨土地。主要有：① 国家机关用地和军事用地；② 城市基础设施用地和公益事业用地；③ 国家重点扶持的能源、交通、水利等项目用地；④ 法律、行政法规规定的其他用地。

2. 出让

土地使用权出让是指国家以土地所有者的身份将土地使用权在一定年限内让与土地使用者，并由土地使用者向国家支付土地使用权出让金的行为。国有土地出让方式有四种，即招标、拍卖、挂牌和协议。土地出让应当按照平等、自愿、有偿的原则，由市、县人民政府土地管理部门与土地使用者签订土地使用权出让合同。出让的土地使用权人具有法定范围内的处置权，可进行转让、出租和抵押，且通常有使用期限。

招标出让国有土地使用权是指市、县人民政府土地行政主管部门发布招标公告，邀请特定或者不特定的公民、法人和其他组织参加国有土地使用权投标，根据投标结果确定土地使用者的行为。

拍卖出让国有土地使用权是指市、县人民政府土地行政主管部门发布拍卖公告，由竞买人在指定时间、地点进行公开竞价，根据出价结果确定土地使用者的行为。

挂牌出让国有土地使用权是指市、县人民政府土地行政主管部门发布挂牌公告，按公告规定的期限将拟出让宗地的交易条件在指定的土地交易场所挂牌公布，接受竞买人的报价申请并更新挂牌价格，根据挂牌期限截止时的出价结果确定土地使用者的行为。

协议出让国有土地使用权是指代表国家出让土地使用权的土地管理部门与特定的土地使用权受让人通过协商，在达成一致意见后，签订土地使用权出让合同。这种方式的特点之

① 土地所有权是土地所有者在法律规定的范围内，对其拥有的土地享有的占有、使用、收益和处分的权利，是一定社会形态下土地所有制的法律表现。新中国成立后，废除了土地私有制，经过社会主义改造和农业合作化，建立了两种所有制形式并存的社会主义土地公有制，并在法律上确认下来，形成了国家土地所有权和集体土地所有权。

② 土地使用权是指具备法定条件者，依照法定程序或依约定对国有土地或农民集体土地所享有的占有、利用、收益和有限处分的权利，是土地使用制度在法律上的体现。国有土地使用权是指国有土地的使用人依法利用土地并取得收益的权利，而农民集体土地使用权是指农民集体土地的使用人依法利用土地并取得收益的权利。农民集体土地使用权可分为农用土地使用权、宅基地使用权和建设用地使用权。

一是在当事人议定合同条款特别是确定土地使用费即出让金方面，在不低于按国家规定所确定的最低价的基础上具有较大灵活性；但应注意的是，此种方式竞争性较差，在价格和规划设计条件等方面存在浓厚的人为因素，随意性大。因此，主要适用于专业性强、有特定要求或者没有条件进行拍卖和招标方式的项目。

《城乡规划法》第 38 条规定：在城市、镇规划区内以出让方式提供国有土地使用权的，在国有土地使用权出让前，城市、县人民政府城乡规划主管部门应当依据控制性详细规划，提出出让地块的位置、使用性质、开发强度等规划条件，作为国有土地使用权出让合同的组成部分。未确定规划条件的地块，不得出让国有土地使用权。

出让的地块必须具有城市规划行政主管部门提出的规划设计条件及附图。规划设计条件应当包括地块面积，土地使用性质，容积率，建筑密度，建筑高度，停车泊位，主要出入口，绿地比例，须配置的公共设施、工程设施，建筑界线，开发期限以及其他要求。附图应当包括地块区位和现状，地块坐标、标高，道路红线坐标、标高，出入口位置，建筑界线，以及地块周围地区环境与基础设施条件。

三、开发建设的规划许可

在城市规划区内新建、扩建和改建建筑物、构筑物、道路、管线和其他工程设施等各项建设，都必须符合城市规划，服从规划管理。对各项建设工程实施有效的规划管理，是保证城市规划顺利实施的关键和使各项建筑活动按照城市规划有秩序地进行的基本保证。

作为现代社会治理的一种基本手段，城市规划行政许可①是为了公共利益，事前对行政相对方将要获取的权利进行干预与控制，准予其进行土地使用与开发的行为。受传统计划经济体制的影响，新中国成立以后相当长的一段时间里，社会经济的治理采用直接控制、下达计划的方法，保证了从战争废墟中建立起来的新中国经济迅速恢复。直至 1989 年《城市规划法》的颁布实施，才正式确立“一书两证”许可制度，2008 年实施的《城乡规划法》强调以控制性详细规划作为许可依据。

城乡规划行政许可是指城市、县人民政府城乡规划主管部门按照法律法规的规定和要求，根据依法审批的城乡规划，对各项建设项目拟选地址进行审核，确定建设用地面积和范围，提出土地使用规划要求，以及对各类建设工程进行组织、控制、引导和协调的行为。

城市规划行政许可是基于现实、面向未来的用途管制制度，具有三个方面的特征：一是许可依据的未来性。城市规划行政许可必须依据城市规划，不断实现城市规划的战略与目标，但行政许可与城市规划的关系的不同形成了不同的许可模式。二是相邻关系的现实性。任何建设项目与周边环境都是相互联系、相互影响的，虽然城市规划也对建设项目未来的相邻关系进行规范，但行政许可中的相邻关系不是基于未来或者城市规划，而是基于现实中的空间关系与权利关系而形成的。三是发展利益的平衡性。城市规划行政许可的过程也是平衡发展利益的过程。英国在规划许可中采用“一事一议”的方式，要求开发主体履行“规划义

① 2004 年实施的《行政许可法》对行政许可的定义是“行政机关根据公民、法人或者其他组织的申请，经依法审查，准予其从事特定活动的行为”。行政许可是指在法律一般禁止的情况下，行政主体根据行政相对方的申请，通过颁发许可证或执照等形式，依法赋予特定的行政相对方从事某种活动或实施某种行为的权利或资格的行政行为。

务”(planning obligation)来平衡“规划得益”(planning gains);中国在国有土地使用权管理中采取“招拍挂”制度,收取土地出让金,规划许可过程更加简单,主要是“一书两证”,即建设项目选址意见书、建设用地规划许可证和建设工程规划许可证。

1. 建设项目选址意见书

建设项目选址意见书是为了把建设项目的计划管理与规划管理有机地结合起来,保证城市的各项建设项目能够符合城市规划要求,使可行性研究报告编制得科学、合理,有利于促进城市健康发展,并取得良好的经济效益、社会效益和环境效益的法律凭证。建设项目可行性研究报告报批时,必须附有城市规划主管部门核发的建设项目选址意见书,否则就应当依法视为不合法。

建设项目选址意见书主要有三部分内容:一是建设项目的基本情况;二是建设项目选址的主要依据;三是城市规划行政主管部门对建设项目选址提出的具体地址、用地范围和在此地进行建设时的具体规划要求,以及必要的调整意见等。

2. 建设用地规划许可证

核发建设用地规划许可证的目的在于确保土地利用符合城市规划,维护建设单位或个人按照规划使用土地的合法权益,为土地管理部门在城市规划区范围内行使权属管理职能提供必要的法律依据。任何建设用地,如果没有城市规划行政主管部门核发的建设用地规划许可证,就依法视为违法用地。

以划拨方式供地的建设项目,必须取得《建设项目选址意见书》(有效期内)和有国有主管部门对建设项目用地的预审意见或其他相关文件。以出让方式取得国有土地使用权的建设项目,在签订国有土地使用权出让合同后,建设单位应当持建设项目的批准、核准、备案文件和国有土地使用权出让合同,向城市、县人民政府城乡规划主管部门领取建设用地规划许可证。

建设用地规划许可证应当包括标有建设用地具体界限的附图和有明确具体规划要求的附件。附图和附件是建设用地规划许可证的配套证件,具有同等法律效力。

3. 建设工程规划许可证

建设工程规划许可证是经过城市规划行政主管部门审查确认的表明该建设工程符合城市规划要求的法律凭证。依法对建设工程实行统一的规划管理,是城市规划行政主管部门的重要行政职能,包括建筑工程管理和市政工程管理。

建筑工程管理主要包括以下三部分内容。

(1) 建筑管理。重点是城市规划对建筑设计和工程建设审批的管理,不包含房屋的内部维修和装饰、房屋产权等方面的管理。

(2) 建筑设计管理。包括建筑性质、功能、建筑标准的审查,提出红线与间距要求,体量与层数的控制,设计图纸的审查,建筑造型、风格、色彩和建筑环境的审查等。

(3) 建筑审批管理。包括建设申请、现场踏勘、征询有关部门的意见、规划审查、上报审批、核发建设工程规划许可证、放线验线、工程验收、竣工资料的报送和归档等项工作。

市政工程管理主要包括以下三部分内容。

(1) 道路工程管理。主要包括道路规划方案的地面定线,道路设计与施工的红线控制要求,道路标高、走向的核定,设计图纸审查,核发建设工程规划许可证,以及因管线工程需要对道路开挖的审批与管理。

(2) 管线工程管理。包括对各种管线工程类别、截面、线型、坐标、标高、水平距离、架设高度、埋置深度、立体交叉关系的审查,避免对地面建筑物、构筑物、行道树以及地下空间、地铁、人防设施等的影响和各种管线之间的相互干扰,同时要符合国家和有关部门颁布的规范、标准、技术、卫生、安全等方面的要求。

(3) 堤防工程管理。包括对于河岸、海岸、湖岸、江岸等城市堤防工程的规划管理,使堤防工程合理布局、高度适宜、抗洪能力达到规划要求,确保城市安全。

建设工程规划许可证所包括的附图和附件,按照建筑物、构筑物、道路、管线以及个人建房等不同要求,由城市规划行政主管部门根据法律法规和实际情况具体制定。附图和附件是建设工程规划许可证的配套证件,具有同等法律效力。

第二节 建设活动的规划管理

一、土地开发的外部性

外部性又称外部效应,是一个经济学概念,指某一微观经济行为主体的经济活动对另一主体的福利所产生的效应,且这种效应没有通过市场交易反映出来。土地外部性是指土地开发利用的过程中,对相邻土地的开发利用所造成的影响,如居民区附近如果有一座工厂,那么工厂在生产过程中产生的废气、废水和废渣等就会使附近居民的生活环境受到严重污染。土地外部性的承受者与土地利用者没有直接关系,但不能自主地选择或避免这种外部性对自己造成的影响,这就造成了土地利用者的私人收益与社会收益、私人成本与社会成本不一致的现象。土地利用的外部性是经济系统运行中正常、无处不在和不可避免的组成部分。

随着城市的不断扩展以及对城区的改造,政府以公共开发的形式不断地提供城市基础设施等具有广泛正外部性的公共产品,使得以前在城市郊区的土地慢慢转化成为城市中心,以前的居民区后来改造成为商业区,这些改变使得该区域的地价大大上涨,其级差地租也不断增加。城市政府对此投入了大量的资金,所带来的收益被整个区域的居民无偿地享用,而政府无法通过市场交换等行为向居民收取这种收益。

对于城市土地这种具有资源性的特殊商品,其价值是通过土地开发来实现的,而不同的用途会产生不一样的收益,在不同的区位也会有不同的收益。土地开发若任由开发商自行决定,就会不可避免地对周边地区和城市整体利益产生正面或负面的影响,因此,城市政府被立法赋予必要的公权力,可以动用警察权来控制开发的负外部性,在城市尺度上建立土地开发管制制度。所以,有俗语说“建筑不自由”。

二、美国的土地开发管制——区划

在20世纪诞生现代城市规划以前,英国的城市化进程几近完成。英国的城市建设是在没有总体规划方案的情况下进行的,但这不意味着英国城市建设因此不受规划控制。新加坡成为英国殖民地后，1827 年就开始建立一个实质是区划的规划。1856 年，新加坡殖民政府实行正式的房屋建设控制制度，任何人不能擅自进行土地开发，并要求私人业主在房屋建设施工前，提交给政府当局房屋结构图和平面图，政府审查该申请是否对公共利益和邻居房屋有所损害。如果没有，则政府颁发建设许可证。

第一部作为地方法规的区划法则由美国纽约州政府在 1916 年提出。20 世纪初，欧美经济蓬勃发展，城市建设急速展开，高层建筑在一些大城市相继出现，特别是被视为美国城市奇迹的纽约曼哈顿岛成为私人投资的热点，高层建筑发展尤为迅速。各开发个体为了在自己拥有的土地上获得最大的经济利益，严重损害了城市的公共利益，导致区域卫生条件下降、阳光空气丧失、火灾危险增加以及城市面貌丑陋等恶果。1915 年，42 层的公平大厦（Equitable Building）的建设严重损害了周围建筑的空气流通和采光以及公共和私人利益，环境条件的恶化使土地价值下降，这一矛盾最终诉诸法庭解决。

1916 年，在律师爱德华・巴塞特（Edward Bassett）等人建议下，纽约市议会及地方政府通过了《纽约市用地区划条例》。此管理条例由三种土地使用管理控制的方法即建筑物高度限制（1909 年）、建筑物退缩（1912 年）及使用控制（1915 年）合并而成，并首次提出警察权应用于土地使用的概念。该区划条例首次通过法律的形式将私有土地纳入城市规划控制的有序发展轨道，意义重大。

1961 年，纽约对区划法进行了全面的修改，增设了城市设计导引原则和设计标准等新内容，增加了设计评审过程，使区划成为实施城市建设与设计管理的有力工具。在控制内容中增加了容积率、露天斜面、空地率、绩效标准等更富弹性的控制内容。另外，为克服早期传统区划技术控制缺乏弹性和适应性的弱点，出现了规划单元开发、奖励区划、开发权转让等更趋灵活的控制引导政策，从而成功地保存了城市有特色的地区，促进了宜人空间的创造（见图 11-2）。

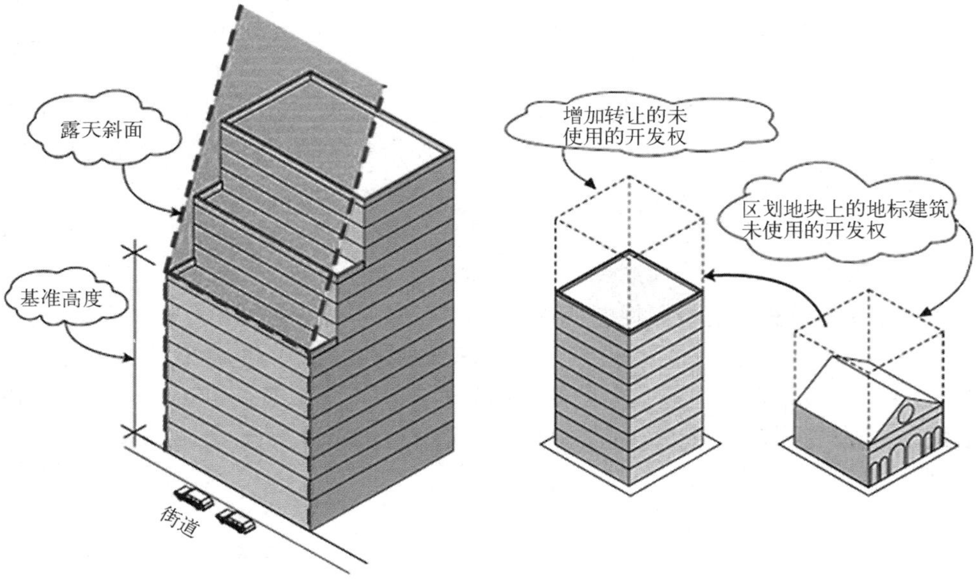

图 11-2　纽约建筑开发控制示意图

资料来源：Zoning Map[EB/OL]. New York Department of City Planning, http://www.nyc.gov/html/dcp/html/zone/zh_zmaptable.shtml.

此后，区划管理在美国的实践中不断地得到发展与补充，并经历了从消极控制到积极引导，从与城市规划脱节到最后成为实施城市规划的有力工具的发展过程，逐步成为一项行之有效的城市建设管理手段。

早期的区划是为了阻止城市中心区的过度开发而产生的，其目的首先是保护自由，其次才是协调冲突。区划遵循"依据法定财产权"原则制订，在增进公众福利的同时避免私人之间的相互干扰，并维护居民的健康与安全。它以一种控制"什么不应该发生"的消极控制方式来冻结原有土地使用权以防止城市环境恶化，反映了美国宪法对私人财产的保护，也反映了大量土地拥有者的需求。它并不像城市美化运动那样积极地规划理想城市，而是消极地应对社会冲突，其控制管理严格而缺乏弹性。这一阶段的区划对阻止环境恶化、维护公众利益起到了极为重要的作用，但随之也产生了许多严重问题，如城市空间单调乏味、缺乏变化。于是，后期的区划开始注入新的观念，将城市设计思想纳入其中，更多地注重在规划的基础上，将规划设计的目标、意图和内容转化成城市设计引导原则和政策，以指导私人开发。纽约的剧院区、林肯广场区、第五大街区、格林尼治街区、下曼哈顿区就是几个成功地贯彻执行城市设计思想的例子。

区划的本质是一种地方法规，是城市政府为了对城市土地开发进行控制而制定的条例或规章。区划权建立在警察权的基础上，为政府提供了干预土地市场的武器，有利于土地市场的完善，减少外部负面效应。区划的初衷是保护既得利益，本质是对利益分配的认定与控制，保护已建立起来的地区社会经济特征的同一性，以便保持土地的价值，以防止外部低阶层的闯入。区划法颁布后的一段时期，美国出现大量私人土地发展权与公共控制之间的争端，最终通过法庭按程序做出裁决而得到解决。

三、我国控制性详细规划体系的建立

20 世纪 80 年代起，随着我国改革开放以及市场经济体制的初步建立，传统的"总体规划—详细规划"二级规划体系明显地不适应新形势的发展。特别是在引进外资实行土地有偿使用的要求下，上海、深圳等改革开放前沿城市借鉴美国土地分区规划管理方法，在详细规划中引入区划的思想，从土地划分、开发控制、建筑管理等角度制定规划，并逐步形成了适合我国城市规划编制和管理的基本方法——控制性详细规划。经过 20 多年的探索，2008 年的《城乡规划法》正式确立以控制性详细规划为许可依据的"一书两证"制度。回顾我国城市规划体系的建立历程，控制性详细规划的制度建立过程大致可以分为三个阶段。

1. 探索期(20 世纪 80 年代)

该时期规划编制的特征是从形体设计走向形体示意，即打破过去通过"摆房子"的形式制定规划管理依据的模式以约束不合实际的高密度开发及见缝插针式的盲目发展。

在这个阶段，1982 年上海市编制的虹桥开发区规划是中国控制性详细规划的开河之作。在市府批准的驻沪领事馆集中建设区，根据外资建设的国际惯例要求，借鉴美国区划技术，编制了土地出让规划。规划对用地进行分区和土地细分，确定了每个地块的用地性质、用地面积、容积率、建筑密度、建筑后退、建筑高度限制、车辆出入口方位及小汽车停车库位八项控制指标，受到外商的欢迎。规划打破了传统"摆房子"式的详细规划模式，以一套经过相关研究的明确的规划指标体系，适应规划管理和市场经济条件下的土地出让行为(见图 7-8)。

在这个时期进行控制性详细规划编制探索活动的还有厦门和桂林等城市。厦门市中心南部特别区划通过10项控制指标把城市规划的意图落实到具体地块上，并为每个地块设计了一张示意图，直观形象地表达了不同区划指标下的建筑形态，为开发商和管理部门使用区划创造了便利条件。桂林中心区详细规划首次启用“控制性详细规划”的名称，提出综合控制指标体系。具体做法是在基础研究和规划专业研究的基础上，将中心区用地按区片块逐项划分为基本地块，并为每一基本地块的综合指标逐一赋值，然后通过这些系统完整的综合指标体系对城市建设加以控制引导。这两项规划借鉴了虹桥开发区规划的做法，引入区划的思想，结合我国城市规划的实际情况，初步形成了一套较为完善的控制性详细规划编制的基本方法。

2. 法定化探索(20世纪90年代)

这一时期规划编制的总体特征是从形体示意到指标抽象。形体示意的灵活程度往往掌握在具体办事人员的手中，缺乏规范化，且城市建设的不确定因素较多，易造成脱离实际的后果。量化指标的抽象控制摒弃了形体示意规划的缺陷，对规划地区进行地块划分并逐一赋值，通过控制指标约束城市开发建设。随着10多年的规划编制探索，开始走向法定化。值得一提的是1988年温州城市规划管理局编制的温州市旧城控制性详细规划，不仅改革了传统详细规划的编制办法，而且还提出了“地块控制指标＋图则”的做法，并为此制定了《旧城区改造规划管理试行办法》和《旧城土地使用和建设管理技术规定》两个地方性法规。该探索性做法得到了建设部的高度认可，1992年下发了《建设部关于搞好规划加强管理正确引导城市土地出让转让和开发活动的通知》，对温州市编制控制性详细规划引导城市国有土地出让转让的做法进行推广。同年，建设部颁布实施第22号部长令《城市国有土地使用权出让转让规划管理办法》，进一步明确出让城市国有土地使用权之前应当制定控制性详细规划，确定了控制性详细规划在土地市场化行为中的权威地位。1995年建设部制定的《城市规划编制办法实施细则》明确了控制性详细规划的地位内容与要求，使其逐步走上法定化、规范化的轨道。

为适应高速城市化发展的需求，在地方政府层面，为适应地方社会经济发展和城市建设管理的需要，加强了对控制性详细规划的法定地位的立法工作。1998年，深圳市人大通过了《深圳市城市规划条例》，将控制性详细规划的内容转化为法定图则，作为城市土地开发和控制的依据，为我国控制性详细规划的立法做了有益的探索。法定图则是通过一系列法定程序与过程，使得有关各方达成共识而形成的相互之间共同遵守的规划实施图则，其本质为公共契约。2003年12月颁布实施的《上海市城市规划条例》明确了控制性编制单元在上海市城市规划编制和管理体系中的法律地位，使之成为独立的规划层次。控制性编制单元将总体规划分区规划确定的总体控制要求细化分解，并在单元范围内统筹安排予以明确，通过强制性和引导性两类规划要求指导控制性详细规划的编制。2004年9月，广东省人大颁布了《广东省城市控制性详细规划管理条例》，规范了控制性详细规划的编制、审批、实施、调整以及公众参与等法定程序，并引入了规划委员会制度，实行决策权与执行权分离的创新体制，是我国第一部规范控制性详细规划的地方性法规。

3. 面向管理的探索(2000—2008年)

一座运营良好、能有效支撑地方社会经济发展的城市，通常是通过“三分规划、七分管理”实现的。遵从市场经济原则，按照城市总体规划的宏观意图对城市每块土地的使用及其环境进行有效控制，引导各项开发建设活动，是规划管理的关键。由于经济发展的波动以及开发主体变化等市场条件的瞬息万变，基于未来预期的刚性管控不适应国民经济的宏观调控要求。控制性详细规划是规划与管理、规划与实施衔接的重要环节，面向管理的城市规划要求增强规划的"弹性"和可操作性，需要适应投资主体多元化带来的利益主体多元化和城市建设思路多元化要求。此时期的控制性详细规划在重视技术性、法制性和公共性的基础上，更加关注和强调控制性详细规划的实用性，主要体现在：由全方位控制转向"四线"①和公共服务设施等核心控制；由局部地块控制转向区域性和通则性控制，如广州的规划管理单元控制；规划成果由技术文件向管理文件转化。

但过于迁就市场变化的需求会导致对城市公共利益的漠视以及偏离城市长远发展目标的后果。2006 年 4 月 1 日起实施的《城市规划编制办法》对控制性详细规划的内容要求及其中的强制性内容进行了明确规定，使得控制性详细规划变得更加规范和完善。建设过程中对规划条件提出变更的，变更内容必须符合控制性详细规划。

第三节 控制性详细规划

作为一种对传统详细规划进行改良和变革的手段，控制性详细规划的产生适应了我国城市规划管理与开发建设新形势的要求，弥补了总体规划(分区规划)和修建性详细规划之间的空缺，使我国传统的以总体规划和详细规划为主体的两阶段规划体系开始转向以控制性详细规划为主导的规划控制和引导体系。从以城市形体设计为目标的详细规划到以地块控制指标为核心的控制性详细规划的转变，深刻地反映了我国政府从计划经济向市场经济过渡过程中城市规划控制手段和方法的变革。经过依法审批的控制性详细规划成为政府实施规划管理的核心层次和最主要的依据。

控制性详细规划向上衔接总体规划和分区规划，向下衔接修建性详细规划、建筑设计与开发建设行为。它以量化指标和控制要求将对城市总体规划的宏观控制转化为对城市建设的微观控制，并作为具体指导地段修建性详细规划、建筑设计、土地出让的设计条件和控制要求(见图 11-3)。

控制性详细规划是对城市建设项目进行具体的定性、定量、定位和定界的控制和引导。通过一系列抽象的指标、图表、图则等表达方式，将城市总体规划宏观的控制内容、定性的内容、粗略的三维控制和定量控制内容，深化、细化、分解为微观层面的具体控制内容。该内容用简练、明确、适合操作的方式表达出来，作为建设控制、设计控制和开发建设的指导，为具体的设计与实施提供深化、细化的个性空间；作为控制土地批租、出让的基本依据，正确引导开发行为。

---

① "四线"控制是指在进行城市规划时划定的绿线、紫线、黄线和蓝线，是对城市发展全局有影响的、城市规划中确定的、必须控制的城市绿地、各级文物保护单位、历史文化街区(名镇)和历史建筑(含优秀近现代建筑)、重要城市基础设施、城市地表水体的控制界线。城市绿线是指城市各类绿地范围的控制线。城市紫线是指国家历史文化名城内的历史文化街区和省、自治区、直辖市人民政府公布的历史文化街区的保护范围界线，以及历史文化街区外经县级以上人民政府公布保护的历史建筑的保护范围界线。城市黄线是指对城市发展全局有影响的、规划中确定的、必须控制的城市基础设施用地的控制界线。城市蓝线是指城市规划确定的江、河、湖、库、渠和湿地等城市地表水体保护和控制的地域界线。

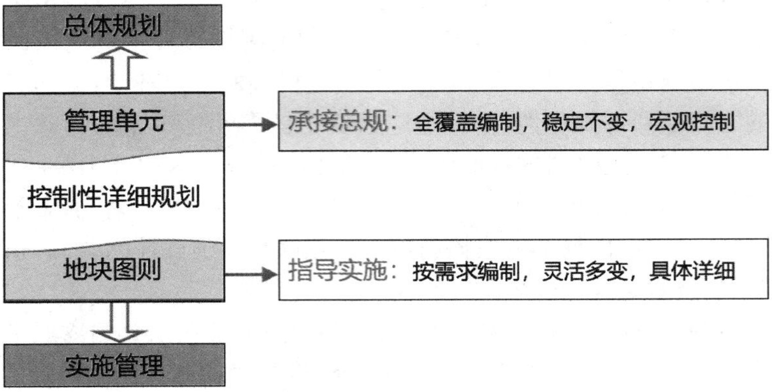

图 11-3　控制性详细规划的地位与要求

控制性详细规划由于直接涉及城市建设中各个方面的利益，是城市政府意图、公众利益和个体利益平衡协调的平台，体现着城市建设中各方角色的责、权、利关系，是实现政府规划意图、保证公共利益、保护个体权利的公共政策内容的具体化。控制性详细规划是城市总体规划宏观法律效应向微观法律效应的拓展。我国控制性详细规划不是法律，也不可能变成完全意义上的法律，但控制性详细规划中具有法律意义的部分应该以积极的方式形成法律条文，提高其在规划管理中的权威地位。作为法定规划，法律效应是控制性详细规划的基本特征。

一、控制要素

从城市开发建设规划管理的角度看，任何城市街坊内的用地开发建设活动，不管是功能综合体开发还是单体建筑开发，从对周边地区及城市整体运营构成的影响以及项目自身的属性而言，都需要从土地开发、建筑建造、配套设施以及行为活动四个方面进行控制。土地开发控制要素是对土地的开发利用提出控制要求，包括土地使用和开发强度两个方面，并通过用地边界、用地性质、容积率和建筑密度等指标来界定。建筑建造维度是对用地范围内的建筑单体进行控制，又可以细化为建筑建造控制和城市设计引导两个维度，通过建筑高度、建筑的位置以及建筑风格样式等指标来约定。设施配套维度则有市政设施配套和公共设施配套，配套设施不仅保证自身项目能得到很好的运营，而且保证项目的开发建设能满足周边地区和城市整体运营的要求。至于行为活动维度，则是项目建成后的运营，包括交通活动控制和环境保护规定，目的是减少对周边地区的干扰或降低负外部性（见表 11-1 和图 11-4）。

表 11-1　城市用地开发控制体系

控制要素		控制指标
土地开发	土地使用控制	用地边界 用地面积 用地性质 土地使用兼容性

续　表

控制要素		控制指标
土地开发	开发强度控制	容积率 建筑密度 居住人口密度 绿地率 空地率
建筑建造	建筑建造控制	建筑高度 建筑后退 建筑间距
	城市设计引导	建筑体量 建筑色彩 建筑形式 其他环境要求 建筑空间组合 建筑小品设置
设施配套	市政设施配套	给水设施 排水设施 电力设施 交通设施 其他
	公共设施配套	教育设施 医疗卫生设施 商业服务设施 行政办公设施 文娱体育设施 附属设施 其他
行为活动	交通活动控制	交通组织 出入口方位及数量 装卸场地规定
	环境保护规定	噪声、震动等允许标准值 水污染允许排放量 水污染允许排放浓度 废气污染允许排放量 固体废弃物控制 其他

城市的复杂性决定了城市用地开发的复杂性。复杂性意味着简单刚性或全要素控制的做法无法适应现实需求。因此，需要在刚性与弹性、全要素与重点要素间找到适合管理的平衡点，应视用地的具体情况，选取其中部分或全部内容进行控制，对于控制指标值也通常设定一定幅度的弹性。

图 11-4　某市某镇区控制性详细规划图则

资料来源：某市城乡规划管理局(笔者编制)。

1. 土地使用控制

土地使用控制，即对建设用地的建设内容、位置、面积和边界范围等方面做出规定，其具体控制内容包括用地边界、用地面积、用地性质、土地使用兼容性等。

用地边界是规划用地与道路或其他规划用地之间的分界线。通常以用地性质规划为基础，综合考虑街坊开发建设管理的灵活性以及小规模成片更新的可操作性等因素，对地块进行合理划分。尽量保持以单一性质划定地块，即一般一个地块只有一种使用性质，但应尊重地块现有的土地使用权和产权边界；要满足标准厂房、仓库、综合市场等特殊功能要求，适应建筑群体组合及城市设计需要；地块划分可根据开发模式和管理要求在规划实施中进一步重组(小地块合并成大地块或大地块细分为小地块)。

用地性质的确定要有一定的弹性余地，要制定土地兼容性要求。所谓“兼容”，是指某一类性质的用地内允许建、不许建或经过某规划部门批准后许可建的建筑项目。土地使用兼容性是指不同土地使用性质在同一土地中共存的可能性，表现为同一块城市土地上有多种性质用地。综合使用的允许与否反映不同土地使用性质之间亲和与矛盾的程度。土地使用兼容性反映同一土地使用性质的多种选择与置换的可能性，表现为土地使用性质的弹性、灵活性与适建性，即建设的可能性和选择的多样性。同一块土地上有多种使用性质兼容在一起时，应当分清主体性质和附属性质。

2. 开发强度控制

开发强度控制，即为了保证城市的良好运营，在城市市政和公共等基础设施的承载力范围内，对建设用地能够容纳的建设量和人口聚集量做出合理规定。其控制内容为容积率、建筑密度、居住人口密度、绿地率等。建设用地的高强度开发会造成居住人口密度和城市活动强度的提高，给市政基础设施和公共服务设施带来沉重的负担，各种设施超负荷运转，服务质量必然下降。建筑密度与容积率过高、绿化率过低、建筑物过密过挤等容易造成日照不足、通风不畅、绿地过少、视线干扰等问题。

容积率又称楼板面积率或建筑面积密度，是衡量土地使用强度的一项指标，是地块内所有建筑物的总建筑面积之和与地块面积的比值（万 m^2/hm^2）。容积率可根据需要制定上限和下限。容积率的下限综合考虑征地价格和建筑租金的关系以保证开发商的利益而确定，而容积率上限的目的则在于防止过度开发导致城市基础设施超负荷运行及环境质量下降。

建筑密度是指规划地块内各类建筑基底面积占该块用地面积的比例。它可以反映出一定用地范围内的空地率和建筑密集程度。

绿地率就是地块内绿化用地总面积与地块用地面积的比值。绿地包括公共绿地、中心绿地、组团绿地、公共服务设施所属绿地和道路绿地（道路红线内的绿地），不包括屋顶、晒台的人工绿地。

3. 建筑建造控制

建筑建造控制是指为了满足生产、生活所需的良好的环境条件，对建筑用地上的建筑物布置和建筑物之间的群体关系做出必要的技术规定。主要控制内容有建筑高度、建筑间距、建筑后退、沿街建筑高度、相邻地段的建筑规定等。建筑建造指标的量化控制也是对土地使用性质、容积率、建筑密度指标的一种具体反映。

设置建筑建造的指标是为了满足城市市政建设、防灾建设、信息通信、环境卫生等方面的专业要求。例如，设置建筑间距和建筑后退就是为了满足日照通风、交通通道、市政管道等方面的要求（一些电视台和信号发射台对周边建筑的具体高度也有具体要求）。通过控制不同地块的高度，可以形成优美的城市天际线，提高城市环境品质；建筑建造的指标设置也是为了保障周边地块现实或未来的开发权益。建筑高度过高或者建筑后退地块边界距离太小都会影响周边地块的开发利益。

4. 城市设计引导

以“城市设计概念图”加以表达，同时将空间形态、建筑风貌的要求以指标的形式确定下来，指导修建性详细规划及建筑单体设计。通常先确定规划区域的空间结构骨架、各地块的用地功能风貌、道路绿化系统，再从城市设计的角度考虑不同空间序列的关系，形成城市设计总体概念与结构。城市设计引导包括建筑体量、建筑色彩、建筑形式等内容，此外还包括绿化布置要求，以及对广告标牌、夜景照明及建筑小品的规定和建议。

5. 市政设施配套

与总体规划中的市政设施规划不同，控制性详细规划中的市政设施配套涉及与规划地块相关的特定源的分布、体量及流向等，如供给地块水源的给水干管位置与走向，变电站的位置、发电量或变电容量，或者排水干管的位置管径及走向等，这些都支撑着城市正常运转。

对于一些独立占地的市政设施，如电力设施（变电站、配电所、变配电箱）、环卫设施（垃圾转运站、公共厕所、污水泵站）、电信设施（电话局、邮政局）、燃气设施（调气站）、供热设施（供热调压装置）等，必须控制这些市政公用工程在地面上构筑物的位置、用地范围和周边一定范围内的用地，确定其体量和数量。涉及工程管线的走向、管径、管底标高、沟径等管线要素，必须明确各条管线所占空间位置及相互的空间关系，减少建设中的矛盾。

6. 公共设施配套

公共设施配套是保障生产、生活的各类公共服务的物质载体。城市公共配套设施一般分为两类。一类是城市总体层面落实的公共配套设施，包括市级或为更大范围区域服务的行政办公、商贸、经济、教育、卫生、体育以及科研设计等机构和设施，主要应根据城市总体规划、分区规划要求，结合规划用地的具体条件和未来发展需要，对每个项目进行“定性、定量、定位”的具体控制。另一类是为满足城市居民基本的物质与文化生活需要，与居住人口规模相对应配套建设的公建项目，一般在详细规划阶段按《城市居住区规划设计标准》进行具体控制。

对于与人口规模直接相关的公共配套设施，如综合医院、综合文化中心、居民运动场、社区服务中心、托老所等，通常给定千人指标。千人指标包括人口千人指标、用地千人指标和建筑面积千人指标，是控制项目开发公共配套设施的主要实施依据。

对于一些必须有独立用地的设施，如学校、医院、居民运动场、垃圾压缩站等，应尽量独立占地。若条件确有困难，可以考虑在满足技术要求的前提下与其他用房联合布置，但是应该保证一定的底层面积和场地要求，如卫生服务中心、街道办事处、派出所、社区服务中心等。对用地无专门要求的，可结合其他建筑物设置，如卫生站、居委会、文化活动站等。

7. 交通活动控制

交通活动控制是为了避免出入用地交通对相邻道路的干扰，控制交通出入口方位、数量以及禁止机动车出入口路段，并在主次干道确定的条件下，根据规划用地规模及地块的使用性质，增设各级支路路网，确定规划范围内道路的红线、道路横断面、道路主要控制点坐标、标高、交叉口形式等。此外，对配建停车场(库)，包括大型公建项目和住宅的配套停车场(库)，进行定量(泊位数)、定点(或定范围)控制。

8. 环境保护规定

环境保护规定通过制定污染物排放标准，防止生产建设或其他活动中产生的废气、废水、废渣、粉尘、有毒有害气体、放射性物质以及噪声、振动、电磁波辐射等对环境的污染和危害，达到环境保护的目的。这些指标通常国家都有相关的标准、法律和法规等，控制性详细规划则将这些标准具体化，落实在空间管控上。

二、指标体系

根据以上控制要素的分析，控制性详细规划的控制内容分为规定性和引导性两类指标。

规定性指标指该指标必须遵照执行，不能更改。规定性内容一般为刚性内容，主要规定“不许做什么”“必须做什么”“至少应该做什么”等，包括用地性质、用地面积、建筑密度、建筑限高(上限)、建筑后退红线、容积率(单一或区间)、绿地率(下限)、交通出入口方位(机动车、人流、禁止开口路段)、停车泊位及其他公共设施(中小学、幼托、环卫、电力、电信、燃气设施等)。

指导性指标是指该指标是参照执行的，并不具有强制约束力，引导性内容一般为弹性内容，主要规定“可以做什么”“最好做什么”“怎么做更好”等，具有一定的适应性与灵活性，包括人口容量(居住人口密度)，建筑形式、风格、体量和色彩要求，以及其他环境要求(关于环境保护、污染控制、景观要求等的指导性指标，可根据现状条件、规划要求、各地情况因地制宜地设置）。

三、控制性详细规划编制的主要内容

2006 年 4 月 1 日起施行的《城市规划编制办法》规定，控制性详细规划应当包括以下六个方面的内容。

（1）确定规划范畴内不同性质用地的界线，确定各类用地内适建，不适建或者有条件允许建设的建筑类型。

（2）确定各地块建筑高度、建筑密度、容积率、绿地率等控制指标；确定公共设施配套要求、交通出入口方位、停车泊位、建筑后退红线距离等要求。

（3）提出各地块的建筑体量、体型、色彩等城市设计指导原则。

（4）根据交通需求分析，确定地块出入口位置、停车泊位、公共交通场站用地范畴和站点位置、步行交通以及其他交通设施。规定各级道路的红线、断面、交叉口形式及渠化措施、控制点坐标和标高。

（5）根据规划建设容量，确定市政工程管线位置、管径和工程设施的用地界线，进行管线综合。确定地下空间开发利用具体要求。

（6）制定相应的土地使用与建筑管理规定。

其中，地块的主要用途、建筑密度、建筑高度、容积率、绿地率、基础设施和公共配套设施规定应当作为强制性内容。

四、成果形式

控制性详细规划的成果形式包括文本、图纸与图则三个部分。

1. 文本

（1）总则（包括编制目的、规划依据与原则、规划范围与概况、适用范围、主管部门与管理权限等）。

（2）土地使用和建筑规划管理通则（包括用地分类标准、原则与说明，用地细分标准、原则，控制指标系统内容，各类使用性质用地的一般控制要求，道路交通系统的一般控制规定，配套设施的一般控制规定，“四线”控制内容、控制方式、控制标准以及一般管理规定，历史文化保护要求及一般管理规定，竖向设计原则、方法、标准以及一般性管理规定，地下空间利用要求及一般管理规定，根据实际情况和规划管理需要提出的其他通用性规定，等等）。

（3）城市设计引导（包括城市设计系统控制、具体控制与引导要求等）。

（4）关于规划调整的相关规定（包括调整范畴、调整程序要求、调整的技术规范要求等）。

（5）奖励与惩罚的相关措施与规定。

（6）附则（包括规划成果组成、使用方式、规划生效、解释权、相关名词解释等）。

（7）附表（一般应包括《用地分类一览表》《现状与规划用地平衡表》《土地使用兼容控制表》《地块控制指标一览表》《公共服务设施规划控制表》《市政公用设施规划控制表》《各类用地与设施规划建筑面积汇总表》，以及其他控制与引导内容或执行标准的控制表等。）

(8) 各地块控制指标一览表，控制指标分为规定性和指导性两类。

2. 图纸

(1) 位置图(比例不限)：反映规划范围及位置，与城市重要功能片区、组团之间的区位关系，周围城市道路走向，比邻用地关系，等等。

(2) 用地现状图(1∶2 000～1∶5 000)。标明自然地貌、各类用地范围和产权界限、用地性质、现状建筑质量等内容。

(3) 土地使用规划图(1∶2 000～1∶5 000)。标明各类用地细分边界、用地性质等内容。土地使用规划图应与用地现状图比例一致。

(4) 道路交通规划图(1∶2 000～1∶5 000)。标明规划范围内道路分级系统、内外道路衔接、道路断面、交通设施、公交系统、步行系统、交通流线组织、交通渠化、主要控制点坐标、标高等内容。

(5) 绿地景观规划图(1∶2 000～1∶5 000)。标明不同等级和功能的绿地、开敞空间、公共空间、视廊、景观节点、特色风貌区、景观边界、地标、景观要素控制等内容。

(6) 各项工程管线规划图(1∶2 000～1∶5 000)。标明各类市政工程设施源点、管线布置、管径、路由走廊、管网平面综合与竖向综合等内容。

(7) 其他相关规划图纸(1∶2 000～1∶5 000)。根据具体项目要求和控制必要性，可增加绘制其他相关规划图纸，如开发强度区划图、建筑高度区划图、历史保护规划图、竖向规划图、地下空间利用规划图等。

3. 图则

(1) 用地编码图(1∶2 000～1∶5 000)。标明各片区、单元、街区、街坊、地块的划分界线，并编制统一的可以与周边地段衔接的用地编码系统。

(2) 总图则(1∶2 000～1∶5 000)。各项控制要求汇总图，一般应包括地块控制总图则、设施控制总图则和“五线”控制总图则。

① 地块控制总图则。标明规划范围内各类用地的边界，并标明每个地块的主要控制指标。需标明的控制指标一般应包括用地编号、用地性质代码、用地面积、容积率、建筑密度、建筑限高、绿地率等强制性内容。

② 设施控制总图则。应标明各类公益性公共服务设施、市政工程设施、交通设施的位置、界线或布点等内容。

③ “四线”控制总图则。根据国家和地方相关规范与标准，绘制绿线、紫线、蓝线、黄线等控制界线总图。

(3) 分图图则(1∶500～1∶2 000)。在规划范围内针对街坊或地块分别绘制的规划控制图则，应全面系统地反映规划控制内容，并明确区分强制性内容。分图图则的图幅大小、格式、内容深度、表达方式应尽量保持一致。根据表达内容的多少，可将控制内容分类整理，形成多幅图则的表达方式，一般可分为用地控制分图则和城市设计指引分图则。

五、成果的法定效力

经批准后的控制性详细规划具有法定效力，任何单位和个人不得随意修改。确需修改控制性详细规划的，应当按照程序进行：控制性详细规划组织编制机关应当组织对控制性详细规划修改的必要性进行专题论证；采用多种方式征求规划地段内利害关系人的意见，必要时应当组织听证；向原审批机关提出专题报告，经原审批机关同意后，方可组织编制修改方案；修改后应当按法定程序审查报批。报批材料中应当附具规划地段内利害关系人意见及处理结果。控制性详细规划修改涉及城市总体规划、镇总体规划强制性内容的，应当先修改总体规划。

经批准后的控制性详细规划所具有的法定效力充分体现在《城乡规划法》中。

第 37 条规定：在城市、镇规划区内以划拨方式提供国有土地使用权的建设项目，经有关部门批准、核准、备案后，建设单位应当向城市、县人民政府城乡规划主管部门提出建设用地规划许可申请，由城市、县人民政府城乡规划主管部门依据控制性详细规划核定建设用地的位置、面积、允许建设的范围，核发建设用地规划许可证。

第 38 条规定：在城市、镇规划区内以出让方式提供国有土地使用权的，在国有土地使用权出让前，城市、县人民政府城乡规划主管部门应当依据控制性详细规划，提出出让地块的位置、使用性质、开发强度等规划条件，作为国有土地使用权出让合同的组成部分。未确定规划条件的地块，不得出让国有土地使用权。

第 40 条规定：申请办理建设工程规划许可证，应当提交使用土地的有关证明文件、建设工程设计方案等材料。需要建设单位编制修建性详细规划的建设项目，还应当提交修建性详细规划。对符合控制性详细规划和规划条件的，由城市、县人民政府城乡规划主管部门或者省、自治区、直辖市人民政府确定的镇人民政府核发建设工程规划许可证。

问题思考

1. 对城市土地开发进行管理的考量是什么？
2. 我国对城市土地开发管理的依据是什么？
3. 控制性详细规划的主要内容有哪些？

第十二章 国土空间规划与建设人民城市

本章导读

前几章阐述了我国城市规划体系的建立及已建构的规划理论，以及在规划理论或理念下，如何在城市总体层面和用地层面编制规划文本以控制开发建设活动、达成规划目标。城市规划是面向实践、为社会经济发展服务的学科，处于不同阶段的城市社会经济发展必然需要与之相适应的城市规划体系及理论。

改革开放以来，我国经历了世界历史上规模最大、速度最快的城市化进程，城市发展波澜壮阔，取得了举世瞩目的成就。1978 年以来，我国城市化率年均提高 1 个百分点，2020 年年底达到 63.89%；城镇常住人口由 1.7 亿人增加到 9 亿人，每年增新城镇人口达到 2 100 万人，比欧洲一个中等国家总人口还要多。我国城市数量由 1980 年的 193 座增加到 2020 年的 683 座，其中超千万人口的超大型城市达到 7 座，城市建成区面积从 1981 年的 7 000 km^2 增加到当前的超过 50 000 km^2。城市基础设施明显改善，城市公共服务水平不断提高，城市功能不断完善。

当前，全国 80%以上的经济总量产生于城市，今后，我国仍将有大量人口不断进入城市，预计城市人口将逐步达到 70%左右并稳定下来。我国城市发展已经进入新的发展时期，新时代城乡规划指导思想要贯彻创新、协调、绿色、开放、共享的新发展理念，坚持以人为本、科学发展、改革创新、依法治市，转变城市发展方式，完善城市治理体系，提高城市治理能力，着力解决城市病等突出问题，不断提升城市环境质量、人民生活质量、城市竞争力，建设和谐宜居、富有活力、各具特色的现代化城市，提高新型城市化水平，走出一条中国特色城市发展道路。与新时代社会经济需求相适应，本章重点阐述新时代我国城乡规划体系的改革以及建设人民城市的规划目标。

第一节 城市发展进入新时代

从发达国家城市化发展的一般规律来判断，我国开始进入城市化较快发展的中后期。此阶段的城市发展有如下特点：一是在人口城市化快速发展阶段，大量乡村人口涌入城市，城市基础设施、公共服务水平、城市管理能力等不能适应大规模新增城市人口的需求，各种城市病有可能集中暴发；二是原有的城市发展方式不足将逐步呈现，边际效用递减，而资源环境成本和社会成本将不断递增，迫切需要转变城市发展方式；三是人口城市化阶段进入中后期，速度将逐步趋缓，每年乡村转移至城市的人口数量将逐步减少，现有的城市空间发展将转向规模扩张和质量提升并重阶段。

一、从工业文明转向生态文明

本书第七章阐述了中国从半殖民地半封建社会、新民主主义社会进入社会主义的初级阶段，受到西方工业文明的冲击和影响，学习西方，引进了一些技术，建立了一些产业，要实现从落后的农业国发展为发达的工业国。我国的城市建设与规划都围绕着国民经济和社会发展五年计划展开，服务于工业项目的落地与建设。改革开放后，我国的产业发展获得了举世瞩目的成绩，以制造业为主体的工业经济，其增加值由 1978 年的 1 607 亿元增长到 2022 年的 638 698 亿元，在三次产业结构中的比重也上升到 40%。我国在全球制造业增加值中的占比，从 1995 年的 5%提高到 2022 年的近 30%，持续保持着世界第一制造大国地位。我国构建了规模大、体系全、竞争力较强的产业体系，拥有 41 个工业大类、207 个工业中类、666 个工业小类，覆盖联合国产业分类中全部的工业门类，已成为全球产业链、供应链的重要组成部分，实现了由工业基础薄弱、技术落后、门类单一向工业基础显著加强、技术水平稳步提高、门类逐渐齐全的重大转变，同时实现了由工业化初期迈向工业化中期及成熟期的历史性跨越。

可以判断，当前工业文明下的经济发展方式逐步取代了生产力水平低下的农业文明生产方式。与此转变相对应的是，人们的价值观念、生产和生活方式、社会组织形式和制度体系均发生了革命性的变化。同时也要看到，人们在创造和享受高额物质财富的同时，生存环境恶化了，清新的空气被污染了，洁净的水源被污染了，重金属污染的土壤所生产的农产品有毒有害了，气候在变暖，资源在枯竭，生态在退化，贫富差距在加大。从当前的工业化阶段、城市化水平和全球可持续发展的需要看，我国经济社会发展正面临“不平衡、不协调”的严峻挑战，全盘套用资本主义的工业文明的生产体系和价值体系已经不可持续。要在充分汲取工业文明科学合理内容的基础上，以生态文明推进中国经济社会的绿色转型，实现可持续发展。

在工业化进程快速推进、工业化弊端开始凸显的时候，进入 21 世纪的中国，将生态建设作为一项目标纳入决策议程。提出要全面推进经济建设、政治建设、文化建设、社会建设、生态文明建设，实现以人为本、全面协调可持续的科学发展。习近平总书记在不同场合多次指出，必须坚持人与自然和谐共生，坚持节约优先、保护优先、自然恢复为主的方针。明确绿水青山就是金山银山，加快形成节约资源和保护环境的空间格局、产业结构、生产方式、生活方式，给自然生态留下休养生息的时间和空间。山水林田湖草是生命共同体，要统筹兼顾、整体施策、多措并举，全方位、全地域、全过程开展生态文明建设。紧紧围绕建设美丽中国深化生态文明体制改革，加快建立生态文明制度、健全国土空间开发、资源节约利用、生态环境保护的体制机制，推动形成人与自然和谐发展的现代化建设新格局。要坚持底线思维，以国土空间规划为依据，把城镇、农业、生态空间和生态保护红线、永久基本农田保护红线、城镇开发边界作为调整经济结构、规划产业发展、推进城市化不可逾越的红线，立足本地资源禀赋特点、体现本地优势和特色①。

① 习近平.论坚持人与自然和谐共生[M].中央文献出版社，2022：10-12.

2015年9月中共中央、国务院印发了《生态文明体制改革总体方案》并发出通知，要树立发展和保护相统一的理念，坚持发展是硬道理的战略思想，发展必须是绿色发展、循环发展、低碳发展，平衡好发展和保护的关系，按照主体功能定位控制开发强度，调整空间结构，给子孙后代留下天蓝、地绿、水净的美好家园，实现发展与保护的内在统一、相互促进。要树立空间均衡的理念，把握人口、经济、资源环境的平衡点推动发展，人口规模、产业结构、增长速度不能超出当地水土资源承载能力和环境容量。要构建以空间规划为基础、以用途管制为主要手段的国土空间开发保护制度，着力解决因无序开发、过度开发、分散开发导致的优质耕地和生态空间占用过多、生态破坏、环境污染等问题。要构建以空间治理和空间结构优化为主要内容，全国统一、相互衔接、分级管理的空间规划体系，着力解决空间性规划重叠冲突、部门职责交叉重复、地方规划朝令夕改等问题。

二、重组国家规划体系

以规划引领经济社会发展是党治国理政的重要方式，是中国特色社会主义发展模式的重要体现。立足新形势、新任务、新要求，明确各类规划功能定位，理顺国家发展规划和国家级专项规划、区域规划、空间规划的相互关系，避免交叉重复和矛盾冲突口。2018年11月，《中共中央、国务院关于统一规划体系更好发挥国家发展规划战略导向作用的意见》（中发〔2018〕44号）印发，明确要求：要理顺规划关系，统一规划体系，完善规划管理，提高规划质量，强化政策协同，健全实施机制，加快建立制度健全、科学规范、运行有效的规划体制。建立以国家发展规划为统领，以空间规划为基础，以专项规划、区域规划为支撑，由国家、省、市县各级规划共同组成，定位准确、边界清晰、功能互补、统一衔接的国家规划体系。要求下位规划服从上位规划、下级规划服务上级规划、等位规划相互协调。

1. 国家发展规划

国家发展规划是指国民经济和社会发展五年规划纲要，是社会主义现代化战略在规划期内的阶段性部署和安排，主要阐明国家战略意图、明确政府工作重点、引导规范市场主体行为，是经济社会发展的宏伟蓝图，是全国各族人民共同的行动纲领，是政府履行经济调节、市场监管、社会管理、公共服务、生态环境保护职能的重要依据。由国务院组织编制，经全国人民代表大会审查批准，居于规划体系最上位，是其他各级各类规划的总遵循。

国家发展规划注重战略性、宏观性和政策性，指导和约束功能很强，聚焦事关国家长远发展的大战略、跨部门跨行业的大政策、具有全局性影响的跨区域大项目，把党的主张转化为国家意志，为各类规划系统落实国家发展战略提供遵循。

2. 国家级专项规划

国家级专项规划是指导特定领域发展、布局重大工程项目、合理配置公共资源、引导社会资本投向、制定相关政策的重要依据，原则上限定于关系国民经济和社会发展全局且需要中央政府发挥作用的市场失灵领域。其中，国家级重点专项规划要严格限定在编制目录清单内，与国家发展规划同步部署、同步研究、同步编制，如国家铁路中长期规划、高速铁路“八纵八横”网络规划、国家主体功能区规划以及国家新型城市化规划等。

国家级专项规划要围绕国家发展规划在特定领域提出的重点任务，制定细化落实的时间表和路线图，提高针对性和可靠性。细化落实国家发展规划对特定领域提出的战略任务，由国务院有关部门编制，其中国家级重点专项规划报国务院审批，党中央有明确要求的除外。

3. 区域规划

国家级区域规划主要以国家发展规划确定的重点地区、跨行政区且经济社会活动联系紧密的连片区域以及承担重大战略任务的特定区域为对象，以贯彻实施重大区域战略、调解跨行政区重大问题为重点，突出区域特色，指导特定区域协调协同发展，是指导特定区域发展和制定相关政策的重要依据。如京津冀协同发展、长三角一体化、长江经济带、粤港澳大湾区、黄河流域生态保护和高质量发展以及成渝地区双城经济圈等，均属于国家级区域规划，是国家级区域重大战略。

4. 国土空间规划

国家级空间规划聚焦空间开发强度管控和主要控制线落地，全面摸清并分析国土空间本底条件，划定城镇、农业、生态空间以及生态保护红线、永久基本农田、城镇开发边界，并以此为载体统筹协调各类空间管控手段，整合形成“多规合一”的空间规划。国家级空间规划在空间开发保护方面发挥基础和平台功能，为国家发展规划确定的重大战略任务落地实施提供空间保障，对其他规划提出的基础设施、城镇建设、资源能源、生态环保等开发保护活动提供指导和约束。

在中发〔2018〕44 号文件中，明确国家级专项规划、区域规划、空间规划均须依据国家发展规划编制。国家级专项规划要细化落实国家发展规划对特定领域提出的战略任务，由国务院有关部门编制，其中国家级重点专项规划报国务院审批，党中央有明确要求的除外。国家级区域规划要细化落实国家发展规划对特定区域提出的战略任务，由国务院有关部门编制，报国务院审批。国家级空间规划要细化落实国家发展规划提出的国土空间开发保护要求，由国务院有关部门编制，报国务院审批。国家级专项规划、区域规划、空间规划，规划期与国家发展规划不一致的，应根据同期国家发展规划的战略安排对规划目标任务适时进行调整或修编。国家级空间规划对国家级专项规划具有空间性指导和约束作用。

三、“城市中国”时代的城市工作指导思想

经过 40 多年的高速发展，我国社会经济基本上实现由“乡村中国”经“城乡中国”而发展到“城市中国”。当前我国的人口、产业、教育、医疗等社会经济活动大部分集中在城市里。习近平总书记在第四次中央城市工作会议上指出，城市发展带动了整个经济社会发展，城市建设成为现代化建设的重要引擎，城市是我国经济、政治、文化、社会等方面活动的中心，在党和国家工作全局中具有举足轻重的地位①。

但是，城市发展过程中存在的一些问题不容忽视。例如，在规划建设指导思想上重外延轻内涵，发展方式粗放，盲目追求规模扩张，新城区层出不穷，大拆大建不断；一些城市规划前瞻性、严肃性、强制性、公开性不够，一些领导干部习惯于用行政命令取代法治，违法违规干预城市规划、建设、管理，甚至出现了“一任书记一座城，一个市长一新区”现象；一些城市

① 中央城市工作会议在北京举行　习近平李克强作重要讲话[EB/OL].中央人民政府网，https://www.gov.cn/xinwen/2015-12/22/content_5026592.htm.

越建越大、越建越漂亮，但居民上学、看病、养老越来越难，群众生活越来越不方便；相当数量的城市空气污染、交通拥堵、出行难、停车难、垃圾围城等城市病突出，且呈蔓延加剧态势；等等。

城市是各类要素资源和经济社会活动最集中的地方，全面建成小康社会、加快实现现代化，必须抓好城市这个“火车头”，把握发展规律，推动以人为核心的新型城市化，有效化解各种城市病。必须认识、尊重、顺应城市发展规律，端正城市发展指导思想，切实做好城市工作。

第一，尊重城市发展规律。城市发展是一个自然历史过程，有其自身规律。城市和经济发展两者相辅相成、相互促进。城市发展是农村人口向城市集聚、农业用地按相应规模转化为城市建设用地的过程，人口和用地要匹配，城市规模要同资源环境承载能力相适应。

第二，统筹空间、规模、产业三大结构，提高城市工作全局性。各城市要结合资源禀赋和区位优势，明确主导产业和特色产业，强化大中小城市和小城镇产业协作协同，逐步形成横向错位发展、纵向分工协作的发展格局。要以城市群为主体形态，科学规划城市空间布局，实现紧凑集约、高效绿色发展。城市化必须同农业现代化同步发展，城市工作必须同“三农”工作一起推动，形成城乡发展一体化的新格局。

第三，统筹规划、建设、管理三大环节，提高城市工作的系统性。要在规划理念和方法上不断创新，增强规划科学性、指导性。要加强城市设计，提倡城市修补，加强控制性详细规划的公开性和强制性。要加强对城市的空间立体性、平面协调性、风貌整体性、文脉延续性等方面的规划和管控，留住城市特有的地域环境、文化特色、建筑风格等“基因”。

第四，统筹改革、科技、文化三大动力，提高城市发展持续性。要推进规划、建设、管理、户籍等方面的改革，以主体功能区规划为基础统筹各类空间性规划，推进“多规合一”。要深化城市管理体制改革，确定管理范围、权力清单、责任主体。推进城市化要把促进有能力在城镇稳定就业和生活的常住人口有序实现市民化作为首要任务。要加强对农业转移人口市民化的战略研究，统筹推进土地、财政、教育、就业、医疗、养老、住房保障等领域配套改革。

第五，统筹生产、生活、生态三大布局，提高城市发展的宜居性。城市发展要把握好生产空间、生活空间、生态空间的内在联系，实现生产空间集约高效、生活空间宜居适度、生态空间山清水秀。城市工作要把创造优良人居环境作为中心目标，努力把城市建设成为人与人、人与自然和谐共处的美丽家园。要增强城市内部布局的合理性，提升城市的通透性和微循环能力。要控制城市开发强度，划定水体保护线、绿地系统线、基础设施建设控制线、历史文化保护线、永久基本农田和生态保护红线，防止“摊大饼”式扩张，推动形成绿色低碳的生产生活方式和城市建设运营模式。要坚持集约发展，树立“精明增长”“紧凑城市”理念，科学划定城市开发边界，推动城市发展由外延扩张式向内涵提升式转变。

第六，统筹政府、社会、市民三大主体，提高各方推动城市发展的积极性。城市发展要善于调动各方面的积极性、主动性、创造性，集聚促进城市发展正能量。要坚持协调协同，尽最大可能推动政府、社会、市民同心同向行动，使政府有形之手、市场无形之手、市民勤劳之手同向发力。政府要创新城市治理方式，特别要注意加强城市精细化管理。要提高市民文明素质，尊重市民对城市发展决策的知情权、参与权、监督权，鼓励企业和市民通过各种方式参与城市建设、管理，真正实现城市共治共管、共建共享。

第二节　国土空间规划体系

一、“多规合一”的探索

随着我国社会经济的发展，城市及区域发展从面向生产空间的规划建设逐步转为面向运营空间的运行管理，涉及项目落地的空间类规划有城乡规划、土地利用规划、国民经济和社会发展规划、主体功能区规划、生态环境保护规划等（见表 12-1）。这些自成体系的空间类规划存在“规划类型过多、内容重叠冲突、缺乏衔接，审批流程复杂、周期过长，地方规划朝令夕改”等问题。习近平总书记早在 2013 年的中央城镇化工作会议上就指出①：

> 城市规划工作中还存在不少问题，空间约束性规划无力，各类规划自成体系、互不衔接，规划的科学性和严肃性不够。要先布棋盘再落子。要建立空间规划体系，推进规划体制改革，加快推进规划立法工作，形成统一衔接、功能互补、相互协调的规划体系。城市规划要由扩张性规划逐步转向限定城市边界、优化空间结构的规划。城市规划要保持连续性，不能政府一换届、规划就换届。可以在县（市）探索经济社会发展、城乡、土地利用规划的“三规合一”或“多规合一”，形成一个县（市）一本规划、一张蓝图，持之以恒加以落实。

表 12-1　提出“多规合一”时各规划体系的比较

	城乡规划（城市总体规划）	土地利用规划	国民经济和社会发展规划	主体功能区规划	生态环境保护规划
法律法规依据	城乡规划法、城市规划编制办法、城市用地分类与规划建设用地标准等	土地管理法、土地管理法实施条例，土地利用总体规划编制审查办法等	国务院关于加强国民经济和社会发展规划编制工作的若干意见（国发〔2005〕33 号文）	国务院关于编制全国主体功能区规划的意见（国发〔2007〕21 号文）	环境保护法
体系构成	城镇体系规划：国家、省； 总体规划和详细规划：设区市、城市、镇； 村庄规划	国家、省、市、县、乡五级体系； 层级控制相对严谨	三级：国家级规划、省（区、市）级规划、市县级规划； 三类：区域规划、总体规划、专项规划	两个层次：国家主体功能区规划，省级主体功能区规划	尚不完善； 国家环境保护规划，县级及以上的地方环境保护规划

① 中共中央文献研究室. 十八大以来重要文献选编（上）[M]. 中央文献出版社，2014：607.

续 表

	城乡规划（城市总体规划）	土地利用规划	国民经济和社会发展规划	主体功能区规划	生态环境保护规划
规划期限	一般 20 年，当前规划至 2020 年，部分地区至 2030 年	一般 15 年，当前规划至 2020 年	5 年，当前规划至 2020 年	全国层面规划至 2020 年	城市环境总体规划试点期限为 2020 年
编制机关	人民政府	人民政府	人民政府	人民政府	人民政府环境保护主管部门
审批机关	城市总体规划报省、自治区人民政府审批； 县政府所在地镇的总体规划报上一级人民政府审批	逐级上报省、自治区、直辖市人民政府批准	本级人民代表大会	本级人民政府（目前为国家和省级政府）	本级人民政府
编制出发点	自上而下与自下而上结合； 加强城乡规划管理，协调城乡空间布局	自上而下； 加强土地管理，严格保护基本农田	加强宏观调控； 以地方事权为主	自上而下； 明确区域主体功能，规范开发秩序	地方事权， 加强生态保护
规划对象	以空间为主的综合性规划	空间， 重耕地保护	社会经济， 缺乏空间属性	宏观对象， 以县为单元	偏重环境， 缺乏系统布局
重点内容	落实上级及相关专业规划的管制要求； 引导地方发展，明确城乡空间功能布局	用地规模控制、土地用途管制、“三界四区”的空间管制	总体发展目标、策略与项目	不同主体功能区的定位、开发方向、管制原则、区域政策	确定生态保护和污染防治的目标、任务、保障措施等

“多规合一”是指在一级政府一级事权下，衔接各类空间规划，确保不同规划所涉及的保护性空间、开发边界、城市规模等重要空间参数一致，并在统一的空间信息平台上建立控制线体系，以实现优化空间布局、有效配置土地资源、提高政府空间管控水平和治理能力的目标的一种试点探索行动。2014 年，国家发改委、国土部、环保部和住建部四部委联合下发《关于开展市县“多规合一”试点工作的通知》，提出在全国 28 个市县开展“多规合一”试点。探索“多规合一”的具体思路，研究提出可复制、可推广的“多规合一”试点方案，形成一个市县一本规划、一张蓝图。同时探索完善市县空间规划体系，建立相关规划衔接协调机制。

在市县“多规合一”试点工作的基础上，为建立健全统一衔接的空间规划体系、提升国家国土空间治理能力和效率，2017 年 1 月，中共中央办公厅、国务院办公厅印发了《省级空间规划试点方案》，开展省级空间规划试点，提出要以主体功能区规划为基础，科学划定城镇、农业、生态空间及生态保护红线、永久基本农田、城镇开发边界，注重开发强度管控和主要控制线落地，统筹各类空间性规划，编制统一的省级空间规划，为实现“多规合一”、建立健全国土空间开发保护制度积累经验、提供示范。通过试点探索实现以下四个目标。

（1）形成一套规划成果。在统一不同坐标系的空间规划数据前提下，有效解决各类规划之间的矛盾冲突问题，编制形成省级空间规划总图和空间规划文本。

（2）研究一套技术规程。研究提出适用于全国的省级空间规划编制办法，资源环境承载能力和国土空间开发适宜性评价、开发强度测算、“三区三线”划定等技术规程，以及空间规划用地、用海、用岛分类标准、综合管控措施等基本规范。

（3）设计一个信息平台。研究提出基于“2000 国家大地坐标系”的规划基础数据转换办法，以及有利于空间开发数字化管控和项目审批核准并联运行的规划信息管理平台设计方案。

（4）提出一套改革建议。研究提出规划管理体制机制改革创新和相关法律法规立改废释的具体建议。

2018 年 3 月，中共中央印发《深化党和国家机构改革方案》中，新组建的自然资源部统一行使所有国土空间用途管制和生态保护修复职责，着力解决空间规划重叠等问题。要建立空间规划体系并监督实施，在国土资源部的土地利用总体规划的职能基础上，把国家发改委组织编制主体功能区规划的职责和住建部城乡规划管理的职责，统一纳入空间规划体系。城乡规划管理职能从传统的“建设口”划归“资源口”，城乡规划从一项独立的政府行政职能变成国土空间规划体系内诸多规划层级或类型中的一种，城乡规划业务主管部门从独立设置的城乡规划司变成隶属于自然资源部的国土空间规划局。

2019 年 5 月，《中共中央、国务院关于建立国土空间规划体系并监督实施的若干意见》发布，正式将主体功能区规划、土地利用规划、城乡规划、生态环境保护规划等空间规划融合为统一的国土空间规划，实现“多规合一”。

二、规划编制的技术路线

国土空间规划是将四类具有空间性的、涉及土地的资源融合而成的一种新型规划体系。当前国土空间规划编制尚处于实践探索阶段，所提出的规划编制指南更侧重提出原则性、导向性要求。

综合考虑人口分布、经济布局、国土利用、生态环境保护等因素，整体谋划新时代国土空间开发保护格局，建立全国统一、责权清晰、科学高效的国土空间规划体系，科学布局生产空间、生活空间、生态空间，是加快形成绿色生产方式和生活方式、推进生态文明建设、建设美丽中国的关键举措，是坚持以人民为中心、实现高质量发展和高品质生活、建设美好家园的重要手段，是保障国家战略有效实施、促进国家治理体系和治理能力现代化、实现“两个一百年”奋斗目标和中华民族伟大复兴中国梦的必然要求。

国土空间规划的指导思想是践行生态文明，要将各类开发活动限制在资源环境承载能力之内，因此，总体上延续主体功能区规划的基本理念，遵循“先布棋盘，后落棋子”的技术路线。

“棋盘”是以主体功能区规划为基础，开展资源环境承载能力和国土空间开发适宜性两项基础评价基础。要根据不同区域的资源环境承载能力、现有开发强度和发展潜力，统筹谋划人口分布、经济布局、国土利用和城市化格局，确定不同区域的主体功能，并据此明确开发方向,完善开发政策,控制开发强度,规范开发秩序,逐步形成人口、经济、资源环境相协调的国土空间开发格局。

在两项基础评价基础上,首先,划定生态保护红线,并坚持生态优先,扩大生态保护范围,划定生态空间。其次,划定永久基本农田,考虑农业生产空间和农村生活空间相结合,划定农业空间。最后,按照开发强度控制要求,从严划定城镇开发边界,有效管控城镇空间。“三区三线”的划定就是“先布棋盘”。

在划定“三区三线”基础上,系统梳理和有机整合各部门空间管控措施,配套设计统一衔接、分级管控的综合空间管控措施,共同构成空间规划底图。“后落棋子”,就是把各类空间性规划的核心内容和空间要素,像“棋子”一样,按照一定的规则和次序,有机整合落入“棋盘”中,最后形成“一本规划、一张蓝图”。

1. 主体功能区规划

主体功能区规划是指在对不同区域的资源环境承载力、现有开发密度和发展潜力等要素进行综合分析的基础上,将特定区域确定为具有特定主体功能的地域空间单元的规划。该规划编制的技术路线就是运用并创新陆地表层地理格局变化的理论,采用地理学综合区划的方法,通过确定每个地域单元在全国和省区市等不同空间尺度中开发和保护的核心功能定位,对未来国土空间合理开发利用和保护整治格局的总体蓝图进行设计、规划,形成一幅规划未来国土空间的布局总图[①]。通过统筹谋划人口分布、经济布局、国土利用和城市化格局,确定不同区域的主体功能,并据此确定开发方向、控制开发强度、规范开发秩序,服务国家自上而下的国土空间保护与利用的政府管制。

主体功能按开发方式和强度划分,可分为优先开发、重点开发、限制开发和禁止开发区。前三类区域原则上以县级行政区为基本单元,禁止开发区域则以自然或法定边界为基本单元,分布在其他类型主体功能区域之中。主体功能不等于唯一功能,明确一定区域的主体功能及其开发的主体内容和发展的主要任务,并不排斥该区域发挥其他功能(见图 12-1)。

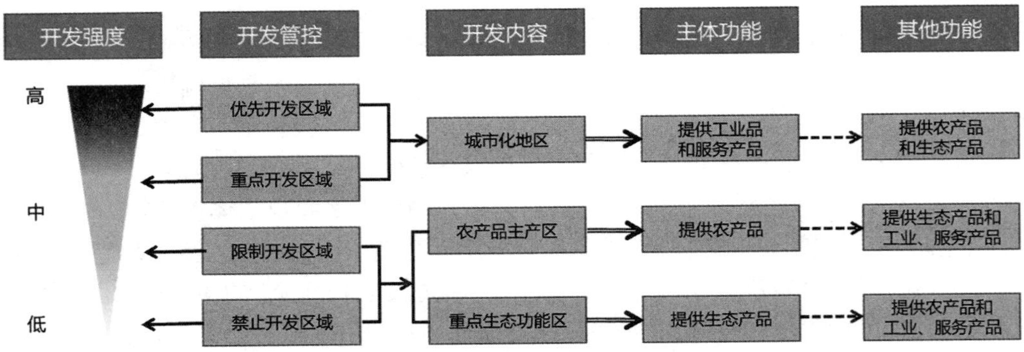

图 12-1　主体功能区分类及其功能

2. “双评价”

“双评价”是指资源环境承载力评价和国土空间开发适宜性评价。资源环境承载力评价是指基于一定发展阶段、经济技术水平和生产生活方式,评估一定地域范围内资源环境要素

① 樊杰.中国主体功能区划方案[J].地理学报,2015,70(2):186-201.

能够支撑的农业生产、城镇建设等人类活动的最大规模。国土空间开发适宜性评价是指在维系生态系统健康的前提下，综合考虑资源环境要素和区位条件，评估特定国土空间进行农业生产、城镇建设等人类活动的适宜程度。“双评价”的目标是分析区域资源禀赋与环境条件，研判国土空间开发利用中的问题和风险，识别生态保护极重要区（含生态系统服务功能极重要区和生态极脆弱区），明确农业生产、城镇建设的最大合理规模和适宜空间，为编制国土空间规划、优化国土空间开发保护格局、完善区域主体功能定位、划定三条控制线、实施国土空间生态修复和国土综合整治重大工程提供基础性依据，促进形成以生态优先、绿色发展为导向的高质量发展新路子。“双评价”的技术规程如图 12-2 所示。

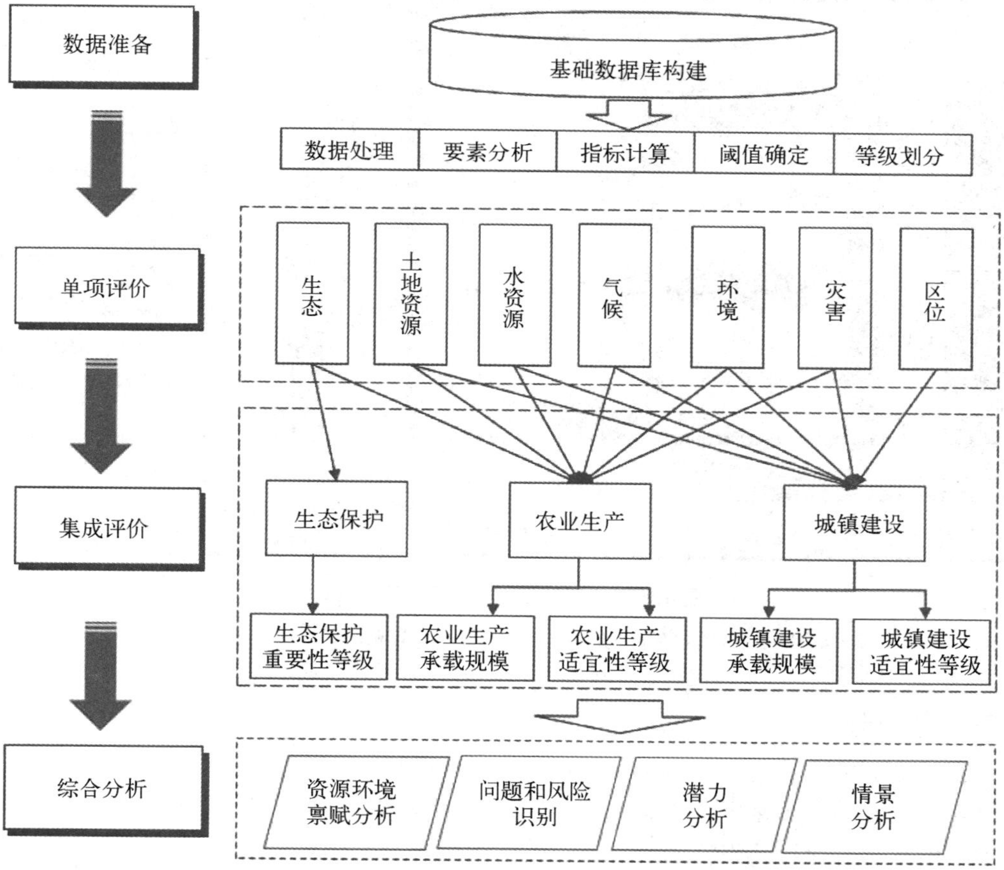

图 12-2　双评价工作流程

资料来源：自然资源部.资源环境承载能力和国土空间开发适宜性评价技术指南(试行)[A].2020.

3.“三区三线”

“三区”主要是指三类空间，即城镇空间、农业空间和生态空间。城镇空间是指以承载城镇经济、社会、政治、文化、生态等要素为主的功能空间。农业空间是指以农业生产、农村生活为主的功能空间。生态空间是指以提供生态系统服务或生态产品为主的功能空间。

“三线”则是指生态保护红线、永久基本农田和城镇开发边界。生态保护红线是指具有特殊重要生态功能、必须强制性严格保护的区域，是保障和维护国家生态安全的底线和生命线。永久基本农田是指为保障国家粮食安全和重要农产品供给，划定的需要实施永久特殊保护的耕地。城镇开发边界是指为防止城镇无序扩张和无序蔓延、优化城镇布局形态和功能结构、提升城镇人居环境品质，划定的一定时期内可以进行城镇集中建设，重点完善城镇功能的空间边界。

生态保护红线、永久基本农田、城镇开发边界三条控制线不交叉、不重叠、不冲突。三条控制线的划定纳入全国统一、多规合一的国土空间基础信息平台，形成一张底图，实现部门信息共享，实行严格管控。“三区三线”空间关系如图 12-3 所示。

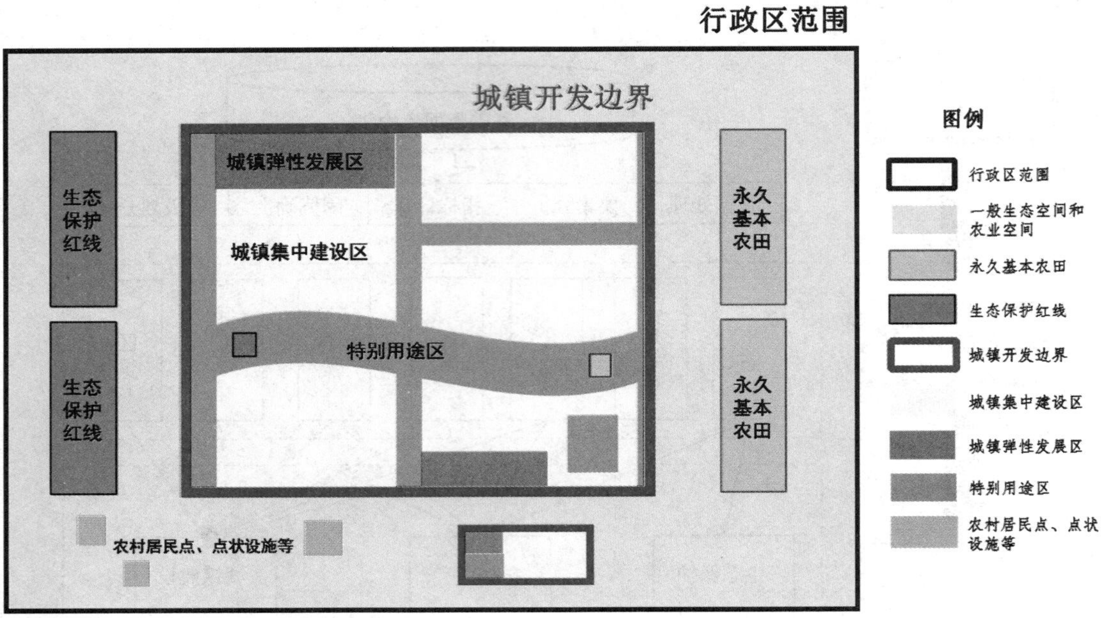

图 12-3 “三区三线”空间关系示意图

资料来源：自然资源部.市级国土空间总体规划编制指南(试行)[A].2020.

三、分级分类

国土空间规划的编制审批和监督实施必须分级分类，根据我国的行政层级以及借鉴原城乡规划的类型，实行“五级三类”。

“五级”指与我国行政管理层级相对应的国家、省、市、县、乡镇。不同层级的规划体现不同空间尺度和管理深度要求。其中，国家和省级规划侧重战略性，对全国和省域国土空间格局做出全局安排，提出对下层级规划的约束性要求和引导性内容；市县级规划承上启下，侧重传导性；乡镇级规划侧重实施性，实现各类管控要素精准落地。五级规划自上而下编制，落实国家战略，体现国家意志，下层级规划要符合上层级规划要求，不得违反上层级规划确定的约束性内容。

“三类”指总体规划、详细规划和相关专项规划。总体规划按照“一级政府，一级事权”原则，不同层级政府编制本辖区范围内的国土空间总体规划，对行政辖区范围内的国土空间保护、开发、利用、修复做全局性的安排，强调综合性。总体规划聚焦空间开发强度管控和主要控制线落地，全面摸清并分析国土空间本底条件，划定城镇、农业、生态空间以及生态保护红线、永久基本农田、城镇开发边界，并以此为载体统筹协调各类空间管控手段，整合形成“多规合一”的空间规划。总体规划体现综合性、战略性、协调性、基础性和约束性，不仅要落实和深化上位规划要求，而且要为编制下位国土空间总体规划、详细规划、相关专项规划和开展各类开发保护建设活动、实施国土空间用途管制提供基本依据。总体规划范围包括行政辖区内全部陆域和管辖海域国土空间，一般包括辖区和城区两个层次。辖区内要统筹全域全要素规划管理，侧重国土空间开发保护的战略部署和总体格局；城区则要细化土地使用和空间布局，侧重功能完善和结构优化；辖区与城区间要落实重要管控要素的系统传导和衔接。

详细规划是对具体地块用途和强度等的实施性安排，是开展国土空间开发保护活动、实施国土空间用途管制、核发城乡建设项目规划许可、进行各项建设等的法定依据。城镇开发边界内的详细规划由市县自然资源主管部门编制，报同级政府审批；城镇开发边界外的乡村地区，由乡镇人民政府编制村庄规划作为详细规划，报上一级政府审批。

相关专项规划可在国家、省、市、县层级编制，强调专业性，是对特定区域（流域）、特定领域空间保护利用的安排。其中，海岸带、自然保护地等专项规划及跨行政区域或流域的国土空间规划（如长江经济带国土空间规划等），由所在区域或上一级自然资源主管部门牵头组织编制；以空间利用为主的某一领域的专项规划，由相关部门组织编制。

总体规划与详细规划、相关专项规划之间体现“总-分关系”。国土空间总体规划是详细规划的依据、相关专项规划的基础；详细规划要依据批准的国土空间总体规划进行编制和修改；相关专项规划要遵循国土空间总体规划，不得违背总体规划强制性内容，其主要内容要纳入详细规划。

四、框架体系

国土空间规划体系包括四个子体系，即规划编制审批体系、实施监督体系、法规政策体系和技术标准体系。其中，规划编制审批体系和实施监督体系包括编制、审批、实施、监测、评估、预警、考核、完善等完整闭环的规划及实施管理流程；法规政策体系和技术标准体系是两个基础支撑。

规划编制审批体系即各级各类国土空间规划编制和审批，以及规划之间的协调配合。融合了主体功能区规划、土地利用规划、城乡规划等空间规划的新的国土空间规划，包括“五级三类”：五级规划体现一级政府一级事权，全域全要素规划管控，强调各级侧重点不同；三类包括总体规划、相关专项规划和详细规划，总体规划是战略性总纲，相关专项规划是对特定区域或特定领域空间开发保护的安排，详细规划做出具体细化的实施性规定，是规划许可的依据。

实施监督体系即国土空间规划的实施和监督管理，包括：以国土空间规划为依据，对所有国土空间实施用途管制；依据详细规划实施城乡建设项目相关规划许可；建立规划动态监测、评估、预警以及维护更新等机制；优化现行审批流程，提高审批效能和监管服务水平；制定城镇开发边界内外差异化的管制措施；建立国土空间规划“一张图”实施监督信息系统，并利用大数据、智慧化等技术手段加强规划实施监督等。

法规政策体系是对国土空间规划体系的法规政策支撑。一方面，要在充分梳理研究已有相关法律法规的基础上，加快国土空间规划立法，做好过渡时期的法律衔接；另一方面，国土空间规划的编制和实施需要全社会的共同参与和各部门的协同配合，需要有关部门配合建立健全人口、资源、生态环境、财政、金融等配套政策，保障规划有效实施。

技术标准体系是对国土空间规划体系的技术支撑。“多规合一”对原有城乡规划和土地利用规划的技术标准体系提出了重构性改革要求，要按照生态文明建设的要求，改变原来以服务开发建设为主的工程思维方式，注重生态优先绿色发展，强调生产、生活、生态空间有机融合。按照本次改革要求，自然资源部将牵头建构统一的国土空间技术标准体系，并加快制定各类各级国土空间规划编制技术规程。

五、成果形式及审查

规划成果包括规划文本、附表、图件、说明、专题研究报告、国土空间规划“一张图”相关成果等。

1. “一张图”

国土空间规划“一张图”是指以一张底图为基础，涵盖国土空间规划“五级三类”规划体系成果，形成可层层叠加打开的“一张图”，为统一国土空间用途管制、实施建设项目规划许可、强化规划实施监督提供依据和支撑。在编制规划文字性、图纸类成果的同时，必须同步构建国土空间规划“一张图”实施监督信息系统。基于国土空间基础信息平台，整合各类空间关联数据，着手搭建从国家到市县级的国土空间规划“一张图”实施监督信息系统，形成覆盖全国、动态更新、权威统一的国土空间规划“一张图”。这张图统一采用“2000 国家大地坐标系”和 1985 国家高程基准作为空间定位基础，可层层叠加和打开，并能提供包括资源浏览、题图制作、对比分析、查询统计等功能。

2. 成果审查

《自然资源部关于全面开展国土空间规划工作的通知》（自然资发〔2019〕87 号）明确提出相关规划成果的审查要点。

省级国土空间规划审查要点包括：① 国土空间开发保护目标；② 国土空间开发强度、建设用地规模，生态保护红线控制面积、自然岸线保有率，耕地保有量及永久基本农田保护面积，用水总量和强度控制等指标的分解下达；③ 主体功能区划分，城镇开发边界、生态保护红线、永久基本农田的协调落实情况；④ 城镇体系布局，城市群、都市圈等区域协调重点地区的空间结构；⑤ 生态屏障、生态廊道和生态系统保护格局，重大基础设施网络布局，城乡公共服务设施配置要求；⑥ 体现地方特色的自然保护地体系和历史文化保护体系；⑦ 乡村空间布局，促进乡村振兴的原则和要求；⑧ 保障规划实施的政策措施；⑨ 对市县级规划的指导和约束要求等。

国务院审批的市级国土空间总体规划审查要点，除对省级国土空间规划审查要点的深化细化外，还包括：① 市域国土空间规划分区和用途管制规则；② 重大交通枢纽、重要线性工程网络、城市安全与综合防灾体系、地下空间、邻避设施等设施布局，城镇政策性住房和教育、卫生、养老、文化体育等城乡公共服务设施布局原则和标准；③ 城镇开发边界内，城市结构性绿地、水体等开敞空间的控制范围和均衡分布要求，各类历史文化遗存的保护范围和要求，通风廊道的格局和控制要求，城镇开发强度分区及容积率、密度等控制指标，高度、风貌等空间形态控制要求；④ 中心城区城市功能布局和用地结构等。

市县和乡镇国土空间规划是本级政府对上级国土空间规划要求的细化落实，是对本行政区域开发保护做出的具体安排，侧重实施性。须报国务院审批的城市国土空间总体规划，由市政府组织编制，经同级人大常委会审议后，由省级政府报国务院审批；其他市县及乡镇国土空间规划由省级政府根据当地实际，明确规划编制审批内容和程序要求。各地可因地制宜，将市县与乡镇国土空间规划合并编制，也可以几个乡镇为单元编制乡镇级国土空间规划。

详细规划是对具体地块用途和开发建设强度等做出的实施性安排，是开展国土空间开发保护活动、实施国土空间用途管制、核发城乡建设项目规划许可、进行各项建设等的法定依据。在城镇开发边界内的详细规划，由市县自然资源主管部门组织编制，报同级政府审批；在城镇开发边界外的乡村地区，以一个或几个行政村为单元，由乡镇政府组织编制"多规合一"的实用性村庄规划，作为详细规划，报上一级政府审批。

六、用途管制

1. 用途管制制度

在经济向高质量发展转变阶段，必须强化国土空间用途管制，加强对国土空间开发的约束，提高开发质量和效率，解决市场经济体制下国土空间开发利用的负外部性问题，构建科学的城市化格局、农业发展格局和生态安全格局，形成合理的生产、生活、生态空间，促进人与自然和谐发展。国土空间用途管制是指在国土空间规划确定空间用途及开发利用限制条件的基础上，在国土空间开发利用许可、用途变更审批和开发利用监管等环节对耕地、林地、草原、河流、湖泊、湿地、海域、无居民海岛等所有国土空间用途或功能进行监管。具体包括以下三个方面。

(1) 国土空间开发许可。即通过对国土空间开发利用活动进行事先审查，对不符合用途管制要求的活动不予批准，把国土空间开发利用活动严格控制在国家规定的范围内。

(2) 国土空间用途变更审批。即通过明确条件、程序和要求，对国土空间用途变更实行严格管控，保证国土空间用途变更的严肃性和科学性，切实改变国土空间开发利用中挤占优质耕地或生态空间的情况。

(3) 国土空间开发利用监管。即重点关注开发利用活动的合法合规性和对生态环境的影响，旨在通过加大监管和违法处罚力度，减少开发建设、矿产开采、农业开垦等对生态环境的损害，保证国土空间可持续利用。

在国土空间开发中，用途管制就是立在开发前的规矩，通过规定用途、明确开发利用条件，严格控制城镇建设占用优质耕地和自然生态空间，协调经济发展中生态保护与国土空间供给的关系，实现优化国土空间开发格局、提升开发质量、规范开发秩序的目标。

自然资源部统一行使全民所有自然资源资产所有者职责，统一行使所有国土空间用途管制和生态保护修复、统一调查和确权登记、建立国土空间规划体系并监督实施等职责，在整合原《土地利用现状分类》《城市用地分类与规划建设用地标准》《海域使用分类》等分类基础上，建立全国统一的国土空间用地用海分类。自然资源部 2020 年颁布的《国土空间调查、规划、用途管制、用地用海分类指南》中，用地用海分类采用三级分类体系，共设置24种一级类、106种二级类及39种三级类用途。

2. 用途管制方式

以国土空间规划为依据，对所有国土空间分区分类实施用途管制。在城镇开发边界内的建设，实行“详细规划＋规划许可”的管制方式；在城镇开发边界外的建设，按照主导用途分区，实行“详细规划＋规划许可”和“约束指标＋分区准入”的管制方式。对以国家公园为主体的自然保护地、重要海域和海岛、重要水源地、文物等实行特殊保护制度。因地制宜制定用途管制制度，为地方管理和创新活动留有空间。

(1)“详细规划＋规划许可”。编制的详细规划是对具体地块用途、开发建设强度和管控要求等做出的实施性安排，是开展国土空间开发保护活动、实施国土空间用途管制、核发城乡建设项目规划许可、进行各项建设等的法定依据。对于符合详细规划要求的项目，核发规划许可证。

(2)“约束指标＋分区准入”。约束指标就是指政府在公共服务和涉及公共利益领域对有关部门提出的工作要求，政府要通过合理配置公共资源和有效运用行政力量，确保有关指标的实现。分区准入指按照区域功能定位，将全市划分为几个区来实施建设项目环境准入。对环境敏感区和重点生态功能区实行从严从紧的环保政策，提高环保准入门槛；对其他区域减少审批事项，提高审批效率。

第三节 建设人民城市

一、人民城市的提出

推进以人为核心的新型城镇化是一条中国特色城市发展道路。当前，我国有2/3的人口常住在城市里，经过30多年的城市规划、建设和管理，城市生活环境质量、人民物质生活质量、城市经济竞争力不断提升，城市治理体系和治理能力现代化水平迈上新台阶。同时也要清醒地看到，城市建设发展还面临城市病等一些突出问题。习近平总书记在2015年12月召开的中央城市工作会议上指出当前城市规划、建设和管理方面的问题①：一些城市越建越大、越建越漂亮，但居民上学、看病、养老越来越难，群众生活越来越不方便；相当数量的城市空气污染、交通拥堵、出行难、停车难、垃圾围城等城市病突出，且呈蔓延加剧态势；不少城市大量进城农民工难以融入城市生活、长期处于不稳定状态。

纵观世界城市发展历程，不少国家在城市化过程中都出现不同程度的城市病，有的甚至出现了严重社会危机。我国城市发展遇到的问题既有特殊性，又有普遍性，也同我国所处的发展阶段有关，如果长期得不到解决，就有可能演变成社会矛盾和问题。

“城，所以盛民也。”城市是社会分工细化的结果，是各种城市功能集聚的平台，城市人口是由各类不同职业的人口构成的。如果一个城市只要高素质人才，不要低端人口；只要白

① 中共中央党史和文献研究院.习近平关于城市工作论述摘编[M].中央文献出版社，2023：28-29.

领，不要蓝领，城市社会结构就会失衡，有些城市功能就无法有效发挥，甚至导致城市无法正常运行。解决好人的问题，是城市工作的价值指向；让人民群众在城市生活得更方便、更舒心、更美好，是城市管理和服务的重要标尺。2019 年，习近平总书记在考察上海期间，提出“人民城市人民建、人民城市为人民”的重要理念，揭示了中国特色社会主义城市的人民性，构建了“以人民为中心”的城市发展观①。

做好城市工作，要顺应城市工作新形势、改革发展新要求、人民群众新期待，坚持以人民为中心的发展思想，坚持人民城市为人民。城市的核心是人，关键是 12 个字：衣食住行，生老病死，安居乐业。城市工作做得好不好，老百姓满意不满意，生活方便不方便，城市管理和服务状况是重要评判标准。城市管理和服务同居民生活密切相关。老百姓每天的吃用住行，一刻都离不开城市管理和服务。

习近平总书记多次指出：“城市规划在城市发展中起着重要引领作用，考察一个城市首先看规划，规划科学是最大的效益，规划失误是最大的浪费，规划折腾是最大的忌讳。”②随着我国城市人口、功能和规模的不断扩大，发展方式、产业结构和区域布局发生了深刻变化，城市运行系统日益复杂。无论城市规划还是城市建设，无论新城区建设还是老城区改造，都要坚持以人民为中心，聚焦人民群众的需求，走内涵式、集约型、绿色化的高质量发展路子，努力创造宜业、宜居、宜乐、宜游的良好环境，让人民有更多获得感，为人民创造更加幸福的美好生活。

中共中央党史和文献研究院编辑的《习近平关于城市工作论述摘编》一书中，回答了城市建设发展依靠谁、为了谁的根本问题，以及建设什么样的城市、怎样建设城市的重大命题，对于开创人民城市建设新局面，全面建设社会主义现代化国家、全面推进中华民族伟大复兴，具有十分重要的指导意义。

二、人民城市的共建、共治与共享

自党领导人民夺取政权建立了中华人民共和国开始，人民就成为国家的主人，城市也成为人民的城市。在新时代，我国社会主要矛盾已经转化为人民日益增长的美好生活需要和不平衡不充分的发展之间的矛盾。党的二十大报告提出，要“坚持人民城市人民建、人民城市为人民，提高城市规划、建设、治理水平，加快转变超大特大城市发展方式，实施城市更新行动，加强城市基础设施建设，打造宜居、韧性、智慧城市”，为新时期推进以人为核心的新型城镇化及城市规划指明了基本方向，切实提高人民群众的获得感、安全感和幸福感。

人民城市的客体是城市，主体是人民。人民城市是人民的城市、人民拥有的城市，人民通过实践活动参与城市建设和治理工作。在推进以人为核心的新型城镇化进程中，“人民城市人民建”体现了各方主体的共建共治，“人民城市为人民”体现了满足人民美好生活需要的共享目标。

人民城市是各方主体的共建。人民城市的建设需要人民参与城市各类基础设施、文化制度、社会风尚等各个领域的建设，共同成就人的发展和城市的发展，强调人与城市的相互

① 中共中央党史和文献研究院．习近平关于城市工作论述摘编[M]．中央文献出版社，2023：40．
② 中共中央党史和文献研究院．习近平关于城市工作论述摘编[M]．中央文献出版社，2023：74-75．

成就。一方面，城市的建设和发展需要每个人发挥自身能动性，参与城市建设，让每个人的作用最大限度地发挥，以实现自身价值和城市发展同频共振；另一方面，城市是开放包容的，具备公平竞争的市场环境，是机会充裕、包容多样的机遇之城，使得城市中每一个人都能奋力追求梦想，形成对城市发展的正向激励，最终实现人人都有人生出彩机会的城市。

人民城市是以人民为中心的共治。城市生活方式以高密度性的集聚性、高频度的流动性以及普遍而巨大的差异性为特质，这些特质既产生了各种城市问题，也塑造人们的行为和关系。已有研究将这种矛盾总结为包容性悖论、公共性悖论、社会性悖论和协同性悖论，并提出城市过度治理的四种类型(目标赶超、盲目竞争、利益联合、创新异化)。人民城市的共治是跳出传统思维定式和路径依赖，破解城市治理实践悖论的理论创新。人民城市理念就是要打破传统以管理者为中心的治理路径，建立以人民为中心的共治理念。为建立现代城市治理体系，需要协调好管理治理逻辑和生活治理逻辑的关系，实现国家政治民主化和社会管理民主化的有机统一。人民城市治理机制就是依据人民的生活逻辑，实现以生活治理逻辑为主导的城市治理体系。人民城市理念的治理路径是将人民置于城市治理的主体地位，将大刀阔斧的城市建设转变为绣花针般的城市治理，完善以规划、建设、管理为一体的城市发展系统，将民生保障转变为人人享有的品质生活，实现生产、生活、生态的城市发展宜居性。

人民城市是满足人民美好生活需要的共享。人民城市的建设是为了人民需要的满足，是城市治理的目的。新时代，我国社会主要矛盾转化为“人民日益增长的美好生活需要和不平衡不充分的发展之间的矛盾”，人民城市的共享反映了主要矛盾变化下我国城市发展目标的变化。满足人民美好生活需要的共享是要使城市中的每个人都共同享有高层次的生活质量、先进的生活观点、创新的生产生活方式和优越的生活环境，切实提升人民在城市生活中的幸福感、获得感和满意度。人民城市是具有人文情怀的温馨、生活保障的温情、人性服务的温柔的城市，是人人都能切实感受温度的共享。人民城市共享是对城市精神面貌的认同、对城市文化底蕴的共鸣、对城市其他群体的共情，真正实现人人都能拥有归属认同、为城市感到自豪的共享。

三、打造 15 分钟社区生活圈

建设人民城市，实现城市由人民共建、共治和共享，其中一个空间抓手就是社区，因为在大规模的复杂的城市中，生活在其中的居民，日常感知范围就是社区。社区是一个可直接感知的空间，是城市精细化治理最适宜的空间单元。社区的治理能让人民看得见、摸得着，能切身感受到。

每个人在日常工作和生活中会形成一定空间范围，从区域、市域到城市、居住区，均有不同的适用内涵，如社区生活圈、通勤圈、拓展生活圈等，这个空间范围有稳定性，内容有确定性(见图 12-4)。

15 分钟社区生活圈，就是在 15 分钟步行可达范围内，配备生活所需的基本服务功能与公共活动空间，形成安全、友好、舒适的社会基本生活平台。传统的空间规划思维以服务设施为中心，思考如何为数千个家庭提供服务，构建一个有领域感和归属感的空间区域。社区生活圈则基于服务用户思维，思考以家(住宅)为中心，如何让居民在步行可达的距离内获取相应的公共服务。

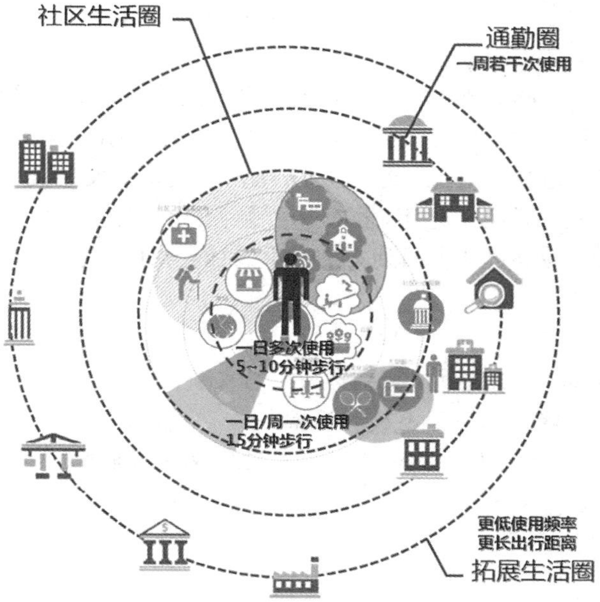

图 12-4　社区生活圈和其他活动圈层

资料来源：上海市规划和国土资源管理局.上海市 15 分钟社区生活圈规划导则(试行)[A].2016.

生活圈的研究最早可追溯到日本在 1965 年提出的广域生活圈概念及此后的定住圈、地方生活圈等。21 世纪，欧美国家的城市规划理论探索中也提出“15 分钟邻里”“20 分钟城市”等概念。这些概念是为了提供居民日常和每周生活所需的商品和服务，构建一个混合、紧凑、有效链接的区域。

《上海 2035 城市总体规划》提出，以 15 分钟社区生活圈作为上海社区公共资源配置和社会治理的基本单元，配备较为完善的养老、医疗、教育、商业、交通、文体等基本公共服务设施。建设“宜居、宜业、宜游、宜学、宜养”的社区生活圈，努力推动实现幼有善育、学有优教、劳有厚得、病有良医、老有颐养、住有宜居、弱有众扶。

主管国土空间规划的自然资源部也于 2021 年发布《社区生活圈规划技术指南》，指出城市规划建设和管理要全面贯彻创新、协调、绿色、开放、共享的新发展理念，依托社区生活圈作为配置生活服务和公共活动的基本单元，发挥丰富人民生活、促进协调发展的基础平台作用，尊重差异、保障基本、注重提升、彰显特色，提出全要素、全生命周期的指引建议。健康有序运行的社区生活圈的主要功能包括社区服务、就业引导、住房改善、日常出行、生态休闲、公共安全六方面内容，并含有健康管理、为老服务、终身教育、文化活动、体育健身、商业服务、行政管理和其他(主要是市政设施)八类设施。

15 分钟社区生活圈的空间规划与“多中心、网络化、组团式”城市空间发展格局相衔接，加强社区生活圈与各级公共活动中心、交通枢纽节点的功能融合和便捷联系，倡导公共交通导向，形成功能多元、集约紧凑、有机链接、层次明晰的空间布局模式。

作为城乡生活的基本空间单元，社区生活圈概念被普遍认为是营造人民生活方式、促进城乡协调发展、完善地区治理的基础平台，已作为重要的规划创新手段，被运用到各类生活性地区的提质实践中。在雄安新区的控制性规划中，社区生活圈的设置是公共设施空间布局的重点内容，按照“社区中心—邻里中心—街坊中心”三级服务设施布局来构建15分钟社区生活圈。

我国著名社会学家费孝通先生将中国传统社会描述为基于血缘家族辈分的“乡土地缘”社会。在这样一个以乡土为边界的社会中，其结构特征是所谓的“差序格局”，这是中国农村的基本组织原则。如今通过“社区建设”进行的社区治理将引发一场中国特色的城市革命。城市化进程促使中国社会脱离了稳定、静态和可预测的乡土性，社区是中国城市的组成部分，如果社区不被打破，最终可能会回到本土产生的社会秩序，成为未来中国社会的基础。

问题思考

1. 新时代的中国城市发展，为什么要转向生态文明？
2. 国土空间规划的建立经历了怎样的探索？
3. 建设人民城市，城市规划学科该如何创新发展以呼应需求？

附录一：雅典宪章

（1933 年 8 月通过）

1. 概论：城市及其区域现象

（1）城市只是构成区域经济、社会、政治复合体的一个元素。

城市的行政地域很少能与其地理单元保持一致。在它确定之初，就被打上了人工的烙印，并随着后来的不断扩张而与其他城市建成区逐渐连为一体，最终必将吞噬其他镇区。这时候，人为定义的行政界限就开始阻碍人们对新的城市聚合体进行良好的管理。于是，人们任由某些郊区城镇以积极或消极的、不可预知的不同方式发展，如发展成豪华住宅区，或者成为重工业中心，或者把不幸的底层工人阶级挤到一起。在这些例子中，行政边界把城市复合体分割得支离破碎，几近瘫痪。实际上，城市聚合体才是地域的真正核心，地域的边界仅仅取决于另一聚合区块的影响范围。而这种聚合体存在的前提条件，是要确保它与所在区域进行交换和保持联系的路径的畅通。要研究城市规划的问题，我们只需要持续关注该地区的组成元素，主要是其地理环境，因为这注定是解决该问题的决定性因素——分水岭的走向和周边的山峰，描绘出自然的轮廓，凸显出自然系统在大地上运行的轨迹。我们永远不能脱离整个地区的和谐统一来孤立地看待城市问题，城市规划仅是组成区域规划的诸多元素之一。

（2）与经济、社会和政治价值相提并论的是人的生理和心理本原的价值，它们与人类密不可分，并将个体和群体秩序引入人们考虑的范畴。只有当个体与群体这两个支配人性的对立原则达到和谐时，社会才能够繁荣发展。

孤立的人会感到缺乏保护的危机感，于是自然而然地加入群体之中。凭个体的能力，一个人最多只能建造起小小的棚屋，过着危险、疲于奔命而又寂寞的生活，而在群体之中，个体虽然会感到社会规则的束缚力，然而作为回报，也会得到一定程度的保护，免受暴力、疾病和饥饿之苦，可以追求更高质量的居住条件和更深层次的社会需求。一旦个体成为社会的一分子，必然直接或间接地为不计其数的社会事业做出贡献，而正是这些社会事业为其提供了物质生活的和精神生活的保障。其做出的努力得到更丰厚的回报，其自由得到更充分的保护——只有当其自由威胁到别人的自由时才会受到限制。假如群体能做出明智的决策，那么其中个体的生活质量就会由此得到提升和发展。然而假如懒惰、愚昧和自私占了上风，群体就将变得衰败而混乱，其成员陷入敌对、仇恨的状态，一事无成。良好的规划能在群体内部形成有效的合作关系，同时又给个人自由以最大限度的保障，让个人在公共责任的框架内焕发出最炫目的光彩。

（3）生物和心理上的恒定性会受到地理、地形条件和政治、经济形势等的影响。首先会受地理、地形条件、元素构成、土地和水、自然、土壤、气候的影响。

地理与地形对人类的命运至关重要。太阳主宰一切，所有旨在维护人类利益的事业都必须服从它的法则。平原、丘陵、山脉也是塑造意识、激发精神的媒介。例如，山地居民乐于下到平原去，然而平原居民却很少去攀越山谷、探寻山中隘口。在山脉分水岭的影响下，人类渐渐按照各自的风俗习性分类集聚，形成不同的部落、宗氏，这就形成了“聚类区”。土地与水这两种元素的组成比例，也是人们在自身的行为活动中以及在住宅、村庄和城市等环境中所展现的精神状态的塑造因素之一，无论这一比例来自地表上的河流湖泊与大草原的对比，还是表现为以相对降水量的形式造就了此处的繁茂牧场和彼处的荒地沙漠。太阳高度角决定了季节变化是突然转变还是和缓过渡；而在地球连续的圆形表面，地块与地块之间虽然没有突变，却形成了无数组合，每一块都各具特色。最后，各个种族及其不同的宗教与哲学也大大增强了人类活动的多样性，他们都在演绎着各自对世界的不同理解及其自身存在的理由。

(4) 生物和心理的恒定性还受到经济环境、区域资源及与外界的自然和人为接触的影响。

无论富裕还是贫困，经济条件都是决定人类生活进步或衰退的主要推动力之一。它发挥着引擎的作用，其脉动的强弱决定了人们相应地采取粗放或集约的经济方式，保持必要的清醒头脑。因此，在不同的经济条件下，村庄、城市和国家的历史发展轨迹也各不相同。周边是良田沃野的城市能够自给自足，而资源丰裕有余、能够投入流通领域的城市将变得富裕，特别是当具备便利的交通网络并能与周边远近地区保持密切联系时就更加富足。尽管部分环境因素是相对稳定的，但经济动力机制的强度还是可能受到一些不可预测的随机作用力的影响，而人类主观能动性在其中的作用也时强时弱。无论是有待开发的潜在财富，还是个体的能量，都不能起决定性的作用。一切都在变化之中。从长期的过程来看，经济所衡量的只不过是瞬间的价值。

(5) 这种恒定性还受到政治形势和行政管理体系的影响。

政治形势是更加敏感易变的现象，是一个国家活力的标志，是一个文明处于巅峰时期或滑坡阶段的象征。尽管政治本身是不稳定的，然而作为其产物的行政管理体系却具有与生俱来的稳定性，能够持续较长的时间并滤除过于频仍的更替。作为可变政策的外在体现，行政管理体系由于其自身的特质和事物本身的力量而相对稳定。它是一个系统，以一定程度的刚性限制对领土和社会进行管理控制，以统一的法则施加其上，并且通过各种控制杠杆，在整个国家范围内确定一致的行为模式。然而，虽然这种经济和政治框架具有很多优点，但长期的经验也已证实，它会在短时间内受到动摇，无论是其中的某一部分还是其整体。有时，一项科学发明就足以颠覆整个平衡，从而暴露出过时的行政管理体系与当前的紧张现实之间的矛盾。也许不同社群会力图建立自己的独特框架，但它们往往会被国家的整体框架所压垮；随后，一国的结构也无法抵挡世界大潮的冲击。因此，永恒不变的行政体系是不存在的。

(6) 纵观人类历史，各种特殊的需要均决定了城市的特征，如军事防御、科技发明、管理制度的延续、交流手段的进步，以及水陆空等交通方式的不断发展。

我们可以从城市布局和建筑形式中看出城市的历史。依然存在的城市布局、建筑以及文字和图形记载，能够帮助我们重新发现过去的图景。建造城市的动机是多种多样的。有时城市是防御性的要塞，它们往往建在高耸的山巅且环以护城河，这些都见证着曾经山河拱卫的堡垒成长为村落的过程；另一些城市由于地处道路交叉口、桥头堡或是海岸线的凹入之处，交通的便利吸引了最初的居民。城市的形态多为圆形或半圆形，但并无定法。譬如，作为殖民地中心的城镇通常是中轴对称、栅栏包围的矩形。所有的形式都遵从比例、等级和便利的需要。马路以城门为起点，蜿蜒伸向远方的目的地。今天，我们从城市的平面图中仍能看出早期集市的雏形、连续的封闭围墙以及分岔的道路。人们聚集在围墙内，根据其文明程度的不同享受着不同的福乐康宁。有些地方有非常人性化的法典，而另一些地方却专制、独裁，毫无公平可言。机械时代到来以后，人类前进的步伐大大加快了——如果把古代几乎难以察觉的进化速度比作步行，那么机械时代的进化速度就好比滚滚向前的车轮。

(7) 因此，影响城市发展的根本原因是不断变化的。

人口的增减、城市的兴衰、封闭城墙的打破、交换范围在新交通方式下的扩展、政策抉择积极或消极的影响、机械的出现，所有这些，不过只是运动而已。随着时光的流逝，关于城市、国家或整个人类的某些价值观念被深深地根植于传统之中，而具体的建筑和道路的聚合体则终将归于寂灭。人类的作品与其创造者一样会死去。那么是谁在主宰着永生与灭亡的命运呢？一个城市的精神是长时期形成的，而象征着群体精神的最为简单的建筑往往具有隽永的寓意；它们是传统的灵魂——这种传统绝不意味着对未来发展的限制，它只是将气候、地形、区域、种族、习俗等融会为一体。作为无所不包的文明发祥地，城市包含了具有永恒约束力的各种道德价值观念。

(8) 机械时代的到来引发了巨大的混乱，包括人们的行为以及他们在地球表面的聚居方式：在机械化速度的推动下，失控的人流涌入城市，这是前所未有的。因此，现代城市的混乱是机械时代无计划和无秩序的发展造成的。

机器的使用彻底改变了工作环境。它打破了古老的平衡，给手工艺者以致命的打击。它使田野荒芜、城市拥塞，并破坏了长达几个世纪的和谐，扰乱了居住地与工作场所长久以来形成的自然联系。近乎疯狂的生活节奏，伴随着令人沮丧的不确定性，使人们的生活环境变得混乱，妨碍了人们最基本的需求的满足。住所仅能为家庭提供可怜的遮护，损害着居住者的生命健康；对工人物质和精神上的基本需求的漠视导致了疾病、经济衰退、暴乱等一连串恶果。灾难是普遍性的——城市在拥挤中陷入一片混乱；而与此同时，郊区却有大量农田荒草丛生。

2. 城市的四大主要活动：审视与解决方式

2.1 居住

2.1.1 现象

(9) 城市历史核心区的人口密度太大了，就像 19 世纪某些城市外部的工业区一样，达到了 1 000～1 500 人/hm^2。

人口与其占地面积之比称为人口密度。密度可以随建筑高度的变化而完全改变。然而限于今天的技术水平，建筑高度一般在 6 层左右，对这种类型的建筑而言，可以接受的人口密度是 250～500 人/hm^2。当许多地区的密度提高到 600 人/hm^2、800 人/hm^2 甚至 1 000 人/hm^2 时，就形成了贫民窟。它一般有以下特征：

- 人均居住空间严重不足；

- 缺乏户外活动空间；
- 终日不见阳光(由于建筑朝北，或者受街道、院落中的房屋阴影的遮挡)；
- 腐烂和污浊的环境，成为致命细菌肆虐的温床(如肺结核)；
- 卫生设施缺乏或数量不足；
- 住宅内部结构及社区布局不合理，造成邻里环境恶劣和杂乱无章。

因为被防御性城墙包围，旧城中心充斥着封闭的建筑，缺乏开放空间。然而作为补偿，绿地就在城门之外，方便可达，可以对空气质量起到积极的作用。但城市经过数个世纪的不断扩张，砖石吞噬了植被，破坏了绿地环境，也就破坏了城市的绿肺。在这种条件下，城市人口的高密度就意味着旷日持久的疾病和低劣的生活质量。

(10) 在这些拥挤的地区中，生活环境是很糟糕的。其原因包括缺乏足够的用地来安排住宅和绿地，建筑本身也由于投机开发而疏于维护。居民的微薄收入使得他们的灾难更加深重，他们无力采取自我保护措施，死亡率高达20%。

居住环境的恶劣不仅制造了贫民窟，它的阴霾甚至还通过阴郁逼仄的街道向外延伸，吞噬了城外所有的绿地——氧气的制造者，也是孩童的游戏空间。那些数百年前建造的老房屋，其价值早已折旧殆尽；但其狡黠的主人却仍把它们当作商品来交易。即便这些房子已完全不能满足居住的需求，它们还是为投机取巧的主人带来了可观的收入。一个卖腐肉的屠户会遭到严厉的谴责，而向穷人倾销破烂房屋的行为却得到建筑法规的认可。在少数自私者大发横财的背后，整个社区正经受着骇人听闻的高死亡率和多种疾病的深重灾难。

(11) 城市的扩展不断吞噬着风景优美的周边绿色地带。人们离自然越来越远，公众健康进一步遭到威胁。

城市扩张得越大，其中的自然环境就越会被忽视。所谓自然环境(condition of nature)，是指一些对生命必不可少的要素，如阳光、空间、草木等。缺乏控制的城市扩张剥夺了人们身心受到滋养的权利，这包括生理和心理两方面的状态。任何个体一旦在城市迷幻般的暂时享乐中与自然隔绝，其身心必将萎缩衰退，付出机体患病、道德堕落等代价。在这点上，所有的底线都在近百年中被突破了。然而造成我们今天的世界如此糟糕的原因还远不止于此。

(12) 居住建筑布满整个城市，这与公共健康的需求是背道而驰的。

城市规划的首要责任是满足人类最基本的需要。一个人的健康很大程度上取决于他接触的“自然环境”的情况。太阳主宰着万物生长，应该能照射到每一处居所的内部，没有它，生命必将枯萎。空气应该清新纯净，免受惰性烟尘和有毒气体的影响，这就有赖于绿色植被的作用。最后，空间应该被公平地分配。个体应该拥有足够的空间，因为人们对空间的感受反映了身心的需要，而狭窄街道和逼仄天井所形成的阴郁气氛对身心健康极为不利。在雅典召开的CIAM第四次大会正是基于这样的基本假定：阳光、绿地、空间是城市生活的三个基本要素。我们将据此判断现状，并以真正人性化的视角来评价新的主张。

(13) 现实中人烟最稠密的地区往往是最不适于居住的地点，如朝向不好的坡地、易受烟雾和工业气体侵害及易遭水灾的地方。

迄今为止，针对现代居住条件还没有任何立法。立法的目的不仅仅是保护居住者本身，同时还为其提供不断发展的手段。然而眼下，城市用地、居住区乃至住宅本身的布置根本无章可循，有时甚至倒行逆施。例如，市政测量员可能会不假思索地添加一条街道，哪怕这会遮挡上千住宅的日照。有些城市官员会认为那些由于多雾、潮湿、蚊蝇肆虐而闲置至今的地块正适合建造工人阶级的居住区，他们也会把朝向不好、无人问津的北坡和烟尘、毒气、噪声为患的工业区用来安置临时打工的流动人口。

(14) 条件最优越的地区，却往往只安置着最稀疏的人口，富人们在这里享受各种福祉：风和日丽，景色秀美，交通便利而且不受工厂的侵扰。

最好的地块总是被豪华住宅占据，这也证实了人类尽其所能向自然界寻求良好居住环境、渴望提高生活质量的天性。

(15) 这种不合理的住宅配置，至今仍然为习惯和名义上公正的城市建筑法规所许可，即分区规划。

分区规划是一种在城市地图上对各种功能及单体进行合理安排的手段。它在对不同人类活动进行必要划分的基础上，为它们分别指定专门的用地，如居住区、工业或商业中心、室内或室外娱乐空间等。然而，尽管环境的差别使豪华住宅和普通住宅有所区分，但没有人有权力规定只有少数人才能享受健康有序的生活。现实生活中有许多情况亟待改善。我们需要刚性的法规来确保每个人都能分享一定的福利条件，而无论其财产多少。我们也需要明确定义城市管理制度，以坚决禁止完全剥夺他人享受阳光、空气和空间的权利的行为。

(16) 沿交通线或者围绕交叉口布置的房屋，因为容易遭受灰尘噪声和尾气的侵扰，不宜作为居住房屋之用。

基于这个考虑，我们应该把居住和交通分别安置在相互独立的地块中。住宅不再通过人行道与街道相连，而是坐落在独立安静的环境之中，在那里将享受到充足的阳光、清新的空气和静谧的安宁。交通被划分为慢速步行道路网和快速机动车道路网。这些道路网络承担各自的功能，只有当需要时才偶尔靠近居住区。

(17) 沿街道两旁安置房屋的传统方式，只能保证少数房屋有充足的日照。

这种传统方式必然造成以下局面：当街道相交、平行或斜接时，就形成方形、梯形或三角形等不同容量的空地，这些空地一旦用于建设，就成为城市“街区”。街区内部也需要阳光，于是各种不同尺度的内院应运而生。不幸的是，资本家钻了城市建设法规的空子，他们造出来的“内院”小得可怜。结果是令人沮丧的：房屋的北立面终年不见太阳，而其他三个立面在狭窄的街道、庭院的遮挡下，也被剥夺了一半的阳光。分析表明，城市立面中处于阴影之中的占 1/2～3/4，有时甚至更多。

(18) 公共建筑也和住宅一样，安排得非常不合理。

住宅为家庭提供遮风蔽日之所，其规划本身就是一项完整的工作。其解决之策在以往的岁月里有时是一项快乐的工作，在今天则总是伴随着不确定因素。然而在住宅之外，家庭还需要一些就近的公共设施，这种公共设施可以视作住宅的延伸，如供应中心、医疗服务机构、托儿所、幼儿园、学校和作为日常活动与运动之用的操场等。这些设施固然会降低部分利润，但它们对于居住区来说是不可或缺的。然而，目前人们在设计时却很少从全局出发，给它们以足够的重视。

(19) 尤其是学校，常被设置在交通线上，而且离住宅也太远。

撇开课程及其建筑处理手法不谈，现在城市里的学校大多布置得相当糟糕。它们离住宅太远，孩子们常常要穿过危险的街道去上学。而且学校通常不提供 6 岁以下和 13 岁以上的学前、学后教育。目前学校的条件亟待改善，以使儿童和少年上学时免于危险，并为他们提供健全的教育体系，保证他们身心的全面发展。

(20) 现代的城市郊区无规划地发展着，与城市之间缺乏正常联系。

现代城市郊区（suburbs）是古代郊区（faubourgs）蜕化的产物，或者说是“畸形的自治镇”。自治镇原先是防御性围墙内部的一个单元。而这种畸形市镇或者“虚假”的市镇是从墙外开始，是沿着缺乏保护的出城道路向外发展的。这是解决人口过剩的出路。无论愿意与否，人们都不得不适应这种不安全的状态。随着新建的围墙逐渐包围上述市镇及其在城市内部延伸的道路，城市布局的一般法则就遭到了第一次冲击。市郊是机械时代的标志，是城镇无管制的延伸，那里垃圾成堆，危险重重，底层的工人阶级就住在工业区近旁——人们总认为这些工业区是临时性的，但许多工业区却惊人地发展起来。市郊是垃圾和危险的象征，像城墙外侧回旋搅动的泡沫。历经 19—20 世纪，这些泡沫集汇成流，竟成滔滔洪水之势，对城市发展的步伐构成极大威胁。市郊是流浪者悲惨的临时住所的集中地，因而也成为暴乱运动的催生地。而且，市郊的面积往往是城市的十倍、百倍。也有人试图改变这些时空功能陷于瘫痪的市郊，希望把它们变成田园城市，但那只是一个虚幻的天堂，一个全无理性的方案。城市郊区化是一场席卷全球并在美国达到极致的城市闹剧，它构成了这个世纪最大的灾难之一。

(21) 人们做出各种努力，尝试着把市郊纳入行政管理体系。

太晚了。现在把城市郊区纳入行政管理体系已经太晚了。在缺乏远见的法规下，整个市郊的财产权已经确定，而法律规定这些财产权是不可侵犯的，政府不可能轻易地把一块已开始建造陋屋或车间的空地从其主人手里征收回来。市郊的人口密度很低，土地基本上处于未开发状态，然而为了市郊的扩张，城市还必须为之配备必要的服务和设施，如公路、公共设施、快捷的通信方式、警务、街道照明和清洁、医疗教育设施等。这些设施所引起的巨额开支与如此分散的人口所能支付的税金严重失衡。一旦政府插手调整局势，它势必遇到一系列不可逾越的障碍，最终将徒劳无功。要想让城市走上和谐发展的道路，管理者必须在市郊开始扩张以前就担负起城市周边土地管理的职责。

(22) 市郊通常只是一些根本不值得维护的破房陋屋的聚集地。

摇摇欲坠的小屋、木板搭盖的棚舍、千奇百怪材料建造的工棚、四处散落的杂乱无章的贫民屋——这就是我们的市郊！它阴郁丑陋的表情是对其所包围的城市的控诉；它要求巨大的开支，却无力支付相应的税费，给城市压上沉重的负担；它是城市肮脏的前庭；它的街巷沿着主要交通干道滋生，严重威胁交通安全；从空中俯视，它呈现出一片混乱的布局，而当你兴致勃勃地乘火车去浏览城市风光时，市郊将是兜头一盆冷水。

2.1.2 要求

(23) 从今以后，我们必须把城市中最佳的土地让给居住区，在其布置中充分利用地形之便，并考虑气候、日照、绿地等多种因素。

目前的城市状况已经严重损害了公众和个人的利益。历史证明，这种状况的形成与发展有其长期的深层原因。而数个世纪以来，城市在扩张的同时，也会在原地不断地进行自我更新。如果贸然改变某些长期形成的条件，势必会使城市陷入一片混乱。我们当前的任务，就是通过规划逐渐改变目前无序的状态，规划会指导我们在一定时期内分阶段完成该任务。居住的问题应当首先受到关注。城市中的最佳地段应当留给居住，如果该地段被侵占，我们就应尽力去恢复它。多种因素可以影响居住的环境。我们应当兼顾良好的景观、有益身心的空气(包括对风和雾的考虑)、最佳的坡向，并对现有的绿地进行充分利用；在没有绿地的地方创造绿地，对被破坏的绿地加以修复。

(24) 居住区的选址应充分考虑公众的健康。

众所周知的卫生法已对目前城市的卫生条件提出了严重警告，但它还不足以系统地诊断，甚至找到解决问题的方法，我们需要更加可信的管理机构。为了公众健康，所有的地区都必须进行调整，那些草率投机开发的地区应当彻底清除，其他具有历史、艺术价值的地区可以部分保留。但这还不够，在规划居住区时还应从全局出发，预先对文教体育建筑、各种活动场所等附属设施进行综合考虑。

(25) 必须根据地形特征所限定的居住形态，制定合理的人口密度。

管理者必须预先确定城市的人口密度。人口密度取决于城市中居住用地的配额和总人口数，从而形成分散或者紧凑的城市。人口密度的确定是一项影响巨大的工作。自从机械时代以来，城市的扩张完全失控，毫无节制，这要归咎于管理者的疏忽。任何城市的形成与发展都有其特殊的根源，我们在对将来一段时期(譬如 50 年)进行预测的时候，必须充分考虑这些历史原因。首先必须预测在此 50 年中的人口总数，然后考虑安置这些人口，包括设想他们的居住地点、他们可能需要的日常服务、所需用地的面积等。一旦确定了人口总数与用地面积，我们就得出了未来的人口密度。

(26) 必须保证每套住宅获得最基本的日照时间。

科学研究表明，日照是人类健康不可或缺的因素，但在某些情况下又有害于人的健康。太阳是生命的主宰，医学表明，没有阳光照射的地方将有肺结核病菌滋生，人类应该尽可能地贴近自然环境。即便是日照最少的季节，也应当保证每所住宅都有几个小时的阳光照射。我们的社会决不能再容忍任何家庭被排除在阳光之外而丧失健康的生活，因此在住宅设计中，我们不能再让一户人家完全朝北或终年处于阴影之中。开发商必须出具图表，以证明每套住宅在冬至日能保证最少两小时的日照，否则开发项目不准上马。将阳光引入人们的生活已成为建筑师最重要的新职责。

(27) 必须禁止住宅沿交通干道布置。

街道作为目前城市的交通线，同时还担负着过于纷繁复杂的功能。街上除了行人之外，还有公交车、电车等间歇停靠的快速公共交通工具，以及更高速的卡车和私人汽车。现今这种步行道是在骑马及乘坐马车的时代用于防止交通事故的，在今天的机械交通速度面前，它们早已不能胜任，因而使今日的城市充斥着交通事故频发的死亡威胁。今天的城市，向死亡的威胁敞开了无数的大门，任由机动交通产生的噪声、烟尘和有毒尾气侵入。我们必须对这种状态进行彻底的变革，必须将 4.8 km/h 的步行交通与 48～96 km/h 的机动交通分离开来，为它们分别设置专用的道路，还必须让居住远离机动交通。

(28) 我们应该利用现代技术建造高层建筑。

每个时代都有特定的建筑材料，从而产生相应的建造技术。19 世纪以前，人们只掌握了用砖、石、木结构建造承重墙，用木梁搭建楼层的建筑技术。19 世纪作为一个过渡时期，人们开始运用铁构件，直到 20 世纪才出现了纯粹的钢结构或钢筋混凝土结构。在这个划时代的建筑革新之前，建筑高度不可能超过 6 层。然而现在已不可同日而语了，建筑可以高达 65 层，甚至更高。但依然需要解决的问题是，决定最佳楼层高度需要认真研究各种城市问题。对于住宅而言，我们主要考虑的是良好的视野、清新的空气和最大限度的日照，还有作为住宅附属物的邻近公共设施，如学校、康乐中心和各种活动用地。只有当建筑达到一定的高度时，才能满足这些合理的要求。

(29) 高层建筑必须保证间距，从而为开阔的绿地留出足够的用地。

高层建筑必须保持足够的间距，否则这种高度不仅无助于治疗城市的顽疾，反而会使它进一步恶化，这正是我们的城市曾经犯过的严重错误。城市的建设不能无规划地放任自流，由私人为所欲为。人口必须达到一定的密度，才能支持住宅区公共附属设施的配置。只要确定了人口密度，就可推测居住区所容纳的总人口数，并由此计算出城市剩余的公共空间。城市管理者必须充分考虑用地分配方案，确定建设用地与开放空间、农用地之间的合理比例，划出私人住宅与附属设施必要的用地面积，为城市保留一定时期内不得侵占的土地，并将所有这些作为法规公之于众。这样，我们的城市从此可以在充分的安全保障下发展，而在法律允许的范围内，个人活动与艺术家的创造也将拥有足够的空间。

2.2 休闲

2.2.1 现象

(30) 总体而言，目前的开放空间尚不能满足需求。

在某些城市中仍然存在着开放空间。那些经受了历史考验幸存下来的环绕华厦的公园、私宅四周的花园和在废弃防御工事遗址上形成的林荫道，在我们的时代简直是个奇迹。近两百年以来，这些城市的"绿肺"不断地被砖石建筑吞噬。曾几何时，少数特权阶级休闲娱乐的需要成了开放空间存在的唯一理由。今天的社会观念赋予它们新的意义，但尚不清晰。开放空间被视作住宅直接或间接的外延：直接是指环绕住宅本身，间接是指集中分布在一些开阔地带而离住宅有些距离。无论何种情况，它们的宗旨都是满足年轻人集体活动的需求，并在闲暇时间提供娱乐、散步和游戏的宜人场所。

(31) 即便面积足够大，开放空间也常常由于地点不合适而难以服务于广大居民。

现代城市中少得可怜的一些较大的开放空间往往不是处于郊外，就是位于豪华居住区的中部。前者远离工人阶级的居住区，只有在周末才能服务于城市居民，却无助于改善他们糟糕的日常生活。后者一般是不向公众开放的，它们没有履行自己作为居住区有益延伸的职责，因而它们的功能也就仅限于装点市容而已。无论何种情况，目前公众健康的严重问题仍然亟待解决。

(32) 城市周边偏远的开放空间不能改善城市内部拥挤的生存条件。

我们的城市需要相应的法规来保障居民的生存条件，保障他们的身心健康和生活乐趣。在工作之余，精疲力竭的人们需要充分地休闲放松。在将来的城市中，人们的闲暇时间必然会越来越长，这些时间应该用于回归自然，恢复身心。因此，开放空间的建设和维护就成为保障公众福利的必需内容，并且构成了城市生活最基本的有机组成部分之一，理应引起官方足够的重视。增添适当比例的开放空间是解决居住问题的唯一途径。

(33) 为了接近使用者，现有的为数不多的运动设备通常被布置在一些暂时的空地上，这些空地多是将来居住区或工业区的预留地。这说明了这些公共空地时常变动的原因。

一小部分渴望充分利用周末闲暇的体育团体在城市郊外建立了临时活动场所，然而由于他们不是官方团体，这些场所必然无法长期维系。城市休闲活动可以被划分为三类：分别以日、周和年为周期。日常休闲活动应该靠近住宅，周末远足可以在城市外围的邻近地区，而一年一度的假期旅行则允许远离城市及其所在地域。因此，我们需要这样三类身心再生场所：① 宅边绿地；② 地区内的开放空间；③ 遍及全国的旅游胜地。

(34) 周末出游的地点往往不能与城市保持便捷的联系。

一旦选定了一些地点作为临近城市的合适的周末休闲地，我们还必须解决大量的交通问题。从区域规划开始就应该对这个问题给予足够的重视，包括调查各种可能的交通手段，如公路、铁路或水路。

2.2.2 要求

(35) 今后任何居住区都必须包括足够的、合理布置的绿色空间，以满足儿童、青年、成年人游戏和运动的需要。

这个决议必须诉诸实际立法——借助"土地法令"来保障，否则将毫无作用。该法令将保证各种不同的需求得以满足，例如，对应不同的功能、区位和气候，各地区的人口密度、开放空间与建筑占地面积之比也会有差异。建筑体量应与其周边的绿色环境充分融合。建成区与绿化区的布局将按照在这两者之间的合理出行时间来确定。无论如何，目前的城市肌理必须改变，人口密集的"沙丁鱼罐头城市"应当转变为绿色城市。这种方式与"田园城市"不同的是，绿色空间并未被分割成私人所有的小块单元，而是用于附属于住宅区的各种公共活动设施的建设。厨房菜园模式(Kitchen gardening)的有效性是田园城市理论的主要依据，但它将我们少量的可利用的土地分成无数孤立的小地块，却忽视了像耕种、灌溉和排水等集中的园艺操作能够减轻劳动负担并增大产出的优势。

(36) 有碍健康的建筑街区必须被拆除，并以绿地代之，从而改善邻近居住区的卫生条件。

任何具有卫生与健康基本常识的人都能轻而易举地识别出贫民窟和不卫生的城市街区。这些地方应该铲除，并趁此机会以公园取而代之，这将是提高居民健康条件的第一步，至少会使邻近的居住区受益。当然，有时候这些空出的场地更适于建造城市生活中不可或缺的某些设施，那么明智的规划者将根据区域和城市规划做出最合理有效的安排。

(37) 新的绿地应有明确的功能，应当包括与住宅紧密联系的幼儿园、学校、少年宫和其他公共设施。

绿地应积极融入建成区，成为居住区的有机组成部分。绿色空间的作用绝不仅仅是装点城市，它们首先必须具有实用的功能。一些公共设施应该与草坪相结合，如日间托儿所、学前和学后教育机构、青年俱乐部、体育和智育中心、阅览室、游戏室、跑道和室外游泳池。这些都是住宅区的拓展部分，就像住宅本身一样，也应由土地法令加以明确规定。

(38) 应当创造宜人的周末休闲空间，包括公园、森林、活动场地、露天大型运动场和海滨。

到目前为止，我们还没有或者说实质上没有专门服务于周末休闲的设施。将来，我们会对城市周边的大量空间加以整饬和配备，并提供充分便捷的多种交通方式，以提高其可达性。这些空间不再是房前屋后稀疏点缀着树木的草坪，而是精心维护下的真正的森林、草场，天然或人造的海滨，从而为城市居民创造大量休闲游憩和身心恢复的机会。任何一座城市周边都有足够的用地可以实现这个目的，只要合理地组织交通，它们将具有很好的可达性。

(39) 公园、活动场地、体育场和海滨。

各种休闲方式都必须被考虑在内：包括人们在优美的自然景观内的活动，如散步或远足，无论个人或团体；包括所有的运动方式，如网球、篮球、足球、游泳和田径运动；包括各种娱乐形式，如音乐会、露天剧场和形式多样的表演赛或锦标赛等。另外，还应预先考虑必需的设施，合理组织交通，安排旅馆、酒店、露营地等住宿场所，最重要的是，这些区域要确保饮用水与食物的供应。

(40) 应对现有的自然资源进行评估，包括河流、森林、山丘、山脉、山谷、湖泊和海域。

机械时代的交通已经相对发达，距离不再是我们考虑的决定性因素。重要的是要选取合适的自然资源，即便必须跨越一定的距离。这样做的意义不仅在于保护未受沾染的自然美景，同时也让遭受破坏的区域得以休养生息。简言之，我们需要动用人类的手段来部分地创造场所或景观，以满足大众需求，这同样也是政府官员的重要职责之一，这关系到辛勤工作一周的劳动者能否得到恢复，关系到日常的休憩是否能真正起到身心恢复的作用，而不是只在街道上溜达而已。赋予闲暇时间以丰富的内容，将大大改善城市居民的身心状况。

2.3 工作

2.3.1 现象

(41) 城市中的工作地点(如工厂、手工车间、商业中心和政府机关等)不再按照理性原则布置。

过去的住宅与工厂总是相距不远，联系密切而且稳定，然而，机械时代始料未及的扩张打破了所有这些和谐的关系。城市的特性在不到一个世纪的时间内彻底改变，具有悠久传统的古老手工业阶级消失了，代之而起的是一支全新的、处于漂流状态的无名者劳动力大军。工业的发展从根本来讲取决于原料供应的方式和产品配送的手段，因而所有的工业都涌向主要交通路线两侧，如 19 世纪兴起的铁路、因蒸汽船而大大提高运输能力的河道等。为充分利用城市中食品供应和居住的便利条件，工业区被设在城内或城市边缘，全然不顾可能引起的严重后果。居住区被设于其内部的工厂弄得嘈杂而乌烟瘴气；而设在城郊的工厂尽管远离居住区，但又迫使工人每天远距离跋涉在喧嚣拥挤的交通高峰期之中，无谓地牺牲了部分休闲时间。机械时代对以往工作组织方式的破坏导致了难以形容的混乱，这个难题至今只偶尔得到一些零星皮毛的解决。每天大量的人流已经成为我们时代的顽疾。

(42) 工作地点与居住地点之间距离过远，联系不便。

目前，工作与居住这两大城市功能之间的正常联系已经被破坏。车间与作坊遍布郊外，而大工业在无节制的扩张中也强行进入市郊。城市几近饱和，再难容纳更多的居民，因而大量的市郊卫星城迅速发展起来，充塞着大量狭窄、不舒适的租赁公寓和不必要的住宅开发区。每一个冬夏晨昏，那些与工业并无稳定联系的劳动力大军，在公共交通压抑的浪潮中进行着他们永恒的漂流，所有的时间就这样消逝在混乱的往复转移过程之间。

(43) 交通高峰期揭示了事态的严重性。

城郊列车、公共汽车和地铁这些公共交通在一天之中只有四次满负荷运行。但高峰期的骚动却几近疯狂，工人们在工作压力之外还必须忍受数小时的推搡和奔走，并为这样的交通付出昂贵的经济代价。运作这样的运输系统也是一件艰苦且昂贵的事情，乘客们支付的费用不足以抵偿交通系统的运营费用，因而这些运输系统成为沉重的公众负担。为解决这个问题，有两条路摆在我们面前——是考虑运输业的利益，还是考虑运输系统使用者的利益？前者意味着扩大城市规模，而后者则意味着缩小规模。我们必须做出抉择。

(44) 由于缺乏对用地及其他要素的预先规划，城市和工业的发展都处于混乱的状态。

城市内部和周边地区的土地基本上都是私人所有的，掌握工业的私人公司本身处境也不稳定，随时危机四伏。工业的发展根本无章可循。所有的运作都是随机而动，这种模式偶尔会给个人带来好处，然而对于群体而言，它只会加重负担。

(45) 城市办公集中在商务区。这些地区占据城市中心最佳的位置，享有最完善的交通系统，自然会成为投机商的掠夺对象。既然这些开发项目都是私人经营的，其自然的发展就缺乏必要的有序性。

工业扩张必然带来商务、私人经营和贸易的繁荣，然而它们都未经缜密的评估和计划。人们要进行买卖活动，要在车间、工厂与供应商、客户之间保持联系，而所有这些事务都需要办公空间。办公楼需要一些专门的设施，这是使商务办公有效运营不可或缺的前提。如若社会单独为孤立的办公楼配备这些设施，就需要付出昂贵的代价。为一组办公楼统一配置相关设施，就能起到优化工作条件的良好效果：例如，内部交通便捷，与外界联系方便，明亮安静，空气清新，同时还享有制冷制热系统、邮局、电话、无线电台广播等多种便利设施。

2.3.2 **要求**

(46) 必须将工作与居住之间的距离减到最小。

这就要求我们精心规划，将所有工业用地重新布置。环绕大城市的集中工业带对某些企业来说也许是有利的，然而这种草率布局所导致的混乱恶劣的生活条件是不可容忍的，大量的时间被浪费在居住地与工作地之间的往复交通上。为了更方便地获取原材料，工业被迁移到交通线旁，沿着主干河道、高速公路和铁路分布。交通线是线形元素，因而工业城市也将变成线形布局，而非向心积聚的。

(47) 工业区应该独立于居住区，并且它们之间应以绿化带相隔离。

工业城市应当沿着运河、高速公路或铁路延伸，当然能三者兼顾更好。一旦工业由环状转变为线状，居住区也就可以发展成平行的带状，并通过绿地与工业建筑隔开。这样，城市住宅就可以拥有宽敞的绿色环境，再也不必忍受噪声和污染之苦，而每天来回的长途跋涉也因近便的距离而不复存在，居住区重又恢复为一种由家庭构成的正常有机体。因此，这种恢复起来的“自然化的生活条件”也有助于减少工作人群的流动性。有三种居住类型可供居民选择：田园城市中的独立住宅、带有小片农场的独立住宅，或是各种便利设施一应俱全的集合住宅。

(48) 工业区必须靠近铁路、运河或高速公路。

无论是公路、铁路、河流，还是运河，机械交通带来的全新速度要求开通新的路线，或是对已有的路线进行改造。这就要求对工业区及附属的职工宿舍进行新的配置和协调。

(49) 手工业源于城市生活，且与之密不可分，因而必须在城市内部为手工业指定专门的用地。

手工业与现代工业有着本质的不同，应当区别对待。城市生活的日积月累孕育和造就了这些行业，如印刷、珠宝、制衣以及时尚设计，并且只有在城市的智力集中区(intellectual concentration)才能提供它们所需要的创作灵感。它们是重要的城市活动，应当被安置在城市最有活力的地方。

(50) 各种公共或私人运营的城市商业应与居住区以及城市内部或附近的工厂和手工作坊保持良好的联系。

商业是至关重要的，因而商业用地的选址必须慎之又慎。商业中心应位于交通系统的交会处，以便服务城市的各个部分，包括居住区，工业区、手工业区、行政区、旅馆和各种交通枢纽(如火车站、汽车站、港口、机场等)。

2.4 交通

2.4.1 现象

(51) 现有的城市街道网络是由主干道衍生出来的一套枝状体系。在欧洲,这些干道的建造年代远比中世纪要早,有时甚至可以回溯到远古时代。

某些出于防御或殖民目的而建的城市,从其萌芽或策划时起就受益于这样的交通系统。人们在大路的端头建造形状规则的防护围墙,禁止过境交通穿越城市,并把城市内部安置得实用而有序。更多的城市发源于两条大路相交之处,或是数条道路交会的节点处。干道顺应地形,常常蜿蜒曲折。最初的房舍沿路边分布,这就形成了主干道的雏形。随着城市的扩张,越来越多的次级干道分支出来。但主干道总是顺应地势的产物,即便存在矫正取直的情况,它们也仍遵循着基本的法则。

(52) 今日城市中的主要交通线,最初都是为徒步与马车而设计的,不再能够满足现代机械化交通方式的需要。

出于安全的考虑,古代的城池总是处于高墙围合之中,因而不能随着人口的增长而向外扩张。人们只能尽量节约使用土地,以获得最大的居住空间,于是产生了尽可能多的、连接各家各户的高密度"宅前道"街巷系统。这种城市组织方式的另一产物是城市街区系统。为了获取阳光,房屋体块与街道成正交之势,同时还留出内院。随着城墙向外推移,街巷也延伸出原先的城市核心,演变为林荫大道,然而城市内核本身却保留了原有的结构。这套建设系统尽管已失去了必要性,但却依然存在,房屋面对着多少显得狭窄的街道和内院。其外围的交通网络在尺度和节点数上都数倍于内部。这种为旧时代而设计的网络系统已无法满足机械时代的交通需求。

(53) 道路尺度不当,将严重阻碍未来快速机动交通的运用和城市有序发展的步伐。

小汽车、电车、卡车和公共汽车之类的机动交通速度与人畜自然行进速度之间存在着不可调和的矛盾,问题就出在这里。这两种速度的混杂是造成混乱的根源。步行者永远处于危险之中,而机动交通受到无休无止的干扰,效率低下,同时伤亡事故频发。

(54) 道路交叉口之间距离过短。

机动车必须经过启动并逐渐加速的过程才能达到正常的行驶速度,突然的刹车会导致主要部件的磨损,因此,必须测算好启动点至减速点之间的合理距离单元。目前的道路交叉口间距平均在 90 m、45 m、18 m,甚至 9 m,这对机动车非常不利。道路交叉口间距至少应该保持在 183～366 m 的平均水平。

(55) 道路宽度不够,要拓宽这些道路需要花费昂贵的代价,却难以收到显著的成效。

道路宽度并不存在统一的标准,而是取决于其所承载机动交通的数量和种类。从城市诞生之时起,古老的大道就顺地势和地形而走,像大树的主干一样,分离出无数的旁枝,承载着巨大的交通压力。这些道路通常都太过狭窄,但要想拓宽它们,恐怕只会是一件费力不讨好的事情。交通的问题需要更加透彻的调查研究。

(56) 目前的道路似乎失去了控制,在精确性、适应性、多样性和舒适度方面都很差,无法满足现代机动交通的需要。

现代交通是一个非常复杂的系统。交通系统必须满足多种功能的要求,既要能满足户到户的机动交通和步行交通，又要为公共汽车和电车划定路线，还要保证卡车能从供应中心到达无数的配送点、过境车辆能从城市快速通过。所有这些交通活动都应当有专用的车道，分工明确，互相配合。这就要求我们深入分析问题，认清现状，从而寻找与各种用途相适应的解决途径。

(57) 那些气势磅礴的平面图只讲求形式，却严重阻碍了交通。

那些在马车时代备受推崇的形式如今正是困扰人们的混乱之源。一些以大型纪念性公共建筑为标志的大道，其构建本是为了形成一种纪念性场景，然而现在却成为延误时间的交通瓶颈，甚至成为潜在的威胁。这种建筑形制原非为现代机械交通服务设计的，它永远也无法适应这种速度，因此只能被保护起来，免受机动交通的侵扰。交通已成为现代城市生活中最为重要的功能之一。目前交通系统迫切需要缜密的流线和出入口设计，以消除交通堵塞及其所引起的骚乱。

(58) 当城市需要扩张时，铁路系统往往成为城市化的障碍。铁路包围了居住区，使之孤立，与城市的其他重要部分失去了必要的联系。

铁路带来了工业大发展，然而随着时间的推移，它们已不再能适应工业时代的需求。这些难以逾越的铁轨从城市中穿过，把整个区域切割得支离破碎，生硬地把原有的居住区和逐渐发展起来的新区分离开来，切断了它们之间不可或缺的联系。在一些城市中，这种态势已经严重影响到整个经济。现代城市的铁路系统亟待改造和重组，需要重新纳入统一的全盘规划。

2.4.2　**要求**

(59) 为了充分了解交通系统及其承载能力，我们必须基于精确的统计，对整个城市和区域的交通进行严密的分析。

我们应该用图示来描述交通系统的现状，从图上可以一目了然地看到引起问题的决定性因素及其不同程度的影响，从而更容易发现关键症结所在。只有看清现状，我们才可能采取如下两种必要的改进措施：一方面，为每条道路分配具体的用途，也就是说道路是为机动交通还是步行交通服务的，是为大型卡车还是过境交通设计的；另一方面，确定不同用途的道路的具体尺寸和特征，包括道路类型、路面宽度、交叉口或枢纽的类型和位置等细节。

(60) 应根据类型对道路进行分级，同时根据它们所服务的车辆种类及其速度进行建设。

古代留下来的单行道是不区分步行和骑马之用的。直到18世纪末，马车的普及才使道路分化出人行道。20世纪，大量的机械交通工具大量涌现——自行车、摩托车、汽车、卡车和电车，它们的速度是前所未有的。在某些地方，如纽约，城市的大规模扩张已导致局部大规模的交通拥堵。我们必须采取措施来挽救这种近乎灾难性的局面，这已是刻不容缓。要解决干道拥堵的问题，首先，应该把步行交通与机动交通彻底分开；其次，为重型卡车提供单独的交通渠道；再次，必须专门设计大交通量的快速道路，并与较小流量的普通道路分离。

(61) 可以采用立交的方式来分散交叉口的交通压力，同时保持交通流的连续性。

过境的车辆没有必要在每个交叉口都减速暂停，而立交正是保证它们行进连续的最佳方式。立交枢纽可以把快速干道与本地交通道路连接起来，当然它们的间距需要通过科学计算来确定，以保证最优的通过效率。

(62) 人车应该分流。

这将是城市交通模式一次彻底的革命。它将为城市化进程带来最深谋远虑、最富新意和活力的新纪元。关于交通模式的这个原则,应该像居住区拒绝北向住宅一样,不容变更。

(63) 不同的道路应有明确的分工,包括居住区道路、步行道、快速路和过境路。

道路功能不能面面俱到,应该根据其不同类型制定相应的规则。居住及相应功能需要宁静平和的环境,因而居住区道路和集体活动场所要符合这种氛围,机动交通应该限制在专门的道路中。除了一些特殊的联结点外,过境交通与本地交通应该避免连接。联结整个区域的大型干道,自然会在交通网络中居于主导。步道上的各类车辆都应严格限速,以保证行人安全。

(64) 作为一项规定,交通干道之间应有绿化隔离带。

公路或快速路与本地道路有着本质的区别,不应让它们靠近公共或私人建筑。应该以密实的绿化带将它们隔离开。

2.5 城市的历史文化遗产

(65) 有历史价值的古建筑应保留,无论是建筑单体还是城市片区。

城市的布局和建筑结构塑造了城市的个性,孕育了城市的精魂,使城市的生命力得以在数个世纪中延续。它们是城市的光辉历史与沧桑岁月最宝贵的见证者,应该得到尊重。它们凝聚着历史或情感价值,也传达出一种融会着人类所有智慧结晶的可塑特征。它们是人类遗产的一部分,任何拥有它们的人都有责任、有义务尽其所能地保护它们,保证这些珍贵的遗产完好无损、世代流传。

(66) 代表某种历史文化并引起普遍兴趣的建筑应当保留。

永生是不可能的,人类的创造物也不能例外。面对时间的物质痕迹,我们应该判断哪些仍具有真正的活力和价值,而不是把整个过去全盘保留。假如保留一处古迹将与城市的当前利益相冲突,我们就必须寻求一个两全之策。在某种旧式建筑大量存在的情况下,可以有选择地保留作为纪念,而其他建筑可以清除;有时只需要保留建筑中真正具有价值的部分,并加以适当修缮;在某些特殊情况下,对极具美学和历史价值却位置不当的名胜,可以考虑整体迁移。

(67) 历史建筑的保留不应妨碍居民享受健康生活条件的要求。

我们决不能由于因循守旧而忽视社会公平的原则。有些人重视美感胜过社会的整体利益,他们为了保留某处独特的旧区而不顾其可能滋生的贫穷、混乱和疾病,这些人应该对所有这些痼疾负责。对于这样的问题,我们应当深入研究,以获得巧妙的解决方案。无论如何,我们对古迹的珍爱都不能凌驾于居住环境利益之上,这直接关系到个人的福利与身心健康。

(68) 不仅要治标,还要治本,如应尽量避免干道穿行古建筑区,甚至采取大动作转移某些中心区。

城市的扩张一旦失控,必将陷入危险的僵局,退路已无,似乎只有把某些地方夷为平地才能消除障碍。然而当遇到极具建筑、历史和精神价值的遗产时,我们显然不得不另求良方。我们不能移除建筑以适应交通,但可以令道路转向,有条件的话还可以从地下穿过。还有一种选择,就是将密集的交通中心转移别处,以彻底改变整个区域拥堵的交通状况。为了厘清这些千丝万缕的头绪，我们需要综合、充分地利用一切想象力、创造力和技术资源。

(69) 可以清除历史性纪念建筑周边的贫民窟，并将其改建成绿地。

有时候，清除卫生状况较差的房屋和贫民窟可能会破坏古老的氛围，这很可惜，但却是不可避免的。以绿地取代这些旧建筑，将对环境大有裨益。设想，岁月的旧迹被笼罩在全新甚至新奇的氛围之中——这毕竟是一种舒适的氛围，能给邻近的地区带来数不尽的好处。

(70) 借着美学的名义在历史性地区建造旧形制的新建筑，这种做法有百害而无一利，应及时制止。

这样的方式恰是与传承历史的宗旨背道而驰的。时间永远流逝，绝无逆转的可能，而人类也不会再重蹈过去的覆辙。那些古老的杰作表明，每一个时代都有其独特的思维方式、概念和审美观，因而产生了该时代相应的技术，以支持这些特有的想象力。倘若盲目机械地模仿旧形制，必将导致我们误入歧途，发生根本方向上的错误，因为过去的工作条件不可能重现，而用现代技术堆砌出来的旧形制，至多只是一个毫无生气的幻影罢了。这种“假”与“真”的杂糅，不仅不能给人以纯粹风格的整体印象，作为一种矫揉造作的模仿，它还会使人们在面对至真至美时无端产生迷茫和困惑。

3. 结论：主要原则

(71) 我们可以对前面每章关于城市四大活动的各种分析进行总结：现在大多数城市中的生活情况，未能适合广大居民在生理及心理上最基本的需要。

国际现代建筑师协会借雅典会议之机，对 33 个城市进行了分析，它们是阿姆斯特丹、雅典、布鲁塞尔、巴尔的摩、万隆、布达佩斯、柏林、巴塞罗那、卡尔斯鲁厄、科隆、科莫、达拉、底特律、德绍、法兰克福、日内瓦、热那亚、海牙、洛杉矶、利特罗、伦敦、马德里、奥斯陆、巴黎、布拉格、罗马、鹿特丹、斯德哥尔摩、乌得勒支、维罗纳、华沙、萨格勒布、苏黎世。这些城市跨越了各种气候与纬度，展示了白人种族的历史。它们无一例外地见证了这种现象：原先自然而然形成的和谐关系如今已被机械时代破坏得一片混乱。这些城市中，人们无时不生活在令人窒息的压抑气氛中，备受困扰，身心健康毫无保障。人类的危机在大城市中扩散，在大陆上各个地区回响，城市的发展已经偏离了它的职能。它已不再能提供适于人类生存的空间。

(72) 这种生活情况是机器时代以来各种私人利益不断膨胀的表现。

城市建设的予夺大权集中在某些私人手中，它们被个人利益和利润诱惑左右着，这正是如今这个可悲局面的根源所在。至今没有任何人对那些破坏负责，也没有一位当权者意识到机械主义运动的本质与意义，并采取措施来避免它们。将近一百年的时间里，企业的发展都处于放任自流的状态。人们盖房、建厂、开路、随意截断河流、为铁路平整路基，一夜之间，所有这些都在极端膨胀的个人权力中迅速堆砌而成，根本没有全盘的统筹和规划。时至今日，大错铸成，我们的城市已是冰冷残酷、全无人性可言，少数人贪婪凶残的私欲致使大众陷入了无尽的痛苦。

(73) 冷酷的私欲和专权引起灾难性的紊乱，暴露了经济力量的迸发与行政控制的无力和社会凝聚力的软弱之间的不平衡性。

在无孔不入、不断膨胀的私欲驱使下，这个社会中的主人翁责任感和社会凝聚力已日益趋近于崩溃的边缘。林林总总的各方力量冲突不断，弱肉强食，而在这场不公平的斗争中，大获全胜的往往正是个人的私欲。但也有一些时候物极必反，物质和伦理上的混乱到了极限，于是新的法规在现代城市中应运而生，并在强有力的行政管理体系支持下重新建立起人类福祉和尊严的保障。

(74) 尽管城市处于一种连续的变革过程中，但这种发展是不加控制、放任自流的，并未遵循技术专家们得出的当代城市的发展准则。

在建筑、医学、社会组织等各方面无数技术专家的努力下，现代城市规划的原则正逐步形成，并成为条款、书籍、会议和公众或私人间辩论的主题。然而更重要的是要让掌控城市命运的管理机构接受它们。这些管理机构往往对新思想所蕴含的变革持敌对态度，只有当管理者明白了这些道理并付诸实施，当今社会的危机才能得以挽救。

(75) 城市必须同时在精神和物质层面上，确保个体的自由和集体活动的利益。

社会生活往往就是个体自由与集体活动之间斡旋的游戏。任何一项旨在改善人类生存条件的计划都必须兼顾这两个因素，倘若无法同时满足双方经常出现的对立性需求，就必将以失败告终。任何时候，如果没有前瞻、缜密且灵活的统筹规划，要使二者达到和谐，都是一纸空谈。

(76) 城市系统中所有元素的尺度都应根据人的比例来设计。

人类自身的尺度应成为城市生活中所有设计的基础，包括用来测量面积和距离的尺度、用来测量人们的自然步距的尺度，以及根据太阳日常运行规律而定的时间尺度。

(77) 居住、工作、游憩和交通是城市的四大基本活动。

城市发展是一个时代各方面条件的综合体现。然而迄今为止，我们的城市只抓住了交通这一个问题，热衷于开辟大道和街巷，从而制造出一个个建设地块，用于充满变数的个人投机。这是对城市使命极为狭隘的错误理解。事实上，城市具有四大基本功能。首先，它应当为人们提供舒适健康的居住环境，充分保障绿地、新鲜空气和阳光这三个不可或缺的自然条件；其次，城市应当组织好工作环境，让劳动重新成为一种人类自然的活动，而不再是痛苦的差役；再次，城市中应有必要的娱乐设施，使人们在工作之余度过充实、美好、有益身心的闲暇时光；最后，要有合适的交通网络，在分工明确的基础上，建立起这些不同功能之间必要的联系。这四大功能的涵盖面非常广泛，它们是解决城市问题的四大关键所在，因为所谓城市，正是某种思维方式通过技术手段融入公众生活的产物。

(78) 应在总体布局中确定这四种功能的组合结构，分别为它们在整体之中确定各自的位置。

自雅典会议以来，人们逐步采取措施，为城市生活的四大功能分别提供专门的保障，以充分提高它们的效率，形成日常生活、工作、文化的秩序和层次。在这个重要前提之下，城市面貌焕然一新，不再墨守成规，从而为新的创作开辟一片广阔的天地。在气候、地形和地方风俗等条件下，四大功能中的每项功能都能相对独立地运作，我们可以把每项功能都视为一个实体，配以专用的土地和建筑，并动用一切卓越的现代技术来组织并装备它们。这种分配方式对个体的根本需求给予充分考虑，而非考虑任何特殊群体的专门利益。我们的城市应当同时保障公民个人的自由和集体活动的利益。

(79) 居住、工作、游憩这三大日常功能的运行必须最严格地遵循省时原则。因此，应把注意力集中在居住上，并将其作为每一项与距离有关的措施的着眼点。

“把自然引入城市”，这个理念看起来似乎意味着城市在水平面上的进一步扩张，从而导致过大的距离和时间尺度。实际上恰恰相反，城市规划专家们以居住为中心，依照居住区在城市平面的位置来安排组织各种距离，根据24小时的太阳周期来协调各种不同的活动，使人类活动的节奏与之一致，从而保证了各项活动合适的尺度。

(80) 机械时代的新速度令整个城市环境陷入混乱，危机四伏，交通拥堵，通信瘫痪，卫生条件恶劣。

机动车本该凭其速度帮助我们节约大量时间，获得更多自由，然而它们在某些地点过度集中，反倒成为交通的障碍和各种危险之源。不仅如此，机动车还给我们的城市生活带来了各种危害健康的因素。它们的尾气对肺有害，它们的噪声令人长期处于紧张、焦躁的状态。目前所能达到的速度已唤起人们逃离机动交通、回归自然的欲望。那种对不安定性、高速迁移性的无限体验，令人们深陷其中难以自拔，这种生活方式正在悄悄地破坏着我们的家庭，甚至啃啮着我们社会的根基。人们不得不花费大量时间与各种各样的车辆打交道，渐渐地被剥夺了最健康、最自然的活动乐趣——步行。

(81) 城市与郊区的交通原则需要重新修订。我们必须对各种速度进行分级，必须重组、协调各种分区功能，必须设计合理的交通干道网络，在这些功能之间建立起自然的联系。

对居住、工作和游憩功能的明确分区将使我们的城市重归整饬。交通作为第四大功能，其唯一宗旨便是在三大功能之间建立起高效率的联系。我们势必要进行一次大刀阔斧的改革，使用现代交通技术为城市及其所属地域配备路网，根据不同的服务目的和功用将各种交通方式分门别类，并为不同的车辆提供专用通道。我们要使交通成为一项稳固的功能，而不再是居住与工作的掣肘。

(82) 城市建设不是平面化的，它是一项三维的科学。高度因素的引入将为我们赢得开放空间，使现代交通和休闲问题迎刃而解。

居住、工作和游憩场所需要足够的空间、阳光和良好的通风条件。这些城市功能不仅两维地分布在大地之上，实际上高度这个第三维度的作用更加突出。只有向高空发展，城市才能重新获得交流与休闲所必需的开放空间。固定的功能与交通功能之间有着本质的区别，前者不移动，处于建筑体内，因而高度的影响至关重要。后者则限于地面活动，只需要关注二维平面，只有当需要采用立交来缓解机动交通压力的时候，才偶尔会有小尺度的高度变化。

(83) 应当将城市纳入其所在地域的整体影响考虑，以区域规划取代简单的行政规划。城市聚合体的界限应由其经济影响范围决定。

城市问题的特殊性使之不仅限于城市自身内部，还包括了以城市为中心的整个地区。我们应当探寻城市存在的理由，并将其量化，从中预测将来可能的发展前景。对次级人口中心也要进行同样的研究，以便对全局情况有总体的把握。在此基础上，我们就可以进行分配、限制和补偿工作，令每个城市及其地区都有自己的个性和使命，让它们在全国的大经济环境中准确定位、各司其职，呈现出清晰的地区分界。这将是一个全国性的城市化进程，各个省份都将在其中得到平衡的发展。

(84) 一旦城市以功能单元来划分，其各部分间将彼此和谐，并具有足够空间和充分的相互联系，以保证各阶段能平衡发展。

城市的发展计划应有前瞻性，并服从全盘计划的需要。合理的预测将描绘城市的未来，塑造其特色，预见其扩展的范围，并采取措施预防过度扩张。这个发展计划将统一于地区计划之中，以四大关键活动为主要框架，而不再是无序的投机。城市的成长将不再是一场灾难，而是人类辉煌的成就。城市人口的增长也不会再造成大城市常有的混乱冲突之苦。

(85) 目前最急迫的任务是，每个城市制定的规划和法律都应该能够贯彻实施。

偶然性将让位于预测，无序将被规划取代，每一种可能都应当写入区域规划。场地将按照各种不同的活动来测量和分配，并为此制定明确的管理规则。这项工作刻不容缓，应当立即着手进行，而且要长期坚持下去。应当颁布土地法，以保障每一项关键功能的最佳自我表达、最佳地理位置，以及与其他功能之间最合适的距离。同时，法律还应关注那些将来可能被占用的地区。法律拥有批准或禁止的权力，因而应在仔细审核的基础上鼓励创造性的活动，但不得与公众利益相悖。

(86) 城市规划方案应以专家缜密的分析为基础，充分考虑到时间和空间的不同发展阶段，综合协调场地的自然资源、总体地形、经济状况、社会需求和精神价值。

城市建设不再是土地开发商们拍脑袋想出来的住宅项目，也不再是完全不顾及市郊环境的圈地运动。一个城市的成长应该是各种功能分工明确而又完美配合的、有机的生命创造过程，在对其生长环境充分认识的基础上，使其各种资源得到合理的配置，潜能得以充分发挥。我们首先要确定城市交通流的主导方向，并使各种交通工具明确分工。我们将通过增长曲线来预测城市的经济发展前景。通过制定严格的规则，确保舒适的居住、工作和游憩环境。明晰的规划方案将令城市面貌焕然一新。

(87) 对于从事城市规划工作的建筑师来讲，一切工作的衡量准则是以人为本。

在建筑学偃旗息鼓近百年之后的今天，它重又担负起为人类谋福利的重任。它不再夸夸其谈，而是致力于充满人性关怀的建设，致力于提高人类个体的生活质量、减轻生存压力。除了建筑师以外，又有谁能够如此洞察人性，抛弃形式化的设计，并最终运用各种技术手段，谱写出人类史上最辉煌的华章呢?

(88) 城市规划应该以一个居住细胞，也就是一栋住宅为基点，并将这些同类的细胞集合起来，以形成一个大小适宜的邻里单位。

假如说细胞是生命体最原始的组成元素，那么住宅作为家庭的避风港，就是组成我们社会的细胞了。一个多世纪以来，住宅的建设流于无序混乱的投机游戏，而今我们必须让它成为一项人性化的事业。住宅乃是城市最原始的组成分子，它为人类提供遮风避雨的温馨港湾，它见证了人们生活中大大小小的喜怒哀乐。它理应是一个阳光充足、空气清新、各项设施十分便利的地方。为了便于向居住区提供食品、教育、医疗、休闲等日常服务，我们应当将住宅以组团形式布置，以形成尺度合宜的邻里单位。

(89) 以这个居住单位为出发点，将在住宅、工作地点和游憩场所之间建立起良好的空间关系。

居住或者说良好的居住条件应是城市规划师工作的首要考虑。然而在居住之外，人们还要工作。要保证舒适的工作环境，我们就必须对目前的实践进行彻底的修正。办公室、车间和工厂设施的配备应该能够保障这一目标的实现。最后，城市的第三个功能——游憩，作为人们身心恢复的重要途径，也是不容忽视的，城市规划者们应充分考虑到这三大功能所需的场地及其他必备条件。

(90) 为了完成这一重大而艰巨的任务，我们必须通过各方面专家的合作，利用一切现代技术力量，并且充分发挥时代的创造性和丰富资源，从而支持城市建设艺术。

机械时代的新技术带来了今天城市的混乱和剧变，然而我们也只有靠技术才能解决这些问题。现代结构技术为我们提供了新的手段和工具，使我们的构筑物达到前所未有的尺度，开辟了建筑史上的全新纪元。这种重构不仅是在某一个层面上的，它涵盖的是我们至今无法完全理解的复杂综合体。因此，建筑师在城市建设的各个阶段都必须与各方面的专家通力合作。

(91) 城市建设过程会受到政治、社会和经济因素的深层影响。

仅仅意识到土地法规和某些建设原则的重要性还不够，要把理论付诸实践，必须靠以下几个因素的综合作用：首先要有深谋远虑、决心为市民谋求更高生活质量的管理者；其次要有受过良好教育，能够提出需求并理解、接受专家设计意图的大众群体；最后还要有使房地产项目开发成为可能的良好经济形势。然而有时却是这种情况：当整个局面处于低谷状态，政治、道德和经济都变得不再重要，而合宜的住宅却成为高于一切的需求，这时候居住就将把政治、社会生活和经济高度地统一起来，一起服务于一个共同的目标。

(92) 建筑学的任务决不仅限于此。

建筑学决定着城市的命运。它安排居住的结构，掌控着邻里单位的健康、欢乐与和谐，这是城市机体组织中最基本的细胞单元。建筑学对邻里单位的尺度控制至关重要。它预留出开放的空地，并保证未来以协调的比例进行建设；它划定居住区、工作区和游憩区的范围，并设计交通网络将三者联结起来。建筑学关系到城市的福祉与形象，它促使城市产生并发展，选择并以恰当比例分配各种不同元素，从而造就了和谐、稳固的杰作。可以说，建筑学是包罗万象的。

(93) 我们面临着这样的矛盾：城市亟待大规模重组，而土地产权却支离破碎。

世界上所有的城市，无论古代的还是现代的，都表现出同样原因所造成的缺陷。诚然，城市中最重要的部分应当首先处理，但一定要经过缜密的规划，并保证全局统一。城市规划方案分为近期规划和远期规划两部分。我们必须通过协商来征用许多土地，必须看清楚置公众利益于不顾的投机游戏的弊端。这项征收土地、解决土地产权的工作将在整个城市地区内进行。

(94) 为解决以上矛盾，我们迫切需要用相关法律来规范土地利用的操作过程，以使个人的基本需求与公众需求之间达到和谐统一。

城市改良运动与维护私人利益的僵化法律之间随时随地都存在着激烈的斗争。国家版图内的所有土地都应该纳入合理的市场体系，以便在开发项目之前就对它们进行评估，并合法征用土地以满足公众利益。倘若不能准确估计技术革命的重要作用及其对公众、私人生活的巨大影响，我们就必将付出沉重的代价，城市建设难以有效实施，城市组织和工业设施会陷入一片混乱。我们曾经误解了城市建设的规则，导致田地荒芜、城市拥挤，工业中心分布无序，工人宿舍沦为贫民窟。人类自身的安全和福祉失去保障，灾难性的悲剧在每一个国家上演，这正是近百年来机械化失控发展的苦果。

(95) 个人利益应服从集体利益。

单枪匹马的个人将遭遇各种各样的困难，然而过分受到集体的限制却又将泯灭个性。个体与集体的利益理应相辅相成，并在各个方面求得统一。个体权利(individual rights)与庸俗的个人利益(private interest)有着本质区别，后者把所有的好处都集中在少数人身上，把社会大众置于中下水平。这种方式应被严加限制。个人利益应当服从集体利益，如此方能保障每个个体都能分享生活的乐趣、家居的温馨和城市的美景。

附录二：马丘比丘宪章

（1977 年 12 月通过）

1. 城市与区域

雅典宪章认识到城市及其周围区域之间存在着基本的统一性。由于社会不认识城市增长和社会经济变化所带来的后果，还迫切需要毫不含糊地具体地对这条原则予以重新肯定。

今天由于城市化过程正在席卷世界各地，已经刻不容缓地要求我们更有效地使用现有人力和自然资源。城市规划既然要为分析需要、问题和机会提供必需的系统方法，一切与人类居住点有关的政府部门的基本责任就是要在现有资源限制之内为城市的增长与开发制定指导方针。

规划必须在不断发展的城市化过程中反映出城市与其周围区域之间基本的动态的统一性，并且要明确邻里与邻里之间、地区与地区之间以及其他城市结构单元之间的功能关系。

规划的专业和技术必须应用于各级人类居住点上——邻里、乡镇、城市、都市地区、区域、州和国家，以便指导建设的定点、进程和性质。

一般地讲，规划过程包括经济计划、城市规划、城市设计和建筑设计，必须对人类的各种需求做出解释和反应。它应该按照可能的经济条件和文化意义提供与人民要求相适应的城市服务设施和城市形态。为达到这些目的，城市规划必须建立在各专业设计人、城市居民以及公众和政治领导人之间的系统的、不断的互相协作配合的基础上。

宏观经济计划与实际的城市发展规划之间的普遍脱节已经浪费掉为数不多的资源并降低了两者的效用。城市用地范围内往往受到了以笼统的、相对抽象的经济政策为基础的各种决定所带来的副作用。国家和区域一级的经济决策很少直接考虑到城市建设的优先地位和城市问题的解决以及一般经济政策和城市发展规划之间的功能联系。结果，系统的规划与建筑设计的潜在效益往往不能有利于大多数人民。

2. 城市增长

自从雅典宪章问世以来，世界人口已经翻了一番，正在三个重要方面造成严重的危机，即生态学、能源和粮食供应。由于城市增长率大大超过了世界人口的自然增加，城市衰退已经变得特别严重；住房缺乏，公共服务设施和运输以及生活质量的普遍恶化已成了不可否认的后果。

雅典宪章对城市规划的探讨并没有反映最近出现的农村人口大量外流而加速城市增长的现象。

可以看到城市的混乱发展有两种基本形式。

第一种是工业化社会的特色，就是随着私人汽车的增长，较为富裕的居民都向郊区迁移，而迁到市中心区的新来户以及留在那里的老户缺乏支持城市结构和公共服务设施的能力。

第二种是发展中国家的特色，在那里大批农村住户向城市迁移，大家都挤在城市边缘，既无公共服务设施又无市政工程设施。要处理这种情况远远超出了现行城市规划程序所可能做到的范畴。目前能做到的不过是对这些自发的居住点提供一些最起码的公共服务，公共卫生和住房方面的努力恰恰反而加剧了问题本身，更加鼓励了向城市迁移的势头。

因此不论是哪一种形式，不可避免的结论是，当人口增加，生活质量就下降。

3. 分区概念

雅典宪章设想，城市规划的目的是综合四项基本的社会功能——生活、工作、休憩和交通，而规划就是为了解决它们之间的相互关系和发展。这就引出了将城市划分为各种分区或组成部分的做法，于是为了追求分区清楚却牺牲了城市的有机构成。这一错误的后果在许多新城市中都可看到。这些新城市没有考虑到城市居民人与人之间的关系，结果使城市生活患了贫血症，在那些城市里建筑物成了孤立的单元，否认了人类的活动要求流动、连续的空间这一事实。

规划、建筑和设计，在今天，不应当把城市当作一系列的组成部分拼在一起来考虑，而必须努力去创造一个综合、多功能的环境。

4. 住房问题

与雅典宪章相反，我们深信人的相互作用与交往是城市存在的基本根据。城市规划与住房设计必须反映这一现实。同样重要的目标是要争取获得生活的基本质量以及与自然环境的协调。

住房不能再被当作一种实用商品来看待了，必须要把它看成促进社会发展的一种强有力的工具。住房设计必须具有灵活性以便易于适应社会要求的变化，并鼓励建筑使用者创造性地参与设计和施工。还需要研制低成本的建筑构件供需要建房的人们使用。

在人的交往中，宽容和谅解的精神是城市生活的首要因素，这一点应作为不同社会阶层选择居住区位置和设计的指针，而没有有损人类尊严的强加于人的差别。

5. 城市运输

公共交通是城市发展规划和城市增长的基本要素。城市必须规划并维护好公共运输系统，在城市建设要求与能源衰竭之间取得平衡。交通运输系统的更换必须估算它的社会费用，并在城市的未来发展规划中适当地予以考虑。

雅典宪章很显然把交通看作城市基本功能之一，而这意味着交通首先是利用汽车作为个人运输工具。44 年来的经验证明，道路分类、增加车行道和设计各种交叉口方案等方面根本不存在最理想的解决方法。所以，将来城区交通的政策显然应当是使私人汽车从属于公共运输系统的发展。

城市规划师与政策制定人必须把城市看作在连续发展与变化的过程中的一个结构体系，它的最后形式是很难事先看到或确定下来的。运输系统是联系市内外空间的一系列的相互连接的网络。其设计应当允许随着增长、变化及城市形式的改变而做经常的试验。

6. 城市土地使用

雅典宪章坚持建立一个立法纲领以便在满足社会用地要求时，可以有秩序并有效地使用城市土地，并设想私人利益应当服从公共利益。

1933 年以来，尽管经过多方面的努力，城市土地有限仍然是实现有计划的城市建设的根本阻碍。所以，对这一问题今天仍迫切要求拟订有效、公平的立法，以便在不久的将来能够找到确有很大改进的解决城市土地的办法。

7. 自然资源与环境污染

当前最严重问题之一是我们的环境污染迅速加剧到了空前的具有潜在的灾难性的程度。这是无计划的爆炸性的城市化和地球自然资源滥加开发的直接后果。

世界上城市化地区内的居民被迫生活在日趋恶化的环境条件下，与人类卫生和福利的传统概念和标准远远不相适应，这些不可容忍的条件包括在城市居民所用的空气、水和食品中含有大量有毒物质以及有损身心健康的噪声。

控制城市发展的当局必须采取紧急措施，防止环境继续恶化，并按整理的公共卫生与福利标准恢复环境固有的完整性。

在经济和城市规划方面，在建筑设计、工程标准和规范以及在规划与开发政策方面，也必须采取类似的措施。

8. 文物和历史遗产的保存与保护

城市的个性和特性取决于城市的体型结构和社会特征。因此，不仅要保存和维护好城市的历史遗址和古迹，而且还要继承一般的文化传统。一切有价值的说明社会和民族特性的文物必须保护起来。

保护、恢复和重新使用现有历史遗址和古建筑必须同城市建设过程结合起来，以保证这些文物具有经济意义并继续具有生命力。

在考虑再生和更新历史地区的过程中，应把具有优秀设计质量的当代建筑物包括在内。

9. 工业技术

雅典宪章在讨论工业活动对城市所产生的影响时，略微提到了工业技术的作用。

在过去 44 年内，世界经历了空前的工业技术发展，技术惊人地影响着我们的城市以及城市规划和建筑的实践。

在世界的某些地区，工业技术的发展是爆炸性的，技术的扩散与有效应用是我们时代的重大问题之一。

今天科学与技术的进步，以及各国人民之间交往的改进，应当可以使人类社会克服地区的局限性和提供充分资源去解决建筑和规划问题。然而对这些资源不加批判地使用，往往为了追求新颖或者由于文化依靠性的恶果，造成了材料、技术和形式的应用不当。

因此，由于技术发展的冲击，出现了依赖人工气候与照明的建筑环境。这样做对于某些特殊问题是可以的，但建筑设计应当是在自然条件下创造适合功能要求的空间与环境的过程。应当清楚地了解，技术是手段，并不是目的。技术的应用应当是在政府适当支持下，认真研究和试验的实事求是的结果。

在有些地区，要求高度工业化的生产过程或施工设备是难以获得和推广的。不应当因此而在技术上要求不严，或者在解决当前的问题上就不讲究建筑设计要在可能的范围内找出解决问题的方案，这对建筑与规划也是一种挑战。

施工技术应当努力采用经济合理的方法，做到设备能重复使用，利用资源丰富的材料生产结构构件。

10. 设计与实施

建筑师、规划师与有关当局要努力宣传使群众与政府都了解，区域与城市规划是个动态过程，不仅要包括规划的制定，而且要包括规划的实施。这一过程应当能适应城市这个有机体的物质和文化的不断变化。

此外，为了与自然环境、现有资源和形式特征相适应，每一特定城市与区域应当制定合适的标准和开发方针。这样做可以防止照搬照抄来自不同条件和不同文化的解决方案。

11. 城市与建筑设计

雅典宪章本身对建筑设计不感兴趣。宪章制定人并不认为有此必要，因为他们认为“建筑是在光照下的体量的巧妙组合和壮丽表演”。

勒·柯布西耶的“太阳城”就是由这样的“体量”组成的。他的建筑语言是与立体派艺术相联系的，也是与把城市按功能分隔成不同的元素那种思想一致的。

在我们的时代，近代建筑的主要问题已不再是纯体积的视觉表演，而是创造人们能生活的空间。要强调的已不再是外壳而是内容，不再是孤立的建筑，不管它有多美、多讲究，而是城市组织结构的连续性。

在 1933 年，主导思想是把城市和城市的建筑分成若干组成部分。在 1977 年，目标应当是把那些失掉了它们的相互依赖性和相互联系性，并已经失去其活力和含义的组成部分重新统一起来。

建筑与规划的这一再统一不应当理解为古典主义的“先验地统一”（注：或者简单地说复古），应当明确指出，最近有人想恢复巴黎美院传统，这是荒唐地违反历史潮流，是不值得一谈的。用建筑语言来说，这种倾向是衰亡的征象，我们必须警惕走 19 世纪玩世不恭的折中主义道路，相反我们要走向现代运动新的成熟时期。

20 世纪 30 年代，在制定雅典宪章时，有一些发现和成就今天仍然有效，那就是：

a. 建筑内容与功能的分析。

b. 不协调的原则。

c. 反透视的时空观。

d. 传统盒子式建筑的解体。

e. 结构工程与建筑的再统一。

建筑语言中的常数或“不变数”还需要加上：

f. 空间的连续性。

g. 建筑、城市与园林绿化的再统一。

空间连续性是弗兰克·劳埃德·赖特的重大贡献，相当于动态立体派的时空概念，尽管他把它应用于社会准则如同应用于空间方面一样。

建筑-城市-园林绿地的再统一是城乡统一的结果。要坚持现在是建筑师认识现代运动历史的时候了,要停止搞那些由纪念碑式盒子组成的过了时的城市建筑设计,不管是垂直的、水平的、不透明的、透明的或反光的建筑。

新的城市化追求的是建成环境的连续性,即每一座建筑物不再是孤立的,而是一个连续统一体中的一个单元而已,它需要同其他单元进行对话,从而完整其自身的形象。

这种形象待续的原则(就是说,本身形象的完整性有待与其他建筑联系起来相辅而完成)并不是新的。意大利文艺复兴派大师发现了这一原则,由米开朗琪罗发扬光大。不过在我们时代,这不仅仅是一条视觉原则,而且更根本地是一条社会原则。近几十年来,音乐和造型艺术领域内的经验证明艺术家现在不再创造一个完整的作品。他们在创作过程中往往只进行到创作的四分之三的地方就中止了,这样使观众不再是艺术品的消极的旁观者,而是多价信息(polyvalent message)中的积极参与者。

在建筑领域中,用户的参与更为重要,更为具体。人们必须参与设计的全过程,要使用户成为建筑师工作整体中的一个部分。

强调"不完整"或"待续"并不降低建筑师或规划师的威信。相对论和测不准原理并未削弱科学家的威信,相反恰好提高了科学家威信,因为一位不信奉教条的科学家比那些过时的"万能之神"更受人尊敬。如果群众能被组织到设计过程中来,建筑师的联系面会增长,建筑上的创造发明才能也将会丰富和加强。一旦建筑师从学院戒律和绝对概念中解放出来,他们的想象力会受到人民建筑的巨大遗产的影响而激发出来——所谓人民建筑是没有建筑师的建筑,近几十年来人们曾对此做了大量研究。

可是,我们谨慎从事。应当认识到,虽然地方色彩的建筑物对建筑设计想象是有很大贡献的,但不应当模仿。模仿在今天虽然很时髦,却像复制帕特农神庙一样无聊。问题是和模仿截然不同的,很清楚,只有当一个建筑设计能与人民的习惯、风格自然地融合在一起的时候,这个建筑才能对文化产生最大的影响。要做到这样的融合必须摆脱一切老框框,诸如威特鲁威柱式或巴黎美院传统以及勒·柯布西耶的五条设计原理。

结束语

古代秘鲁的农业梯田受到全世界的赞赏,是由于它的尺度和宏伟,也由于它明显地表现出对自然环境的尊重。它那外表的和精神的表现形式是一座对生活的不可磨灭的纪念碑,在同样的思想鼓舞下,我们淳朴地提出这份宪章。

附录三：城乡用地分类和代码

（《城市用地分类与规划建设用地标准》GB50137—2011）

类别代码			类别名称	范围
大类	中类	小类		
H			建设用地	包括城乡居民点建设用地、区域交通设施用地、区域公用设施用地、特殊用地、采矿用地等
	H1		城乡居民点建设用地	城市、镇、乡、村庄以及独立的建设用地
		H11	城市建设用地	城市和县人民政府所在地镇内的居住用地、公共管理与公共服务用地、商业服务业设施用地、工业用地、物流仓储用地、交通设施用地、公用设施用地、绿地
		H12	镇建设用地	非县人民政府所在地镇的建设用地
		H13	乡建设用地	乡人民政府驻地的建设用地
		H14	村庄建设用地	农村居民点的建设用地
	H2		区域交通设施用地	铁路、公路、港口、机场和管道运输等区域交通运输及其附属设施用地，不包括中心城区的铁路客货运站、公路长途客货运站以及港口客运码头
		H21	铁路用地	铁路编组站、线路等用地
		H22	公路用地	高速公路、国道、省道、县道和乡道用地及附属设施用地
		H23	港口用地	海港和河港的陆域部分，包括码头作业区、辅助生产区等用地
		H24	机场用地	民用及军民合用的机场用地，包括飞行区、航站区等用地
		H25	管道运输用地	运输煤炭、石油和天然气等地面管道运输用地
	H3		区域公用设施用地	为区域服务的公用设施用地，包括区域性能源设施、水工设施、通信设施、殡葬设施、环卫设施、排水设施等用地
	H4		特殊用地	特殊性质的用地
		H41	军事用地	专门用于军事目的的设施用地，不包括部队家属生活区和军民共用设施等用地

续 表

类别代码			类别名称	范围
大类	中类	小类		
H	H4	H42	安保用地	监狱、拘留所、劳改场所和安全保卫设施等用地，不包括公安局用地
	H5		采矿用地	采矿、采石、采沙、盐田、砖瓦窑等地面生产用地及尾矿堆放地
	H9		其他建设用地	除以上之外的建设用地，包括边境口岸和风景名胜区、森林公园等的管理及服务设施等用地
E			非建设用地	水域、农林等非建设用地
	E1		水域	河流、湖泊、水库、坑塘、沟渠、滩涂、冰川及永久积雪，不包括公园绿地及单位内的水域
		E11	自然水域	河流、湖泊、滩涂、冰川及永久积雪
		E12	水库	人工拦截汇集而成的总库容不小于 10 万 m^3 的水库正常蓄水位岸线所围成的水面
		E13	坑塘沟渠	蓄水量小于 10 万 m^3 的坑塘水面和人工修建用于引、排、灌的渠道
	E2		农林用地	耕地、园地、林地、牧草地、设施农用地、田坎、农村道路等用地
	E9		其他非建设用地	空闲地、盐碱地、沼泽地、沙地、裸地、不用于畜牧业的草地等用地

除首都以外的现有城市规划人均建设用地指标(m^2/人)

气候区	现状人均城市建设用地规模	规划人均城市建设用地规模取值区间	允许调整幅度		
			规划人口规模≤20.0 万人	规划人口规模 20.1 万～50.0 万人	规划人口规模＞50.0 万人
Ⅰ、Ⅱ、Ⅵ、Ⅶ	≤65.0	65.0～85.0	＞0.0	＞0.0	＞0.0
	65.1～75.0	65.0～95.0	＋0.1～＋20.0	＋0.1～＋20.0	＋0.1～＋20.0
	75.1～85.0	75.0～105.0	＋0.1～＋20.0	＋0.1～＋20.0	＋0.1～＋15.0
	85.1～95.0	80.0～110.0	＋0.1～＋20.0	－5.0～＋20.0	－5.0～＋15.0
	95.1～105.0	90.0～110.0	－5.0～＋15.0	－10.0～＋15.0	－10.0～＋10.0
	105.1～115.0	95.0～115.0	－10.0～－0.1	－15.0～－0.1	－20.0～－0.1
	＞115.0	≤115.0			

续　表

气候区	现状人均城市建设用地规模	规划人均城市建设用地规模取值区间	允许调整幅度		
			规划人口规模≤20.0万人	规划人口规模20.1万～50.0万人	规划人口规模>50.0万人
Ⅲ、Ⅳ、Ⅴ	≤65.0	65.0～85.0	>0.0	>0.0	>0.0
	65.1～75.0	65.0～95.0	+0.1～+20.0	+0.1～20.0	+0.1～+20.0
	75.1～85.0	75.0～100.0	−5.0～+20.0	−5.0～+20.0	−5.0～+15.0
	85.1～95.0	80.0～105.0	−10.0～+15.0	−10.0～+15.0	−10.0～+10.0
	95.1～105.0	85.0～105.0	−15.0～+10.0	−15.0～+10.0	−15.0～+5.0
	105.1～115.0	90.0～110.0	−20.0～−0.1	−20.0～−0.1	−25.0～−5.0
	>115.0	≤110.0			

城市建设用地平衡表

序号	用地代码	用地名称		面积(hm^2)		占城市建设用地(%)		人均(m^2/人)	
				现状	规划	现状	规划	现状	规划
1	R	居住用地							
2	A	公共管理与公共服务用地							
		其中	行政办公用地						
			文化设施用地						
			教育科研用地						
			体育用地						
			医疗卫生用地						
			社会福利设施用地						
			文物古迹用地						
			外事用地						
			宗教设施用地						

续　表

<table>
<tr><th rowspan="3">序号</th><th rowspan="3">用地代码</th><th rowspan="3" colspan="2">用 地 名 称</th><th colspan="2">面　积</th><th colspan="2">占城市建设用地</th><th colspan="2">人　均</th></tr>
<tr><th colspan="2">（hm²）</th><th colspan="2">（%）</th><th colspan="2">（m²/人）</th></tr>
<tr><th>现状</th><th>规划</th><th>现状</th><th>规划</th><th>现状</th><th>规划</th></tr>
<tr><td rowspan="5">3</td><td rowspan="5">B</td><td colspan="2">商业服务业设施用地</td><td></td><td></td><td></td><td></td><td></td><td></td></tr>
<tr><td rowspan="4">其中</td><td>商业用地</td><td></td><td></td><td></td><td></td><td></td><td></td></tr>
<tr><td>商务用地</td><td></td><td></td><td></td><td></td><td></td><td></td></tr>
<tr><td>娱乐康体用地</td><td></td><td></td><td></td><td></td><td></td><td></td></tr>
<tr><td>其他服务设施用地</td><td></td><td></td><td></td><td></td><td></td><td></td></tr>
<tr><td>4</td><td>M</td><td colspan="2">工业用地</td><td></td><td></td><td></td><td></td><td></td><td></td></tr>
<tr><td>5</td><td>W</td><td colspan="2">物流仓储用地</td><td></td><td></td><td></td><td></td><td></td><td></td></tr>
<tr><td>6</td><td>S</td><td colspan="2">道路与交通设施用地</td><td></td><td></td><td></td><td></td><td></td><td></td></tr>
<tr><td>7</td><td>U</td><td colspan="2">公用设施用地</td><td></td><td></td><td></td><td></td><td></td><td></td></tr>
<tr><td rowspan="4">8</td><td rowspan="4">G</td><td colspan="2">绿地与广场用地</td><td></td><td></td><td></td><td></td><td></td><td></td></tr>
<tr><td rowspan="3">其中</td><td>公园绿地</td><td></td><td></td><td></td><td></td><td></td><td></td></tr>
<tr><td>防护绿地</td><td></td><td></td><td></td><td></td><td></td><td></td></tr>
<tr><td>广场</td><td></td><td></td><td></td><td></td><td></td><td></td></tr>
<tr><td colspan="2">总计</td><td colspan="2">总用地</td><td></td><td></td><td>100</td><td>100</td><td></td><td></td></tr>
</table>

后　记

今天正值高考日。回想28年前在填报高考志愿时的无知，深感人生道路的无常以及一条道走到黑的无畏。

我生于农村、长于农村，高中求学时才至当时人口不足2万的县城（现在常住人口也不足4万），对城市可谓毫无了解，高考志愿竟然填报了城市规划专业。现在仍记得当时填写的专业名称写成了“城市规化”。当时搭顺风车来到上海，对外面的世界什么都不懂的我，根本没有去留心汽车所走的路线以及所经过的城市，只记得江西和安徽两省交界处的路面明显不同，从砂石路驶上黑色柏油硬质路，快到上海时有人在路边举牌示意可以带路。进入市区，看到了许多高楼（特别是带玻璃幕墙的那种），看到了高架路以及街道上跑的各种各样的汽车，尤其是那种铰接的公共电车让我记忆深刻，活脱脱一个现实版的“乡巴佬进城”。对城市一无所知的我，当时根本没有意识到自己将来要学的专业内容就是在街上所看到的这些。

经过5年的本科专业学习，我仍对“何为城市规划”一头雾水，尽管考试作答时能根据《城市规划原理》教材写出定义，但定义所指到底是什么，真不清楚，看得见摸得着的东西只有各门课程的成绩单和规划设计作业图纸。在硕士研究生阶段，接触到一些规划设计项目并开始研究城市交通问题，有了一些实践经验后，才朦朦胧胧地了解城市规划这门学科的要义：身体力行地了解城市，根据自己的知识，对城市的发展提出专业性建议或者方案。学习城市规划的目的必须是在实践中应用所学专业知识，参与城市建设，让城市发展得更好。

进入工作阶段，我一边教学，一边从事城市规划相关业务，同时还在继续思索“何为城市规划”。若城市规划只是将所学专业知识形成“想法”，参与城市建设，那么充其量只是一门技艺，规划师只是工匠而已。根据“想法”而来的形形色色的规划图纸和文案等工作成果，其背后的逻辑是什么？是天马行空式的艺术类“灵感”，还是严密推理式的科学预测？我再次迷茫起来。为了解惑，我翻阅了大量能找来的书籍和论文，地理学类、经济学类、社会学类、生物学类、历史学类、管理学类以及土木工程类等，寻找所有与城市规划相关、能解惑的蛛丝马迹。现在回过头想想，解惑效果好的四本书分别是：爱德华·威尔逊的《人类存在的意义：社会进化的原动力》、尤瓦尔·赫拉利的《人类简史》、爱德华·格莱泽的《城市的胜利》以及亨利·列斐伏尔的《空间的生产》。我开始认识到城市规划是具有智慧意识的人类为了更好地生存繁衍，对未来的预期采取趋利避害的行为，构建大规模、复杂、高效的协作网络，城市及城市体系就是这个网络的载体。城市是人性的弱点与优点展现的舞台，是满足人类好奇心的场地。之所以形成这样的认知，真应了那句话：专业问题的答案在专业之外。

芒种时节，窗外的雨淅淅沥沥，滋润着大地，小草碧绿，树木葱茏，在数亿年时间里均是如此。人这个物种真是不可思议。几百万年的物种演化，产生了具有智慧的人。智人的产生改变了地球生物圈“环境选择适者”的单一规则，增加了“改造环境以适合人类生存”一条。智人在短短一万年的时间里，就将地球表面改造成一个由适合人类生存繁衍的城市环境组成的星球——城市星球。是福是祸，对于不过百年的生命个体而言，没有意义。

书稿交付，如释重负。谨此以记一条道走到黑的无畏。

刘贤腾

2023 年 6 月 8 日于昌

图书在版编目(CIP)数据

城市规划通识/刘贤腾主编.—上海：复旦大学出版社，2023.12
(信毅教材大系. 通识系列)
ISBN 978-7-309-17067-2

Ⅰ.①城…　Ⅱ.①刘…　Ⅲ.①城市规划-中国-教材　Ⅳ.①TU984.2

中国国家版本馆 CIP 数据核字(2023)第 221944 号

城市规划通识
GHENGSHI GUIHUA TONGSHI
刘贤腾　主编
责任编辑/李　荃

复旦大学出版社有限公司出版发行
上海市国权路 579 号　邮编：200433
网址：fupnet@fudanpress.com　http://www.fudanpress.com
门市零售：86-21-65102580　团体订购：86-21-65104505
出版部电话：86-21-65642845
上海四维数字图文有限公司

开本 787 毫米×1092 毫米　1/16　印张 26.75　字数 651 千字
2023 年 12 月第 1 版第 1 次印刷

ISBN 978-7-309-17067-2/T · 744
定价：79.00 元
